QR 코드를 찍으면 정답을 편리하게 확인할 수 있어요.

유 형 의 완 성

RPM

한눈에 보이는 정답

중학 수학 **3-1**

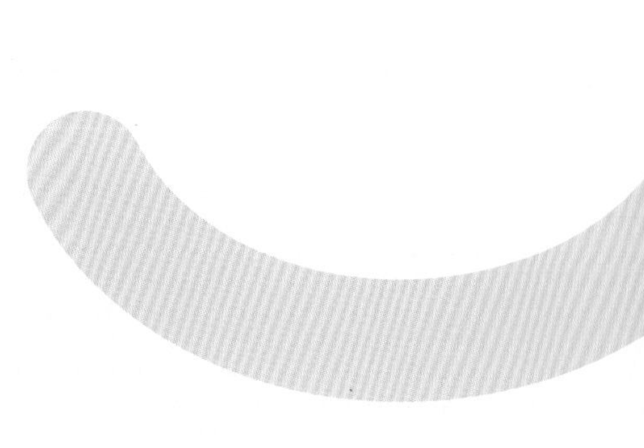

1007 (가) 3 (나) 4 (다) 2 (라) 7

1008 $y=(x+1)^2+5$ **1009** $y=-\dfrac{1}{4}(x-6)^2-1$

1010 $(-4, -15)$, $x=-4$, 1

1011 $\left(\dfrac{1}{4}, -\dfrac{7}{4}\right)$, $x=\dfrac{1}{4}$, -2

1012 $\left(-3, -\dfrac{1}{2}\right)$, $x=-3$, -5 **1013** $(-2, 0)$, $(5, 0)$

1014 $(-3, 0)$, $(1, 0)$ **1015** $(-4, 0)$, $(-3, 0)$

1016 (1) $>$ (2) $<$, $<$ (3) $<$

1017 (1) $<$ (2) $>$, $<$ (3) $>$

1018 $a>0$, $b>0$, $c<0$ **1019** $a<0$, $b>0$, $c>0$

1020 $a<0$, $b<0$, $c<0$ **1021** $a>0$, $b<0$, $c>0$

1022 $y=-x^2-2x+2$ **1023** $y=\dfrac{1}{2}x^2-4x+6$

1024 $y=-x^2+2x+4$ **1025** $y=x^2+6x-3$

1026 $y=-2x^2-4x+1$ **1027** $y=3x^2-3x-6$

1028 $y=2x^2-12x+10$ **1029** $y=-x^2-x+6$

1030 최솟값: 8, $x=0$ **1031** 최솟값: -3, $x=2$

1032 최댓값: -2, $x=-1$ **1033** 최댓값: 0, $x=-3$

1034 $y=x(x+8)$ **1035** -16 **1036** -4, 4

1037 $y=x(10-x)$ **1038** $25\,\text{cm}^2$

1039 5 cm, 5 cm

1040 11 **1041** ⑤ **1042** -40 **1043** ④ **1044** ⑤

1045 -2 **1046** ④ **1047** 3 **1048** ① **1049** ③

1050 ③ **1051** ② **1052** ③ **1053** ⑤ **1054** $(2, 0)$

1055 ③ **1056** 3 **1057** $(-1, 0)$ **1058** $-\dfrac{7}{2}$

1059 ⑤ **1060** ④ **1061** 11 **1062** -5 **1063** ④

1064 $k<-1$ **1065** 27 **1066** 15 **1067** 3

1068 30 **1069** $a<0$, $b>0$, $c<0$ **1070** ⑤ **1071** ④

1072 ③ **1073** ② **1074** -6 **1075** 1 **1076** ⑤

1077 $(-3, -1)$ **1078** ④ **1079** ① **1080** -3

1081 8 **1082** ④ **1083** 1 **1084** -4 **1085** 3

1086 ①, ⑤ **1087** ④ **1088** 2 **1089** ① **1090** -6

1091 ④ **1092** ② **1093** 18 **1094** 12 **1095** ④

1096 -6, 6 **1097** ④ **1098** ⑤ **1099** 2초 **1100** ③

1101 2 **1102** ② **1103** $16\,\text{cm}^2$

1104 ③ **1105** 4 **1106** ④ **1107** ② **1108** 4

1109 $(6, 2)$

1110 ④ **1111** ③ **1112** $x=1$ **1113** ② **1114** ②

1115 25 **1116** ㄱ, ㄴ, ㄷ, ㅁ **1117** ③ **1118** ⑤

1119 ① **1120** 6 **1121** $(-2, -4)$ **1122** ③

1123 2 **1124** ② **1125** 18 **1126** ③ **1127** 4

1128 $\left(\dfrac{1}{2}, 0\right)$ **1129** 2 **1130** 4 cm **1131** $\dfrac{2}{5}$

1132 ④ **1133** 9

01 제곱근의 뜻과 성질

01 ⑤ **02** ④ **03** ⑤ **04** 8 **05** $\sqrt{84}$ cm

06 ④ **07** ⑤ **08** ④ **09** $-a+5b$ **10** ②

11 14 **12** 3 **13** 4 **14** ① **15** ④ **16** ③

17 4 **18** ②

02 무리수와 실수

01 ④ **02** ②, ⑤ **03** ⑤ **04** $3-\sqrt{5}$, $3+\sqrt{5}$ **05** ③, ⑤

06 ② **07** ⑤ **08** ④ **09** 204 **10** ④

03 근호를 포함한 식의 계산

01 ④ **02** ④ **03** 55 **04** 1 **05** ⑤ **06** ⑤

07 ④ **08** $12\sqrt{5}$ **09** ④ **10** ① **11** 4 **12** ③

13 $-3-\sqrt{10}$ **14** ④ **15** ① **16** ② **17** 2

18 $(\sqrt{30}+6\sqrt{5})\,\text{cm}^2$ **19** ④ **20** ⑤

04 다항식의 곱셈

01 ④ **02** ④ **03** ⑤ **04** ② **05** ③ **06** 27

07 ⑤ **08** $25a^2-9b^2$ **09** $12x^2+7x-10$ **10** ④

11 ④ **12** $8-2\sqrt{15}$ **13** 10 **14** ③ **15** ③

16 9 **17** $x^4+6x^3-5x^2-42x+40$ **18** ⑤

05 다항식의 인수분해

01 ⑤ **02** ⑤ **03** ㄱ, ㄴ, ㄹ **04** 16 **05** ①

06 ④ **07** ① **08** -1 **09** ⑤ **10** ② **11** ②

12 ⑤ **13** $6x+6$ **14** $10x-4$ **15** ④ **16** ① **17** ①, ③

18 ③ **19** 142 **20** 80 **21** ① **22** $(x+2)(x-y-3)$

06 이차방정식의 풀이

01 ⑤ **02** ③, ⑤ **03** 2 **04** ⑤ **05** ② **06** 5

07 ④ **08** ⑤ **09** $x=-6$ **10** ②, ④ **11** 7

12 ⑤ **13** ① **14** -3 **15** ④ **16** ②

07 이차방정식의 활용

01 ⑤ **02** 6 **03** ④ **04** ⑤ **05** ④ **06** $k<3$

07 ⑤ **08** ③ **09** ③ **10** 16명 **11** ① **12** 4 m

13 ⑤ **14** ④ **15** $-1+\sqrt{5}$

08 이차함수의 그래프 (1)

01 ③ **02** $k\neq-1$ **03** ② **04** ⑤ **05** ③ **06** ①, ⑤

07 25 **08** ③ **09** -3 **10** ⑤ **11** ③ **12** 20

13 ④ **14** ① **15** 3 **16** ③ **17** ④ **18** ③

19 ⑤ **20** ⑤ **21** $\mathrm{D}(4, 4)$

09 이차함수의 그래프 (2)

01 0 **02** ⑤ **03** ② **04** ④ **05** ④ **06** ⑤

07 4 **08** 8 **09** ⑤ **10** ② **11** ③

12 $\left(\dfrac{3}{2}, \dfrac{15}{4}\right)$ **13** ③ **14** 10 **15** ③ **16** ⑤

17 ④ **18** ⑤ **19** 1 **20** ③ **21** ④

01 제곱근의 뜻과 성질

0001 $5,\ -5$ **0002** $9,\ -9$ **0003** $0.1,\ -0.1$

0004 $\dfrac{1}{2},\ -\dfrac{1}{2}$ **0005** $6,\ -6,\ 6,\ -6$

0006 $10,\ -10,\ 10,\ -10$ **0007** $1,\ -1$ **0008** $4,\ -4$ **0009** $7,\ -7$

0010 $11,\ -11$ **0011** $1.5,\ -1.5$

0012 $\dfrac{8}{3},\ -\dfrac{8}{3}$ **0013** 2 **0014** 0 **0015** 1

0016 2 **0017** $\pm\sqrt{3}$ **0018** $\pm\sqrt{12}$ **0019** $\pm\sqrt{2.9}$ **0020** $\pm\sqrt{\dfrac{8}{5}}$

0021 $\sqrt{5}$ **0022** $\pm\sqrt{18}$ **0023** $\sqrt{26}$ **0024** $-\sqrt{37}$ **0025** $\sqrt{4.5}$

0026 $\pm\sqrt{\dfrac{6}{11}}$ **0027** 8 **0028** 0.7 **0029** 17

0030 ±1.4 **0031** -5 **0032** -30 **0033** $-\dfrac{11}{6}$ **0034** $\dfrac{1}{12}$

0035 8 **0036** 21 **0037** -35 **0038** 14 **0039** -21

0040 -0.7 **0041** 5 **0042** 3 **0043** 14 **0044** $\dfrac{1}{2}$

0045 $7a$ **0046** $-11a$ **0047** $9a$ **0048** $-2a$ **0049** $-13a$

0050 $-10a$ **0051** a **0052** $25a$ **0053** $9a$ **0054** $-a$

0055 $3a$ **0056** $-7a$ **0057** $<$ **0058** $>$ **0059** $<$

0060 $<$ **0061** $>$ **0062** $<$ **0063** $4,\ 1,\ 2,\ 3$

0064 $1,\ 2,\ 3,\ 4,\ 5,\ 6,\ 7,\ 8$ **0065** $10,\ 11,\ 12,\ 13,\ 14,\ 15,\ 16$

0066 $8,\ 9,\ 10,\ 11,\ 12$

0067 ② **0068** ②, ⑤ **0069** 237 **0070** ④ **0071** ③

0072 ③ **0073** ⑤ **0074** 4 **0075** ②, ④ **0076** 6

0077 ③, ④ **0078** -48 **0079** ③ **0080** ② **0081** $\sqrt{52}$

0082 ④ **0083** ④ **0084** ① **0085** $(-\sqrt{3})^{2}$

0086 5 **0087** ④ **0088** ③ **0089** -6 **0090** 3

0091 ⑤ **0092** ① **0093** ⑤ **0094** $-4a-5b$

0095 ① **0096** $3a^{2}$ **0097** $-a-b$ **0098** ①

0099 ② **0100** ② **0101** 15 **0102** ② **0103** 30

0104 87 **0105** ③ **0106** 182 **0107** ② **0108** ③

0109 ④ **0110** ③ **0111** ④ **0112** 42 **0113** 24

0114 ⑤ **0115** $\dfrac{2}{3}$ **0116** ② **0117** ④ **0118** 1

0119 -8 **0120** ③ **0121** ① **0122** 12

0123 3 **0124** 34 **0125** ③

0126 ①, ③ **0127** ⑤ **0128** ③ **0129** ③

0130 $\sqrt{31}$ cm **0131** $\sqrt{26}$ cm **0132** ②

0133 ⑤ **0134** ④ **0135** ③ **0136** ③ **0137** 1

0138 ③ **0139** 30 **0140** ① **0141** 25 **0142** ⑤

0143 ⑤ **0144** 5 **0145** $\sqrt{277}$ cm **0146** 22

0147 15 **0148** ③ **0149** $3,\ 12,\ 27$ **0150** 17

02 무리수와 실수

0151 무 **0152** 유 **0153** 유 **0154** 무 **0155** ×

0156 × **0157** ○ **0158** P: $\sqrt{5}$, Q: $-\sqrt{5}$

0159 P: $\sqrt{13}$, Q: $-\sqrt{13}$ **0160** 점 D **0161** 점 A **0162** 점 C

0163 점 B **0164** $<,\ <$ **0165** $<$ **0166** $>$ **0167** $<$

0168 $>$ **0169** 4.062 **0170** 4.147 **0171** 4.278 **0172** 4.370

0173 ②, ⑤ **0174** ④, ⑤ **0175** ② **0176** ④ **0177** ④

0178 ⑤ **0179** ④ **0180** ② **0181** ③

0182 $-1+\sqrt{8},\ -1-\sqrt{8}$ **0183** $-3+\sqrt{15}$ **0184** ⑤

0185 ⑤ **0186** ③, ⑤ **0187** ④ **0188** ③ **0189** ⑤

0190 (1) A: $1-\sqrt{7}$, B: $\sqrt{10}-4$, C: $\sqrt{15}$ (2) $1-\sqrt{7}<\sqrt{10}-4<\sqrt{15}$

0191 ④ **0192** ③ **0193** ④ **0194** ② **0195** C

0196 z **0197** ① **0198** 0.16 **0199** 1.7

0200 ⑤ **0201** 6 **0202** ②

0203 ① **0204** ④ **0205** ②, ④ **0206** 3 **0207** ⑤

0208 $1+12\pi$ **0209** ⑤ **0210** ④

0211 구간 A, 구간 C, 구간 F **0212** ③, ⑤

0213 ② **0214** 3 **0215** $-5+\sqrt{2}$ **0216** $1+\sqrt{3}$

0217 21 **0218** 178 **0219** 11 **0220** 198

03 근호를 포함한 식의 계산

0221 $\sqrt{22}$ **0222** 2 **0223** $\sqrt{\dfrac{3}{2}}$ **0224** $-8\sqrt{30}$

0225 $\sqrt{5}$ **0226** $-\sqrt{\dfrac{1}{2}}$ **0227** $2\sqrt{5}$ **0228** $\dfrac{1}{4}$

0229 $2,\ 2$ **0230** $6,\ 6$ **0231** $9,\ 23,\ 9$

0232 $27,\ 3,\ 3,\ 10$ **0233** $3\sqrt{5}$ **0234** $-6\sqrt{2}$ **0235** $\dfrac{\sqrt{7}}{8}$

0236 $\dfrac{\sqrt{31}}{12}$ **0237** $\dfrac{\sqrt{11}}{10}$ **0238** $\dfrac{\sqrt{6}}{5}$ **0239** $4,\ 80$ **0240** $2,\ 28$

0241 $9,\ \dfrac{2}{81}$ **0242** $5,\ 6,\ \dfrac{25}{6}$ **0243** $-\sqrt{54}$ **0244** $\sqrt{500}$

0245 $-\sqrt{\dfrac{11}{4}}$ **0246** $\sqrt{\dfrac{12}{25}}$ **0247** (가) $\sqrt{7}$ (나) $\sqrt{7}$ (다) 21

0248 $\dfrac{\sqrt{10}}{10}$ **0249** $-\dfrac{\sqrt{14}}{2}$ **0250** $-\dfrac{\sqrt{15}}{15}$

0251 $\dfrac{\sqrt{6}}{4}$ **0252** $7\sqrt{6}$ **0253** $5\sqrt{2}$ **0254** $4\sqrt{7}$

0255 $-4\sqrt{10}$ **0256** $2\sqrt{3}+12\sqrt{5}$

0257 $3\sqrt{6}-4\sqrt{11}$ **0258** $-2\sqrt{5}$ **0259** $3\sqrt{3}$

0260 $2\sqrt{6}+4\sqrt{7}$ **0261** $7\sqrt{2}+7\sqrt{3}$

0262 $\sqrt{14}+\sqrt{10}$ **0263** $3\sqrt{2}-3\sqrt{5}$

0264 $2\sqrt{21}+28$ **0265** $6-12\sqrt{5}$

0266 $\sqrt{6}-\sqrt{2}$ **0267** $3+\sqrt{6}$

0268 (가) $\sqrt{3}$ (나) 3 (다) 18 (라) 2 **0269** $\dfrac{4\sqrt{5}+\sqrt{15}}{5}$

0770 $x=\dfrac{1}{2}$ 또는 $x=\dfrac{4}{5}$　　**0771** $x=6\pm2\sqrt{7}$

0772 $x=-1$ 또는 $x=7$　　**0773** $x=\dfrac{1\pm\sqrt{17}}{4}$

0774 $x=1$ 또는 $x=\dfrac{3}{2}$　　**0775** 2, 2, 2, 4　　**0776** 2

0777 1　　**0778** 0　　**0779** $k<1$　　**0780** 1　　**0781** $k>1$

0782 $x^2-13x+40=0$　　**0783** $2x^2-8x-42=0$

0784 $x^2-4x=0$　　**0785** $10x^2+7x+1=0$

0786 $x^2-12x+36=0$　　**0787** $4x^2+12x+9=0$

0788 (1) $x^2=3x+28$　 (2) -4, 7

0789 (1) $x^2+(x+1)^2=85$　 (2) 6, 7

0790 (1) $x(x+4)=192$　 (2) 12살　　**0791** (1) 0 m　 (2) 7초

0792 (1) $\dfrac{1}{2}x(x+3)=54$　 (2) 9 cm

0793 (1) $(10-x)$ cm, $(7-x)$ cm　 (2) $(10-x)(7-x)=40$

　　(3) 8 cm, 5 cm

0794 ④　　**0795** 20　　**0796** 8　　**0797** $x=-3\pm\sqrt{11}$

0798 ②　　**0799** ④　　**0800** 4　　**0801** ③　　**0802** ④

0803 $\dfrac{1}{3}$　　**0804** -5　　**0805** ②　　**0806** ③　　**0807** 21

0808 ②, ⑤　　**0809** ④　　**0810** ⑤　　**0811** ②　　**0812** ④

0813 -25　　**0814** 12　　**0815** ④　　**0816** ⑤　　**0817** 5

0818 ①　　**0819** 15　　**0820** ①　　**0821** ④　　**0822** ③

0823 10명　　**0824** ③　　**0825** 9　　**0826** 12　　**0827** 56

0828 ②　　**0829** ②　　**0830** 9살　　**0831** 2초　　**0832** ③

0833 4초　　**0834** 3 m　　**0835** $(2+2\sqrt{3})$ cm　　**0836** 6 cm

0837 2초, 8초　　**0838** 4 m　　**0839** 3　　**0840** 20 m

0841 15 cm　　**0842** 2 cm　　**0843** 5 cm, 20 cm

0844 $1+\sqrt{5}$　　**0845** $(-15+10\sqrt{3})$ cm　　**0846** 3

0847 ③　　**0848** 21　　**0849** ③　　**0850** ①　　**0851** $x=2$

0852 ③　　**0853** ③　　**0854** ④　　**0855** -5　　**0856** ⑤

0857 ④　　**0858** 6번째　　**0859** ①　　**0860** 61　　**0861** 9일

0862 ②　　**0863** 10초　　**0864** 2 m　　**0865** $x=-1\pm\sqrt{11}$

0866 $a=5$, $b=1$　　**0867** 6 cm　　**0868** $\dfrac{26}{11}$　　**0869** 5

0870 $\dfrac{1}{2}$

08　이차함수의 그래프 (1)

0871 ○　　**0872** ×　　**0873** ○　　**0874** $y=-\dfrac{1}{2}x^2+4x$, ○

0875 $y=x^3$, ×　　**0876** $y=4\pi x^2$, ○　　**0877** 1

0878 -5　　**0879** 25　　**0880** $\dfrac{1}{25}$　　**0881** 아래　　**0882** y

0883 감소, 증가　　**0884** x　　**0885** $(0, 0)$　　**0886** $x=0$

0887 $y=-\dfrac{3}{4}x^2$　　**0888** ㉢　　**0889** ㉣　　**0890** ㉠

0891 ㉡　　**0892** ㄴ, ㄷ　　**0893** ㄹ　　**0894** ㄱ과 ㄷ

0895 $y=3x^2+5$　　**0896** $y=\dfrac{1}{2}x^2-1$

0897 $y=-4x^2-\dfrac{1}{3}$

0898 꼭짓점의 좌표: $(0, -7)$　 축의 방정식: $x=0$

0899 꼭짓점의 좌표: $(0, 4)$　 축의 방정식: $x=0$

0900 $a>0$, $q<0$　　**0901** $a<0$, $q>0$

0902 $y=\dfrac{1}{5}(x+6)^2$　　**0903** $y=-3(x-4)^2$

0904 $y=-8\left(x+\dfrac{3}{2}\right)^2$

0905 꼭짓점의 좌표: $(-1, 0)$　 축의 방정식: $x=-1$

0906 꼭짓점의 좌표: $(4, 0)$　 축의 방정식: $x=4$

0907 $a>0$, $p<0$　　**0908** $a<0$, $p>0$

0909 $y=6(x+5)^2+2$　　**0910** $y=-2(x-4)^2-1$

0911 $y=\dfrac{3}{7}(x+3)^2-\dfrac{1}{2}$

0912 꼭짓점의 좌표: $(-1, 5)$　 축의 방정식: $x=-1$

0913 꼭짓점의 좌표: $(2, -7)$　 축의 방정식: $x=2$

0914 $a>0$, $p>0$, $q<0$　　**0915** $a<0$, $p<0$, $q>0$

0916 ③　　**0917** ③, ⑤　　**0918** ④　　**0919** ④　　**0920** ①

0921 $k\neq2$이고 $k\neq3$　　**0922** ⑤　　**0923** ④　　**0924** 3

0925 -4　　**0926** ②　　**0927** $\dfrac{2}{5}<a<3$　　　**0928** ③

0929 ①, ③　　**0930** ③　　**0931** -6　　**0932** ④　　**0933** ②, ⑤

0934 ④　　**0935** 40　　**0936** ③　　**0937** $-\dfrac{1}{2}$　　**0938** -1

0939 ③　　**0940** 3　　**0941** 2　　**0942** 7　　**0943** ④

0944 $(0, 4)$　　**0945** ①, ⑤　　**0946** ㄱ, ㄷ　　**0947** ④　　**0948** ①

0949 ②　　**0950** -1　　**0951** -10　　**0952** ②　　**0953** -6

0954 ④　　**0955** ③　　**0956** ㄱ, ㄷ　　**0957** ②　　**0958** ④

0959 -12　　**0960** 2　　**0961** -6　　**0962** ②　　**0963** ⑤

0964 12　　**0965** ③　　**0966** ④　　**0967** ⑤　　**0968** ④

0969 ⑤　　**0970** ④　　**0971** ④　　**0972** $(0, -13)$

0973 ⑤　　**0974** -1　　**0975** ②　　**0976** 2

0977 ③　　**0978** ④　　**0979** 제2사분면

0980 $D(3, 3)$　　**0981** ④　　**0982** 36

0983 ④　　**0984** ④　　**0985** -3　　**0986** ①　　**0987** $-\dfrac{7}{2}$

0988 ④　　**0989** ⑤　　**0990** $\dfrac{4}{3}$　　**0991** ④　　**0992** -16

0993 ①　　**0994** ④　　**0995** ④　　**0996** -10　　**0997** ①

0998 ①　　**0999** ①　　**1000** $-\dfrac{1}{6}$　　**1001** -15　　**1002** 9

1003 10　　**1004** 5　　**1005** $B\left(\dfrac{2}{3}, \dfrac{1}{9}\right)$　　**1006** 8

0270 $\dfrac{\sqrt{6}-2\sqrt{3}}{3}$ **0271** $\dfrac{1-\sqrt{6}}{3}$

0272 $\dfrac{3+\sqrt{6}}{6}$ **0273** $2\sqrt{10}$ **0274** $\sqrt{21}-\sqrt{3}$

0275 $7\sqrt{6}$ **0276** $-3\sqrt{2}-5\sqrt{6}$

0277 ④ **0278** ④ **0279** -80 **0280** ④ **0281** 21

0282 ⑤ **0283** ③ **0284** ⑤ **0285** 84 **0286** ③

0287 15 **0288** 21 **0289** $\dfrac{1}{25}$ **0290** ①, ③ **0291** ③

0292 319 **0293** ④ **0294** 0.707 **0295** ① **0296** ④

0297 ④ **0298** ④ **0299** ④ **0300** $\dfrac{5}{\sqrt{7}}$ **0301** ④

0302 ④, ⑤ **0303** -5 **0304** ④ **0305** $3\sqrt{6}$ cm

0306 (1) $\sqrt{61}$ cm (2) 10 cm **0307** $\dfrac{9\sqrt{7}}{8}$ **0308** ②

0309 $4\sqrt{10}$ cm^3 **0310** ② **0311** ⑤ **0312** $5\sqrt{15}$

0313 $4-2\sqrt{3}$ **0314** ② **0315** 5 **0316** ⑤

0317 ③ **0318** ③ **0319** ③ **0320** ④ **0321** -2

0322 $2+3\sqrt{5}$ **0323** $-1+2\sqrt{2}$

0324 $7+2\sqrt{13}$ **0325** -2 **0326** ② **0327** ②

0328 ④ **0329** ② **0330** $\dfrac{\sqrt{15}}{5}$ **0331** ① **0332** ⑤

0333 $7\sqrt{3}$ **0334** 4 **0335** (1) -1 (2) 8 **0336** ②

0337 $18\sqrt{6}$ cm^2 **0338** ③ **0339** ②

0340 $(4\sqrt{14}+8\sqrt{2})$ cm **0341** $30\sqrt{5}$ cm^3

0342 $(10+22\sqrt{5})$ cm **0343** ④ **0344** ⑤ **0345** ⑤

0346 ③ **0347** ② **0348** $3-2\sqrt{3}$

0349 ③ **0350** ② **0351** 11 **0352** 2 **0353** ④

0354 ⑤ **0355** ③ **0356** 1 **0357** $5\sqrt{7}$ cm

0358 ② **0359** ④ **0360** ⑤ **0361** $4-2\sqrt{2}$

0362 ② **0363** ④ **0364** ③ **0365** $24\sqrt{3}$ cm

0366 ⑤ **0367** 2 **0368** $-2\sqrt{3}$ **0369** 0

0370 $2\sqrt{3}$ cm **0371** $16\sqrt{2}+14$

0372 $c<b<2a$

0393 $\dfrac{\sqrt{3}-1}{2}$ **0394** $\dfrac{4+\sqrt{2}}{14}$

0395 $5\sqrt{10}-15$ **0396** $\dfrac{7+\sqrt{35}}{2}$ **0397** 20

0398 24 **0399** 37 **0400** 49

0401 ③ **0402** 11 **0403** -18 **0404** $a^2-5a-ab+8b+2$

0405 ⑤ **0406** ③ **0407** 3 **0408** ④ **0409** $\dfrac{1}{3}$

0410 ④ **0411** ④ **0412** ③ **0413** 5 **0414** ②

0415 ② **0416** $\dfrac{1}{3}$ **0417** 8 **0418** ③ **0419** ⑤

0420 -3 **0421** 92 **0422** ① **0423** ② **0424** -22

0425 -41 **0426** ② **0427** ⑤ **0428** ③ **0429** ②

0430 17 **0431** $-2a^2+13a-15$ **0432** $6x^2-5x+1$

0433 49 **0434** a^2-b^2 **0435** ② **0436** $2a-14b+1$

0437 26 **0438** ④ **0439** ⑤ **0440** 2028 **0441** ③

0442 ⑤ **0443** ① **0444** 4 **0445** 16 **0446** ⑤

0447 $-\sqrt{10}-2\sqrt{5}$ **0448** ③ **0449** ① **0450** $\sqrt{7}-2$

0451 2 **0452** ⑤ **0453** -9 **0454** ② **0455** ③

0456 ① **0457** -4 **0458** (1) $2\sqrt{3}$ (2) 1 (3) 10

0459 34 **0460** ④ **0461** ⑤ **0462** $-2\sqrt{6}$

0463 $x^4-4x^3+x^2+6x$ **0464** ③ **0465** ① **0466** ④

0467 20 **0468** 8

0469 ① **0470** -3 **0471** ⑤ **0472** -5 **0473** ④

0474 ④ **0475** 9 **0476** ②, ⑤ **0477** ③

0478 $20a^2-13ab+4b^2$ **0479** ④ **0480** ④ **0481** ③

0482 ① **0483** 13 **0484** ④ **0485** 57 **0486** ②

0487 16 **0488** -4 **0489** -5 **0490** $-a^2+3ab-2b^2$

0491 2 **0492** 0

04 다항식의 곱셈

0373 $ab-3a+2b-6$ **0374** $3ac+12ad-bc-4bd$

0375 $-5x^2+7xy-2y^2$ **0376** $ax+ay+az+bx+by+bz$

0377 $15x^2-5xy+17x+y-4$

0378 $-2a^2+5ab-3b^2-8a+12b$ **0379** x^2+6x+9

0380 $4a^2+20ab+25b^2$ **0381** $a^2-14a+49$

0382 $x^2-4xy+4y^2$ **0383** a^2-16 **0384** $25x^2-64y^2$

0385 $x^2+8x+12$ **0386** x^2-6x-7

0387 $12x^2+7x-10$ **0388** $10y^2-27y+5$

0389 A, A^2-9, $x+y$, $x^2+2xy+y^2-9$ **0390** 4, 16, 10816

0391 1, 200, 9801 **0392** 70, 70, 4900, 4896

05 다항식의 인수분해

0493 $x-8x^2$ **0494** x^2+2x+1

0495 x^2-25 **0496** $4x^2-7x-2$

0497 $x(a+b-c)$ **0498** $2m^2(m-3)$

0499 $xy^2(x-2)$ **0500** $3ab(a+6b-5)$

0501 $(x-2)(a+5)$ **0502** $(a-b)(a-b-x)$

0503 $(x+3)^2$ **0504** $(x-8)^2$

0505 $(5x-1)^2$ **0506** $(2x+y)^2$ **0507** 16

0508 49 **0509** 18 **0510** $\dfrac{2}{5}$ **0511** $(2x+3)(2x-3)$

0512 $(6a+b)(6a-b)$ **0513** $\left(9x+\dfrac{1}{4}y\right)\left(9x-\dfrac{1}{4}y\right)$

0514 $(x+3)(x+5)$ **0515** $(x+1)(x-7)$

0516 $(x+4y)(x-5y)$ **0517** $(x+1)(3x+1)$

0518 $(2x-3)(3x-2)$ **0519** $(2x-y)(4x+3y)$

0520 $(a-5)^2$ 0521 $(4x+5)(4x-7)$
0522 $(x-y+3)(2x-2y+5)$ 0523 $A-B$, $3a+2$
0524 $x-y$ 0525 $a-4$ 0526 $a+3$ 0527 $x-1$
0528 $(x-y)(x+y+5)$ 0529 $(2+x-y)(2-x+y)$
0530 $x-3$, $x-3$, $x-3$, $x-3$, $2y$ 0531 30   0532 6400
0533 2600   0534 8000   0535 4900   0536 12   0537 44
0538 $2-6\sqrt{2}$
0539 ④   0540 ③   0541 ④   0542 ⑤   0543 ④
0544 $(x+y)(3a+b-1)$ 0545 $2x-4y-1$ 0546 ㄱ, ㄹ
0547 ②   0548 ⑤   0549 28   0550 41   0551 ③
0552 ③   0553 25   0554 ③   0555 $3x-6$ 0556 ①
0557 $-x+1$ 0558 13   0559 ④, ⑤   0560 ⑤
0561 2   0562 ③   0563 ㄴ, ㄹ   0564 -17 0565 ④
0566 ②   0567 ②, ④   0568 15   0569 $6x+2$ 0570 ⑤
0571 ⑤   0572 ④   0573 ②   0574 ①   0575 4
0576 ①   0577 ④   0578 -3 0579 ②
0580 $2(x+1)(x-5)$ 0581 $(x+2)(2x-3)$ 0582 ④
0583 $x+2$ 0584 6개   0585 $2x+1$ 0586 ⑤   0587 $5x+7$
0588 ①   0589 ②   0590 ③   0591 $4x-6$ 0592 ④
0593 ④   0594 $8x+17$ 0595 ②, ③   0596 $3x-5$
0597 ③   0598 ②   0599 ①, ③   0600 -100 0601 80
0602 1   0603 ④   0604 ①   0605 ③   0606 96
0607 ③   0608 7   0609 ⑤   0610 ①   0611 ⑤
0612 -3
0613 ③   0614 ④   0615 ③, ⑤   0616 ②   0617 $2a$
0618 $(a-1)(x+y)(x-y)$ 0619 ③   0620 0
0621 ⑤   0622 -2 0623 ④   0624 $(x+2)(x-3)$
0625 ③   0626 $3a-2$ 0627 ②   0628 ②   0629 ③
0630 ②, ④   0631 $2x+6y-4$ 0632 -12 0633 4 m
0634 16   0635 12   0636 9   0637 64

0664 $x=\dfrac{2}{3}$ 0665 9   0666 $\dfrac{1}{4}$ 0667 18
0668 $x=\pm2\sqrt{2}$ 0669 $x=\pm\sqrt{6}$
0670 $x=\pm\dfrac{\sqrt{5}}{2}$ 0671 $x=-5$ 또는 $x=-1$
0672 $x=2\pm\sqrt{10}$ 0673 $x=1\pm\sqrt{6}$
0674 $x=\dfrac{-5\pm2\sqrt{3}}{2}$ 0675 25, 25, 5, 12
0676 $(x+2)^2=6$ 0677 $\left(x+\dfrac{5}{2}\right)^2=\dfrac{13}{4}$
0678 $(x-2)^2=\dfrac{15}{2}$ 0679 1, 1, 1, $\dfrac{7}{4}$, 1, $\dfrac{\sqrt{7}}{2}$, $1\pm\dfrac{\sqrt{7}}{2}$
0680 $x=2\pm\sqrt{7}$ 0681 $x=-3\pm\sqrt{10}$
0682 $x=\dfrac{5\pm\sqrt{11}}{2}$
0683 ②   0684 ⑤   0685 -3 0686 ④   0687 ⑤
0688 ③   0689 $x=3$ 0690 ④   0691 39   0692 ③
0693 ⑤   0694 -6 0695 27   0696 ④   0697 24
0698 ④   0699 1   0700 ④   0701 ③
0702 $x=-10$ 또는 $x=1$ 0703 ③   0704 32
0705 $x=1$ 또는 $x=4$ 0706 $x=-\dfrac{1}{3}$ 0707 ⑤
0708 ③   0709 8   0710 $x=2$ 0711 -5 0712 4
0713 $x=-5$ 0714 ①, ⑤   0715 3   0716 -6
0717 ③   0718 ③, ④   0719 $x=-2$ 또는 $x=\dfrac{3}{5}$ 0720 7
0721 ④   0722 -5 0723 ④   0724 ①   0725 ⑤
0726 1   0727 ④   0728 -7 0729 20   0730 ③
0731 -3 0732 -121
0733 ③   0734 2   0735 34
0736 ②   0737 $a\neq4$ 0738 ④   0739 ①   0740 52
0741 ⑤   0742 ④   0743 ②   0744 $x=-3$ 또는 $x=-2$
0745 ④   0746 ③   0747 $x=\dfrac{3}{2}$ 0748 ①, ④   0749 18
0750 ③   0751 ③   0752 ②   0753 35   0754 2
0755 $x=1$ 또는 $x=3$ 0756 -56 0757 1   0758 $\dfrac{1}{2}$
0759 2

06 이차방정식의 풀이

0638 ×   0639 ○   0640 ×   0641 ○
0642 $a\neq-4$ 0643 $a\neq0$ 0644 ○   0645 ×
0646 ○   0647 $x=0$ 또는 $x=1$ 0648 $x=2$ 0649 -4
0650 -5 0651 ㄱ, ㄴ, ㄷ   0652 $x=-9$ 또는 $x=4$
0653 $x=0$ 또는 $x=7$ 0654 $x=-5$ 또는 $x=-\dfrac{3}{2}$
0655 $x=1$ 또는 $x=2$ 0656 $x=0$ 또는 $x=-9$
0657 $x=-6$ 또는 $x=4$ 0658 $x=-1$ 또는 $x=7$
0659 $x=-2$ 또는 $x=2$ 0660 $x=\dfrac{1}{2}$ 또는 $x=\dfrac{3}{2}$
0661 $x=-7$ 0662 $x=-1$ 0663 $x=\dfrac{1}{5}$

07 이차방정식의 활용

0760 5, 5, 2, 2, $\dfrac{-5\pm\sqrt{17}}{4}$ 0761 -4, 3, $\dfrac{4\pm\sqrt{7}}{3}$
0762 $x=\dfrac{7\pm\sqrt{29}}{2}$ 0763 $x=\dfrac{-1\pm\sqrt{33}}{4}$
0764 $x=\dfrac{5\pm\sqrt{37}}{6}$ 0765 $x=2\pm\sqrt{2}$
0766 $x=3\pm\sqrt{15}$ 0767 $x=\dfrac{-6\pm\sqrt{51}}{5}$
0768 $x=-\dfrac{3}{2}$ 또는 $x=3$ 0769 $x=\dfrac{1\pm\sqrt{5}}{2}$

스스로 하는 공부도 더 쉽고 똑똑하게,

개념원리 ai

개념원리 ai 와 함께, 공부가 달라집니다

나만의 AI와 공부하기

일상 대화부터 심리·진로 상담까지 챗봇과 함께 해
대화 스타일과 캐릭터를 직접 선택해 나만의 AI를 만들자!

문제 노트

AI 분석으로 문제를 빠르게 검색하고 무제한 저장해 봐!
영상 강의는 물론, 유사 유형·고난도 문제까지

무제한 단원 평가

매일 무제한 제공되는 단원 평가로 취약 부분 반복 복습!
선생님과 공유하고 질문하면서 실력도 쑥쑥

친구들과 함께하는 그룹 학습

친구들과 그룹을 만들고 학습 기록을 공유할 수 있어
다양한 미션과 랭킹으로 동기부여받고, 시간표와 급식 정보도!

교재 만족도 조사

이 교재는 **학생 4,805명**과 **선생님 360명**의
의견을 반영하여 만든 교재입니다.

여러분의 소중한 의견을 전해 주세요.
단 5분이면 충분해요!
매월 초 10명을 추첨하여 1만 원 상당의
선물을 드립니다.

 중학 수학 **3-1**

발행일	2026년 1월 15일 (1판 2쇄)
기획 및 집필	개념원리 수학연구소
콘텐츠 개발 총괄	한소영
콘텐츠 개발 책임	오서희, 이유림, 박영신, 조은진, 모규리, 김현진
사업책임	김태우
마케팅 책임	권가민, 이미혜
제작/유통 책임	이건호
영업책임	정현호
디자인	(주)이츠북스, 스튜디오 에딩크
펴낸이	고사무열
펴낸곳	(주)개념원리
등록번호	제 22-2381호
주소	서울시 강남구 테헤란로 8길 37, 7층(한동빌딩) 06239
고객센터	1644-1248

중학 수학 **3-1**

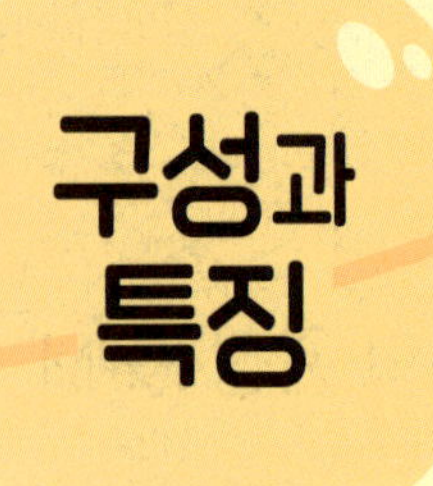

핵심 개념 정리 & 교과서문제 정복하기

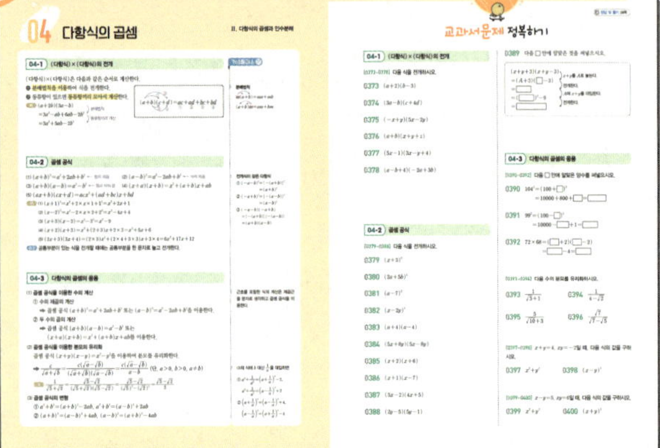

● 핵심 개념 정리

교과서에 나오는 꼭 필요한 핵심 개념만을 모아 알차게 정리하였습니다. 추가 설명이 필요한 개념은 예 와 주의, 참고 를 구성하여 개념 이해를 돕도록 하였습니다.

● 교과서문제 정복하기

개념과 공식을 바로 적용해 보는 교과서 기본 문제를 충분히 구성하여 개념을 확실히 익힐 수 있습니다.

유형 & 유형 UP 익히기

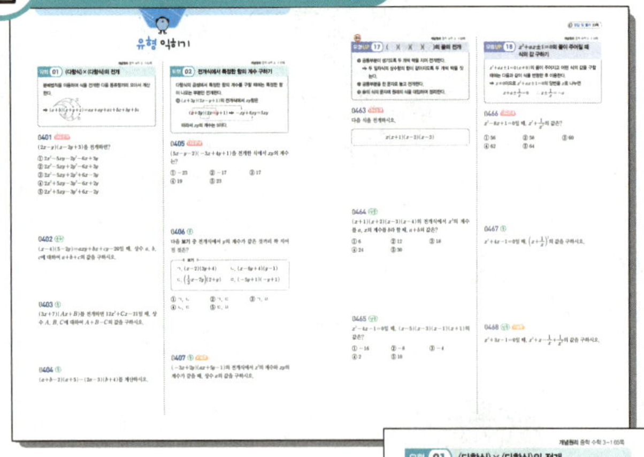

● 유형 익히기

모든 수학 문제를 개념&공식/해결 방법/문제 형태로 유형화하고 유형별 핵심 공략법을 제시하여 문제해결력을 키울 수 있습니다.

필수 유형은 중요 로 표시하였고, 유형 내에서는 난이도 순으로 문제를 구성하여 자연스럽게 유형별 완전 학습이 이루어지도록 하였습니다. 또한 중요한 고난도 유형은 유형 익히기 마지막에 유형 UP 을 별도로 구성하여 단계별 학습이 가능합니다.

● 개념원리 연계 링크

각 유형에 대한 기본 개념의 원리와 공식의 적용 방법을 더 자세히 학습할 수 있는 개념원리 기본서 쪽수를 제시하였습니다.

시험에 꼭 나오는 문제

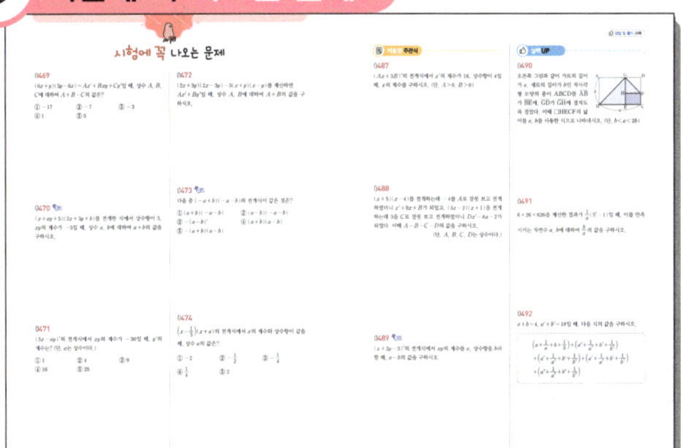

● 시험에 꼭 나오는 문제

시험에 꼭 나오는 문제를 선별하여 유형별로 골고루 구성하고, 특히 출제율이 높은 문제는 **중요** 로 표시하였습니다.

또한 시험에 자주 출제되는 서술형 문제와 고난도 문제도 **서술형 주관식 / 실력 UP**으로 구성하여 실전에도 완벽하게 대비할 수 있습니다.

대표문제 다시 풀기

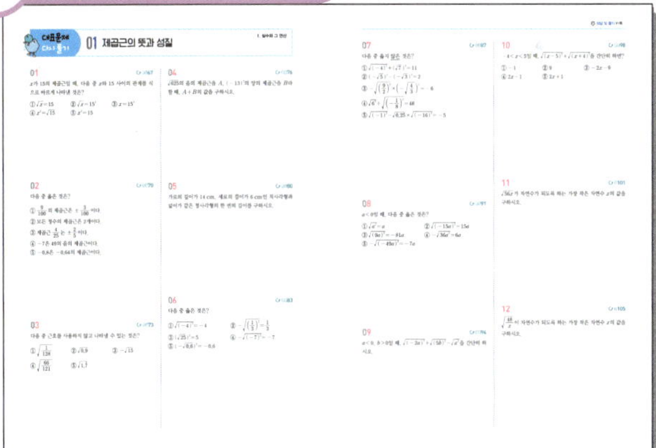

● 대표문제 다시 풀기

각 유형 대표문제의 쌍둥이 문제를 제공하여 유형별 점검이 가능합니다. 문제에 제시된 번호를 따라가면 대표문제 및 유형별 복습을 원활히 할 수 있습니다.

매일매일 꾸준히 풀어서 **RPM** 유형 학습을 완성해 보세요.

1. 각 코너별로 학습할 문제 수를 확인하고 학습 기간을 정하세요.

2. 학습 후 맞힌 문제 수를 성취도 칸에 적고, My Log에 '**칭찬할 점**'과 '**개선할 점**'을 스스로 정리해 보세요.

단원명		교과서 문제	유형 익히기	시험에 꼭!	대표문제 다시 풀기 (부록)	My Log
01 제곱근의 뜻과 성질	학습 계획	3/1~3/2				
	성취도	/66	/59	/25	/18	
02 무리수와 실수	학습 계획					
	성취도	/22	/30	/18	/10	
03 근호를 포함한 식의 계산	학습 계획					
	성취도	/56	/72	/24	/20	
04 다항식의 곱셈	학습 계획					
	성취도	/28	/68	/24	/18	
05 다항식의 인수분해	학습 계획					
	성취도	/46	/74	/25	/22	
06 이차방정식의 풀이	학습 계획					
	성취도	/45	/53	/24	/16	
07 이차방정식의 활용	학습 계획					
	성취도	/34	/53	/24	/15	
08 이차함수의 그래프 (1)	학습 계획					
	성취도	/45	/67	/24	/21	
09 이차함수의 그래프 (2)	학습 계획					
	성취도	/33	/70	/24	/21	

Goal
1294Q

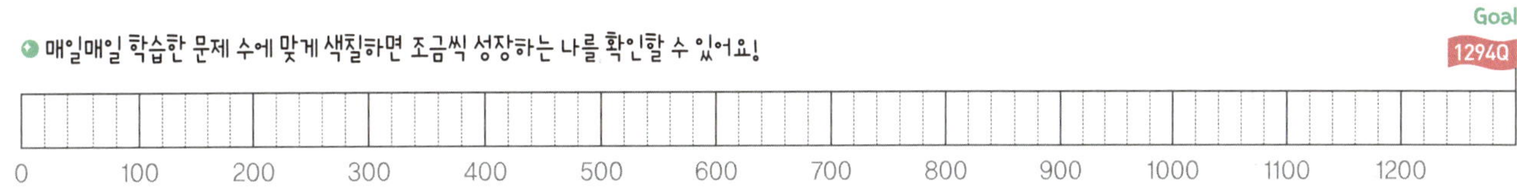

어제보다 나은 **오늘의 나**
오늘보다 나은 **내일의 나**
조금씩 조금씩 **성장하는 나**

I

실수와 그 연산

 01 제곱근의 뜻과 성질

01-1 제곱근의 뜻

(1) **제곱근**

어떤 수 x를 제곱하여 a가 될 때, 즉

$$x^2 = a$$

일 때, x를 a의 제곱근이라 한다.

(2) **제곱근의 개수**

① 양수의 제곱근은 양수와 음수 2개가 있고, 그 절댓값은 서로 같다.

② 0의 제곱근은 0의 1개이다. → 제곱하여 0이 되는 수는 0뿐이다.

③ 음수의 제곱근은 없다. → 제곱하여 음수가 되는 수는 없다.

> **예** ① 양수 4의 제곱근 ➡ $2^2=4$, $(-2)^2=4$에서 2, -2 ➡ 2개
> ② 0의 제곱근 ➡ $0^2=0$에서 0 ➡ 1개
> ③ 음수 -9의 제곱근 ➡ 제곱하여 -9가 되는 수는 없다. ➡ 0개

> **주의** 양수의 제곱근은 양수와 음수 두 개가 있으므로 제곱근을 구할 때 양수만 구하지 않도록 주의한다.

01-2 제곱근의 표현

(1) 제곱근을 나타내기 위하여 기호 $\sqrt{}$ 를 사용하는데 이것을 **근호**라 하고, '제곱근' 또는 '루트'라 읽는다.

➡ $\sqrt{a}$를 '제곱근 a' 또는 '루트 a'라 읽는다.

(2) 양수 a의 제곱근 중 양수인 것을 양의 제곱근, 음수인 것을 음의 제곱근이라 하고 다음과 같이 나타낸다.

양의 제곱근 ➡ $\sqrt{a}$, 음의 제곱근 ➡ $-\sqrt{a}$

이때 $\sqrt{a}$와 $-\sqrt{a}$를 한꺼번에 $\pm\sqrt{a}$로 나타내기도 한다.

> **예** 2의 $\begin{cases} \text{양의 제곱근} ➡ \sqrt{2} \\ \text{음의 제곱근} ➡ -\sqrt{2} \end{cases}$, 즉 2의 제곱근은 $\pm\sqrt{2}$이다.

(3) 제곱근을 나타낼 때, 근호 안의 수가 어떤 수의 제곱이면 근호를 사용하지 않고 나타낼 수 있다.

> **예** 9의 제곱근 ➡ $\pm\sqrt{9} = \pm3$

> **참고** a의 제곱근과 제곱근 a (단, $a>0$)

	a의 제곱근	제곱근 a
뜻	제곱하여 a가 되는 수	a의 양의 제곱근
표현	$\sqrt{a}$, $-\sqrt{a}$	$\sqrt{a}$
개수	2	1

> **예** 5의 제곱근 ➡ $\sqrt{5}$, $-\sqrt{5}$　　제곱근 5 ➡ $\sqrt{5}$

수	제곱근의 개수
양수	2
0	1
음수	0

양수 a의 제곱근
➡ 제곱하여 a가 되는 수
➡ $x^2=a$를 만족시키는 x의 값
➡ $\pm\sqrt{a}$

교과서문제 정복하기

01-1 제곱근의 뜻

[0001~0004] 제곱하여 다음 수가 되는 수를 모두 구하시오.

0001 25 **0002** 81

0003 0.01 **0004** $\dfrac{1}{4}$

[0005~0006] 다음 □ 안에 알맞은 수를 써넣으시오.

0005 제곱하여 36이 되는 수는 □, □이므로 36의 제곱근은 □, □이다.

0006 $x^2=100$을 만족시키는 x의 값은 □, □이므로 100의 제곱근은 □, □이다.

[0007~0012] 다음 수의 제곱근을 구하시오.

0007 1 **0008** 16

0009 49 **0010** 121

0011 2.25 **0012** $\dfrac{64}{9}$

[0013~0016] 다음 수의 제곱근의 개수를 구하시오.

0013 8 **0014** -7

0015 0 **0016** $\dfrac{1}{2}$

01-2 제곱근의 표현

[0017~0020] 다음 수의 제곱근을 근호를 사용하여 나타내시오.

0017 3 **0018** 12

0019 2.9 **0020** $\dfrac{8}{5}$

[0021~0026] 다음을 근호를 사용하여 나타내시오.

0021 5의 양의 제곱근

0022 18의 제곱근

0023 제곱근 26

0024 37의 음의 제곱근

0025 제곱근 4.5

0026 $\dfrac{6}{11}$의 제곱근

[0027~0034] 다음 수를 근호를 사용하지 않고 나타내시오.

0027 $\sqrt{64}$ **0028** $\sqrt{0.7^2}$

0029 $\sqrt{289}$ **0030** $\pm\sqrt{1.96}$

0031 $-\sqrt{25}$ **0032** $-\sqrt{900}$

0033 $-\sqrt{\left(-\dfrac{11}{6}\right)^2}$ **0034** $\sqrt{\dfrac{1}{144}}$

01-3 제곱근의 성질

(1) **제곱근의 성질**

① 양수 a의 제곱근 $\sqrt{a}$와 $-\sqrt{a}$는 제곱하면 a가 된다.

→ $a>0$일 때, $(\sqrt{a})^2=a,\ (-\sqrt{a})^2=a$

② 근호 안의 수가 어떤 수의 제곱이면 근호를 사용하지 않고 나타낼 수 있다.

→ $a>0$일 때, $\sqrt{a^2}=a,\ \sqrt{(-a)^2}=a$

예 ① $(\sqrt{3})^2=3,\ (-\sqrt{3})^2=3$

　　② $\sqrt{3^2}=3,\ \sqrt{(-3)^2}=3$

　　　제곱하여 a가 되는 수는 $\pm\sqrt{a}$이다.

(2) **$\sqrt{a^2}$의 성질**

모든 수 a에 대하여

$$\sqrt{a^2}=|a|=\begin{cases} a & (a\geq 0) \\ -a & (a<0) \end{cases}$$

$$\boxed{\begin{array}{l}\sqrt{(양수)^2}=(양수)\\ \sqrt{(음수)^2}=-(음수)=(양수)\end{array}}$$

예 ① $\sqrt{5^2}=5$
　　　　　부호 그대로

　　② $\sqrt{(-5)^2}=-(-5)=5$
　　　　　　　부호 반대로

주의 $a>0$일 때, $\sqrt{(-a)^2}\neq -a$임에 주의한다.

　　$\sqrt{a^2}$은 a^2의 양의 제곱근이므로 a의 부호에 관계없이 항상 음이 아닌 값을 갖는다.

01-4 제곱근의 대소 관계

(1) **제곱근의 대소 관계**

$a>0,\ b>0$일 때

① $a<b$이면　　$\sqrt{a}<\sqrt{b}$

② $\sqrt{a}<\sqrt{b}$이면　　$a<b$

③ $\sqrt{a}<\sqrt{b}$이면　　$-\sqrt{a}>-\sqrt{b}$

예 ① $5<6$이면　　$\sqrt{5}<\sqrt{6}$

　　② $\sqrt{2}<\sqrt{3}$이면　　$2<3$

　　③ $\sqrt{3}<\sqrt{6}$이면　　$-\sqrt{3}>-\sqrt{6}$

(2) **근호가 있는 수와 근호가 없는 수의 대소 비교**

방법 ① 근호가 없는 수를 근호가 있는 수로 바꾸어 비교한다.

방법 ② 각 수를 제곱하여 비교한다.

예 $\sqrt{15}$와 4의 대소를 비교해 보자.

　　방법 ① $4=\sqrt{16}$이고 $15<16$이므로　　$\sqrt{15}<4$

　　방법 ② $(\sqrt{15})^2=15,\ 4^2=16$이고 $15<16$이므로　　$\sqrt{15}<4$

넓이가 각각 $a,\ b\ (0<a<b)$인 두 정사각형의 한 변의 길이는 $\sqrt{a},\ \sqrt{b}$ 이므로 다음과 같이 정사각형의 넓이를 이용하여 제곱근의 대소 관계를 이해할 수 있다.

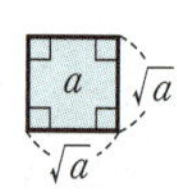
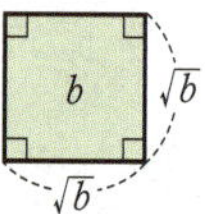

(1) 정사각형의 넓이가 넓을수록 그 한 변의 길이도 길다.
→ $a<b$이면　　$\sqrt{a}<\sqrt{b}$

(2) 정사각형의 한 변의 길이가 길수록 그 넓이도 넓다.
→ $\sqrt{a}<\sqrt{b}$이면　　$a<b$

교과서문제 정복하기

01-3 제곱근의 성질

[0035~0040] 다음 수를 근호를 사용하지 않고 나타내시오.

0035 $(\sqrt{8})^2$

0036 $(-\sqrt{21})^2$

0037 $-(-\sqrt{35})^2$

0038 $\sqrt{(-14)^2}$

0039 $-\sqrt{21^2}$

0040 $-\sqrt{(-0.7)^2}$

[0041~0044] 다음을 계산하시오.

0041 $(\sqrt{3})^2+(-\sqrt{2})^2$

0042 $\sqrt{81}-\sqrt{(-6)^2}$

0043 $\sqrt{100}\times\sqrt{(-1.4)^2}$

0044 $\left(\sqrt{\dfrac{5}{6}}\right)^2\div\sqrt{\left(-\dfrac{5}{3}\right)^2}$

[0045~0048] $a>0$일 때, 다음을 근호를 사용하지 않고 나타내시오.

0045 $\sqrt{(7a)^2}$

0046 $-\sqrt{(11a)^2}$

0047 $\sqrt{(-9a)^2}$

0048 $-\sqrt{(-2a)^2}$

[0049~0052] $a<0$일 때, 다음을 근호를 사용하지 않고 나타내시오.

0049 $\sqrt{(13a)^2}$

0050 $\sqrt{(-10a)^2}$

0051 $-\sqrt{(-a)^2}$

0052 $-\sqrt{(25a)^2}$

[0053~0056] 다음 식을 간단히 하시오.

0053 $a>0$일 때, $\sqrt{(2a)^2}+\sqrt{(-7a)^2}$

0054 $a>0$일 때, $\sqrt{(-3a)^2}-\sqrt{(-4a)^2}$

0055 $a<0$일 때, $\sqrt{(5a)^2}-\sqrt{(-8a)^2}$

0056 $a<0$일 때, $\sqrt{(-6a)^2}+\sqrt{(-a)^2}$

01-4 제곱근의 대소 관계

[0057~0062] 다음 □ 안에 알맞은 부등호를 써넣으시오.

0057 $\sqrt{9}\ \square\ \sqrt{10}$

0058 $\sqrt{0.8}\ \square\ \sqrt{0.6}$

0059 $\sqrt{13}\ \square\ 4$

0060 $\dfrac{1}{7}\ \square\ \sqrt{\dfrac{1}{7}}$

0061 $-\sqrt{21}\ \square\ -\sqrt{22}$

0062 $-\sqrt{34}\ \square\ -5$

0063 다음은 부등식 $\sqrt{x}<2$를 만족시키는 자연수 x를 모두 구하는 과정이다. □ 안에 알맞은 수를 써넣으시오.

$\sqrt{x}<2$의 양변을 제곱하면
$\quad x<\square$
따라서 $\sqrt{x}<2$를 만족시키는 자연수 x는
$\square,\ \square,\ \square$
이다.

[0064~0066] 다음 부등식을 만족시키는 자연수 x를 모두 구하시오.

0064 $\sqrt{x}<3$

0065 $3<\sqrt{x}\leq4$

0066 $4\leq\sqrt{2x}<5$

유형 익히기

유형 01 제곱근의 뜻

(1) x는 $a\,(a \geq 0)$의 제곱근이다.
  ➡ x를 제곱하면 a가 된다.
  ➡ $x^2 = a$
(2) 양수의 제곱근은 양수와 음수의 2개가 있고, 음수의 제곱근은 없다.

0067 대표문제

x가 7의 제곱근일 때, 다음 중 x와 7 사이의 관계를 식으로 바르게 나타낸 것은?

① $x^2 = \sqrt{7}$ ② $x = \pm\sqrt{7}$ ③ $x = 7^2$
④ $7 = \sqrt{x}$ ⑤ $7 = \pm\sqrt{x}$

0068 하

다음 중 제곱근을 구할 수 <u>없는</u> 수를 모두 고르면? (정답 2개)

① $\dfrac{5}{13}$ ② -6 ③ 0
④ $\left(-\dfrac{1}{4}\right)^2$ ⑤ -0.29

0069 중 서술형

12의 제곱근을 a, b의 제곱근을 $\pm\sqrt{15}$라 할 때, a^2+b^2의 값을 구하시오.

유형 02 제곱근의 표현

$a > 0$일 때

(1) a의 제곱근 ➡ $\begin{cases} \text{양의 제곱근: } \sqrt{a} \\ \text{음의 제곱근: } -\sqrt{a} \end{cases}$
  ➡ $\pm\sqrt{a}$
(2) 제곱근 a ➡ $\sqrt{a}$

0070 대표문제

다음 중 옳은 것은?

① 제곱근 8은 $\pm\sqrt{8}$이다.
② $\sqrt{0.36}$은 0.6의 양의 제곱근이다.
③ 제곱근 121과 121의 제곱근은 같다.
④ $-\left(\dfrac{1}{5}\right)^2$의 제곱근은 없다.
⑤ 음이 아닌 모든 수의 제곱근은 2개이다.

0071 중

다음 중 그 값이 나머지 넷과 <u>다른</u> 하나는?

① $\sqrt{81}$의 제곱근 ② 제곱하여 9가 되는 수
③ 제곱근 9 ④ $(-3)^2$의 제곱근
⑤ $x^2 = 9$를 만족시키는 x의 값

0072 중

다음 보기 중 옳은 것을 모두 고른 것은?

보기

ㄱ. $\dfrac{1}{4}$의 양의 제곱근은 $\dfrac{1}{2}$이다.
ㄴ. 11의 제곱근은 $\sqrt{11}$뿐이다.
ㄷ. 제곱하여 0.3이 되는 수는 없다.
ㄹ. $-\sqrt{24}$는 24의 음의 제곱근이다.

① ㄱ, ㄴ ② ㄱ, ㄷ ③ ㄱ, ㄹ
④ ㄴ, ㄷ ⑤ ㄷ, ㄹ

정답 및 풀이 3쪽

유형 03 근호를 사용하지 않고 나타내기

근호를 사용하지 않고 나타낼 수 있는 수
➡ 근호 안의 수가 어떤 수의 제곱인 수
➡ $a>0$일 때, $\sqrt{a^2}=a$

0073 대표문제

다음 중 근호를 사용하지 않고 나타낼 수 있는 것은?

① $-\sqrt{2.5}$ ② $\sqrt{90}$ ③ $\sqrt{216}$

④ $\sqrt{\dfrac{18}{49}}$ ⑤ $-\sqrt{1.44}$

0074 중

다음 수의 제곱근 중 근호를 사용하지 않고 나타낼 수 있는 것의 개수를 구하시오.

$$28, \quad \frac{1}{64}, \quad 1.69, \quad 0.\dot{4}, \quad \frac{100}{121}$$

0075 중

다음 수의 제곱근 중 근호를 사용하지 않고 나타낼 수 없는 것을 모두 고르면? (정답 2개)

① $\sqrt{36^2}$ ② $\sqrt{0.09}$ ③ $\sqrt{\dfrac{16}{81}}$

④ $\sqrt{\dfrac{4}{25}}$ ⑤ $2.\dot{7}$

유형 04 제곱근 구하기

어떤 수의 제곱근을 구할 때에는 먼저 주어진 수를 간단히 한다.

(1) 거듭제곱으로 나타내어진 수
  ➡ 거듭제곱을 계산한 다음 제곱근을 구한다.
(2) 근호를 사용하여 나타내어진 수
  ➡ 근호를 사용하지 않고 나타낸 다음 제곱근을 구한다.

0076 대표문제

$(-4)^2$의 양의 제곱근을 A, $\sqrt{16}$의 음의 제곱근을 B라 할 때, $A-B$의 값을 구하시오.

0077 중하

다음 중 제곱근을 잘못 구한 것을 모두 고르면? (정답 2개)

① 64의 제곱근 ➡ ± 8

② $\dfrac{4}{9}$의 제곱근 ➡ $\pm\dfrac{2}{3}$

③ $(-6)^2$의 제곱근 ➡ $\pm\sqrt{6}$

④ $\sqrt{225}$의 제곱근 ➡ ± 15

⑤ $(-0.5)^2$의 제곱근 ➡ ± 0.5

0078 중 서술형

제곱근 $7.\dot{1}$을 A, $\left(-\dfrac{1}{18}\right)^2$의 음의 제곱근을 B라 할 때, $\dfrac{A}{B}$의 값을 구하시오.

0079 상중

256의 두 제곱근을 각각 a, b라 할 때, $\sqrt{2(a-b)}$의 음의 제곱근은? (단, $a>b$)

① -2 ② $-\sqrt{6}$ ③ $-\sqrt{8}$

④ $-\sqrt{10}$ ⑤ -8

유형 05 제곱근과 도형

(1) 넓이가 S인 정사각형의 한 변의 길이가 x
이면 $x^2=S$이므로
$$x=\sqrt{S}\ (\because x>0)$$

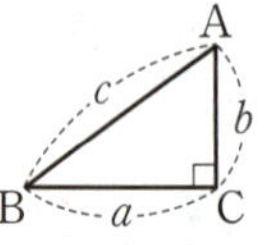

(2) $\angle C=90°$인 직각삼각형 ABC에서 피타
고라스 정리에 의하여 $c^2=a^2+b^2$이므로
$$c=\sqrt{a^2+b^2}\ (\because c>0)$$

0080 대표문제

가로의 길이가 9 cm, 세로의 길이가 5 cm인 직사각형과
넓이가 같은 정사각형의 한 변의 길이는?

① $\sqrt{39}$ cm ② $\sqrt{45}$ cm ③ 7 cm
④ $\sqrt{57}$ cm ⑤ 8 cm

0081 하

오른쪽 그림과 같이 $\angle B=90°$인
직각삼각형 ABC에서 $\overline{AB}=4$ cm,
$\overline{BC}=6$ cm일 때, x의 값을 구하
시오.

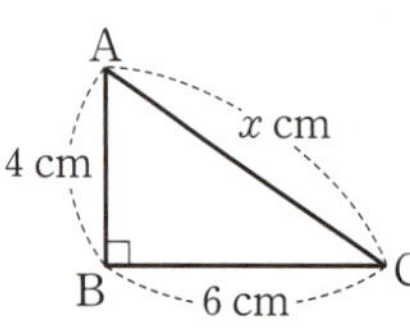

0082 중

닮음비가 $1:3$인 두 정사각형의 넓이의 합이 60 cm^{2}일 때,
작은 정사각형의 한 변의 길이는?

① $\sqrt{3}$ cm ② 2 cm ③ $\sqrt{5}$ cm
④ $\sqrt{6}$ cm ⑤ $\sqrt{7}$ cm

유형 06 제곱근의 성질

$a>0$일 때
(1) $(\sqrt{a})^2=a,\ (-\sqrt{a})^2=a$
(2) $\sqrt{a^2}=a,\ \sqrt{(-a)^2}=a$

0083 대표문제

다음 중 옳지 <u>않은</u> 것은?

① $(\sqrt{4})^2=4$ ② $-\sqrt{(-13)^2}=-13$

③ $-(-\sqrt{0.6})^2=-0.6$ ④ $-\sqrt{\left(\dfrac{1}{7}\right)^2}=\dfrac{1}{7}$

⑤ $\sqrt{\left(-\dfrac{2}{9}\right)^2}=\dfrac{2}{9}$

0084 하

다음 중 그 값이 나머지 넷과 <u>다른</u> 하나는?

① $(-\sqrt{5})^2$ ② $-\sqrt{25}$ ③ $-(\sqrt{5})^2$
④ $-\sqrt{(-5)^2}$ ⑤ $-(-\sqrt{5})^2$

0085 중

다음 수를 작은 것부터 차례대로 나열할 때, 세 번째에 오
는 수를 구하시오.

$$\sqrt{7^2},\quad (-\sqrt{3})^2,\quad -\sqrt{8^2},\quad -(-\sqrt{2})^2,\quad \sqrt{(-6)^2}$$

0086 중 서술형

$\sqrt{\left(-\dfrac{1}{4}\right)^2}$의 양의 제곱근을 A, $(\sqrt{10})^2$의 음의 제곱근을
B라 할 때, AB^2의 값을 구하시오.

유형 07 제곱근의 성질을 이용한 식의 계산

제곱근의 성질을 이용하여 근호를 없앤 후 계산한다.
예 $(\sqrt{2})^2+(-\sqrt{3})^2=2+3=5$

0087 대표문제

다음 중 옳은 것은?

① $\sqrt{3^2}+\sqrt{(-12)^2}=-9$

② $(\sqrt{15})^2-\sqrt{16}=1$

③ $\sqrt{0.04}\div\sqrt{(-2)^2}=0.01$

④ $\left(-\sqrt{\dfrac{3}{4}}\right)^2\times\left(-\sqrt{\dfrac{64}{81}}\right)=-\dfrac{2}{3}$

⑤ $-\left(-\sqrt{\dfrac{1}{8}}\right)^2\times\sqrt{0.32^2}=-0.4$

0088 중

$A=\sqrt{49}-3\times\sqrt{\left(-\dfrac{1}{3}\right)^2}+\sqrt{100}$일 때, $\sqrt{A}$의 값은?

① -4 ② -2 ③ 4

④ 6 ⑤ 16

0089 중

$a=\sqrt{5}$, $b=-\sqrt{2}$, $c=\sqrt{6}$일 때, $2a^2+b^2-3c^2$의 값을 구하시오.

0090 중 서술형

A, B가 다음과 같을 때, $A+B$의 값을 구하시오.

$$A=\sqrt{144}-\sqrt{(-10)^2}+\sqrt{3^2}-(-\sqrt{8})^2$$
$$B=(\sqrt{0.6})^2\div(-\sqrt{0.09})\times\sqrt{\dfrac{25}{4}}+\sqrt{(-11)^2}$$

중요 유형 08 $\sqrt{a^2}$의 성질

근호 안의 식이 어떤 식의 제곱이면 식의 부호를 판별하여 근호를 없앤다.

$$\Rightarrow \sqrt{a^2}=\begin{cases} a & (a\geq0) \\ -a & (a<0) \end{cases}$$

0091 대표문제

$a>0$일 때, 다음 중 옳지 <u>않은</u> 것은?

① $\sqrt{(-2a)^2}=2a$ ② $\sqrt{(3a)^2}=3a$

③ $-\sqrt{(-5a)^2}=-5a$ ④ $-\sqrt{(8a)^2}=-8a$

⑤ $\sqrt{16a^2}=16a$

0092 중하

$a<0$일 때, $\sqrt{\dfrac{81}{4}a^2}$을 간단히 하면?

① $-\dfrac{9}{2}a$ ② $-\dfrac{9}{4}a$ ③ $-\dfrac{3}{2}a$

④ $\dfrac{3}{2}a$ ⑤ $\dfrac{9}{2}a$

0093 중

$a>0$일 때, 다음 중 그 값이 가장 작은 것은?

① $\sqrt{(-a)^2}$ ② $-\sqrt{(2a)^2}$ ③ $-\dfrac{\sqrt{16a^2}}{8}$

④ $-\sqrt{\dfrac{9}{4}a^2}$ ⑤ $-\sqrt{(-3a)^2}$

유형 09 $\sqrt{a^2}$의 꼴을 포함한 식을 간단히 하기

$\sqrt{a^2}$의 꼴을 간단히 할 때에는 먼저 a의 부호를 조사한다.

➡ $\begin{cases} a>0 \text{이면} & \sqrt{a^2}=a \quad \leftarrow \text{부호 그대로} \\ a<0 \text{이면} & \sqrt{a^2}=-a \quad \leftarrow \text{부호 반대로} \end{cases}$

0094 대표문제

$a<0,\ b>0$일 때, $\sqrt{(4a)^2}+\sqrt{(3b)^2}-\sqrt{(-8b)^2}$을 간단히 하시오.

0095 중하

$a>0$일 때, $\sqrt{\left(-\dfrac{a}{5}\right)^2}\div\sqrt{25a^2}$을 간단히 하면?

① $\dfrac{1}{25}$ ② $\dfrac{a}{25}$ ③ $\dfrac{a}{5}$

④ 5 ⑤ $25a$

0096 중

$a<0$일 때, $\sqrt{0.36a^2}\times\sqrt{(-10a)^2}-\sqrt{\dfrac{9}{4}a^2}\times\sqrt{(-2a)^2}$을 간단히 하시오.

0097 상중 서술형

$a-b>0,\ ab<0$일 때, $\sqrt{a^2}-\sqrt{(-2a)^2}+\sqrt{b^2}$을 간단히 하시오.

중요 유형 10 $\sqrt{(a-b)^2}$의 꼴을 포함한 식을 간단히 하기

$\sqrt{(a-b)^2}$의 꼴을 간단히 할 때에는 먼저 $a-b$의 부호를 조사한다.

➡ $\begin{cases} a-b>0 \text{이면} & \sqrt{(a-b)^2}=a-b \\ a-b<0 \text{이면} & \sqrt{(a-b)^2}=-(a-b) \end{cases}$

0098 대표문제

$-1<a<2$일 때, $\sqrt{(a-2)^2}-\sqrt{(1+a)^2}$을 간단히 하면?

① $-2a+1$ ② $-2a+3$ ③ 1

④ $2a-3$ ⑤ $2a+1$

0099 중

$x<5$일 때, $\sqrt{(x-5)^2}+\sqrt{(5-x)^2}$을 간단히 하면?

① -10 ② $-2x+10$ ③ 0

④ 10 ⑤ $2x-10$

0100 중

$a<0<b<c$일 때, 다음 식을 간단히 하면?

$$\sqrt{(a-b)^2}+\sqrt{(b-c)^2}+\sqrt{(c-a)^2}$$

① $-2a-2b$ ② $-2a+2c$ ③ $a-2b$

④ $a+2c$ ⑤ $2a-2c$

유형 11 $\sqrt{Ax}$가 자연수가 되도록 하는 자연수 x의 값 구하기

A가 자연수일 때, $\sqrt{Ax}$가 자연수가 되도록 하는 자연수 x의 값은 다음과 같은 순서로 구한다.

❶ A를 소인수분해 한다.

❷ Ax의 모든 소인수의 지수가 짝수가 되도록 하는 x의 값을 구한다.

◉ $\sqrt{20x}$가 자연수가 되도록 하는 가장 작은 자연수 x의 값

➡ $20=2^2\times 5$이므로 $20x=2^2\times 5\times x$에서
$$x=5$$

0101 대표문제

$\sqrt{135x}$가 자연수가 되도록 하는 가장 작은 자연수 x의 값을 구하시오.

0102 중하

다음 중 $\sqrt{2^4\times 7\times x}$가 자연수가 되도록 하는 자연수 x의 값이 될 수 없는 것은?

① 7   ② 14   ③ 28

④ 63   ⑤ 112

0103 중

$\sqrt{\dfrac{40a}{3}}$가 자연수가 되도록 하는 가장 작은 자연수 a의 값을 구하시오.

0104 상중 서술형

$10<n<50$일 때, $\sqrt{12n}$이 자연수가 되도록 하는 모든 자연수 n의 값의 합을 구하시오.

유형 12 $\sqrt{\dfrac{A}{x}}$가 자연수가 되도록 하는 자연수 x의 값 구하기

A가 자연수일 때, $\sqrt{\dfrac{A}{x}}$가 자연수가 되도록 하는 자연수 x의 값은 다음과 같은 순서로 구한다.

❶ A를 소인수분해 한다.

❷ $\dfrac{A}{x}$의 모든 소인수의 지수가 짝수가 되도록 하는 x의 값을 구한다.

◉ $\sqrt{\dfrac{12}{x}}$가 자연수가 되도록 하는 가장 작은 자연수 x의 값

➡ $12=2^2\times 3$이므로 $\dfrac{12}{x}=\dfrac{2^2\times 3}{x}$에서 $x=3$

0105 대표문제

$\sqrt{\dfrac{360}{x}}$이 자연수가 되도록 하는 가장 작은 자연수 x의 값은?

① 5   ② 6   ③ 10

④ 15   ⑤ 30

0106 중

$\sqrt{\dfrac{162}{n}}$가 자연수가 되도록 하는 모든 자연수 n의 값의 합을 구하시오.

0107 상중

두 수 $\sqrt{60x}$와 $\sqrt{\dfrac{540}{x}}$이 모두 자연수가 되도록 하는 두 자리 자연수 x의 개수는?

① 1   ② 2   ③ 3

④ 4   ⑤ 5

유형 13 $\sqrt{A+x}$ 가 자연수가 되도록 하는 자연수 x의 값 구하기

A가 자연수일 때, $\sqrt{A+x}$ 가 자연수가 되도록 하는 자연수 x
의 값을 구하려면

➡ A보다 큰 (자연수)^{2}의 꼴인 수를 찾는다.

예 $\sqrt{8+x}$ 가 자연수가 되도록 하는 자연수 x의 값

➡ 8보다 큰 (자연수)^{2}의 꼴인 수는 9, 16, 25, 36, …이므로

$$8+x=9,\ 16,\ 25,\ 36,\ \cdots$$
$$\therefore x=1,\ 8,\ 17,\ 28,\ \cdots$$

0108 대표문제

$\sqrt{67+x}$ 가 자연수가 되도록 하는 가장 작은 자연수 x의 값
은?

① 3 ② 7 ③ 14
④ 29 ⑤ 33

0109 중하

다음 중 $\sqrt{13+n}$ 이 자연수가 되도록 하는 자연수 n의 값이
될 수 없는 것은?

① 3 ② 12 ③ 23
④ 35 ⑤ 51

0110 중

$\sqrt{46+m}=n$ 이라 할 때, n이 자연수가 되도록 하는 가장
작은 자연수 m과 그때의 n에 대하여 $m+n$의 값은?

① 7 ② 9 ③ 10
④ 12 ⑤ 13

유형 14 $\sqrt{A-x}$ 가 정수 또는 자연수가 되도록 하는 자연수 x의 값 구하기

A가 자연수일 때

(1) $\sqrt{A-x}$ 가 정수가 되도록 하는 자연수 x의 값을 구하려면

➡ 0 또는 A보다 작은 (자연수)^{2}의 꼴인 수를 찾는다.

(2) $\sqrt{A-x}$ 가 자연수가 되도록 하는 자연수 x의 값을 구하려면

➡ A보다 작은 (자연수)^{2}의 꼴인 수를 찾는다.

예 (1) $\sqrt{6-x}$ 가 정수가 되도록 하는 자연수 x의 값

➡ 6보다 작은 (자연수)^{2}의 꼴인 수는 0, 1, 4이므로

$$6-x=0,\ 1,\ 4 \quad \therefore x=6,\ 5,\ 2$$

(2) $\sqrt{6-x}$ 가 자연수가 되도록 하는 자연수 x의 값

➡ 6보다 작은 (자연수)^{2}의 꼴인 수는 1, 4이므로

$$6-x=1,\ 4 \quad \therefore x=5,\ 2$$

0111 대표문제

$\sqrt{36-x}$ 가 정수가 되도록 하는 자연수 x의 개수는?

① 3 ② 4 ③ 5
④ 6 ⑤ 7

0112 중

$\sqrt{14-x}$ 가 정수가 되도록 하는 모든 자연수 x의 값의 합을
구하시오.

0113 중 서술형

$\sqrt{28-x}$ 가 자연수가 되도록 하는 자연수 x 중에서 가장 큰
수를 M, 가장 작은 수를 m이라 할 때, $M-m$의 값을 구
하시오.

유형 15 제곱근의 대소 관계

(1) $a>0$, $b>0$일 때
① $a<b$이면 $\sqrt{a}<\sqrt{b}$
② $\sqrt{a}<\sqrt{b}$이면 $a<b$, $-\sqrt{a}>-\sqrt{b}$

(2) a와 $\sqrt{b}$의 대소 비교 (단, $a>0$, $b>0$)
방법 ① $\sqrt{a^2}$과 $\sqrt{b}$의 대소를 비교한다.
방법 ② a^2과 b의 대소를 비교한다.

0114 대표문제

다음 중 두 수의 대소 관계가 옳지 <u>않은</u> 것은?

① $4<\sqrt{20}$ ② $-\sqrt{5}<-\sqrt{2}$ ③ $-6>-\sqrt{38}$
④ $\dfrac{1}{3}>\sqrt{\dfrac{1}{10}}$ ⑤ $\sqrt{0.7}<0.7$

0115 종

다음 수를 작은 것부터 차례대로 나열할 때, 네 번째에 오는 수를 구하시오.

$$\frac{2}{3}, \quad -\sqrt{\frac{1}{2}}, \quad 0, \quad -\sqrt{2}, \quad \sqrt{3}$$

0116 상중

$0<a<1$일 때, 다음 중 그 값이 가장 큰 것은?

① $\sqrt{\dfrac{1}{a}}$ ② $\dfrac{1}{a}$ ③ $\sqrt{a}$
④ a ⑤ a^2

유형 16 제곱근의 성질과 대소 관계

$\sqrt{(A-B)^2}$의 꼴의 식을 간단히 할 때에는 먼저 A, B의 대소를 비교한다.

(1) $A>B$이면 $\sqrt{(A-B)^2}=A-B$ ← $A-B>0$
예 $2>\sqrt{3}$이므로 $\sqrt{(2-\sqrt{3})^2}=2-\sqrt{3}$

(2) $A<B$이면 $\sqrt{(A-B)^2}=-(A-B)$ ← $A-B<0$
예 $1<\sqrt{2}$이므로 $\sqrt{(1-\sqrt{2})^2}=-(1-\sqrt{2})=-1+\sqrt{2}$

0117 대표문제

$\sqrt{(2+\sqrt{5})^2}-\sqrt{(2-\sqrt{5})^2}$을 간단히 하면?

① -4 ② $-4+\sqrt{5}$ ③ $4-\sqrt{5}$
④ 4 ⑤ $4+\sqrt{5}$

0118 종

$\sqrt{(3-\sqrt{10})^2}+\sqrt{(4-\sqrt{10})^2}$을 간단히 하시오.

0119 종 서술형

$x=4$, $y=7+\sqrt{3}$일 때, $\sqrt{(x-y)^2}-\sqrt{(x+y)^2}$의 값을 구하시오.

개념원리 중학 수학 3–1 20쪽

유형 17 제곱근을 포함한 부등식

$a>0$, $b>0$일 때
(1) $a<\sqrt{n}<b$ ➡ $a^2<(\sqrt{n})^2<b^2$
          ➡ $a^2<n<b^2$
(2) $\sqrt{a}<n<\sqrt{b}$ ➡ $(\sqrt{a})^2<n^2<(\sqrt{b})^2$
          ➡ $a<n^2<b$

0120 대표문제

부등식 $3<\sqrt{2n}\leq 4$를 만족시키는 자연수 n의 개수는?

① 2   ② 3   ③ 4
④ 5   ⑤ 6

0121 중하

다음 중 부등식 $-8\leq -\sqrt{n-1}<-7$을 만족시키는 자연수 n의 값이 <u>아닌</u> 것은?

① 50   ② 53   ③ 56
④ 59   ⑤ 62

0122 중 서술형

부등식 $\sqrt{6}<n<\sqrt{26}$을 만족시키는 모든 자연수 n의 값의 합을 구하시오.

개념원리 중학 수학 3–1 33쪽

유형 UP 18 $\sqrt{x}$ 이하의 자연수 구하기

$\sqrt{x}$ (x는 자연수) 이하의 자연수를 구할 때에는 먼저 x와 가까운 (자연수)^{2}의 꼴인 수 2개를 찾아 x의 값의 범위를 부등식으로 나타낸다.
예 $\sqrt{8}$ 이하의 자연수
➡ $2^2<8<3^2$, 즉 $\sqrt{2^2}<\sqrt{8}<\sqrt{3^2}$이므로
     $2<\sqrt{8}<3$
따라서 $\sqrt{8}$ 이하의 자연수는 1, 2이다.

0123 대표문제

$\sqrt{23}$보다 작은 자연수의 개수를 a, $\sqrt{56}$보다 작은 자연수의 개수를 b라 할 때, $b-a$의 값을 구하시오.

0124 상중

자연수 x에 대하여 $\sqrt{x}$ 이하의 자연수의 개수를 $f(x)$라 할 때, $f(1)+f(2)+f(3)+\cdots+f(15)$의 값을 구하시오.

0125 상중

자연수 x에 대하여 $\sqrt{x}$보다 작은 자연수의 개수를 $N(x)$라 할 때, $N(x)=9$를 만족시키는 자연수 x의 개수는?

① 17   ② 18   ③ 19
④ 20   ⑤ 21

시험에 꼭 나오는 문제

0126

x가 양수 a의 제곱근일 때, 다음 중 x와 a 사이의 관계를 식으로 바르게 나타낸 것을 모두 고르면? (정답 2개)

① $x^2=a$ ② $a^2=x$ ③ $x=\pm\sqrt{a}$
④ $a=\pm\sqrt{x}$ ⑤ $x^2=\sqrt{a}$

0127

다음 중 옳은 것은?

① -2는 -4의 음의 제곱근이다.
② 제곱근 $\sqrt{16}$은 ±2이다.
③ -16의 제곱근은 ±4이다.
④ $\sqrt{169}$는 ±13이다.
⑤ $-\sqrt{5}$는 $(\sqrt{5}\,)^2$의 제곱근이다.

0128

다음 중 근호를 사용하지 않고 나타낼 수 <u>없는</u> 것은?

① $\sqrt{49}$ ② $\sqrt{121}$ ③ $\sqrt{0.4}$
④ $\sqrt{\dfrac{1}{144}}$ ⑤ $-\sqrt{\dfrac{289}{36}}$

0129 중요

196의 두 제곱근을 a, b라 할 때, $a-2b-6$의 양의 제곱근은? (단, $a>b$)

① 5 ② $\sqrt{33}$ ③ 6
④ $\sqrt{41}$ ⑤ 7

0130 중요

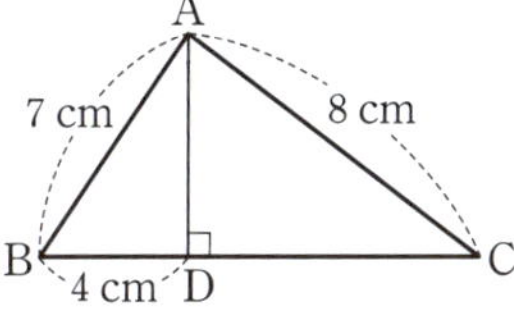

오른쪽 그림과 같은 $\triangle ABC$에서 $\overline{AD}\perp\overline{BC}$이고 $\overline{AB}=7$ cm, $\overline{BD}=4$ cm, $\overline{AC}=8$ cm일 때, $\overline{DC}$의 길이를 구하시오.

0131

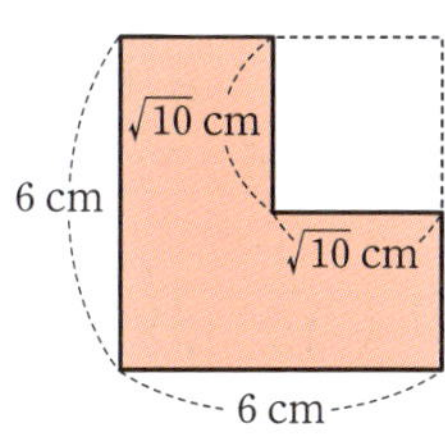

오른쪽 그림과 같이 한 변의 길이가 6 cm인 정사각형에서 한 변의 길이가 $\sqrt{10}$ cm인 정사각형을 잘라 내고 남은 도형이 있다. 이 도형과 넓이가 같은 정사각형의 한 변의 길이를 구하시오.

0132

다음 중 가장 큰 수는?

① $\sqrt{\left(-\dfrac{1}{3}\right)^2}$ ② $\sqrt{\left(\dfrac{1}{2}\right)^2}$ ③ $\left(\dfrac{1}{3}\right)^2$
④ $\left(-\sqrt{\dfrac{2}{5}}\right)^2$ ⑤ $\sqrt{\dfrac{1}{16}}$

0133

다음 중 계산 결과가 나머지 넷과 <u>다른</u> 하나는?

① $(\sqrt{7})^2-\sqrt{(-7)^2}$

② $-\sqrt{5^2}+\sqrt{(-5)^2}$

③ $\sqrt{(-9)^2}-\sqrt{9^2}$

④ $\sqrt{4^2}-(-\sqrt{4})^2$

⑤ $(-\sqrt{2})^2+(\sqrt{2})^2$

0134 중요

다음 중 옳은 것은?

① $(\sqrt{6})^2+\sqrt{81}-\sqrt{4^2}=10$

② $\sqrt{(-5)^2}\times\sqrt{36}\div\sqrt{\dfrac{4}{9}}=42$

③ $(-\sqrt{5})^2\times\sqrt{\dfrac{49}{25}}\times\sqrt{10^2}=7$

④ $\sqrt{\dfrac{1}{16}}+\sqrt{\left(-\dfrac{3}{2}\right)^2}-\sqrt{\left(\dfrac{3}{4}\right)^2}=1$

⑤ $-\sqrt{0.49}\times\sqrt{20^2}-(\sqrt{12})^2=4$

0135

$a<0$일 때, 다음 **보기** 중 옳은 것을 모두 고른 것은?

─── 보기 ───

ㄱ. $-\sqrt{(-a)^2}=a$　　ㄴ. $\sqrt{(2a)^2}=2a$

ㄷ. $-\sqrt{36a^2}=-6a$　　ㄹ. $\sqrt{(-3a)^2}=-3a$

① ㄱ, ㄴ　　② ㄱ, ㄷ　　③ ㄱ, ㄹ

④ ㄴ, ㄷ　　⑤ ㄷ, ㄹ

0136

$a<0$일 때, $\sqrt{(3a)^2}+\sqrt{81a^2}-\sqrt{(-5)^2a^2}$을 간단히 하면?

① $-17a$　　② $-12a$　　③ $-7a$

④ $12a$　　⑤ $17a$

0137 중요

$-3<x<4$일 때,
$$\sqrt{(x+3)^2}-\sqrt{(x-4)^2}=ax+b$$
이다. 이때 상수 a, b에 대하여 $a+b$의 값을 구하시오.

0138

$\sqrt{252x}$가 자연수가 되도록 하는 가장 작은 두 자리 자연수 x의 값은?

① 16　　② 21　　③ 28

④ 34　　⑤ 42

0139 중요

$\sqrt{\dfrac{90}{a}}=b$일 때, b가 자연수가 되도록 하는 가장 작은 자연수 a와 그때의 b에 대하여 ab의 값을 구하시오.

0140

$\sqrt{110+x}$가 자연수가 되도록 하는 60 이하의 자연수 x의 개수는?

① 3   ② 4   ③ 5
④ 6   ⑤ 7

0141

다음 수 중 가장 작은 수를 m, 가장 큰 수를 n이라 할 때, m^2+n^2의 값을 구하시오.

$$-\sqrt{5}, \quad \sqrt{17}, \quad \sqrt{10}, \quad -\sqrt{8}, \quad 4$$

0142

$\sqrt{(2-\sqrt{7})^2}-\sqrt{(\sqrt{7}-2)^2}-\sqrt{(-2)^2}+(-\sqrt{7})^2$을 간단히 하면?

① -5 ② $2-\sqrt{7}$ ③ 0
④ $-2+\sqrt{7}$ ⑤ 5

0143

부등식 $-4\le-\sqrt{2x-1}\le-3$을 만족시키는 자연수 x 중에서 짝수의 합은?

① 6   ② 8   ③ 10
④ 12   ⑤ 14

0144 중요

자연수 x에 대하여 $\sqrt{x}$ 이하의 자연수의 개수를 $N(x)$라 할 때, $N(125)-N(43)$의 값을 구하시오.

0145

오른쪽 그림과 같이 넓이가 각각 81 cm^2, 25 cm^2인 두 정사각형 ABCD, GCEF를 세 점 B, C, E가 한 직선 위에 있도록 겹치지 않게 이어 붙였다. 이때 $\overline{\text{AE}}$의 길이를 구하시오.

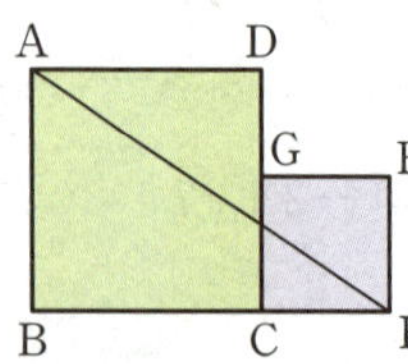

0146

서로소인 두 자연수 m, n에 대하여 $\sqrt{1.0\dot{6} \times \dfrac{n}{m}} = 0.\dot{4}$일 때, $m-n$의 값을 구하시오.

0147 중요

다음 두 부등식을 동시에 만족시키는 모든 자연수 x의 값의 합을 구하시오.

$$2 < \sqrt{x} < 3, \qquad \sqrt{47} < x < \sqrt{85}$$

0148

휴대용 계산기에서 근호($\sqrt{}$)를 누르면 화면에 있는 수의 양의 제곱근이 화면에 나타난다. 예를 들어 화면에 2가 있을 때, $\sqrt{}$를 누르면 화면에는 $1.414\cdots$가 나타난다. 어떤 수 x가 화면에 있을 때, $\sqrt{}$를 네 번 연속으로 눌렀더니 화면에 3이 나타났다. 이때 x의 값은?

① 3^8 　　② 3^{12} 　　③ 3^{16}
④ 3^{20} 　　⑤ 3^{24}

0149

부등식 $1.4 < \sqrt{x} < 2.5$를 만족시키는 x의 값 중에서 가장 큰 자연수를 a, 가장 작은 자연수를 b라 할 때, $\sqrt{\dfrac{a}{b} \times n}$이 한 자리 자연수가 되도록 하는 자연수 n의 값을 모두 구하시오.

0150

$\sqrt{80-2a} - \sqrt{40+b}$의 값이 가장 큰 정수가 되도록 하는 자연수 a, b에 대하여 $a+b$의 값을 구하시오.

공감
한 스푼

나는
내가 꿈꾸는 모든 것을
이룰 수 있는 무한한
잠재력이 있어
길

02 무리수와 실수

02-1 무리수와 실수

(1) **무리수** : 유리수가 아닌 수, 즉 순환소수가 아닌 무한소수로 나타내어지는 수

　　예 $\sqrt{2}=1.414\cdots$, $\sqrt{3}=1.732\cdots$, $\pi=3.141592\cdots$

(2) **실수** : 유리수와 무리수를 통틀어 실수라 한다.

(3) **실수의 분류**

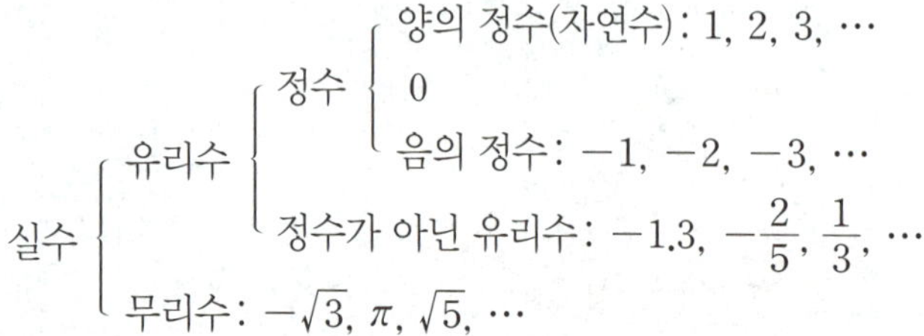

$$
\text{실수}\begin{cases}\text{유리수}\begin{cases}\text{정수}\begin{cases}\text{양의 정수(자연수)}: 1, 2, 3, \cdots\\ 0\\ \text{음의 정수}: -1, -2, -3, \cdots\end{cases}\\ \text{정수가 아닌 유리수}: -1.3, -\dfrac{2}{5}, \dfrac{1}{3}, \cdots\end{cases}\\ \text{무리수}: -\sqrt{3}, \pi, \sqrt{5}, \cdots\end{cases}
$$

02-2 실수와 수직선

(1) 직각삼각형의 빗변의 길이를 이용하여 무리수를 수직선 위에 나타낼 수 있다.

　　예 오른쪽 그림의 직각삼각형 OAB에서

　　　　$\overline{\text{OB}}=\sqrt{1^2+1^2}=\sqrt{2}$

　　　　이므로 두 점 P, Q에 대응하는 수는 각각 $\sqrt{2}$, $-\sqrt{2}$이다.

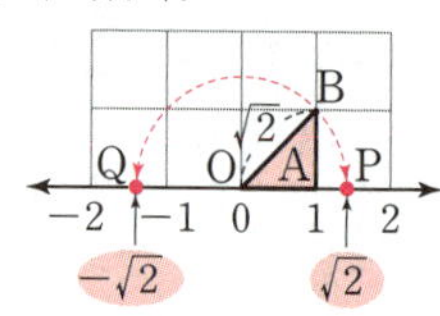

(2) **실수와 수직선**

① 수직선은 유리수와 무리수, 즉 실수에 대응하는 점들로 완전히 메울 수 있다.

② 모든 실수는 각각 수직선 위의 한 점에 대응하고, 수직선 위의 한 점에는 한 실수가 대응한다.

③ 수직선 위에서 원점의 오른쪽에 있는 점에는 양의 실수(양수)가 대응하고, 왼쪽에 있는 점에는 음의 실수(음수)가 대응한다.

④ 서로 다른 두 실수 사이에는 무수히 많은 실수가 있다.

(3) **실수의 대소 관계**

① 양수는 0보다 크고, 음수는 0보다 작다.　　② 양수는 음수보다 크다.

③ 양수끼리는 절댓값이 큰 수가 크다.　　　 ④ 음수끼리는 절댓값이 큰 수가 작다.

　　참고 두 실수 a, b의 대소 관계는 $a-b$의 값의 부호에 따라 다음과 같이 정한다.

　　　　① $a-b>0$이면　　$a>b$　　② $a-b=0$이면　　$a=b$　　③ $a-b<0$이면　　$a<b$

02-3 제곱근표를 이용하여 제곱근의 값 구하기

(1) **제곱근표** : 1.00부터 99.9까지의 수에 대한 양의 제곱근의 값을 반올림하여 소수점 아래 셋째 자리까지 나타낸 표

(2) **제곱근표 읽는 방법** : 처음 두 자리 수의 가로줄과 끝자리 수의 세로줄이 만나는 곳에 적힌 수를 읽는다.

수	0	1	2	3	⋯
⋮	⋮	⋮	⋮	⋮	⋮
2.0	1.414	1.418	1.421	1.425	⋯
2.1	1.449	1.453	1.456	1.459	⋯
⋮	⋮	⋮	⋮	⋮	⋮

　　예 제곱근표에서 $\sqrt{2.12}$의 값은 2.1의 가로줄과 2의 세로줄이 만나는 곳에 적힌 수인 1.456이다.

유리수는 $\dfrac{(정수)}{(0이\ 아닌\ 정수)}$의 꼴, 즉 분수로 나타낼 수 있는 수이다.

특별한 말이 없을 때 '수'라고 하면 '실수'를 의미한다.

소수의 분류

$$
\text{소수}\begin{cases}\text{유한 소수}\\ \text{무한 소수}\begin{cases}\text{순환소수} \Rightarrow \text{유리수}\\ \text{순환소수가 아닌 무한소수} \Rightarrow \text{무리수}\end{cases}\end{cases}
$$

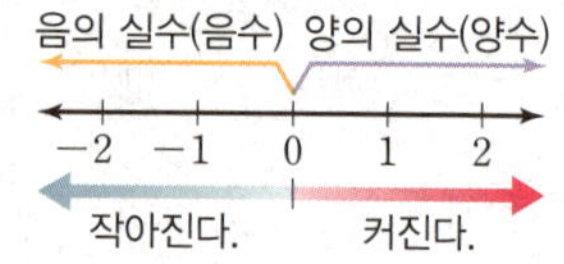

제곱근표에 있는 값은 대부분 어림한 값이지만 등호를 사용하여 나타낸다.

교과서문제 정복하기

02-1 무리수와 실수

[0151~0154] 다음 수가 유리수이면 '유', 무리수이면 '무'를 ( ) 안에 써넣으시오.

0151 $-\sqrt{35}$ ( ) **0152** $\sqrt{\dfrac{1}{64}}$ ( )

0153 $1.5\dot{6}\dot{8}$ ( ) **0154** $\sqrt{0.7}$ ( )

[0155~0157] 다음 설명이 옳으면 ◯, 옳지 않으면 ×를 ( ) 안에 써넣으시오.

0155 순환소수는 모두 무리수이다. ( )

0156 정수가 아닌 유리수는 모두 유한소수로 나타내어진다. ( )

0157 무리수는 모두 실수이다. ( )

02-2 실수와 수직선

[0158~0159] 다음 그림은 한 눈금의 길이가 1인 모눈종이 위에 수직선과 직각삼각형 ABC를 그리고, 점 A를 중심으로 하고 $\overline{AC}$를 반지름으로 하는 원을 그린 것이다. 원과 수직선이 만나는 두 점을 각각 P, Q라 할 때, 두 점 P, Q에 대응하는 수를 구하시오.

0158

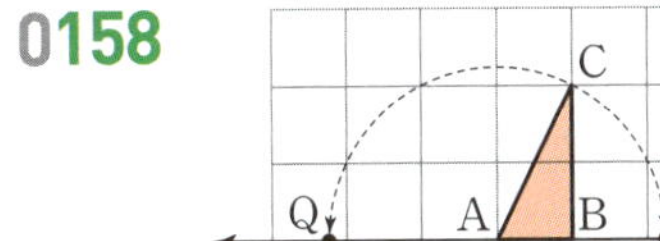

0159

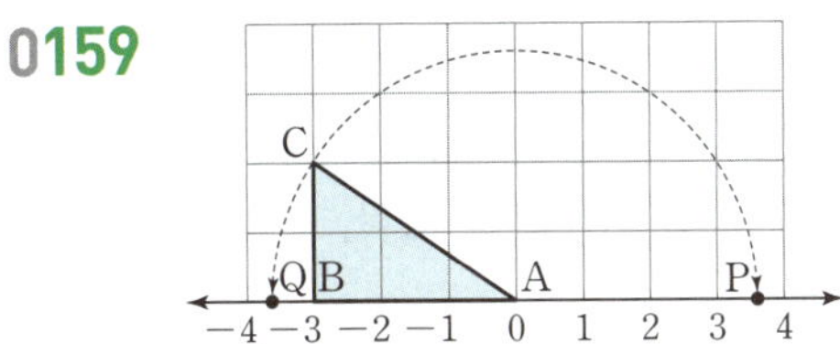

[0160~0163] 다음 수직선 위의 점 중에서 주어진 수에 대응하는 점을 찾으시오.

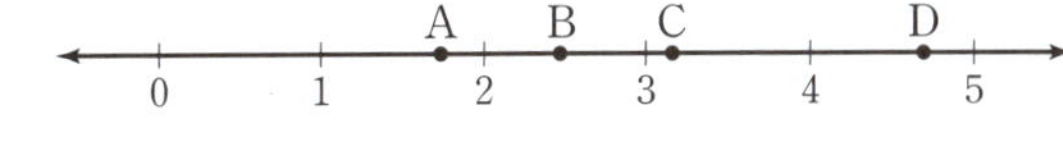

0160 $\sqrt{22}$ **0161** $\sqrt{3}$

0162 $\sqrt{10}$ **0163** $\sqrt{\dfrac{31}{5}}$

0164 다음은 $\sqrt{3}-1$과 1의 대소를 비교하는 과정이다. □ 안에 알맞은 부등호를 써넣으시오.

$(\sqrt{3}-1)-1=\sqrt{3}-2$이고 $2=\sqrt{4}$이므로

$\sqrt{3}-2$ □ 0 $\therefore \sqrt{3}-1$ □ 1

[0165~0168] 다음 □ 안에 알맞은 부등호를 써넣으시오.

0165 $\sqrt{5}+1$ □ 4

0166 $\sqrt{13}-6$ □ $\sqrt{13}-7$

0167 $\sqrt{7}-3$ □ $\sqrt{8}-3$

0168 $-\sqrt{2}+\sqrt{10}$ □ $-\sqrt{3}+\sqrt{10}$

02-3 제곱근표를 이용하여 제곱근의 값 구하기

[0169~0172] 다음 제곱근표를 이용하여 아래 제곱근의 값을 구하시오.

수	0	1	2	3	4	5
15	3.873	3.886	3.899	3.912	3.924	3.937
16	4.000	4.012	4.025	4.037	4.050	4.062
17	4.123	4.135	4.147	4.159	4.171	4.183
18	4.243	4.254	4.266	4.278	4.290	4.301
19	4.359	4.370	4.382	4.393	4.405	4.416

0169 $\sqrt{16.5}$ **0170** $\sqrt{17.2}$

0171 $\sqrt{18.3}$ **0172** $\sqrt{19.1}$

유형 익히기

유형 01 유리수와 무리수의 구별

(1) 유리수 : $\dfrac{(정수)}{(0이\ 아닌\ 정수)}$의 꼴로 나타낼 수 있는 수

➡ 정수, 유한소수, 순환소수 ← 근호를 없앨 수 있는 수

예 $-2,\ 0.5,\ 3.\dot{2},\ \sqrt{16}$

(2) 무리수 : 유리수가 아닌 수

➡ 순환소수가 아닌 무한소수 ← 근호를 없앨 수 없는 수

예 $\pi,\ 1.1213\cdots,\ -\sqrt{3}$

0173 대표문제

다음 중 무리수인 것을 모두 고르면? (정답 2개)

① $\sqrt{1.\dot{7}}$ ② $3-\sqrt{6}$ ③ $\sqrt{\left(-\dfrac{8}{5}\right)^2}$

④ $-\sqrt{0.09}$ ⑤ $\dfrac{\pi}{10}$

0174 중

다음 정사각형 중 한 변의 길이가 유리수인 것을 모두 고르면? (정답 2개)

① 넓이가 5인 정사각형
② 넓이가 10인 정사각형
③ 넓이가 24인 정사각형
④ 넓이가 36인 정사각형
⑤ 둘레의 길이가 $\sqrt{0.\dot{1}}$인 정사각형

0175 중

$a=\sqrt{7}$일 때, 다음 중 무리수인 것은?

① $a-\sqrt{7}$ ② $a+7$ ③ a^2

④ $-\sqrt{7a^2}$ ⑤ $\sqrt{7a}$

유형 02 무리수의 이해

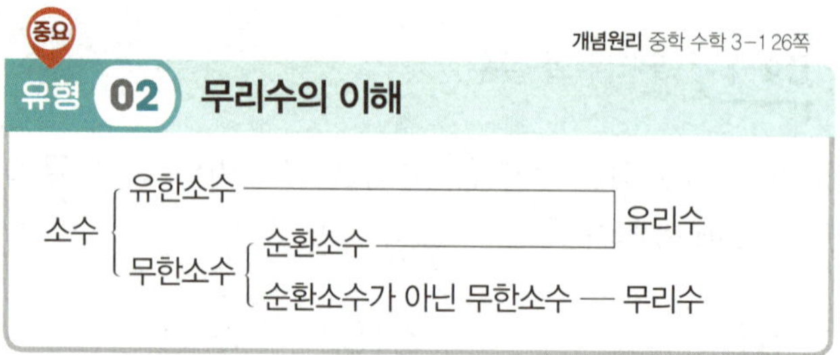

0176 대표문제

다음 중 옳은 것은?

① 무한소수는 모두 무리수이다.
② 유한소수 중에는 무리수인 것도 있다.
③ 유리수이면서 무리수인 수도 있다.
④ 유한소수는 모두 분수로 나타낼 수 있다.
⑤ 소수는 유한소수와 순환소수로 이루어져 있다.

0177 중

다음 보기 중 옳은 것을 모두 고른 것은?

보기

ㄱ. 순환소수는 모두 유리수이다.
ㄴ. 순환소수가 아닌 무한소수는 무리수이다.
ㄷ. 근호를 사용하여 나타낸 수는 모두 무리수이다.
ㄹ. 무한소수 중에는 유리수인 것도 있다.
ㅁ. 무리수는 $\dfrac{(정수)}{(0이\ 아닌\ 정수)}$의 꼴로 나타낼 수 있다.

① ㄱ, ㄷ ② ㄴ, ㄹ ③ ㄷ, ㅁ
④ ㄱ, ㄴ, ㄹ ⑤ ㄱ, ㄷ, ㅁ

0178 중

다음 중 $\sqrt{3}$에 대한 설명으로 옳지 <u>않은</u> 것은?

① 2보다 작은 수이다.
② 제곱근 3이다.
③ 제곱하면 유리수가 된다.
④ 순환소수가 아닌 무한소수로 나타낼 수 있다.
⑤ 근호를 사용하지 않고 나타낼 수 있다.

유형 03 실수의 이해

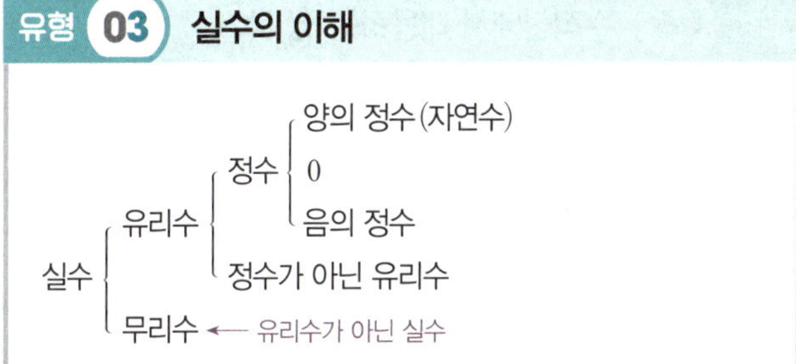

0179 대표문제

다음 수에 대한 설명으로 옳은 것은?

$$\frac{7}{3}, \quad -\sqrt{0.06}, \quad \sqrt{9}, \quad \sqrt{18}, \quad -1.4\dot{3}, \quad \sqrt{\frac{64}{25}}$$

① 자연수는 없다.
② 정수는 2개이다.
③ 정수가 아닌 유리수는 1개이다.
④ 유리수는 4개이다.
⑤ 소수로 나타내었을 때 순환소수가 아닌 무한소수로 나타내어지는 것은 3개이다.

0180 중하

다음 중 □ 안의 수에 해당하는 것은?

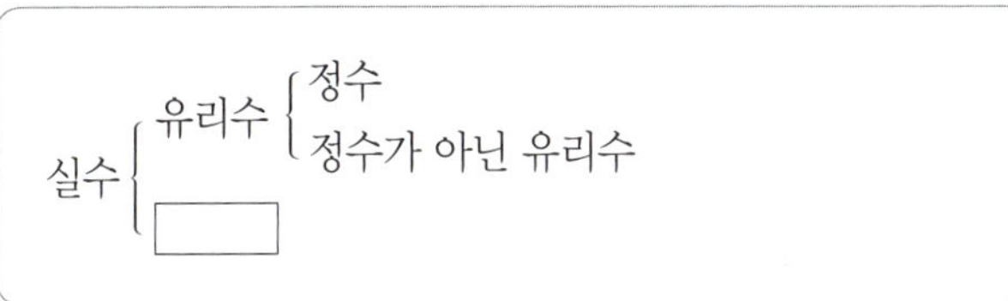

① $\sqrt{0.01}$ ② $\sqrt{1.6}$ ③ $\dfrac{3}{\sqrt{25}}$

④ $\sqrt{\dfrac{1}{4}}$ ⑤ $1.2333\cdots$

0181 중

다음 중 옳지 <u>않은</u> 것은?

① 모든 자연수는 정수이다.
② 모든 정수는 유리수이다.
③ 정수가 아닌 수는 모두 무리수이다.
④ 실수는 유리수와 무리수로 이루어져 있다.
⑤ 실수 중 유리수가 아닌 수는 무리수이다.

유형 04 무리수를 수직선 위에 나타내기

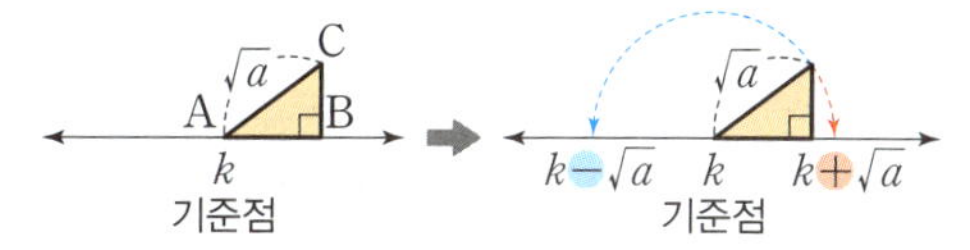

❶ 직각삼각형 ABC에서 $\overline{AC}$의 길이가 $\sqrt{a}$를 구한다.
❷ 기준점 k에서 오른쪽에 있는 점의 좌표는
  (기준점)$+\overline{AC}$, 즉 $k+\sqrt{a}$
  기준점 k에서 왼쪽에 있는 점의 좌표는
  (기준점)$-\overline{AC}$, 즉 $k-\sqrt{a}$

0182 대표문제

오른쪽 그림은 한 눈금의 길이가 1인 모눈종이 위에 수직선과 직각삼각형 ABC를 그리고, 점 A를 중심으로 하고 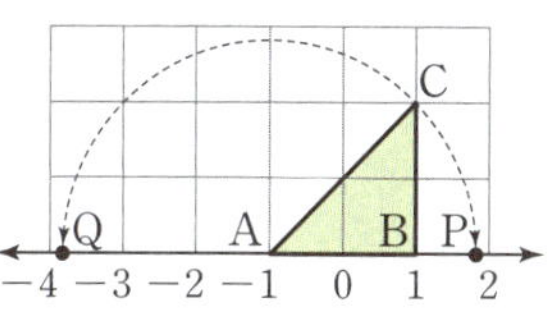 $\overline{AC}$를 반지름으로 하는 원을 그린 것이다. 원과 수직선이 만나는 두 점을 각각 P, Q라 할 때, 두 점 P, Q에 대응하는 수를 차례대로 구하시오.

0183 중하 서술형

오른쪽 그림과 같이 넓이가 15인 정사각형 ABCD에 대하여 $\overline{AB}=\overline{AP}$가 되도록 수직선 위에 점 P를 정할 때, 점 P에 대응하는 수를 구하시오. 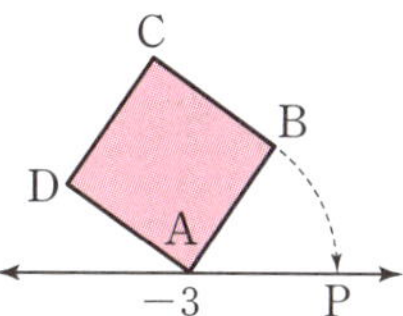

0184 중

다음 그림과 같이 수직선 위에 한 변의 길이가 1인 세 정사각형을 그렸다. 각 점의 좌표로 옳지 <u>않은</u> 것은?

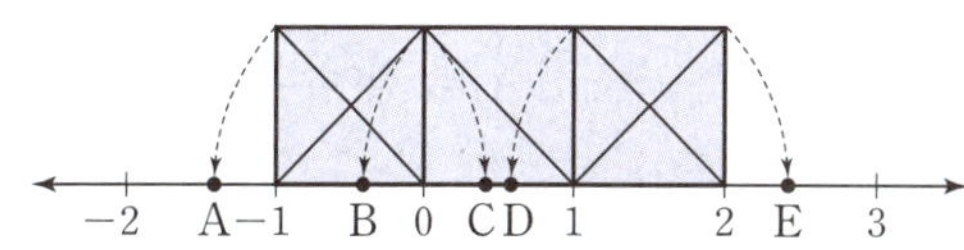

① $A(-\sqrt{2})$ ② $B(1-\sqrt{2})$
③ $C(-1+\sqrt{2})$ ④ $D(2-\sqrt{2})$
⑤ $E(2+\sqrt{2})$

유형 05 실수와 수직선

(1) 모든 실수는 수직선 위의 한 점에 각각 대응한다.
(2) 서로 다른 두 실수 사이에는 무수히 많은 실수가 있다.
(3) 수직선은 실수에 대응하는 점들로 완전히 메울 수 있다.

0185 대표문제

다음 중 옳지 <u>않은</u> 것은?

① $\sqrt{10}$과 $\sqrt{15}$ 사이에는 자연수가 없다.
② -1과 $\sqrt{6}$ 사이에는 무수히 많은 무리수가 있다.
③ -2와 3 사이에는 무수히 많은 유리수가 있다.
④ 유리수에 대응하는 점들로 수직선을 완전히 메울 수 없다.
⑤ 무리수 중에서 수직선 위의 점에 대응하지 않는 수도 있다.

0186 중

다음 중 옳은 것을 모두 고르면? (정답 2개)

① 서로 다른 두 무리수 사이에는 무수히 많은 정수가 있다.
② 서로 다른 두 유리수 사이에는 유리수만 있다.
③ 서로 다른 두 무리수 사이에는 무수히 많은 유리수가 있다.
④ 수직선은 무리수에 대응하는 점들로 완전히 메울 수 있다.
⑤ 모든 실수는 수직선 위의 한 점에 각각 대응한다.

0187 중

다음 **보기** 중 옳은 것의 개수는?

> | 보기 |
> ㄱ. 수직선 위에 $\sqrt{3}-1$에 대응하는 점은 1개이다.
> ㄴ. 서로 다른 두 자연수 사이에는 무리수가 있다.
> ㄷ. $\sqrt{2}$에 가장 가까운 유리수를 찾을 수 없다.
> ㄹ. 유리수 중에는 수직선 위의 점에 대응하지 않는 수도 있다.
> ㅁ. 서로 다른 두 실수 사이에는 무수히 많은 실수가 있다.

① 1   ② 2   ③ 3
④ 4   ⑤ 5

중요 유형 06 수직선에서 대응하는 점 찾기

예 수직선에서 $\sqrt{12}$에 대응하는 점 찾기
➡ $\sqrt{9}<\sqrt{12}<\sqrt{16}$이므로 $\quad 3<\sqrt{12}<4$
➡ $\sqrt{12}$는 수직선 위에서 3과 4 사이의 점에 대응한다.

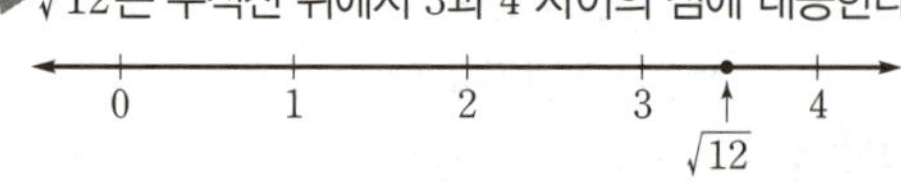

0188 대표문제

다음 수직선 위의 점 A~E 중 $\sqrt{7}-3$에 대응하는 점은?

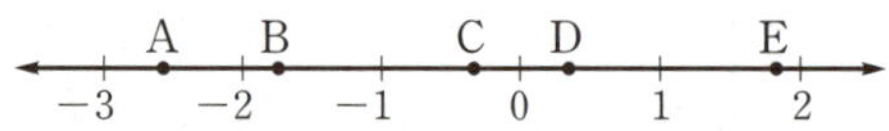

① 점 A   ② 점 B   ③ 점 C
④ 점 D   ⑤ 점 E

0189 중하

다음 수직선에서 $\sqrt{2}+5$에 대응하는 점이 있는 구간은?

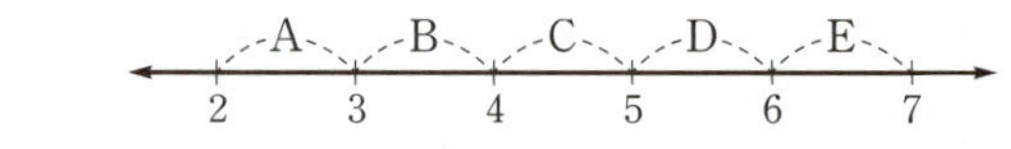

① 구간 A   ② 구간 B   ③ 구간 C
④ 구간 D   ⑤ 구간 E

0190 중 서술형

아래 수직선 위의 세 점 A, B, C는 각각 세 수
$$\sqrt{15},\ 1-\sqrt{7},\ \sqrt{10}-4$$
중 하나에 대응한다. 다음 물음에 답하시오.

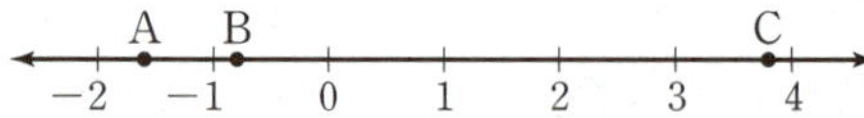

(1) 세 점 A, B, C에 대응하는 수를 각각 구하시오.

(2) (1)을 이용하여 세 수의 대소를 비교하시오.

유형 07 두 실수의 대소 관계

두 실수의 대소를 비교할 때에는 두 수의 차를 이용한다.

즉 두 실수 a, b에 대하여

(1) $a-b>0$이면 $a>b$

(2) $a-b=0$이면 $a=b$

(3) $a-b<0$이면 $a<b$

0191 대표문제

다음 중 두 실수의 대소 관계가 옳은 것은?

① $3<\sqrt{2}+1$ ② $1>5-\sqrt{10}$

③ $-\sqrt{7}-6>-8$ ④ $4+\sqrt{5}>\sqrt{5}+\sqrt{12}$

⑤ $6-\sqrt{3}<\sqrt{29}-\sqrt{3}$

0192 중

다음 중 □ 안에 알맞은 부등호를 써넣을 때, 나머지 넷과 <u>다른</u> 하나는?

① $\sqrt{15}+2$ □ 5

② $2+\sqrt{7}$ □ $\sqrt{7}+\sqrt{3}$

③ $-4-\sqrt{6}$ □ $-\sqrt{13}-\sqrt{6}$

④ $7-\sqrt{8}$ □ 4

⑤ $\sqrt{18}-\sqrt{(-3)^2}$ □ $\sqrt{15}-3$

0193 중

다음 **보기** 중 두 실수의 대소 관계가 옳은 것을 모두 고른 것은?

─ 보기 ─

ㄱ. $4-\sqrt{7}<-\sqrt{11}+4$

ㄴ. $\sqrt{5}-\sqrt{2}<\sqrt{5}-1$

ㄷ. $\sqrt{7}+4>6$

ㄹ. $-3+\sqrt{3}<\sqrt{3}-\sqrt{14}$

ㅁ. $2+\sqrt{10}>\sqrt{10}+\sqrt{3}$

① ㄱ, ㄴ, ㅁ   ② ㄱ, ㄷ, ㄹ   ③ ㄴ, ㄷ, ㄹ

④ ㄴ, ㄷ, ㅁ   ⑤ ㄴ, ㄹ, ㅁ

유형 08 세 실수의 대소 관계

세 실수의 대소를 비교할 때에는 두 수씩 짝 지어 비교한다.

즉 세 실수 a, b, c에 대하여 $a<b$이고 $b<c$이면

$a<b<c$

0194 대표문제

다음 세 수 a, b, c의 대소 관계를 바르게 나타낸 것은?

$$a=\sqrt{5}+\sqrt{3},\quad b=\sqrt{5}+1,\quad c=3+\sqrt{3}$$

① $a<b<c$ ② $b<a<c$ ③ $b<c<a$

④ $c<a<b$ ⑤ $c<b<a$

0195 중

한 변의 길이가 $\sqrt{23}$, 5, $4+\sqrt{2}$인 세 정사각형을 각각 A, B, C라 할 때, 넓이가 가장 큰 정사각형을 구하시오.

0196 중 서술형

다음 세 수 x, y, z 중 가장 작은 수를 구하시오.

$$x=\sqrt{7}+\sqrt{10},\quad y=3+\sqrt{10},\quad z=\sqrt{7}+3$$

유형 09 제곱근표를 이용하여 제곱근의 값 구하기

예 제곱근표에서 $\sqrt{1.12}$의 값 구하기

1.1의 가로줄과 2의 세로줄이 만나는 곳에 적힌 수를 읽는다.

➡ $\sqrt{1.12}=1.058$

수	…	2	…
1.0	⋮	1.010	⋮
1.1	⋮	1.058	⋮
1.2	⋮	1.105	⋮

0197 대표문제

다음 제곱근표에서 $\sqrt{6.23}$의 값이 a이고 $\sqrt{b}$의 값이 2.542일 때, $100a-10b$의 값은?

수	2	3	4	5	6
6.1	2.474	2.476	2.478	2.480	2.482
6.2	2.494	2.496	2.498	2.500	2.502
6.3	2.514	2.516	2.518	2.520	2.522
6.4	2.534	2.536	2.538	2.540	2.542

① 185 ② 185.3 ③ 186
④ 186.1 ⑤ 186.9

0198 종하

다음 제곱근표를 이용하여 $\sqrt{32.5}-\sqrt{30.7}$의 값을 구하시오.

수	5	6	7	8	9
30	5.523	5.532	5.541	5.550	5.559
31	5.612	5.621	5.630	5.639	5.648
32	5.701	5.710	5.718	5.727	5.736

0199 종

다음 제곱근표에서 $\sqrt{a}=9.311$, $\sqrt{b}=9.402$일 때, $b-a$의 값을 구하시오.

수	3	4	5	6	7
85	9.236	9.241	9.247	9.252	9.257
86	9.290	9.295	9.301	9.306	9.311
87	9.343	9.349	9.354	9.359	9.365
88	9.397	9.402	9.407	9.413	9.418

유형 UP 10 두 실수 사이의 수

(1) 두 자연수 a, b 사이에 $\sqrt{c}$가 있으면
$$\sqrt{a^2}<\sqrt{c}<\sqrt{b^2}$$
이 성립한다.

(2) 두 무리수 $\sqrt{a}$, $\sqrt{b}$ 사이에 c가 있으면
$$\sqrt{a}<\sqrt{c^2}<\sqrt{b}$$
가 성립한다.

참고 두 실수 a, b의 평균 $\dfrac{a+b}{2}$는 a, b 사이의 수이므로 $a<\dfrac{a+b}{2}<b$

0200 대표문제

다음 중 $\sqrt{8}$과 $\sqrt{20}$ 사이에 있는 수가 아닌 것은?

① $\sqrt{\dfrac{25}{3}}$ ② π ③ $\sqrt{8}+1$
④ $\dfrac{\sqrt{8}+\sqrt{20}}{2}$ ⑤ $\dfrac{\sqrt{8}+1}{2}$

0201 상중 서술형

두 수 $1-\sqrt{6}$과 $3+\sqrt{3}$ 사이에 있는 정수의 개수를 구하시오.

0202 상

두 정수 a, b에 대하여 $a+\sqrt{5}<n<b-\sqrt{10}$을 만족시키는 정수 n이 3개일 때, $b-a$의 값은?

① 8 ② 9 ③ 10
④ 11 ⑤ 12

시험에 꼭 나오는 문제

0203 중요

다음 **보기** 중 소수로 나타내었을 때 순환소수가 아닌 무한소수가 되는 것을 모두 고른 것은?

┌─── 보기 ───┐

ㄱ. $-\sqrt{\dfrac{5}{14}}$ ㄴ. $\sqrt{64}-8$ ㄷ. $\sqrt{2^2+3^2}$

ㄹ. $\sqrt{(-3)^2+4^2}$ ㅁ. $2.35\dot{1}$ ㅂ. 3.14

① ㄱ, ㄷ
② ㄴ, ㅂ
③ ㄱ, ㄴ, ㅂ
④ ㄱ, ㄷ, ㄹ
⑤ ㄷ, ㄹ, ㅁ

0204

다음 중 a가 유리수일 때, 항상 무리수인 것은?

① $a+\dfrac{1}{3}$
② $\sqrt{7}a$
③ $5a$
④ $a-\sqrt{10}$
⑤ a^2

0205

다음 중 무리수에 대한 설명으로 옳은 것을 모두 고르면? (정답 2개)

① 근호를 사용하여 나타낸 수이다.
② 유리수가 아닌 수이다.
③ 유한소수로 나타낼 수 있는 수이다.
④ 실수이다.
⑤ 기약분수로 나타낼 수 있는 수이다.

0206

다음 중 실수의 개수를 a, 유리수의 개수를 b라 할 때, $a-b$의 값을 구하시오.

$$\pi, \quad 0.523, \quad \sqrt{0.\dot{4}}, \quad \sqrt{0.00\dot{1}},$$
$$-\sqrt{81}, \quad -\sqrt{2.5}, \quad \sqrt{\dfrac{16}{49}}, \quad 2.1555\cdots$$

0207 중요

아래 그림은 한 눈금의 길이가 1인 모눈종이 위에 수직선과 두 직각삼각형 ABC, ADE를 그린 것이다. $\overline{AB}=\overline{AP}$, $\overline{AE}=\overline{AQ}$일 때, 다음 중 옳지 <u>않은</u> 것은?

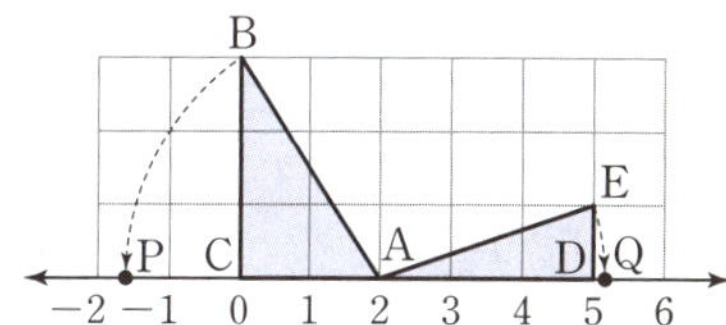

① $\overline{AB}=\sqrt{13}$
② $\overline{AE}=\sqrt{10}$
③ 점 P에 대응하는 수는 $2-\sqrt{13}$이다.
④ 점 Q에 대응하는 수는 $2+\sqrt{10}$이다.
⑤ $\overline{DQ}=\sqrt{10}-2$

0208

다음 그림과 같이 반지름의 길이가 3인 원이 수직선 위의 1에 대응하는 점에 접하고 있다. 이 접점을 A라 하고, 원을 수직선을 따라 시곗바늘이 도는 방향으로 두 바퀴 굴렸을 때, 점 A가 다시 수직선에 접하는 점을 A′이라 하자. 이때 점 A′에 대응하는 수를 구하시오.

다음 중 옳지 <u>않은</u> 것은?

① $-\sqrt{3}$과 $\sqrt{10}$ 사이에는 5개의 정수가 있다.

② $1-\sqrt{2}$에 대응하는 점은 수직선 위에 나타낼 수 있다.

③ 서로 다른 두 실수 사이에는 무수히 많은 유리수가 있다.

④ 0에 가장 가까운 자연수는 1이다.

⑤ $\sqrt{5}$와 $\sqrt{7}$ 사이에 있는 무리수는 $\sqrt{6}$뿐이다.

0210

다음 중 수직선 위의 점 A에 대응하는 수로 가장 적당한 수는?

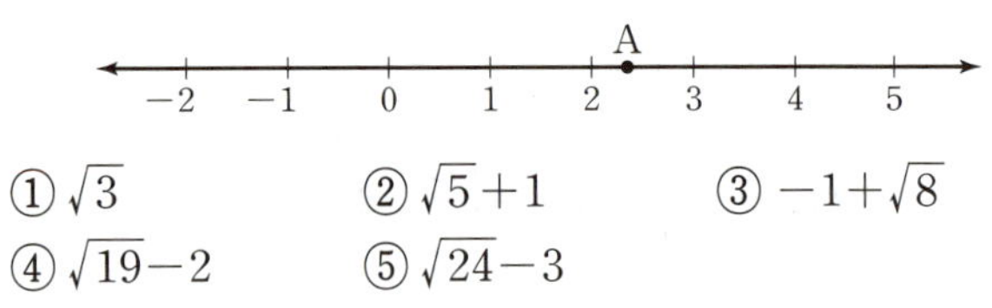

① $\sqrt{3}$ 　　② $\sqrt{5}+1$ 　　③ $-1+\sqrt{8}$

④ $\sqrt{19}-2$ 　　⑤ $\sqrt{24}-3$

0211

다음 수직선에서 $-2-\sqrt{2}$, $-\sqrt{3}$, $4-\sqrt{5}$에 대응하는 점이 있는 구간을 차례대로 나열하시오.

0212 중요

다음 중 두 실수의 대소 관계가 옳지 <u>않은</u> 것을 모두 고르면? (정답 2개)

① $\sqrt{10}-1>2$ 　　② $2+\sqrt{5}<\sqrt{7}+\sqrt{5}$

③ $\sqrt{12}-3>\sqrt{12}-\sqrt{8}$ 　　④ $4-\sqrt{6}<\sqrt{20}-\sqrt{6}$

⑤ $\sqrt{13}+2<5$

0213

다음 제곱근표에서 $\sqrt{a}=7.308$, $\sqrt{b}=7.155$를 만족시키는 a, b에 대하여 $\sqrt{\dfrac{a+b}{2}}$의 값은?

수	0	1	2	3	4
51	7.141	7.148	7.155	7.162	7.169
52	7.211	7.218	7.225	7.232	7.239
53	7.280	7.287	7.294	7.301	7.308

① 7.211 　　② 7.232 　　③ 7.239

④ 7.280 　　⑤ 7.287

0214

다음 중 $\sqrt{3}$과 4 사이에 있는 수의 개수를 구하시오.

$$\sqrt{\dfrac{19}{2}}, \quad \sqrt{10}+1, \quad \sqrt{3}+2, \quad \sqrt{5}+2, \quad 4-\sqrt{3}$$

서술형 주관식

0215

오른쪽 그림은 수직선 위에 한 변의 길이가 1인 정사각형 ABCD를 그린 것이다. $\overline{AC}=\overline{AQ}$, $\overline{BD}=\overline{BP}$이고 점 P에 대응하는 수가 $-\sqrt{2}-4$일 때, 점 Q에 대응하는 수를 구하시오.

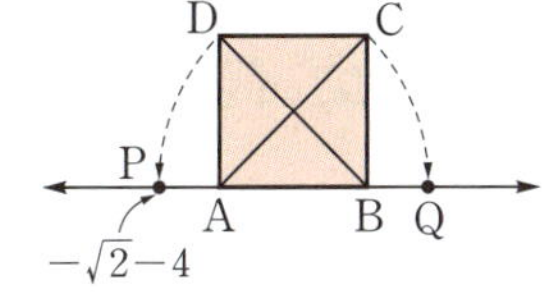

0216

다음 수를 작은 것부터 차례대로 나열할 때, 세 번째에 오는 수를 구하시오.

$$2, \quad -1-\sqrt{3}, \quad 1+\sqrt{3}, \quad \sqrt{2}+\sqrt{3}$$

0217 중요

두 수 $2+\sqrt{14}$, $\sqrt{123}-3$ 사이에 있는 모든 정수의 합을 구하시오.

실력 UP

0218

200 이하의 자연수 n에 대하여 $\sqrt{n}$, $\sqrt{3n}$이 모두 무리수가 되도록 하는 n의 개수를 구하시오.

0219

실수 a에 대하여

$$a=n+\alpha \, (n\text{은 정수}, \, 0\leq\alpha<1)$$

와 같이 나타낸다고 할 때, n을 a의 정수 부분이라 한다. 예를 들어 $\sqrt{2}$의 정수 부분은 1이다. $\sqrt{x^2+y^2}$의 정수 부분이 5가 되도록 하는 음이 아닌 정수 x, y에 대하여 순서쌍 (x, y)의 개수를 구하시오.

0220

다음은 자연수의 양의 제곱근 1, $\sqrt{2}$, $\sqrt{3}$, 2, $\sqrt{5}$, $\cdots$에 대응하는 점을 수직선 위에 나타낸 것이다.

이 수직선에서 a, b에 대응하는 두 점 사이에 있는 점의 개수를 $[a, b]$라 하면 $[1, 2]=2$, $[2, 3]=4$이다. 이때 $[99, 100]$의 값을 구하시오.

03 근호를 포함한 식의 계산

03-1 제곱근의 곱셈과 나눗셈

(1) **제곱근의 곱셈**: $a>0$, $b>0$이고 m, n이 유리수일 때
  ① $\sqrt{a}\times\sqrt{b}=\sqrt{a}\sqrt{b}=\sqrt{ab}$ ← 근호 안의 수끼리 곱한다.
  ② $m\sqrt{a}\times n\sqrt{b}=mn\sqrt{ab}$ ← 근호 밖의 수끼리, 근호 안의 수끼리 곱한다.
  예 ① $\sqrt{3}\times\sqrt{5}=\sqrt{3\times5}=\sqrt{15}$　　② $2\sqrt{3}\times4\sqrt{7}=(2\times4)\times\sqrt{3\times7}=8\sqrt{21}$

(2) **제곱근의 나눗셈**: $a>0$, $b>0$이고 m, n이 유리수일 때
  ① $\sqrt{a}\div\sqrt{b}=\dfrac{\sqrt{a}}{\sqrt{b}}=\sqrt{\dfrac{a}{b}}$ ← 근호 안의 수끼리 나눈다.
  ② $m\sqrt{a}\div n\sqrt{b}=\dfrac{m}{n}\sqrt{\dfrac{a}{b}}$ (단, $n\neq0$) ← 근호 밖의 수끼리, 근호 안의 수끼리 나눈다.
  예 ① $\sqrt{17}\div\sqrt{2}=\dfrac{\sqrt{17}}{\sqrt{2}}=\sqrt{\dfrac{17}{2}}$　　② $4\sqrt{5}\div3\sqrt{6}=\dfrac{4}{3}\sqrt{\dfrac{5}{6}}$

$\sqrt{3}\times\sqrt{5}$는 곱셈 기호를 생략하여 $\sqrt{3}\sqrt{5}$와 같이 나타내기도 한다.

03-2 근호가 있는 식의 변형

(1) 근호 안의 수가 제곱인 인수를 가지면 근호 밖으로 꺼낼 수 있다.
  $a>0$, $b>0$일 때, $\sqrt{a^2b}=a\sqrt{b}$, $\sqrt{\dfrac{b}{a^2}}=\dfrac{\sqrt{b}}{a}$
  예 $\sqrt{50}=\sqrt{5^2\times2}=5\sqrt{2}$, $\sqrt{\dfrac{7}{9}}=\sqrt{\dfrac{7}{3^2}}=\dfrac{\sqrt{7}}{3}$

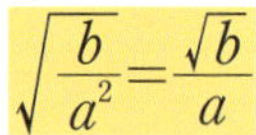

(2) 근호 밖의 양수는 제곱하여 근호 안으로 넣을 수 있다.
  $a>0$, $b>0$일 때, $a\sqrt{b}=\sqrt{a^2b}$, $\dfrac{\sqrt{b}}{a}=\sqrt{\dfrac{b}{a^2}}$
  예 $2\sqrt{6}=\sqrt{2^2\times6}=\sqrt{24}$, $\dfrac{\sqrt{5}}{4}=\sqrt{\dfrac{5}{4^2}}=\sqrt{\dfrac{5}{16}}$

  주의 근호 밖의 수를 근호 안으로 넣을 때에는 반드시 양수만 제곱하여 넣어야 한다.
  예 $-2\sqrt{3}\neq\sqrt{(-2)^2\times3}$, $-2\sqrt{3}=-\sqrt{2^2\times3}=-\sqrt{12}$

참고 제곱근표에 없는 수의 제곱근의 값은 $\sqrt{a^2b}=a\sqrt{b}$임을 이용하여 제곱근표에 있는 수로 바꾸어 구한다.

$a\sqrt{b}$의 꼴로 나타낼 때, 근호 안의 수는 가장 작은 자연수가 되도록 한다.

03-3 분모의 유리화

(1) **분모의 유리화**: 분모가 근호를 포함한 무리수일 때, 분모와 분자에 0이 아닌 같은 수를 곱하여 분모를 유리수로 고치는 것

(2) 분모를 유리화하는 방법
  ① $\dfrac{b}{\sqrt{a}}=\dfrac{b\times\sqrt{a}}{\sqrt{a}\times\sqrt{a}}=\dfrac{b\sqrt{a}}{a}$ (단, $a>0$)　　② $\dfrac{\sqrt{b}}{\sqrt{a}}=\dfrac{\sqrt{b}\times\sqrt{a}}{\sqrt{a}\times\sqrt{a}}=\dfrac{\sqrt{ab}}{a}$ (단, $a>0$, $b>0$)
  예 ① $\dfrac{1}{\sqrt{5}}=\dfrac{1\times\sqrt{5}}{\sqrt{5}\times\sqrt{5}}=\dfrac{\sqrt{5}}{5}$　　② $\dfrac{\sqrt{5}}{\sqrt{13}}=\dfrac{\sqrt{5}\times\sqrt{13}}{\sqrt{13}\times\sqrt{13}}=\dfrac{\sqrt{65}}{13}$

분모가 $\sqrt{a^2b}$ ($a>0$, $b>0$)의 꼴이면 $a\sqrt{b}$의 꼴로 바꾼 후 분모를 유리화하는 것이 간단하다.

교과서문제 정복하기

▶ 정답 및 풀이 17쪽

03-1 제곱근의 곱셈과 나눗셈

[0221~0224] 다음을 계산하시오.

0221 $\sqrt{2}\sqrt{11}$

0222 $\sqrt{\dfrac{1}{7}}\times\sqrt{28}$

0223 $\sqrt{\dfrac{5}{3}}\times\sqrt{\dfrac{9}{10}}$

0224 $-4\sqrt{6}\times2\sqrt{5}$

[0225~0228] 다음을 계산하시오.

0225 $\dfrac{\sqrt{70}}{\sqrt{14}}$

0226 $\sqrt{13}\div\left(-\sqrt{26}\right)$

0227 $8\sqrt{15}\div4\sqrt{3}$

0228 $\dfrac{\sqrt{5}}{\sqrt{24}}\div\dfrac{\sqrt{10}}{\sqrt{3}}$

03-2 근호가 있는 식의 변형

[0229~0232] 다음 □ 안에 알맞은 양수를 써넣으시오.

0229 $\sqrt{20}=\sqrt{\square^2\times5}=\square\sqrt{5}$

0230 $\sqrt{216}=\sqrt{6^2\times\square}=6\sqrt{\square}$

0231 $\sqrt{\dfrac{23}{81}}=\sqrt{\dfrac{23}{\square^2}}=\dfrac{\sqrt{\square}}{\square}$

0232 $\sqrt{0.27}=\sqrt{\dfrac{\square}{100}}=\sqrt{\dfrac{3^2\times\square}{10^2}}=\dfrac{3\sqrt{\square}}{\square}$

[0233~0238] 다음 수를 $a\sqrt{b}$의 꼴로 나타내시오.
(단, a는 유리수이고, b는 가장 작은 자연수이다.)

0233 $\sqrt{45}$

0234 $-\sqrt{72}$

0235 $\sqrt{\dfrac{7}{64}}$

0236 $\sqrt{\dfrac{31}{144}}$

0237 $\sqrt{0.11}$

0238 $\sqrt{0.24}$

[0239~0242] 다음 □ 안에 알맞은 양수를 써넣으시오.

0239 $4\sqrt{5}=\sqrt{\square^2\times5}=\sqrt{\square}$

0240 $-2\sqrt{7}=-\sqrt{\square^2\times7}=-\sqrt{\square}$

0241 $\dfrac{\sqrt{2}}{9}=\sqrt{\dfrac{2}{\square^2}}=\sqrt{\square}$

0242 $-\dfrac{5\sqrt{6}}{6}=-\sqrt{\dfrac{\square^2\times6}{\square^2}}=-\sqrt{\square}$

[0243~0246] 다음 수를 $\sqrt{a}$ 또는 $-\sqrt{a}$의 꼴로 나타내시오.

0243 $-3\sqrt{6}$

0244 $10\sqrt{5}$

0245 $-\dfrac{\sqrt{11}}{2}$

0246 $\dfrac{2\sqrt{3}}{5}$

03-3 분모의 유리화

0247 다음은 $\dfrac{\sqrt{3}}{\sqrt{7}}$의 분모를 유리화하는 과정이다.
(가), (나), (다)에 알맞은 수를 구하시오.

$$\dfrac{\sqrt{3}}{\sqrt{7}}=\dfrac{\sqrt{3}\times\boxed{(가)}}{\sqrt{7}\times\boxed{(나)}}=\dfrac{\sqrt{(다)}}{7}$$

[0248~0251] 다음 수의 분모를 유리화하시오.

0248 $\dfrac{1}{\sqrt{10}}$

0249 $-\dfrac{\sqrt{7}}{\sqrt{2}}$

0250 $-\dfrac{\sqrt{5}}{5\sqrt{3}}$

0251 $\dfrac{3}{2\sqrt{6}}$

03-4 제곱근의 덧셈과 뺄셈

제곱근의 덧셈과 뺄셈: 근호 안의 수가 같은 것끼리 모아서 계산한다.

m, n이 유리수이고 $a>0$일 때

(1) $m\sqrt{a}+n\sqrt{a}=(m+n)\sqrt{a}$

(2) $m\sqrt{a}-n\sqrt{a}=(m-n)\sqrt{a}$

예 (1) $2\sqrt{3}+4\sqrt{3}=(2+4)\sqrt{3}=6\sqrt{3}$

(2) $9\sqrt{5}-6\sqrt{5}=(9-6)\sqrt{5}=3\sqrt{5}$

참고 ① $\sqrt{a^2 b}$의 꼴이 포함된 경우는 $a\sqrt{b}$의 꼴로 나타낸 후 계산한다. 이때 근호 안을 가장 작은 자연수로 만든다.

예 $\sqrt{8}+\sqrt{18}=2\sqrt{2}+3\sqrt{2}=(2+3)\sqrt{2}=5\sqrt{2}$

② $\sqrt{2}+\sqrt{3}$과 같이 근호 안의 수가 다르면 더 이상 간단히 할 수 없다.

03-5 분배법칙을 이용한 근호를 포함한 식의 계산

(1) **분배법칙을 이용한 식의 계산** ← 근호가 있는 식에서도 유리수와 마찬가지로 분배법칙이 성립한다.

$a>0$, $b>0$, $c>0$일 때

① $\sqrt{a}(\sqrt{b}\pm\sqrt{c})=\sqrt{a}\sqrt{b}+\sqrt{a}\sqrt{c}=\sqrt{ab}\pm\sqrt{ac}$ (복호동순)

② $(\sqrt{a}\pm\sqrt{b})\sqrt{c}=\sqrt{a}\sqrt{c}\pm\sqrt{b}\sqrt{c}=\sqrt{ac}\pm\sqrt{bc}$ (복호동순)

예 $\sqrt{2}(\sqrt{3}+\sqrt{5})=\sqrt{2}\sqrt{3}+\sqrt{2}\sqrt{5}=\sqrt{6}+\sqrt{10}$

(2) **분배법칙을 이용한 분모의 유리화**

$a>0$, $b>0$, $c>0$일 때

$$\frac{\sqrt{a}+\sqrt{b}}{\sqrt{c}}=\frac{(\sqrt{a}+\sqrt{b})\times\sqrt{c}}{\sqrt{c}\times\sqrt{c}}=\frac{\sqrt{ac}+\sqrt{bc}}{c}$$

예 $\dfrac{\sqrt{2}+\sqrt{5}}{\sqrt{3}}=\dfrac{(\sqrt{2}+\sqrt{5})\times\sqrt{3}}{\sqrt{3}\times\sqrt{3}}=\dfrac{\sqrt{6}+\sqrt{15}}{3}$

03-6 근호를 포함한 식의 계산

❶ 괄호가 있으면 분배법칙을 이용하여 괄호를 푼다.

❷ $\sqrt{a^2 b}$의 꼴이 있으면 $a\sqrt{b}$의 꼴로 고친다.

❸ 분모에 근호를 포함한 무리수가 있으면 분모를 유리화한다.

❹ 곱셈, 나눗셈을 먼저 한 후 덧셈, 뺄셈을 한다.

예 $\sqrt{6}(\sqrt{10}-4)+24\div\sqrt{6}$

$=\sqrt{60}-4\sqrt{6}+\dfrac{24}{\sqrt{6}}$

$=2\sqrt{15}-4\sqrt{6}+4\sqrt{6}$

$=2\sqrt{15}$

개념플러스 ∅

제곱근의 덧셈과 뺄셈은 다항식의 덧셈과 뺄셈에서 동류항끼리 모아서 계산하는 것과 같이 근호 안의 수가 같을 때에만 계산할 수 있다.

다음과 같이 계산하지 않도록 주의한다.
① $\sqrt{a}+\sqrt{b}\neq\sqrt{a+b}$
② $\sqrt{a}-\sqrt{b}\neq\sqrt{a-b}$

분배법칙
① $a(b+c)=ab+ac$
② $(a+b)c=ac+bc$

근호를 포함한 식의 계산에서는 제곱근의 성질이나 분모의 유리화를 이용하여 식을 간단히 한 후 계산하는 것이 편리하다.

03-4 제곱근의 덧셈과 뺄셈

[0252~0257] 다음을 계산하시오.

0252 $2\sqrt{6}+5\sqrt{6}$

0253 $\sqrt{2}+4\sqrt{2}$

0254 $12\sqrt{7}-8\sqrt{7}$

0255 $4\sqrt{10}-9\sqrt{10}+\sqrt{10}$

0256 $8\sqrt{3}+3\sqrt{5}-6\sqrt{3}+9\sqrt{5}$

0257 $7\sqrt{6}-5\sqrt{11}+\sqrt{11}-4\sqrt{6}$

[0258~0261] 다음을 계산하시오.

0258 $\sqrt{20}-\sqrt{80}$

0259 $\sqrt{48}+\sqrt{75}-\sqrt{108}$

0260 $\sqrt{7}-\sqrt{24}+\sqrt{63}+\sqrt{96}$

0261 $11\sqrt{3}-4\sqrt{8}-2\sqrt{12}+3\sqrt{50}$

03-5 분배법칙을 이용한 근호를 포함한 식의 계산

[0262~0267] 다음을 계산하시오.

0262 $\sqrt{2}(\sqrt{7}+\sqrt{5})$

0263 $\sqrt{3}(\sqrt{6}-\sqrt{15})$

0264 $\sqrt{7}(2\sqrt{3}+4\sqrt{7})$

0265 $3\sqrt{2}(\sqrt{2}-2\sqrt{10})$

0266 $(\sqrt{18}-\sqrt{6})\div\sqrt{3}$

0267 $(\sqrt{45}+\sqrt{30})\div\sqrt{5}$

0268 다음은 $\dfrac{\sqrt{7}-\sqrt{6}}{\sqrt{3}}$의 분모를 유리화하는 과정이다. ㈎~㈒에 알맞은 수를 구하시오.

$$\frac{\sqrt{7}-\sqrt{6}}{\sqrt{3}}=\frac{(\sqrt{7}-\sqrt{6})\times\boxed{㈎}}{\sqrt{3}\times\boxed{㈎}}=\frac{\sqrt{21}-\sqrt{\boxed{㈐}}}{\boxed{㈏}}$$
$$=\frac{\sqrt{21}-3\sqrt{\boxed{㈑}}}{\boxed{㈏}}$$

[0269~0272] 다음 수의 분모를 유리화하시오.

0269 $\dfrac{4+\sqrt{3}}{\sqrt{5}}$

0270 $\dfrac{\sqrt{2}-2}{\sqrt{3}}$

0271 $\dfrac{\sqrt{2}-2\sqrt{3}}{3\sqrt{2}}$

0272 $\dfrac{\sqrt{3}+\sqrt{2}}{\sqrt{12}}$

03-6 근호를 포함한 식의 계산

[0273~0276] 다음을 계산하시오.

0273 $15\sqrt{10}\div3-3\sqrt{2}\times\sqrt{5}$

0274 $\sqrt{3}(\sqrt{7}+4)-5\sqrt{3}$

0275 $\sqrt{54}+(\sqrt{27}+\sqrt{3})\div\dfrac{1}{\sqrt{2}}$

0276 $2\sqrt{2}(1-2\sqrt{3})-\sqrt{2}\left(5+\dfrac{6}{\sqrt{12}}\right)$

유형 01 제곱근의 곱셈

근호 밖의 수끼리, 근호 안의 수끼리 곱한다.

➡ $a>0$, $b>0$이고 m, n이 유리수일 때,
$$m\sqrt{a}\times n\sqrt{b}=mn\sqrt{ab}$$

0277 대표문제

다음 중 옳지 <u>않은</u> 것은?

① $\sqrt{3}\times\sqrt{14}=\sqrt{42}$

② $\sqrt{6}\times5\sqrt{5}=5\sqrt{30}$

③ $-3\sqrt{7}\times2\sqrt{3}=-6\sqrt{21}$

④ $4\sqrt{\dfrac{2}{13}}\times3\sqrt{26}=12\sqrt{2}$

⑤ $\sqrt{\dfrac{15}{7}}\times\left(-6\sqrt{\dfrac{14}{3}}\right)=-6\sqrt{10}$

0278 중하

$3\sqrt{6}\times\left(-\sqrt{\dfrac{11}{6}}\right)\times(-4\sqrt{2})$를 계산하면?

① $-12\sqrt{22}$　　② $-12\sqrt{11}$　　③ $12\sqrt{11}$

④ $12\sqrt{22}$　　⑤ $12\sqrt{26}$

0279 중 서술형

다음을 만족시키는 실수 a, b에 대하여 ab의 값을 구하시오.

$$2\sqrt{0.75}\times\sqrt{\dfrac{20}{3}}=a, \quad -8\sqrt{\dfrac{10}{21}}\times\sqrt{\dfrac{21}{2}}=b$$

유형 02 제곱근의 나눗셈

근호 밖의 수끼리, 근호 안의 수끼리 나눈다.

➡ $a>0$, $b>0$이고 m, n이 유리수일 때,
$$m\sqrt{a}\div n\sqrt{b}=\dfrac{m}{n}\sqrt{\dfrac{a}{b}}\ (단,\ n\neq0)$$

참고 분수의 나눗셈은 나누는 수의 역수를 곱하여 계산한다.

0280 대표문제

다음 보기 중 옳은 것을 모두 고른 것은?

보기

ㄱ. $\sqrt{26}\div\sqrt{2}=\sqrt{13}$

ㄴ. $\sqrt{51}\div4\sqrt{17}=\dfrac{\sqrt{3}}{4}$

ㄷ. $2\sqrt{5}\div\dfrac{6}{\sqrt{3}}=12\sqrt{15}$

ㄹ. $\dfrac{\sqrt{24}}{5}\div\left(-\dfrac{\sqrt{6}}{20}\right)=-8$

① ㄱ, ㄴ　　② ㄱ, ㄷ　　③ ㄷ, ㄹ

④ ㄱ, ㄴ, ㄹ　　⑤ ㄴ, ㄷ, ㄹ

0281 중

$\dfrac{\sqrt{10}}{\sqrt{7}}\div\dfrac{\sqrt{5}}{\sqrt{a}}=\sqrt{6}$일 때, 유리수 a의 값을 구하시오.

0282 중

$\dfrac{2\sqrt{14}}{3}\div\dfrac{\sqrt{42}}{\sqrt{3}}\div\dfrac{2}{3\sqrt{6}}$를 계산하면?

① 1　　②　$\sqrt{2}$　　③ $\sqrt{3}$

④ 2　　⑤ $\sqrt{6}$

유형 03 $\sqrt{a^2b}=a\sqrt{b}$를 이용한 식의 변형

(1) 근호 안의 제곱인 인수는 근호 밖으로 꺼낸다.
  ➡ $a>0$, $b>0$일 때, $\sqrt{a^2b}=a\sqrt{b}$
(2) 근호 밖의 양수는 제곱하여 근호 안으로 넣는다.
  ➡ $a>0$, $b>0$일 때, $a\sqrt{b}=\sqrt{a^2b}$

0283 대표문제

$7\sqrt{2}=\sqrt{a}$, $\sqrt{180}=b\sqrt{5}$일 때, 유리수 a, b에 대하여 $a-b$의 값은?

① 90 ② 91 ③ 92
④ 93 ⑤ 94

0284 중

다음 중 옳지 <u>않은</u> 것은?

① $-3\sqrt{6}=-\sqrt{54}$ ② $4\sqrt{5}=\sqrt{80}$
③ $5\sqrt{7}=\sqrt{175}$ ④ $-\sqrt{216}=-6\sqrt{6}$
⑤ $\sqrt{147}=3\sqrt{7}$

0285 중 서술형

다음을 만족시키는 자연수 a, b, c에 대하여 $a\sqrt{b+c}$의 값을 구하시오.

$$\sqrt{150}=5\sqrt{a}, \quad 8\sqrt{3}=\sqrt{b}, \quad \sqrt{208}=c\sqrt{13}$$

0286 상중

$a>0$, $b>0$이고 $ab=48$일 때, $a\sqrt{\dfrac{12b}{a}}+b\sqrt{\dfrac{27a}{b}}$의 값은?

① 12 ② 45 ③ 60
④ 65 ⑤ 72

유형 04 $\sqrt{\dfrac{b}{a^2}}=\dfrac{\sqrt{b}}{a}$ 를 이용한 식의 변형

$a>0$, $b>0$일 때
(1) $\sqrt{\dfrac{b}{a^2}}=\dfrac{\sqrt{b}}{a}$
(2) $\dfrac{\sqrt{b}}{a}=\sqrt{\dfrac{b}{a^2}}$

참고 근호 안의 수가 소수일 때에는 분수로 고쳐서 계산한다.

0287 대표문제

$\sqrt{\dfrac{150}{49}}=a\sqrt{6}$, $\sqrt{0.84}=\dfrac{\sqrt{b}}{5}$일 때, 유리수 a, b에 대하여 ab의 값을 구하시오.

0288 하

$\sqrt{\dfrac{39}{192}}$를 근호 안의 수가 가장 작은 자연수가 되도록 하여 $\dfrac{\sqrt{b}}{a}$의 꼴로 나타내었을 때, 자연수 a, b에 대하여 $a+b$의 값을 구하시오.

0289 중

$\sqrt{0.016}=k\sqrt{10}$일 때, 유리수 k의 값을 구하시오.

0290 중

다음 중 옳은 것을 모두 고르면? (정답 2개)

① $\sqrt{\dfrac{10}{121}}=\dfrac{\sqrt{10}}{11}$ ② $\dfrac{\sqrt{7}}{4}=\sqrt{\dfrac{7}{8}}$
③ $-\sqrt{\dfrac{33}{75}}=-\dfrac{\sqrt{11}}{5}$ ④ $\sqrt{0.24}=\dfrac{\sqrt{6}}{10}$
⑤ $\dfrac{4\sqrt{2}}{3}=\sqrt{\dfrac{28}{9}}$

유형 05 제곱근표에 없는 수의 제곱근의 값 구하기

제곱근표에 없는 수의 제곱근의 값은 근호 안의 수를 제곱근표
에 있는 수로 바꾸어 구한다.
(1) 근호 안이 100보다 큰 수일 때
  ➡ $\sqrt{100a}=10\sqrt{a}$, $\sqrt{10000a}=100\sqrt{a}$, …임을 이용한다.
(2) 근호 안이 0과 1 사이의 수일 때
  ➡ $\sqrt{\dfrac{a}{100}}=\dfrac{\sqrt{a}}{10}$, $\sqrt{\dfrac{a}{10000}}=\dfrac{\sqrt{a}}{100}$, …임을 이용한다.

0291 대표문제

$\sqrt{5}=2.236$, $\sqrt{50}=7.071$일 때, 다음 중 옳은 것은?

① $\sqrt{500}=223.6$ ② $\sqrt{0.5}=0.2236$
③ $\sqrt{5000}=70.71$ ④ $\sqrt{0.05}=0.7071$
⑤ $\sqrt{0.005}=0.02236$

0292 중하

$\sqrt{3.19}=1.786$일 때, $\sqrt{a}=17.86$을 만족시키는 유리수 a의
값을 구하시오.

0293 중

$\sqrt{6.8}=2.608$일 때, 다음 중 이를 이용하여 그 값을 구할
수 없는 것은?

① $\sqrt{0.00068}$ ② $\sqrt{0.068}$ ③ $\sqrt{680}$
④ $\sqrt{6800}$ ⑤ $\sqrt{68000}$

0294 상중 서술형

$\sqrt{2}=1.414$일 때, $\sqrt{0.32}+\sqrt{\dfrac{1}{50}}$의 값을 구하시오.

유형 06 제곱근을 문자를 사용하여 나타내기

❶ 근호 안의 수를 소인수분해 한다.
❷ 근호 안의 제곱인 인수는 밖으로 꺼내고, 나머지 인수는 근
  호를 분리한다.
❸ 주어진 문자를 사용하여 나타낸다.
예 $\sqrt{2}=a$, $\sqrt{3}=b$일 때, $\sqrt{18}$을 a, b를 사용하여 나타내면
  $\sqrt{18}=\sqrt{2\times3^2}=\sqrt{2}\times(\sqrt{3})^2=ab^2$

0295 대표문제

$\sqrt{2}=a$, $\sqrt{7}=b$일 때, $\sqrt{126}$을 a, b를 사용하여 나타내면?

① $3ab$ ② ab^2 ③ $3ab^2$
④ $3a^2b$ ⑤ a^2b^2

0296 중

$\sqrt{3}=A$, $\sqrt{5}=B$일 때, $\sqrt{80}-\sqrt{147}$을 A, B를 사용하여
나타내면?

① $4A-7B$ ② $7A-4B$ ③ $B-7A$
④ $4B-7A$ ⑤ $7B-4A$

0297 중

$\sqrt{11}=A$일 때, $\sqrt{7.04}$를 A를 사용하여 나타내면?

① $\dfrac{A}{2}$ ② $\dfrac{3}{5}A$ ③ $\dfrac{7}{10}A$
④ $\dfrac{4}{5}A$ ⑤ $\dfrac{9}{10}A$

유형 **07** 분모의 유리화

분모에 근호를 포함한 무리수가 있으면 분모를 유리화한다.
이때 분모의 근호 안에 제곱인 인수가 있으면 제곱인 인수를 근호 밖으로 꺼내어 근호 안을 가장 작은 자연수로 만든 후 분모를 유리화한다.

(예) $\dfrac{3}{\sqrt{20}} = \dfrac{3}{2\sqrt{5}} = \dfrac{3 \times \sqrt{5}}{2\sqrt{5} \times \sqrt{5}} = \dfrac{3\sqrt{5}}{10}$

0298 대표문제

다음 중 분모를 유리화한 것으로 옳지 <u>않은</u> 것은?

① $\dfrac{1}{\sqrt{11}} = \dfrac{\sqrt{11}}{11}$ ② $\dfrac{6}{\sqrt{8}} = \dfrac{3\sqrt{2}}{2}$

③ $\dfrac{\sqrt{2}}{3\sqrt{5}} = \dfrac{\sqrt{10}}{15}$ ④ $\dfrac{3}{4\sqrt{7}} = \dfrac{3\sqrt{7}}{4}$

⑤ $\dfrac{5\sqrt{11}}{\sqrt{32}} = \dfrac{5\sqrt{22}}{8}$

0299 중

$\dfrac{3\sqrt{a}}{2\sqrt{6}}$ 의 분모를 유리화하였더니 $\dfrac{\sqrt{15}}{2}$ 가 되었다. 이때 양수 a의 값은?

① 2   ② 3   ③ 5
④ 10   ⑤ 15

0300 중

다음 수를 큰 것부터 차례대로 나열할 때, 두 번째에 오는 수를 구하시오.

$$\frac{\sqrt{5}}{7}, \quad \frac{\sqrt{5}}{\sqrt{7}}, \quad \sqrt{7}, \quad \frac{5}{\sqrt{7}}, \quad \frac{5}{7}$$

유형 **08** 제곱근의 곱셈과 나눗셈의 혼합 계산

❶ 근호 안에 제곱인 인수가 있으면 제곱인 인수를 근호 밖으로 꺼낸다.
❷ 나눗셈은 역수의 곱셈으로 바꾼 후 앞에서부터 순서대로 계산한다.
❸ 계산 결과의 분모에 근호를 포함한 무리수가 있으면 분모를 유리화한다.

(예) $\sqrt{75} \div 10\sqrt{2} \times \sqrt{5} = 5\sqrt{3} \times \dfrac{1}{10\sqrt{2}} \times \sqrt{5} = \dfrac{\sqrt{15}}{2\sqrt{2}} = \dfrac{\sqrt{30}}{4}$

0301 대표문제

$\dfrac{\sqrt{8}}{\sqrt{15}} \div \dfrac{2}{\sqrt{6}} \times \dfrac{3\sqrt{5}}{\sqrt{3}}$ 를 계산하면?

① $\dfrac{\sqrt{3}}{2}$ ② $\dfrac{\sqrt{6}}{2}$ ③ $\sqrt{3}$

④ $2\sqrt{3}$ ⑤ $2\sqrt{6}$

0302 중

다음 중 옳지 <u>않은</u> 것을 모두 고르면? (정답 2개)

① $3\sqrt{12} \div (-2\sqrt{3}) = -3$

② $2\sqrt{20} \div \sqrt{10} \times \sqrt{2} = 4$

③ $\sqrt{18} \times \sqrt{48} \div \sqrt{108} = 2\sqrt{2}$

④ $\sqrt{\dfrac{3}{4}} \div \dfrac{\sqrt{2}}{\sqrt{10}} \div \dfrac{\sqrt{5}}{3} = \dfrac{3\sqrt{5}}{2}$

⑤ $\dfrac{5\sqrt{2}}{\sqrt{3}} \times \left(-\dfrac{\sqrt{7}}{\sqrt{5}}\right) \div \dfrac{\sqrt{14}}{2\sqrt{3}} = -4\sqrt{5}$

0303 중 서술형

다음을 만족시키는 유리수 a, b에 대하여 ab의 값을 구하시오.

$$3\sqrt{15} \div 2\sqrt{18} \times 2\sqrt{6} = a\sqrt{5}$$
$$\frac{\sqrt{50}}{2} \div (-6\sqrt{3}) \times \sqrt{48} = b\sqrt{2}$$

유형 09 제곱근의 곱셈과 나눗셈의 도형에의 활용

변의 길이 또는 모서리의 길이가 무리수인 도형의 넓이 또는 부피에 대한 문제

➡ 공식을 이용하여 조건에 맞게 식을 세운 후 제곱근의 곱셈과 나눗셈을 이용하여 계산한다.

0304 [대표문제]

오른쪽 그림과 같이 직사각형 ABCD에서 $\overline{AD}$, $\overline{CD}$를 각각 한 변으로 하는 정사각형을 그렸더니 그 넓이가 각각 32, 6이 되었다. 이때 직사각형 ABCD의 넓이는?

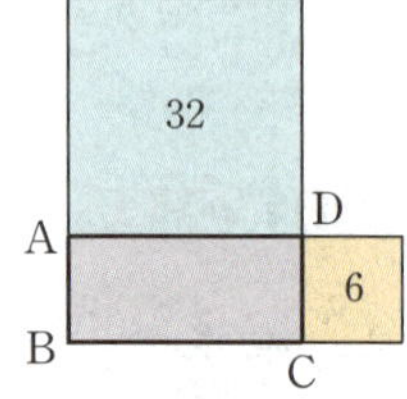

① $4\sqrt{6}$ ② $6\sqrt{3}$ ③ $7\sqrt{3}$
④ $8\sqrt{3}$ ⑤ $6\sqrt{6}$

0305 (중하)

오른쪽 그림과 같이 $\overline{BC}=2\sqrt{10}$ cm인 삼각형 ABC의 넓이가 $6\sqrt{15}$ cm²일 때, $\overline{AH}$의 길이를 구하시오.

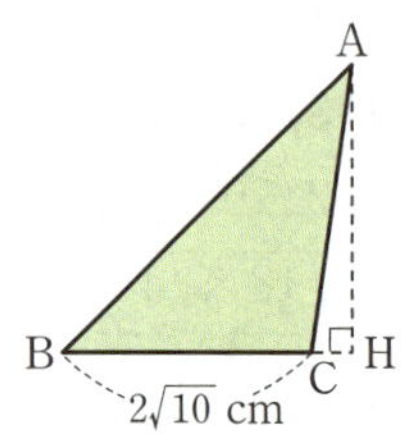

0306 (중)

오른쪽 그림과 같이 가로, 세로의 길이가 각각 $3\sqrt{5}$ cm, 4 cm이고 높이가 $\sqrt{39}$ cm인 직육면체에서 다음 선분의 길이를 구하시오.

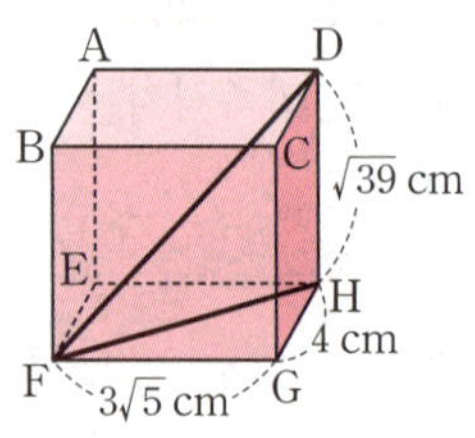

(1) $\overline{FH}$ (2) $\overline{FD}$

0307 (중) 서술형

다음 그림의 원기둥의 부피와 원뿔의 부피가 같을 때, 원기둥의 높이 x의 값을 구하시오.

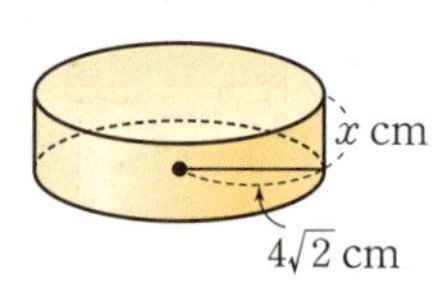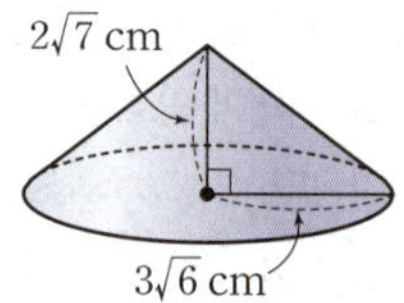

0308 (중)

오른쪽 그림과 같이 한 변의 길이가 $4\sqrt{5}$ cm인 정삼각형 ABC의 넓이는?

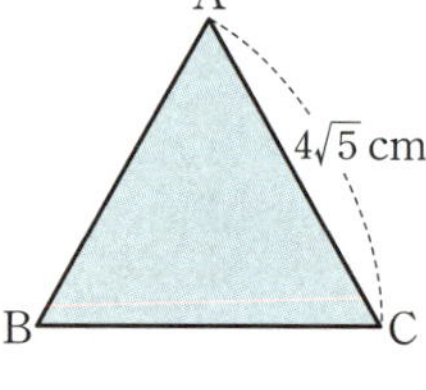

① $20\sqrt{2}$ cm² ② $20\sqrt{3}$ cm²
③ $20\sqrt{5}$ cm² ④ $40\sqrt{2}$ cm²
⑤ $40\sqrt{3}$ cm²

0309 (상중)

오른쪽 그림과 같이 밑면은 한 변의 길이가 $2\sqrt{3}$ cm인 정사각형이고, 옆면은 모두 이등변삼각형인 사각뿔의 부피를 구하시오.

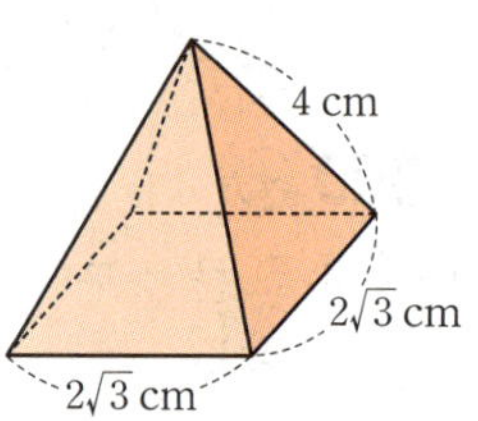

유형 10 제곱근의 덧셈과 뺄셈

근호 안의 수가 같은 것끼리 모아서 계산한다.

→ a, b, c, d는 유리수, $\sqrt{x}$, $\sqrt{y}$는 무리수일 때
$$a\sqrt{x}+b\sqrt{y}+c\sqrt{x}+d\sqrt{y}=a\sqrt{x}+c\sqrt{x}+b\sqrt{y}+d\sqrt{y}$$
$$=(a+c)\sqrt{x}+(b+d)\sqrt{y}$$

0310 대표문제

$\dfrac{3\sqrt{3}}{4}+\dfrac{2\sqrt{6}}{5}-\dfrac{\sqrt{3}}{2}-\dfrac{2\sqrt{6}}{3}=a\sqrt{3}+b\sqrt{6}$일 때, 유리수 a, b에 대하여 ab의 값은?

① $-\dfrac{2}{15}$ ② $-\dfrac{1}{15}$ ③ $\dfrac{1}{15}$

④ $\dfrac{2}{15}$ ⑤ $\dfrac{4}{15}$

0311 중

$\dfrac{\sqrt{a}}{3}-\dfrac{\sqrt{a}}{5}=\dfrac{3}{5}$을 만족시키는 양수 a의 값은?

① $\dfrac{16}{9}$ ② $\dfrac{25}{4}$ ③ $\dfrac{64}{9}$

④ $\dfrac{49}{4}$ ⑤ $\dfrac{81}{4}$

0312 중

$A=3\sqrt{5}+2\sqrt{5}-10\sqrt{5}$, $B=4\sqrt{3}-6\sqrt{3}+\sqrt{3}$일 때, AB의 값을 구하시오.

0313 상중 서술형

$\sqrt{(3-\sqrt{3})^2}-\sqrt{(1-\sqrt{3})^2}$을 계산하시오.

유형 11  $\sqrt{a^2b}=a\sqrt{b}$를 이용한 제곱근의 덧셈과 뺄셈

❶ $\sqrt{a^2b}=a\sqrt{b}$ $(a>0,\ b>0)$임을 이용하여 근호 안을 가장 작은 자연수로 만든다.

❷ 근호 안의 수가 같은 것끼리 모아서 계산한다.

0314 대표문제

$\sqrt{175}-\sqrt{63}+\sqrt{28}=k\sqrt{7}$일 때, 유리수 k의 값은?

① 2 ② 4 ③ 6

④ 8 ⑤ 10

0315 중하

$\sqrt{216}+\sqrt{24}-a\sqrt{6}=\sqrt{54}$일 때, 유리수 a의 값을 구하시오.

0316 중

$2\sqrt{147}+6\sqrt{8}-4\sqrt{27}-\sqrt{128}=a\sqrt{2}+b\sqrt{3}$일 때, 유리수 a, b에 대하여 $a+b$의 값은?

① -6 ② -2 ③ 2

④ 4 ⑤ 6

0317 중

$\sqrt{3}=a$, $\sqrt{5}=b$일 때, $\sqrt{125}-\sqrt{75}+\sqrt{108}-3\sqrt{20}$을 a, b를 사용하여 나타내면?

① $-a+b$ ② $a-3b$ ③ $a-b$

④ $2a-b$ ⑤ $3a-2b$

유형 12 분모의 유리화를 이용한 제곱근의 덧셈과 뺄셈

❶ 분모에 근호를 포함한 무리수가 있으면 분모를 유리화한다.
❷ 근호 안의 수가 같은 것끼리 모아서 계산한다.

0318 대표문제

$\sqrt{125}-\dfrac{\sqrt{90}}{\sqrt{2}}+\dfrac{6}{\sqrt{3}}-\sqrt{27}$을 계산하면?

① $-2\sqrt{3}+\sqrt{5}$ ② $-\sqrt{3}+\sqrt{5}$
③ $-\sqrt{3}+2\sqrt{5}$ ④ $\sqrt{3}+\sqrt{5}$
⑤ $\sqrt{3}+2\sqrt{5}$

0319 중하

$\sqrt{18}-\dfrac{3}{\sqrt{8}}+\dfrac{2}{\sqrt{50}}=k\sqrt{2}$일 때, 유리수 k의 값은?

① -35 ② $-\dfrac{15}{4}$ ③ $\dfrac{49}{20}$
④ $\dfrac{18}{5}$ ⑤ $\dfrac{15}{2}$

0320 중

$x=2\sqrt{5}$이고 x의 역수를 y라 할 때, $x-y$의 값은?

① $\dfrac{3\sqrt{5}}{10}$ ② $\dfrac{9\sqrt{5}}{10}$ ③ $\dfrac{19\sqrt{5}}{20}$
④ $\dfrac{19\sqrt{5}}{10}$ ⑤ $\dfrac{39\sqrt{5}}{20}$

0321 중

다음 식을 만족시키는 유리수 a, b에 대하여 $2a+b$의 값을 구하시오.

$$\sqrt{32}-\dfrac{6}{\sqrt{3}}-\sqrt{50}-\dfrac{\sqrt{24}}{2\sqrt{3}}+\sqrt{48}=a\sqrt{2}+b\sqrt{3}$$

유형 13 제곱근의 덧셈과 뺄셈의 수직선에의 활용

직각삼각형 또는 정사각형을 이용하여 수직선 위의 점에 대응하는 수를 구한 후 식의 값을 구한다.

0322 대표문제

다음 그림과 같이 한 눈금의 길이가 1인 모눈종이 위에 수직선과 정사각형 ABCD를 그렸다. $\overline{AB}=\overline{AP}$, $\overline{AD}=\overline{AQ}$일 때, 두 점 P, Q에 대응하는 수를 각각 p, q라 하자. 이때 $2p-q$의 값을 구하시오.

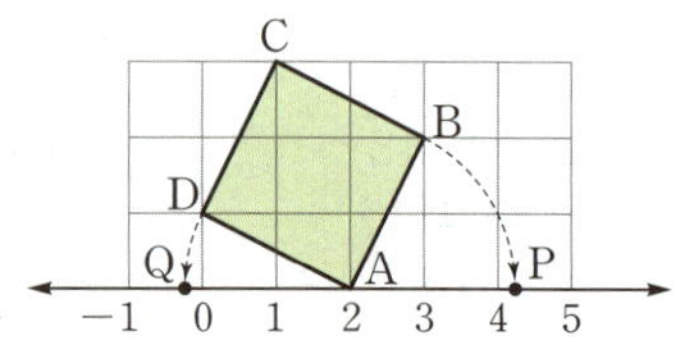

0323 중

오른쪽 그림과 같이 수직선 위에 한 변의 길이가 1인 정사각형 ABCD를 그렸다.

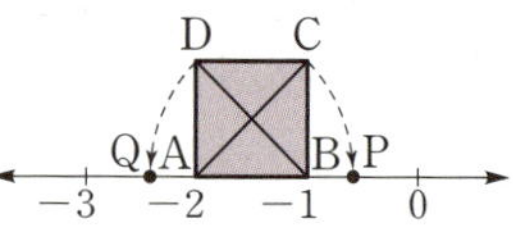

$\overline{AC}=\overline{AP}$, $\overline{BD}=\overline{BQ}$이고 두 점 P, Q에 대응하는 수를 각각 p, q라 할 때, $p-q$의 값을 구하시오.

0324 중 서술형

다음 그림과 같이 한 눈금의 길이가 1인 모눈종이 위에 수직선과 두 직각삼각형 ABC, DEF를 그렸다. $\overline{AB}=\overline{PB}$, $\overline{DF}=\overline{QF}$가 되도록 수직선 위에 두 점 P, Q를 정할 때, $\overline{PQ}$의 길이를 구하시오.

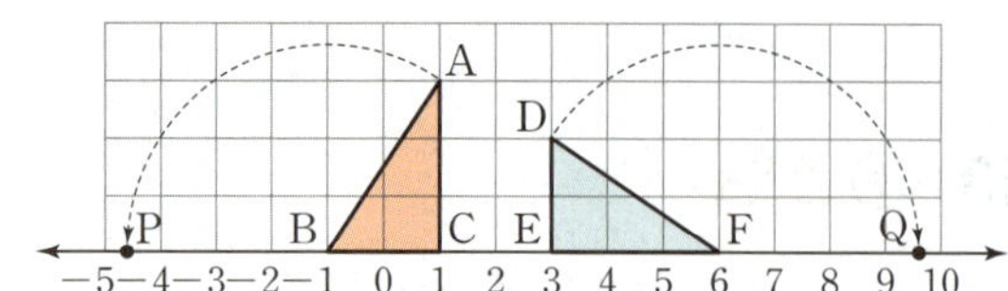

유형 14 분배법칙을 이용한 근호를 포함한 식의 계산

$a>0$, $b>0$, $c>0$일 때

(1) $\sqrt{a}(\sqrt{b}+\sqrt{c})=\sqrt{ab}+\sqrt{ac}$, $\sqrt{a}(\sqrt{b}-\sqrt{c})=\sqrt{ab}-\sqrt{ac}$

(2) $(\sqrt{a}+\sqrt{b})\sqrt{c}=\sqrt{ac}+\sqrt{bc}$, $(\sqrt{a}-\sqrt{b})\sqrt{c}=\sqrt{ac}-\sqrt{bc}$

0325 대표문제

$3(\sqrt{45}-\sqrt{50})+2\sqrt{2}(4-\sqrt{10})=x\sqrt{2}+y\sqrt{5}$일 때, 유리수 x, y에 대하여 $x+y$의 값을 구하시오.

0326 중하

$\sqrt{(-11)^2}-(-2\sqrt{6}\,)^2+\sqrt{7}\left(\sqrt{28}-\sqrt{\dfrac{1}{7}}\right)$을 계산하면?

① -1 ② 0 ③ $\sqrt{7}$
④ $\sqrt{11}$ ⑤ 4

0327 중

$A=\sqrt{2}+\sqrt{3}$, $B=\sqrt{2}-\sqrt{3}$일 때, $\sqrt{3}A-\sqrt{2}B$의 값은?

① $\sqrt{6}-1$ ② $2\sqrt{6}+1$ ③ $2\sqrt{6}+4$
④ $3\sqrt{2}+2\sqrt{3}$ ⑤ $3\sqrt{2}+2\sqrt{6}$

유형 15 중요 분배법칙을 이용한 분모의 유리화

$a>0$, $b>0$, $c>0$일 때

$$\frac{\sqrt{a}+\sqrt{b}}{\sqrt{c}}=\frac{(\sqrt{a}+\sqrt{b})\times\sqrt{c}}{\sqrt{c}\times\sqrt{c}}=\frac{\sqrt{ac}+\sqrt{bc}}{c}$$

0328 대표문제

$\dfrac{2\sqrt{10}-\sqrt{75}}{3\sqrt{2}}$의 분모를 유리화하였더니 $a\sqrt{5}+b\sqrt{6}$이 되었다. 이때 유리수 a, b에 대하여 $a-b$의 값은?

① -2 ② $-\dfrac{3}{2}$ ③ $\dfrac{1}{2}$
④ $\dfrac{3}{2}$ ⑤ 2

0329 중

$\dfrac{2\sqrt{3}-\sqrt{2}}{\sqrt{2}}-\dfrac{\sqrt{18}+\sqrt{3}}{\sqrt{3}}$을 계산하면?

① $-2\sqrt{6}$ ② -2 ③ -1
④ 2 ⑤ $2\sqrt{6}$

0330 상중 서술형

$x=\dfrac{\sqrt{5}+\sqrt{3}}{\sqrt{2}}$, $y=\dfrac{\sqrt{5}-\sqrt{3}}{\sqrt{2}}$일 때, $\dfrac{x-y}{x+y}$의 값을 구하시오.

유형 **16** 근호를 포함한 식의 혼합 계산

❶ 분배법칙을 이용하여 괄호를 푼다.
❷ $\sqrt{a^2b}$의 꼴은 $a\sqrt{b}$의 꼴로 고친다.
❸ 분모에 근호를 포함한 무리수가 있으면 분모를 유리화한다.
❹ 곱셈, 나눗셈을 먼저 한 후 덧셈, 뺄셈을 한다.

0331 대표문제

$\dfrac{10}{\sqrt{7}}(\sqrt{7}-\sqrt{42})-\dfrac{\sqrt{32}-4\sqrt{3}}{\sqrt{2}}$ 을 계산하면?

① $6-8\sqrt{6}$ ② $8-6\sqrt{6}$ ③ $8-4\sqrt{3}$
④ $6-2\sqrt{2}$ ⑤ $6\sqrt{6}-4$

0332 ㈜

$x=\dfrac{6}{\sqrt{3}}+2\sqrt{5}$, $y=4\sqrt{5}-\dfrac{\sqrt{3}}{3}$일 때, $\sqrt{5}x+2\sqrt{3}y$의 값은?

① $10\sqrt{15}-8$ ② $10\sqrt{15}-2$ ③ $2\sqrt{15}+2$
④ $2\sqrt{15}+8$ ⑤ $10\sqrt{15}+8$

0333 ㈜ 서술형 ▶

두 수 A, B가 다음과 같을 때, $A+B$의 값을 구하시오.

$$A=2\sqrt{3}(1-\sqrt{2})-\dfrac{3}{\sqrt{3}}+\sqrt{12}$$
$$B=\sqrt{2}(\sqrt{6}+\sqrt{27})-(\sqrt{18}-6)\div\sqrt{3}$$

 유형 **17** 제곱근의 계산 결과가 유리수가 될 조건

a, b가 유리수이고 $\sqrt{m}$이 무리수일 때, $a+b\sqrt{m}$이 유리수가 될 조건
➡ $b=0$
⑩ $3-\sqrt{2}+a\sqrt{2}$를 계산한 결과가 유리수가 되도록 하려면
$$3-\sqrt{2}+a\sqrt{2}=3+(-1+a)\sqrt{2}$$
$-1+a=0$이어야 하므로 $a=1$

0334 대표문제

$\sqrt{3}(\sqrt{3}+a)-\sqrt{12}(2-\sqrt{3})$을 계산한 결과가 유리수가 되도록 하는 유리수 a의 값을 구하시오.

0335 ㈜

P가 유리수일 때, 다음을 구하시오. (단, a는 유리수이다.)

$$P=8\sqrt{10}+5(a-\sqrt{10})+3a\sqrt{10}+13$$

(1) a의 값
(2) P의 값

0336 ㈜

$\dfrac{a}{\sqrt{3}}(\sqrt{18}+\sqrt{27})-\sqrt{6}\left(\dfrac{2\sqrt{3}}{\sqrt{2}}-2\right)$를 계산한 결과가 유리수가 되도록 하는 유리수 a의 값은?

① -3 ② -2 ③ -1
④ 1 ⑤ 2

유형 18 제곱근의 덧셈과 뺄셈의 도형에의 활용

변의 길이 또는 모서리의 길이가 무리수인 도형의 넓이 또는 부피에 대한 문제

➡ 공식을 이용하여 조건에 맞게 식을 세운 후 근호를 포함한 식의 계산을 한다.

0337 대표문제

오른쪽 그림과 같은 사다리꼴 ABCD의 넓이를 구하시오.

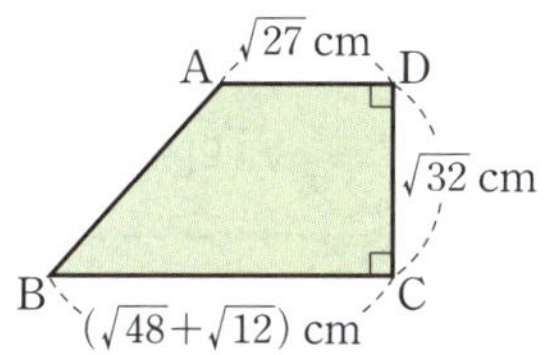

0338 중하

오른쪽 그림과 같이 넓이가 각각 $112\ \mathrm{cm}^2$, $252\ \mathrm{cm}^2$인 두 정사각형에서 $\overline{\mathrm{AB}}$의 길이는?

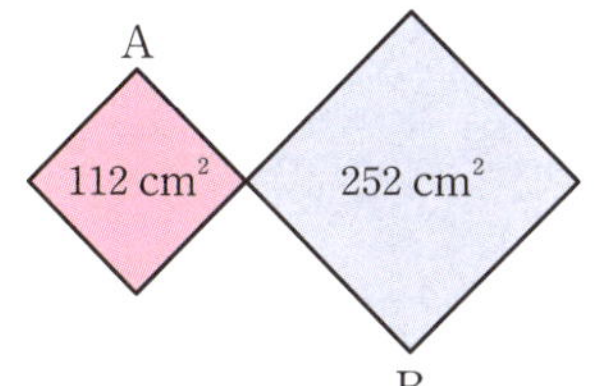

① $8\sqrt{7}$ cm
② $9\sqrt{7}$ cm
③ $10\sqrt{7}$ cm
④ $11\sqrt{7}$ cm
⑤ $12\sqrt{7}$ cm

0339 중

오른쪽 그림과 같은 직육면체의 겉넓이는?

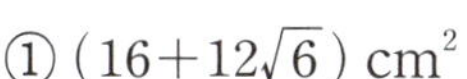
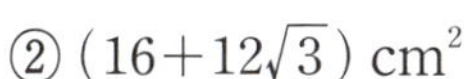

① $(16+12\sqrt{6})\ \mathrm{cm}^2$
② $(16+12\sqrt{3})\ \mathrm{cm}^2$
③ $(16+12\sqrt{2})\ \mathrm{cm}^2$
④ $(12+16\sqrt{3})\ \mathrm{cm}^2$
⑤ $(12+16\sqrt{2})\ \mathrm{cm}^2$

0340 중

다음 그림과 같이 가로의 길이가 $10\sqrt{2}$ cm, 세로의 길이가 $2\sqrt{14}$ cm인 직사각형 ABCD가 있다. 직사각형 ABFE의 넓이가 $24\sqrt{7}\ \mathrm{cm}^2$일 때, 직사각형 EFCD의 둘레의 길이를 구하시오.

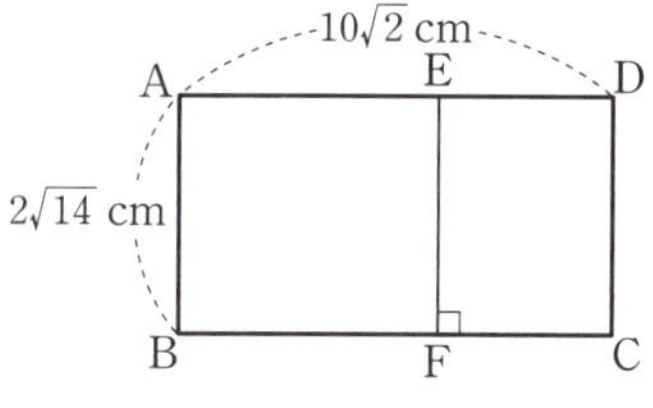

0341 중

오른쪽 그림과 같이 가로의 길이가 $\sqrt{80}$ cm, 세로의 길이가 $\sqrt{125}$ cm인 직사각형 모양의 종이의 네 귀퉁이에서 각각 한 변의 길이가 $\sqrt{5}$ cm인 정사각형을 잘라 내고 뚜껑이 없는 직육면체 모양의 상자를 만들었다. 이 상자의 부피를 구하시오.

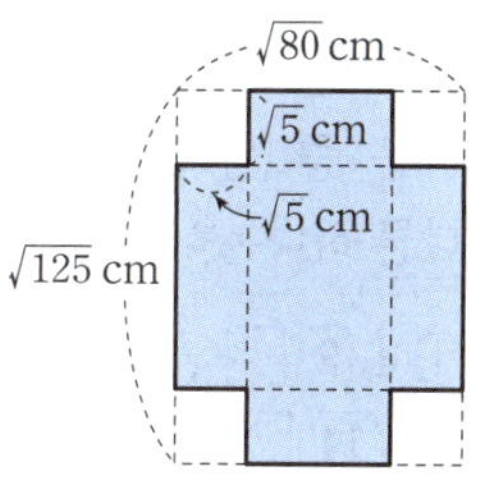

0342 상중 서술형

오른쪽 그림과 같이 세 정사각형 A, B, C를 겹치지 않게 이어 붙였다. A의 넓이는 B의 넓이의 5배, B의 넓이는 C의 넓이의 5배이고, A의 넓이가 $125\ \mathrm{cm}^2$일 때, 이 도형의 둘레의 길이를 구하시오.

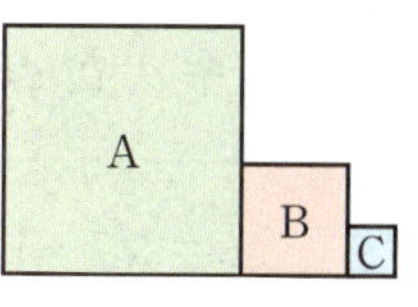

유형 19 실수의 대소 관계

두 실수 a, b에 대하여

(1) $a-b>0$이면 $a>b$

(2) $a-b=0$이면 $a=b$

(3) $a-b<0$이면 $a<b$

0343 대표문제

다음 중 두 실수의 대소 관계가 옳은 것은?

① $\sqrt{3}+1<2\sqrt{3}-2$ ② $4\sqrt{3}+1>\sqrt{75}$

③ $5\sqrt{6}+\sqrt{7}>\sqrt{7}+6\sqrt{5}$ ④ $3-\sqrt{5}>2\sqrt{2}-\sqrt{5}$

⑤ $2\sqrt{7}+\sqrt{2}>\sqrt{7}+3\sqrt{2}$

0344 (중)

다음 중 □ 안에 알맞은 부등호의 방향이 나머지 넷과 다른 하나는?

① $4\sqrt{2}$ □ $\sqrt{5}+2\sqrt{2}$

② $\sqrt{11}$ □ $-2\sqrt{11}+9$

③ $3\sqrt{7}-1$ □ $2\sqrt{7}+1$

④ $4\sqrt{6}-2\sqrt{2}$ □ $8\sqrt{2}-2\sqrt{6}$

⑤ $\sqrt{250}-\sqrt{45}$ □ $\sqrt{90}+\sqrt{5}$

0345 (중)

다음 세 수 a, b, c의 대소 관계를 바르게 나타낸 것은?

$$a=2\sqrt{7}-1, \quad b=2\sqrt{2}+\sqrt{7}-1, \quad c=\sqrt{7}+1$$

① $a<b<c$ ② $a<c<b$ ③ $b<a<c$

④ $b<c<a$ ⑤ $c<a<b$

유형 UP 20 무리수의 정수 부분과 소수 부분

(1) (무리수)＝(정수 부분)＋(소수 부분)

(단, $0<$(소수 부분)<1)

(2) 무리수의 정수 부분과 소수 부분을 구할 때에는 먼저 정수 부분을 찾고, 소수 부분은 무리수에서 정수 부분을 뺀 값임을 이용한다.

예 $\sqrt{5}$의 정수 부분과 소수 부분 구하기

➡ $\sqrt{4}<\sqrt{5}<\sqrt{9}$, 즉 $2<\sqrt{5}<3$이므로

$\sqrt{5}$의 정수 부분: 2

$\sqrt{5}$의 소수 부분: $\sqrt{5}-2$

0346 대표문제

$6-\sqrt{2}$의 정수 부분을 a, 소수 부분을 b라 할 때, $a-2b$의 값은?

① $-8\sqrt{2}$ ② $-4\sqrt{2}$ ③ $2\sqrt{2}$

④ $4\sqrt{2}$ ⑤ $8\sqrt{2}$

0347 (상중)

$\sqrt{11}$의 소수 부분을 a라 할 때, $\sqrt{275}$의 소수 부분을 a를 사용하여 나타내면?

① $5a-2$ ② $5a-1$ ③ $5a$

④ $5a+1$ ⑤ $5a+2$

0348 (상중) 서술형

자연수 n에 대하여 $\sqrt{n}$의 소수 부분을 $f(n)$이라 할 때, $f(27)-f(75)$의 값을 구하시오.

시험에 꼭 나오는 문제

0349

다음 중 옳은 것은?

① $\sqrt{5}\sqrt{6}=\sqrt{11}$

② $-2\sqrt{3}\times\sqrt{10}=-\sqrt{60}$

③ $4\sqrt{5}\times\sqrt{7}=4\sqrt{35}$

④ $\sqrt{\dfrac{11}{7}}\times\sqrt{\dfrac{28}{11}}=4$

⑤ $-2\sqrt{\dfrac{16}{15}}\times 3\sqrt{\dfrac{5}{8}}=-6\sqrt{\dfrac{5}{3}}$

0350

$\sqrt{50}$ 은 $\dfrac{\sqrt{5}}{\sqrt{10}}$ 의 몇 배인가?

① 5배 ② 10배 ③ 15배

④ 20배 ⑤ 25배

0351 중요

$\sqrt{30+6a}=4\sqrt{6}$ 을 만족시키는 자연수 a의 값을 구하시오.

0352

$\dfrac{\sqrt{5}}{2\sqrt{3}}=\sqrt{a}$, $\dfrac{\sqrt{3}}{3\sqrt{5}}=\sqrt{b}$ 일 때, 유리수 a, b에 대하여 $4a+5b$의 값을 구하시오.

0353 중요

다음 중 주어진 제곱근표를 이용하여 그 값을 구할 수 <u>없는</u> 것은?

수	3	4	5	6	7
6.3	2.516	2.518	2.520	2.522	2.524
6.4	2.536	2.538	2.540	2.542	2.544
⋮	⋮	⋮	⋮	⋮	⋮
45	6.731	6.738	6.745	6.753	6.760
46	6.804	6.812	6.819	6.826	6.834

① $\sqrt{0.0634}$ ② $\sqrt{0.454}$ ③ $\sqrt{646}$

④ $\sqrt{45300}$ ⑤ $\sqrt{63700}$

0354

$\sqrt{2.8}=a$, $\sqrt{28}=b$ 라 할 때, 다음 중 옳지 <u>않은</u> 것은?

① $\sqrt{280}=10a$ ② $\sqrt{0.0028}=\dfrac{b}{100}$

③ $\sqrt{112}=2b$ ④ $\sqrt{11.2}=2a$

⑤ $\sqrt{2.52}=\dfrac{3}{10}a$

0355

$\sqrt{\dfrac{32}{75}}=\dfrac{b\sqrt{2}}{a\sqrt{3}}=c\sqrt{6}$일 때, abc의 값은?

(단, a, b는 서로소인 자연수이고, c는 유리수이다.)

① $\dfrac{9}{2}$　　　　② 5　　　　③ $\dfrac{16}{3}$

④ 6　　　　⑤ $\dfrac{20}{3}$

0356 중요

양의 유리수 a, b에 대하여 다음 식의 값을 구하시오.

$$\dfrac{\sqrt{9b}}{\sqrt{a}}\times\dfrac{\sqrt{10a}}{\sqrt{3b}}\times\sqrt{\dfrac{b}{6a}}\div\sqrt{\dfrac{5b}{a}}$$

0357

오른쪽 그림과 같이 가로의 길이가 $4\sqrt{7}$ cm인 직사각형 ABCD의 넓이가 84 cm²일 때, $\overline{AC}$의 길이를 구하시오.

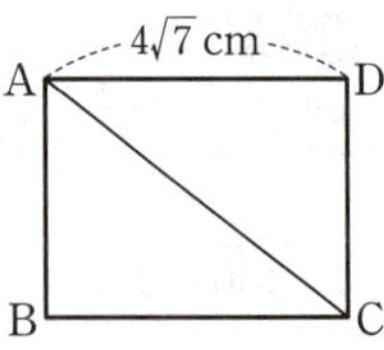

0358

다음 **보기** 중 옳은 것을 모두 고른 것은?

┤ 보기 ├

ㄱ. $\sqrt{10}+5\sqrt{10}=6\sqrt{10}$　　ㄴ. $\sqrt{5}+\sqrt{6}=\sqrt{11}$

ㄷ. $4\sqrt{3}-2\sqrt{3}=2\sqrt{3}$　　ㄹ. $3\sqrt{7}-2\sqrt{5}=\sqrt{2}$

① ㄱ, ㄴ　　　② ㄱ, ㄷ　　　③ ㄴ, ㄷ

④ ㄴ, ㄹ　　　⑤ ㄷ, ㄹ

0359 중요

$\sqrt{24}+3\sqrt{a}-\sqrt{150}=\sqrt{54}$일 때, 양수 a의 값은?

① 6　　　　② 15　　　　③ 18

④ 24　　　　⑤ 32

0360

$a=\sqrt{5}$이고 $b=a-\dfrac{1}{a}$일 때, b는 a의 몇 배인가?

① $\dfrac{\sqrt{2}}{5}$배　　　② $\dfrac{\sqrt{3}}{5}$배　　　③ $\dfrac{2}{5}$배

④ $\dfrac{\sqrt{6}}{5}$배　　　⑤ $\dfrac{4}{5}$배

▶ 정답 및 풀이 25쪽

0361

다음 그림과 같이 수직선 위에 한 변의 길이가 1인 두 정사각형을 그렸다. $\overline{PR}=\overline{PA}$, $\overline{QS}=\overline{QB}$일 때, 두 점 A, B 사이의 거리를 구하시오.

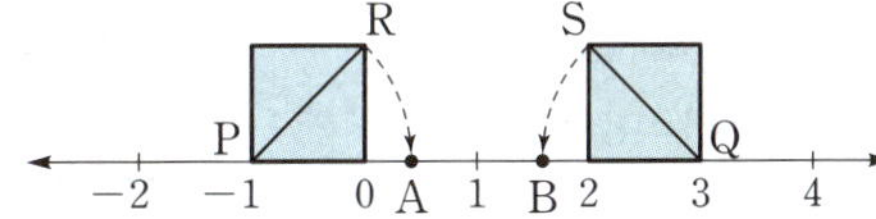

0362

$\dfrac{3\sqrt{26}-\sqrt{2}}{\sqrt{2}}-\dfrac{\sqrt{54}+2\sqrt{78}}{\sqrt{6}}$ 을 계산하면?

① $-6-\sqrt{13}$　　② $-4+\sqrt{13}$　　③ $1-\sqrt{13}$

④ $4-\sqrt{13}$　　⑤ $6+\sqrt{13}$

0363 중요

다음 식을 계산하면?

$$\frac{2}{\sqrt{5}}(\sqrt{2}-\sqrt{5})+\frac{1}{\sqrt{7}}\left(\sqrt{14}+\frac{3\sqrt{70}}{5}\right)-\sqrt{2}$$

① $-2-\sqrt{10}$　　② $2-\sqrt{10}$　　③ $\sqrt{10}$

④ $-2+\sqrt{10}$　　⑤ $2+\sqrt{10}$

0364

$\dfrac{3-4\sqrt{12}}{\sqrt{3}}-2\sqrt{3}(3k+\sqrt{3})$을 계산한 결과가 유리수가 되도록 하는 유리수 k의 값은?

① -1　　② $-\dfrac{1}{2}$　　③ $\dfrac{1}{6}$

④ 2　　⑤ $\dfrac{7}{2}$

0365 중요

오른쪽 그림과 같이 밑면의 가로, 세로의 길이가 각각 $\sqrt{12}\,\text{cm}$, $\sqrt{3}\,\text{cm}$인 직육면체의 부피가 $18\sqrt{3}\,\text{cm}^3$일 때, 이 직육면체의 모든 모서리의 길이의 합을 구하시오.

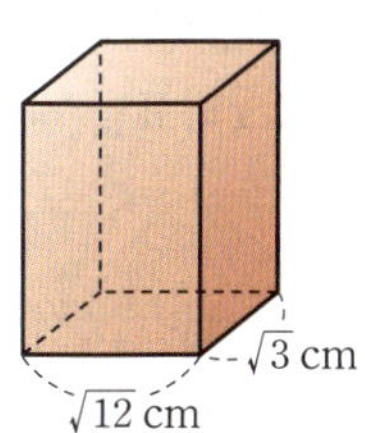

0366

다음 중 두 실수의 대소 관계가 옳지 <u>않은</u> 것은?

① $2\sqrt{3}>5-\sqrt{3}$
② $2+3\sqrt{5}<\sqrt{80}$
③ $\sqrt{2}+1>\sqrt{8}-1$
④ $4-\sqrt{7}<3\sqrt{2}-\sqrt{7}$
⑤ $5\sqrt{2}+\sqrt{10}>\sqrt{10}+3\sqrt{6}$

서술형 주관식

0367 중요

$\dfrac{9\sqrt{3}}{\sqrt{5}}=a\sqrt{15}$, $\dfrac{20}{\sqrt{27}}=b\sqrt{3}$일 때, 유리수 a, b에 대하여 $\sqrt{ab}$의 값을 구하시오.

0368

다음 그림과 같이 좌표평면 위에 세 직각이등변삼각형 P, Q, R를 한 변이 x축 위에 오도록 겹치지 않게 이어 그렸다. P, Q, R의 넓이는 각각 6, 12, 24이고 세 점 A, B, C의 x좌표를 각각 a, b, c라 할 때, $a+b-c$의 값을 구하시오.

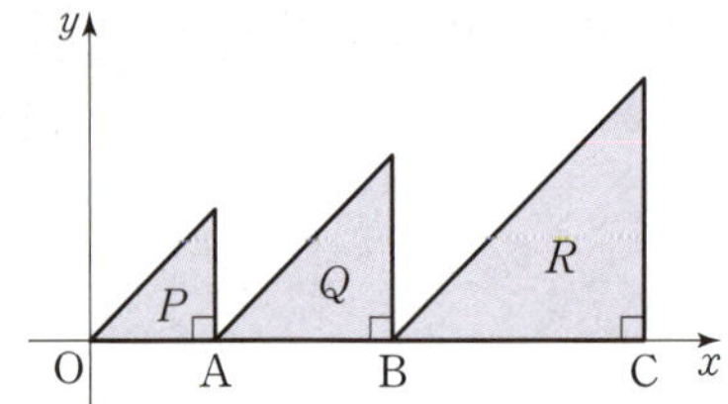

0369

다음을 만족시키는 유리수 a, b에 대하여 $a+b$의 값을 구하시오.

$$3\left(\dfrac{4}{\sqrt{2}}-2\sqrt{6}\right)-\dfrac{\sqrt{3}}{3}\left(3\sqrt{6}-9\sqrt{2}\right)=a\sqrt{2}+b\sqrt{6}$$

실력 UP

0370

오른쪽 그림에서 □DBCE의 넓이는 △ABC의 넓이의 $\dfrac{2}{3}$이다. $\overline{DE}\,/\!/\,\overline{BC}$이고 $\overline{BC}=6$ cm일 때, $\overline{DE}$의 길이를 구하시오.

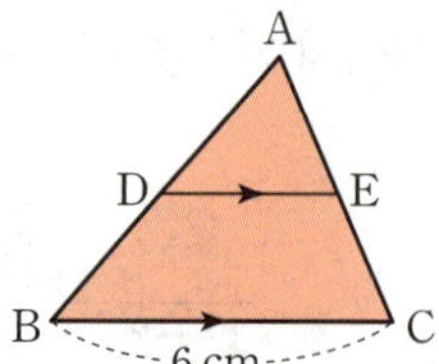

0371

다음 도형은 넓이가 각각 8, 9, 16, 18인 정사각형을 한 정사각형의 대각선의 교점에 다른 정사각형의 한 꼭짓점을 맞추고 겹치는 부분이 정사각형이 되도록 차례로 이어 붙인 것이다. 이 도형의 둘레의 길이를 구하시오.

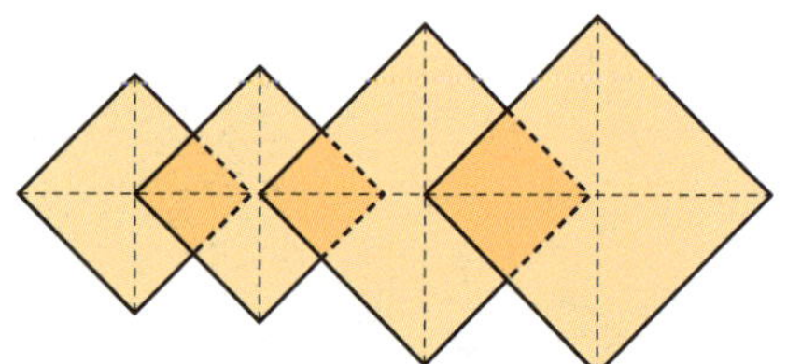

0372

세 수 $6+\sqrt{2}$, $2+\sqrt{7}$, $\sqrt{5}-1$의 소수 부분을 각각 a, b, c라 할 때, $2a$, b, c의 대소를 비교하시오.

Ⅱ 다항식의 곱셈과 인수분해

04 다항식의 곱셈

04-1 (다항식) × (다항식)의 전개

(다항식)×(다항식)은 다음과 같은 순서로 계산한다.
❶ 분배법칙을 이용하여 식을 전개한다.
❷ 동류항이 있으면 동류항끼리 모아서 계산한다.

예 $(a+2b)(3a-b)$ }분배법칙
$\quad = 3a^2 - ab + 6ab - 2b^2$ }동류항끼리 계산
$\quad = 3a^2 + 5ab - 2b^2$

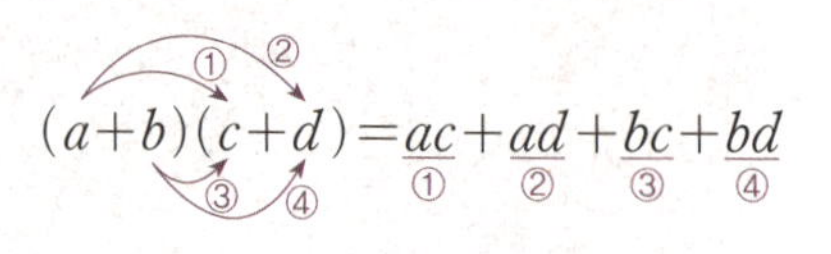
$$(a+b)(c+d) = \underset{①}{ac} + \underset{②}{ad} + \underset{③}{bc} + \underset{④}{bd}$$

개념플러스 ✅

▶ **분배법칙**
$$m(a+b) = ma + mb$$
$$(a+b)m = am + bm$$

04-2 곱셈 공식

(1) $(a+b)^2 = a^2 + 2ab + b^2$ ← 합의 제곱
(2) $(a-b)^2 = a^2 - 2ab + b^2$ ← 차의 제곱
(3) $(a+b)(a-b) = a^2 - b^2$ ← 합과 차의 곱
(4) $(x+a)(x+b) = x^2 + (a+b)x + ab$
(5) $(ax+b)(cx+d) = acx^2 + (ad+bc)x + bd$

예 (1) $(x+1)^2 = x^2 + 2 \times x \times 1 + 1^2 = x^2 + 2x + 1$
(2) $(x-2)^2 = x^2 - 2 \times x \times 2 + 2^2 = x^2 - 4x + 4$
(3) $(x+3)(x-3) = x^2 - 3^2 = x^2 - 9$
(4) $(x+2)(x+3) = x^2 + (2+3)x + 2 \times 3 = x^2 + 5x + 6$
(5) $(2x+3)(3x+4) = (2 \times 3)x^2 + (2 \times 4 + 3 \times 3)x + 3 \times 4 = 6x^2 + 17x + 12$

참고 공통부분이 있는 식을 전개할 때에는 공통부분을 한 문자로 놓고 전개한다.

▶ **전개식이 같은 다항식**
① $(-a-b)^2 = \{-(a+b)\}^2$
$\qquad = (a+b)^2$
② $(-a+b)^2 = \{-(a-b)\}^2$
$\qquad = (a-b)^2$
③ $(-a-b)(-a+b)$
$\quad = \{-(a+b)\}\{-(a-b)\}$
$\quad = (a+b)(a-b)$

04-3 다항식의 곱셈의 응용

(1) **곱셈 공식을 이용한 수의 계산**
　① 수의 제곱의 계산
　　➡ 곱셈 공식 $(a+b)^2 = a^2 + 2ab + b^2$ 또는 $(a-b)^2 = a^2 - 2ab + b^2$을 이용한다.
　② 두 수의 곱의 계산
　　➡ 곱셈 공식 $(a+b)(a-b) = a^2 - b^2$ 또는
　　　 $(x+a)(x+b) = x^2 + (a+b)x + ab$를 이용한다.

(2) **곱셈 공식을 이용한 분모의 유리화**
　곱셈 공식 $(x+y)(x-y) = x^2 - y^2$을 이용하여 분모를 유리화한다.
　➡ $\dfrac{c}{\sqrt{a}+\sqrt{b}} = \dfrac{c(\sqrt{a}-\sqrt{b})}{(\sqrt{a}+\sqrt{b})(\sqrt{a}-\sqrt{b})} = \dfrac{c(\sqrt{a}-\sqrt{b})}{a-b}$ (단, $a>0$, $b>0$, $a \ne b$)

　예 $\dfrac{1}{\sqrt{5}+\sqrt{2}} = \dfrac{\sqrt{5}-\sqrt{2}}{(\sqrt{5}+\sqrt{2})(\sqrt{5}-\sqrt{2})} = \dfrac{\sqrt{5}-\sqrt{2}}{(\sqrt{5})^2 - (\sqrt{2})^2} = \dfrac{\sqrt{5}-\sqrt{2}}{3}$

(3) **곱셈 공식의 변형**
　① $a^2 + b^2 = (a+b)^2 - 2ab$, $a^2 + b^2 = (a-b)^2 + 2ab$
　② $(a+b)^2 = (a-b)^2 + 4ab$, $(a-b)^2 = (a+b)^2 - 4ab$

▶ 근호를 포함한 식의 계산은 제곱근을 문자로 생각하고 곱셈 공식을 이용한다.

▶ (3)의 식에 b 대신 $\dfrac{1}{a}$을 대입하면
① $a^2 + \dfrac{1}{a^2} = \left(a + \dfrac{1}{a}\right)^2 - 2$,
$\quad a^2 + \dfrac{1}{a^2} = \left(a - \dfrac{1}{a}\right)^2 + 2$
② $\left(a + \dfrac{1}{a}\right)^2 = \left(a - \dfrac{1}{a}\right)^2 + 4$,
$\quad \left(a - \dfrac{1}{a}\right)^2 = \left(a + \dfrac{1}{a}\right)^2 - 4$

교과서문제 정복하기

04-1 (다항식)×(다항식)의 전개

[0373~0378] 다음 식을 전개하시오.

0373 $(a+2)(b-3)$

0374 $(3a-b)(c+4d)$

0375 $(-x+y)(5x-2y)$

0376 $(a+b)(x+y+z)$

0377 $(5x-1)(3x-y+4)$

0378 $(a-b+4)(-2a+3b)$

04-2 곱셈 공식

[0379~0388] 다음 식을 전개하시오.

0379 $(x+3)^2$

0380 $(2a+5b)^2$

0381 $(a-7)^2$

0382 $(x-2y)^2$

0383 $(a+4)(a-4)$

0384 $(5x+8y)(5x-8y)$

0385 $(x+2)(x+6)$

0386 $(x+1)(x-7)$

0387 $(3x-2)(4x+5)$

0388 $(2y-5)(5y-1)$

0389 다음 □ 안에 알맞은 것을 써넣으시오.

$$\begin{aligned}
&(x+y+3)(x+y-3) \quad\Big\}\ x+y\text{를 } A\text{로 놓는다.}\\
&=(A+3)(\boxed{}-3) \quad\Big\}\ \text{전개한다.}\\
&=\boxed{} \quad\Big\}\ A\text{에 } x+y\text{를 대입한다.}\\
&=(\boxed{})^2-9 \quad\Big\}\ \text{전개한다.}\\
&=\boxed{}
\end{aligned}$$

04-3 다항식의 곱셈의 응용

[0390~0392] 다음 □ 안에 알맞은 양수를 써넣으시오.

0390 $104^2=(100+\boxed{})^2$
$$=10000+800+\boxed{}=\boxed{}$$

0391 $99^2=(100-\boxed{})^2$
$$=10000-\boxed{}+1=\boxed{}$$

0392 $72\times68=(\boxed{}+2)(\boxed{}-2)$
$$=\boxed{}-4=\boxed{}$$

[0393~0396] 다음 수의 분모를 유리화하시오.

0393 $\dfrac{1}{\sqrt{3}+1}$

0394 $\dfrac{1}{4-\sqrt{2}}$

0395 $\dfrac{5}{\sqrt{10}+3}$

0396 $\dfrac{\sqrt{7}}{\sqrt{7}-\sqrt{5}}$

[0397~0398] $x+y=4$, $xy=-2$일 때, 다음 식의 값을 구하시오.

0397 x^2+y^2

0398 $(x-y)^2$

[0399~0400] $x-y=5$, $xy=6$일 때, 다음 식의 값을 구하시오.

0399 x^2+y^2

0400 $(x+y)^2$

유형 익히기

유형 01 (다항식)×(다항식)의 전개

분배법칙을 이용하여 식을 전개한 다음 동류항끼리 모아서 계산한다.

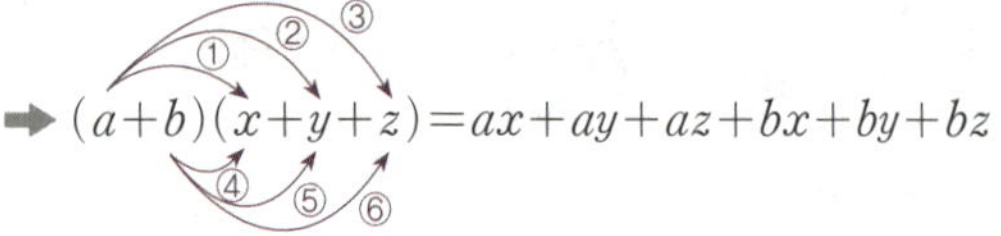

$$\Rightarrow (a+b)(x+y+z)=ax+ay+az+bx+by+bz$$

0401 대표문제

$(2x-y)(x-2y+3)$을 전개하면?

① $2x^2-5xy-2y^2-6x+3y$
② $2x^2-5xy+2y^2-6x+3y$
③ $2x^2-5xy+2y^2+6x-3y$
④ $2x^2+5xy-3y^2-6x+2y$
⑤ $2x^2+5xy-3y^2+6x-2y$

0402 중하

$(x-4)(5-2y)=axy+bx+cy-20$일 때, 상수 a, b, c에 대하여 $a+b+c$의 값을 구하시오.

0403 중

$(3x+7)(Ax+B)$를 전개하면 $12x^2+Cx-21$일 때, 상수 A, B, C에 대하여 $A+B-C$의 값을 구하시오.

0404 중

$(a+b-2)(a+5)-(2a-3)(b+4)$를 계산하시오.

유형 02 전개식에서 특정한 항의 계수 구하기

다항식의 곱셈에서 특정한 항의 계수를 구할 때에는 특정한 항이 나오는 부분만 전개한다.

예 $(x+3y)(2x-y+1)$의 전개식에서 xy항은

$$(x+3y)(2x-y+1) \Rightarrow -xy+6xy=5xy$$

따라서 xy의 계수는 5이다.

0405 대표문제

$(5x-y-2)(-3x+4y+1)$을 전개한 식에서 xy의 계수는?

① -23　　　② -17　　　③ 17
④ 19　　　⑤ 23

0406 중

다음 보기 중 전개식에서 y의 계수가 같은 것끼리 짝 지어진 것은?

---- 보기 ----

ㄱ. $(x-2)(3y+4)$　　　ㄴ. $(x-6y+4)(y-1)$

ㄷ. $\left(\dfrac{1}{3}x-7y\right)(2+y)$　　　ㄹ. $(-5y+1)(-y+1)$

① ㄱ, ㄴ　　　② ㄱ, ㄷ　　　③ ㄱ, ㄹ
④ ㄴ, ㄷ　　　⑤ ㄷ, ㄹ

0407 중 서술형

$(-3x+2y)(ax+5y-1)$의 전개식에서 x^2의 계수와 xy의 계수가 같을 때, 상수 a의 값을 구하시오.

개념원리 중학 수학 3-1 65쪽

유형 03 $(a+b)^2$, $(a-b)^2$의 전개

$$(a+b)^2=a^2+2ab+b^2 \qquad (a-b)^2=a^2-2ab+b^2$$

곱의 2배   곱의 2배

0408 대표문제

다음 중 옳지 <u>않은</u> 것은?

① $(x+6)^2=x^2+12x+36$
② $(-x+7)^2=x^2-14x+49$
③ $(2x-3)^2=4x^2-12x+9$
④ $\left(-\dfrac{1}{2}x+5\right)^2=\dfrac{1}{4}x^2-\dfrac{5}{2}x+25$
⑤ $(-3x-4)^2=9x^2+24x+16$

0409 하

$\left(x+\dfrac{1}{6}\right)^2=x^2+ax+\dfrac{1}{36}$일 때, 상수 a의 값을 구하시오.

0410 중하

$(2x-3y)^2-2(x+2y)^2$을 계산하면?

① $-10xy+y^2$
② $x^2-20xy-y^2$
③ $2x^2-10xy+y^2$
④ $2x^2-20xy+y^2$
⑤ $2x^2+15xy-y^2$

0411 중

다음 중 $\left(-\dfrac{1}{5}x+4y\right)^2$과 전개식이 같은 것은?

① $-\dfrac{1}{25}(x-20y)^2$
② $-\dfrac{1}{5}(x+20y)^2$
③ $-\dfrac{1}{5}(x-20y)^2$
④ $\dfrac{1}{25}(x-20y)^2$
⑤ $\dfrac{1}{25}(x+20y)^2$

0412 중

$(ax-1)^2=bx^2-x+1$일 때, 상수 a, b에 대하여 $a+b$의 값은?

① $\dfrac{1}{4}$
② $\dfrac{1}{2}$
③ $\dfrac{3}{4}$
④ $\dfrac{5}{4}$
⑤ $\dfrac{3}{2}$

0413 중 서술형

$(3x+A)^2$을 전개한 식이 Bx^2-Cx+4일 때, 상수 A, B, C에 대하여 $A-B-C$의 값을 구하시오. (단, $A>0$)

유형 04 $(a+b)(a-b)$의 전개

$$\underset{\text{합}}{(a+b)}\underset{\text{차}}{(a-b)}=\underset{\text{제곱의 차}}{a^2-b^2}$$

참고 $(-a+b)(a+b)=(b+a)(b-a)=b^2-a^2$
$(-a-b)(-a+b)=(-a+b)(-a-b)=a^2-b^2$

0414 대표문제

$(7x+4y)(4y-7x)=Ax^2+By^2$일 때, 상수 A, B에 대하여 $A+B$의 값은?

① -65 ② -33 ③ 17
④ 33 ⑤ 65

0415 중하

다음 중 옳지 <u>않은</u> 것은?

① $(x+5)(x-5)=x^2-25$
② $(-3+x)(-3-x)=x^2-9$
③ $(-9a+4)(9a+4)=-81a^2+16$
④ $(-x-y)(x-y)=y^2-x^2$
⑤ $\left(y+\dfrac{1}{2}\right)\left(y-\dfrac{1}{2}\right)=y^2-\dfrac{1}{4}$

0416 중

$\left(\dfrac{2}{5}x-ay\right)\left(ay+\dfrac{2}{5}x\right)=\dfrac{4}{25}x^2-\dfrac{1}{9}y^2$일 때, 양수 a의 값을 구하시오.

0417 중

다음 □ 안에 알맞은 수를 구하시오.

$$(1-a)(1+a)(1+a^2)(1+a^4)=1-a^{\square}$$

유형 05 $(x+a)(x+b)$의 전개

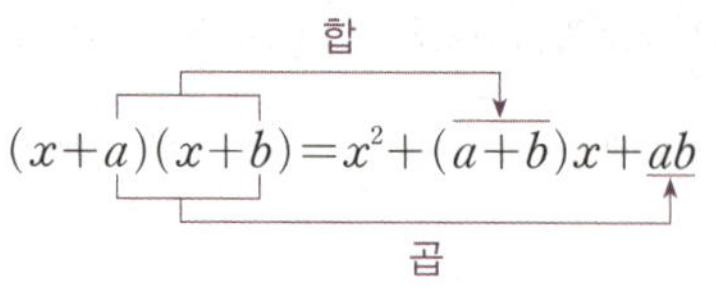

$$(x+a)(x+b)=x^2+\underset{\text{합}}{(a+b)}x+\underset{\text{곱}}{ab}$$

0418 대표문제

$\left(x-\dfrac{1}{3}\right)\left(x+\dfrac{1}{5}\right)=x^2+ax+b$일 때, 상수 a, b에 대하여 $b-a$의 값은?

① $-\dfrac{3}{5}$ ② $-\dfrac{1}{15}$ ③ $\dfrac{1}{15}$
④ $\dfrac{1}{5}$ ⑤ $\dfrac{3}{5}$

0419 중하

다음 중 □ 안에 알맞은 수가 나머지 넷과 <u>다른</u> 하나는?

① $(x-7)(x+5)=x^2-\square x-35$
② $(x+6)\left(x-\dfrac{1}{3}\right)=x^2+\dfrac{17}{3}x-\square$
③ $(x+y)(x+2y)=x^2+3xy+\square y^2$
④ $(a+4)(a-2)=a^2+\square a-8$
⑤ $(a-3b)(-a+5b)=-a^2+\square ab-15b^2$

0420 중

$(x+a)(x-7)=x^2+bx-14$일 때, 상수 a, b에 대하여 $a+b$의 값을 구하시오.

0421 중 서술형

$\left(x-4\right)\left(x+\dfrac{1}{6}\right)$의 전개식에서 x의 계수를 a,

$(x-3)(x+8)$의 전개식에서 상수항을 b라 할 때, ab의 값을 구하시오.

유형 06 $(ax+b)(cx+d)$의 전개

$$(ax+b)(cx+d)=acx^2+(ad+bc)x+bd$$

0422 대표문제

$(2x+a)(4x-3)=8x^2+bx-27$일 때, 상수 a, b에 대하여 $a-b$의 값은?

① -21 ② -15 ③ 3
④ 15 ⑤ 21

0423 중

$(5x-3)(6x+1)-4(2x-1)(3x+1)$을 계산하면?

① $6x^2-13x-3$ ② $6x^2-9x+1$
③ $6x^2+4$ ④ $6x^2+9x+4$
⑤ $6x^2+13x+1$

0424 중 서술형

$(Ax+1)(3x+B)=15x^2+Cx-5$일 때, 상수 A, B, C에 대하여 $A+B+C$의 값을 구하시오.

0425 상중

$4x+a$에 $2x-5$를 곱해야 할 것을 잘못하여 $5x-2$를 곱했더니 $20x^2+27x-14$가 되었다. 바르게 곱하여 전개한 식에서 x의 계수와 상수항의 합을 구하시오.

(단, a는 상수이다.)

유형 07 곱셈 공식 종합

(1) $(a+b)^2=a^2+2ab+b^2$

(2) $(a-b)^2=a^2-2ab+b^2$

(3) $(a+b)(a-b)=a^2-b^2$

(4) $(x+a)(x+b)=x^2+(a+b)x+ab$

(5) $(ax+b)(cx+d)=acx^2+(ad+bc)x+bd$

0426 대표문제

다음 중 옳지 <u>않은</u> 것은?

① $(3x-2y)^2=9x^2-12xy+4y^2$

② $(-x-5)^2=x^2-10x+25$

③ $\left(x+\dfrac{1}{4}\right)\left(-x+\dfrac{1}{4}\right)=-x^2+\dfrac{1}{16}$

④ $(x+11)(x-5)=x^2+6x-55$

⑤ $\left(2x+\dfrac{1}{3}\right)\left(6x+\dfrac{1}{2}\right)=12x^2+3x+\dfrac{1}{6}$

0427 중

다음 중 전개하였을 때, x의 계수가 가장 작은 것은?

① $(-x+3)^2$ ② $(4x-1)^2$
③ $(-x+4)(-x-6)$ ④ $(4-3x)(x+2)$
⑤ $(2x-5)(3x+1)$

0428 중

오른쪽 그림의 세 직사각형의 넓이 P, Q, R에 대하여 $P+Q=P+R$일 때, 다음 중 설명할 수 있는 곱셈 공식으로 가장 적당한 것은?

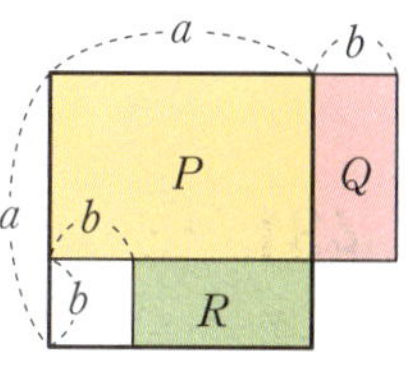

① $(a+b)^2=a^2+2ab+b^2$

② $(a-b)^2=a^2-2ab+b^2$

③ $(a+b)(a-b)=a^2-b^2$

④ $(x+a)(x+b)=x^2+(a+b)x+ab$

⑤ $(ax+b)(cx+d)=acx^2+(ad+bc)x+bd$

 **유형 08 곱셈 공식의 도형에의 활용 (1)**

곱셈 공식을 이용하여 직사각형의 넓이를 구할 때

❶ 가로, 세로의 길이를 문자를 사용하여 나타낸다.

❷ 직사각형의 넓이를 구하는 식을 세운 후 곱셈 공식을 이용하여 전개한다.

0429 대표문제

오른쪽 그림과 같이 가로의 길이가 $5x$, 세로의 길이가 $6x$인 직사각형에서 가로의 길이는 2만큼 늘이고, 세로의 길이는 3만큼 줄여서 만든 직사각형의 넓이는?

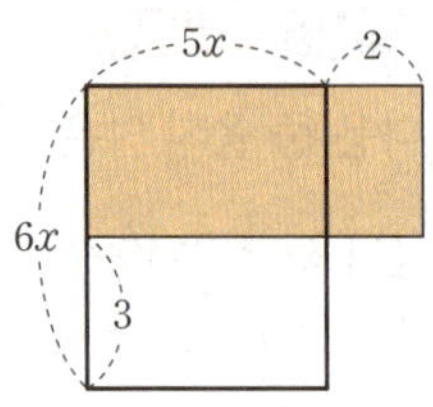

① $30x^2-6x+3$　　② $30x^2-3x-6$

③ $30x^2+6x-6$　　④ $36x^2-6x+6$

⑤ $36x^2-12x+3$

0430 중 서술형

오른쪽 그림과 같이 한 변의 길이가 a인 정사각형의 가로의 길이를 3만큼 줄이고 세로의 길이를 4만큼 늘여서 직사각형을 만들었더니 이 직사각형의 넓이는 처음 정사각형의 넓이보다 5만큼 크다고 한다. 이때 a의 값을 구하시오.

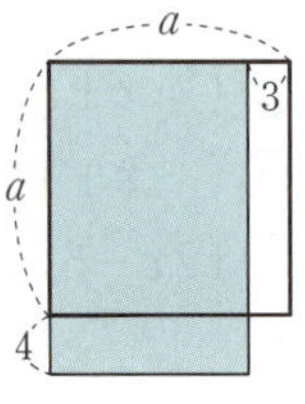

0431 상중

오른쪽 그림과 같은 직사각형 ABCD에서 사각형 AGHE와 사각형 EFCD는 정사각형일 때, 사각형 GBFH의 넓이를 구하시오.

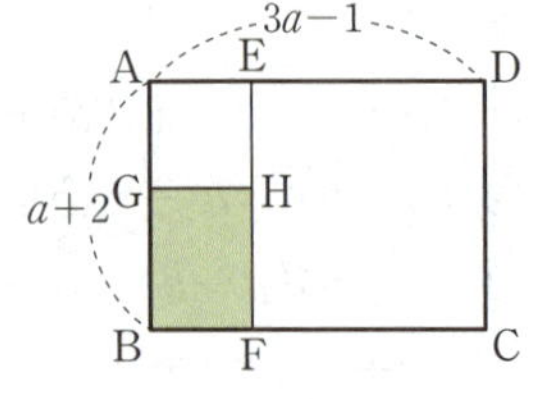

유형 09 곱셈 공식의 도형에의 활용 (2)

폭이 일정한 길을 제외한 땅의 넓이를 구할 때

➡ 길을 가장자리로 이동하여 떨어져 있는 땅을 붙여서 직사각형 모양으로 만든 후 넓이를 구한다.

예 [그림 1]의 색칠한 부분의 넓이는 [그림 2]에서 $a(b-1)$

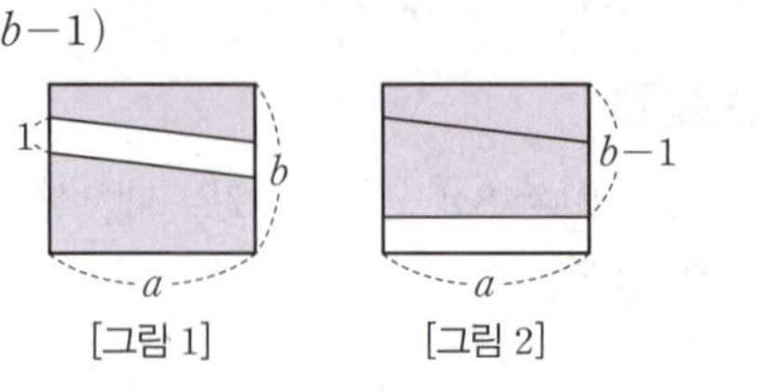

[그림 1]　　[그림 2]

0432 대표문제

오른쪽 그림과 같이 가로의 길이가 $3x$, 세로의 길이가 $2x$인 직사각형 모양의 땅에 폭이 1로 일정한 길을 만들었다. 길을 제외한 땅의 넓이를 구하시오.

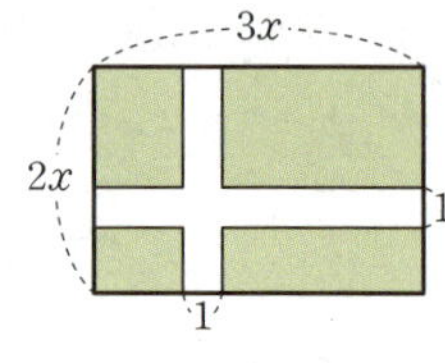

0433 중

오른쪽 그림과 같이 가로의 길이가 $4x-1$, 세로의 길이가 $5x$인 직사각형 모양의 화단에 폭이 2로 일정한 길을 내었다. 길을 제외한 화단의 넓이가 ax^2+bx+c일 때, 상수 a, b, c에 대하여 $a-b+c$의 값을 구하시오.

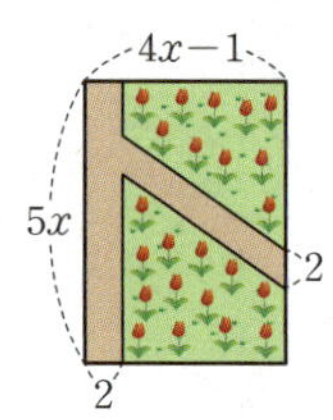

0434 중

다음 그림과 같이 한 변의 길이가 a인 정사각형을 대각선을 따라 자른 후 서로 합동인 직각이등변삼각형 2개를 잘라 내고 남은 부분을 다시 이어 붙였더니 새로운 직사각형이 되었다. 이때 이 직사각형의 넓이를 구하시오.

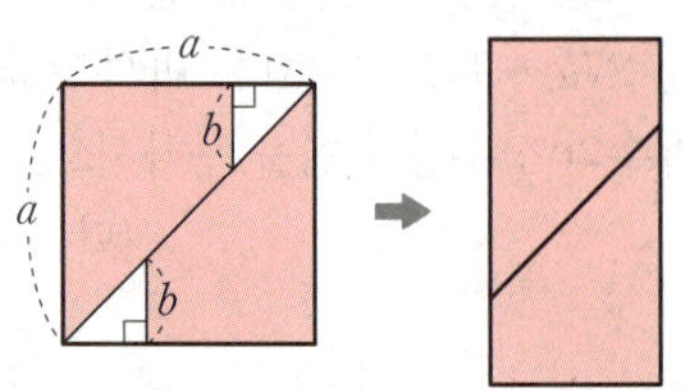

유형 10 공통부분이 있는 식의 전개

개념원리 중학 수학 3–1 68쪽

전개해야 하는 식에 공통부분이 있으면
❶ 공통부분을 한 문자로 놓는다.
❷ 곱셈 공식을 이용하여 전개한다.
❸ ❷의 식의 문자에 원래의 식을 대입하여 정리한다.

$$
\begin{aligned}
\text{예}\ (x+y-z)(x+y+z) & \\
=(A-z)(A+z)\ & \quad x+y\text{를 } A\text{로 놓는다.} \\
=A^2-z^2\ & \quad \text{전개한다.} \\
=(x+y)^2-z^2\ & \quad A\text{에 } x+y\text{를 대입한다.} \\
=x^2+2xy+y^2-z^2\ & \quad \text{전개한다.}
\end{aligned}
$$

0435 대표문제

$(x+3y-2)(x-3y-2)$를 전개하면?

① $x^2-4x-9y^2-4$ ② $x^2-4x-9y^2+4$
③ $x^2-4x+9y^2-4$ ④ $x^2-4x+9y^2+4$
⑤ $x^2+4x+9y^2+4$

0436 중

다음 □ 안에 알맞은 식을 구하시오.

$$(a-7b+1)^2=a^2-14ab+49b^2+\boxed{}$$

0437 중 서술형

$(2x+y+5)(2x+y-4)=4x^2+axy+y^2+bx+y+c$
일 때, 상수 a, b, c에 대하여 $a+b-c$의 값을 구하시오.

유형 11 곱셈 공식을 이용한 수의 계산

중요

개념원리 중학 수학 3–1 73쪽

(1) 수의 제곱의 계산
➡ $(a+b)^2=a^2+2ab+b^2$, $(a-b)^2=a^2-2ab+b^2$
을 이용한다.
(2) 두 수의 곱의 계산
➡ $(a+b)(a-b)=a^2-b^2$,
$(x+a)(x+b)=x^2+(a+b)x+ab$
를 이용한다.

0438 대표문제

다음 중 곱셈 공식 $(a+b)(a-b)=a^2-b^2$을 이용하여 계산하면 가장 편리한 것은?

① 97^2 ② 102^2 ③ 103×104
④ 8.1×7.9 ⑤ 9.9^2

0439 중

다음 중 주어진 수를 곱셈 공식을 이용하여 계산할 때, 가장 편리한 곱셈 공식을 나타낸 것으로 옳지 <u>않은</u> 것은?

① $198^2 \Rightarrow (a-b)^2=a^2-2ab+b^2$
② $103^2 \Rightarrow (a+b)^2=a^2+2ab+b^2$
③ $104\times98 \Rightarrow (x+a)(x+b)=x^2+(a+b)x+ab$
④ $103\times97 \Rightarrow (a+b)(a-b)=a^2-b^2$
⑤ $504\times507 \Rightarrow (a+b)(a-b)=a^2-b^2$

0440 중

곱셈 공식을 이용하여 $\dfrac{2026\times2029+2}{2027}$ 를 계산하시오.

0441 상중

곱셈 공식을 이용하여
$$(2+1)(2^2+1)(2^4+1)(2^8+1)$$
을 계산하면?

① $2^{12}-1$ ② 2^{12} ③ $2^{16}-1$
④ 2^{16} ⑤ $2^{16}+1$

04

다항식의 곱셈

유형 12 곱셈 공식을 이용한 근호를 포함한 식의 계산

제곱근을 문자로 생각하고 곱셈 공식을 이용한다.
(1) $(\sqrt{a}+\sqrt{b})^2=a+2\sqrt{ab}+b$
(2) $(\sqrt{a}-\sqrt{b})^2=a-2\sqrt{ab}+b$
(3) $(\sqrt{a}+\sqrt{b})(\sqrt{a}-\sqrt{b})=a-b$
(4) $(\sqrt{a}+b)(\sqrt{a}+c)=a+(b+c)\sqrt{a}+bc$

0442 대표문제

$(-3\sqrt{7}+2)^2$을 계산하면?

① $-67-6\sqrt{7}$ ② $-59+12\sqrt{7}$ ③ $59-6\sqrt{7}$
④ $67-6\sqrt{7}$ ⑤ $67-12\sqrt{7}$

0443 중하

$(5\sqrt{3}+4)(2\sqrt{3}-1)=a+b\sqrt{3}$일 때, 유리수 a, b에 대하여 $a-b$의 값은?

① 23   ② 24   ③ 25
④ 26   ⑤ 27

0444 중

$(6+4\sqrt{2})(6-4\sqrt{2})(5+2\sqrt{6})(5-2\sqrt{6})$을 계산하시오.

0445 중 서술형

$(8+\sqrt{5})(a-2\sqrt{5})$를 계산한 결과가 유리수일 때, 유리수 a의 값을 구하시오.

유형 13 곱셈 공식을 이용한 분모의 유리화

분모가 2개의 항으로 되어 있는 무리수일 때에는 곱셈 공식 $(a+b)(a-b)=a^2-b^2$을 이용하여 분모를 유리화한다.

참고

분모	분모, 분자에 곱해야 할 수
$a+\sqrt{b}$	$a-\sqrt{b}$
$a-\sqrt{b}$	$a+\sqrt{b}$
$\sqrt{a}+\sqrt{b}$	$\sqrt{a}-\sqrt{b}$
$\sqrt{a}-\sqrt{b}$	$\sqrt{a}+\sqrt{b}$

0446 대표문제

$\dfrac{\sqrt{2}+5}{3-2\sqrt{2}}=a+b\sqrt{2}$일 때, 유리수 a, b에 대하여 $a+b$의 값은?

① -32 ② -6 ③ 0
④ 6   ⑤ 32

0447 중하

$\dfrac{\sqrt{50}}{\sqrt{5}-\sqrt{10}}$의 분모를 유리화하시오.

0448 중

$x=7+4\sqrt{3}$일 때, $x+\dfrac{1}{x}$의 값은?

① $-8\sqrt{3}$ ② -14 ③ 14
④ $8\sqrt{3}$ ⑤ $14+8\sqrt{3}$

정답 및 풀이 32쪽

0449 ㉷

$\dfrac{\sqrt{6}-\sqrt{3}}{\sqrt{6}+\sqrt{3}}-\dfrac{\sqrt{6}+\sqrt{3}}{\sqrt{6}-\sqrt{3}}$ 을 계산하면?

① $-4\sqrt{2}$ ② $6-4\sqrt{2}$ ③ $4\sqrt{2}$
④ 6 ⑤ $6+4\sqrt{2}$

0450 ㉷ 서술형

$8-\sqrt{7}$의 정수 부분을 a, 소수 부분을 b라 할 때, $\dfrac{3}{a-b}$의 값을 구하시오.

0451 상㉷

$f(x)=\sqrt{x}+\sqrt{x+1}$일 때, 다음 식의 값을 구하시오.

$$\frac{1}{f(1)}+\frac{1}{f(2)}+\frac{1}{f(3)}+\cdots+\frac{1}{f(8)}$$

유형 14 $\ x=a+\sqrt{b}$의 꼴이 주어질 때 식의 값 구하기

$x=a+\sqrt{b}$의 꼴이 주어지고 어떤 식의 값을 구할 때에는 다음과 같이 식을 변형하여 대입한다.

➡ $x=a+\sqrt{b}$에서 $x-a=\sqrt{b}$
$(x-a)^2=(\sqrt{b})^2$, 즉 $x^2-2ax+a^2=b$
$\therefore\ x^2-2ax=b-a^2$

참고 x의 값을 직접 대입하여 식의 값을 구할 수도 있다.

0452 대표문제

$x=3+\sqrt{15}$일 때, x^2-6x+4의 값은?

① -10 ② -5 ③ 0
④ 5 ⑤ 10

0453 ㉷

$x=\dfrac{1}{\sqrt{2}-1}$일 때, $x^2-2x-10$의 값을 구하시오.

0454 ㉷

$x=2\sqrt{6}-4$일 때, $\sqrt{x^2+8x+8}$의 값은?

① 3 ② 4 ③ 5
④ 6 ⑤ 7

유형 15 곱셈 공식의 변형 (1)

두 수의 합, 차, 곱, 제곱의 합 등의 식의 값이 주어지고 새로운
식의 값을 구할 때에는 다음과 같이 곱셈 공식을 변형한 식을
이용한다.

(1) $x^2+y^2=(x+y)^2-2xy=(x-y)^2+2xy$

(2) $(x+y)^2=(x-y)^2+4xy$, $(x-y)^2=(x+y)^2-4xy$

0455 대표문제

$x+y=4\sqrt{3}$, $xy=5$일 때, x^2+y^2의 값은?

① 25 ② 30 ③ 38
④ 40 ⑤ 45

0456 중하

$x-y=7$, $xy=4$일 때, $(x+y)^2$의 값은?

① 65 ② 66 ③ 67
④ 68 ⑤ 69

0457 중

$a-b=2\sqrt{5}$, $a^2+b^2=12$일 때, ab의 값을 구하시오.

0458 중 서술형

$x=\sqrt{3}+\sqrt{2}$, $y=\sqrt{3}-\sqrt{2}$일 때, 다음 물음에 답하시오.

(1) $x+y$의 값을 구하시오.

(2) xy의 값을 구하시오.

(3) (1), (2)의 결과를 이용하여 $\dfrac{y}{x}+\dfrac{x}{y}$의 값을 구하시오.

유형 16 곱셈 공식의 변형 (2)

$x+\dfrac{1}{x}$ 또는 $x-\dfrac{1}{x}$의 값이 주어지고 새로운 식의 값을 구할
때에는 다음을 이용한다.

(1) $x^2+\dfrac{1}{x^2}=\left(x+\dfrac{1}{x}\right)^2-2=\left(x-\dfrac{1}{x}\right)^2+2$

(2) $\left(x+\dfrac{1}{x}\right)^2=\left(x-\dfrac{1}{x}\right)^2+4$, $\left(x-\dfrac{1}{x}\right)^2=\left(x+\dfrac{1}{x}\right)^2-4$

0459 대표문제

$x+\dfrac{1}{x}=6$일 때, $x^2+\dfrac{1}{x^2}$의 값을 구하시오.

0460 중

$x-\dfrac{1}{x}=3$일 때, $\left(x+\dfrac{1}{x}\right)^2$의 값은?

① 7 ② 8 ③ 10
④ 13 ⑤ 15

0461 중

$x^2+\dfrac{1}{x^2}=18$일 때, $x+\dfrac{1}{x}$의 값은? (단, $x>0$)

① 3 ② $2\sqrt{3}$ ③ 4
④ $3\sqrt{2}$ ⑤ $2\sqrt{5}$

0462 상중

$x+\dfrac{1}{x}=2\sqrt{7}$일 때, $x-\dfrac{1}{x}$의 값을 구하시오.

(단, $0<x<1$)

유형UP 17 $(\quad)(\quad)(\quad)(\quad)$의 꼴의 전개

❶ 공통부분이 생기도록 두 개씩 짝을 지어 전개한다.
➡ 두 일차식의 상수항의 합이 같아지도록 두 개씩 짝을 짓는다.
❷ 공통부분을 한 문자로 놓고 전개한다.
❸ ❷의 식의 문자에 원래의 식을 대입하여 정리한다.

0463 대표문제

다음 식을 전개하시오.

$$x(x+1)(x-2)(x-3)$$

0464 상중

$(x+1)(x+2)(x-3)(x-4)$의 전개식에서 x^3의 계수를 a, x의 계수를 b라 할 때, $a+b$의 값은?

① 6   ② 12   ③ 18
④ 24   ⑤ 30

0465 상중

$x^2-4x-1=0$일 때, $(x-5)(x-3)(x-1)(x+1)$의 값은?

① -16 ② -8 ③ -4
④ 2   ⑤ 10

유형UP 18 $x^2+ax\pm1=0$의 꼴이 주어질 때 식의 값 구하기

$x^2+ax\pm1=0\,(a\neq0)$의 꼴이 주어지고 어떤 식의 값을 구할 때에는 다음과 같이 식을 변형한 후 이용한다.
➡ $x\neq0$이므로 $x^2+ax\pm1=0$의 양변을 x로 나누면
$$x+a\pm\frac{1}{x}=0 \qquad \therefore x\pm\frac{1}{x}=-a$$

0466 대표문제

$x^2-8x+1=0$일 때, $x^2+\dfrac{1}{x^2}$의 값은?

① 56   ② 58   ③ 60
④ 62   ⑤ 64

0467 중

$x^2+4x-1=0$일 때, $\left(x+\dfrac{1}{x}\right)^2$의 값을 구하시오.

0468 상중 서술형

$x^2+3x-1=0$일 때, $x^2+x-\dfrac{1}{x}+\dfrac{1}{x^2}$의 값을 구하시오.

0469

$(6x+y)(5y-6x)=Ax^2+Bxy+Cy^2$일 때, 상수 A, B, C에 대하여 $A+B-C$의 값은?

① -17 ② -7 ③ -3
④ 1 ⑤ 5

0470 중요

$(x+ay+5)(2x+3y+b)$를 전개한 식에서 상수항이 5, xy의 계수가 -5일 때, 상수 a, b에 대하여 $a+b$의 값을 구하시오.

0471

$(3x-ay)^2$의 전개식에서 xy의 계수가 -30일 때, y^2의 계수는? (단, a는 상수이다.)

① 1 ② 4 ③ 9
④ 16 ⑤ 25

0472

$(2x+3y)(2x-3y)-3(x+y)(x-y)$를 계산하면 Ax^2+By^2일 때, 상수 A, B에 대하여 $A+B$의 값을 구하시오.

0473 중요

다음 중 $(-a+b)(-a-b)$와 전개식이 같은 것은?

① $(a+b)(-a-b)$ ② $(a-b)(-a-b)$
③ $-(a-b)^2$ ④ $(a+b)(a-b)$
⑤ $-(a+b)(a-b)$

0474

$\left(x-\dfrac{1}{3}\right)(x+a)$의 전개식에서 x의 계수와 상수항이 같을 때, 상수 a의 값은?

① -2 ② $-\dfrac{1}{2}$ ③ $-\dfrac{1}{4}$
④ $\dfrac{1}{4}$ ⑤ 2

0475

$(3x+a)(4x-5)=12x^2+bx-10$일 때, 상수 a, b에 대하여 $a-b$의 값을 구하시오.

0476 중요

다음 중 옳은 것을 모두 고르면? (정답 2개)

① $(x+3y)^2=x^2+6x+9y^2$

② $\left(x-\dfrac{3}{4}\right)^2=x^2-\dfrac{3}{2}x+\dfrac{9}{16}$

③ $(-a+9)(-a-9)=-a^2+81$

④ $(-3x-2y)^2=9x^2-12xy+4y^2$

⑤ $(2x+3y)(4x-5y)=8x^2+2xy-15y^2$

0477

다음 중 전개하였을 때, x의 계수가 나머지 넷과 <u>다른</u> 하나는?

① $(2x-3)^2$ ② $(x-7)(x-5)$

③ $(x+2)(7x-2)$ ④ $(-x+8)(-x+4)$

⑤ $(5x+3)(x-3)$

0478 중요

오른쪽 그림은 가로의 길이가 $5a$, 세로의 길이가 $4a$인 직사각형을 네 개의 직사각형으로 나눈 것이다. 색칠한 부분의 넓이의 합을 구하시오.

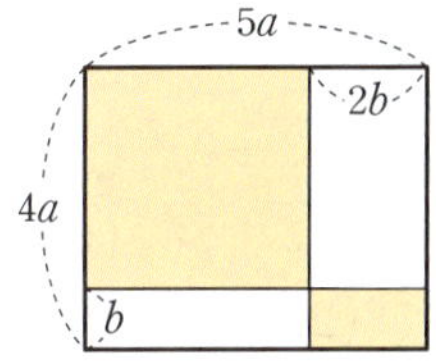

0479

오른쪽 그림과 같이 한 변의 길이가 a인 정사각형 모양의 꽃밭에 폭이 b로 일정한 길을 내었다. 길을 제외한 꽃밭의 넓이는?

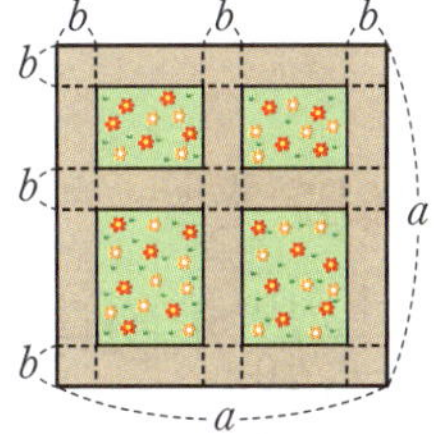

① a^2-9b^2

② a^2-3b^2

③ a^2+9b^2

④ $a^2-6ab+9b^2$

⑤ $a^2+6ab+9b^2$

0480

곱셈 공식을 이용하여 198×201을 계산하려고 할 때, 어떤 곱셈 공식을 이용하는 것이 가장 편리한가?

① $(a+b)^2=a^2+2ab+b^2$

② $(a-b)^2=a^2-2ab+b^2$

③ $(a+b)(a-b)=a^2-b^2$

④ $(x+a)(x+b)=x^2+(a+b)x+ab$

⑤ $(ax+b)(cx+d)=acx^2+(ad+bc)x+bd$

0481

다음 중 계산한 값이 유리수인 것은?

① $(\sqrt{7}+2)^2$ ② $(1-\sqrt{5})^2$
③ $(\sqrt{3}+\sqrt{6})(\sqrt{3}-\sqrt{6})$ ④ $(\sqrt{2}+4)(\sqrt{2}-9)$
⑤ $(2\sqrt{5}-\sqrt{3})(2\sqrt{5}+\sqrt{2})$

0482 중요

$\dfrac{2+\sqrt{10}}{4-\sqrt{10}}$ 의 분모를 유리화하면 $a+b\sqrt{10}$일 때, 유리수 a, b에 대하여 $a+b$의 값은?

① 4 ② 5 ③ 6
④ 7 ⑤ 8

0483

$x=\dfrac{\sqrt{5}-\sqrt{3}}{\sqrt{5}+\sqrt{3}}$ 일 때, $x^2-8x+14$의 값을 구하시오.

0484 중요

$x=\dfrac{1}{3-2\sqrt{2}}$, $y=\dfrac{1}{3+2\sqrt{2}}$ 일 때, x^2-xy+y^2의 값은?

① 8 ② 17 ③ 26
④ 33 ⑤ 45

0485

다음 등식을 만족시키는 상수 a, b, c, d에 대하여 $a-b-c+d$의 값을 구하시오.

$$(x-6)(x-2)(x+1)(x+5)$$
$$=x^4+ax^3+bx^2+cx+d$$

0486

$x^2-5x+1=0$일 때, $x^2-7+\dfrac{1}{x^2}$의 값은?

① 14 ② 16 ③ 18
④ 20 ⑤ 22

0487

$(Ax+3B)^2$의 전개식에서 x^2의 계수가 16, 상수항이 4일 때, x의 계수를 구하시오. (단, $A>0$, $B>0$)

0488

$(x+5)(x-4)$를 전개하는데 -4를 A로 잘못 보고 전개하였더니 x^2+9x+B가 되었고, $(3x-2)(x+1)$을 전개하는데 3을 C로 잘못 보고 전개하였더니 Dx^2-8x-2가 되었다. 이때 $A-B-C-D$의 값을 구하시오.
(단, A, B, C, D는 상수이다.)

0489 중요

$(x+2y-3)^2$의 전개식에서 xy의 계수를 a, 상수항을 b라 할 때, $a-b$의 값을 구하시오.

0490

오른쪽 그림과 같이 가로의 길이가 a, 세로의 길이가 b인 직사각형 모양의 종이 ABCD를 $\overline{AB}$가 $\overline{BE}$에, $\overline{GD}$가 $\overline{GH}$에 겹치도록 접었다. 이때 □HECF의 넓이를 a, b를 사용한 식으로 나타내시오. (단, $b<a<2b$)

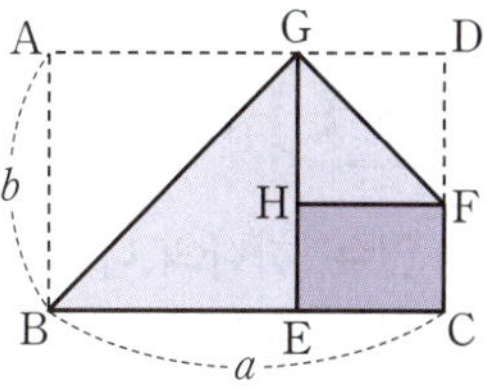

0491

$6\times26\times626$을 계산한 결과가 $\dfrac{1}{a}(5^b-1)$일 때, 이를 만족시키는 자연수 a, b에 대하여 $\dfrac{b}{a}$의 값을 구하시오.

0492

$a+b=4$, $a^2+b^2=18$일 때, 다음 식의 값을 구하시오.

$$\left(a+\frac{1}{a}+b+\frac{1}{b}\right)+\left(a^3+\frac{1}{a^3}+b^3+\frac{1}{b^3}\right)$$
$$+\left(a^5+\frac{1}{a^5}+b^5+\frac{1}{b^5}\right)+\left(a^7+\frac{1}{a^7}+b^7+\frac{1}{b^7}\right)$$
$$+\left(a^9+\frac{1}{a^9}+b^9+\frac{1}{b^9}\right)$$

05 다항식의 인수분해

05-1 인수분해의 뜻

(1) **인수**: 하나의 다항식을 두 개 이상의 다항식의 곱으로 나타낼 때, 각각의 식을 처음 다항식의 인수라 한다.

(2) **인수분해**: 하나의 다항식을 두 개 이상의 인수의 곱으로 나타내는 것을 그 다항식을 인수분해한다고 한다.

$$x^2+3x+2 \underset{\text{전개}}{\overset{\text{인수분해}}{\longrightarrow}} (x+1)(x+2)$$

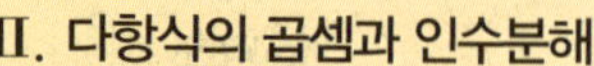

▸ 모든 다항식에서 1과 자기 자신은 그 다항식의 인수이다.

05-2 공통인 인수가 있을 때 인수분해하기

다항식의 각 항에 공통인 인수가 있을 때에는 분배법칙을 이용하여 공통인 인수로 묶어 내어 인수분해한다.

➡ $ma+mb=m(a+b)$

▸ 인수분해할 때에는 공통인 인수가 남지 않도록 모두 묶어 낸다.

05-3 인수분해 공식

(1) $a^2+2ab+b^2$, $a^2-2ab+b^2$의 인수분해

　① $a^2+2ab+b^2=(a+b)^2$　　　② $a^2-2ab+b^2=(a-b)^2$

(2) **완전제곱식**: 다항식의 제곱으로 된 식 또는 이 식에 상수를 곱한 식

　（예）$(x-1)^2$, $(5x+y)^2$, $4(x-3)^2$

　（참고）x^2+ax+b가 완전제곱식이 되도록 하는 조건

　　① b의 조건 ➡ $b=\left(\dfrac{a}{2}\right)^2$　　② a의 조건 ➡ $a=\pm2\sqrt{b}$ (단, $b>0$)

(3) a^2-b^2의 인수분해

　$a^2-b^2=(a+b)(a-b)$

(4) $x^2+(a+b)x+ab$의 인수분해

　$x^2+(a+b)x+ab=(x+a)(x+b)$

　（예）다항식 x^2+6x+5에서

　　❶ 곱이 상수항 5이고 합이 x의 계수 6이 되는 두 정수 a, b를 찾는다.

　　❷ $a=1$, $b=5$이므로　$x^2+6x+5=(x+1)(x+5)$

곱이 5인 두 정수	두 정수의 합
1, 5	6
-1, -5	-6

(5) $acx^2+(ad+bc)x+bd$의 인수분해

　$acx^2+(ad+bc)x+bd=(ax+b)(cx+d)$

　（예）다항식 $2x^2-7x+3$에서

　　❶ 곱하여 x^2의 계수 2가 되는 두 양의 정수 a, c를 세로로 나열한다.

　　❷ 곱하여 상수항 3이 되는 두 정수 b, d를 세로로 나열한다.

　　❸ ❶, ❷의 정수를 대각선으로 곱하여 더한 값이 x의 계수 -7이 되는 네 정수 a, b, c, d를 찾는다.

　　❹ $a=1$, $b=-3$, $c=2$, $d=-1$이므로　$2x^2-7x+3=(x-3)(2x-1)$

▸ 특별한 조건이 없으면 다항식의 인수분해는 유리수의 범위에서 더 이상 인수분해할 수 없을 때까지 인수분해한다.

▸ ① $x^2+ax+\left(\dfrac{a}{2}\right)^2$

　$=x^2+2\times x\times\dfrac{a}{2}+\left(\dfrac{a}{2}\right)^2$

　$=\left(x+\dfrac{a}{2}\right)^2$

② $x^2\pm2\sqrt{b}x+b$

　$=x^2\pm2\times x\times\sqrt{b}+(\sqrt{b})^2$

　$=(x\pm\sqrt{b})^2$

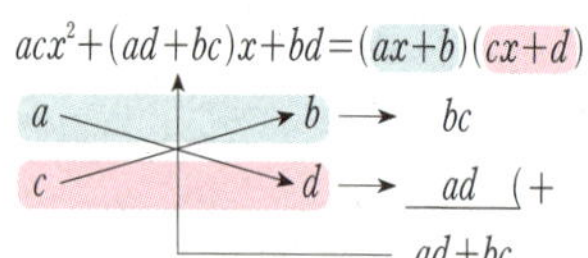

교과서문제 정복하기

05-1 인수분해의 뜻

[0493~0496] 다음 식은 어떤 다항식을 인수분해한 것인지 구하시오.

0493 $x(1-8x)$

0494 $(x+1)^2$

0495 $(x+5)(x-5)$

0496 $(4x+1)(x-2)$

05-2 공통인 인수가 있을 때 인수분해하기

[0497~0502] 다음 식을 인수분해하시오.

0497 $ax+bx-cx$

0498 $2m^3-6m^2$

0499 $x^2y^2-2xy^2$

0500 $3a^2b+18ab^2-15ab$

0501 $a(x-2)+5(x-2)$

0502 $(a-b)^2-x(a-b)$

05-3 인수분해 공식

[0503~0506] 다음 식을 인수분해하시오.

0503 x^2+6x+9

0504 $x^2-16x+64$

0505 $25x^2-10x+1$

0506 $4x^2+4xy+y^2$

[0507~0508] 다음 식이 완전제곱식이 되도록 □ 안에 알맞은 수를 써넣으시오.

0507 $x^2+8x+\boxed{}$

0508 $a^2-14ab+\boxed{}b^2$

[0509~0510] 다음 식이 완전제곱식이 되도록 □ 안에 알맞은 양수를 써넣으시오.

0509 $x^2+\boxed{}x+81$

0510 $a^2+\boxed{}a+\dfrac{1}{25}$

[0511~0513] 다음 식을 인수분해하시오.

0511 $4x^2-9$

0512 $36a^2-b^2$

0513 $81x^2-\dfrac{1}{16}y^2$

[0514~0516] 다음 식을 인수분해하시오.

0514 $x^2+8x+15$

0515 x^2-6x-7

0516 $x^2-xy-20y^2$

[0517~0519] 다음 식을 인수분해하시오.

0517 $3x^2+4x+1$

0518 $6x^2-13x+6$

0519 $8x^2+2xy-3y^2$

05-4 복잡한 식의 인수분해 · 개념플러스 ✐

(1) 공통부분이 있는 식의 인수분해

공통부분을 한 문자로 놓는다.

> 예 $(x-2)^2-7(x-2)+6$
> $\quad=A^2-7A+6$ $x-2=A$로 놓는다.
> $\quad=(A-1)(A-6)$ 인수분해한다.
> $\quad=(x-2-1)(x-2-6)$ A 대신 $x-2$를 대입한다.
> $\quad=(x-3)(x-8)$

> 공통부분을 한 문자로 놓고 인수분해한 후에는 반드시 원래의 식을 대입하여 정리한다.

(2) 항이 4개인 식의 인수분해

① 공통인 인수가 생기도록 (2개의 항)+(2개의 항)으로 묶는다.

② A^2-B^2의 꼴이 되도록 (3개의 항)+(1개의 항) 또는 (1개의 항)+(3개의 항)으로 묶는다.

> 예 ① $xy+x-y-1=x(y+1)-(y+1)=(x-1)(y+1)$
> ② $x^2-25y^2+10y-1=x^2-(25y^2-10y+1)$
> $\qquad\qquad\qquad\qquad\quad=x^2-(5y-1)^2$
> $\qquad\qquad\qquad\qquad\quad=(x+5y-1)(x-5y+1)$

> A^2-B^2의 꼴이 되도록 묶는 경우 완전제곱식이 되는 3개의 항을 찾는다.

(3) 항이 5개 이상인 식의 인수분해

차수가 낮은 한 문자에 대하여 내림차순으로 정리한다.

> 예 $x^2+xy-3x-4y-4=(x-4)y+(x^2-3x-4)$ ← y에 대하여 내림차순으로 정리
> $\qquad\qquad\qquad\qquad\qquad=(x-4)y+(x+1)(x-4)$
> $\qquad\qquad\qquad\qquad\qquad=(x-4)(x+y+1)$

> 다항식을 한 문자에 대하여 차수가 높은 항부터 낮은 항의 순서로 나열하는 것을 내림차순으로 정리한다고 한다.

05-5 인수분해 공식을 이용한 수의 계산

인수분해 공식을 이용할 수 있도록 수의 모양을 변형하여 계산한다.

(1) 공통인 인수로 묶어 내기 ➡ $ma+mb=m(a+b)$

> 예 $28\times7+28\times3=28\times(7+3)=28\times10=280$

(2) 완전제곱식 이용하기 ➡ $a^2+2ab+b^2=(a+b)^2$, $a^2-2ab+b^2=(a-b)^2$

> 예 $29^2+58+1=29^2+2\times29\times1+1^2=(29+1)^2=30^2=900$

(3) 제곱의 차 이용하기 ➡ $a^2-b^2=(a+b)(a-b)$

> 예 $87^2-13^2=(87+13)(87-13)=100\times74=7400$

> 수의 계산을 직접 할 수도 있지만 인수분해 공식을 이용하면 편리하다.

05-6 인수분해 공식을 이용하여 식의 값 구하기

주어진 식을 인수분해한 후 문자에 수를 대입하여 식의 값을 구한다.

> 예 $x=\sqrt{5}+2$일 때, x^2-4x+4의 값은
> $\quad x^2-4x+4=(x-2)^2=\{(\sqrt{5}+2)-2\}^2=(\sqrt{5})^2=5$

교과서문제 정복하기

05-4 복잡한 식의 인수분해

[0520~0522] 다음 식을 인수분해하시오.

0520 $(a-6)^2+2(a-6)+1$

0521 $(4x+1)^2-4(4x+1)-32$

0522 $2(x-y)^2+11(x-y)+15$

0523 다음은 $(2a+3)^2-(a-1)^2$을 인수분해하는 과정이다. □ 안에 알맞은 것을 써넣으시오.

$$2a+3=A,\ a-1=B로\ 놓으면$$
$$(2a+3)^2-(a-1)^2=A^2-B^2$$
$$=(A+B)(\boxed{})$$
$$=(\boxed{})(a+4)$$

[0524~0527] 다음 □ 안에 공통으로 들어갈 식을 구하시오.

0524 $x^2-xy+x-y=x(\boxed{})+(\boxed{})$
$$=(\boxed{})(x+1)$$

0525 $a^2-4a+ab-4b=a(\boxed{})+b(\boxed{})$
$$=(\boxed{})(a+b)$$

0526 $a^2+6a+9-b^2=(a^2+6a+9)-b^2$
$$=(\boxed{})^2-b^2$$
$$=(\boxed{}+b)(\boxed{}-b)$$

0527 $x^2-2x+1-4y^2=(x^2-2x+1)-4y^2$
$$=(\boxed{})^2-(2y)^2$$
$$=(\boxed{}+2y)(\boxed{}-2y)$$

[0528~0529] 다음 식을 인수분해하시오.

0528 $x^2-y^2+5x-5y$

0529 $4-x^2-y^2+2xy$

0530 다음은 $x^2+2xy-2x-6y-3$을 인수분해하는 과정이다. □ 안에 알맞은 것을 써넣으시오.

$$x^2+2xy-2x-6y-3$$
$$=2y(\boxed{})+(x^2-2x-3)$$
$$=2y(\boxed{})+(x+1)(\boxed{})$$
$$=(\boxed{})(x+\boxed{}+1)$$

05-5 인수분해 공식을 이용한 수의 계산

[0531~0534] 인수분해 공식을 이용하여 다음을 계산하시오.

0531 $15\times47-15\times45$

0532 $81^2-162+1$

0533 63^2-37^2

0534 $40\times51^2-40\times49^2$

05-6 인수분해 공식을 이용하여 식의 값 구하기

[0535~0538] 인수분해 공식을 이용하여 다음 식의 값을 구하시오.

0535 $x=65$일 때, $x^2+10x+25$

0536 $x=1+\sqrt{3}$, $y=1-\sqrt{3}$일 때, $x^2-2xy+y^2$

0537 $a=7.2$, $b=2.8$일 때, a^2-b^2

0538 $a=\sqrt{2}-5$일 때, a^2+4a-5

유형 익히기

유형 01 인수

하나의 다항식을 두 개 이상의 다항식의 곱으로 나타낼 때, 각각의 식을 처음 다항식의 인수라 한다.

예 $2x^2-xy=x(2x-y)$

➡ $1,\ x,\ 2x-y,\ x(2x-y)$는 $2x^2-xy$의 인수이다.

참고 모든 다항식에서 1과 자기 자신은 그 다항식의 인수이다.

0539 대표문제

다음 중 $3a^2(a+b)$의 인수가 <u>아닌</u> 것은?

① 1   ② $3a^2$ ③ $a(a+b)$

④ $3a+b$ ⑤ $3a(a+b)$

0540 하

다음 중 $x-1$을 인수로 갖지 <u>않는</u> 것은?

① $x-1$ ② $5(x-1)$

③ $(x-1)+x$ ④ $(2x+1)(x-1)$

⑤ $(x-1)^2$

0541 중하

다음 **보기** 중 $2(x-2)(2x+1)$의 인수인 것을 모두 고른 것은?

보기

ㄱ. 2 ㄴ. $2x-2$

ㄷ. $2x+1$ ㄹ. $4x+2$

ㅁ. $(x+2)(2x+1)$ ㅂ. $2(x-2)(2x+1)$

① ㄱ, ㄴ, ㅁ   ② ㄴ, ㄹ, ㅂ

③ ㄱ, ㄷ, ㄹ, ㅁ   ④ ㄱ, ㄷ, ㄹ, ㅂ

⑤ ㄴ, ㄷ, ㄹ, ㅁ, ㅂ

유형 02 공통인 인수로 묶어 인수분해하기

다항식의 각 항에 공통인 인수가 있으면 그 인수로 묶어 내어 인수분해한다.

➡ $mA+mB-mC=m(A+B-C)$

0542 대표문제

다음 중 다항식을 인수분해한 것이 옳은 것은?

① $7a^2-a=7a(a-1)$

② $3x^2-15x=3(x^2-5x)$

③ $4x^2y-3xy^2+xy=xy(4x-3y-1)$

④ $x(x-8)-6(x-8)=(x-8)(x+6)$

⑤ $(a+2)b-a(a+2)=(a+2)(b-a)$

0543 하

다음 중 $4a^2b-8ab$의 인수가 <u>아닌</u> 것은?

① $4a$ ② ab ③ $a-2$

④ $a(b-2)$ ⑤ $ab(a-2)$

0544 중하

다음 식을 인수분해하시오.

$$3a(x+y)+b(x+y)-(x+y)$$

0545 중 서술형

$(x-5y)(x-1)-y(5y-x)$가 x의 계수가 1인 두 일차식의 곱으로 인수분해될 때, 두 일차식의 합을 구하시오.

유형 03 $a^2\pm2ab+b^2$의 인수분해

개념원리 중학 수학 3-1 86쪽

(1) $a^2+2ab+b^2=(a+b)^2$
(2) $a^2-2ab+b^2=(a-b)^2$

0546 [대표문제]

다음 **보기** 중 완전제곱식으로 인수분해되는 것을 모두 고르시오.

┌ 보기 ┐
ㄱ. $-a^2+2ab-b^2$ ㄴ. $a^2+5a+25$
ㄷ. $4x^2-12x-9$ ㄹ. $9x^2+42xy+49y^2$

0547 (중하)

다음 중 $\dfrac{1}{16}x^2-\dfrac{1}{2}x+1$의 인수인 것은?

① $\dfrac{1}{8}x-1$ ② $\dfrac{1}{4}x-1$ ③ $\dfrac{1}{2}x-1$

④ $\dfrac{1}{4}x+1$ ⑤ $\dfrac{1}{8}x+1$

0548 (중)

다음 중 다항식을 인수분해한 것이 옳지 <u>않은</u> 것은?

① $a^2+a+\dfrac{1}{4}=\left(a+\dfrac{1}{2}\right)^2$
② $a^2-16ab+64b^2=(a-8b)^2$
③ $4x^2+12x+9=(2x+3)^2$
④ $-4x^2+16x-16=-4(x-2)^2$
⑤ $3ax^2-24axy+48ay^2=3(x-4y)^2$

0549 (상중)

$ax^2+24xy+by^2=(4x+cy)^2$일 때, 상수 a, b, c에 대하여 $a+b+c$의 값을 구하시오.

유형 04 완전제곱식이 되도록 하는 미지수의 값 구하기

개념원리 중학 수학 3-1 87쪽

(1) $x^2+ax+\blacksquare$가 완전제곱식이 되도록 하는 $\blacksquare$의 값
→ $\left(x+\dfrac{a}{2}\right)^2$이어야 하므로 $\blacksquare=\left(\dfrac{a}{2}\right)^2$
(2) $x^2+\bullet x+b$가 완전제곱식이 되도록 하는 $\bullet$의 값
→ $(x\pm\sqrt{b})^2$이어야 하므로 $\bullet=\pm2\sqrt{b}$ (단, $b>0$)
(3) $Ax^2+\blacktriangle x+B$가 완전제곱식이 되도록 하는 $\blacktriangle$의 값
→ $(\sqrt{A}x\pm\sqrt{B})^2$이어야 하므로 $\blacktriangle=\pm2\sqrt{AB}$
(단, $A>0$, $B>0$)

0550 [대표문제]

두 다항식 $x^2-10x+a$, $x^2+bx+64$가 모두 완전제곱식이 되도록 하는 양수 a, b에 대하여 $a+b$의 값을 구하시오.

0551 (중하)

$\dfrac{1}{9}x^2+axy+y^2$이 완전제곱식이 되도록 하는 상수 a의 값은?

① $\pm\dfrac{1}{3}$ ② $\pm\dfrac{1}{2}$ ③ $\pm\dfrac{2}{3}$

④ ±1 ⑤ ±2

0552 (중)

다음 식이 모두 완전제곱식이 될 때, 양수 A의 값이 가장 큰 것은?

① x^2-2x+A ② $x^2+Axy+\dfrac{1}{25}y^2$
③ Ax^2-4x+1 ④ $9x^2+6x+A$
⑤ $4x^2+Ax+\dfrac{1}{4}$

0553 (중) [서술형]

$(x+3)(x-7)+k$가 완전제곱식이 되도록 하는 상수 k의 값을 구하시오.

유형 05 근호 안이 완전제곱식으로 인수분해되는 식

근호 안의 식을 인수분해한 후 다음을 이용하여 근호를 없앤다.

$$\Rightarrow \sqrt{(x-a)^2}=\begin{cases} x-a & (x-a\geq 0) \\ -(x-a) & (x-a<0) \end{cases}$$

0554 대표문제

$-4<x<3$일 때, $\sqrt{x^2-6x+9}+\sqrt{x^2+8x+16}$을 간단히 하면?

① -7 ② 1 ③ 7
④ $-2x+7$ ⑤ $2x+1$

0555 종하

$x>2$일 때, $\sqrt{9x^2-36x+36}$을 간단히 하시오.

0556 종

$0<a<b$일 때, $\sqrt{a^2-2ab+b^2}-\sqrt{a^2+2ab+b^2}$을 간단히 하면?

① $-2a$ ② $-2b$ ③ $2a$
④ $2b$ ⑤ $2a+2b$

0557 상중 서술형

$0<2x<1$일 때, $\sqrt{x^2+x+\dfrac{1}{4}}+\sqrt{x^2-x+\dfrac{1}{4}}-\sqrt{x^2}$을 간단히 하시오.

유형 06 a^2-b^2의 인수분해

$$\underset{\text{제곱의 차}}{a^2-b^2}=(\underset{\text{합}}{a+b})(\underset{\text{차}}{a-b})$$

0558 대표문제

$16x^2-81$을 인수분해하면 $(Ax+B)(Ax-B)$일 때, 자연수 A, B에 대하여 $A+B$의 값을 구하시오.

0559 종하

다음 중 인수분해한 것이 옳은 것을 모두 고르면? (정답 2개)

① $x^2-25=(x-5)^2$

② $\dfrac{1}{4}a^2-b^2=\dfrac{1}{4}(a+b)(a-b)$

③ $-49x^2+1=(7x+1)(7x-1)$

④ $-x^3+x=-x(x+1)(x-1)$

⑤ $\dfrac{1}{64}a^2-\dfrac{1}{9}b^2=\left(\dfrac{1}{8}a+\dfrac{1}{3}b\right)\left(\dfrac{1}{8}a-\dfrac{1}{3}b\right)$

0560 종

다음 중 x^4-1의 인수가 아닌 것은?

① $x-1$ ② $x+1$ ③ x^2-1
④ x^2+1 ⑤ $(x+1)^2$

0561 종

$-18x^2+98y^2=a(bx+cy)(bx-cy)$일 때, 정수 a, b, c에 대하여 $a-b+c$의 값을 구하시오.

(단, $a<0$, $b>0$, $c>0$)

유형 07 $x^2+(a+b)x+ab$의 인수분해

❶ 합이 일차항의 계수, 곱이 상수항인 두 정수를 찾는다.

❷ 두 일차식의 곱으로 나타낸다.

➡ $x^2+(a+b)x+\underset{곱}{ab}=(x+a)(x+b)$
$\underset{합}{}$

0562 대표문제

$x^2+9x-36$을 인수분해하면?

① $(x+2)(x-18)$ ② $(x-3)(x-12)$

③ $(x-3)(x+12)$ ④ $(x+3)(x-12)$

⑤ $(x+4)(x-9)$

0563 중하

다음 보기 중 $x+4$를 인수로 갖는 다항식을 모두 고르시오.

┤ 보기 ├

ㄱ. x^2-5x+4 ㄴ. $x^2+9x+20$

ㄷ. $x^2+4x-12$ ㄹ. $2x^2-2x-40$

0564 중

$x^2+Ax+21$이 $(x-3)(x+B)$로 인수분해될 때, 상수 A, B에 대하여 $A+B$의 값을 구하시오.

0565 상중

$x^2+Ax-8=(x+a)(x+b)$에서 a, b가 정수일 때, 다음 중 상수 A의 값이 될 수 없는 것은?

① -7 ② -2 ③ 2

④ 6 ⑤ 7

유형 08 $acx^2+(ad+bc)x+bd$의 인수분해

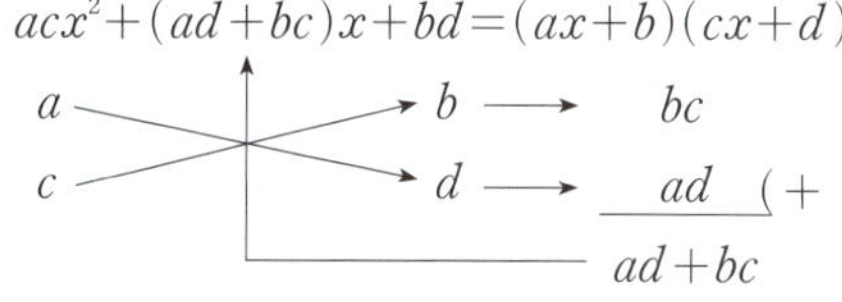

0566 대표문제

$2x^2-7xy+3y^2=(ax+by)(cx+dy)$일 때, 정수 a, b, c, d에 대하여 $a+b+c+d$의 값은? (단, $a>0$)

① -2 ② -1 ③ 0

④ 1 ⑤ 2

0567 하

다음 중 $3x^2+2x-8$의 인수를 모두 고르면? (정답 2개)

① $x-2$ ② $x+2$ ③ $x-4$

④ $3x-4$ ⑤ $3x+4$

0568 중

$6x^2+ax-20$을 인수분해하면 $(2x+b)(cx-4)$일 때, 상수 a, b, c에 대하여 $a+b+c$의 값을 구하시오.

0569 중 서술형

$(x-3)(5x+9)+19$는 x의 계수가 자연수인 두 일차식의 곱으로 인수분해될 때, 두 일차식의 합을 구하시오.

유형 09 인수분해 공식 종합

> (1) $a^2+2ab+b^2=(a+b)^2$
> (2) $a^2-2ab+b^2=(a-b)^2$
> (3) $a^2-b^2=(a+b)(a-b)$
> (4) $x^2+(a+b)x+ab=(x+a)(x+b)$
> (5) $acx^2+(ad+bc)x+bd=(ax+b)(cx+d)$

0570 대표문제

다음 중 다항식을 인수분해한 것이 옳지 <u>않은</u> 것은?

① $25x^2-30xy+9y^2=(5x-3y)^2$
② $x^2-2xy-24y^2=(x+4y)(x-6y)$
③ $x^2+\dfrac{2}{3}x+\dfrac{1}{9}=\left(x+\dfrac{1}{3}\right)^2$
④ $\dfrac{64}{9}a^2-\dfrac{1}{64}b^2=\left(\dfrac{8}{3}a+\dfrac{1}{8}b\right)\left(\dfrac{8}{3}a-\dfrac{1}{8}b\right)$
⑤ $12x^2-2x-2=2(2x+1)(3x-1)$

0571 중

다음 중 □ 안에 알맞은 수가 가장 큰 것은?

① $9x^2+6x+1=(\square x+1)^2$
② $4x^2-49y^2=(\square x+7y)(2x-7y)$
③ $x^2+12x+32=(x+\square)(x+8)$
④ $15x^2-7x-4=(3x+\square)(5x-4)$
⑤ $x^2+5xy-6y^2=(x-y)(x+\square y)$

0572 중

다음 **보기** 중 $x-5$를 인수로 갖는 다항식을 모두 고른 것은?

> **보기**
> ㄱ. $2x^2-11x+5$ ㄴ. x^2-x-20
> ㄷ. $3x^2+13x-10$ ㄹ. $2x^2-4x-30$

① ㄱ, ㄴ   ② ㄷ, ㄹ   ③ ㄱ, ㄴ, ㄷ
④ ㄱ, ㄴ, ㄹ   ⑤ ㄱ, ㄴ, ㄷ, ㄹ

유형 10 두 다항식의 공통인 인수 구하기

> 두 다항식을 각각 인수분해한 후 공통으로 들어 있는 인수를 찾는다.

0573 대표문제

다음 두 다항식의 공통인 인수는?

$$x^2-x-6, \qquad 2x^2+x-6$$

① $x-2$ ② $x+2$ ③ $x-3$
④ $x+3$ ⑤ $2x-3$

0574 중

다음 중 나머지 넷과 1이 아닌 공통인 인수를 갖지 <u>않는</u> 것은?

① $-2a^2b+2ab$ ② $a^2+2ab-3b^2$
③ $-3a+3b$ ④ $2a^2-3ab+b^2$
⑤ a^3b-ab^3

0575 상중 서술형

두 다항식 $9x^2-1$, $3x^2+2x-1$의 공통인 인수는 $ax-1$이고, 두 다항식 x^2+5x-6, $5x^2-3x-2$의 공통인 인수는 $x+b$일 때, 상수 a, b에 대하여 $a-b$의 값을 구하시오.

개념원리 중학 수학 3–1 92쪽

유형 11 인수가 주어진 이차식의 미지수의 값 구하기

일차식 $px+q$가 이차식 ax^2+bx+c의 인수이면
$$ax^2+bx+c=(px+q)(\blacksquare x+\blacktriangle)$$
주어진 인수 　 나머지 인수
로 놓고 우변을 전개하여 양변의 계수를 비교한다.

0576 대표문제

$x-3$이 $2x^2+ax-3$의 인수일 때, 상수 a의 값은?

① -5 　② -3 　③ 1
④ 4 　⑤ 6

0577 중

$12x^2-5xy+Ay^2$이 $4x+y$를 인수로 가질 때, 다음 중 이 다항식의 다른 한 인수는? (단, A는 상수이다.)

① $2x-3y$ 　② $2x+3y$ 　③ $3x-y$
④ $3x-2y$ 　⑤ $3x+2y$

0578 상중

다음 두 다항식의 공통인 인수가 $x-1$일 때, 상수 a, b에 대하여 $a+b$의 값을 구하시오.

$$2x^2-3x+a, \qquad 7x^2+bx-3$$

개념원리 중학 수학 3–1 93쪽

유형 12 계수 또는 상수항을 잘못 보고 인수분해한 경우

x^2의 계수가 1인 이차식에서
(i) 상수항을 잘못 본 식이 x^2+ax+b이면
　➡ 제대로 본 수는 x의 계수 a
(ii) x의 계수를 잘못 본 식이 x^2+cx+d이면
　➡ 제대로 본 수는 상수항 d
(i), (ii)에서 처음 이차식은 　x^2+ax+d

0579 대표문제

x^2의 계수가 1인 어떤 이차식을 지성이는 x의 계수를 잘못 보아 $(x+1)(x-8)$로 인수분해하였고, 수지는 상수항을 잘못 보아 $(x-4)(x+6)$으로 인수분해하였다. 처음 이차식을 바르게 인수분해한 것은?

① $(x+1)(x-6)$ 　② $(x-2)(x+4)$
③ $(x+2)(x-4)$ 　④ $(x-3)(x+8)$
⑤ $(x+3)(x-8)$

0580 중 서술형

x^2의 계수가 2인 어떤 이차식을 건호는 상수항을 잘못 보아 $2(x+3)(x-7)$로 인수분해하였고, 시안이는 x의 계수를 잘못 보아 $2(x-1)(x+5)$로 인수분해하였다. 처음 이차식을 바르게 인수분해하시오.

0581 상중

x에 대한 어떤 이차식을 예지는 x의 계수만 잘못 보아 $(x+6)(2x-1)$로 인수분해하였고, 유나는 상수항만 잘못 보아 $(x+4)(2x-7)$로 인수분해하였다. 처음 이차식을 바르게 인수분해하시오.

유형 **13** 인수분해의 도형에의 활용 (1)

여러 직사각형을 빈틈없이 겹치지 않게 붙여 새로운 직사각형을 만드는 경우

➡ 직사각형의 넓이의 합을 이용하여 식을 세운 후 인수분해하여 새로운 직사각형의 가로, 세로의 길이를 구한다.

(예) 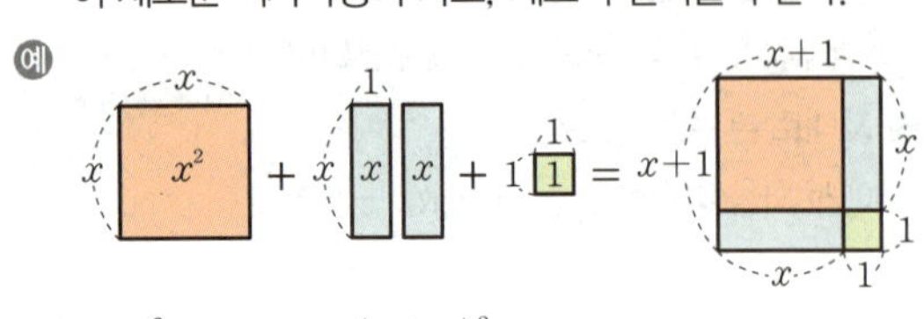

➡ $x^2+2x+1=(x+1)^2$

0582 대표문제

다음 그림의 모든 직사각형을 빈틈없이 겹치지 않게 붙여 하나의 큰 직사각형을 만들 때, 새로 만든 직사각형의 둘레의 길이는?

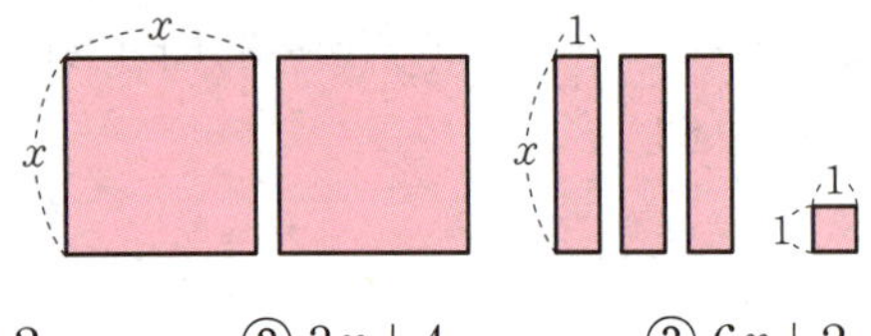

① $3x+2$ 　② $3x+4$ 　③ $6x+2$
④ $6x+4$ 　⑤ $12x+6$

0583 중

다음 그림의 모든 직사각형을 빈틈없이 겹치지 않게 붙여 하나의 큰 정사각형을 만들 때, 새로 만든 정사각형의 한 변의 길이를 구하시오.

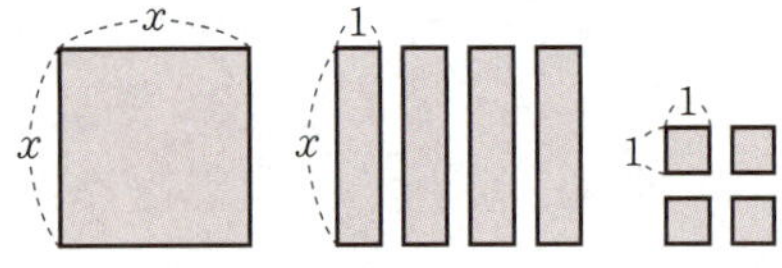

0584 상중

다음 그림의 모든 직사각형을 빈틈없이 겹치지 않게 붙여 세로의 길이가 $x+4$인 하나의 큰 직사각형을 만들려고 할 때, 넓이가 1인 정사각형이 몇 개 더 필요한지 구하시오.

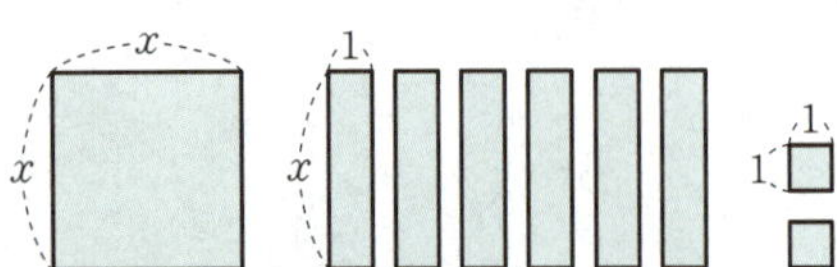

유형 **14** 인수분해의 도형에의 활용 (2)

주어진 도형의 넓이 또는 부피를 식으로 나타낸 후 인수분해하여 다항식의 곱으로 나타낸다.

0585 대표문제

오른쪽 그림과 같이 세로의 길이가 $x+5$인 직사각형의 넓이가 $2x^2+11x+5$일 때, 가로의 길이를 구하시오.

0586 중

밑면의 가로의 길이가 $2x+1$이고 세로의 길이가 $x+2$인 직육면체의 부피가 $2(x-5)x^2+5(x-5)x+2(x-5)$일 때, 이 직육면체의 모든 모서리의 길이의 합은?

① $4x-2$ 　② $10x+4$ 　③ $12x-10$
④ $12x+2$ 　⑤ $16x-8$

0587 중 서술형

다음 그림에서 두 도형 A, B의 넓이가 같을 때, 도형 B의 가로의 길이를 구하시오.

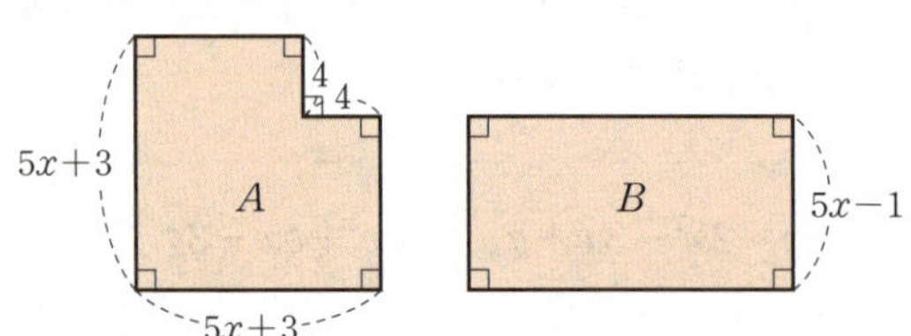

개념원리 중학 수학 3−1 98쪽

유형 15 공통부분이 있는 식의 인수분해 (1)

❶ 공통부분을 한 문자로 놓고 인수분해한다.
❷ 문자에 원래의 식을 대입하여 정리한다.

0588 대표문제

$2(2x+3)^2+5(2x+3)-3$을 인수분해하였더니
$2(x+a)(4x+b)$가 되었다. 이때 정수 a, b에 대하여
$a-b$의 값은?

① -2 ② -1 ③ 0
④ 1 ⑤ 2

0589 종

다음 중 $(a-4)^2+7(a-4)+10$의 인수인 것은?

① $a-1$ ② $a-2$ ③ $a+2$
④ $a-3$ ⑤ $a+3$

0590 종

$(a-b-2)(a-b+5)-18$을 인수분해하면?

① $(a-b+1)(a-b-1)$
② $(a+b-1)(a+b+2)$
③ $(a-b-4)(a-b+7)$
④ $(a-b+4)(a-b-7)$
⑤ $(a-b+4)(a+b-9)$

0591 상종 서술형

$(x^2-3x)^2-8(x^2-3x)-20$은 x의 계수가 1인 네 일차식
의 곱으로 인수분해된다. 이때 네 일차식의 합을 구하시오.

개념원리 중학 수학 3−1 98쪽

유형 16 공통부분이 있는 식의 인수분해 (2)

주어진 식이 A^2-B^2의 꼴이거나 주어진 식에 공통부분이 2개
있는 경우

❶ 각각을 서로 다른 문자로 놓고 인수분해한다.
❷ 문자에 원래의 식을 대입하여 정리한다.

0592 대표문제

$(a+1)^2-(b-1)^2$을 인수분해하면?

① $(a-b)(a-b+2)$
② $(a-b)(a+b-2)$
③ $(a+b)(a-b-2)$
④ $(a+b)(a-b+2)$
⑤ $(a+b)(a+b+2)$

0593 종

$(x+y)^2-25(x-y)^2=-4(3x+ay)(2x+by)$일 때,
정수 a, b에 대하여 $a-b$의 값은?

① -2 ② -1 ③ 0
④ 1 ⑤ 2

0594 상종

$6(x+4)^2+11(x+4)(x-1)-10(x-1)^2$이 x의 계수
와 상수항이 모두 자연수인 두 일차식의 곱으로 인수분해
될 때, 두 일차식의 합을 구하시오.

05 다항식의 인수분해

유형 17 항이 4개인 식의 인수분해 ; 2개의 항씩 묶기

항이 4개인 식에서 2개의 항씩 묶어 공통인 인수가 생기는 경우
➡ (2개의 항)+(2개의 항)으로 묶어 인수분해한다.

0595 대표문제

다음 중 $x^2-2x+2y-y^2$의 인수인 것을 모두 고르면?
(정답 2개)

① $x-y-2$ 　② $x-y$ 　③ $x+y-2$
④ $x+y$ 　⑤ $x+y+2$

0596 중

$x^3+5-x-5x^2$이 x의 계수가 1인 세 일차식의 곱으로 인수분해될 때, 세 일차식의 합을 구하시오.

0597 상중

다음 두 다항식의 공통인 인수는?

$$xy+y^2-x-y, \qquad xy+1-x-y$$

① $x-1$ 　② $x+1$ 　③ $y-1$
④ $y+1$ 　⑤ $x+y$

유형 18 항이 4개인 식의 인수분해 ; 3개의 항씩 묶기

항 4개 중 3개가 완전제곱식으로 인수분해되는 경우
➡ (3개의 항)+(1개의 항) 또는 (1개의 항)+(3개의 항)으로 묶어 A^2-B^2의 꼴로 나타낸 후 인수분해한다.

0598 대표문제

$9x^2-6xy+y^2-4$를 인수분해하면?

① $(3x-y-2)(3x+y-2)$
② $(3x-y-2)(3x+y+2)$
③ $(3x-y+2)(3x-y-2)$
④ $(3x-y+2)(3x+y+2)$
⑤ $(3x+y+2)(3x+y-2)$

0599 중

다음 중 $a^2-4b^2-4bc-c^2$의 인수인 것을 모두 고르면?
(정답 2개)

① $a-2b-c$ 　② $a+2b-c$ 　③ $a+2b+c$
④ $a-4b+c$ 　⑤ $a+4b-c$

0600 중 서술형

$16-x^2+10xy-25y^2$이 $(a+x+by)(a-x+cy)$로 인수분해될 때, 상수 a, b, c에 대하여 abc의 값을 구하시오.
(단, $a>0$)

정답 및 풀이 42쪽

유형 19 인수분해 공식을 이용한 수의 계산

인수분해 공식을 이용할 수 있도록 수의 모양을 변형하여 계산한다.

예 $29 \times 7 + 29 \times 3 = 29 \times (7+3) = 290$

0601 대표문제

인수분해 공식을 이용하여 다음을 계산할 때, $A-B$의 값을 구하시오.

$$A = 12.5^2 - 5 \times 12.5 + 2.5^2$$
$$B = \sqrt{52^2 - 48^2}$$

0602 중

인수분해 공식을 이용하여 $\dfrac{999 \times 1000 + 999}{1000^2 - 1}$를 계산하시오.

0603 상중

인수분해 공식을 이용하여
$$\left(1 - \frac{1}{2^2}\right)\left(1 - \frac{1}{3^2}\right)\left(1 - \frac{1}{4^2}\right) \times \cdots \times \left(1 - \frac{1}{11^2}\right)$$
을 계산하면?

① $\dfrac{1}{11}$ ② $\dfrac{5}{11}$ ③ $\dfrac{1}{2}$

④ $\dfrac{6}{11}$ ⑤ $\dfrac{12}{11}$

유형 20 인수분해 공식을 이용하여 식의 값 구하기

❶ 주어진 식을 인수분해한다.
❷ 조건으로 주어진 문자의 값을 바로 대입하거나 변형하여 대입한다.

0604 대표문제

$x = \sqrt{2} - 1$, $y = \sqrt{2} + 1$일 때, $x^3 y - xy^3$의 값은?

① $-4\sqrt{2}$ ② $-2\sqrt{2}$ ③ $2\sqrt{2}$
④ 4 ⑤ $4\sqrt{2}$

0605 중

$x+y = -3$, $x-y = \sqrt{5}$일 때, $x^2 - y^2 + 4x - 4y$의 값은?

① -5 ② $-2\sqrt{5}$ ③ $\sqrt{5}$
④ $2\sqrt{5}$ ⑤ 10

0606 중 서술형

$x = \dfrac{\sqrt{2} - \sqrt{3}}{\sqrt{2} + \sqrt{3}}$, $y = \dfrac{\sqrt{2} + \sqrt{3}}{\sqrt{2} - \sqrt{3}}$일 때, $x^2 + y^2 - 2xy$의 값을 구하시오.

유형 UP 21 ( )( )( )( )+k의 꼴의 인수분해

❶ 공통부분이 생기도록 2개씩 묶어 전개한다.
→ 상수항의 합이 같아지도록 묶는다.

❷ 공통부분을 한 문자로 놓고 인수분해한다.

0607 대표문제

$x(x+1)(x+2)(x+3)-15$를 인수분해하면?

① $(x^2-3x-3)(x^2-3x+5)$
② $(x^2-3x+3)(x^2-3x-5)$
③ $(x^2+3x-3)(x^2+3x+5)$
④ $(x^2+3x+3)(x^2+3x-5)$
⑤ $(x-1)(x-5)(x^2+3x-3)$

0608 상중 서술형

$(x-5)(x-3)(x+1)(x+3)+36=(x^2+ax+b)^2$일 때, 상수 a, b에 대하여 $a-b$의 값을 구하시오.

0609 상

$x(x+2)(x+4)(x+6)+k$가 완전제곱식이 되도록 하는 상수 k의 값은?

① 4 　　② 9 　　③ 10
④ 12 　　⑤ 16

유형 UP 22 항이 5개 이상인 식의 인수분해

❶ 차수가 낮은 문자에 대하여 내림차순으로 정리한다. 이때 문자의 차수가 모두 같으면 어느 한 문자에 대하여 내림차순으로 정리한다.

❷ 공통인수로 묶어 내거나 인수분해 공식을 이용하여 인수분해한다.

0610 대표문제

$x^2-xy-6x+3y+9$를 인수분해하면?

① $(x-3)(x-y-3)$ 　　② $(x-3)(x-y+3)$
③ $(x-3)(x+y-3)$ 　　④ $(x-3)(x+y+3)$
⑤ $(x+3)(x+y+3)$

0611 상중

다음 중 $x^2-2xy+y^2-8x+8y+16$의 인수인 것은?

① $x+y+4$ 　　② $x+y-4$ 　　③ $x-y+4$
④ $x-y+1$ 　　⑤ $x-y-4$

0612 상

$x^2-4xy+3y^2-6x+2y-16$을 인수분해하였더니 $(x-y+a)(x+by+c)$일 때, 상수 a, b, c에 대하여 $a-b+c$의 값을 구하시오.

시험에 꼭 나오는 문제

0613

다음 중 $8x(x+1)(x-1)$의 인수의 개수는?

$$8x, \quad x(x+1), \quad x^2-1, \quad 3x-1, \quad x^2-8$$

① 1   ② 2   ③ 3
④ 4   ⑤ 5

0614

다음 식에 대한 설명 중 옳지 <u>않은</u> 것은?

$$3x^2y-15xy \underset{\text{ⓒ}}{\overset{\text{ⓐ}}{\rightleftharpoons}} 3xy(x-5)$$

① ⓐ의 과정을 인수분해한다고 한다.
② ⓒ의 과정을 전개한다고 한다.
③ $3x^2y$, $-15xy$의 공통인 인수는 $3xy$이다.
④ ⓒ의 과정에서 결합법칙이 이용된다.
⑤ $3x$, xy, $3(x-5)$는 모두 $3x^2y-15xy$의 인수이다.

0615 중요

다음 중 다항식을 인수분해한 것이 옳은 것을 모두 고르면?
(정답 2개)

① $x^2+8x+16=(x+2)^2$
② $a^2-16ab+64b^2=(a-8)^2$
③ $x^2+\dfrac{2}{3}x+\dfrac{1}{9}=\left(x+\dfrac{1}{3}\right)^2$
④ $\dfrac{1}{36}x^2-\dfrac{1}{3}x+1=\left(\dfrac{1}{4}x-1\right)^2$
⑤ $25a^2+\dfrac{10}{7}a+\dfrac{1}{49}=\left(5a+\dfrac{1}{7}\right)^2$

0616 중요

$4x^2+(5+k)xy+9y^2$이 완전제곱식이 되도록 하는 모든 상수 k의 값의 합은?

① -24 ② -10 ③ 2
④ 10   ⑤ 24

0617

$0<a<1$일 때, $\sqrt{a^2+2a+1}-\sqrt{a^2-2a+1}$을 간단히 하시오.

0618

$(a-1)x^2+(1-a)y^2$을 인수분해하시오.

0619

x의 계수가 1인 두 일차식의 곱이 $(x-6)(x+2)-33$일 때, 두 일차식의 합은?

① $2x-11$ ② $2x-7$ ③ $2x-4$
④ $2x+4$ ⑤ $2x+11$

0620

$4x^2+9x-9=(x+a)(4x+b)$일 때, 정수 a, b에 대하여 $a+b$의 값을 구하시오.

0621 중요

다음 중 □ 안에 알맞은 수가 나머지 넷과 <u>다른</u> 하나는?

① $x^2-3x-10=(x+\square)(x-5)$
② $49x^2+28x+4=(7x+\square)^2$
③ $x^2-4y^2=(x+2y)(x-\square y)$
④ $3x^2-12x+12=3(x-\square)^2$
⑤ $5x^2-13xy+6y^2=(x-2y)(5x-\square y)$

0622

다음 두 다항식의 공통인 인수가 $ax+b$일 때, 정수 a, b에 대하여 ab의 값을 구하시오. (단, $a>0$)

$$6x^2+x-2, \qquad 8x^2-10x+3$$

0623 중요

다항식 $5x^2+Ax-6$이 $5x-3$으로 나누어떨어질 때, 상수 A의 값은?

① 1   ② 3   ③ 5
④ 7   ⑤ 9

0624

x^2의 계수가 1인 어떤 이차식을 영진이는 상수항을 잘못 보아 $(x+4)(x-5)$로 인수분해하였고, 형우는 x의 계수를 잘못 보아 $(x-2)(x+3)$으로 인수분해하였다. 처음 이차식을 바르게 인수분해하시오.

0625

다음 그림과 같이 한 변의 길이가 k인 정사각형에서 한 변의 길이가 3인 정사각형을 잘라 내고 남은 도형을 반으로 잘라 붙여서 새로운 직사각형을 만들었다. 두 도형의 넓이가 같음을 이용하여 설명할 수 있는 인수분해 공식은?

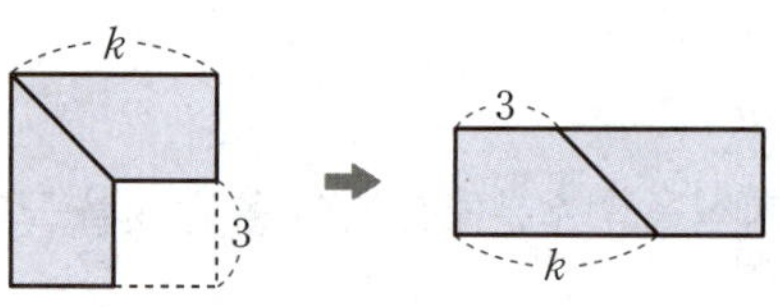

① $x^2+2xy+y^2=(x+y)^2$
② $x^2-2xy+y^2=(x-y)^2$
③ $x^2-y^2=(x+y)(x-y)$
④ $x^2+(a+b)x+ab=(x+a)(x+b)$
⑤ $acx^2+(ad+bc)x+bd=(ax+b)(cx+d)$

0626

오른쪽 그림과 같이 윗변의 길이가 $a-5$, 아랫변의 길이가 $a+3$인 사다리꼴의 넓이가 $3a^2-5a+2$일 때, 이 사다리꼴의 높이를 구하시오.

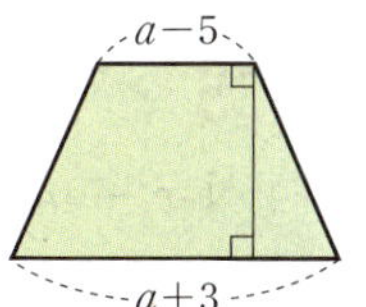

0627 중요

다음 두 다항식의 공통인 인수는?

$$(x+1)^2-2(x+1)-24$$
$$(5x-3)^2-(3x+7)^2$$

① $2x-1$ ② $x-5$ ③ $x+1$
④ $x+5$ ⑤ $2x+1$

0628

$x^2-9y^2-2x+6y$를 인수분해하면?

① $(x-3y)(x-3y+2)$ ② $(x-3y)(x+3y-2)$
③ $(x-3y)(x+3y+2)$ ④ $(x+3y)(x-3y-2)$
⑤ $(x+3y)(x-3y+2)$

0629

$\sqrt{2}$의 소수 부분을 x라 할 때, $(x+4)^2-6(x+4)+8$의 값은?

① -2 ② -1 ③ 1
④ 2 ⑤ 3

0630 중요

다음 중 $(x+1)(x+3)(x-2)(x-4)+24$의 인수가 아닌 것을 모두 고르면? (정답 2개)

① $x-3$ ② $x-2$ ③ $x+2$
④ x^2+x-8 ⑤ x^2-x-8

0631

$x^2+6xy+9y^2-4x-12y-32$는 x의 계수가 1인 두 일차식의 곱으로 인수분해된다. 이때 두 일차식의 합을 구하시오.

서술형 주관식

0632

다음 세 다항식이 1이 아닌 공통인 인수를 가질 때, 상수 a 의 값을 구하시오.

$$2x^2y-4xy, \quad 2x^2-5x+2, \quad x^2+4x+a$$

0633

오른쪽 그림과 같이 원 모양의 호수 둘레에 너비가 $2x$ m로 일정한 길이 있다. 이 길의 한가운데를 지나는 원의 둘레의 길이가 20π m 이고, 길의 넓이가 80π m^{2}일 때, 길의 폭을 구하시오.

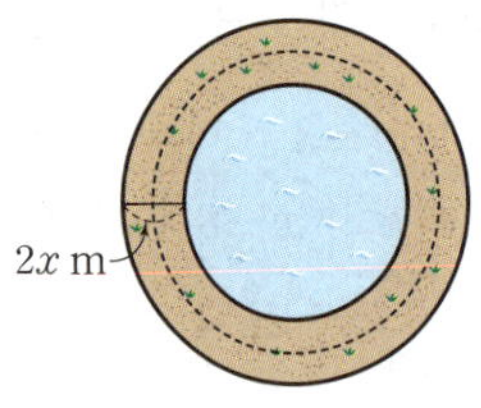

0634

$x-y=8$, $x^2-y^2-12x+36=-20$일 때, $x^2+2xy+y^2$ 의 값을 구하시오.

실력 **UP**

0635

다항식 $x^2-4ax+b$에 다항식 $2ax+b$를 더했더니 완전제곱식이 되었다. a, b가 모두 10보다 작은 자연수일 때, $a+b$의 값 중 가장 큰 수를 구하시오.

0636

100개의 다항식

$$x^2-x-1,\ x^2-x-2,\ x^2-x-3,\ \cdots,$$
$$x^2-x-99,\ x^2-x-100$$

중에서 x의 계수가 1이고 상수항이 정수인 두 일차식의 곱으로 인수분해되는 다항식의 개수를 구하시오.

0637

자연수 $2^{160}-1$은 30과 40 사이의 두 자연수로 나누어떨어진다. 이 두 자연수의 합을 구하시오.

Ⅲ 이차방정식

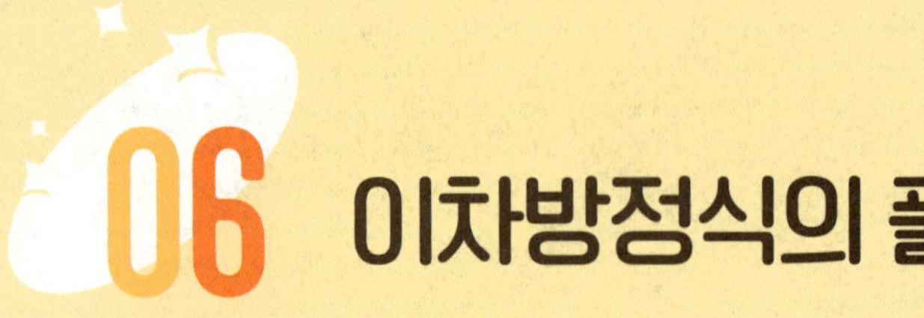

06 이차방정식의 풀이

06-1 이차방정식

이차방정식: 등식의 모든 항을 좌변으로 이항하여 정리하였을 때,

(**x에 대한 이차식**)=0, 즉 $ax^2+bx+c=0$ (a, b, c는 상수, $a\neq0$)

의 꼴로 나타내어지는 방정식을 x에 대한 이차방정식이라 한다.

예) $x^2+4x+1=0$, $5x^2=0$, $-2x^2+3=0$ ➡ 이차방정식이다.

$x-6=0$, $\dfrac{1}{x^2}=0$, $7x^3-7x=0$ ➡ 이차방정식이 아니다.

주의) 이차방정식이 되려면 등식의 모든 항을 좌변으로 이항하여 정리하였을 때 (이차항의 계수)$\neq0$이어야 한다.

06-2 이차방정식의 해

(1) **이차방정식의 해(근)**: x에 대한 이차방정식을 참이 되게 하는 x의 값

참고) $x=p$가 이차방정식 $ax^2+bx+c=0$의 해이다.

➡ $x=p$를 $ax^2+bx+c=0$에 대입하면 등식이 성립한다.

➡ $ap^2+bp+c=0$

(2) **이차방정식을 푼다**: 이차방정식의 해를 모두 구하는 것

예) x의 값이 0, 1, 2일 때, 이차방정식 $x^2-3x+2=0$을 풀어 보자.

이차방정식 $x^2-3x+2=0$에 $x=0$, 1, 2를 각각 대입하면

$x=0$일 때, $\quad 0^2-3\times0+2\neq0$ (거짓)

$x=1$일 때, $\quad 1^2-3\times1+2=0$ (참)

$x=2$일 때, $\quad 2^2-3\times2+2=0$ (참)

따라서 이차방정식 $x^2-3x+2=0$의 해는 $x=1$ 또는 $x=2$이다.

06-3 인수분해를 이용한 이차방정식의 풀이

(1) **$AB=0$의 성질**: 두 수 또는 두 식 A, B에 대하여

$AB=0$이면 $A=0$ 또는 $B=0$

(2) **인수분해를 이용한 이차방정식의 풀이**

❶ 주어진 이차방정식을 정리한다. ➡ $ax^2+bx+c=0$

❷ 좌변을 인수분해한다. ➡ $a(x-\alpha)(x-\beta)=0$

❸ $AB=0$의 성질을 이용한다. ➡ $x-\alpha=0$ 또는 $x-\beta=0$

❹ 해를 구한다. ➡ $x=\alpha$ 또는 $x=\beta$

예) 이차방정식 $3x^2-7x=6$을 풀어 보자.

$3x^2-7x=6$

$3x^2-7x-6=0$ ❶ $ax^2+bx+c=0$의 꼴로 정리한다.

$(3x+2)(x-3)=0$ ❷ 좌변을 인수분해한다.

$3x+2=0$ 또는 $x-3=0$ ❸ $AB=0$의 성질을 이용한다.

$x=-\dfrac{2}{3}$ 또는 $x=3$ ❹ 해를 구한다.

개념플러스

a, b, c는 상수이고 $a\neq0$일 때

① ax^2+bx+c ➡ 이차식

② $ax^2+bx+c=0$ ➡ 이차방정식

x에 대한 이차방정식에서 x에 대한 특별한 조건이 없으면 x의 값의 범위는 실수 전체로 생각한다.

$AB=0$이면 다음 중 하나가 성립한다.

① $A=0$이고 $B=0$

② $A=0$이고 $B\neq0$

③ $A\neq0$이고 $B=0$

➡ $A=0$ 또는 $B=0$

교과서문제 정복하기

06-1 이차방정식

[0638~0641] 다음 중 x에 대한 이차방정식인 것은 ○, 이차방정식이 아닌 것은 ×를 ( ) 안에 써넣으시오.

0638 $\dfrac{1}{9}x+5=0$ ( )

0639 $-2x^2+x^3=6x-3+x^3$ ( )

0640 $7x^2-4x$ ( )

0641 $(x+1)(x-3)=0$ ( )

[0642~0643] 다음 등식이 x에 대한 이차방정식이 되도록 하는 상수 a의 조건을 구하시오.

0642 $(a+4)x^2-6x+9=0$

0643 $ax^2+2x-1=4x+3$

06-2 이차방정식의 해

[0644~0646] 다음 [ ] 안의 수가 주어진 이차방정식의 해인 것은 ○, 해가 아닌 것은 ×를 ( ) 안에 써넣으시오.

0644 $(x+1)(x-6)=0$ $[\,-1\,]$ ( )

0645 $x^2+5x-14=0$ $[\,7\,]$ ( )

0646 $2x^2-3x+1=0$ $\left[\,\dfrac{1}{2}\,\right]$ ( )

[0647~0648] x의 값이 -1, 0, 1, 2일 때, 다음 이차방정식을 푸시오.

0647 $x(x-1)=0$

0648 $2x^2-9x+10=0$

[0649~0650] 다음 [ ] 안의 수가 주어진 이차방정식의 해일 때, 상수 a의 값을 구하시오.

0649 $x^2+3x+a=0$ $[\,-4\,]$

0650 $2x^2+ax+2=0$ $[\,2\,]$

06-3 인수분해를 이용한 이차방정식의 풀이

0651 다음 **보기** 중 $AB=0$인 것을 모두 고르시오.

┌─ 보기 ┤
ㄱ. $A=0$, $B=0$　　ㄴ. $A\neq 0$, $B=0$
ㄷ. $A=0$, $B\neq 0$　　ㄹ. $A\neq 0$, $B\neq 0$

[0652~0655] 다음 이차방정식을 푸시오.

0652 $(x+9)(x-4)=0$

0653 $x(x-7)=0$

0654 $(x+5)(2x+3)=0$

0655 $\dfrac{1}{6}(x-1)(x-2)=0$

[0656~0660] 다음 이차방정식을 인수분해를 이용하여 푸시오.

0656 $x^2+9x=0$

0657 $x^2+2x-24=0$

0658 $x^2-6x-7=0$

0659 $x^2-4=0$

0660 $4x^2-8x+3=0$

06-4 이차방정식의 중근

(1) **이차방정식의 중근**: 이차방정식의 두 해가 중복되어 서로 같을 때, 이 해를 주어진 이차방정식의 중근이라 한다.

> **예** $x^2-6x+9=0$에서 $(x-3)^2=0$, $(x-3)(x-3)=0$ $\therefore x=3$ 또는 $x=3$
> 따라서 이 이차방정식의 해는 $x=3$ ← 중근

(2) **이차방정식이 중근을 가질 조건**: 이차방정식이 (완전제곱식)$=0$의 꼴로 나타내어지면 이 이차방정식은 중근을 갖는다.

➡ 이차방정식 $x^2+ax+b=0$이 중근을 가지려면 $b=\left(\dfrac{a}{2}\right)^2$이어야 한다.

<개념플러스>
> $x^2+ax+b=0$에서 $b=\left(\dfrac{a}{2}\right)^2$이면
> $x^2+ax+\left(\dfrac{a}{2}\right)^2=0$, 즉
> $\left(x+\dfrac{a}{2}\right)^2=0$

06-5 제곱근을 이용한 이차방정식의 풀이

(1) **이차방정식 $x^2=q$ $(q\geq0)$의 해** ← x는 q의 제곱근이다.

➡ $x=\pm\sqrt{q}$

(2) **이차방정식 $(x+p)^2=q$ $(q\geq0)$의 해** ← $x+p$는 q의 제곱근이다.

➡ $x+p=\pm\sqrt{q}$에서 $x=-p\pm\sqrt{q}$

> **예** (1) $x^2=2$에서 $x=\pm\sqrt{2}$
> (2) $(x+1)^2=5$에서 $x+1=\pm\sqrt{5}$ $\therefore x=-1\pm\sqrt{5}$

> **참고**

	$q>0$	$q=0$	$q<0$
$x^2=q$의 해	$x=\pm\sqrt{q}$	$x=0$	해는 없다.
$(x+p)^2=q$의 해	$x=-p\pm\sqrt{q}$	$x=-p$	해는 없다.

<개념플러스>
> $x=-p\pm\sqrt{q}$는
> $x=-p+\sqrt{q}$ 또는 $x=-p-\sqrt{q}$
> 를 간단히 나타낸 것이다.

06-6 완전제곱식을 이용한 이차방정식의 풀이

이차방정식 $ax^2+bx+c=0$에서

❶ x^2의 계수로 양변을 나누어 x^2의 계수를 1로 만든다.

❷ 상수항을 우변으로 이항한다.

❸ 양변에 $\left(\dfrac{x의\ 계수}{2}\right)^2$을 더한다.

❹ 좌변을 완전제곱식으로 만들어 $(x+p)^2=q$의 꼴로 고친다.

❺ 제곱근을 이용하여 해를 구한다.

> **예** 이차방정식 $2x^2+3x-1=0$을 풀어 보자.
>
> $2x^2+3x-1=0$
> $x^2+\dfrac{3}{2}x-\dfrac{1}{2}=0$ ❶ 양변을 x^2의 계수 2로 나눈다.
> $x^2+\dfrac{3}{2}x=\dfrac{1}{2}$ ❷ 상수항 $-\dfrac{1}{2}$을 우변으로 이항한다.
> $x^2+\dfrac{3}{2}x+\left(\dfrac{3}{4}\right)^2=\dfrac{1}{2}+\left(\dfrac{3}{4}\right)^2$ ❸ 양변에 $\left(\dfrac{x의\ 계수}{2}\right)^2$, 즉 $\left(\dfrac{3}{4}\right)^2$을 더한다.
> $\left(x+\dfrac{3}{4}\right)^2=\dfrac{17}{16}$ ❹ 좌변을 완전제곱식으로 고친다.
> $x+\dfrac{3}{4}=\pm\dfrac{\sqrt{17}}{4}$ $\therefore x=\dfrac{-3\pm\sqrt{17}}{4}$ ❺ 제곱근을 이용하여 해를 구한다.

<개념플러스>
> 이차방정식 $ax^2+bx+c=0$의 좌변이 인수분해되지 않을 때에는 좌변을 완전제곱식으로 고쳐서 제곱근을 이용하여 해를 구한다.

교과서문제 정복하기

06-4 이차방정식의 중근

[0661~0664] 다음 이차방정식을 푸시오.

0661 $(x+7)^2=0$

0662 $x^2+2x+1=0$

0663 $25x^2-10x=-1$

0664 $9x^2+4=12x$

[0665~0667] 다음 이차방정식이 중근을 가질 때, 상수 a의 값을 구하시오.

0665 $x^2+6x+a=0$

0666 $x^2-x+a=0$

0667 $x^2+8x+a-2=0$

06-5 제곱근을 이용한 이차방정식의 풀이

[0668~0670] 다음 이차방정식을 제곱근을 이용하여 푸시오.

0668 $x^2-8=0$

0669 $7x^2=42$

0670 $4x^2-5=0$

[0671~0674] 다음 이차방정식을 제곱근을 이용하여 푸시오.

0671 $(x+3)^2=4$

0672 $(x-2)^2-10=0$

0673 $6(x-1)^2=36$

0674 $(2x+5)^2-12=0$

06-6 완전제곱식을 이용한 이차방정식의 풀이

0675 다음은 이차방정식 $x^2+10x+13=0$을 $(x+p)^2=q$의 꼴로 나타내는 과정이다. □ 안에 알맞은 수를 써넣으시오.

$$x^2+10x+13=0 \text{에서} \quad x^2+10x=-13$$
$$x^2+10x+\boxed{}=-13+\boxed{}$$
$$\therefore (x+\boxed{})^2=\boxed{}$$

[0676~0678] 다음 이차방정식을 $(x+p)^2=q$의 꼴로 나타내시오.

0676 $x^2+4x-2=0$

0677 $x^2+5x+3=0$

0678 $2x^2-8x-7=0$

0679 다음은 완전제곱식을 이용하여 이차방정식 $4x^2-8x-3=0$을 푸는 과정이다. □ 안에 알맞은 수를 써넣으시오.

$$4x^2-8x-3=0 \text{에서} \quad x^2-2x-\frac{3}{4}=0$$
$$x^2-2x=\frac{3}{4}, \quad x^2-2x+\boxed{}=\frac{3}{4}+\boxed{}$$
$$(x-\boxed{})^2=\boxed{}, \quad x-\boxed{}=\pm\boxed{}$$
$$\therefore x=\boxed{}$$

[0680~0682] 다음 이차방정식을 완전제곱식을 이용하여 푸시오.

0680 $x^2-4x-3=0$

0681 $x^2+6x-1=0$

0682 $2x^2-10x+7=0$

유형 익히기

유형 01 이차방정식의 뜻

x에 대한 이차방정식
- ➡ (x에 대한 이차식)=0의 꼴
- ➡ $ax^2+bx+c=0$ (a, b, c는 상수, $a\neq0$)의 꼴

0683 대표문제

다음 **보기** 중 x에 대한 이차방정식인 것을 모두 고른 것은?

┌─ 보기 ─┐

ㄱ. $\dfrac{x^2-x}{2}=1$ ㄴ. $5x^2+x-4$

ㄷ. $\dfrac{1}{x^2}-6=\dfrac{9}{x}$ ㄹ. $(x+4)(2x-3)=-x^2$

① ㄱ, ㄴ ② ㄱ, ㄹ ③ ㄴ, ㄷ
④ ㄴ, ㄹ ⑤ ㄷ, ㄹ

0684 하

다음 중 x에 대한 이차방정식이 <u>아닌</u> 것은?

① $x^2-6=0$ ② $(x+1)(x-8)=0$
③ $5+2x=x(5-2x)$ ④ $x^3-(x+3)^2=x^3+x$
⑤ $4x^2-x=4(x-1)^2$

0685 중하

이차방정식 $(x-2)^2-x=2x-5x^2$을 $6x^2+ax+b=0$의 꼴로 나타낼 때, 상수 a, b에 대하여 $a+b$의 값을 구하시오.

0686 중

$(k-1)x^2+4x=x^2-9$가 x에 대한 이차방정식일 때, 다음 중 상수 k의 값이 될 수 <u>없는</u> 것은?

① -2 ② -1 ③ 1
④ 2 ⑤ 3

유형 02 이차방정식의 해

$x=p$가 이차방정식 $ax^2+bx+c=0$의 해이다.
- ➡ $x=p$를 $ax^2+bx+c=0$에 대입하면 등식이 성립한다.
- ➡ $ap^2+bp+c=0$

0687 대표문제

다음 중 [ ] 안의 수가 주어진 이차방정식의 해인 것은?

① $x^2+7x=0$ [7]
② $(x-3)(x+2)=6$ [3]
③ $x^2+4x-5=0$ [-1]
④ $(x-1)^2-4=0$ [4]
⑤ $9x^2+6x+1=0$ $\left[-\dfrac{1}{3}\right]$

0688 중

다음 이차방정식 중 $x=-1$, $x=2$를 모두 해로 갖는 것은?

① $x^2-6=-x$ ② $x^2-3x-4=0$
③ $x^2+2x=3x+2$ ④ $x(x-3)=x+5$
⑤ $(x-2)^2=2-x$

0689 중 서술형

부등식 $3x-8<x$를 만족시키는 자연수 x 중에서 이차방정식 $x^2-2x-3=0$의 해를 구하시오.

유형 03 이차방정식의 한 근이 주어졌을 때 미지수의 값 구하기

미지수를 포함한 이차방정식의 한 근이 주어지면 주어진 근을 이차방정식에 대입하여 미지수의 값을 구한다.

⑩ 이차방정식 $x^2-3x+2a=0$의 한 근이 $x=-2$일 때

➡ $(-2)^2-3\times(-2)+2a=0$ ∴ $a=-5$

0690 대표문제

이차방정식 $2x^2-(5+a)x+a+1=0$의 한 근이 $x=3$일 때, 상수 a의 값은?

① -3 ② -2 ③ 1

④ 2 ⑤ 3

0691 중

이차방정식 $3x^2+ax-6=0$의 한 근이 $x=1$이고 이차방정식 $x^2-5x+b=0$의 한 근이 $x=-4$일 때, 상수 a, b에 대하여 $a-b$의 값을 구하시오.

0692 중

이차방정식 $x^2+ax-b=0$의 한 근이 $x=2$이고 이차방정식 $3x^2+bx+a=0$의 한 근이 $x=-\dfrac{1}{3}$일 때, 상수 a, b에 대하여 ab의 값은?

① 18 ② 24 ③ 30

④ 36 ⑤ 42

유형 04 이차방정식의 한 근이 문자로 주어졌을 때 식의 값 구하기

x에 대한 이차방정식 $x^2+ax+b=0$의 한 근이 $x=p$이면

$p^2+ap+b=0$ …… ㉠

이므로 다음과 같이 ㉠을 변형하여 나타낼 수 있다.

① ㉠의 좌변의 b를 이항하면 $p^2+ap=-b$

② ㉠의 양변을 p ($p\neq0$)로 나누어 정리하면

$$p+\frac{b}{p}=-a$$

0693 대표문제

이차방정식 $x^2+6x-5=0$의 한 근을 $x=\alpha$라 할 때, 다음 중 옳지 <u>않은</u> 것은?

① $a^2+6a+2=7$ ② $2a^2+12a=10$

③ $10-6a-a^2=5$ ④ $\dfrac{1}{3}a^2+2a=\dfrac{5}{3}$

⑤ $a-\dfrac{5}{a}=6$

0694 중

이차방정식 $2x^2-7x+4=0$의 한 근을 $x=a$, 이차방정식 $3x^2-2x-2=0$의 한 근을 $x=b$라 할 때, $4a^2+3b^2-14a-2b$의 값을 구하시오.

0695 상중 서술형

이차방정식 $x^2+5x-1=0$의 한 근을 $x=\alpha$라 할 때, $\alpha^2+\dfrac{1}{\alpha^2}$의 값을 구하시오.

| 유형 **05** | $AB=0$의 성질을 이용한 이차방정식의 풀이 |

이차방정식 $(ax-b)(cx-d)=0$의 해
➡ $ax-b=0$ 또는 $cx-d=0$에서
$$x=\frac{b}{a} \text{ 또는 } x=\frac{d}{c}$$

0696 대표문제

다음 이차방정식 중 해가 $x=-\dfrac{1}{2}$ 또는 $x=1$인 것은?

① $\left(x-\dfrac{1}{2}\right)(x-1)=0$　② $(x+1)\left(x-\dfrac{1}{2}\right)=0$
③ $(x+1)(2x-1)=0$　④ $(2x+1)(x-1)=0$
⑤ $(x+1)(2x+1)=0$

0697 중하

이차방정식 $(x+5)(x-7)=0$의 두 근을 $x=\alpha$ 또는 $x=\beta$라 할 때, $\alpha^2-\beta^2$의 값을 구하시오. (단, $\alpha>\beta$)

0698 중

다음 **보기** 중 두 근의 차가 4인 이차방정식을 모두 고른 것은?

> **보기**
> ㄱ. $x(x-3)=0$
> ㄴ. $(x+1)(x-3)=0$
> ㄷ. $(x+4)(x+1)=0$
> ㄹ. $(x+3)(x+1)=0$
> ㅁ. $(x+2)(x-2)=0$

① ㄱ, ㄷ　　② ㄱ, ㄹ　　③ ㄴ, ㄷ
④ ㄴ, ㅁ　　⑤ ㄹ, ㅁ

| 유형 **06** | 인수분해를 이용한 이차방정식의 풀이 |

❶ 주어진 이차방정식을 $ax^2+bx+c=0$의 꼴로 나타낸다.
❷ 좌변을 인수분해한다.
❸ $AB=0$의 성질을 이용하여 해를 구한다.

0699 대표문제

이차방정식 $3x^2-5x-2=0$의 해가 $x=\alpha$ 또는 $x=\beta$일 때, $\alpha+3\beta$의 값을 구하시오. (단, $\alpha>\beta$)

0700 하

이차방정식 $6x^2-8x+2=1-x^2$을 풀면?

① $x=-7$ 또는 $x=-1$　② $x=-1$ 또는 $x=-\dfrac{1}{7}$
③ $x=-1$ 또는 $x=\dfrac{1}{7}$　④ $x=\dfrac{1}{7}$ 또는 $x=1$
⑤ $x=1$ 또는 $x=7$

0701 중

이차방정식 $x^2-x-2=0$의 한 근을 $x=\alpha$, 이차방정식 $x^2-2x-8=0$의 한 근을 $x=\beta$라 할 때, $|\alpha-\beta|$의 값 중에서 가장 큰 값은?

① 3　　　② 4　　　③ 5
④ 6　　　⑤ 7

0702 중 서술형

이차방정식 $x^2-9x+20=0$의 해가 $x=a$ 또는 $x=b$일 때, 이차방정식 $x^2+(a+b)x-2b=0$을 푸시오.
　　　　　　　　　　　　　　　　　(단, $a<b$)

개념원리 중학 수학 3−1 118쪽

유형 07 한 근이 주어졌을 때 다른 한 근 구하기

미지수를 포함한 이차방정식의 한 근이 $x=\alpha$이면
❶ $x=\alpha$를 주어진 방정식에 대입하여 미지수의 값을 구한다.
❷ ❶에서 구한 미지수의 값을 이차방정식에 대입한 후 이차방정식을 풀어 다른 한 근을 구한다.

0703 대표문제

이차방정식 $x^2+ax-8=0$의 한 근이 $x=2$일 때, 상수 a의 값과 다른 한 근을 구하면?

① $a=-2,\ x=-4$ ② $a=-2,\ x=4$
③ $a=2,\ x=-4$ ④ $a=2,\ x=4$
⑤ $a=3,\ x=-4$

0704 종

이차방정식 $x^2+3x+a=0$의 해가 $x=-7$ 또는 $x=b$일 때, $b-a$의 값을 구하시오. (단, a는 상수이다.)

0705 종

이차방정식 $x^2+ax-12=0$의 한 근이 $x=-3$이고, 다른 한 근을 $x=b$라 할 때, 이차방정식 $ax^2+5x-b=0$을 푸시오. (단, a는 상수이다.)

0706 상종

이차방정식 $(a-2)x^2+4ax+(a+1)^2-1=0$의 한 근이 $x=-1$일 때, 다른 한 근을 구하시오. (단, a는 상수이다.)

개념원리 중학 수학 3−1 129쪽

유형 08 한 근이 다른 이차방정식의 한 근일 때

이차방정식 $ax^2+bx+c=0$의 두 근 중 한 근이 이차방정식 $a'x^2+b'x+c'=0$의 한 근이면
❶ $ax^2+bx+c=0$의 근을 구한다.
❷ ❶에서 구한 근 중에서 조건을 만족시키는 근 $x=\alpha$를 $a'x^2+b'x+c'=0$에 대입한다.

0707 대표문제

이차방정식 $x^2-7x+6=0$의 두 근 중 작은 근이 이차방정식 $4x^2+(a-1)x-5=0$의 한 근일 때, 상수 a의 값은?

① -3 ② -2 ③ -1
④ 1 ⑤ 2

0708 종

이차방정식 $2x^2-x-6=0$의 두 근 중 큰 근이 이차방정식 $x^2+a(x-a)-1=0$의 한 근일 때, 양수 a의 값은?

① 1 ② 2 ③ 3
④ 4 ⑤ 5

0709 종 서술형

이차방정식 $x^2-ax-5=0$의 한 근이 $x=5$이고 다른 한 근이 이차방정식 $3x^2+7x+b=0$의 한 근일 때, 상수 $a,\ b$에 대하여 $a+b$의 값을 구하시오.

유형 **09** 두 이차방정식의 공통인 근

두 이차방정식의 공통인 근
➡ 각각의 이차방정식을 푼 후 공통인 근을 찾는다.

0710 대표문제
다음 두 이차방정식의 공통인 근을 구하시오.

$$x^2+6x-16=0, \qquad 4x^2-7x-2=0$$

0711 중
두 이차방정식 $x^2-2x-3=0$과 $3x^2+8x+5=0$의 공통이 아닌 두 근의 곱을 구하시오.

0712 중 서술형
두 이차방정식 $x^2-x-2=0$, $2x^2+x-1=0$의 공통인 근이 이차방정식 $x^2+5x+k=0$의 한 근일 때, 상수 k의 값을 구하시오.

0713 상중
이차방정식 $x^2-3x+a=0$의 한 근이 $x=-1$일 때, 다음 두 이차방정식의 공통인 근을 구하시오. (단, a는 상수이다.)

$$x^2+(a+7)x-10=0$$
$$(a+1)x^2+(2a-3)x+20=0$$

유형 **10** 중근을 갖는 이차방정식

이차방정식이 $a(x-m)^2=0$의 꼴로 나타내어지면 이 이차방정식은 중근 $x=m$을 갖는다.

0714 대표문제
다음 이차방정식 중 중근을 갖지 <u>않는</u> 것을 모두 고르면?

(정답 2개)

① $x^2-\dfrac{4}{25}=0$ ② $x^2+4x=-4$
③ $(x-4)(x+2)=-9$ ④ $4x^2-4x+1=0$
⑤ $2x^2-5x-3=0$

0715 중하
다음 **보기** 중 중근을 갖는 이차방정식의 개수를 구하시오.

---- 보기 ----
ㄱ. $(x-7)^2=0$ ㄴ. $2x^2-3x+1=x^2-5x$
ㄷ. $x^2=x$ ㄹ. $3x^2-75=0$
ㅁ. $x^2-10x+25=0$ ㅂ. $x^2=-x^2+8$

0716 중
이차방정식 $x^2+18x+81=0$이 중근 $x=a$를 갖고, 이차방정식 $9x^2-12x+4=0$이 중근 $x=b$를 가질 때, ab의 값을 구하시오.

개념원리 중학 수학 3-1 119쪽

유형 11 이차방정식이 중근을 가질 조건

이차방정식 $x^2+Ax+B=0$이 중근을 갖는다.

➡ $x^2+Ax+B=0$이 (완전제곱식)$=0$의 꼴로 나타내어진다.

➡ $B=\left(\dfrac{A}{2}\right)^2$ ← (상수항)$=\left(\dfrac{x의\ 계수}{2}\right)^2$

0717 대표문제

이차방정식 $x^2+8x+3p+1=0$이 중근을 가질 때, 상수 p의 값은?

① 3 ② 4 ③ 5
④ 6 ⑤ 7

0718 중

다음 중 이차방정식 $x^2-(m-3)x+2m-1=0$이 중근을 갖도록 하는 상수 m의 값을 모두 고르면? (정답 2개)

① -13 ② -1 ③ 1
④ 13 ⑤ 24

0719 중

이차방정식 $x^2+6x+p+2=0$이 중근을 가질 때, 이차방정식 $5x^2+px-6=0$을 푸시오. (단, p는 상수이다.)

0720 중 서술형

이차방정식 $3x^2-12x+4a-8=0$이 중근 $x=b$를 가질 때, $a+b$의 값을 구하시오. (단, a는 상수이다.)

개념원리 중학 수학 3-1 124쪽

유형 12 제곱근을 이용한 이차방정식의 풀이

(1) $x^2=q\ (q\geq0)$의 해 ➡ $x=\pm\sqrt{q}$

(2) $ax^2=q\ (a\neq0,\ aq\geq0)$의 해 ➡ $x=\pm\sqrt{\dfrac{q}{a}}$

(3) $(x+p)^2=q\ (q\geq0)$의 해 ➡ $x=-p\pm\sqrt{q}$

(4) $a(x+p)^2=q\ (a\neq0,\ aq\geq0)$의 해 ➡ $x=-p\pm\sqrt{\dfrac{q}{a}}$

0721 대표문제

이차방정식 $2(x+5)^2=12$의 해가 $x=p\pm\sqrt{q}$일 때, 유리수 p, q에 대하여 $p+q$의 값은?

① -2 ② -1 ③ 0
④ 1 ⑤ 2

0722 중

이차방정식 $3(x+a)^2-9=0$의 해가 $x=2\pm\sqrt{b}$일 때, 유리수 a, b에 대하여 $a-b$의 값을 구하시오.

0723 중

이차방정식 $4(x-3)^2=a$의 두 근의 차가 5일 때, 상수 a의 값은?

① 4 ② 9 ③ 16
④ 25 ⑤ 36

유형 13 이차방정식 $(x+p)^2=q$가 근을 가질 조건

이차방정식 $(x+p)^2=q$가
(1) 서로 다른 두 근을 가질 조건 ➡ $q>0$
(2) 중근을 가질 조건 ➡ $q=0$
(3) 근을 갖지 않을 조건 ➡ $q<0$

참고 (1), (2)에서 이차방정식 $(x+p)^2=q$가 근을 가질 조건
➡ $q\geq0$

0724 대표문제

이차방정식 $(x-2)^2=a$가 근을 가질 때, 다음 중 상수 a의 값이 될 수 없는 것은?

① -1　　　② 0　　　③ 1
④ 2　　　⑤ 3

0725 중

다음 중 이차방정식 $(x+1)^2=k-3$에 대한 설명으로 옳은 것은?

① $k<3$이면 근을 갖는다.
② $k=3$이면 절댓값이 같고 부호가 반대인 두 근을 갖는다.
③ $k>3$이면 근을 갖지 않는다.
④ $k=0$이면 음의 정수인 두 근을 갖는다.
⑤ $k=7$이면 두 근의 곱은 -3이다.

0726 중

이차방정식 $(x-5)^2=k+4$가 중근 $x=a$를 가질 때, $k+a$의 값을 구하시오. (단, k는 상수이다.)

유형 14 완전제곱식의 꼴로 나타내기

이차방정식 $ax^2+bx+c=0$을 다음과 같이 $(x+p)^2=q$의 꼴로 나타낼 수 있다.
❶ x^2의 계수 a로 양변을 나누어 x^2의 계수를 1로 만든다.
❷ 상수항을 우변으로 이항한다.
❸ 양변에 $\left(\dfrac{x의\ 계수}{2}\right)^2$을 더한다.
❹ $(x+p)^2=q$의 꼴로 나타낸다.

0727 대표문제

이차방정식 $2x^2-4x-3=0$을 $(x+a)^2=b$의 꼴로 나타낼 때, 상수 a, b에 대하여 $a+b$의 값은?

① $-\dfrac{5}{2}$　　　② $-\dfrac{3}{2}$　　　③ -1
④ $\dfrac{3}{2}$　　　⑤ $\dfrac{5}{2}$

0728 중하

이차방정식 $\dfrac{1}{2}x^2-3x-6=0$을 $(x+a)^2=b$의 꼴로 나타낼 때, 상수 a, b에 대하여 $\dfrac{b}{a}$의 값을 구하시오.

0729 중 서술형

이차방정식 $2(x-1)^2=(x-4)^2$을 $(x+m)^2=n$의 꼴로 나타낼 때, 상수 m, n에 대하여 $m+n$의 값을 구하시오.

유형 15 완전제곱식을 이용한 이차방정식의 풀이

❶ 주어진 이차방정식을 $(x+p)^2=q$의 꼴로 나타낸다.
❷ 이차방정식의 해는 $x=-p\pm\sqrt{q}$

0730 대표문제

다음은 완전제곱식을 이용하여 이차방정식
$2x^2-6x+1=0$의 해를 구하는 과정이다. 상수 $A\sim E$의
값으로 옳지 <u>않은</u> 것은?

> $2x^2-6x+1=0$의 양변을 A로 나누면
> $$x^2-3x+\frac{1}{2}=0, \qquad x^2-3x=-\frac{1}{2}$$
> $$x^2-3x+B=-\frac{1}{2}+B$$
> $$(x+C)^2=\frac{D}{4}, \qquad x+C=\pm\frac{\sqrt{D}}{2}$$
> $$\therefore x=\frac{E\pm\sqrt{D}}{2}$$

① $A=2$ ② $B=\dfrac{9}{4}$ ③ $C=-\dfrac{3}{4}$

④ $D=7$ ⑤ $E=3$

0731 중

이차방정식 $x^2+6x=p$를 완전제곱식을 이용하여 풀었더
니 해가 $x=q\pm\sqrt{10}$이었다. 이때 유리수 p, q에 대하여
pq의 값을 구하시오.

0732 중

이차방정식 $4x^2-8x-7=0$을 $(x+a)^2=b$의 꼴로 나타
내어 풀었더니 해가 $x=\dfrac{c\pm\sqrt{d}}{2}$이었다. 이때 유리수 a, b,
c, d에 대하여 $2abcd$의 값을 구하시오.

유형UP 16 해에 대한 조건이 주어진 경우

❶ 완전제곱식을 이용하여 주어진 이차방정식의 해를 미지수를
  포함한 식으로 나타낸다.
❷ 해의 조건을 만족시키는 미지수의 값을 구한다.

0733 대표문제

다음 중 이차방정식 $(x+5)^2=3k$의 해가 정수가 되도록
하는 자연수 k의 값으로 알맞은 것은?

① 1 ② 2 ③ 3

④ 4 ⑤ 5

0734 상중

이차방정식 $(x-4)^2=2k$의 서로 다른 두 근이 모두 자연
수가 되도록 하는 자연수 k의 값을 구하시오.

0735 상 서술형

완전제곱식을 이용하여 이차방정식 $x^2-10x+a+13=0$
의 해가 모두 정수가 되도록 하는 모든 자연수 a의 값의 합
을 구하시오.

0736

다음 중 이차방정식인 것은?

① $x^2=(x-2)(x+5)$
② $x+4=(x-2)^2$
③ $(x-3)^2=(x+1)^2$
④ $(2x-1)(x+1)=2x^2(1+x)$
⑤ $2(x+4)^2=(x-1)^2+(x+1)^2$

0737

$(ax+1)(x-2)+6=4x(x-1)$이 x에 대한 이차방정식이 되도록 하는 상수 a의 조건을 구하시오.

0738 중요

다음 이차방정식 중 $x=-3$을 해로 갖지 <u>않는</u> 것은?

① $x^2-9=0$ 　② $x^2+3x=0$
③ $x^2-2x-15=0$ 　④ $2x^2+4x+5=0$
⑤ $(x+1)(x-2)=10$

0739 중요

$x=-2$가 이차방정식 $x^2-5x+a=0$의 근이면서 이차방정식 $3x^2+bx-6=0$의 근일 때, 상수 a, b에 대하여 $a+b$의 값은?

① -11 　② -9 　③ -7
④ -5 　⑤ -3

0740

이차방정식 $x^2+3x-6=0$의 한 근을 $x=p$, 이차방정식 $2x^2+x-1=0$의 한 근을 $x=q$라 할 때, $(2p^2+6p+1)(2q^2+q+3)$의 값을 구하시오.

0741

다음 이차방정식 중 해가 나머지 넷과 <u>다른</u> 하나는?

① $(x+3)(x-2)=0$ 　② $\left(\dfrac{1}{3}x+1\right)(x-2)=0$
③ $(x+3)\left(\dfrac{1}{2}x-1\right)=0$ 　④ $\left(\dfrac{1}{3}x+1\right)\left(\dfrac{1}{2}x-1\right)=0$
⑤ $(3x+1)\left(\dfrac{1}{2}x-1\right)=0$

0742

이차방정식 $x^2+2x-15=x-3$을 풀면?

① $x=-5$ 또는 $x=-3$
② $x=-5$ 또는 $x=3$
③ $x=-4$ 또는 $x=-3$
④ $x=-4$ 또는 $x=3$
⑤ $x=3$ 또는 $x=4$

0743 중요

이차방정식 $6x^2+5x-4=0$의 두 근의 합을 A, 차를 B라 할 때, $A-B$의 값은?

① -3　　　　② $-\dfrac{8}{3}$　　　　③ $-\dfrac{1}{6}$

④ $\dfrac{1}{6}$　　　　⑤ 1

0744

이차방정식 $2x^2-12x=x^2-8x+5$의 해가 $x=\alpha$ 또는 $x=\beta$일 때, 이차방정식 $x^2+\alpha x+\alpha-\beta=0$을 푸시오.

(단, $\alpha>\beta$)

0745

두 이차방정식 $x^2+x+a=0$, $(x+2)(x-b)=0$의 해가 같을 때, 상수 a, b에 대하여 $b-a$의 값은?

① -3　　　　② -1　　　　③ 1
④ 3　　　　⑤ 5

0746 중요

이차방정식 $x^2+ax-15=0$의 한 근이 $x=-5$이고 다른 한 근이 이차방정식 $bx^2-(3b+1)x+b+1=0$의 한 근일 때, 상수 a, b에 대하여 ab의 값은?

① -8　　　　② -4　　　　③ 4
④ 8　　　　⑤ 12

0747

다음 두 이차방정식의 공통인 근을 구하시오.

$$4x^2-4x-3=0, \qquad 6x^2-13x+6=0$$

0748 중요

다음 이차방정식 중 중근을 갖는 것을 모두 고르면?

(정답 2개)

① $(5x+3)^2=0$
② $x^2-4=2x-1$
③ $x+4=(x-2)^2$
④ $3-x^2=6(x+2)$
⑤ $x^2-10x+10=0$

0749

이차방정식 $5(x+a)^2=b$의 해가 $x=3\pm\sqrt{3}$일 때, 상수 a, b에 대하여 $b-a$의 값을 구하시오.

0750

이차방정식 $(x+4)^2=7-m$이 근을 가질 때, 상수 m의 값의 범위는?

① $m\geq-7$ ② $m\geq-4$ ③ $m\leq7$
④ $m\geq7$ ⑤ $m\leq11$

0751

이차방정식 $2(x-1)^2=m-4$가 중근을 가질 때, 이차방정식 $x^2-mx-12=0$의 해는? (단, m은 상수이다.)

① $x=-6$ 또는 $x=2$ ② $x=-2$ 또는 $x=4$
③ $x=-2$ 또는 $x=6$ ④ $x=2$ 또는 $x=4$
⑤ $x=2$ 또는 $x=6$

0752 중요

이차방정식 $3x^2-4x-2=0$을 $(x+a)^2=b$의 꼴로 나타낼 때, 상수 a, b에 대하여 $a+b$의 값은?

① $-\dfrac{2}{3}$ ② $\dfrac{4}{9}$ ③ $\dfrac{2}{3}$
④ $\dfrac{10}{9}$ ⑤ 3

0753

이차방정식 $x^2-10x-3=0$을 완전제곱식을 이용하여 풀었더니 해가 $x=a\pm2\sqrt{b}$가 되었다. 이때 자연수 a, b에 대하여 ab의 값을 구하시오.

정답 및 풀이 55쪽

0754 중요

이차방정식 $x^2-4x+1=0$의 한 근을 $x=\alpha$라 할 때,
$\alpha^2-3\alpha-\dfrac{3}{\alpha}+\dfrac{1}{\alpha^2}$의 값을 구하시오.

0755

$x^2+2ax+a+5=0$의 x의 계수와 상수항을 바꾸어 놓고 이차방정식을 풀었더니 한 근이 $x=-4$이었다. 처음 이차방정식의 해를 구하시오. (단, a는 상수이다.)

0756

이차방정식 $x^2-(k-2)x+16=0$이 중근을 가질 때의 상수 k의 값이 이차방정식 $x^2-ax+b=0$의 두 근이다. 이때 상수 a, b에 대하여 $a+b$의 값을 구하시오.

0757

일차함수 $ax+2y=2$의 그래프가 점 $(1-a,\ a^2)$을 지나고 제3사분면을 지나지 않을 때, 상수 a의 값을 구하시오.

0758

두 이차방정식 $x^2+mx+m-1=0$,
$x^2-(m+3)x+3m=0$이 공통인 근을 갖도록 하는 양수 m의 값을 구하시오.

0759

이차방정식 $2x^2+3x+a-1=0$의 해가 모두 유리수가 되도록 하는 가장 큰 자연수 a의 값을 구하시오.

 07 이차방정식의 활용

07-1 이차방정식의 근의 공식

다음과 같이 이차방정식의 근을 구하는 공식을 **근의 공식**이라 한다.

(1) 이차방정식 $ax^2+bx+c=0$의 근은

$$x=\frac{-b\pm\sqrt{b^2-4ac}}{2a}\ (단,\ b^2-4ac\geq0)$$

(2) x의 계수가 짝수인 이차방정식 $ax^2+2b'x+c=0$의 근은

$$x=\frac{-b'\pm\sqrt{b'^2-ac}}{a}\ (단,\ b'^2-ac\geq0)$$

참고 이차방정식의 x의 계수가 짝수일 때, 공식 (2)를 이용하면 분모, 분자를 약분하는 과정이 생략되어 계산이 간단해진다.

예 (1) 이차방정식 $x^2-3x-2=0$에서 $a=1$, $b=-3$, $c=-2$이므로

$$x=\frac{-(-3)\pm\sqrt{(-3)^2-4\times1\times(-2)}}{2\times1}=\frac{3\pm\sqrt{17}}{2}$$

(2) 이차방정식 $x^2+10x+4=0$에서 $a=1$, $b'=5$, $c=4$이므로

$$x=\frac{-5\pm\sqrt{5^2-1\times4}}{1}=-5\pm\sqrt{21}$$

07-2 복잡한 이차방정식의 풀이

다음과 같이 식을 정리한 후 인수분해 또는 근의 공식을 이용하여 이차방정식을 푼다.

(1) 괄호가 있으면 괄호를 풀고 $ax^2+bx+c=0$의 꼴로 정리한다.
(2) 계수가 소수이면 양변에 10, 100, 1000, …을 곱하여 계수를 정수로 고친다.
(3) 계수가 분수이면 양변에 분모의 최소공배수를 곱하여 계수를 정수로 고친다.
(4) 공통부분이 있으면 공통부분을 한 문자로 놓고 정리한다.

예 (4) $(x+1)^2-(x+1)-2=0$에서 $x+1=A$로 놓으면 $A^2-A-2=0$

07-3 이차방정식의 근의 개수

이차방정식 $ax^2+bx+c=0$의 근은 $x=\dfrac{-b\pm\sqrt{b^2-4ac}}{2a}$이므로 **근의 개수는 b^2-4ac의 부호에 의해 결정**된다.

(1) $b^2-4ac>0$이면 서로 다른 두 근을 갖는다. ┐
(2) $b^2-4ac=0$이면 중근을 갖는다. ┘ $b^2-4ac\geq0$이면 근을 갖는다.
(3) $b^2-4ac<0$이면 근이 없다.

예

이차방정식	b^2-4ac의 부호	근의 개수
$x^2+x-3=0$	$1^2-4\times1\times(-3)>0$	2
$4x^2-4x+1=0$	$(-4)^2-4\times4\times1=0$	1
$2x^2-x+1=0$	$(-1)^2-4\times2\times1<0$	0

개념플러스

인수분해가 되면 인수분해를 이용하여 해를 구하고 인수분해가 어려운 경우 근의 공식을 이용하여 해를 구한다.

$x=\dfrac{-b\pm\sqrt{b^2-4ac}}{2a}$에서 $b^2-4ac<0$이면 $\sqrt{b^2-4ac}$의 값이 존재하지 않으므로 이차방정식의 근은 없다.

교과서문제 정복하기

07-1 이차방정식의 근의 공식

[0760~0761] 다음은 근의 공식을 이용하여 이차방정식의 해를 구하는 과정이다. □ 안에 알맞은 수를 써넣으시오.

0760 $2x^2+5x+1=0$

$$x=\dfrac{-\square\pm\sqrt{\square^2-4\times\square\times1}}{2\times\square}=\boxed{}$$

0761 $3x^2-8x+3=0$

$$x=\dfrac{-(\boxed{})\pm\sqrt{(-4)^2-3\times\square}}{3}=\boxed{}$$

[0762~0767] 다음 이차방정식을 근의 공식을 이용하여 푸시오.

0762 $x^2-7x+5=0$

0763 $2x^2+x-4=0$

0764 $3x^2-5x-1=0$

0765 $x^2-4x+2=0$

0766 $x^2-6x-6=0$

0767 $5x^2+12x-3=0$

07-2 복잡한 이차방정식의 풀이

[0768~0774] 다음 이차방정식을 푸시오.

0768 $2x(x+1)=5x+9$

0769 $(x+1)^2=3x+2$

0770 $x^2-1.3x+0.4=0$

0771 $0.01x^2+0.08=0.12x$

0772 $\dfrac{x^2+1}{6}=x+\dfrac{4}{3}$

0773 $\dfrac{1}{2}x^2-\dfrac{1}{4}x-0.5=0$

0774 $\dfrac{1}{5}x^2-0.5x+\dfrac{3}{10}=0$

0775 다음은 이차방정식 $(x-2)^2+3(x-2)-10=0$ 을 푸는 과정이다. □ 안에 알맞은 수를 써넣으시오.

$x-2=A$로 놓으면
$\quad A^2+3A-10=0, \quad (A+5)(A-\square)=0$
$\quad \therefore A=-5$ 또는 $A=\square$
즉 $x-2=-5$ 또는 $x-2=\square$이므로
$\quad x=-3$ 또는 $x=\square$

07-3 이차방정식의 근의 개수

[0776~0778] 다음 이차방정식의 근의 개수를 구하시오.

0776 $x^2+x-5=0$

0777 $9x^2-6x+1=0$

0778 $x^2-2x+3=0$

[0779~0781] 이차방정식 $x^2+2x+k=0$의 근이 다음과 같을 때, 상수 k의 값 또는 k의 값의 범위를 구하시오.

0779 서로 다른 두 근

0780 중근

0781 근이 없다.

07-4 두 근이 주어졌을 때 이차방정식 구하기

(1) 두 근이 α, β이고 x^2의 계수가 a인 이차방정식은
$$a(x-\alpha)(x-\beta)=0$$

> **예** 두 근이 -4, 3이고 x^2의 계수가 1인 이차방정식은
> $$(x+4)(x-3)=0, \ \text{즉} \ x^2+x-12=0$$

(2) 중근이 α이고 x^2의 계수가 a인 이차방정식은
$$a(x-\alpha)^2=0$$

> **예** 중근이 -3이고 x^2의 계수가 2인 이차방정식은
> $$2(x+3)^2=0, \ \text{즉} \ 2x^2+12x+18=0$$

07-5 이차방정식의 활용

이차방정식의 활용 문제는 다음과 같은 순서로 해결한다.

❶ 미지수 정하기 ➡ 문제의 뜻을 파악하고 구하려고 하는 것을 미지수 x로 놓는다.

❷ 방정식 세우기 ➡ 문제의 뜻에 맞게 x에 대한 이차방정식을 세운다.

❸ 방정식 풀기 ➡ 이차방정식을 푼다.

❹ 확인하기 ➡ 구한 해가 문제의 뜻에 맞는지 확인한다.

> **예** 연속하는 두 홀수의 곱이 143일 때, 두 수를 구해 보자.
>
> ❶ 미지수 정하기 ➡ 두 홀수 중 작은 수를 x라 하면 큰 수는 $x+2$이다.
>
> ❷ 방정식 세우기 ➡ $x(x+2)=143$
>
> ❸ 방정식 풀기 ➡ ❷의 이차방정식을 풀면 $x^2+2x=143$
> $$x^2+2x-143=0, \qquad (x+13)(x-11)=0$$
> $$\therefore x=-13 \ \text{또는} \ x=11$$
> 그런데 x는 자연수이므로 $x=11$
> 따라서 구하는 두 수는 11, 13이다.
>
> ❹ 확인하기 ➡ 두 홀수가 11, 13일 때, $11\times13=143$이므로 문제의 뜻에 맞는다.

> **참고** (1) 연속하는 수에 대한 문제에서 미지수는 다음과 같이 정하는 것이 편리하다.
>
> ① 연속하는 두 정수 ➡ x, $x+1$ 또는 $x-1$, x
>
> ② 연속하는 세 정수 ➡ $x-1$, x, $x+1$ 또는 x, $x+1$, $x+2$
>
> ③ 연속하는 두 홀수(짝수) ➡ x, $x+2$ 또는 $x-2$, x
>
> ④ 연속하는 세 홀수(짝수) ➡ $x-2$, x, $x+2$ 또는 x, $x+2$, $x+4$
>
> (2) 도형에 대한 문제에서는 다음 공식을 이용한다.
>
> ① (삼각형의 넓이)$=\dfrac{1}{2}\times$(밑변의 길이)$\times$(높이)
>
> ② (직사각형의 넓이)$=$(가로의 길이)$\times$(세로의 길이)
>
> ③ (사다리꼴의 넓이)$=\dfrac{1}{2}\times$\{(윗변의 길이)$+$(아랫변의 길이)\}$\times$(높이)
>
> ④ (원의 넓이)$=\pi\times$(반지름의 길이)^2

구한 해가 문제의 뜻에 맞는지 확인할 때, 다음에 유의한다.
① 나이, 횟수, 개수 등 ➡ 자연수
② 길이, 거리 등 ➡ 양수

연속하는 두 정수는 두 수의 차가 1이 되도록 하고, 연속하는 두 홀수(짝수)는 두 수의 차가 2가 되도록 한다.

07-4 두 근이 주어졌을 때 이차방정식 구하기

[0782~0787] 다음 조건을 만족시키는 x에 대한 이차방정식을 $ax^2+bx+c=0$의 꼴로 나타내시오.

0782 두 근이 5, 8이고 x^2의 계수가 1인 이차방정식

0783 두 근이 -3, 7이고 x^2의 계수가 2인 이차방정식

0784 두 근이 0, 4이고 x^2의 계수가 1인 이차방정식

0785 두 근이 $-\dfrac{1}{5}$, $-\dfrac{1}{2}$이고 x^2의 계수가 10인 이차방정식

0786 중근이 6이고 x^2의 계수가 1인 이차방정식

0787 중근이 $-\dfrac{3}{2}$이고 x^2의 계수가 4인 이차방정식

07-5 이차방정식의 활용

0788 어떤 수를 제곱한 수는 어떤 수의 3배보다 28만큼 크다고 한다. 다음 물음에 답하시오.

(1) 어떤 수를 x라 할 때, x에 대한 이차방정식을 세우시오.

(2) 이차방정식을 풀어 어떤 수를 모두 구하시오.

0789 연속하는 두 자연수의 제곱의 합이 85이다. 다음 물음에 답하시오.

(1) 연속하는 두 자연수를 x, $x+1$이라 할 때, x에 대한 이차방정식을 세우시오.

(2) 이차방정식을 풀어 두 자연수를 구하시오.

0790 유라와 언니의 나이의 차는 4살이다. 두 사람의 나이의 곱이 192일 때, 다음 물음에 답하시오.

(1) 유라의 나이를 x살이라 할 때, x에 대한 이차방정식을 세우시오.

(2) 이차방정식을 풀어 유라의 나이를 구하시오.

0791 지면에서 초속 35 m로 똑바로 위로 쏘아 올린 공의 x초 후의 높이가 $(35x-5x^2)$ m일 때, 다음 물음에 답하시오.

(1) 공이 지면에 떨어질 때의 높이를 구하시오.

(2) 공이 지면에 떨어지는 것은 쏘아 올린 지 몇 초 후인지 구하시오.

0792 밑변의 길이가 높이보다 3 cm만큼 긴 삼각형의 넓이가 54 cm²일 때, 다음 물음에 답하시오.

(1) 높이를 x cm라 할 때, x에 대한 이차방정식을 세우시오.

(2) 이차방정식을 풀어 삼각형의 높이를 구하시오.

0793 오른쪽 그림과 같이 가로의 길이가 10 cm, 세로의 길이가 7 cm인 직사각형의 각 변의 길이를 x cm씩 줄였더니 넓이가 40 cm²가 되었다. 다음 물음에 답하시오.

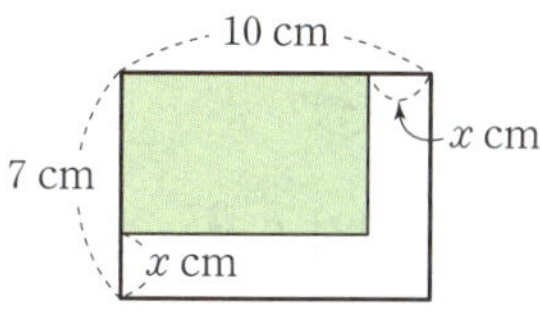

(1) 새로운 직사각형의 가로, 세로의 길이를 차례대로 x에 대한 식으로 나타내시오.

(2) (1)을 이용하여 x에 대한 이차방정식을 세우시오.

(3) 이차방정식을 풀어 새로운 직사각형의 가로, 세로의 길이를 차례대로 구하시오.

유형 익히기

유형 01 이차방정식의 근의 공식

(1) 이차방정식 $ax^2+bx+c=0$의 근

$$\Rightarrow x=\frac{-b\pm\sqrt{b^2-4ac}}{2a}\ (단,\ b^2-4ac\geq0)$$

(2) 이차방정식 $ax^2+2b'x+c=0$의 근

$$\Rightarrow x=\frac{-b'\pm\sqrt{b'^2-ac}}{a}\ (단,\ b'^2-ac\geq0)$$

0794 대표문제

다음 중 이차방정식의 근이 바르게 짝 지어진 것은?

① $x^2-x-1=0 \Rightarrow x=\dfrac{1\pm\sqrt6}{2}$

② $x^2+2x-6=0 \Rightarrow x=\dfrac{-1\pm\sqrt7}{2}$

③ $x^2-5x+3=0 \Rightarrow x=5\pm\sqrt{13}$

④ $2x^2+4x-5=0 \Rightarrow x=\dfrac{-2\pm\sqrt{14}}{2}$

⑤ $3x^2+7x+3=0 \Rightarrow x=\dfrac{-7\pm\sqrt{10}}{6}$

0795 중하

이차방정식 $2x^2-3x-1=0$의 근이 $x=\dfrac{A\pm\sqrt B}{4}$일 때, 유리수 A, B에 대하여 $A+B$의 값을 구하시오.

0796 중

이차방정식 $3x^2-8x+a=0$의 근이 $x=\dfrac{b\pm\sqrt{10}}{3}$일 때, 유리수 a, b에 대하여 ab의 값을 구하시오.

0797 상중 서술형

이차방정식 $x^2+5x-10k=0$의 한 근이 $x=k$일 때, 이차방정식 $x^2+(k+1)x-2=0$을 푸시오. (단, $k\neq0$)

유형 02 복잡한 이차방정식의 풀이

(1) 괄호가 있으면 괄호를 풀고 $ax^2+bx+c=0$의 꼴로 정리한 후 푼다.

(2) 계수가 소수이면 양변에 10, 100, …을 곱하여 계수를 정수로 고쳐서 푼다.

(3) 계수가 분수이면 양변에 분모의 최소공배수를 곱하여 계수를 정수로 고쳐서 푼다.

0798 대표문제

이차방정식 $\dfrac{1}{6}(5x^2-6)=\dfrac{(x+2)(x-4)}{3}+2.5$의 두 근의 합은?

① -2 ② $-\dfrac{4}{3}$ ③ -1

④ $\dfrac{4}{3}$ ⑤ 2

0799 중하

이차방정식 $x^2-0.3x-0.1=0$을 풀면?

① $x=-\dfrac{1}{2}$ 또는 $x=-\dfrac{1}{5}$

② $x=-\dfrac{1}{2}$ 또는 $x=\dfrac{1}{5}$

③ $x=-\dfrac{1}{3}$ 또는 $x=\dfrac{1}{2}$

④ $x=-\dfrac{1}{5}$ 또는 $x=\dfrac{1}{2}$

⑤ $x=\dfrac{1}{3}$ 또는 $x=\dfrac{1}{2}$

0800 중

이차방정식 $\dfrac{1}{7}x^2=\dfrac{1}{2}x-\dfrac{5}{14}$의 두 근을 α, β라 할 때, $2\beta-\alpha$의 값을 구하시오. (단, $\alpha<\beta$)

정답 및 풀이 59쪽

0801 ㈜

이차방정식 $4(x-2)^2=3(x-1)^2$의 두 근 사이에 있는 정수의 개수는?

① 5　　　　② 6　　　　③ 7
④ 8　　　　⑤ 9

0802 ㈜

이차방정식 $0.5x^2-2(x-1.2)=1$의 해가 $x=\dfrac{a\pm\sqrt{b}}{5}$일 때, 유리수 a, b에 대하여 $a+b$의 값은?

① 25　　　　② 30　　　　③ 35
④ 40　　　　⑤ 45

0803 ㈜ 서술형

이차방정식 $\dfrac{5}{2}x(x-3)-3=(x+2)(x-4)$의 두 근의 차를 구하시오.

유형 03 공통부분이 있는 이차방정식의 풀이

이차방정식에 공통부분이 있으면
❶ 공통부분을 A로 놓고 정리한다.
❷ 인수분해 또는 근의 공식을 이용하여 A의 값을 구한다.
❸ A에 원래의 식을 대입하여 x의 값을 구한다.

0804 대표문제

이차방정식 $2(x+1)^2-(x+1)-15=0$의 두 근을 α, β라 할 때, $2\alpha+\beta$의 값을 구하시오. (단, $\alpha<\beta$)

0805 ㈜

이차방정식 $3\left(x-\dfrac{1}{6}\right)^2+\left(x-\dfrac{1}{6}\right)-1=0$을 풀면?

① $x=\pm\dfrac{\sqrt{3}}{6}$　　② $x=\pm\dfrac{\sqrt{13}}{6}$　　③ $x=\pm\dfrac{\sqrt{13}}{3}$
④ $x=\pm\dfrac{\sqrt{23}}{6}$　　⑤ $x=\pm\dfrac{\sqrt{23}}{3}$

0806 ㈜

이차방정식 $\dfrac{1}{5}(2x+3)^2+\dfrac{1}{2}(2x+3)-\dfrac{3}{10}=0$의 정수인 해는?

① $x=-7$　　② $x=-5$　　③ $x=-3$
④ $x=3$　　　⑤ $x=5$

0807 상㈜

$(x-y)(x-y-5)=14$일 때, $3x-3y$의 값을 구하시오.
(단, $x>y$)

유형 04 이차방정식의 근의 개수

이차방정식 $ax^2+bx+c=0$의 근의 개수를 구할 때에는
b^2-4ac의 부호를 조사한다.

(1) $b^2-4ac>0$ ➡ 서로 다른 두 근 ➡ 2개
(2) $b^2-4ac=0$ ➡ 중근 ➡ 1개
(3) $b^2-4ac<0$ ➡ 근이 없다. ➡ 0개

0808 대표문제

다음 이차방정식 중 서로 다른 두 근을 갖는 것을 모두 고르면? (정답 2개)

① $x^2+5x+7=0$ ② $x^2-8x+10=0$
③ $4x^2+4x+1=0$ ④ $5x^2-4x+2=0$
⑤ $3x^2+x-1=0$

0809 종

다음 **보기**의 이차방정식 중 근이 없는 것을 모두 고른 것은?

─── 보기 ───
ㄱ. $x^2+7x+12=0$ ㄴ. $x^2-2x+2=0$
ㄷ. $2x^2+x+5=0$ ㄹ. $2x^2-6x-3=0$

① ㄱ, ㄴ   ② ㄱ, ㄷ   ③ ㄱ, ㄹ
④ ㄴ, ㄷ   ⑤ ㄴ, ㄹ

0810 종

다음 이차방정식 중 근의 개수가 나머지 넷과 <u>다른</u> 하나는?

① $x^2-7=0$ ② $x^2+1=6x$
③ $(2x-1)(x+5)+4=0$ ④ $3x^2-\dfrac{1}{4}=x$
⑤ $9=8x(3-2x)$

유형 05 이차방정식이 중근을 가질 조건

이차방정식 $ax^2+bx+c=0$이 중근을 가질 조건은
$$b^2-4ac=0$$

0811 대표문제

이차방정식 $2x^2-(a+2)x+8=0$이 중근을 갖도록 하는 모든 상수 a의 값의 합은?

① -6 ② -4 ③ 2
④ 4   ⑤ 6

0812 종

이차방정식 $x^2+10x+2k-1=0$이 중근 $x=\alpha$를 가질 때, $k+\alpha$의 값은? (단, k는 상수이다.)

① -1 ② 2   ③ 5
④ 8   ⑤ 11

0813 종 서술형

다음 두 이차방정식이 모두 중근을 가질 때, 상수 m, n에 대하여 $m-n$의 값을 구하시오.

$$x^2-6x-m=0, \qquad x^2-2(m+5)x+n=0$$

0814 상종

이차방정식 $3x^2+ax+12=0$이 음수인 중근을 가질 때, 상수 a의 값을 구하시오.

유형 06 근을 가질 조건에 따른 미지수의 값의 범위 구하기

이차방정식 $ax^2+bx+c=0$이

(1) 서로 다른 두 근을 가질 조건 ➡ $b^2-4ac>0$

(2) 근을 가질 조건 ➡ $b^2-4ac\geq0$

(3) 근을 갖지 않을 조건 ➡ $b^2-4ac<0$

0815 대표문제

이차방정식 $x^2-3x-p=0$이 서로 다른 두 근을 가질 때, 상수 p의 값의 범위는?

① $p<-3$ ② $p>-3$ ③ $p<-\dfrac{9}{4}$

④ $p>-\dfrac{9}{4}$ ⑤ $p<\dfrac{9}{4}$

0816 중

이차방정식 $x^2+(2k-1)x+k^2=0$이 근을 가질 때, 다음 중 상수 k의 값이 될 수 <u>없는</u> 것은?

① $-\dfrac{1}{2}$ ② $-\dfrac{1}{4}$ ③ 0

④ $\dfrac{1}{4}$ ⑤ $\dfrac{1}{2}$

0817 중 서술형

이차방정식 $(2a+1)x^2+6x+1=0$이 근을 갖지 않도록 하는 가장 작은 정수 a의 값을 구하시오.

유형 07 두 근이 주어질 때 이차방정식 구하기

(1) 두 근이 α, β이고 x^2의 계수가 a인 이차방정식

➡ $a(x-\alpha)(x-\beta)=0$

(2) 중근이 α이고 x^2의 계수가 a인 이차방정식

➡ $a(x-\alpha)^2=0$

0818 대표문제

이차방정식 $2x^2+ax+b=0$의 두 근이 $-\dfrac{1}{2}$, 3일 때, 상수 a, b에 대하여 $a-b$의 값은?

① -2 ② -1 ③ 0

④ 1 ⑤ 2

0819 중하

이차방정식 $x^2+ax+b=0$이 중근 $x=5$를 가질 때, 상수 a, b에 대하여 $a+b$의 값을 구하시오.

0820 중

이차방정식 $x^2+ax-b=0$의 두 근이 -2, 4일 때, a, b를 두 근으로 하고 x^2의 계수가 1인 이차방정식은?

(단, a, b는 상수이다.)

① $x^2-6x-16=0$ ② $x^2-6x+8=0$

③ $x^2+6x-16=0$ ④ $x^2+6x+8=0$

⑤ $x^2+16x+6=0$

유형 **08** 이차방정식의 활용: 식이 주어진 문제

❶ 주어진 식을 이용하여 이차방정식을 세운다.
❷ 이차방정식을 푼다.
❸ 문제의 조건에 맞는 해를 택한다.

0821 대표문제

n각형의 대각선의 개수는 $\dfrac{n(n-3)}{2}$이다. 대각선의 개수가 77인 다각형은?

① 팔각형　　　② 십각형　　　③ 십이각형
④ 십사각형　　⑤ 십육각형

0822 중

1부터 자연수 n까지의 합은 $\dfrac{n(n+1)}{2}$이다. 합이 120이 되려면 1부터 얼마까지의 자연수를 더해야 하는가?

① 13　　　② 14　　　③ 15
④ 16　　　⑤ 17

0823 중

n명 중 대표 2명을 뽑는 경우의 수는 $\dfrac{n(n-1)}{2}$이다. 동아리 회원 중 대표 2명을 뽑는 경우의 수가 45일 때, 이 동아리 회원은 몇 명인지 구하시오.

유형 **09** 이차방정식의 활용; 수에 대한 문제

(1) 연속하는 두 정수 ➡ x, $x+1$ 또는 $x-1$, x
(2) 연속하는 세 정수 ➡ $x-1$, x, $x+1$ 또는 x, $x+1$, $x+2$
(3) 연속하는 두 홀수(짝수)
　➡ x, $x+2$ 또는 $x-2$, x
(4) 연속하는 세 홀수(짝수)
　➡ $x-2$, x, $x+2$ 또는 x, $x+2$, $x+4$

0824 대표문제

연속하는 세 자연수가 있다. 가장 큰 수의 제곱이 다른 두 수의 곱의 3배보다 24만큼 작을 때, 이 세 자연수의 합은?

① 9　　　② 12　　　③ 15
④ 18　　　⑤ 21

0825 중

자연수 중 연속하는 두 홀수의 제곱의 합이 130일 때, 두 수 중 큰 수를 구하시오.

0826 중 서술형

어떤 자연수를 제곱해서 2배를 해야 하는데 2를 더하여 제곱하였더니 원래 구하려던 값보다 92만큼 작아졌다. 어떤 자연수를 구하시오.

0827 상중

두 자리 자연수가 있다. 이 수의 십의 자리의 숫자와 일의 자리의 숫자의 합은 11이고, 곱은 이 수보다 26만큼 작다고 할 때, 이 수를 구하시오.

개념원리 중학 수학 3–1 150쪽

유형 10 이차방정식의 활용; 실생활에 대한 문제

❶ 구하려고 하는 것을 미지수 x로 놓는다.
❷ 문제의 뜻에 맞게 x에 대한 이차방정식을 세운다.
❸ 이차방정식을 푼다.
❹ 구한 해가 문제의 뜻에 맞는지 확인한다.

0828 대표문제

볼펜 195개를 몇 명의 학생들에게 남김없이 똑같이 나누어 주었다. 학생 한 명이 받은 볼펜의 개수가 학생 수보다 2만큼 작다고 할 때, 학생은 모두 몇 명인가?

① 14명   ② 15명   ③ 16명
④ 17명   ⑤ 18명

0829 중

어느 해 9월의 달력에서 위아래로 이웃하는 두 날짜에 ○표를 하고, ○표를 한 날의 수를 곱하였더니 294이었다. 두 날짜 중 빠른 날짜는?

① 9월 13일   ② 9월 14일   ③ 9월 15일
④ 9월 16일   ⑤ 9월 17일

0830 중 서술형

지원이와 동생의 나이의 차는 4살이고, 지원이의 나이의 제곱은 동생의 나이의 제곱에 3배를 한 것보다 6살이 많다고 한다. 이때 지원이의 나이를 구하시오.

중요 유형 11 이차방정식의 활용; 쏘아 올린 물체에 대한 문제

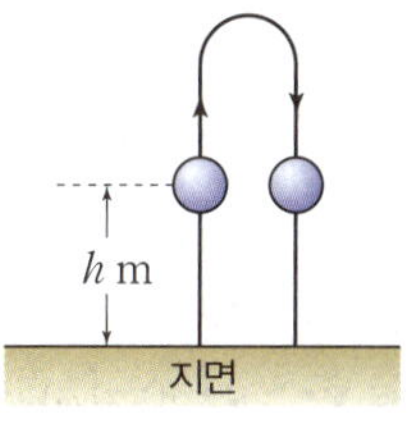

(1) 지면에서 위로 쏘아 올린 물체의 지면으로부터의 높이가 h m인 경우는 올라갈 때와 내려올 때 2번이다.
(2) 물체가 지면에 떨어질 때의 높이는 0 m이다.

0831 대표문제

지면으로부터 120 m 높이의 건물 옥상에서 초속 50 m로 똑바로 위로 쏘아 올린 물체의 x초 후의 지면으로부터의 높이는 $(-5x^2+50x+120)$ m라 한다. 이 물체의 지면으로부터의 높이가 처음으로 200 m가 되는 것은 쏘아 올린 지 몇 초 후인지 구하시오.

0832 중

달 표면에서 초속 20 m로 똑바로 위로 던져 올린 공의 x초 후의 달 표면으로부터의 높이는 $(-0.8x^2+20x)$ m라 한다. 던진 공이 달 표면에 떨어지는 것은 공을 던져 올린 지 몇 초 후인가?

① 23초   ② 24초   ③ 25초
④ 26초   ⑤ 27초

0833 상중

지면에서 초속 60 m로 똑바로 위로 쏘아 올린 로켓의 t초 후의 지면으로부터의 높이는 $(60t-5t^2)$ m라 한다. 이때 로켓이 높이가 160 m 이상인 지점을 지나는 것은 몇 초 동안인지 구하시오.

유형 12 이차방정식의 활용: 도형에 대한 문제

평면도형의 넓이를 구하는 공식을 이용하여 넓이에 대한 이차방정식을 세운다. 이때 다각형의 변의 길이나 원의 반지름의 길이는 항상 양수임에 주의한다.

0834 대표문제

오른쪽 그림과 같이 가로, 세로의 길이가 각각 10 m, 7 m인 직사각형 모양의 화단이 있다. 가로, 세로의 길이를 똑같은 길이만큼 늘였더니 그 넓이가 처음 화단의 넓이보다 60 m^2만큼 늘어났을 때, 가로, 세로의 길이는 처음보다 몇 m만큼 늘어난 것인지 구하시오.

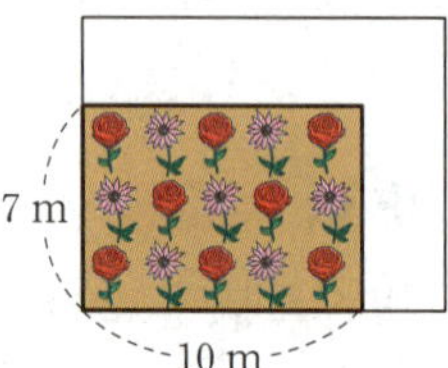

0835 중하

어떤 원의 반지름의 길이를 4 cm만큼 늘였더니 그 넓이는 처음 원의 넓이의 3배가 되었다. 이때 처음 원의 반지름의 길이를 구하시오.

0836 중

오른쪽 그림과 같은 두 정사각형의 넓이의 합이 52 cm^2일 때, 큰 정사각형의 한 변의 길이를 구하시오.

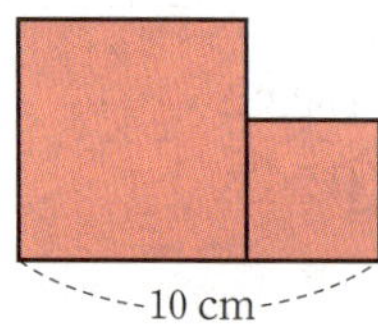

0837 상중

오른쪽 그림과 같은 직사각형 ABCD에서 점 P는 점 A를 출발하여 점 B까지 매초 1 cm의 속력으로 $\overline{AB}$ 위를 움직이고, 점 Q는 점 B를 출발하여 점 C까지 매초 2 cm의 속력으로 $\overline{BC}$ 위를 움직인다. 두 점 P, Q가 동시에 출발하였을 때, $\triangle$PBQ의 넓이가 16 cm^2가 되는 것은 출발한 지 몇 초 후인지 모두 구하시오.

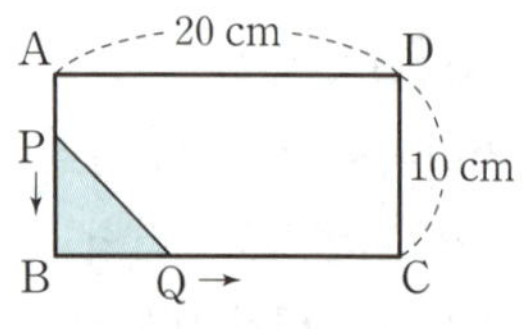

유형 13 이차방정식의 활용: 길의 폭에 대한 문제

다음 그림과 같이 폭이 일정한 길을 만든 세 땅에서 길을 가장자리로 이동하여 떨어져 있는 땅을 붙이면 길을 제외한 땅의 넓이는 모두 같다.

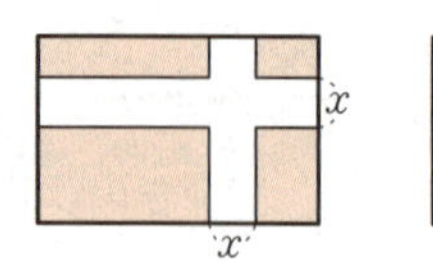 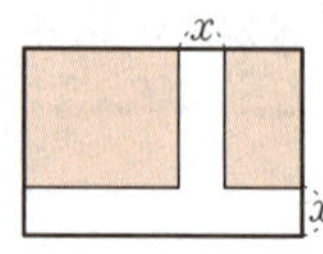 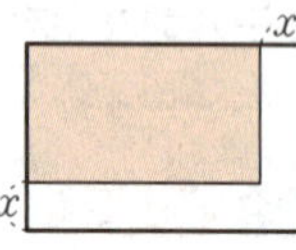

0838 대표문제

오른쪽 그림과 같이 가로의 길이가 18 m, 세로의 길이가 13 m인 직사각형 모양의 땅에 폭이 일정한 길을 만들려고 한다. 길을 제외한 땅의 넓이가 126 m^2가 되도록 하려면 길의 폭을 몇 m로 해야 하는지 구하시오.

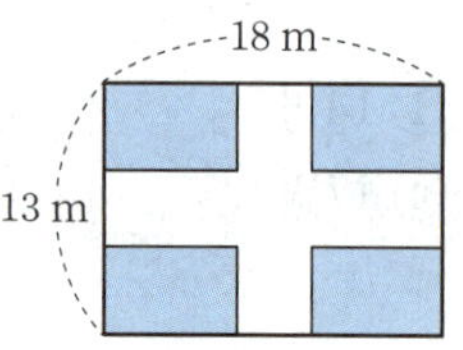

0839 중

오른쪽 그림과 같이 한 변의 길이가 20 m인 정사각형 모양의 땅에 폭이 x m로 일정한 길을 내었더니 길을 제외한 땅의 넓이가 289 m^2가 되었다. 이때 x의 값을 구하시오.

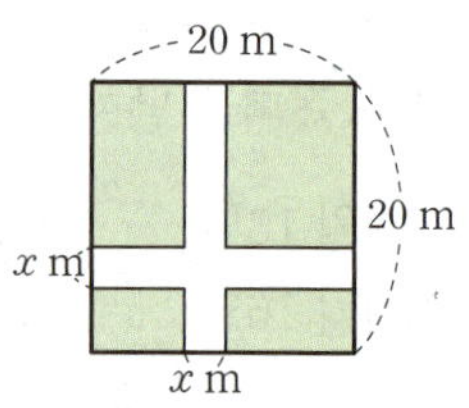

0840 중 서술형

가로의 길이가 세로의 길이보다 9 m 더 긴 직사각형 모양의 땅에 오른쪽 그림과 같이 폭이 2 m로 일정한 길을 내었더니 길을 제외한 땅의 넓이가 162 m^2가 되었다. 이 땅의 가로의 길이를 구하시오.

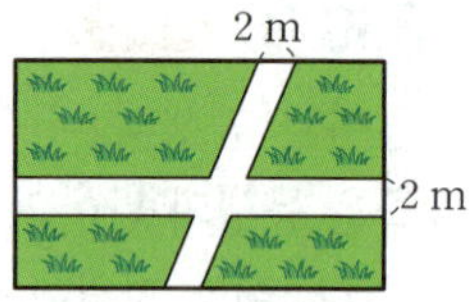

유형 14 이차방정식의 활용; 상자를 만드는 문제

구하는 길이를 x로 놓고

　(직육면체의 부피)

　　＝(가로의 길이)×(세로의 길이)×(높이)

임을 이용하여 이차방정식을 세운다.

0841 대표문제

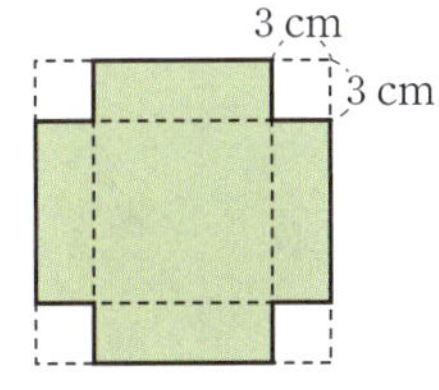

오른쪽 그림과 같은 정사각형 모양의 종이의 네 귀퉁이에서 한 변의 길이가 3 cm인 정사각형을 각각 잘라 내고, 그 나머지로 뚜껑이 없는 직육면체 모양의 상자를 만들었더니 상자의 부피가 243 cm³가 되었다. 이때 처음 정사각형의 한 변의 길이를 구하시오.

0842 중

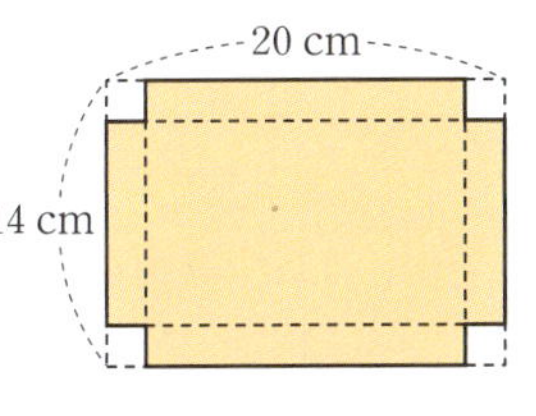

오른쪽 그림과 같이 가로의 길이, 세로의 길이가 각각 20 cm, 14 cm인 직사각형 모양의 종이의 네 귀퉁이에서 크기가 같은 정사각형을 잘라 내고 남은 종이로 뚜껑이 없는 직육면체 모양의 상자를 만들었다. 이 상자의 밑면의 넓이가 160 cm²일 때, 상자의 높이를 구하시오.

0843 중 서술형

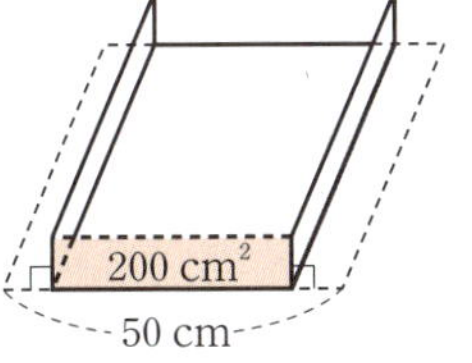

오른쪽 그림과 같이 폭이 50 cm인 양철판의 양쪽을 같은 높이만큼 직각으로 접어 올려 물받이를 만들려고 한다. 색칠한 단면의 넓이가 200 cm²일 때, 물받이의 높이가 될 수 있는 것을 모두 구하시오.

유형 UP 15 이차방정식의 활용; 닮음을 이용한 문제

두 닮은 도형이 주어지면

⑴ 닮음비를 이용하여 비례식을 세운다.

⑵ 이차방정식을 세우는 데 필요한 변의 길이를 닮음비를 이용하여 구한다.

0844 대표문제

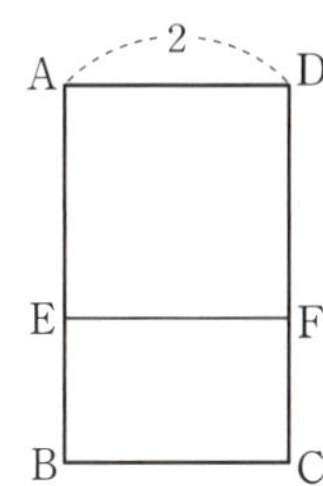

오른쪽 그림에서 두 직사각형 ABCD와 BCFE는 닮은 도형이다. □AEFD는 정사각형이고 $\overline{\text{AD}}=2$일 때, $\overline{\text{AB}}$의 길이를 구하시오.

0845 상중

길이가 15 cm인 끈을 잘라서 크기가 다른 두 정삼각형을 만들려고 한다. 큰 정삼각형과 작은 정삼각형의 넓이의 비가 4 : 3이 되도록 할 때, 작은 정삼각형의 한 변의 길이를 구하시오.

0846 상

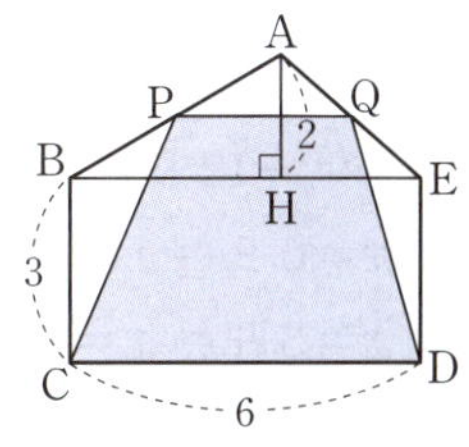

오른쪽 그림과 같이 $\overline{\text{BC}}=3$, $\overline{\text{CD}}=6$인 오각형 ABCDE가 있다. 사각형 BCDE는 직사각형이고, 점 A에서 $\overline{\text{BE}}$에 내린 수선의 발을 H라 하면 $\overline{\text{AH}}=2$이다. 또 $\overline{\text{PQ}} /\!/ \overline{\text{BE}}$이고 사다리꼴 PCDQ의 넓이가 직사각형 BCDE의 넓이와 같을 때, $\overline{\text{PQ}}$의 길이를 구하시오.

0847

이차방정식 $x^2+4x-6=0$의 두 근 중 큰 근을 α라 할 때, $\alpha+2$의 값은?

① $-\sqrt{10}$　　　② $4-\sqrt{10}$　　　③ $\sqrt{10}$
④ 4　　　⑤ $4+\sqrt{10}$

0848 중요

이차방정식 $ax^2-6x-2=0$의 근이 $x=\dfrac{3\pm\sqrt{b}}{4}$일 때, 유리수 a, b에 대하여 $a+b$의 값을 구하시오.

0849

이차방정식 $\dfrac{(x-2)^2}{2}=\dfrac{x^2+6}{3}$을 풀면?

① $x=-12$ 또는 $x=0$　　　② $x=-4$ 또는 $x=-3$
③ $x=0$ 또는 $x=12$　　　④ $x=2$ 또는 $x=6$
⑤ $x=3$ 또는 $x=4$

0850

이차방정식 $0.09x^2-0.18x=0.05$의 두 근의 차는?

① $\dfrac{2\sqrt{14}}{3}$　　　② 3　　　③ $\sqrt{14}$
④ 4　　　⑤ $2\sqrt{14}$

0851

이차방정식 $(x-2)^2+2(x-2)-15=0$의 두 근을 α, β라 할 때, 일차방정식 $\alpha x+\beta+1=0$의 해를 구하시오.
(단, $\alpha<\beta$)

0852 중요

다음 보기 중 이차방정식 $x^2+Ax+B=0$의 근에 대한 설명으로 옳은 것을 모두 고른 것은? (단, A, B는 상수이다.)

┌─ 보기 ─┐

ㄱ. $A=4$, $B=2$이면 서로 다른 두 근을 갖는다.
ㄴ. $A=-6$, $B=9$이면 중근을 갖는다.
ㄷ. $B<0$이면 근을 갖지 않는다.

① ㄱ　　　② ㄴ　　　③ ㄱ, ㄴ
④ ㄴ, ㄷ　　　⑤ ㄱ, ㄴ, ㄷ

0853

이차방정식 $4x^2-2x+\dfrac{k}{8}=0$이 중근을 가질 때, 이차방정식 $(k-1)x^2-kx-1=0$의 해는? (단, k는 상수이다.)

① $x=-2\pm\sqrt{2}$ ② $x=-1\pm\sqrt{2}$
③ $x=1\pm\sqrt{2}$ ④ $x=2\pm\sqrt{2}$
⑤ $x=\pm2$

0854 중요

이차방정식 $3mx^2-9x+1=0$이 근을 갖도록 하는 자연수 m의 개수는?

① 3 ② 4 ③ 5
④ 6 ⑤ 7

0855

이차방정식 $x^2+(a+3)x+1=0$은 중근을 갖고 이차방정식 $x^2-5x-2a=0$은 근을 갖지 않을 때, 상수 a의 값을 구하시오.

0856

이차방정식 $8x^2+2ax+b=0$이 중근 $x=-1$을 가질 때, 상수 a, b에 대하여 $a+b$의 값은?

① 8 ② 10 ③ 12
④ 14 ⑤ 16

0857 중요

이차방정식 $6x^2+ax+b=0$의 두 근이 $\dfrac{1}{3}$, $\dfrac{1}{2}$일 때, a, b를 두 근으로 하고 x^2의 계수가 1인 이차방정식은?
(단, a, b는 상수이다.)

① $x^2-5x+6=0$ ② $x^2-4x-5=0$
③ $x^2-36=0$ ④ $x^2+4x-5=0$
⑤ $x^2+6x-16=0$

0858

다음 그림과 같이 점을 찍어 삼각형 모양을 만들 때, n번째 삼각형에 사용한 점의 개수는 $\dfrac{n(n+1)}{2}$이다. 사용한 점의 개수가 21인 삼각형은 몇 번째 삼각형인지 구하시오.

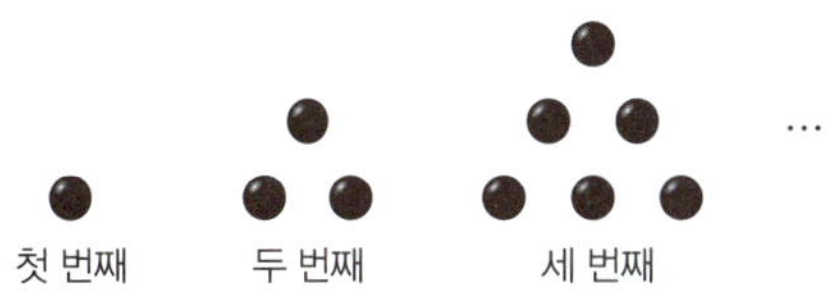

0859 중요

연속하는 두 자연수 중 작은 수의 제곱의 3배는 큰 수의 제곱보다 3만큼 크다고 할 때, 두 수의 곱은?

① 6   ② 12   ③ 20
④ 30   ⑤ 42

0860

책상 위에 펼쳐져 있는 어떤 책의 두 면의 쪽수의 곱이 930이었다. 이 두 면의 쪽수의 합을 구하시오.

0861

지난해 6월 한 달 동안 비가 온 날이 며칠인지 조사하였더니 비가 온 날수의 제곱이 비가 오지 않은 날수의 4배보다 3만큼 작았다. 지난해 6월 한 달 동안 비가 온 날은 모두 며칠인지 구하시오. (단, 6월은 30일까지 있다.)

0862

지면으로부터 10 m의 높이에서 초속 30 m로 똑바로 위로 쏘아 올린 물 로켓의 x초 후의 지면으로부터의 높이가 $(10+30x-5x^2)$ m일 때, 이 물 로켓이 지면으로부터 55 m의 높이에 도달하는 것은 쏘아 올린 지 몇 초 후인가?

① 2초   ② 3초   ③ 4초
④ 5초   ⑤ 6초

0863 중요

오른쪽 그림과 같이 가로, 세로의 길이가 각각 16 cm, 12 cm인 직사각형에서 가로의 길이는 매초 1 cm씩 줄어들고, 세로의 길이는 매초 2 cm씩 늘어나고 있다. 이때 처음 직사각형의 넓이와 같아지는 것은 몇 초 후인지 구하시오.

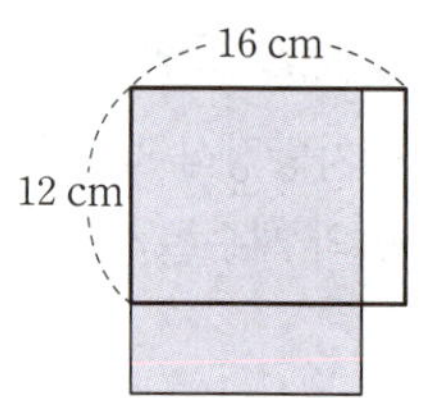

0864

오른쪽 그림과 같이 가로, 세로의 길이가 각각 11 m, 8 m인 직사각형 모양의 꽃밭의 주위에 폭이 일정한 산책로를 만들었더니 산책로의 넓이가 92 m²이었다. 산책로의 폭은 몇 m인지 구하시오.

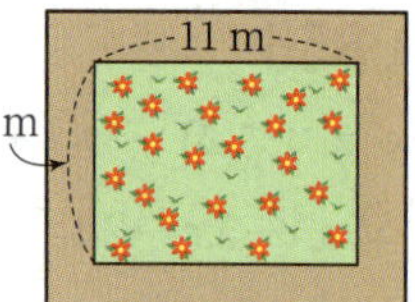

▶ 정답 및 풀이 65쪽

0865

이차방정식 $(2x+3)(x+3)=x^2+19$의 두 근을 a, b라 할 때, 이차방정식 $\dfrac{1}{b}x^2-\dfrac{1}{5}x+a=0$을 푸시오.

(단, $a>b$)

0866

두 수 a, b에 대하여 $3(a-b)^2-10(a-b)-8=0$이고 $a+b=6$일 때, a, b의 값을 구하시오. (단, $a>b$)

0867

오른쪽 그림과 같이 세 반원으로 이루어진 도형이 있다.
$\overline{AB}=10$ cm이고 색칠한 부분의 넓이가 6π cm²일 때, $\overline{AC}$의 길이를 구하시오. (단, $\overline{AC}>\overline{CB}$)

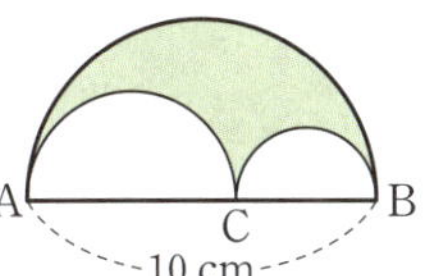

0868

x에 대한 이차방정식 $(k^2-4)x^2-(k+2)x+3=0$이 중근을 가질 때, 상수 k의 값을 구하시오.

0869

어느 상점에서 어떤 상품의 가격을 $10x$ %만큼 인하하였더니 판매량이 $20x$ %만큼 늘어서 그 상품의 총 판매 금액이 가격 인하 전과 같아졌다고 할 때, x의 값을 구하시오.

0870

다음 그림과 같이 $\overline{AB}=3$, $\overline{BC}=6$인 직사각형 ABCD에서 대각선 BD 위에 한 점 O를 잡고, 점 O에서 네 변 AB, BC, CD, DA에 내린 수선의 발을 각각 E, F, G, H라 하자. □AEOH와 □OFCG의 넓이의 합이 5일 때, $\overline{AE}$의 길이를 구하시오. (단, $\overline{AE}<\overline{EB}$)

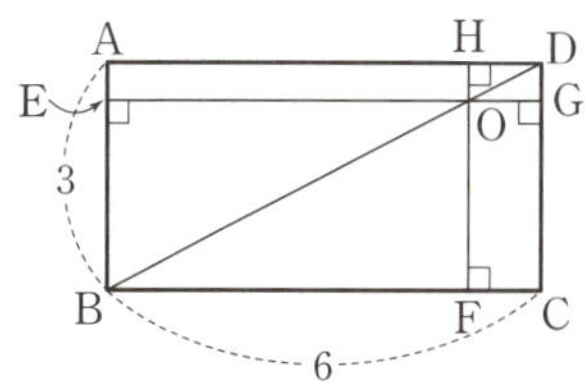

괜찮아,
내일은 말이야
오늘보다 더
멋진 하루가
될거야

서령(@seoryung_213)

IV

이차함수

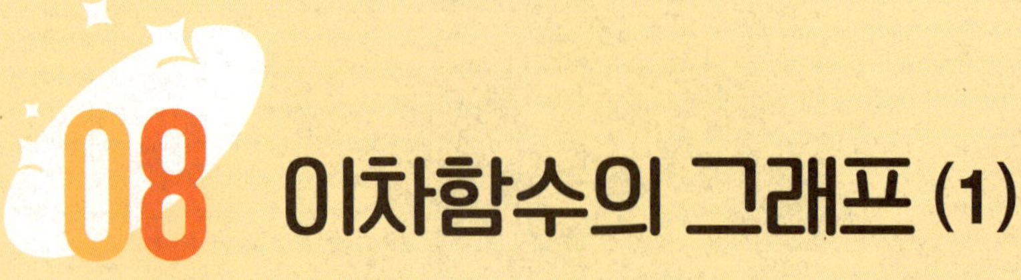

08 이차함수의 그래프 (1)

08-1 이차함수의 뜻

이차함수: 함수 $y=f(x)$에서
$$y=ax^2+bx+c\ (a,\ b,\ c\text{는 상수},\ a\neq0)$$
와 같이 y가 x에 대한 이차식으로 나타내어질 때, 이 함수를 x에 대한 이차함수라 한다.

예 $y=x^2+x-3,\ y=x^2+4,\ y=-\dfrac{1}{2}x^2$ ➡ 이차함수이다.

$y=5x-1,\ y=\dfrac{6}{x^2}$ ➡ 이차함수가 아니다.

08-2 이차함수 $y=x^2$의 그래프

(1) **이차함수 $y=x^2$의 그래프**
① 원점 $O(0,\ 0)$을 지나고, 아래로 볼록한 곡선이다.
② y축에 대하여 대칭이다.
③ $x<0$일 때, x의 값이 증가하면 y의 값은 감소한다.
  $x>0$일 때, x의 값이 증가하면 y의 값도 증가한다.

(2) **이차함수 $y=-x^2$의 그래프**
$y=-x^2$의 그래프는 $y=x^2$의 그래프와 x축에 대하여 대칭이다.
참고 ① y축에 대하여 대칭 ➡ y축을 접는 선으로 하여 접었을 때 완전히 포개어진다.
② x축에 대하여 대칭 ➡ x축을 접는 선으로 하여 접었을 때 완전히 포개어진다.

(3) **포물선**: 이차함수 $y=x^2$, $y=-x^2$의 그래프와 같은 모양의 곡선
① **축**: 포물선은 선대칭도형으로 그 대칭축을 포물선의 축이라 한다.
② **꼭짓점**: 포물선과 축의 교점을 포물선의 꼭짓점이라 한다.

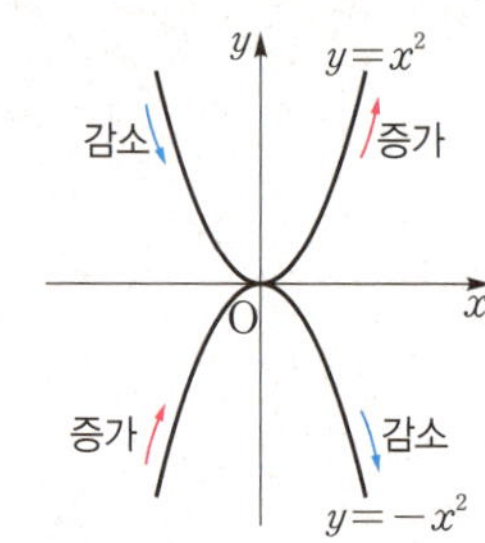

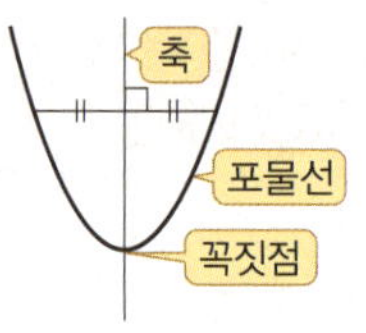

08-3 이차함수 $y=ax^2$의 그래프

(1) 원점 $O(0,\ 0)$을 꼭짓점으로 하는 포물선이다.
(2) y축에 대하여 대칭이다.
  ➡ 축의 방정식: $x=0\ (y\text{축})$
(3) a의 부호에 따라 그래프의 모양이 달라진다.
① $a>0$일 때, 아래로 볼록하다.
② $a<0$일 때, 위로 볼록하다.
(4) a의 절댓값이 클수록 그래프의 폭이 좁아진다.
  ↳ 그래프가 y축에 가까워진다.
(5) $y=-ax^2$의 그래프와 x축에 대하여 대칭이다.
참고 ① $a>0$이면
  $x<0$일 때, x의 값이 증가하면 y의 값은 감소하고
  $x>0$일 때, x의 값이 증가하면 y의 값도 증가한다.
② $a<0$이면
  $x<0$일 때, x의 값이 증가하면 y의 값도 증가하고
  $x>0$일 때, x의 값이 증가하면 y의 값은 감소한다.

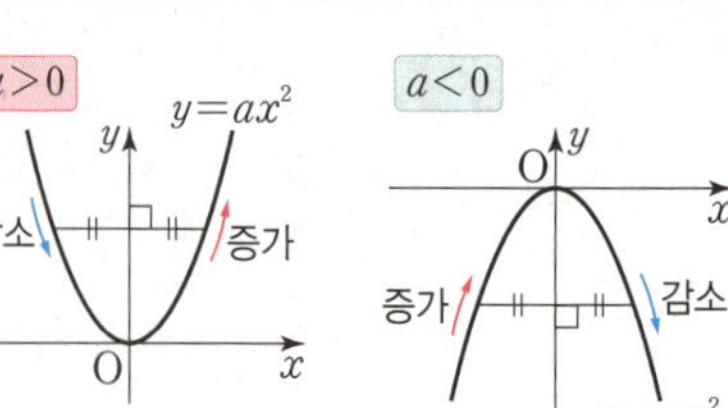

개념플러스

$a,\ b,\ c$는 상수이고 $a\neq0$일 때
① ax^2+bx+c
  ➡ 이차식
② $ax^2+bx+c=0$
  ➡ 이차방정식
③ $y=ax^2+bx+c$
  ➡ 이차함수

이차함수에서 x의 값이 주어지지 않을 때에는 x의 값의 범위를 실수 전체로 생각한다.

이차함수 $y=ax^2$에서
① a의 부호 ➡ 그래프의 모양 결정
② a의 절댓값 ➡ 그래프의 폭 결정

교과서문제 정복하기

08-1 이차함수의 뜻

[0871~0873] 다음 중 y가 x에 대한 이차함수인 것은 ○, 이차함수가 아닌 것은 ×를 ( ) 안에 써넣으시오.

0871 $y=2x^2-(x+1)^2$ ( )

0872 $y=3(x-2)-8$ ( )

0873 $y=-\dfrac{1}{4}(x+1)(x-1)$ ( )

[0874~0876] 다음에서 y를 x에 대한 식으로 나타내고, y가 x에 대한 이차함수인 것은 ○, 이차함수가 아닌 것은 ×를 ( ) 안에 써넣으시오.

0874 밑변의 길이가 x cm, 높이가 $(8-x)$ cm인 삼각형의 넓이 y cm^2 ( )

0875 한 모서리의 길이가 x cm인 정육면체의 부피 y cm^3 ( )

0876 밑면의 반지름의 길이가 x cm, 높이가 12 cm인 원뿔의 부피 y cm^3 ( )

[0877~0880] 이차함수 $f(x)=x^2-5x+1$에 대하여 다음 함숫값을 구하시오.

0877 $f(0)$

0878 $f(2)$

0879 $f(-3)$

0880 $f\left(\dfrac{1}{5}\right)$

08-2 이차함수 $y=x^2$의 그래프

[0881~0884] 다음은 이차함수 $y=x^2$의 그래프에 대한 설명이다. □ 안에 알맞은 것을 써넣으시오.

0881 원점 O$(0, 0)$을 지나고, □로 볼록한 곡선이다.

0882 □축에 대하여 대칭이다.

0883 $x<0$일 때, x의 값이 증가하면 y의 값은 □하고 $x>0$일 때, x의 값이 증가하면 y의 값도 □한다.

0884 $y=-x^2$의 그래프와 □축에 대하여 대칭이다.

08-3 이차함수 $y=ax^2$의 그래프

[0885~0887] 이차함수 $y=\dfrac{3}{4}x^2$의 그래프에 대하여 다음을 구하시오.

0885 꼭짓점의 좌표

0886 축의 방정식

0887 x축에 대하여 대칭인 그래프를 나타내는 이차함수의 식

[0888~0891] 다음 이차함수의 그래프가 아래 그림과 같을 때, 이차함수의 식에 알맞은 그래프를 고르시오.

0888 $y=-\dfrac{1}{2}x^2$

0889 $y=-x^2$

0890 $y=\dfrac{1}{2}x^2$

0891 $y=x^2$

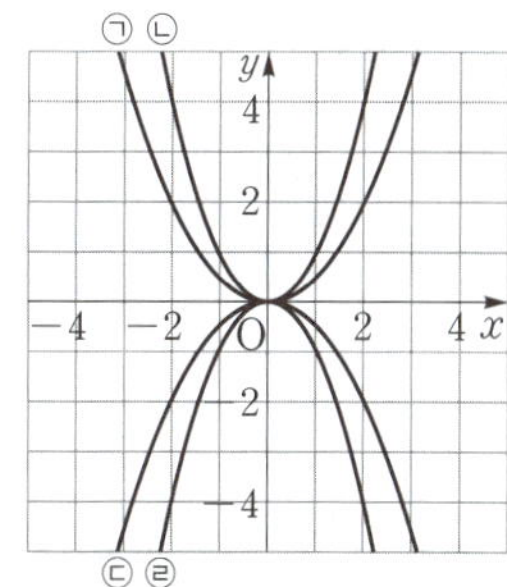

[0892~0894] 다음 보기의 이차함수에 대하여 물음에 답하시오.

보기

ㄱ. $y=3x^2$

ㄴ. $y=-\dfrac{1}{4}x^2$

ㄷ. $y=-3x^2$

ㄹ. $y=5x^2$

0892 그래프가 위로 볼록한 것을 모두 고르시오.

0893 그래프의 폭이 가장 좁은 것을 고르시오.

0894 그래프가 x축에 대하여 대칭인 것끼리 짝 지으시오.

08-4 이차함수 $y=ax^2+q$의 그래프

이차함수 $y=ax^2+q$의 그래프는

(1) 이차함수 $y=ax^2$의 그래프를 y축의 방향으로 q만큼 평행이동한 것이다.
　① $q>0$이면 y축의 양의 방향(위쪽)으로 평행이동
　② $q<0$이면 y축의 음의 방향(아래쪽)으로 평행이동

(2) **꼭짓점의 좌표**: $(0,\ q)$

(3) **축의 방정식**: $x=0\ (y$축$)$

　참고 이차함수의 그래프를 평행이동하면 그래프의 모양과 폭은 변하지 않고 위치만 바뀐다.

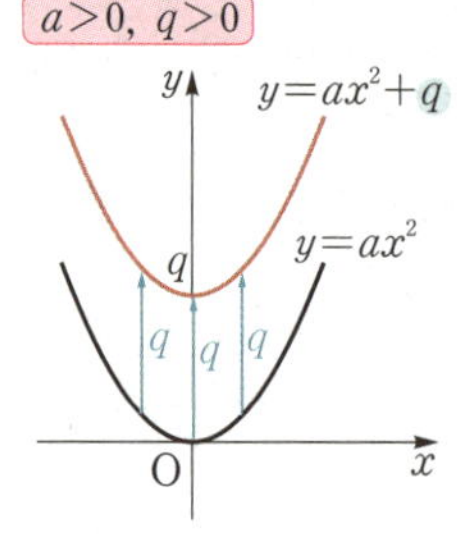

08-5 이차함수 $y=a(x-p)^2$의 그래프

이차함수 $y=a(x-p)^2$의 그래프는

(1) 이차함수 $y=ax^2$의 그래프를 x축의 방향으로 p만큼 평행이동한 것이다.
　① $p>0$이면 x축의 양의 방향(오른쪽)으로 평행이동
　② $p<0$이면 x축의 음의 방향(왼쪽)으로 평행이동

(2) **꼭짓점의 좌표**: $(p,\ 0)$

(3) **축의 방정식**: $x=p$

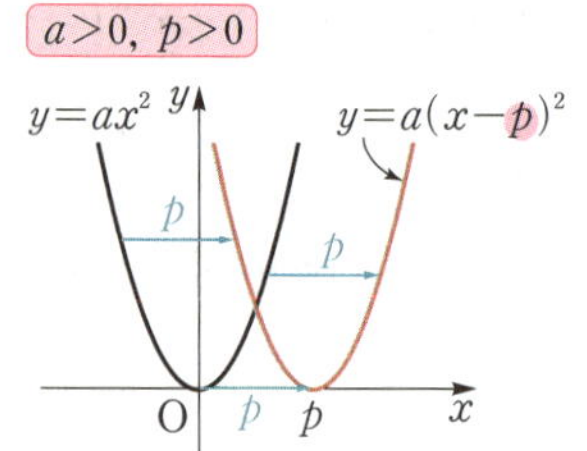

08-6 이차함수 $y=a(x-p)^2+q$의 그래프

이차함수 $y=a(x-p)^2+q$의 그래프는

(1) 이차함수 $y=ax^2$의 그래프를 x축의 방향으로 p만큼, y축의 방향으로 q만큼 평행이동한 것이다.

(2) **꼭짓점의 좌표**: $(p,\ q)$

(3) **축의 방정식**: $x=p$

　참고 이차함수 $y=ax^2$의 그래프의 평행이동

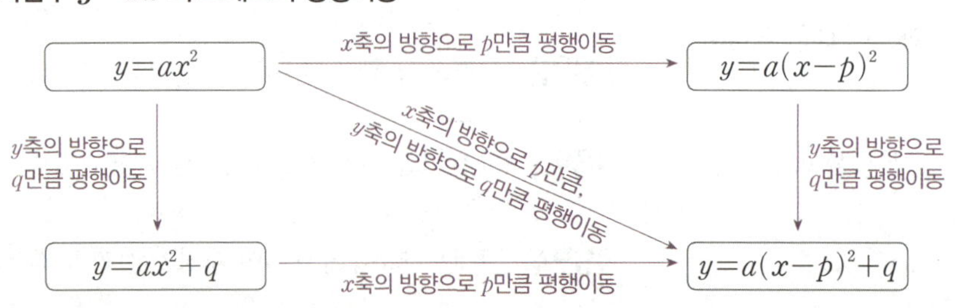

개념플러스

평행이동: 한 도형을 일정한 방향으로 일정한 거리만큼 이동하는 것

$y=a(x-p)^2+q$의 꼴을 이차함수의 표준형이라 한다.

이차함수의 그래프를 x축의 방향으로 p만큼, y축의 방향으로 q만큼 평행이동한 그래프를 나타내는 이차함수의 식을 구할 때에는 이차함수의 식에
　x 대신 $x-p$,
　y 대신 $y-q$
를 대입한다.

교과서문제 정복하기

08-4 이차함수 $y=ax^2+q$의 그래프

[0895~0897] 다음 이차함수의 그래프를 y축의 방향으로 [ ] 안의 수만큼 평행이동한 그래프의 식을 구하시오.

0895 $y=3x^2$ [5]

0896 $y=\dfrac{1}{2}x^2$ [-1]

0897 $y=-4x^2$ $\left[-\dfrac{1}{3} \right]$

[0898~0899] 다음 이차함수의 그래프의 꼭짓점의 좌표와 축의 방정식을 각각 구하시오.

0898 $y=2x^2-7$

0899 $y=-\dfrac{5}{6}x^2+4$

[0900~0901] 이차함수 $y=ax^2+q$의 그래프가 다음 그림과 같을 때, 상수 a, q의 부호를 구하시오.

0900 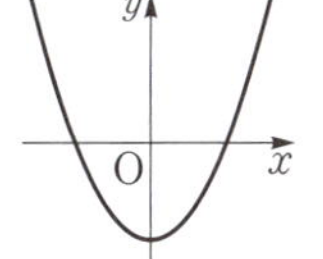   **0901** 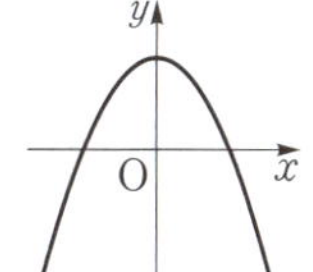

08-5 이차함수 $y=a(x-p)^2$의 그래프

[0902~0904] 다음 이차함수의 그래프를 x축의 방향으로 [ ] 안의 수만큼 평행이동한 그래프의 식을 구하시오.

0902 $y=\dfrac{1}{5}x^2$ [-6]

0903 $y=-3x^2$ [4]

0904 $y=-8x^2$ $\left[-\dfrac{3}{2} \right]$

[0905~0906] 다음 이차함수의 그래프의 꼭짓점의 좌표와 축의 방정식을 각각 구하시오.

0905 $y=2(x+1)^2$

0906 $y=-\dfrac{1}{3}(x-4)^2$

[0907~0908] 이차함수 $y=a(x-p)^2$의 그래프가 다음 그림과 같을 때, 상수 a, p의 부호를 구하시오.

0907 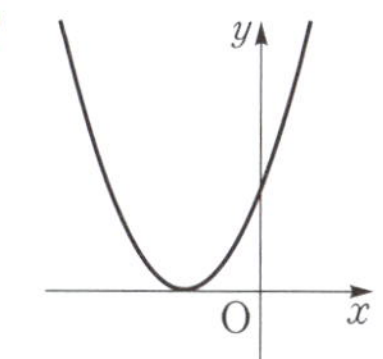   **0908** 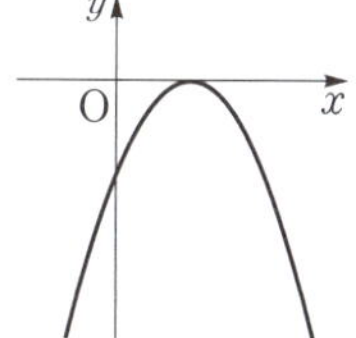

08-6 이차함수 $y=a(x-p)^2+q$의 그래프

[0909~0911] 다음 이차함수의 그래프를 x축의 방향으로 p만큼, y축의 방향으로 q만큼 평행이동한 그래프의 식을 구하시오.

0909 $y=6x^2$ $[p=-5,\ q=2]$

0910 $y=-2x^2$ $[p=4,\ q=-1]$

0911 $y=\dfrac{3}{7}x^2$ $\left[p=-3,\ q=-\dfrac{1}{2} \right]$

[0912~0913] 다음 이차함수의 그래프의 꼭짓점의 좌표와 축의 방정식을 각각 구하시오.

0912 $y=2(x+1)^2+5$

0913 $y=-3(x-2)^2-7$

[0914~0915] 이차함수 $y=a(x-p)^2+q$의 그래프가 다음 그림과 같을 때, 상수 a, p, q의 부호를 구하시오.

0914 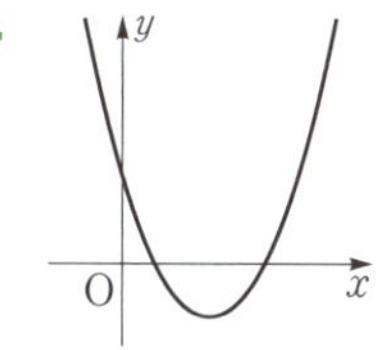   **0915** 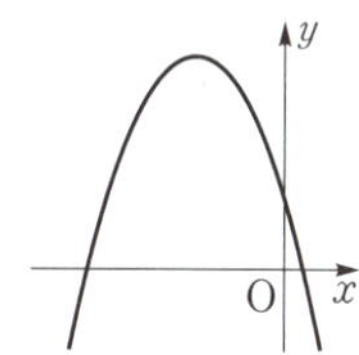

유형 익히기

유형 01 이차함수의 뜻

y가 x에 대한 이차함수
➡ $y=(x$에 대한 이차식$)$
➡ $y=ax^2+bx+c$ $(a, b, c$는 상수, $a\neq 0)$의 꼴

0916 대표문제

다음 중 y가 x에 대한 이차함수인 것은?

① $y=6x-3$
② $y=\dfrac{1}{x^2}$
③ $y=\dfrac{x}{4}(x-2)+1$
④ $y=x(x+5)-x^2$
⑤ $y=(x-4)^2-(x+1)^2$

0917 (하)

다음 중 y가 x에 대한 이차함수가 <u>아닌</u> 것을 모두 고르면?

(정답 2개)

① $\dfrac{1}{5}x^2-y=0$
② $y=(2x+1)^2-2x^2$
③ $4x=3x^2+1$
④ $y=(1-x)(1+x)$
⑤ $y=x(2x^2+1)-1$

0918 (중)

다음 중 y가 x에 대한 이차함수인 것은?

① 반지름의 길이가 $2x$ cm인 원의 둘레의 길이 y cm
② 시속 60 km로 x시간 동안 이동한 거리 y km
③ 밑변의 길이가 x cm, 높이가 4 cm인 삼각형의 넓이 y cm^2
④ 변의 개수가 x인 다각형의 대각선의 개수 y
⑤ 하루에 3000원씩 저축할 때, x일 동안 모은 금액 y원

유형 02 이차함수가 되도록 하는 조건

$y=ax^2+bx+c$가 x에 대한 이차함수가 되려면 $a\neq 0$이어야 한다.

예 $y=(a-1)x^2+3x+1$이 이차함수가 되려면
$a-1\neq 0$ ∴ $a\neq 1$

0919 대표문제

$y=(x+1)^2-kx^2+8$이 x에 대한 이차함수가 되도록 하는 상수 k의 조건은?

① $k\neq -2$
② $k\neq -1$
③ $k\neq 0$
④ $k\neq 1$
⑤ $k\neq 2$

0920 (중)

$y=-ax(3-x)+2+4x^2$이 x에 대한 이차함수일 때, 다음 중 상수 a의 값이 될 수 <u>없는</u> 것은?

① -4
② -2
③ -1
④ 0
⑤ 4

0921 (중) 서술형

$y=k(k-5)x^2+7x+6x^2$이 x에 대한 이차함수가 되도록 하는 상수 k의 조건을 구하시오.

유형 03 이차함수의 함숫값

이차함수 $f(x)=ax^2+bx+c$에서 $f(k)$의 값

➡ $x=k$일 때의 함숫값

➡ x 대신 k를 대입하여 얻은 $f(x)$의 값

➡ ak^2+bk+c

0922 대표문제

이차함수 $f(x)=x^2-6x+4$에서 $f(0)f(-1)$의 값은?

① -8 ② 0 ③ 14
④ 32 ⑤ 44

0923 중하

이차함수 $f(x)=-x^2+ax-3$에서 $f(-2)=-9$일 때, 상수 a의 값은?

① -2 ② -1 ③ 0
④ 1 ⑤ 2

0924 중

이차함수 $f(x)=2x^2-5x-1$에서 $f(a)=2$일 때, 정수 a의 값을 구하시오.

0925 중 서술형

이차함수 $f(x)=x^2+ax+b$에 대하여 $f(1)=2$, $f(-1)=4$일 때, 상수 a, b에 대하여 $2a-b$의 값을 구하시오.

유형 04 이차함수 $y=ax^2$의 그래프

이차함수 $y=ax^2$에서

(1) a의 부호 ➡ 그래프의 모양(아래로 또는 위로 볼록)을 결정

(2) a의 절댓값 ➡ 그래프의 폭을 결정

0926 대표문제

다음 이차함수 중 그 그래프가 위로 볼록하면서 폭이 가장 넓은 것은?

① $y=\dfrac{2}{3}x^2$ ② $y=-\dfrac{2}{3}x^2$ ③ $y=\dfrac{5}{3}x^2$
④ $y=-2x^2$ ⑤ $y=-\dfrac{8}{3}x^2$

0927 하

세 이차함수 $y=ax^2$, $y=3x^2$, $y=\dfrac{2}{5}x^2$의 그래프가 오른쪽 그림과 같을 때, 상수 a의 값의 범위를 구하시오.

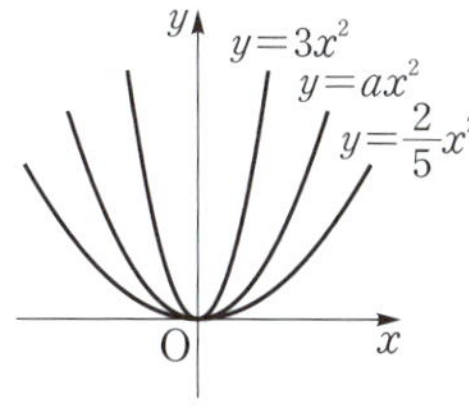

0928 중

두 이차함수 $y=x^2$, $y=-\dfrac{1}{2}x^2$의 그래프는 오른쪽 그림과 같고 이차함수 $y=ax^2$의 그래프가 오른쪽 좌표평면의 색칠한 부분을 지날 때, 다음 중 상수 a의 값이 될 수 있는 것은?

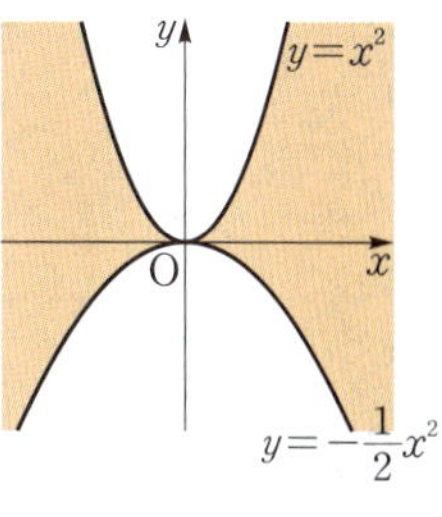

① -1 ② $-\dfrac{2}{3}$ ③ $-\dfrac{1}{3}$
④ $\dfrac{3}{2}$ ⑤ 2

유형 05 두 이차함수 $y=ax^2$, $y=-ax^2$의 그래프의 관계

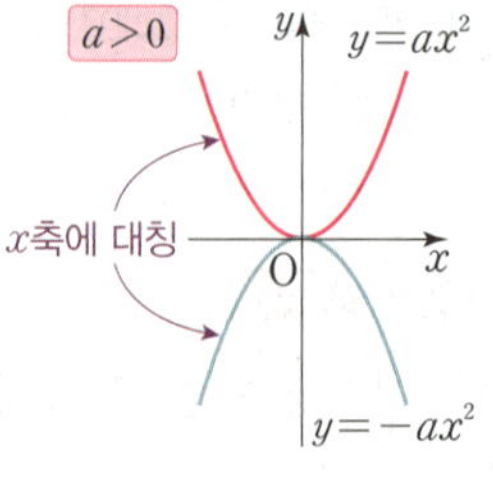

두 이차함수
$$y=ax^2,\ y=-ax^2$$
과 같이 x^2의 계수의 절댓값이 같고, 부호가 반대인 두 이차함수의 그래프는 x축에 대하여 대칭이다.

0929 대표문제

다음 **보기**의 이차함수 중 그래프가 x축에 대하여 대칭인 것끼리 짝 지은 것을 모두 고르면? (정답 2개)

보기
$$\text{ㄱ. } y=-2x^2 \qquad \text{ㄴ. } y=\frac{4}{3}x^2 \qquad \text{ㄷ. } y=-\frac{1}{2}x^2$$
$$\text{ㄹ. } y=-\frac{3}{4}x^2 \qquad \text{ㅁ. } y=2x^2 \qquad \text{ㅂ. } y=-\frac{4}{3}x^2$$

① ㄱ과 ㅁ   ② ㄴ과 ㄹ   ③ ㄴ과 ㅂ

④ ㄷ과 ㅁ   ⑤ ㄹ과 ㅂ

0930 하

다음 이차함수 중 그 그래프가 이차함수 $y=\frac{1}{5}x^2$의 그래프와 x축에 대하여 대칭인 것은?

① $y=-5x^2$ ② $y=-x^2$ ③ $y=-\frac{1}{5}x^2$

④ $y=x^2$ ⑤ $y=5x^2$

0931 중 서술형

이차함수 $y=-4x^2$의 그래프는 이차함수 $y=ax^2$의 그래프와 x축에 대하여 대칭이고, 이차함수 $y=bx^2$의 그래프는 이차함수 $y=\frac{3}{2}x^2$의 그래프와 x축에 대하여 대칭이다.
상수 a, b에 대하여 ab의 값을 구하시오.

유형 06 이차함수 $y=ax^2$의 그래프의 성질

(1) 원점 O$(0, 0)$을 꼭짓점으로 하는 포물선이다.

(2) y축에 대하여 대칭이다. ➡ 축의 방정식: $x=0$ (y축)

(3) a의 부호에 따라 그래프의 모양이 달라진다.
   ➡ $a>0$일 때, 아래로 볼록, $a<0$일 때, 위로 볼록

(4) a의 절댓값이 클수록 그래프의 폭이 좁아진다.

(5) $y=-ax^2$의 그래프와 x축에 대하여 대칭이다.

0932 대표문제

다음 중 이차함수 $y=-3x^2$의 그래프에 대한 설명으로 옳은 것은?

① 꼭짓점의 좌표는 $(-3, 0)$이다.

② 축의 방정식은 $y=0$이다.

③ 아래로 볼록한 포물선이다.

④ $y=\frac{1}{3}x^2$의 그래프보다 폭이 좁다.

⑤ $y=3x^2$의 그래프와 y축에 대하여 대칭이다.

0933 중

다음 중 이차함수 $y=ax^2$의 그래프에 대한 설명으로 옳지 않은 것을 모두 고르면? (단, a는 상수이다.) (정답 2개)

① a의 값에 관계없이 원점을 지난다.

② a의 값이 클수록 그래프의 폭이 좁아진다.

③ $y=-ax^2$의 그래프와 x축에 대하여 대칭이다.

④ $a>0$일 때, 아래로 볼록하다.

⑤ $x>0$일 때, x의 값이 증가하면 y의 값도 증가한다.

0934 중

다음 이차함수의 그래프에 대한 설명 중 옳은 것은?

$$\text{㈎ } y=-5x^2 \qquad \text{㈏ } y=\frac{1}{5}x^2 \qquad \text{㈐ } y=5x^2$$

① 그래프가 아래로 볼록한 것은 ㈎이다.

② 모두 x축을 축으로 하는 포물선이다.

③ ㈏는 ㈐보다 그래프의 폭이 좁다.

④ $x<0$일 때, x의 값이 증가하면 y의 값도 증가하는 그래프는 ㈎이다.

⑤ ㈏의 그래프는 ㈐의 그래프와 x축에 대하여 대칭이다.

유형 07 이차함수 $y=ax^2$의 그래프 위의 점

이차함수 $y=ax^2$의 그래프가 점 (m, n)을 지난다.

➡ $x=m$, $y=n$을 $y=ax^2$에 대입하면 등식이 성립한다. 즉
$$n=am^2$$

0935 대표문제

이차함수 $y=ax^2$의 그래프가 두 점 $(-1, 4)$, $(3, b)$를 지날 때, $a+b$의 값을 구하시오. (단, a는 상수이다.)

0936 하

다음 중 이차함수 $y=5x^2$의 그래프 위의 점이 <u>아닌</u> 것은?

① $(-3, 45)$ ② $(-1, 5)$ ③ $\left(-\dfrac{1}{5}, -\dfrac{1}{5}\right)$

④ $(0, 0)$ ⑤ $(2, 20)$

0937 중하

이차함수 $y=-6x^2$의 그래프가 점 $(k, 3k)$를 지날 때, k의 값을 구하시오. (단, $k\neq 0$)

0938 중

이차함수 $y=-\dfrac{1}{4}x^2$의 그래프는 점 $(-4, a)$를 지나고, 이차함수 $y=bx^2$의 그래프와 x축에 대하여 대칭일 때, ab의 값을 구하시오. (단, b는 상수이다.)

유형 08 이차함수의 식 구하기; $y=ax^2$

원점을 꼭짓점으로 하는 포물선을 그래프로 하는 이차함수의 식 구하기

❶ 구하는 식을 $y=ax^2$으로 놓는다.

❷ 그래프가 지나는 점의 좌표를 ❶의 식에 대입하여 a의 값을 구한다.

0939 대표문제

오른쪽 그림과 같이 원점을 꼭짓점으로 하고 점 $(2, -3)$을 지나는 포물선을 그래프로 하는 이차함수의 식은?

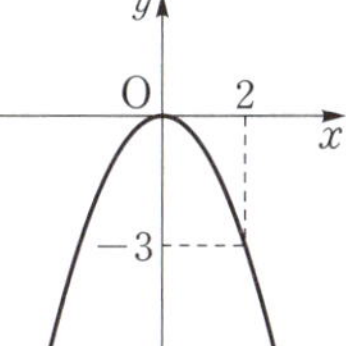

① $y=-2x^2$ ② $y=-\dfrac{5}{4}x^2$

③ $y=-\dfrac{3}{4}x^2$ ④ $y=\dfrac{3}{4}x^2$

⑤ $y=2x^2$

0940 중

원점을 꼭짓점으로 하는 이차함수의 그래프가 두 점 $(-6, 24)$, $(k, 6)$을 지날 때, 양수 k의 값을 구하시오.

0941 중 서술형

이차함수 $y=f(x)$의 그래프가 오른쪽 그림과 같을 때, $f(-2)$의 값을 구하시오.

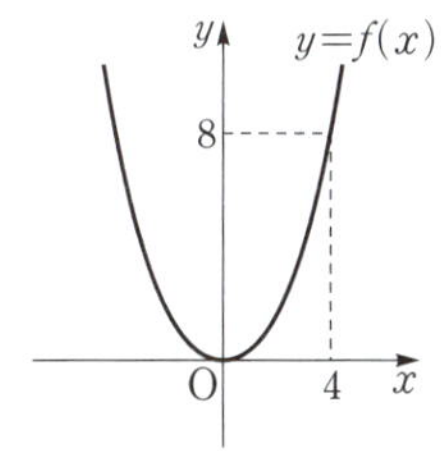

유형 09 이차함수 $y=ax^2+q$의 그래프

$y=ax^2+q$의 그래프는
(1) $y=ax^2$의 그래프를 y축의 방향으로 q만큼 평행이동한 것이다.
(2) 꼭짓점의 좌표 : $(0, q)$
(3) 축의 방정식 : $x=0$ (y축)

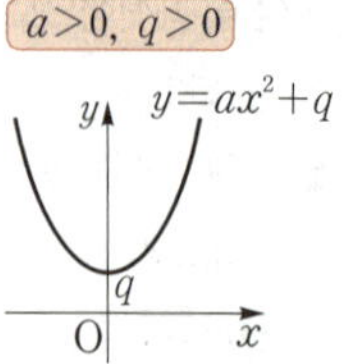

0942 대표문제

이차함수 $y=3x^2$의 그래프를 y축의 방향으로 -5만큼 평행이동하면 점 $(-2, a)$를 지날 때, a의 값을 구하시오.

0943 종하

다음 중 이차함수 $y=-\dfrac{1}{4}x^2+1$의 그래프로 알맞은 것은?

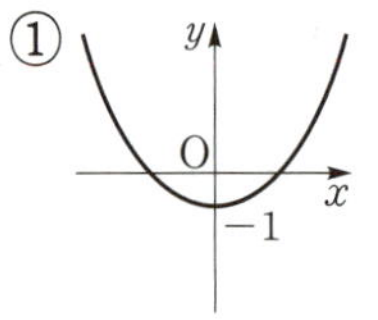
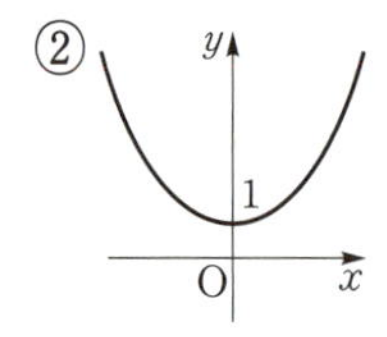
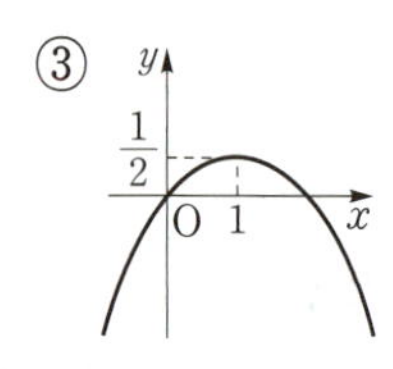

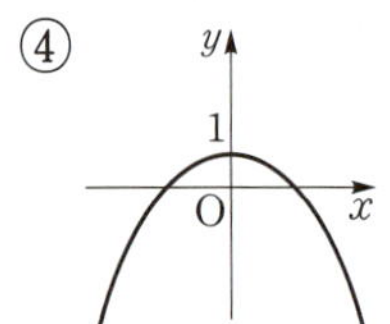
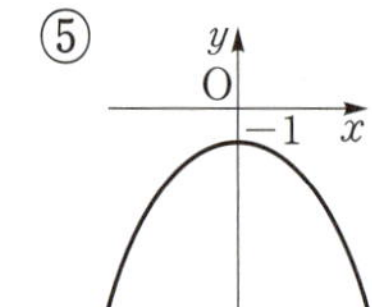

0944 종 서술형

이차함수 $y=-\dfrac{5}{2}x^2+q$의 그래프가 점 $(2, -6)$을 지날 때, 이 그래프의 꼭짓점의 좌표를 구하시오.

(단, q는 상수이다.)

유형 10 이차함수 $y=ax^2+q$의 그래프의 성질

a의 부호에 따라 $y=ax^2+q$ ($q>0$)의 그래프는 다음과 같다.

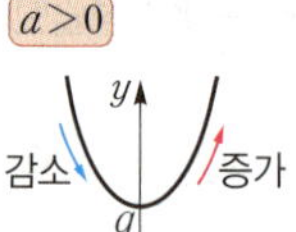
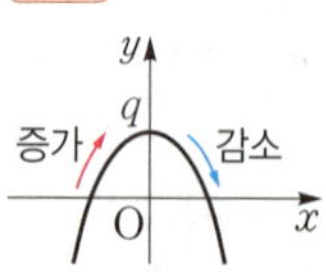

0945 대표문제

다음 중 이차함수 $y=-2x^2+7$의 그래프에 대한 설명으로 옳지 <u>않은</u> 것을 모두 고르면? (정답 2개)

① 꼭짓점의 좌표는 $(7, 0)$이다.
② 축의 방정식은 $x=0$이다.
③ $x<0$일 때, x의 값이 증가하면 y의 값도 증가한다.
④ $y=-2x^2$의 그래프를 y축의 방향으로 7만큼 평행이동한 것이다.
⑤ $y=-\dfrac{5}{2}x^2+7$의 그래프보다 폭이 좁다.

0946 종

다음 **보기** 중 이차함수 $y=5x^2-3$의 그래프에 대한 설명으로 옳은 것을 모두 고르시오.

─── 보기 ───

ㄱ. 모든 사분면을 지난다.
ㄴ. 꼭짓점의 좌표는 $(0, 3)$이다.
ㄷ. 점 $(-1, 2)$를 지난다.
ㄹ. $y=5x^2$의 그래프를 x축의 방향으로 -3만큼 평행이동한 것이다.

0947 종

다음 중 이차함수 $y=-\dfrac{1}{3}x^2-2$의 그래프에 대한 설명으로 옳지 <u>않은</u> 것은?

① y축에 대하여 대칭이다.
② 제3사분면과 제4사분면을 지난다.
③ y의 값의 범위는 $y \le -2$이다.
④ $x>0$일 때, x의 값이 증가하면 y의 값도 증가한다.
⑤ $y=-\dfrac{1}{3}x^2$의 그래프를 y축의 방향으로 -2만큼 평행이동한 것이다.

유형 11 이차함수의 식 구하기; $y=ax^2+q$

꼭짓점의 좌표가 $(0, q)$인 포물선을 그래프로 하는 이차함수의 식 구하기

❶ 구하는 식을 $y=ax^2+q$로 놓는다.

❷ 그래프가 지나는 점의 좌표를 ❶의 식에 대입하여 a의 값을 구한다.

0948 대표문제

오른쪽 그림과 같이 꼭짓점의 좌표가 $(0, 3)$이고 점 $(2, -2)$를 지나는 포물선을 그래프로 하는 이차함수의 식은?

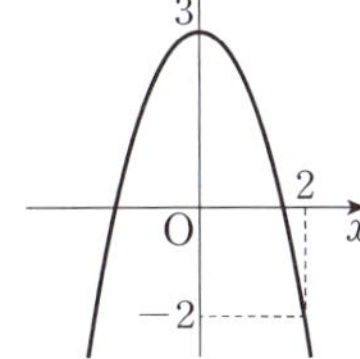

① $y=-\dfrac{5}{4}x^2+3$

② $y=-x^2+3$

③ $y=-\dfrac{3}{4}x^2+3$

④ $y=-\dfrac{1}{2}x^2+3$

⑤ $y=-\dfrac{1}{4}x^2+3$

0949 중

다음 중 꼭짓점의 좌표가 $(0, -1)$이고 점 $(-4, -9)$를 지나는 이차함수의 그래프 위의 점이 <u>아닌</u> 것은?

① $(-2, -3)$　　② $(-1, -1)$　　③ $\left(3, -\dfrac{11}{2}\right)$

④ $(4, -9)$　　⑤ $(6, -19)$

0950 중

이차함수 $y=f(x)$의 그래프가 오른쪽 그림과 같을 때, $f(-3)+3f(2)$의 값을 구하시오.

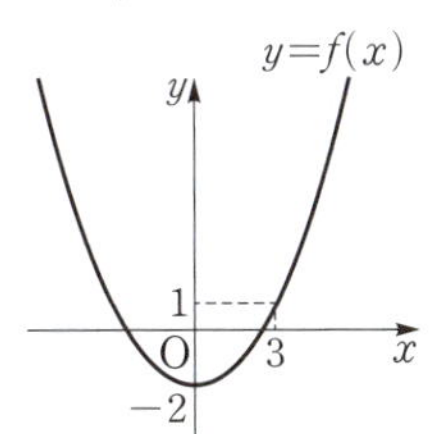

유형 12 이차함수 $y=a(x-p)^2$의 그래프

$y=a(x-p)^2$의 그래프는 ($a>0, p>0$)

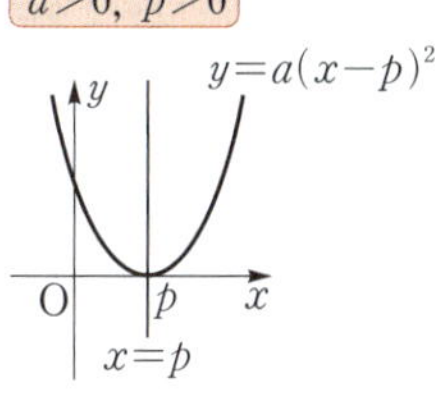

(1) $y=ax^2$의 그래프를 x축의 방향으로 p만큼 평행이동한 것이다.

(2) 꼭짓점의 좌표: $(p, 0)$

(3) 축의 방정식: $x=p$

0951 대표문제

이차함수 $y=3(x+5)^2$의 그래프의 꼭짓점의 좌표는 (a, b)이고, 축의 방정식이 $x=c$일 때, $a-b+c$의 값을 구하시오.

0952 중하

다음 중 이차함수 $y=\dfrac{1}{2}(x-2)^2$의 그래프로 알맞은 것은?

① 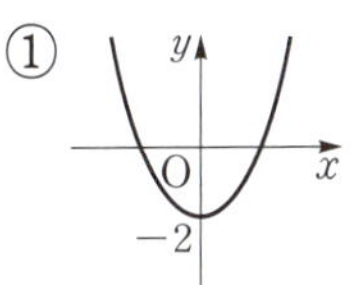
② 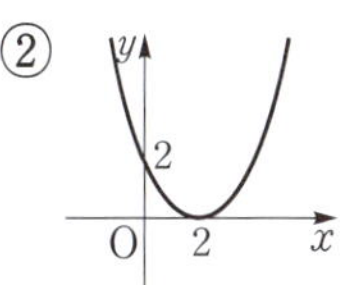
③ 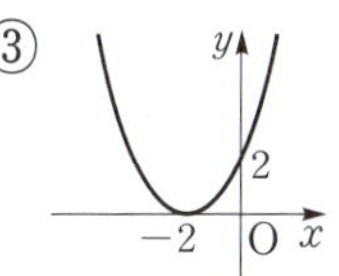

④ 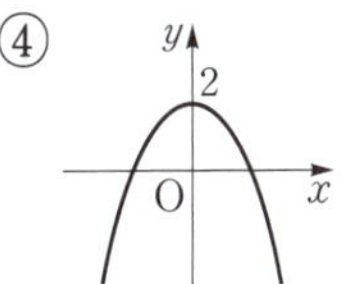
⑤ 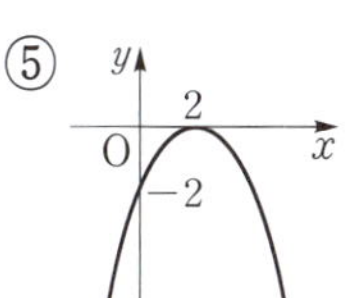

0953 중 서술형

이차함수 $y=-\dfrac{1}{5}x^2$의 그래프를 x축의 방향으로 a만큼 평행이동한 그래프는 꼭짓점의 좌표가 $(-1, 0)$이고, 점 $(4, b)$를 지난다. 이때 $a+b$의 값을 구하시오.

유형 13 이차함수 $y=a(x-p)^2$의 그래프의 성질

a의 부호에 따라 $y=a(x-p)^2$ $(p>0)$의 그래프는 다음과 같다.

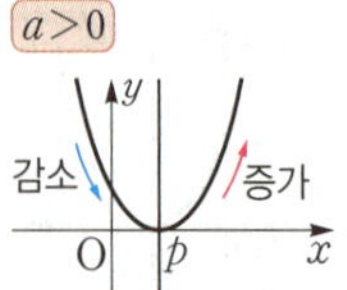

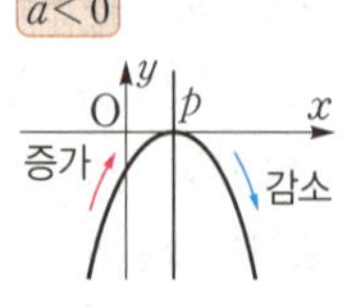

0954 대표문제

다음 중 이차함수 $y=\dfrac{3}{4}(x+1)^2$의 그래프에 대한 설명으로 옳지 <u>않은</u> 것은?

① 축의 방정식은 $x=-1$이다.

② 꼭짓점의 좌표는 $(-1,\ 0)$이다.

③ $y=\dfrac{3}{4}x^2$의 그래프를 x축의 방향으로 -1만큼 평행이동한 것이다.

④ 모든 실수 x에 대하여 y의 값은 양수이다.

⑤ $x>-1$일 때, x의 값이 증가하면 y의 값도 증가한다.

0955 중하

이차함수 $y=(x-2)^2$의 그래프에서 x의 값이 증가할 때 y의 값은 감소하는 x의 값의 범위는?

① $x>-4$ ② $x>-2$ ③ $x<2$
④ $x>2$ ⑤ $x<4$

0956 중

다음 **보기** 중 이차함수 $y=-2x^2$의 그래프를 x축의 방향으로 -5만큼 평행이동한 그래프에 대한 설명으로 옳은 것을 모두 고르시오.

보기
ㄱ. 꼭짓점의 좌표는 $(-5,\ 0)$이다.
ㄴ. 직선 $x=5$에 대하여 대칭이다.
ㄷ. 이차함수 $y=2x^2$의 그래프와 폭이 같다.
ㄹ. $x>-5$일 때, x의 값이 증가하면 y의 값도 증가한다.

유형 14 이차함수의 식 구하기; $y=a(x-p)^2$

꼭짓점의 좌표가 $(p,\ 0)$인 포물선을 그래프로 하는 이차함수의 식 구하기

❶ 구하는 식을 $y=a(x-p)^2$으로 놓는다.

❷ 그래프가 지나는 점의 좌표를 ❶의 식에 대입하여 a의 값을 구한다.

0957 대표문제

오른쪽 그림과 같이 꼭짓점의 좌표가 $(4,\ 0)$이고 점 $(0,\ 4)$를 지나는 포물선을 그래프로 하는 이차함수의 식은?

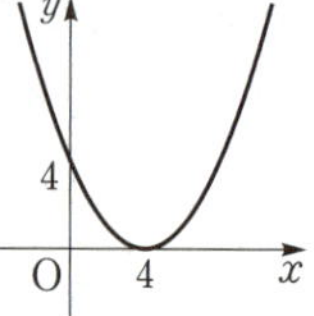

① $y=\dfrac{1}{4}x^2+4$

② $y=\dfrac{1}{4}(x-4)^2$

③ $y=(x-4)^2$

④ $y=4x^2+4$

⑤ $y=4(x+4)^2$

0958 중

직선 $x=1$을 축으로 하고 x축에 접하는 포물선의 y축과의 교점의 좌표가 $(0,\ -3)$일 때, 다음 중 이 포물선을 그래프로 하는 이차함수의 식은?

① $y=(x-1)^2-3$ ② $y=(x-1)^2+3$
③ $y=-3(x+1)^2$ ④ $y=-3(x-1)^2$
⑤ $y=3(x-1)^2$

0959 중 서술형

이차함수 $y=(x+6)^2$의 그래프와 꼭짓점이 일치하고 점 $(-4,\ 6)$을 지나는 이차함수의 그래프가 점 $(k,\ 24)$를 지날 때, 모든 k의 값의 합을 구하시오.

유형 15 이차함수 $y=a(x-p)^2+q$의 그래프

$y=a(x-p)^2+q$의 그래프는

(1) $y=ax^2$의 그래프를 x축의 방향으로 p만큼, y축의 방향으로 q만큼 평행이동한 것이다.

(2) 꼭짓점의 좌표 : (p, q)

(3) 축의 방정식 : $x=p$

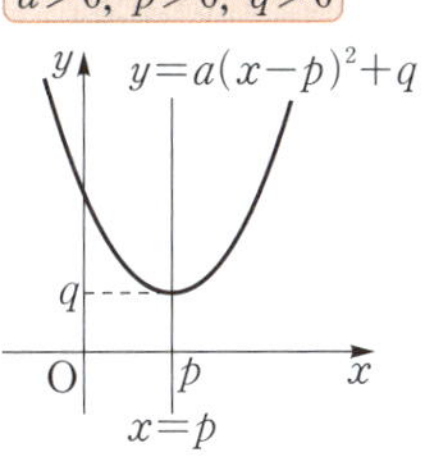

$a>0,\ p>0,\ q>0$

0960 대표문제

이차함수 $y=a(x+p)^2-3$의 그래프가 직선 $x=-2$를 축으로 하고 점 $(-3, 1)$을 지날 때, 상수 a, p에 대하여 $a-p$의 값을 구하시오.

0961 하

이차함수 $y=-\dfrac{8}{5}x^2$의 그래프를 x축의 방향으로 m만큼, y축의 방향으로 n만큼 평행이동하였더니 $y=-\dfrac{8}{5}(x+1)^2-5$의 그래프와 일치하였다. 이때 $m+n$의 값을 구하시오.

0962 중하

다음 중 이차함수 $y=-\dfrac{1}{2}(x-3)^2-4$의 그래프로 알맞은 것은?

① 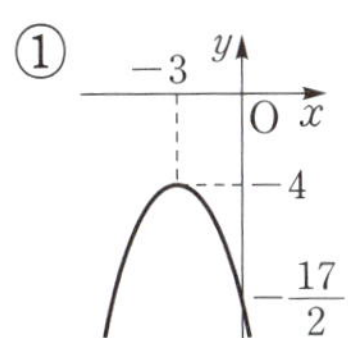
② 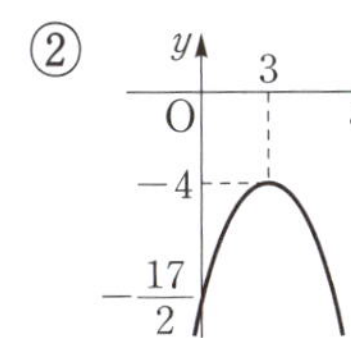
③ 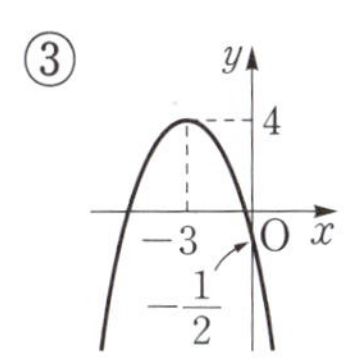
④ 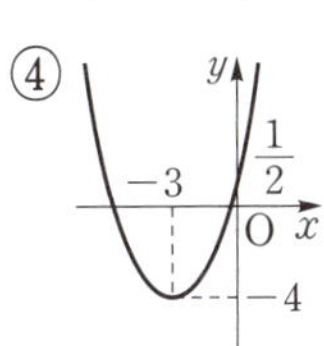
⑤ 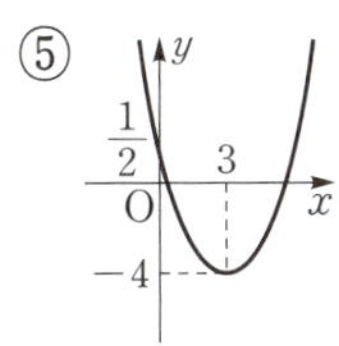

0963 중

다음 이차함수의 그래프 중 꼭짓점이 제3사분면 위에 있는 것은?

① $y=-4x^2+1$
② $y=\dfrac{1}{5}(x+3)^2$
③ $y=2(x-1)^2+6$
④ $y=-\dfrac{1}{3}(x-5)^2-2$
⑤ $y=\dfrac{1}{6}(x+2)^2-4$

0964 중 서술형

이차함수 $y=-3x^2$의 그래프를 x축의 방향으로 5만큼, y축의 방향으로 -2만큼 평행이동한 그래프는 꼭짓점의 좌표가 (p, q)이고 직선 $x=k$를 축으로 한다. 이때 $p-q+k$의 값을 구하시오.

0965 중

이차함수 $y=6(x+p)^2+q$의 그래프의 축의 방정식은 $x=-1$이고 꼭짓점이 직선 $y=2x+7$ 위에 있을 때, 상수 p, q에 대하여 $p+q$의 값은?

① 4
② 5
③ 6
④ 7
⑤ 8

유형 16 이차함수 $y=a(x-p)^2+q$의 증가와 감소

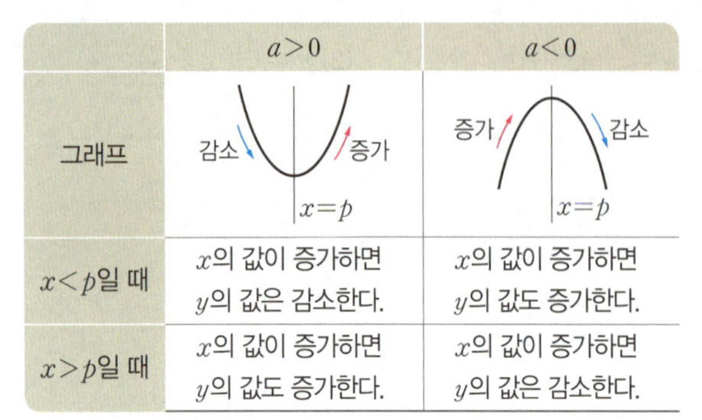

그래프	$a>0$	$a<0$
	감소 ↘ ↗ 증가 $x=p$	증가 ↗ ↘ 감소 $x=p$
$x<p$일 때	x의 값이 증가하면 y의 값은 감소한다.	x의 값이 증가하면 y의 값도 증가한다.
$x>p$일 때	x의 값이 증가하면 y의 값도 증가한다.	x의 값이 증가하면 y의 값은 감소한다.

0966 대표문제

이차함수 $y=\dfrac{1}{2}(x+4)^2-5$에서 x의 값이 증가할 때 y의 값도 증가하는 x의 값의 범위는?

① $x<-5$ ② $x>-5$ ③ $x<-4$
④ $x>-4$ ⑤ $x<-2$

0967 ㈜

이차함수 $y=-\dfrac{3}{5}x^2$의 그래프를 x축의 방향으로 2만큼, y축의 방향으로 -1만큼 평행이동한 그래프에서 x의 값이 증가할 때 y의 값은 감소하는 x의 값의 범위는?

① $x<-2$ ② $x>-2$ ③ $x>0$
④ $x<2$ ⑤ $x>2$

0968 ㈜

다음 이차함수 중 x의 값이 증가할 때 y의 값도 증가하는 x의 값의 범위가 $x>-3$인 것은?

① $y=-2(x+1)^2-1$ ② $y=-x^2+3$
③ $y=-\dfrac{1}{3}(x+3)^2-2$ ④ $y=(x+3)^2+4$
⑤ $y=6(x-3)^2-3$

유형 17 이차함수 $y=a(x-p)^2+q$의 그래프의 성질

a의 부호에 따라 $y=a(x-p)^2+q\ (p>0,\ q>0)$의 그래프는 다음과 같다.

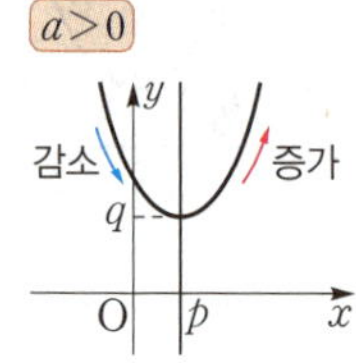
$a>0$

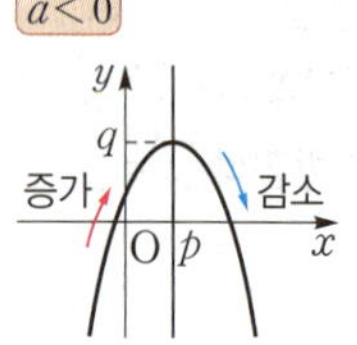
$a<0$

0969 대표문제

다음 중 이차함수 $y=(x-3)^2-4$의 그래프에 대한 설명으로 옳지 <u>않은</u> 것은?

① 꼭짓점의 좌표는 $(3,\ -4)$이다.
② 직선 $x=3$을 축으로 한다.
③ y축과 만나는 점의 좌표는 $(0,\ 5)$이다.
④ $y=x^2$의 그래프를 x축의 방향으로 3만큼, y축의 방향으로 -4만큼 평행이동한 것이다.
⑤ 모든 사분면을 지난다.

0970 ㈜

다음 보기 중 이차함수 $y=-\dfrac{1}{2}x^2$의 그래프를 x축의 방향으로 1만큼, y축의 방향으로 4만큼 평행이동한 그래프에 대한 설명으로 옳은 것을 모두 고른 것은?

보기
ㄱ. 축의 방정식은 $x=1$이다.
ㄴ. 꼭짓점의 좌표는 $(-1,\ 4)$이다.
ㄷ. 아래로 볼록한 포물선이다.
ㄹ. $y=\dfrac{1}{2}x^2$의 그래프와 그래프의 폭이 같다.
ㅁ. $x<1$일 때, x의 값이 증가하면 y의 값도 증가한다.

① ㄱ, ㄴ   ② ㄴ, ㄹ   ③ ㄱ, ㄷ, ㄹ
④ ㄱ, ㄹ, ㅁ   ⑤ ㄴ, ㄷ, ㅁ

개념원리 중학 수학 3–1 179쪽

유형 18 이차함수의 식 구하기: $y=a(x-p)^2+q$

꼭짓점의 좌표가 (p, q)인 포물선을 그래프로 하는 이차함수의
식 구하기
❶ 구하는 식을 $y=a(x-p)^2+q$로 놓는다.
❷ 그래프가 지나는 점의 좌표를 ❶의 식에 대입하여 a의 값을
구한다.

0971 대표문제

오른쪽 그림과 같이 꼭짓점의 좌표가
$(2, -1)$이고 점 $(0, 2)$를 지나는 포물선
을 그래프로 하는 이차함수의 식은?

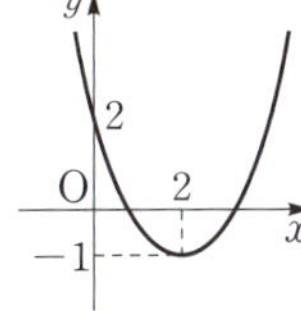

① $y=\dfrac{1}{2}(x+2)^2-1$

② $y=\dfrac{1}{2}(x-2)^2-1$

③ $y=\dfrac{3}{4}(x+2)^2+1$

④ $y=\dfrac{3}{4}(x-2)^2-1$

⑤ $y=\dfrac{3}{4}(x-2)^2+1$

0972 ㈜

꼭짓점의 좌표가 $(-4, 3)$이고 점 $(-3, 2)$를 지나는 이
차함수의 그래프가 y축과 만나는 점의 좌표를 구하시오.

0973 ㈜

다음 중 꼭짓점의 좌표가 $(3, -2)$이고 점 $(-1, 14)$를
지나는 이차함수의 그래프 위의 점이 아닌 것은?

① $(-3, 34)$ ② $(-2, 23)$ ③ $(1, 2)$

④ $(2, -1)$ ⑤ $(4, 1)$

개념원리 중학 수학 3–1 179쪽

유형 19 이차함수 $y=a(x-p)^2+q$의 그래프의 평행이동

이차함수 $y=a(x-p)^2+q$의 그래프를 x축의 방향으로 m만
큼, y축의 방향으로 n만큼 평행이동한 그래프의 식은
x 대신 $x-m$을, y 대신 $y-n$을
대입하여 구한다.
➡ $y-n=a(x-m-p)^2+q$이므로
$\qquad y=a(x-m-p)^2+q+n$

0974 대표문제

이차함수 $y=-4(x+1)^2+2$의 그래프를 x축의 방향으로
m만큼, y축의 방향으로 n만큼 평행이동하였더니
$y=-4(x-1)^2-1$의 그래프와 일치하였다. 이때 $m+n$
의 값을 구하시오.

0975 ㈜

이차함수 $y=a(x-2)^2+1$의 그래프를 x축의 방향으로
-1만큼, y축의 방향으로 2만큼 평행이동한 그래프가 점
$(3, -2)$를 지날 때, 상수 a의 값은?

① -2 ② $-\dfrac{5}{4}$ ③ $-\dfrac{1}{4}$

④ $\dfrac{1}{4}$ ⑤ $\dfrac{5}{4}$

0976 ㈜ 서술형

이차함수 $y=3x^2+1$의 그래프를 x축의 방향으로 k만큼,
y축의 방향으로 3만큼 평행이동한 그래프의 꼭짓점이 직선
$y=-4x+12$ 위에 있을 때, k의 값을 구하시오.

유형UP 20 이차함수 $y=a(x-p)^2+q$의 그래프에서 a, p, q의 부호

(1) 그래프의 모양: a의 부호 결정
  ➡ 아래로 볼록하면 $a>0$, 위로 볼록하면 $a<0$
(2) 꼭짓점의 위치: p, q의 부호 결정
  ① 꼭짓점이 제1사분면 위에 있으면 $p>0$, $q>0$
  ② 꼭짓점이 제2사분면 위에 있으면 $p<0$, $q>0$
  ③ 꼭짓점이 제3사분면 위에 있으면 $p<0$, $q<0$
  ④ 꼭짓점이 제4사분면 위에 있으면 $p>0$, $q<0$

0977 대표문제

이차함수 $y=a(x-p)^2+q$의 그래프가 오른쪽 그림과 같을 때, 상수 a, p, q의 부호는?

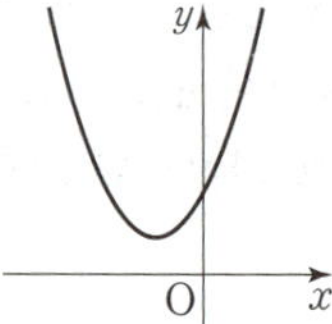

① $a>0$, $p>0$, $q>0$
② $a>0$, $p>0$, $q<0$
③ $a>0$, $p<0$, $q>0$
④ $a<0$, $p>0$, $q>0$
⑤ $a<0$, $p<0$, $q>0$

0978 중

이차함수 $y=ax^2+q$의 그래프가 오른쪽 그림과 같을 때, 다음 중 항상 옳은 것은?
(단, a, q는 상수이다.)

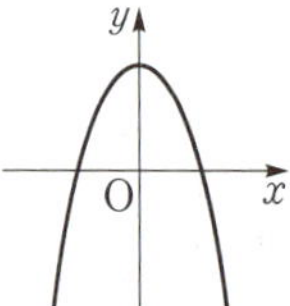

① $a>0$　　② $q<0$
③ $a-q>0$　　④ $aq<0$
⑤ $a+q<0$

0979 상중 서술형

이차함수 $y=a(x-p)^2+q$의 그래프가 오른쪽 그림과 같을 때, 이차함수 $y=q(x+p)^2+\dfrac{q}{a}$의 그래프의 꼭짓점은 제몇 사분면 위에 있는지 말하시오.
(단, a, p, q는 상수이다.)

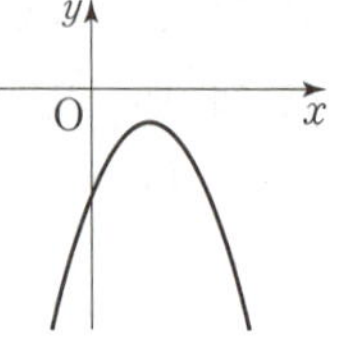

유형UP 21 이차함수의 그래프의 활용

그래프 위의 한 점의 좌표를 (p, q)로 놓은 후 주어진 조건을 이용하여 나머지 점의 좌표를 p, q를 이용하여 나타낸다.

0980 대표문제

오른쪽 그림과 같이 x축과 평행한 선분 AB에서 점 A의 좌표는 $(0, 12)$이고, 점 B는 이차함수 $y=\dfrac{1}{3}x^2$의 그래프 위의 점이다. □ACDB가 평행사변형이 되도록 두 점 C, D를 $y=\dfrac{1}{3}x^2$의 그래프 위에 잡을 때, 점 D의 좌표를 구하시오.
(단, 점 B는 제1사분면 위의 점이다.)

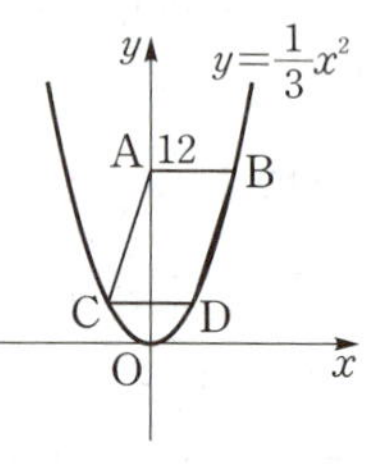

0981 상중

오른쪽 그림과 같이 직선 $y=4$가 이차함수 $y=ax^2$의 그래프와 만나는 두 점을 A, E, 이차함수 $y=x^2$의 그래프와 만나는 두 점을 B, D, y축과 만나는 점을 C라 하자. $\overline{AB}=\overline{BC}=\overline{CD}=\overline{DE}$일 때, 상수 a의 값은?
(단, 두 점 D, E는 제1사분면 위의 점이다.)

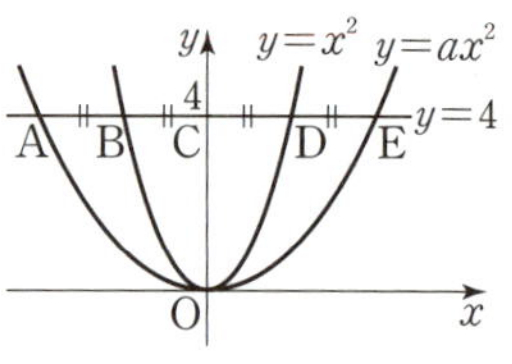

① $\dfrac{1}{16}$　　② $\dfrac{1}{12}$　　③ $\dfrac{1}{8}$

④ $\dfrac{1}{4}$　　⑤ $\dfrac{1}{2}$

0982 상중

오른쪽 그림에서 두 점 A, D는 이차함수 $y=-x^2+15$의 그래프 위에 있고, 두 점 B, C는 x축 위에 있다. □ABCD가 정사각형일 때, □ABCD의 넓이를 구하시오.
(단, 점 D는 제1사분면 위의 점이다.)

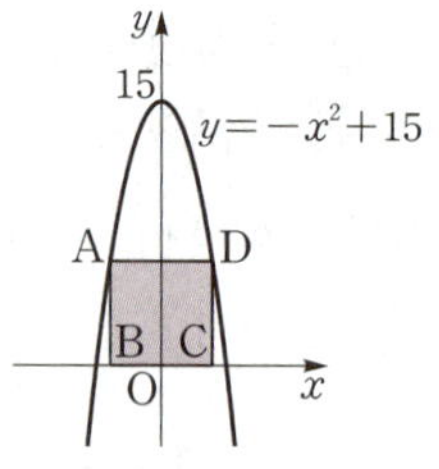

시험에 꼭 나오는 문제

0983

다음 중 y가 x에 대한 이차함수인 것은?

① $x^2+7x+1=0$
② $y=-2(x+1)^2+2x^2$
③ $y=4x-5x^3$
④ $y=x(x-6)-3+x^2$
⑤ $y=x^2-x(x-3)$

0984

$y=(k^2-1)x^3+(k+1)(k-2)x^2-x+4$가 x에 대한 이차함수가 되도록 하는 상수 k의 값은?

① -2
② -1
③ 0
④ 1
⑤ 2

0985 중요

이차함수 $f(x)=\dfrac{1}{3}x^2-2x+k$에서 $f(-3)=6$일 때, $f(6)$의 값을 구하시오. (단, k는 상수이다.)

0986

두 이차함수 $y=ax^2$, $y=-\dfrac{4}{5}x^2$의 그래프가 오른쪽 그림과 같을 때, 다음 중 상수 a의 값이 될 수 없는 것은?

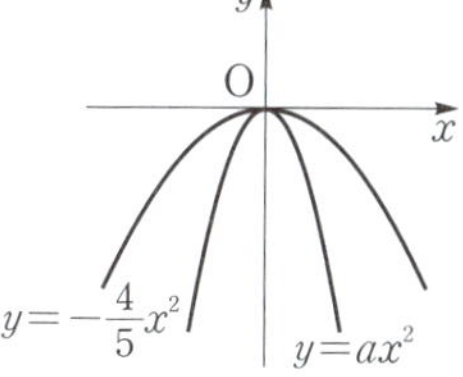

① $-\dfrac{7}{10}$
② $-\dfrac{9}{10}$
③ -1
④ $-\dfrac{6}{5}$
⑤ $-\dfrac{13}{10}$

0987

이차함수 $y=ax^2$의 그래프가 이차함수 $y=\dfrac{7}{2}x^2$의 그래프와 x축에 대하여 대칭일 때, 상수 a의 값을 구하시오.

0988 중요

다음 중 보기의 이차함수의 그래프에 대한 설명으로 옳지 않은 것은?

> **보기**
>
> ㄱ. $y=-\dfrac{1}{3}x^2$　　ㄴ. $y=5x^2$　　ㄷ. $y=-6x^2$
>
> ㄹ. $y=\dfrac{3}{5}x^2$　　ㅁ. $y=-4x^2$　　ㅂ. $y=2x^2$

① 각 그래프의 꼭짓점의 좌표는 모두 $(0, 0)$이다.
② 축의 방정식은 모두 $x=0$이다.
③ 위로 볼록한 그래프는 ㄱ, ㄷ, ㅁ이다.
④ $x>0$일 때, x의 값이 증가하면 y의 값은 감소하는 그래프는 4개이다.
⑤ 모든 실수 x에 대하여 $y\geq0$인 그래프는 ㄴ, ㄹ, ㅂ이다.

이차함수 $y=f(x)$의 그래프가 오른쪽 그림과 같을 때, $f(-6)$의 값은?

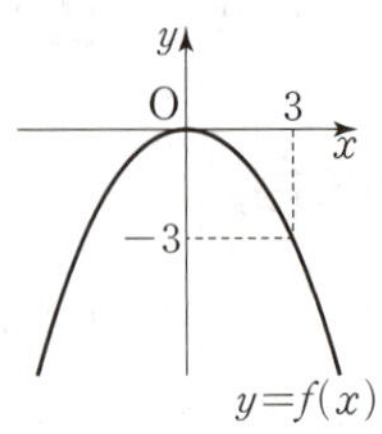

① -24 ② -21
③ -18 ④ -15
⑤ -12

0990 중요

이차함수 $y=ax^2$의 그래프를 y축의 방향으로 -8만큼 평행이동하면 점 $(-3, 4)$를 지날 때, 상수 a의 값을 구하시오.

0991

다음 중 이차함수 $y=-4x^2+2$의 그래프에 대한 설명으로 옳지 <u>않은</u> 것은?

① 꼭짓점의 좌표는 $(0, 2)$이다.
② $x<0$일 때, x의 값이 증가하면 y의 값도 증가한다.
③ 모든 사분면을 지난다.
④ $y=4x^2+2$의 그래프와 x축에 대하여 대칭이다.
⑤ $y=-4x^2$의 그래프를 y축의 방향으로 2만큼 평행이동한 것이다.

0992

이차함수 $y=2(x+8)^2$의 그래프는 이차함수 $y=2x^2$의 그래프를 x축의 방향으로 a만큼 평행이동한 것이고, 축의 방정식은 $x=b$이다. 이때 $a+b$의 값을 구하시오.

0993

오른쪽 그림은 이차함수 $y=a(x+p)^2$의 그래프이다. 이때 상수 a, p에 대하여 $a+p$의 값은?

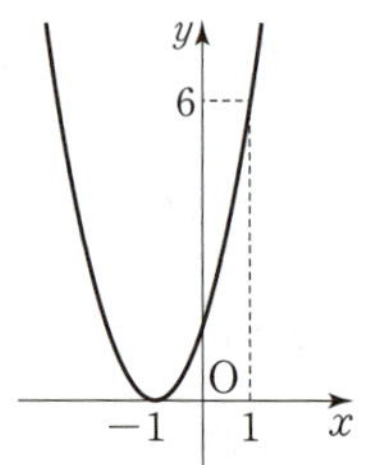

① $\dfrac{5}{2}$ ② 3
③ $\dfrac{7}{2}$ ④ 4
⑤ $\dfrac{9}{2}$

0994 중요

다음 이차함수의 그래프 중 모든 사분면을 지나는 것은?

① $y=3(x-2)^2+1$ ② $y=-(x-2)^2$
③ $y=4(x-1)^2-3$ ④ $y=-3(x-1)^2+5$
⑤ $y=\dfrac{1}{4}x^2+3$

0995 중요

다음 중 이차함수 $y=-\dfrac{3}{4}(x-5)^2+8$의 그래프에 대한 설명으로 옳지 <u>않은</u> 것은?

① 꼭짓점의 좌표는 $(5, 8)$이다.

② 위로 볼록한 포물선이다.

③ 직선 $x=5$에 대하여 대칭이다.

④ $y=-\dfrac{3}{4}x^2+1$의 그래프를 x축의 방향으로 5만큼, y축의 방향으로 8만큼 평행이동한 것이다.

⑤ $x<5$일 때, x의 값이 증가하면 y의 값도 증가한다.

0996

이차함수 $y=a(x-p)^2+q$의 그래프가 오른쪽 그림과 같을 때, 상수 a, p, q에 대하여 apq의 값을 구하시오.

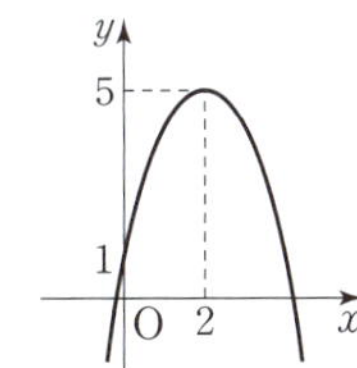

0997

다음 이차함수의 그래프 중 이차함수 $y=-3(x+2)^2-4$의 그래프를 평행이동하여 완전히 포갤 수 있는 것은?

① $y=-3(x+1)^2+2$

② $y=-\dfrac{1}{3}(x-2)^2+5$

③ $y=\dfrac{1}{3}(x-1)^2+5$

④ $y=3(x+2)^2-4$

⑤ $y=3(x-1)^2+4$

0998

이차함수 $y=5(x-2)^2-4$의 그래프를 x축의 방향으로 -3만큼 평행이동한 그래프에서 x의 값이 증가할 때 y의 값은 감소하는 x의 값의 범위는?

① $x<-1$ ② $x>-1$ ③ $x<1$

④ $x>1$ ⑤ $x<2$

0999 중요

일차함수 $y=ax-b$의 그래프가 오른쪽 그림과 같을 때, 다음 중 이차함수 $y=a(x-b)^2$의 그래프로 알맞은 것은?
(단, a, b는 상수이다.)

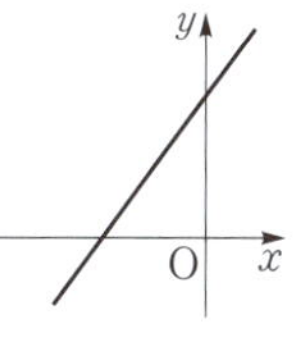

①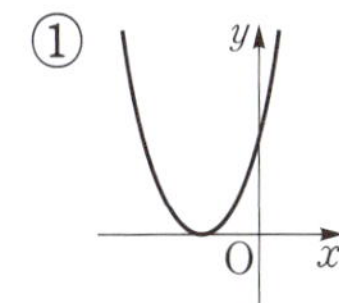 ②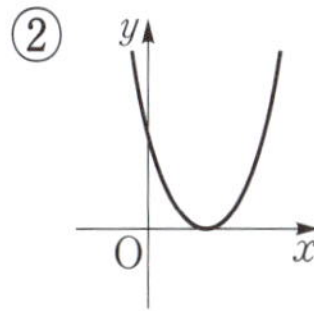 ③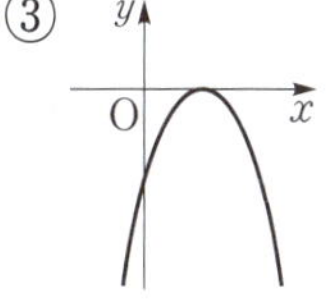

④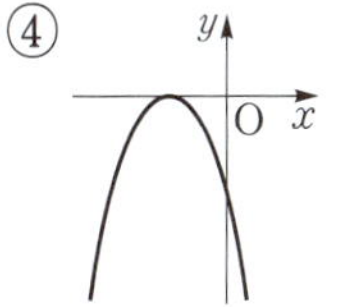 ⑤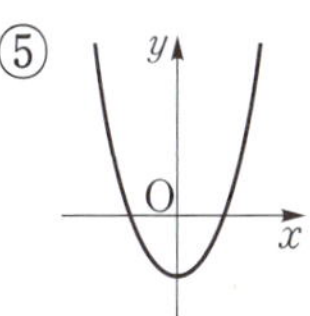

1000

오른쪽 그림과 같이 이차함수 $y=ax^2+6$의 그래프의 꼭짓점을 A라 하고 그래프가 x축과 만나는 두 점을 각각 B, C라 하자. $\triangle$ABC의 넓이가 36일 때, 상수 a의 값을 구하시오.

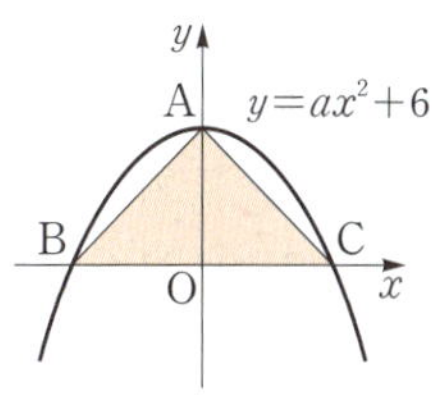

1001

이차함수 $y=\dfrac{5}{4}x^2$의 그래프와 x축에 대하여 대칭인 이차함수의 그래프가 두 점 $(-4,\ a)$, $(2,\ b)$를 지날 때, $a-b$의 값을 구하시오.

1002 중요

다음 조건을 만족시키는 이차함수의 그래프가 점 $(k,\ -25)$를 지날 때, 양수 k의 값을 구하시오.

> (가) y축과의 교점의 좌표가 $(0,\ -16)$이다.
> (나) x축과 한 점에서 만난다.
> (다) 축의 방정식은 $x=4$이다.

1003

이차함수 $y=\dfrac{1}{3}(x+p)^2+q$에서 $x<2$이면 x의 값이 증가할 때 y의 값은 감소하고, $x>2$이면 x의 값이 증가할 때 y의 값도 증가한다. 이 이차함수의 그래프가 점 $(5,\ -2)$를 지날 때, 상수 p, q에 대하여 pq의 값을 구하시오.

1004

오른쪽 그림과 같이 두 이차함수 $y=2(x-1)^2$, $y=a(x-p)^2+q$의 그래프가 서로의 꼭짓점을 지난다. $y=a(x-p)^2+q$의 그래프의 꼭짓점을 A, 점 A에서 x축과 평행한 직선을 그어 $y=2(x-1)^2$의 그래프와 만나는 점을 B라 하면 $\overline{\text{AB}}=4$일 때, 상수 a, p, q에 대하여 $a+p+q$의 값을 구하시오.

(단, $p<1$)

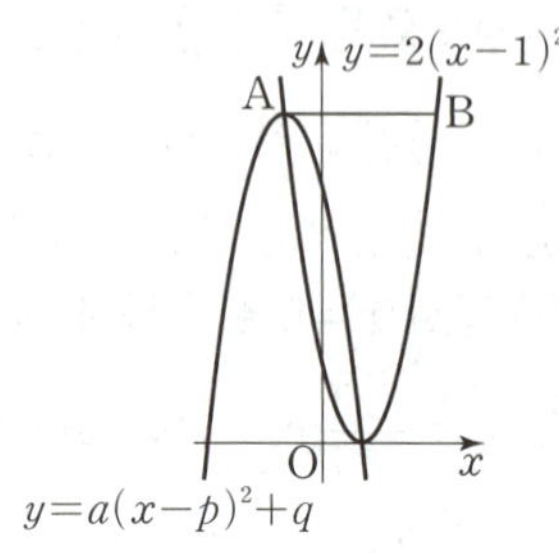

1005

오른쪽 그림에서 $\square$ABCD는 정사각형이고 각 변은 x축 또는 y축에 평행하다. 두 점 A, C는 이차함수 $y=x^2$의 그래프 위의 점이고 점 D는 이차함수 $y=4x^2$의 그래프 위의 점일 때, 점 B의 좌표를 구하시오.

(단, $\square$ABCD는 제 1 사분면 위에 있다.)

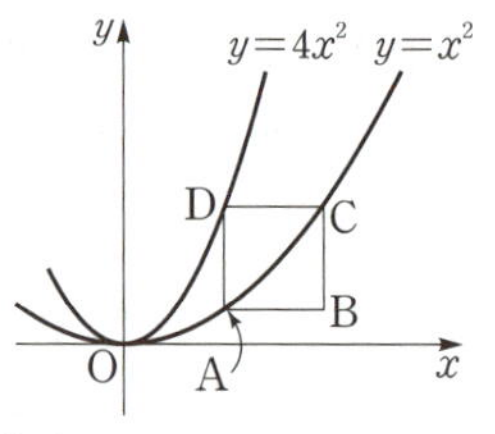

1006

오른쪽 그림과 같이 두 이차함수 $y=(x-2)^2$, $y=(x-2)^2-4$의 그래프와 y축과 직선 $x=2$로 둘러싸인 부분의 넓이를 구하시오.

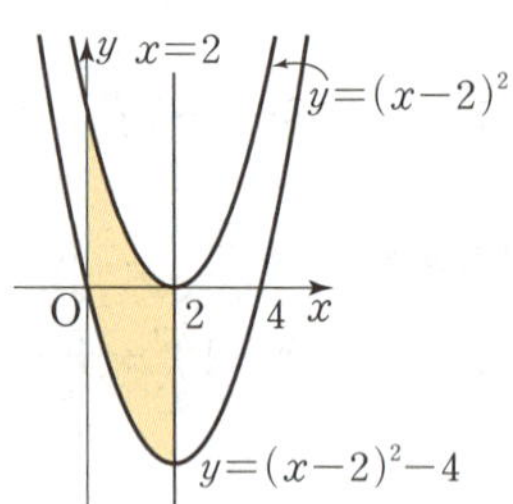

공감
한 스푼

온 세상이 너를 응원해.
힘내, 파이팅!

09 이차함수의 그래프 (2)

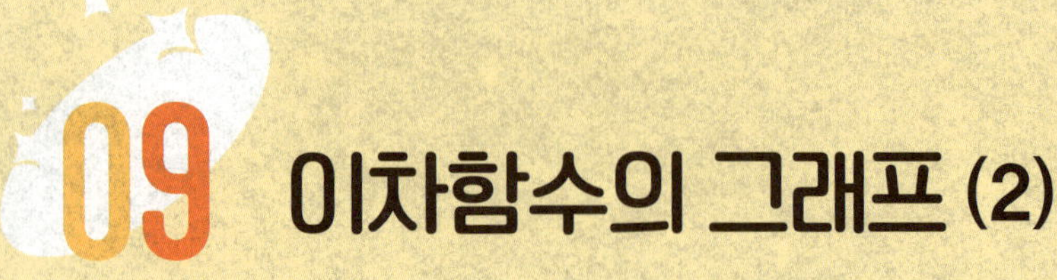

09-1 이차함수 $y=ax^2+bx+c$의 그래프

이차함수 $y=ax^2+bx+c$의 그래프는 $y=a(x-p)^2+q$의 꼴로 고쳐서 그린다.

$$\begin{aligned} \Rightarrow y &= ax^2+bx+c \\ &= a\left(x^2+\frac{b}{a}x\right)+c \\ &= a\left\{x^2+\frac{b}{a}x+\left(\frac{b}{2a}\right)^2-\left(\frac{b}{2a}\right)^2\right\}+c \\ &= a\left\{x^2+\frac{b}{a}x+\left(\frac{b}{2a}\right)^2\right\}-a\times\left(\frac{b}{2a}\right)^2+c \\ &= a\left(x+\frac{b}{2a}\right)^2-\frac{b^2-4ac}{4a} \end{aligned}$$

> 상수항을 제외한 나머지 항을 x^2의 계수 a로 묶는다.
>
> 괄호 안에 $\left(\dfrac{x의\ 계수}{2}\right)^2$을 더하고 뺀다.
>
> 완전제곱식이 되는 식을 제외한 수를 괄호 밖으로 뺀다.
>
> $y=$(완전제곱식)$+$(상수)의 꼴로 정리한다.

$y=ax^2+bx+c$의 꼴을 이차함수의 일반형이라 한다.

(1) **꼭짓점의 좌표:** $\left(-\dfrac{b}{2a},\ -\dfrac{b^2-4ac}{4a}\right)$, **축의 방정식:** $x=-\dfrac{b}{2a}$

(2) **y축과의 교점의 좌표:** $(0,\ c)$ ← y절편은 c

> **예** $y=2x^2-4x-1$을 $y=a(x-p)^2+q$의 꼴로 고치면
>
> $$\begin{aligned} y &= 2x^2-4x-1=2(x^2-2x)-1 \\ &= 2(x^2-2x+1-1)-1=2(x-1)^2-3 \end{aligned}$$
>
> ➡ 꼭짓점의 좌표는 $(1,\ -3)$, 축의 방정식은 $x=1$, y축과의 교점의 좌표는 $(0,\ -1)$이므로 $y=2x^2-4x-1$의 그래프는 오른쪽 그림과 같다.

참고 이차함수 $y=ax^2+bx+c$의 그래프와 x축과의 교점의 좌표는 $y=0$일 때의 x의 값을 구한다.

09-2 이차함수 $y=ax^2+bx+c$의 그래프에서 a, b, c의 부호

이차함수 $y=ax^2+bx+c$의 그래프에서 a, b, c의 부호는 다음과 같이 결정된다.

(1) **a의 부호:** 그래프의 모양에 따라 결정된다.

① 아래로 볼록 ➡ $a>0$

② 위로 볼록 ➡ $a<0$

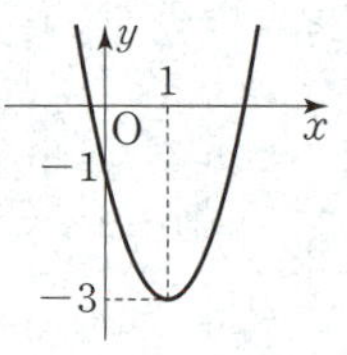

(2) **b의 부호:** 축의 위치에 따라 결정된다.

① 축이 y축의 왼쪽에 위치 ➡ $ab>0$ (a, b는 같은 부호)

② 축이 y축의 오른쪽에 위치 ➡ $ab<0$ (a, b는 다른 부호)

③ 축이 y축과 일치 ➡ $b=0$

이차함수 $y=ax^2+bx+c$의 그래프에서 먼저 그래프의 모양을 이용하여 a의 부호를 정한 후 축의 위치를 이용하여 b의 부호를 정한다.

(3) **c의 부호:** y축과의 교점의 위치에 따라 결정된다.

① y축과의 교점이 x축의 위쪽에 위치 ➡ $c>0$

② y축과의 교점이 x축의 아래쪽에 위치 ➡ $c<0$

③ y축과의 교점이 원점과 일치 ➡ $c=0$

참고 (2) 이차함수 $y=ax^2+bx+c$의 그래프의 축의 방정식이 $x=-\dfrac{b}{2a}$이므로

① 축이 y축의 왼쪽에 위치하면 $-\dfrac{b}{2a}<0$, 즉 $ab>0$ ➡ a, b는 같은 부호

② 축이 y축의 오른쪽에 위치하면 $-\dfrac{b}{2a}>0$, 즉 $ab<0$ ➡ a, b는 다른 부호

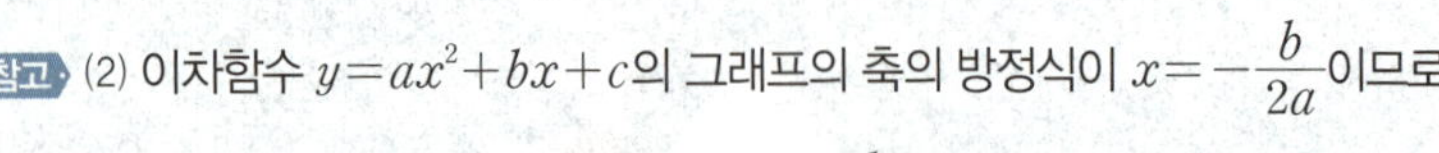

교과서문제 정복하기

09-1 이차함수 $y=ax^2+bx+c$의 그래프

1007 다음은 이차함수 $y=3x^2-12x+5$를 $y=a(x-p)^2+q$의 꼴로 고치는 과정이다. ㈎~㈜에 알맞은 수를 구하시오.

$$y=3x^2-12x+5$$
$$=\boxed{㈎}(x^2-4x)+5$$
$$=\boxed{㈎}(x^2-4x+\boxed{㈏}-\boxed{㈏})+5$$
$$=\boxed{㈎}(x-\boxed{㈐})^2-\boxed{㈜}$$

[1008~1009] 다음 이차함수를 $y=a(x-p)^2+q$의 꼴로 나타내시오.

1008 $y=x^2+2x+6$

1009 $y=-\dfrac{1}{4}x^2+3x-10$

[1010~1012] 다음 이차함수의 그래프의 꼭짓점의 좌표, 축의 방정식, y절편을 차례대로 구하시오.

1010 $y=x^2+8x+1$

1011 $y=-4x^2+2x-2$

1012 $y=-\dfrac{1}{2}x^2-3x-5$

[1013~1015] 다음 이차함수의 그래프와 x축과의 교점의 좌표를 모두 구하시오.

1013 $y=x^2-3x-10$

1014 $y=-2x^2-4x+6$

1015 $y=\dfrac{1}{3}x^2+\dfrac{7}{3}x+4$

09-2 이차함수 $y=ax^2+bx+c$의 그래프에서 a, b, c의 부호

1016 이차함수 $y=ax^2+bx+c$의 그래프가 오른쪽 그림과 같을 때, 다음 □ 안에 알맞은 부등호를 써넣으시오. (단, a, b, c는 상수이다.)

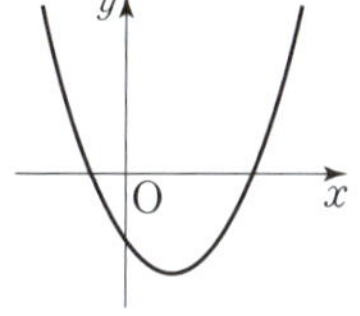

(1) 그래프가 아래로 볼록하므로 $a\,\boxed{\phantom{<}}\,0$
(2) 축이 y축의 오른쪽에 있으므로
$$ab\,\boxed{\phantom{<}}\,0 \quad \therefore b\,\boxed{\phantom{<}}\,0$$
(3) y축과의 교점이 x축의 아래쪽에 있으므로
$$c\,\boxed{\phantom{<}}\,0$$

1017 이차함수 $y=ax^2+bx+c$의 그래프가 오른쪽 그림과 같을 때, 다음 □ 안에 알맞은 부등호를 써넣으시오. (단, a, b, c는 상수이다.)

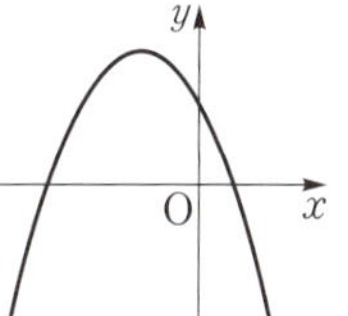

(1) 그래프가 위로 볼록하므로 $a\,\boxed{\phantom{<}}\,0$
(2) 축이 y축의 왼쪽에 있으므로
$$ab\,\boxed{\phantom{<}}\,0 \quad \therefore b\,\boxed{\phantom{<}}\,0$$
(3) y축과의 교점이 x축의 위쪽에 있으므로
$$c\,\boxed{\phantom{<}}\,0$$

[1018~1021] 이차함수 $y=ax^2+bx+c$의 그래프가 다음과 같을 때, 상수 a, b, c의 부호를 구하시오.

1018 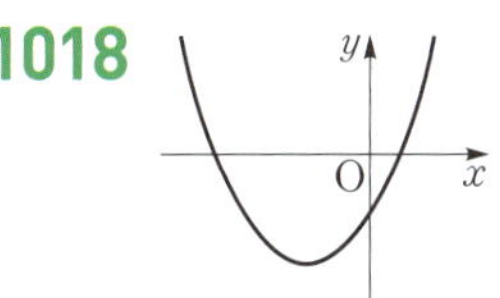 **1019**

1020 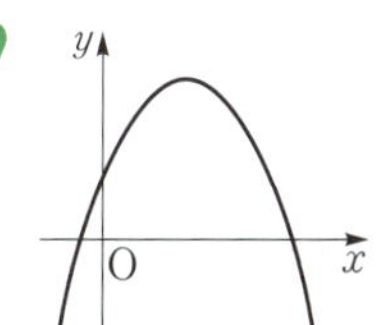

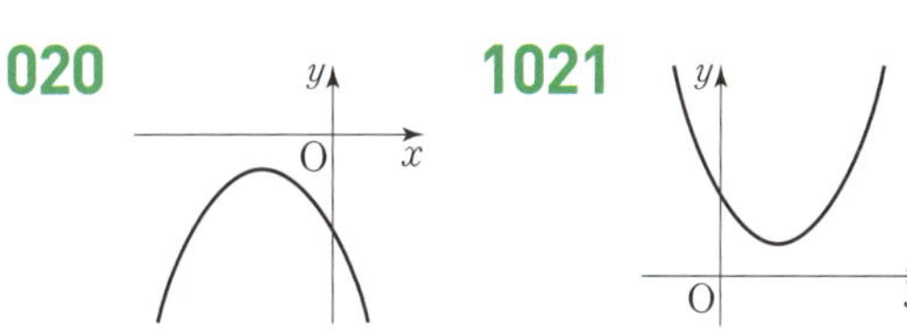

09-3 이차함수의 식 구하기

(1) **꼭짓점 (p, q)와 그래프 위의 다른 한 점을 알 때**
  ❶ 이차함수의 식을 $y=a(x-p)^2+q$로 놓는다.
  ❷ ❶의 식에 다른 한 점의 좌표를 대입하여 a의 값을 구한다.

(2) **축의 방정식 $x=p$와 그래프 위의 두 점을 알 때**
  ❶ 이차함수의 식을 $y=a(x-p)^2+q$로 놓는다.
  ❷ ❶의 식에 두 점의 좌표를 각각 대입하여 a, q의 값을 구한다.

(3) **그래프 위의 서로 다른 세 점을 알 때**
  ❶ 이차함수의 식을 $y=ax^2+bx+c$로 놓는다.
  ❷ ❶의 식에 세 점의 좌표를 각각 대입하여 a, b, c의 값을 구한다.

(4) **x축과의 두 교점 $(\alpha, 0)$, $(\beta, 0)$과 그래프 위의 다른 한 점을 알 때**
  ❶ 이차함수의 식을 $y=a(x-\alpha)(x-\beta)$로 놓는다.
  ❷ ❶의 식에 다른 한 점의 좌표를 대입하여 a의 값을 구한다.

09-4 이차함수의 최댓값과 최솟값

(1) **함수의 최댓값과 최솟값**
  ① **최댓값**: 어떤 함수의 모든 x의 값에 대한 함숫값 중에서 가장 큰 값
  ② **최솟값**: 어떤 함수의 모든 x의 값에 대한 함숫값 중에서 가장 작은 값

(2) **이차함수의 최댓값과 최솟값**
  이차함수 $y=a(x-p)^2+q$에서
  ① $a>0$이면 $x=p$일 때 **최솟값 q**를 갖고, 최댓값은 없다.

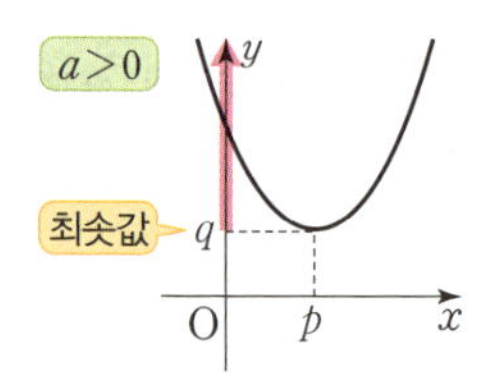

  ② $a<0$이면 $x=p$일 때 **최댓값 q**를 갖고, 최솟값은 없다.

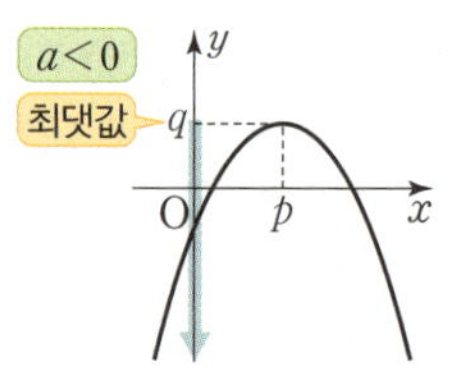

> **참고** 이차함수 $y=ax^2+bx+c$의 최댓값 또는 최솟값은 이차함수의 식을 $y=a(x-p)^2+q$의 꼴로 고쳐서 구한다.

09-5 이차함수의 활용

이차함수의 최댓값 또는 최솟값에 대한 활용 문제는 다음과 같은 순서로 푼다.
❶ 변수 정하기   ➡ 문제의 뜻을 파악하고 두 변수 x, y를 정한다.
❷ 이차함수의 식 세우기 ➡ 두 변수 x, y 사이의 관계를 식으로 나타낸다.
❸ 답 구하기   ➡ 이차함수의 최댓값 또는 최솟값을 구한다.
❹ 확인하기   ➡ 구한 답이 문제의 조건에 맞는지 확인한다.

개념플러스

주어진 꼭짓점의 좌표에 따라 이차함수의 식을 다음과 같이 놓으면 편리하다.

꼭짓점	이차함수의 식
$(0, 0)$	$y=ax^2$
$(0, q)$	$y=ax^2+q$
$(p, 0)$	$y=a(x-p)^2$
(p, q)	$y=a(x-p)^2+q$

이차함수의 그래프가 아래로 볼록하면 최댓값이 없고, 위로 볼록하면 최솟값이 없다.

주어진 변량에서 먼저 변하는 것을 x로 놓고, 그에 따라 변하는 것을 y로 정한다.

교과서문제 정복하기

09-3 이차함수의 식 구하기

[1022~1023] 다음을 만족시키는 포물선을 그래프로 하는 이차함수의 식을 $y=ax^2+bx+c$의 꼴로 나타내시오.

1022 꼭짓점의 좌표가 $(-1,\ 3)$이고 점 $(0,\ 2)$를 지난다.

1023 꼭짓점의 좌표가 $(4,\ -2)$이고 점 $(8,\ 6)$을 지난다.

[1024~1025] 다음을 만족시키는 포물선을 그래프로 하는 이차함수의 식을 $y=ax^2+bx+c$의 꼴로 나타내시오.

1024 축의 방정식이 $x=1$이고 두 점 $(-2,\ -4)$, $(3,\ 1)$을 지난다.

1025 축의 방정식이 $x=-3$이고 두 점 $(-5,\ -8)$, $(-4,\ -11)$을 지난다.

[1026~1027] 다음 세 점을 지나는 포물선을 그래프로 하는 이차함수의 식을 $y=ax^2+bx+c$의 꼴로 나타내시오.

1026 $(0,\ 1),\ (-2,\ 1),\ (1,\ -5)$

1027 $(-1,\ 0),\ (0,\ -6),\ (3,\ 12)$

[1028~1029] 다음을 만족시키는 포물선을 그래프로 하는 이차함수의 식을 $y=ax^2+bx+c$의 꼴로 나타내시오.

1028 x축과 두 점 $(1,\ 0),\ (5,\ 0)$에서 만나고, 점 $(3,\ -8)$을 지난다.

1029 x축과 두 점 $(-3,\ 0),\ (2,\ 0)$에서 만나고, 점 $(0,\ 6)$을 지난다.

09-4 이차함수의 최댓값과 최솟값

[1030~1031] 다음 이차함수의 최솟값과 그때의 x의 값을 구하시오.

1030 $y=x^2+8$

1031 $y=x^2-4x+1$

[1032~1033] 다음 이차함수의 최댓값과 그때의 x의 값을 구하시오.

1032 $y=-\dfrac{1}{5}(x+1)^2-2$

1033 $y=-x^2-6x-9$

09-5 이차함수의 활용

[1034~1036] 차가 8인 두 수의 곱의 최솟값과 그때의 두 수를 구하려고 한다. 다음 물음에 답하시오.

1034 두 수 중 작은 수를 x, 두 수의 곱을 y라 할 때, y를 x에 대한 식으로 나타내시오.

1035 두 수의 곱의 최솟값을 구하시오.

1036 곱이 최소가 될 때의 두 수를 구하시오.

[1037~1039] 가로의 길이와 세로의 길이의 합이 $10\ \mathrm{cm}$인 직사각형의 최대 넓이와 그때의 가로의 길이와 세로의 길이를 구하려고 한다. 다음 물음에 답하시오.

1037 직사각형의 가로의 길이를 $x\ \mathrm{cm}$, 넓이를 $y\ \mathrm{cm}^2$라 할 때, y를 x에 대한 식으로 나타내시오.

1038 직사각형의 최대 넓이를 구하시오.

1039 넓이가 최대가 될 때의 가로의 길이와 세로의 길이를 차례대로 구하시오.

유형 익히기

유형 01 이차함수 $y=ax^2+bx+c$를 $y=a(x-p)^2+q$의 꼴로 고치기

❶ 상수항을 제외한 나머지 항을 x^2의 계수로 묶는다.

❷ 괄호 안에 $\left(\dfrac{x\text{의 계수}}{2}\right)^2$을 더하고 뺀다.

❸ $y=(\text{완전제곱식})+(\text{상수})$의 꼴로 정리한다.

1040 대표문제

이차함수 $y=2x^2-8x+1$을 $y=a(x-p)^2+q$의 꼴로 나타낼 때, 상수 a, p, q에 대하여 $a+p-q$의 값을 구하시오.

1041 중하

다음은 이차함수 $y=-\dfrac{2}{3}x^2+4x-5$를 $y=a(x-p)^2+q$의 꼴로 고치는 과정이다. ㈎~㈑에 알맞은 수가 아닌 것은?

$$y=-\frac{2}{3}x^2+4x-5$$
$$=-\frac{2}{3}(x^2-\boxed{\text{㈎}}\,x)-5$$
$$=-\frac{2}{3}(x^2-\boxed{\text{㈎}}\,x+\boxed{\text{㈏}}-\boxed{\text{㈏}})-5$$
$$=-\frac{2}{3}(x-\boxed{\text{㈐}})^2+\boxed{\text{㈑}}-5$$
$$=-\frac{2}{3}(x-\boxed{\text{㈐}})^2+\boxed{\text{㈒}}$$

① ㈎ 6 ② ㈏ 9 ③ ㈐ 3
④ ㈑ 6 ⑤ ㈒ 2

1042 중 서술형

이차함수 $y=-4x^2-20x-9$의 그래프는 이차함수 $y=-4x^2$의 그래프를 x축의 방향으로 p만큼, y축의 방향으로 q만큼 평행이동한 것이다. 이때 pq의 값을 구하시오.

유형 02 이차함수 $y=ax^2+bx+c$의 그래프의 꼭짓점과 축

이차함수 $y=ax^2+bx+c$를 $y=a(x-p)^2+q$의 꼴로 고친 후 구한다.

⑴ 꼭짓점의 좌표: $(p,\ q)$

⑵ 축의 방정식: $x=p$

1043 대표문제

이차함수 $y=-x^2+6x-7$의 그래프의 꼭짓점의 좌표가 $(a,\ b)$, 축의 방정식이 $x=c$일 때, $a+b+c$의 값은?

① 5　　② 6　　③ 7
④ 8　　⑤ 9

1044 중하

다음 이차함수 중 그 그래프의 축이 가장 오른쪽에 있는 것은?

① $y=x^2-5$　　② $y=-2(x+4)^2$
③ $y=-4(x+3)^2-5$　　④ $y=2x^2+2x-3$
⑤ $y=-3x^2+6x-7$

1045 중

이차함수 $y=\dfrac{1}{2}x^2+2x-k$의 그래프의 꼭짓점이 x축 위에 있을 때, 상수 k의 값을 구하시오.

▶ 정답 및 풀이 80쪽

1046 (중)

이차함수 $y=-5x^2+4kx$의 그래프의 축의 방정식이 $x=4$일 때, 상수 k의 값은?

① -10　　　② -5　　　③ 5
④ 10　　　⑤ 15

1047 (중) 서술형

이차함수 $y=x^2+2ax+7$의 그래프와 이차함수 $y=-4x^2-8x+b-2$의 그래프의 꼭짓점이 일치할 때, 상수 a, b에 대하여 $b-a$의 값을 구하시오.

1048 (상중)

이차함수 $y=\dfrac{1}{3}x^2+6x-2k+11$의 그래프의 꼭짓점이 제3사분면 위에 있을 때, 다음 중 상수 k의 값이 될 수 <u>없는</u> 것은?

① -8　　　② -6　　　③ -4
④ 0　　　⑤ 2

개념원리 중학 수학 3–1 193쪽

유형 03 이차함수 $y=ax^2+bx+c$의 그래프 그리기

❶ 이차함수의 식을 $y=a(x-p)^2+q$의 꼴로 고친 후 꼭짓점의 좌표를 구한다.
❷ a의 부호에 따라 그래프의 모양을 정한다.
❸ y축과의 교점의 좌표를 구한다.
❹ ❶, ❷, ❸을 이용하여 그래프를 그린다.

1049 대표문제

다음 중 이차함수 $y=-2x^2-4x+1$의 그래프로 알맞은 것은?

① 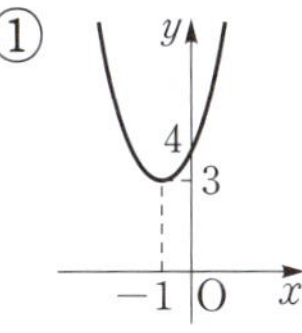　② 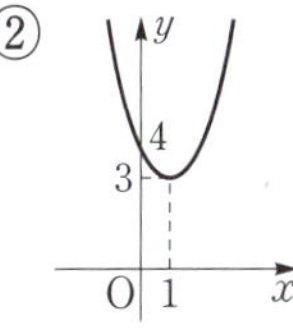　③ 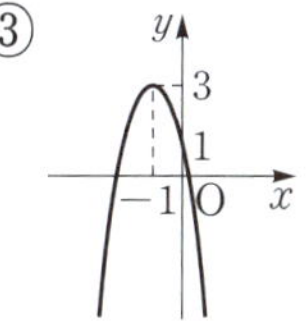

④ 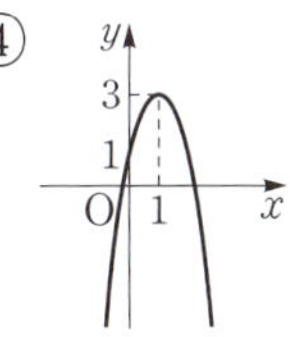　⑤ 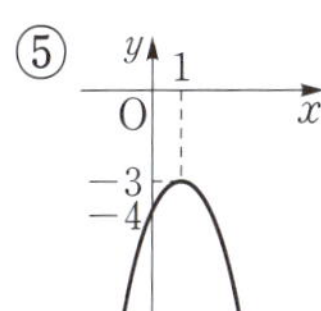

1050 (중하)

이차함수 $y=x^2-6x+7$의 그래프가 지나지 <u>않는</u> 사분면은?

① 제1사분면　　　② 제2사분면
③ 제3사분면　　　④ 제4사분면
⑤ 모든 사분면을 지난다.

1051 (중)

다음 이차함수 중 그 그래프가 모든 사분면을 지나는 것은?

① $y=x^2+3x$　　　② $y=\dfrac{1}{2}x^2-x-\dfrac{9}{2}$

③ $y=-x^2-4x-13$　　　④ $y=2x^2-12x+14$

⑤ $y=-3x^2+12x-11$

유형 04 이차함수 $y=ax^2+bx+c$의 증가와 감소

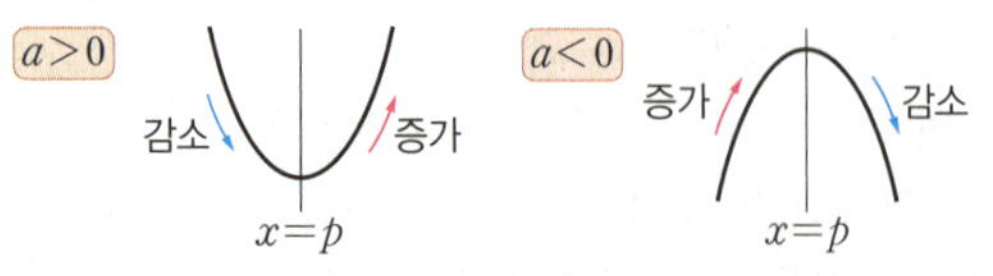

이차함수의 식을 $y=a(x-p)^2+q$의 꼴로 고친 후 축 $x=p$를 기준으로 생각한다.

1052 대표문제

이차함수 $y=-\dfrac{1}{4}x^2-2x+1$에서 x의 값이 증가할 때 y의 값은 감소하는 x의 값의 범위는?

① $x>-5$ ② $x<-5$ ③ $x>-4$
④ $x<-4$ ⑤ $x<-3$

1053 중

이차함수 $y=2x^2-3kx+13$의 그래프가 점 $(1, 3)$을 지난다. 이 함수에서 x의 값이 증가할 때 y의 값도 증가하는 x의 값의 범위는? (단, k는 상수이다.)

① $x<-1$ ② $x>-1$ ③ $x<2$
④ $x<3$ ⑤ $x>3$

1054 중

이차함수 $y=x^2-kx+k$에서 $x<2$이면 x의 값이 증가할 때 y의 값은 감소하고, $x>2$이면 x의 값이 증가할 때 y의 값도 증가한다. 이 이차함수의 그래프의 꼭짓점의 좌표를 구하시오. (단, k는 상수이다.)

유형 05 이차함수의 그래프와 x축, y축과의 교점

이차함수 $y=ax^2+bx+c$의 그래프와
(1) x축과의 교점의 x좌표 ➡ $y=0$을 대입하여 x의 값을 구한다.
(2) y축과의 교점의 y좌표 ➡ $x=0$을 대입하여 y의 값을 구한다.

1055 대표문제

이차함수 $y=2x^2-7x+3$의 그래프가 x축과 만나는 두 점의 x좌표가 각각 p, q이고 y축과 만나는 점의 y좌표가 r일 때, $p-q+r$의 값은? (단, $p<q$)

① -2 ② -1 ③ $\dfrac{1}{2}$
④ 3 ⑤ 5

1056 중

이차함수 $y=-3x^2-x-5$의 그래프와 직선 $y=x-2k+1$이 y축에서 만날 때, 상수 k의 값을 구하시오.

1057 중 서술형

이차함수 $y=-x^2+px+3$의 그래프는 x축과 서로 다른 두 점에서 만난다. 이 두 점 중 한 점의 좌표가 $(3, 0)$일 때, 다른 한 점의 좌표를 구하시오. (단, p는 상수이다.)

1058 상중

오른쪽 그림과 같이 이차함수 $y=\dfrac{1}{2}x^2-3x+k$의 그래프가 x축과 만나는 두 점을 각각 A, B라 하자. $\overline{AB}=8$일 때, 상수 k의 값을 구하시오.

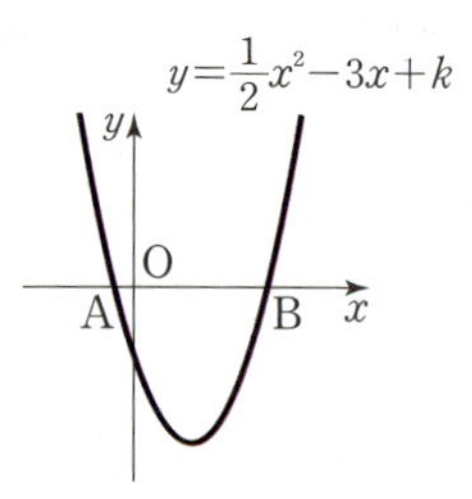

개념원리 중학 수학 3−1 195쪽

유형 06 이차함수 $y=ax^2+bx+c$의 그래프의 성질

(1) 이차함수의 식을 $y=a(x-p)^2+q$의 꼴로 고쳐서 꼭짓점의 좌표, 축의 방정식을 구한다.

(2) $y=ax^2+bx+c$에 $y=0$을 대입하여 x축과의 교점의 x좌표를 구하고, $x=0$을 대입하여 y축과의 교점의 y좌표를 구한다.

(3) (1), (2)를 이용하여 그래프를 그린 후 그래프가 지나는 사분면과 함수가 증가 또는 감소하는 x의 값의 범위를 구한다.

1059 대표문제

다음 중 이차함수 $y=x^2-2x-8$의 그래프에 대한 설명으로 옳지 <u>않은</u> 것은?

① 꼭짓점의 좌표는 $(1, -9)$이다.
② x축과의 교점의 좌표는 $(-2, 0)$, $(4, 0)$이다.
③ $x<1$일 때, x의 값이 증가하면 y의 값은 감소한다.
④ 축의 방정식은 $x=1$이다.
⑤ 제3사분면을 지나지 않는다.

1060 중

다음 **보기** 중 이차함수 $y=-3x^2+4x-1$의 그래프에 대한 설명으로 옳은 것을 모두 고른 것은?

보기

ㄱ. 축의 방정식은 $x=\dfrac{2}{3}$이다.

ㄴ. y축과 만나는 점의 y좌표는 $\dfrac{1}{3}$이다.

ㄷ. x축과 서로 다른 두 점에서 만난다.

ㄹ. $x>\dfrac{2}{3}$일 때, x의 값이 증가하면 y의 값도 증가한다.

ㅁ. $y=-3x^2$의 그래프를 x축의 방향으로 $\dfrac{2}{3}$만큼, y축의 방향으로 $\dfrac{1}{3}$만큼 평행이동한 것이다.

① ㄱ, ㄴ　　　② ㄴ, ㅁ　　　③ ㄱ, ㄷ, ㄹ
④ ㄱ, ㄷ, ㅁ　　⑤ ㄷ, ㄹ, ㅁ

개념원리 중학 수학 3−1 195쪽

유형 07 이차함수 $y=ax^2+bx+c$의 그래프의 평행이동

이차함수 $y=ax^2+bx+c$의 그래프를 x축의 방향으로 m만큼, y축의 방향으로 n만큼 평행이동한 그래프의 식 구하기

➡ $y=ax^2+bx+c$를 $y=a(x-p)^2+q$의 꼴로 고친 후 x 대신 $x-m$, y 대신 $y-n$을 대입한다.

➡ $y-n=a(x-m-p)^2+q$, 즉
$$y=a(x-m-p)^2+q+n$$

1061 대표문제

이차함수 $y=3x^2+12x-7$의 그래프를 x축의 방향으로 -1만큼, y축의 방향으로 2만큼 평행이동하였더니 $y=ax^2+bx+c$의 그래프와 일치하였다. 이때 상수 a, b, c에 대하여 $a+b-c$의 값을 구하시오.

1062 중

이차함수 $y=-\dfrac{1}{3}x^2-2x+4$의 그래프를 x축의 방향으로 -2만큼 평행이동하면 점 $(1, k)$를 지난다. 이때 k의 값을 구하시오.

1063 중

이차함수 $y=4x^2-8x+5$의 그래프를 x축의 방향으로 m만큼, y축의 방향으로 3만큼 평행이동한 그래프의 꼭짓점의 좌표가 $(3, n)$일 때, $m+n$의 값은?

① -6　　　　② -2　　　　③ 2
④ 6　　　　　⑤ 8

1064 상중 서술형

이차함수 $y=-5x^2+10x+k$의 그래프를 y축의 방향으로 -4만큼 평행이동한 그래프가 x축과 만나지 않을 때, 상수 k의 값의 범위를 구하시오.

유형 08 이차함수의 그래프와 삼각형의 넓이

이차함수 $y=ax^2+bx+c$의 그래프에서
① 꼭짓점의 좌표 ➡ $y=a(x-p)^2+q$의 꼴로 고친 후 꼭짓점의 좌표를 구한다.
② x축과의 교점의 좌표 ➡ $y=ax^2+bx+c$에 $y=0$을 대입하여 구한다.
③ y축과의 교점의 좌표 ➡ $y=ax^2+bx+c$에 $x=0$을 대입하여 구한다.

1065 대표문제

오른쪽 그림과 같이 이차함수 $y=x^2-9$의 그래프와 x축과의 두 교점을 각각 A, B라 하고 꼭짓점을 C라 할 때, $\triangle ACB$의 넓이를 구하시오.

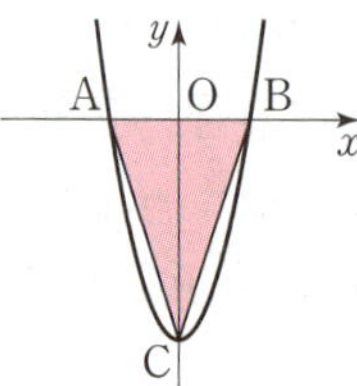

1066 중

오른쪽 그림과 같이 이차함수 $y=-x^2+4x+5$의 그래프와 y축과의 교점을 A, x축과의 두 교점을 각각 B, C라 할 때, $\triangle ABC$의 넓이를 구하시오.

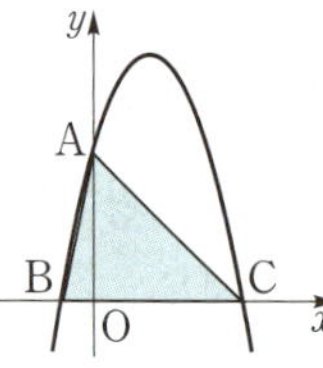

1067 중 서술형

오른쪽 그림과 같이 이차함수 $y=\dfrac{1}{3}x^2-2x-2$의 그래프와 y축과의 교점을 A, 꼭짓점을 B라 할 때, $\triangle OAB$의 넓이를 구하시오.

(단, O는 원점이다.)

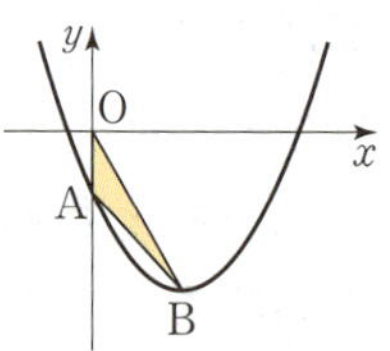

1068 상중

오른쪽 그림과 같이 이차함수 $y=-\dfrac{1}{2}x^2+2x+6$의 그래프와 y축과의 교점을 A, x축의 양의 부분과의 교점을 B, 꼭짓점을 C라 할 때, $\square AOBC$의 넓이를 구하시오.

(단, O는 원점이다.)

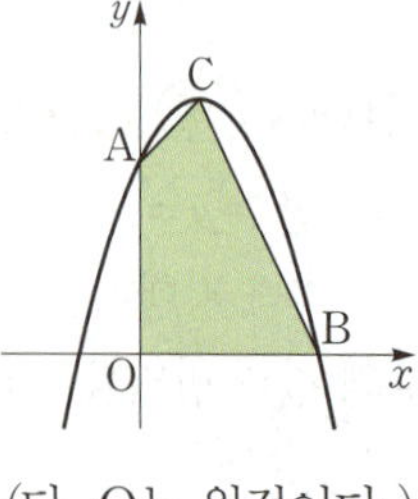

유형 09 중요 이차함수 $y=ax^2+bx+c$의 그래프에서 a, b, c의 부호

이차함수 $y=ax^2+bx+c$의 그래프에서
(1) 아래로 볼록 ➡ $a>0$
　　위로 볼록 ➡ $a<0$
(2) 축이 y축의 왼쪽에 위치 ➡ $ab>0$ (a, b는 같은 부호)
　　축이 y축의 오른쪽에 위치 ➡ $ab<0$ (a, b는 다른 부호)
　　축이 y축과 일치 ➡ $b=0$
(3) y축과의 교점이 x축의 위쪽에 위치 ➡ $c>0$
　　y축과의 교점이 x축의 아래쪽에 위치 ➡ $c<0$
　　y축과의 교점이 원점과 일치 ➡ $c=0$

1069 대표문제

이차함수 $y=ax^2+bx+c$의 그래프가 오른쪽 그림과 같을 때, 상수 a, b, c의 부호를 구하시오.

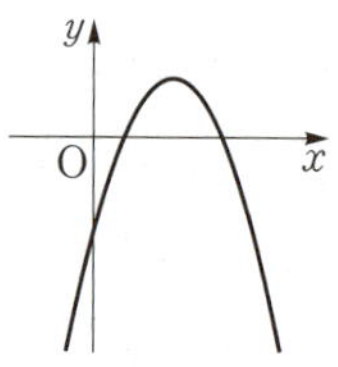

1070 중

이차함수 $y=ax^2+bx+c$의 그래프가 오른쪽 그림과 같을 때, 다음 중 옳은 것은? (단, a, b, c는 상수이다.)

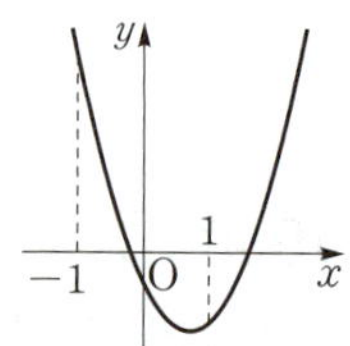

① $ab>0$ 　　② $ac>0$
③ $bc<0$ 　　④ $a+b+c>0$
⑤ $a-b+c>0$

1071 상중

이차함수 $y=ax^2+bx+c$의 그래프가 오른쪽 그림과 같을 때, 다음 중 이차함수 $y=cx^2+bx+a$의 그래프로 알맞은 것은? (단, a, b, c는 상수이다.)

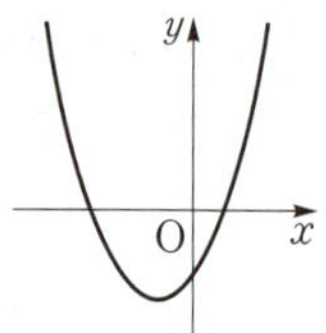

① 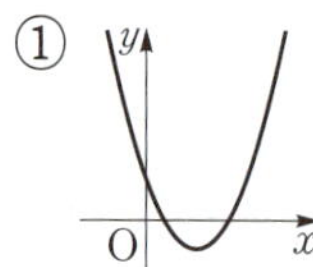　② 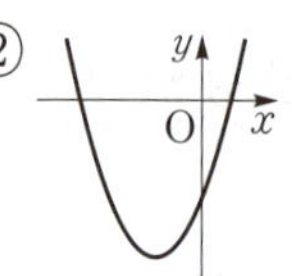　③ 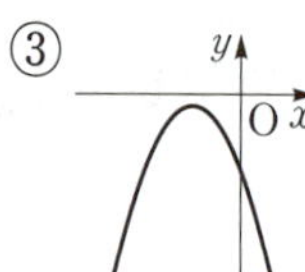

④ 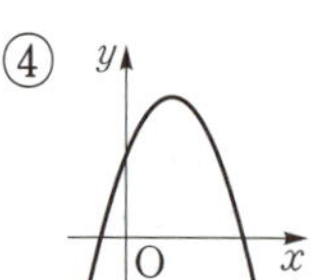　⑤ 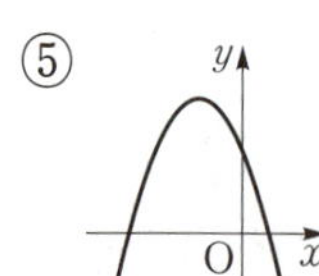

유형 10 이차함수의 식 구하기
; 꼭짓점과 다른 한 점을 알 때

이차함수의 그래프의 꼭짓점의 좌표가 (●, ■)이면 이차함수의 식을

$$y=a(x-●)^2+■$$

로 놓고, 그래프가 지나는 다른 한 점의 좌표를 대입하여 a의 값을 구한다.

1072 대표문제

꼭짓점의 좌표가 $(1, -2)$이고, 점 $(-2, 7)$을 지나는 포물선을 그래프로 하는 이차함수의 식은?

① $y=-x^2+2x-1$　　② $y=-x^2+2x+1$

③ $y=x^2-2x-1$　　④ $y=x^2-2x+1$

⑤ $y=x^2+2x+1$

1073 중

꼭짓점의 좌표가 $(0, 5)$이고, 점 $(4, -3)$을 지나는 이차함수의 그래프가 점 $(-6, k)$를 지날 때, k의 값은?

① -15　　② -13　　③ -11

④ -9　　⑤ -7

1074 중 서술형

이차함수 $y=ax^2+bx+c$의 그래프가 오른쪽 그림과 같을 때, 상수 a, b, c에 대하여 $a+b-c$의 값을 구하시오.

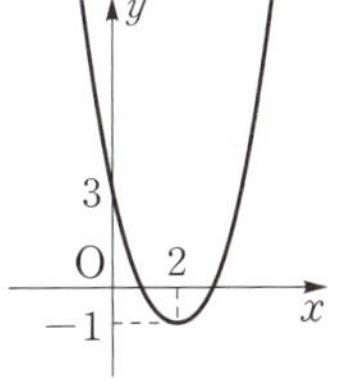

유형 11 이차함수의 식 구하기
; 축의 방정식과 두 점을 알 때

이차함수의 그래프의 축의 방정식이 $x=●$이면 이차함수의 식을

$$y=a(x-●)^2+q$$

로 놓고, 그래프가 지나는 다른 두 점의 좌표를 각각 대입하여 a, q의 값을 구한다.

1075 대표문제

축의 방정식이 $x=-2$이고, 두 점 $(-3, 4)$, $(2, -11)$을 지나는 이차함수의 그래프가 y축과 만나는 점의 y좌표를 구하시오.

1076 중하

이차함수 $y=-2x^2+ax+b$의 그래프가 오른쪽 그림과 같이 직선 $x=1$을 축으로 할 때, 상수 a, b에 대하여 $a+b$의 값은?

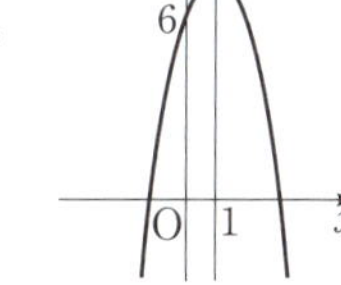

① 2　　② 4

③ 6　　④ 8

⑤ 10

1077 중

다음 조건을 만족시키는 이차함수의 그래프의 꼭짓점의 좌표를 구하시오.

⑺ 점 $(-1, 0)$을 지난다.

⑻ 이차함수 $y=\dfrac{1}{4}x^2$의 그래프를 평행이동한 것이다.

⑼ $x<-3$이면 x의 값이 증가할 때 y의 값은 감소하고, $x>-3$이면 x의 값이 증가할 때 y의 값도 증가한다.

유형 12 이차함수의 식 구하기
; 서로 다른 세 점을 알 때

이차함수의 그래프가 지나는 세 점 $(0, \blacktriangle)$, (x_1, y_1), (x_2, y_2)
의 좌표가 주어지면 이차함수의 식을
$$y = ax^2 + bx + \blacktriangle$$
로 놓고 그래프가 지나는 다른 두 점의 좌표를 각각 대입하여 a, b의 값을 구한다.

1078 대표문제

세 점 $(0, 8)$, $(-3, 5)$, $(2, 0)$을 지나는 이차함수의 그래프의 꼭짓점의 좌표는?

① $(4, 6)$ ② $(3, -7)$ ③ $(1, -9)$

④ $(-1, 9)$ ⑤ $(-2, 8)$

1079 중

이차함수 $y = ax^2 + bx + c$의 그래프가 세 점 $(1, 0)$, $(0, 3)$, $(2, -1)$을 지날 때, 상수 a, b, c에 대하여 abc의 값은?

① -12 ② -6 ③ -3

④ 6 ⑤ 12

1080 상중 서술형

오른쪽 그림과 같은 이차함수의 그래프가 점 $(k, 1)$을 지날 때, 음수 k의 값을 구하시오.

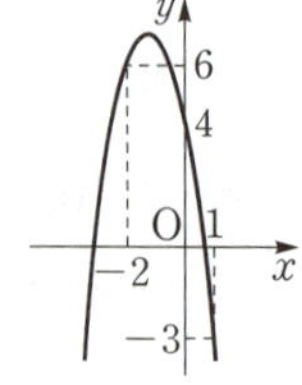

유형 13 이차함수의 식 구하기
; x축과의 두 교점과 다른 한 점을 알 때

이차함수의 그래프와 x축과의 두 교점의 좌표가 $(\bullet, 0)$, $(\blacksquare, 0)$
이면 이차함수의 식을
$$y = a(x - \bullet)(x - \blacksquare)$$
로 놓고 그래프가 지나는 다른 한 점의 좌표를 대입하여 a의 값을 구한다.

1081 대표문제

이차함수 $y = ax^2 + bx + c$의 그래프가 x축과 두 점 $(-2, 0)$, $(6, 0)$에서 만나고, y축과 점 $(0, 24)$에서 만난다. 이때 상수 a, b, c에 대하여 $ab + c$의 값을 구하시오.

1082 중하

이차함수 $y = -2x^2 + 3x - 1$의 그래프를 평행이동하면 완전히 포갤 수 있고, x축과 두 점 $(-1, 0)$, $(3, 0)$에서 만나는 포물선을 그래프로 하는 이차함수의 식은?

① $y = 2x^2 - 4x + 6$ ② $y = 2x^2 + 4x + 6$

③ $y = -2x^2 - 4x + 6$ ④ $y = -2x^2 + 4x + 6$

⑤ $y = -2x^2 + 4x + 16$

1083 중

세 점 $(2, 0)$, $(4, 0)$, $(3, k)$를 지나는 포물선을 그래프로 하는 이차함수의 식을 $y = x^2 + ax + b$라 할 때, $a + b + k$의 값을 구하시오. (단, a, b는 상수이다.)

1084 중

오른쪽 그림과 같은 이차함수의 그래프가 y축과 만나는 점의 y좌표를 구하시오.

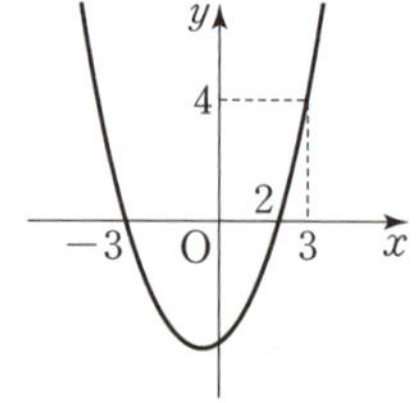

유형 14 이차함수의 최댓값과 최솟값

이차함수 $y=ax^2+bx+c$를 $y=a(x-p)^2+q$의 꼴로 고쳤을 때

① $a>0$

➡ $x=p$일 때 최솟값 q를 갖고, 최댓값은 없다.

② $a<0$

➡ $x=p$일 때 최댓값 q를 갖고, 최솟값은 없다.

1085 대표문제

이차함수 $y=2x^2-4x-5$의 최솟값을 m, 이차함수 $y=-x^2-6x+1$의 최댓값을 M이라 할 때, $M+m$의 값을 구하시오.

1086 하

다음 중 최솟값을 갖는 이차함수를 모두 고르면? (정답 2개)

① $y=x^2-3x$ ② $y=-(x+1)^2-7$

③ $y=-(x+6)(x+2)$ ④ $y=-2x^2+10$

⑤ $y=4(x-5)^2+1$

1087 중하

다음 중 최댓값이 가장 큰 이차함수는?

① $y=-(x-2)^2$ ② $y=-3x^2+9x$

③ $y=-2(x+1)^2+4$ ④ $y=-x^2+2x+6$

⑤ $y=-5x^2+3$

1088 중

다음 보기 중 최솟값이 5인 이차함수의 개수를 구하시오.

| 보기 |

ㄱ. $y=(x-5)^2$ ㄴ. $y=-\dfrac{1}{2}x^2+5$

ㄷ. $y=\dfrac{5}{4}(x+1)^2+5$ ㄹ. $y=(x-3)^2-5$

ㅁ. $y=2x^2-4x+7$ ㅂ. $y=-3x^2-6x+2$

유형 15 이차함수의 최댓값 또는 최솟값이 주어질 때 미지수의 값 구하기 (1)

이차함수 $y=ax^2+bx+c$의 최댓값(또는 최솟값)이 ●이다.

➡ 이차함수의 식을 $y=a(x-p)^2+q$의 꼴로 고친 후 $q=●$ 임을 이용하여 미지수의 값을 구한다.

1089 대표문제

이차함수 $y=-x^2+6x+k-4$의 최댓값이 8일 때, 상수 k의 값은?

① 3   ② 5   ③ 7

④ 9   ⑤ 11

1090 중 서술형

이차함수 $y=ax^2-2ax$의 최솟값이 -3이고, 이 이차함수의 그래프가 점 $(-1, k)$를 지날 때, $a-k$의 값을 구하시오. (단, a는 상수이다.)

1091 중

이차함수 $y=\dfrac{3}{4}x^2-3x+k$의 최솟값과 이차함수 $y=-x^2-8x-2k+5$의 최댓값이 같을 때, 상수 k의 값은?

① -8 ② -4 ③ 4

④ 8   ⑤ 12

유형 16 이차함수의 최댓값 또는 최솟값이 주어질 때 미지수의 값 구하기 (2)

이차함수 $y=ax^2+bx+c$가 $x=$ ●에서 최댓값(또는 최솟값) ▲를 갖는다.

➡ 이차함수의 식을 $y=a(x-●)^2+$▲로 놓고 우변을 전개하여 주어진 식과 비교한다.

1092 대표문제

이차함수 $y=x^2+ax+b$는 $x=4$일 때 최솟값 -5를 갖는다. 이때 상수 a, b에 대하여 $a+b$의 값은?

① 2　　　　② 3　　　　③ 4
④ 5　　　　⑤ 6

1093 ⓒ

이차함수 $y=-5x^2+px+3$은 $x=-1$일 때 최댓값 q를 갖는다. 이때 $q-p$의 값을 구하시오. (단, p는 상수이다.)

1094 상중 서술형

다음 조건을 만족시키는 이차함수의 그래프와 y축과의 교점의 y좌표를 구하시오.

㉮ $x=2$일 때 최솟값을 갖는다.
㉯ 그래프가 x축과 한 점에서 만난다.
㉰ 그래프가 점 $(-1, 27)$을 지난다.

유형 17 이차함수의 활용; 합 또는 차가 일정한 두 수의 곱

(1) 합이 m인 두 수의 곱의 최댓값을 구하는 경우
　➡ 두 수를 x, $m-x$, 두 수의 곱을 y로 놓으면
　　$y=x(m-x)$
(2) 차가 m인 두 수의 곱의 최솟값을 구하는 경우
　➡ 두 수를 x, $x+m$, 두 수의 곱을 y로 놓으면
　　$y=x(x+m)$

1095 대표문제

합이 18인 두 수의 곱의 최댓값은?

① 56　　　　② 64　　　　③ 72
④ 81　　　　⑤ 100

1096 ⓒ

차가 12인 두 수의 곱이 최소가 될 때, 두 수를 구하시오.

1097 상중

두 수 x, y에 대하여 $2x-y=10$이 항상 성립한다고 할 때, xy의 최솟값은?

① -50　　　　② -25　　　　③ -15
④ $-\dfrac{25}{2}$　　　　⑤ $-\dfrac{25}{4}$

개념원리 중학 수학 3–1 211쪽

유형 (18) 이차함수의 활용; 쏘아 올린 물체

어떤 위치에서 똑바로 위로 쏘아 올린 물체의 x초 후의 높이를 y m라 할 때,

$$y=ax^2+bx+c\,(a<0),\ 즉\ y=a(x-p)^2+q$$

이면

(1) 도달할 수 있는 최고 높이 ➡ q m

(2) 최고 높이에 도달하는 데 걸린 시간 ➡ p초

1098 대표문제

지면에서 초속 40 m로 똑바로 위로 쏘아 올린 물체의 x초 후의 높이를 y m라 하면 $y=40x-5x^2$인 관계가 성립한다. 이 물체가 최고 높이에 도달했을 때의 지면으로부터의 높이는?

① 60 m ② 65 m ③ 70 m

④ 75 m ⑤ 80 m

1099 중

지면으로부터 15 m 높이의 건물 옥상에서 초속 20 m로 똑바로 위로 던진 물체의 t초 후의 높이를 h m라 하면 $h=-5t^2+20t+15$인 관계가 성립한다. 이 물체가 최고 높이에 도달할 때까지 걸리는 시간은 몇 초인지 구하시오.

1100 상중

지면에서 초속 80 m로 똑바로 위로 쏘아 올린 물체의 x초 후의 높이를 y m라 하면 $y=80x-5x^2$인 관계가 성립한다. 이 물체가 다시 지면에 떨어지는 것은 최고 높이에 도달한 지 몇 초 후인가?

① 6초 ② 7초 ③ 8초

④ 9초 ⑤ 10초

개념원리 중학 수학 3–1 212쪽

유형 (19) 이차함수의 활용; 도형의 넓이

여러 가지 도형의 성질과 평면도형의 넓이를 구하는 공식을 이용하여 넓이 y를 길이 x에 대한 이차함수로 나타낸다.

1101 대표문제

오른쪽 그림과 같이 가로의 길이, 세로의 길이가 각각 15 cm, 11 cm인 직사각형에서 가로의 길이를 x cm만큼 줄이고, 세로의 길이를 x cm만큼 늘여서 만든 새로운 직사각형의 넓이를 y cm^{2}라 하자. 이때 y의 값이 최대가 되도록 하는 x의 값을 구하시오.

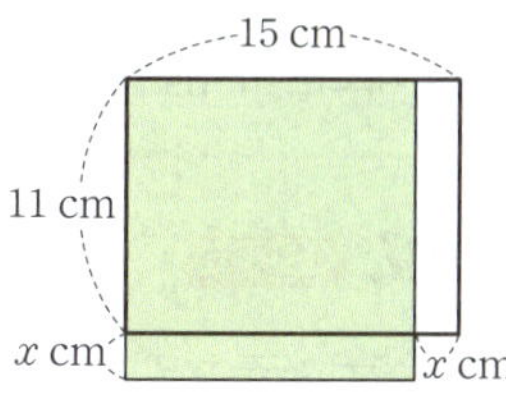

1102 중

길이가 28 m인 철망으로 오른쪽 그림과 같은 직사각형 모양의 울타리를 만들려고 한다. 이때 이 울타리 내부의 최대 넓이는? (단, 담벽에는 철망을 치지 않고, 철망의 두께는 생각하지 않는다.)

① 94 m^2 ② 98 m^2 ③ 102 m^2

④ 106 m^2 ⑤ 110 m^2

1103 중 서술형

오른쪽 그림과 같은 부채꼴의 둘레의 길이가 16 cm일 때, 부채꼴의 최대 넓이를 구하시오.

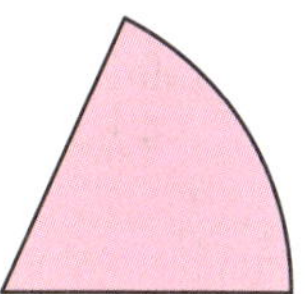

유형 UP 20 최댓값의 최솟값 또는 최솟값의 최댓값

이차함수의 최댓값의 최솟값 또는 최솟값의 최댓값은 다음과 같이 구한다.
❶ 주어진 이차함수를 $y=a(x-k)^2+f(k)$의 꼴로 나타낸 후 $f(k)$를 구한다.
❷ 새로운 이차함수 $f(k)$의 최솟값 또는 최댓값을 구한다.

1104 대표문제

이차함수 $y=-x^2+2kx+6k$의 최댓값을 M이라 할 때, M의 최솟값은? (단, k는 상수이다.)

① -15 ② -12 ③ -9
④ -6 ⑤ -3

1105 상중

이차함수 $y=2x^2-ax+a$의 최솟값을 m이라 할 때, m의 값이 최대가 되도록 하는 상수 a의 값을 구하시오.

1106 상중

x에 대한 이차함수 $y=\dfrac{1}{4}x^2+kx-3k$의 최솟값을 $f(k)$라 할 때, $f(k)$의 최댓값은?

① $-\dfrac{9}{4}$ ② $-\dfrac{3}{2}$ ③ $\dfrac{3}{2}$
④ $\dfrac{9}{4}$ ⑤ $\dfrac{81}{16}$

유형 UP 21 중요 이차함수의 활용; 내접하는 도형의 넓이

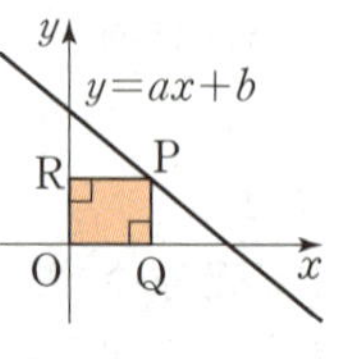

직선 $y=ax+b$ 위의 점 $\mathrm{P}(x,\ ax+b)$에서 x축, y축에 내린 수선의 발을 각각 Q, R라 할 때, □OQPR의 넓이
➡ $\overline{\mathrm{OQ}}=x$, $\overline{\mathrm{PQ}}=ax+b$이므로
$$\square\mathrm{OQPR}=x(ax+b)$$

1107 대표문제

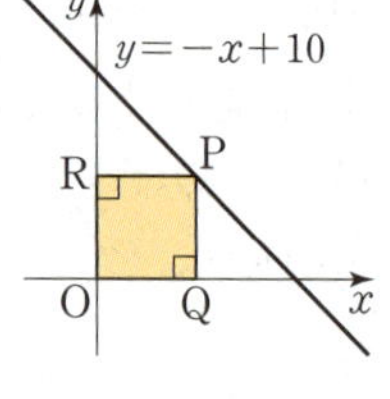

오른쪽 그림과 같이 직선 $y=-x+10$ 위의 점 P에서 x축, y축에 내린 수선의 발을 각각 Q, R라 할 때, 직사각형 OQPR의 최대 넓이는?
(단, 점 P는 제1사분면 위의 점이고, O는 원점이다.)

① 20   ② 25   ③ 30
④ 35   ⑤ 40

1108 상중

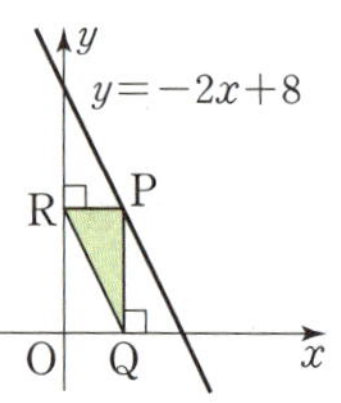

오른쪽 그림과 같이 직선 $y=-2x+8$ 위의 점 P에서 x축, y축에 내린 수선의 발을 각각 Q, R라 할 때, 직각삼각형 PRQ의 최대 넓이를 구하시오.
(단, 점 P는 제1사분면 위의 점이다.)

1109 상 서술형

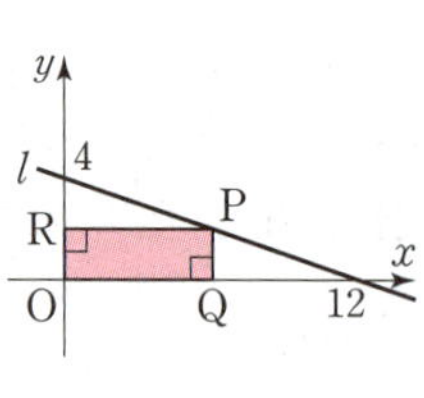

오른쪽 그림과 같이 직선 l 위를 움직이는 점 P에서 x축, y축에 내린 수선의 발을 각각 Q, R라 하자. 직사각형 OQPR의 넓이가 최대일 때의 점 P의 좌표를 구하시오.
(단, 점 P는 제1사분면 위의 점이고, O는 원점이다.)

시험에 꼭 나오는 문제

1110

다음 중 이차함수의 식을 $y=a(x-p)^2+q$의 꼴로 바르게 나타낸 것은?

① $y=2x^2-4x$ ➡ $y=2(x-1)^2$
② $y=x^2+6x+7$ ➡ $y=(x+3)^2+2$
③ $y=-2x^2+12x-9$ ➡ $y=-2(x+3)^2-9$
④ $y=-\dfrac{1}{4}x^2+x+2$ ➡ $y=-\dfrac{1}{4}(x-2)^2+3$
⑤ $y=-\dfrac{1}{3}x^2+2x-2$ ➡ $y=-\dfrac{1}{3}(x-2)^2+1$

1111 중요

다음 이차함수 중 그 그래프의 꼭짓점이 제2사분면 위에 있는 것은?

① $y=x^2-4x+1$　　② $y=-x^2-6x-11$
③ $y=2x^2+2x+3$　　④ $y=3x^2-6x$
⑤ $y=\dfrac{1}{2}x^2-2x+3$

1112

이차함수 $y=-3x^2+kx-4$의 그래프가 점 $(2,\ -4)$를 지날 때, 이 그래프의 축의 방정식을 구하시오.
(단, k는 상수이다.)

1113

이차함수 $y=-2x^2+8x-7$에서 x의 값이 증가할 때 y의 값도 증가하는 x의 값의 범위는?

① $x>-2$　　② $x<2$　　③ $x>2$
④ $x<4$　　⑤ $x>4$

1114

오른쪽 그림은 이차함수 $y=x^2+4x-5$의 그래프이다. 점 C는 그래프의 꼭짓점이고 $\overline{BD}$는 x축에 평행할 때, 다음 중 옳지 않은 것은?

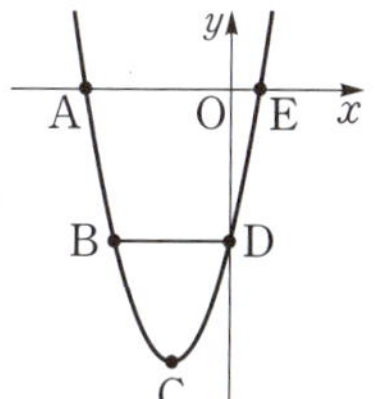

① $A(-5,\ 0)$　　② $B(-3,\ -5)$
③ $C(-2,\ -9)$　　④ $D(0,\ -5)$
⑤ $E(1,\ 0)$

1115 중요

이차함수 $y=2x^2-4x+1$의 그래프를 x축의 방향으로 a만큼, y축의 방향으로 b만큼 평행이동하였더니 이차함수 $y=2x^2+8x+3$의 그래프와 일치하였다. 이때 a^2+b^2의 값을 구하시오.

1116

다음 **보기** 중 이차함수 $y=\dfrac{1}{2}x^2-2x+3$의 그래프를 x축의 방향으로 1만큼, y축의 방향으로 -3만큼 평행이동한 그래프에 대한 설명으로 옳은 것을 모두 고르시오.

보기

ㄱ. 아래로 볼록한 포물선이다.

ㄴ. x축과 서로 다른 두 점에서 만난다.

ㄷ. 제3사분면을 지나지 않는다.

ㄹ. 꼭짓점의 좌표는 $(-3, -2)$이다.

ㅁ. $y=-\dfrac{1}{2}x^2$의 그래프와 폭이 같다.

ㅂ. $x>3$일 때, x의 값이 증가하면 y의 값은 감소한다.

1117

오른쪽 그림과 같이 이차함수 $y=3x^2-5x-2$의 그래프와 x축과의 두 교점을 각각 A, B라 하고 y축과의 교점을 C, 꼭짓점을 D라 할 때, $\triangle \mathrm{ACB} : \triangle \mathrm{ADB}$는?

① $17:36$ ② $20:39$

③ $24:49$ ④ $27:50$ ⑤ $28:53$

1118 중요

이차함수 $y=ax^2+bx+c$의 그래프가 오른쪽 그림과 같을 때, 다음 중 옳지 <u>않은</u> 것은?

(단, a, b, c는 상수이다.)

① $ab<0$ ② $ac<0$

③ $abc<0$ ④ $a+b+c>0$

⑤ $4a-2b+c>0$

1119 중요

오른쪽 그림은 직선 $x=2$를 축으로 하는 이차함수 $y=ax^2+bx+c$의 그래프이다. 이때 상수 a, b, c에 대하여 $a+b-c$의 값은?

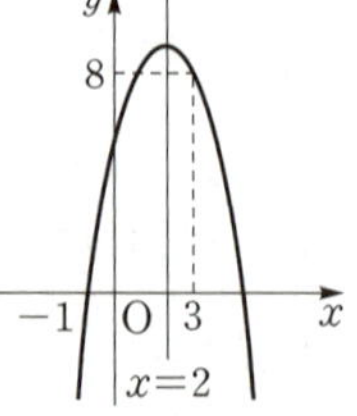

① -2 ② -1

③ 1 ④ 2

⑤ 3

1120

세 점 $(-1, 0)$, $(0, 6)$, $(4, -10)$을 지나는 이차함수의 그래프가 점 $(2, k)$를 지날 때, k의 값을 구하시오.

1121

이차함수 $y=\dfrac{1}{4}x^2$의 그래프와 모양이 같고, x축과 두 점 $(-6, 0)$, $(2, 0)$에서 만나는 이차함수의 그래프의 꼭짓점의 좌표를 구하시오.

▶ 정답 및 풀이 **88쪽**

1122

오른쪽 그림은 이차함수 $y=f(x)$의 그래프이다. 이때 함수 $f(x)$의 최솟값은?

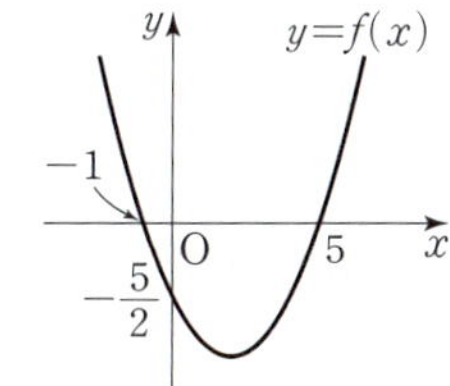

① $-\dfrac{11}{2}$ ② -5

③ $-\dfrac{9}{2}$ ④ -4

⑤ $-\dfrac{7}{2}$

1123

이차함수 $y=-x^2+2x+2a$의 최댓값이 $7-a$일 때, 상수 a의 값을 구하시오.

1124 중요

이차함수 $y=-\dfrac{1}{3}x^2+ax+11$은 $x=-3$일 때 최댓값 b를 갖는다. 이 이차함수의 그래프가 점 $(k,\ 2)$를 지날 때, $a+b+k$의 값은? (단, a는 상수이고, $k<0$이다.)

① 2   ② 3   ③ 4

④ 5   ⑤ 6

1125

합이 6인 두 수의 제곱의 합의 최솟값을 구하시오.

1126 중요

어느 회사에서 하루에 x개의 제품을 판매할 때 생기는 이익은 $\left(-\dfrac{1}{10}x^2+80x-7000\right)$만 원이라고 한다. 이때 최대의 이익을 내기 위해서는 하루에 몇 개의 제품을 판매해야 하는가?

① 300개   ② 350개   ③ 400개

④ 450개   ⑤ 500개

1127

이차함수 $y=x^2+2kx+4k$의 최솟값을 m이라 할 때, m의 최댓값을 구하시오. (단, k는 상수이다.)

서술형 주관식

1128

이차함수 $y=ax^2+bx+c$의 그래프가 오른쪽 그림과 같을 때, 이차함수 $y=bx^2+cx+a$의 그래프의 꼭짓점의 좌표를 구하시오.

(단, a, b, c는 상수이다.)

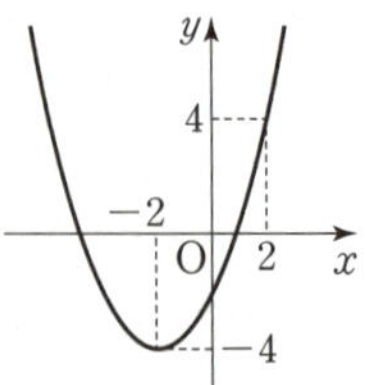

1129 중요

이차함수 $y=ax^2+bx+c$의 그래프가 다음 조건을 만족시킬 때, 상수 a, b, c에 대하여 $4a+b-c$의 값을 구하시오.

> ㈎ y축과의 교점이 원점과 일치한다.
> ㈏ 꼭짓점이 직선 $y=x+3$ 위의 점이다.
> ㈐ 그래프가 제2사분면을 지나지 않는다.
> ㈑ 이차함수 $y=-\dfrac{1}{4}x^2$의 그래프와 모양이 같다.

1130

오른쪽 그림과 같이 길이가 12 cm인 선분 AB 위에 점 P를 잡아 정사각형과 직각이등변삼각형을 만들려고 한다. 이때 두 도형의 넓이의 합이 최소가 되도록 하는 선분 AP의 길이를 구하시오.

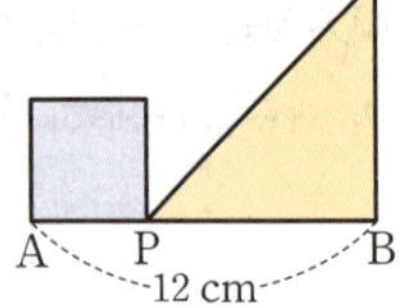

실력UP

1131

이차함수 $y=x^2+10ax+5a$의 그래프의 축이 y축의 왼쪽에 있다. 이 이차함수의 그래프의 꼭짓점이 직선 $y=-4x-10$ 위에 있을 때, 상수 a의 값을 구하시오.

1132

이차함수 $y=ax^2+bx+c$의 그래프가 제1사분면만 지나지 않을 때, 다음 중 이차함수 $y=-cx^2+abx-bc$의 그래프로 알맞은 것은? (단, a, b, c는 상수이다.)

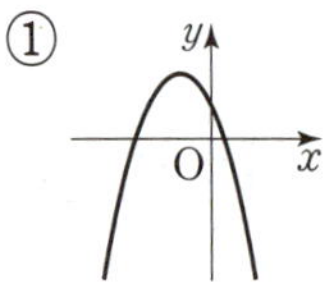 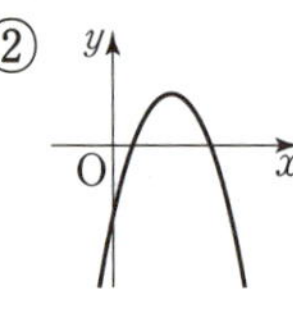 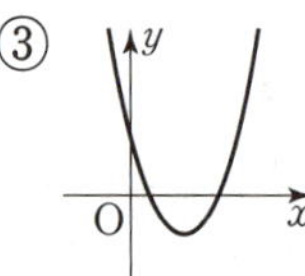

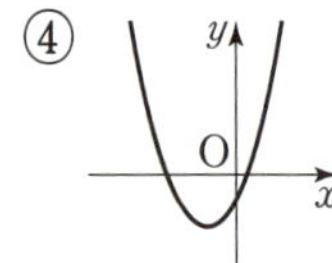 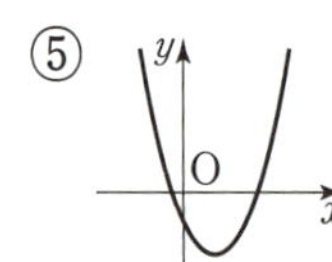

1133

오른쪽 그림과 같이 두 이차함수 $y=x^2-2$와 $y=-x^2+2$의 그래프로 둘러싸인 도형에 내접하는 직사각형 ABCD에 대하여 □ABCD의 둘레의 길이의 최댓값을 구하시오.

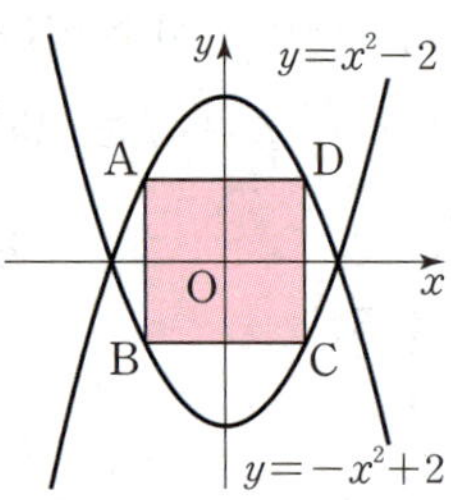

대표문제
다시 풀기

01 제곱근의 뜻과 성질

01 ↻ 0067

x가 15의 제곱근일 때, 다음 중 x와 15 사이의 관계를 식으로 바르게 나타낸 것은?

① $\sqrt{x}=15$ ② $\sqrt{x}=15^2$ ③ $x=15^2$
④ $x^2=\sqrt{15}$ ⑤ $x^2=15$

02 ↻ 0070

다음 중 옳은 것은?

① $\dfrac{9}{100}$의 제곱근은 $\pm\dfrac{3}{100}$이다.
② 모든 정수의 제곱근은 2개이다.
③ 제곱근 $\dfrac{4}{25}$ 는 $\pm\dfrac{2}{5}$이다.
④ -7은 49의 음의 제곱근이다.
⑤ -0.8은 -0.64의 제곱근이다.

03 ↻ 0073

다음 중 근호를 사용하지 않고 나타낼 수 있는 것은?

① $\sqrt{\dfrac{1}{128}}$ ② $\sqrt{0.9}$ ③ $-\sqrt{15}$
④ $\sqrt{\dfrac{66}{121}}$ ⑤ $\sqrt{1.\dot{7}}$

04 ↻ 0076

$\sqrt{625}$의 음의 제곱근을 A, $(-13)^2$의 양의 제곱근을 B라 할 때, $A+B$의 값을 구하시오.

05 ↻ 0080

가로의 길이가 14 cm, 세로의 길이가 6 cm인 직사각형과 넓이가 같은 정사각형의 한 변의 길이를 구하시오.

06 ↻ 0083

다음 중 옳은 것은?

① $\sqrt{(-4)^2}=-4$ ② $-\sqrt{\left(\dfrac{1}{3}\right)^2}=\dfrac{1}{3}$
③ $(\sqrt{25})^2=5$ ④ $-\sqrt{(-7)^2}=-7$
⑤ $(-\sqrt{0.6})^2=-0.6$

07 ↻ 0087

다음 중 옳지 <u>않은</u> 것은?

① $\sqrt{(-4)^2}+(\sqrt{7})^2=11$

② $(-\sqrt{5})^2-(-\sqrt{3})^2=2$

③ $-\sqrt{\left(\dfrac{9}{2}\right)^2}\times\left(-\sqrt{\dfrac{4}{3}}\right)^2=-6$

④ $\sqrt{6^2}\div\sqrt{\left(-\dfrac{1}{8}\right)^2}=48$

⑤ $\sqrt{(-1)^2}-\sqrt{0.25}\times\sqrt{(-16)^2}=-5$

08 ↻ 0091

$a<0$일 때, 다음 중 옳은 것은?

① $\sqrt{a^2}=a$
② $\sqrt{(-15a)^2}=15a$
③ $\sqrt{(9a)^2}=-81a$
④ $-\sqrt{36a^2}=6a$
⑤ $-\sqrt{(-49a)^2}=-7a$

09 ↻ 0094

$a<0$, $b>0$일 때, $\sqrt{(-2a)^2}+\sqrt{(5b)^2}-\sqrt{a^2}$을 간단히 하시오.

10 ↻ 0098

$-4<x<5$일 때, $\sqrt{(x-5)^2}+\sqrt{(x+4)^2}$을 간단히 하면?

① -1
② 9
③ $-2x-9$
④ $2x-1$
⑤ $2x+1$

11 ↻ 0101

$\sqrt{56x}$가 자연수가 되도록 하는 가장 작은 자연수 x의 값을 구하시오.

12 ↻ 0105

$\sqrt{\dfrac{48}{x}}$이 자연수가 되도록 하는 가장 작은 자연수 x의 값을 구하시오.

13 ↻0108

$\sqrt{21+x}$가 자연수가 되도록 하는 가장 작은 자연수 x의 값을 구하시오.

14 ↻0111

$\sqrt{25-x}$가 정수가 되도록 하는 자연수 x의 개수는?

① 5   ② 6   ③ 7
④ 8   ⑤ 9

15 ↻0114

다음 중 두 수의 대소 관계가 옳지 <u>않은</u> 것은?

① $\sqrt{12}<\sqrt{14}$ ② $-\sqrt{7}>-3$
③ $\sqrt{26}>5$ ④ $\dfrac{1}{9}>\sqrt{\dfrac{1}{18}}$
⑤ $-0.4>-\sqrt{0.4}$

16 ↻0117

$\sqrt{(\sqrt{17}-4)^2}-\sqrt{(4-\sqrt{17})^2}$을 간단히 하면?

① -8 ② $-\sqrt{17}$ ③ 0
④ $\sqrt{17}$ ⑤ 8

17 ↻0120

부등식 $6<\sqrt{3n}<7$을 만족시키는 자연수 n의 개수를 구하시오.

18 ↻0123

$\sqrt{45}$보다 작은 자연수의 개수를 a, $\sqrt{72}$보다 작은 자연수의 개수를 b라 할 때, $b-a$의 값은?

① 1   ② 2   ③ 3
④ 4   ⑤ 5

대표문제 다시 풀기 **02** 무리수와 실수

01 ↻ 0173

다음 중 무리수인 것은?

① 0   ② $3.1\dot{4}$ ③ $\sqrt{25}$
④ $-\sqrt{15}$ ⑤ $\sqrt{1.96}$

02 ↻ 0176

다음 중 옳지 <u>않은</u> 것을 모두 고르면? (정답 2개)

① 소수는 유한소수와 무한소수로 이루어져 있다.
② 무리수는 순환소수로 나타낼 수도 있다.
③ $\dfrac{\pi}{3}$ 는 순환소수가 아닌 무한소수이다.
④ 유한소수는 모두 유리수이다.
⑤ 유리수의 제곱근은 모두 무리수이다.

03 ↻ 0179

다음 수에 대한 설명으로 옳은 것은?

$$-\frac{1}{4}, \quad \sqrt{81}, \quad \sqrt{22.5}, \quad -\sqrt{0.1\dot{2}}, \quad 6.02\dot{4}, \quad \sqrt{3}-1$$

① 자연수는 2개이다.
② 정수는 2개이다.
③ 정수가 아닌 유리수는 3개이다.
④ 유리수는 4개이다.
⑤ 소수로 나타내었을 때 순환소수가 아닌 무한소수로 나타내어지는 것은 3개이다.

04 ↻ 0182

오른쪽 그림은 한 눈금의 길이가 1인 모눈종이 위에 수직선과 직각삼각형 ABC를 그리고, 점 C를 중심으로 하고 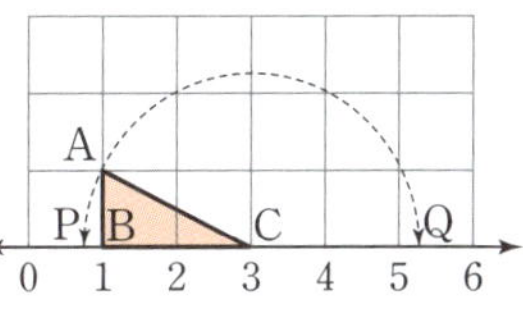
$\overline{\text{CA}}$를 반지름으로 하는 원을 그린 것이다. 원과 수직선이 만나는 두 점을 각각 P, Q라 할 때, 두 점 P, Q에 대응하는 수를 차례대로 구하시오.

05 ↻ 0185

다음 중 옳은 것을 모두 고르면? (정답 2개)

① 3에 가장 가까운 무리수를 찾을 수 있다.
② $\sqrt{6}$과 $\sqrt{7}$ 사이에는 무리수가 없다.
③ 서로 다른 두 유리수 사이에는 무수히 많은 무리수가 있다.
④ $\dfrac{1}{13}$과 $\dfrac{6}{13}$ 사이에는 4개의 유리수가 있다.
⑤ 수직선은 실수에 대응하는 점들로 완전히 메울 수 있다.

부록
대표문제 다시 풀기

정답 및 풀이 92쪽

06   ↻0188

다음 수직선 위의 점 A~E 중 $\sqrt{3}-2$에 대응하는 점은?

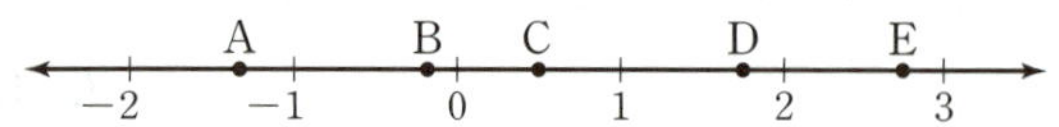

① 점 A   ② 점 B   ③ 점 C
④ 점 D   ⑤ 점 E

07   ↻0191

다음 중 두 실수의 대소 관계가 옳은 것은?

① $\sqrt{5}-2>1$ ② $3<5-\sqrt{6}$
③ $\dfrac{1}{2}<1-\sqrt{\dfrac{1}{2}}$ ④ $6-\sqrt{10}<6-\sqrt{11}$
⑤ $-\sqrt{13}-\sqrt{7}>-\sqrt{14}-\sqrt{7}$

08   ↻0194

다음 세 수 a, b, c의 대소 관계를 바르게 나타낸 것은?

$$a=-3+\sqrt{5}, \quad b=\sqrt{5}-\sqrt{8}, \quad c=-1$$

① $a<b<c$ ② $b<a<c$ ③ $b<c<a$
④ $c<a<b$ ⑤ $c<b<a$

09   ↻0197

다음 제곱근표에서 $\sqrt{7.86}$의 값이 a이고 $\sqrt{b}$의 값이 2.764일 때, $100a-10b$의 값을 구하시오.

수	4	5	6	7	8
7.6	2.764	2.766	2.768	2.769	2.771
7.7	2.782	2.784	2.786	2.787	2.789
7.8	2.800	2.802	2.804	2.805	2.807
7.9	2.818	2.820	2.821	2.823	2.825

10   ↻0200

다음 중 $\sqrt{17}$과 6 사이에 있는 수가 <u>아닌</u> 것은?

① $\sqrt{17}+1$ ② $\sqrt{\dfrac{61}{2}}$ ③ $\sqrt{3}+4$
④ $\sqrt{17}+2$ ⑤ $\sqrt{12}+2$

대표문제 다시 풀기

03 근호를 포함한 식의 계산

01 ↻ 0277

다음 중 옳은 것은?

① $\sqrt{3} \times \sqrt{7} = \sqrt{10}$

② $(-\sqrt{6}) \times 6\sqrt{11} = -\sqrt{66}$

③ $(-\sqrt{5}) \times (-2\sqrt{3}) = -2\sqrt{15}$

④ $\sqrt{\dfrac{1}{2}} \times (-\sqrt{32}) = -4$

⑤ $3\sqrt{6} \times 8\sqrt{5} = 24\sqrt{15}$

02 ↻ 0280

다음 중 옳지 <u>않은</u> 것은?

① $\dfrac{\sqrt{5}}{\sqrt{20}} = \dfrac{1}{2}$

② $2\sqrt{18} \div 4\sqrt{6} = \dfrac{\sqrt{3}}{2}$

③ $\dfrac{\sqrt{3}}{\sqrt{5}} \div \dfrac{\sqrt{12}}{\sqrt{40}} = 2$

④ $\dfrac{\sqrt{45}}{\sqrt{15}} \div \dfrac{\sqrt{6}}{2\sqrt{14}} = 2\sqrt{7}$

⑤ $\sqrt{24} \div \sqrt{12} \div \dfrac{1}{\sqrt{18}} = 6$

03 ↻ 0283

$4\sqrt{3} = \sqrt{a}$, $\sqrt{98} = b\sqrt{2}$일 때, 유리수 a, b에 대하여 $a+b$의 값을 구하시오.

04 ↻ 0287

$\sqrt{\dfrac{175}{4}} = a\sqrt{7}$, $\sqrt{0.96} = b\sqrt{6}$일 때, 유리수 a, b에 대하여 ab의 값을 구하시오.

05 ↻ 0291

$\sqrt{1.5} = 1.225$, $\sqrt{15} = 3.873$일 때, 다음 중 옳지 <u>않은</u> 것은?

① $\sqrt{0.15} = 0.3873$

② $\sqrt{150} = 12.25$

③ $\sqrt{0.015} = 0.1225$

④ $\sqrt{1500} = 38.73$

⑤ $\sqrt{0.0015} = 0.01225$

부록

대표문제 다시 풀기

06   ↻ 0295

$\sqrt{2}=a$, $\sqrt{3}=b$일 때, $\sqrt{450}$을 a, b를 사용하여 나타내면?

① $5ab$ ② a^2b ③ $5a^2b$
④ ab^2 ⑤ $5ab^2$

07   ↻ 0298

다음 중 분모를 유리화한 것으로 옳은 것은?

① $\dfrac{1}{\sqrt{2}}=\sqrt{2}$ ② $\dfrac{10}{\sqrt{5}}=4\sqrt{5}$

③ $\dfrac{\sqrt{3}}{\sqrt{7}}=\dfrac{\sqrt{7}}{21}$ ④ $\dfrac{\sqrt{5}}{6\sqrt{2}}=\dfrac{\sqrt{10}}{12}$

⑤ $\dfrac{\sqrt{2}}{4\sqrt{6}}=\dfrac{\sqrt{6}}{24}$

08   ↻ 0301

$\dfrac{5\sqrt{2}}{\sqrt{7}}\times\sqrt{21}\div\dfrac{\sqrt{5}}{\sqrt{24}}$ 를 계산하시오.

09   ↻ 0304

오른쪽 그림과 같이 $\angle B=90°$인 직각삼각형 ABC에서 $\overline{AB}$, $\overline{BC}$를 각각 한 변으로 하는 두 정사각형을 그렸더니 그 넓이가 각각 28, 40이 되었다. 이때 직각삼각형 ABC의 넓이는?

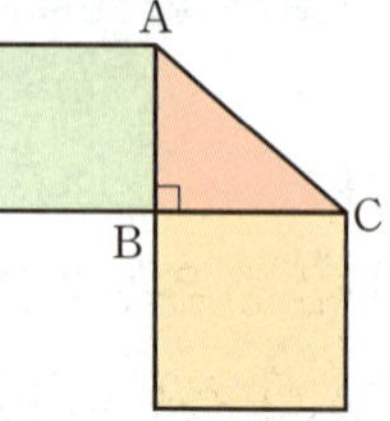

① $4\sqrt{7}$ ② $8\sqrt{2}$ ③ $4\sqrt{10}$
④ $2\sqrt{70}$ ⑤ $4\sqrt{35}$

10   ↻ 0310

$\dfrac{\sqrt{2}}{6}-\dfrac{\sqrt{3}}{2}-\sqrt{2}+\dfrac{2\sqrt{3}}{3}=a\sqrt{2}+b\sqrt{3}$일 때, 유리수 a, b에 대하여 $b-a$의 값은?

① 1 ② $\dfrac{3}{2}$ ③ 2
④ $\dfrac{5}{2}$ ⑤ 3

11 ↻0314

$\sqrt{216}-\sqrt{96}+\sqrt{24}=k\sqrt{6}$ 일 때, 유리수 k의 값을 구하시오.

12 ↻0318

$2\sqrt{48}-\sqrt{108}-\dfrac{4}{\sqrt{2}}+\dfrac{3}{\sqrt{27}}$ 을 계산하면?

① $-8\sqrt{2}+\dfrac{\sqrt{3}}{3}$ ② $-2\sqrt{2}+\dfrac{5\sqrt{3}}{3}$

③ $-2\sqrt{2}+\dfrac{7\sqrt{3}}{3}$ ④ $-\sqrt{2}+\dfrac{7\sqrt{3}}{3}$

⑤ $-\sqrt{2}+\dfrac{10\sqrt{3}}{3}$

13 ↻0322

다음 그림과 같이 한 눈금의 길이가 1인 모눈종이 위에 수직선과 정사각형 ABCD를 그렸다. $\overline{AB}=\overline{AP}$, $\overline{AD}=\overline{AQ}$ 일 때, 두 점 P, Q에 대응하는 수를 각각 p, q라 하자. 이때 $p+2q$의 값을 구하시오.

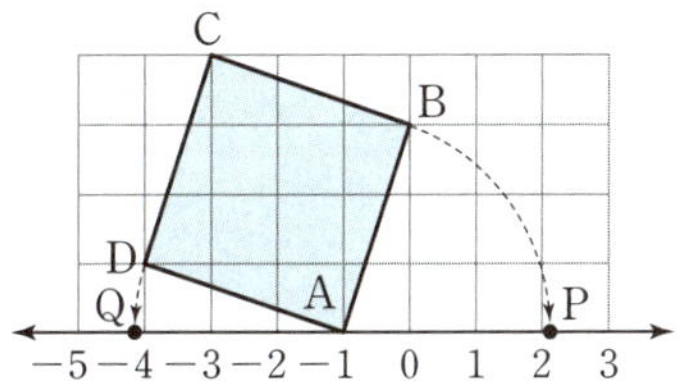

14 ↻0325

$\sqrt{3}(\sqrt{6}-5)-\sqrt{5}(\sqrt{10}+\sqrt{15})=x\sqrt{2}+y\sqrt{3}$ 일 때, 유리수 x, y에 대하여 $x+y$의 값은?

① -15 ② -14 ③ -13
④ -12 ⑤ -11

15 ↻0328

$\dfrac{5\sqrt{12}-\sqrt{20}}{6\sqrt{3}}$ 의 분모를 유리화하였더니 $a\sqrt{15}+b$가 되었다. 이때 유리수 a, b에 대하여 $3a-b$의 값은?

① -2 ② 0 ③ 2
④ 4 ⑤ 6

16 ↻ 0331

$\sqrt{2}(2\sqrt{10}-5\sqrt{2})+\dfrac{9\sqrt{10}-60}{\sqrt{45}}$ 을 계산하면?

① $-12-4\sqrt{2}$ ② $-10+3\sqrt{2}$
③ $8+3\sqrt{2}$ ④ $10-\sqrt{2}$
⑤ $12+2\sqrt{2}$

17 ↻ 0334

$2\sqrt{5}(\sqrt{5}-\sqrt{2})+a(\sqrt{10}+3)$ 을 계산한 결과가 유리수가 되도록 하는 유리수 a의 값을 구하시오.

18 ↻ 0337

오른쪽 그림과 같은 사다리꼴 ABCD의 넓이를 구하시오.

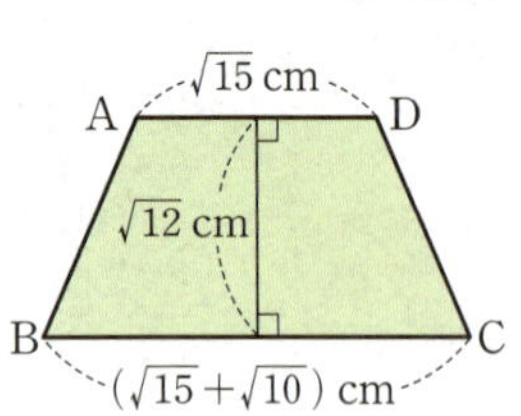

19 ↻ 0343

다음 중 두 실수의 대소 관계가 옳지 <u>않은</u> 것은?

① $\sqrt{18}>5-\sqrt{2}$
② $3-\sqrt{3}>4-2\sqrt{3}$
③ $5\sqrt{2}-2\sqrt{3}<2\sqrt{2}+\sqrt{3}$
④ $3\sqrt{3}-4\sqrt{2}<-\sqrt{12}+\sqrt{8}$
⑤ $2\sqrt{7}-\sqrt{3}>3\sqrt{3}-\sqrt{7}$

20 ↻ 0346

$12-\sqrt{7}$ 의 정수 부분을 a, 소수 부분을 b라 할 때, $2a-b$ 의 값은?

① $7-\sqrt{7}$ ② $9+\sqrt{7}$ ③ $11-\sqrt{7}$
④ $13+\sqrt{7}$ ⑤ $15+\sqrt{7}$

대표문제 다시 풀기

04 다항식의 곱셈

01 ↻ 0401

$(x+5y-3)(4x+y)$를 전개하면?

① $4x^2-21xy-5y^2+12x-3y$
② $4x^2-19xy+5y^2+12x-3y$
③ $4x^2+19xy-5y^2-12x+3y$
④ $4x^2+21xy+5y^2-12x-3y$
⑤ $4x^2+21xy-5y^2-12x+3y$

02 ↻ 0405

$(2x+3y+1)(x-2y+5)$를 전개한 식에서 y의 계수는?

① -17 ② -13 ③ 7
④ 13 ⑤ 17

03 ↻ 0408

다음 중 옳은 것은?

① $(x+3)^2=x^2+9$
② $(3x-1)^2=9x^2-12x+1$
③ $\left(\dfrac{1}{2}x+3\right)^2=\dfrac{1}{4}x^2+\dfrac{3}{2}x+9$
④ $(-2x+3)^2=-4x^2-12x+9$
⑤ $\left(-3x-\dfrac{1}{2}\right)^2=9x^2+3x+\dfrac{1}{4}$

04 ↻ 0414

$\left(6x+\dfrac{1}{2}y\right)\left(\dfrac{1}{2}y-6x\right)=Ax^2+By^2$일 때, 상수 A, B에 대하여 AB의 값은?

① -12 ② -9 ③ -6
④ 9 ⑤ 12

05 ↻ 0418

$\left(x+\dfrac{1}{4}\right)(x-8)=x^2+ax+b$일 때, 상수 a, b에 대하여 $b-a$의 값은?

① $\dfrac{19}{4}$ ② $\dfrac{21}{4}$ ③ $\dfrac{23}{4}$
④ $\dfrac{25}{4}$ ⑤ $\dfrac{27}{4}$

06 ↻ 0422

$(6x+a)(2x+7)=12x^2+bx-35$일 때, 상수 a, b에 대하여 $a+b$의 값을 구하시오.

07   ↻0426

다음 중 옳지 <u>않은</u> 것은?

① $\left(-\dfrac{1}{2}x+y\right)^2=\dfrac{1}{4}x^2-xy+y^2$

② $(x-7)^2=x^2-14x+49$

③ $(-x+5)(-x-5)=x^2-25$

④ $(x+3)(x-6)=x^2-3x-18$

⑤ $(3x+1)(3x-4)=9x^2-4$

08   ↻0429

오른쪽 그림과 같이 한 변의 길이가 $5a$ 인 정사각형에서 가로의 길이를 $3b$만 큼 줄이고, 세로의 길이를 $3b$만큼 늘여 서 만든 직사각형의 넓이를 구하시오.

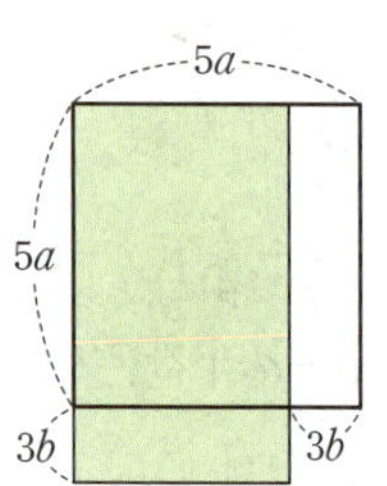

09   ↻0432

오른쪽 그림과 같이 가로의 길 이가 $4x+7$, 세로의 길이가 $3x$인 직사각형 모양의 땅에 폭 이 2로 일정한 길을 만들었다. 길을 제외한 땅의 넓이를 구하 시오.

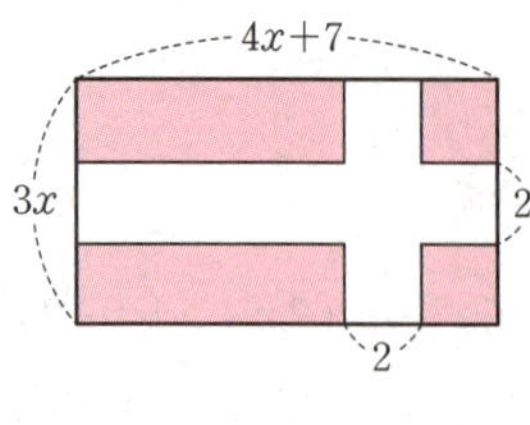

10   ↻0435

$(x+y+8)(x-y+8)$을 전개하면?

① $x^2-16x+64-y^2$ ② $x^2-16x+64+y^2$

③ $x^2+16x-64+y^2$ ④ $x^2+16x+64-y^2$

⑤ $x^2+16x+64+y^2$

11   ↻0438

다음 중 곱셈 공식 $(a+b)(a-b)=a^2-b^2$을 이용하여 계 산하면 가장 편리한 것은?

① 63^2 ② 97^2 ③ 502×505

④ 10.4×9.6 ⑤ 199×204

12   ↻0442

$(\sqrt{3}-\sqrt{5})^2$을 계산하시오.

13 ↻0446

$\dfrac{1-\sqrt{6}}{5+2\sqrt{6}}=a+b\sqrt{6}$일 때, 유리수 a, b에 대하여 $a+b$의 값을 구하시오.

14 ↻0452

$x=2-\sqrt{3}$일 때, x^2-4x+9의 값은?

① 6   ② 7   ③ 8
④ 9   ⑤ 10

15 ↻0455

$x+y=4$, $xy=1$일 때, x^2+y^2의 값은?

① 10   ② 12   ③ 14
④ 16   ⑤ 18

16 ↻0459

$x+\dfrac{1}{x}=\sqrt{11}$일 때, $x^2+\dfrac{1}{x^2}$의 값을 구하시오.

17 ↻0463

다음 식을 전개하시오.

$$(x-2)(x-1)(x+4)(x+5)$$

18 ↻0466

$x^2-5x-1=0$일 때, $x^2+\dfrac{1}{x^2}$의 값은?

① 23   ② 24   ③ 25
④ 26   ⑤ 27

05 다항식의 인수분해

01 ↻ 0539

다음 중 $5x^2(ax-2b)$의 인수가 <u>아닌</u> 것은?

① x ② x^2 ③ $5x^2$
④ $ax-2b$ ⑤ $ax+2b$

02 ↻ 0542

다음 중 다항식을 인수분해한 것이 옳지 <u>않은</u> 것은?

① $3x^2+6x=3x(x+2)$
② $8ab-4b=4b(2a-1)$
③ $2x^2y-10xy^2+4xy=2xy(x-5y+2)$
④ $a(7-x)+b(x-7)=(x-7)(b-a)$
⑤ $(x-4)(x-3)+9(x-4)=(x-4)(x+5)$

03 ↻ 0546

다음 **보기** 중 완전제곱식으로 인수분해되는 것을 모두 고르시오.

보기

ㄱ. $a^2-16a+64$ ㄴ. $\dfrac{1}{4}x^2+x+1$

ㄷ. $9a^2+6ab+4b^2$ ㄹ. $12x^2-12xy+3y^2$

---

04 ↻ 0550

두 다항식 $x^2-12x+a$, $x^2+bx+100$이 모두 완전제곱식이 되도록 하는 양수 a, b에 대하여 $a-b$의 값을 구하시오.

05 ↻ 0554

$-2<x<5$일 때, $\sqrt{x^2+4x+4}-\sqrt{x^2-10x+25}$를 간단히 하면?

① $2x-3$ ② $2x+1$ ③ $2x+3$
④ -3 ⑤ 7

06 ↻ 0558

$4x^2-49$를 인수분해하면 $(Ax+B)(Ax-B)$일 때, 자연수 A, B에 대하여 $A+B$의 값은?

① 3 ② 5 ③ 7
④ 9 ⑤ 11

07 ↻ 0562

x^2+5x-6을 인수분해하면?

① $(x-1)(x+6)$
② $(x+1)(x-6)$
③ $(x+1)(x+6)$
④ $(x-2)(x+3)$
⑤ $(x+2)(x-3)$

08 ↻ 0566

$3x^2+4x-15=(ax+b)(3x+c)$일 때, 정수 a, b, c에 대하여 $a+b+c$의 값을 구하시오.

09 ↻ 0570

다음 중 다항식을 인수분해한 것이 옳지 <u>않은</u> 것은?

① $9x^2-24x+16=(3x-4)^2$
② $5x^2-20y^2=5(x+2y)(x-2y)$
③ $x^2+x-42=(x-6)(x+7)$
④ $2x^2-x-1=(x-1)(2x+1)$
⑤ $3x^2+13xy-10y^2=(x-5y)(3x+2y)$

10 ↻ 0573

다음 두 다항식의 공통인 인수는?

$$2x^2-9x-5, \quad x^2-8x+15$$

① $x-3$ ② $x-5$ ③ $x+5$
④ $2x-1$ ⑤ $2x+1$

11   ↻0576

$3x+2$가 $9x^2+3x+a$의 인수일 때, 상수 a의 값은?

① -4 ② -2 ③ -1
④ 1 ⑤ 2

12   ↻0579

x^2의 계수가 1인 어떤 이차식을 규현이는 x의 계수를 잘못 보아 $(x-3)(x+8)$로 인수분해하였고, 유진이는 상수항을 잘못 보아 $(x+2)(x-4)$로 인수분해하였다. 처음 이차식을 바르게 인수분해한 것은?

① $(x-2)(x+6)$ ② $(x-2)(x+8)$
③ $(x+2)(x-8)$ ④ $(x-4)(x+6)$
⑤ $(x+4)(x-6)$

13   ↻0582

다음 그림의 모든 직사각형을 빈틈없이 겹치지 않게 붙여 하나의 큰 직사각형을 만들 때, 새로 만든 직사각형의 둘레의 길이를 구하시오.

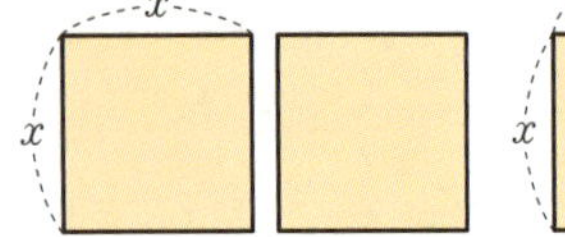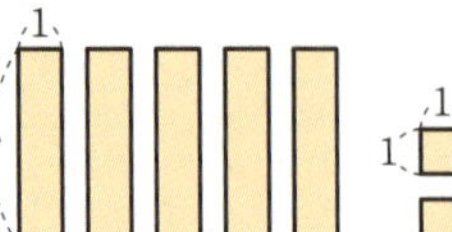

14   ↻0585

오른쪽 그림과 같이 높이가 $x+3$인 삼각형의 넓이가 $5x^2+13x-6$일 때, 이 삼각형의 밑변의 길이를 구하시오.

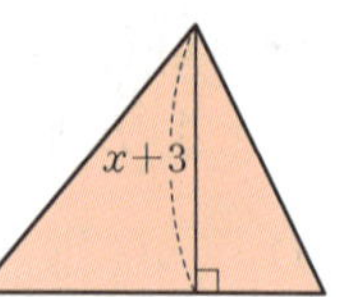

15   ↻0588

$(3x-5)^2-7(3x-5)+10$을 인수분해하였더니 $(3x+a)(3x+b)$가 되었다. 이때 상수 a, b에 대하여 $a+b$의 값은?

① -23 ② -21 ③ -19
④ -17 ⑤ -15

16   ↻0592

$2(x+2)^2-5(x+2)(x-3)-3(x-3)^2$을 인수분해하면?

① $-(2x-11)(3x+1)$
② $-(2x-1)(3x+11)$
③ $(2x-11)(3x-1)$
④ $(2x+11)(3x-1)$
⑤ $(2x+11)(3x+1)$

17 $\circlearrowright$ **0595**

다음 중 $x^2+x-xy-y$의 인수인 것을 모두 고르면?

(정답 2개)

① $x-y$ ② $x-1$ ③ $x+1$
④ $x+y$ ⑤ $y+1$

18 $\circlearrowright$ **0598**

$x^2-y^2-8x+16$을 인수분해하면?

① $(x-y-2)(x-y+8)$
② $(x-y-4)(x-y+4)$
③ $(x+y-4)(x-y-4)$
④ $(x+y-4)(x+y+4)$
⑤ $(x+y-2)(x+y-8)$

19 $\circlearrowright$ **0601**

인수분해 공식을 이용하여 다음을 계산할 때, $\dfrac{B}{A}$의 값을 구하시오.

$$A=4.26^2+2\times4.26\times5.74+5.74^2$$
$$B=121^2-21^2$$

20 $\circlearrowright$ **0604**

$x=2+\sqrt{5}$, $y=2-\sqrt{5}$일 때, $x^2(x-y)+y^2(y-x)$의 값을 구하시오.

21 $\circlearrowright$ **0607**

$(a-1)(a-3)(a-5)(a-7)+15$를 인수분해하면?

① $(a-2)(a-6)(a^2-8a+10)$
② $(a-2)(a-6)(a^2+8a+10)$
③ $(a+2)(a-6)(a^2-8a-10)$
④ $(a+2)(a-6)(a^2-8a+10)$
⑤ $(a+2)(a+6)(a^2-8a+10)$

22 $\circlearrowright$ **0610**

$x^2-xy-x-2y-6$을 인수분해하시오.

06 이차방정식의 풀이

01   ↻0683

다음 **보기** 중 x에 대한 이차방정식인 것을 모두 고른 것은?

> **◀ 보기 ▶**
>
> ㄱ. $x^2-9=0$
>
> ㄴ. $x^2+\dfrac{1}{2}(x-3)=0$
>
> ㄷ. $x^3-(x-1)^2=x^3-5x$
>
> ㄹ. $-x^3-3x=4(x-1)^2$

① ㄱ, ㄴ   ② ㄱ, ㄹ   ③ ㄴ, ㄷ

④ ㄴ, ㄹ   ⑤ ㄱ, ㄴ, ㄷ

02   ↻0687

다음 중 [ ] 안의 수가 주어진 이차방정식의 해인 것을 모두 고르면? (정답 2개)

① $x^2-5=0$ [0]

② $(2x-1)(x+1)=0$ [1]

③ $x^2+4x=4(2x+3)$ [−2]

④ $(x-6)(x+6)=13$ [6]

⑤ $3x^2+2x-1=0$ $\left[\dfrac{1}{3}\right]$

03   ↻0690

이차방정식 $3x^2+ax-5a+2=0$의 한 근이 $x=-2$일 때, 상수 a의 값을 구하시오.

04   ↻0693

이차방정식 $x^2-4x+1=0$의 한 근을 $x=\alpha$라 할 때, 다음 중 옳지 <u>않은</u> 것은?

① $\alpha^2-4\alpha=-1$ ② $3\alpha^2-12\alpha+2=-1$

③ $-\alpha^2+4\alpha+4=5$ ④ $\alpha+\dfrac{1}{\alpha}=4$

⑤ $5\alpha^2-20\alpha+7=-2$

05   ↻0696

다음 이차방정식 중 해가 $x=-2$ 또는 $x=3$인 것은?

① $(x+3)(x-2)=0$

② $(x+2)(x-3)=0$

③ $(x-2)(x-3)=0$

④ $(2x+1)(3x-1)=0$

⑤ $(3x+1)(2x-1)=0$

06   ↻0699

이차방정식 $2x^2+x-6=0$의 해가 $x=\alpha$ 또는 $x=\beta$일 때, $2\alpha-\beta$의 값을 구하시오. (단, $\alpha>\beta$)

07   ↻ 0703

이차방정식 $x^2-kx+k+7=0$의 한 근이 $x=3$일 때, 상수 k의 값과 다른 한 근을 구하면?

① $k=3$, $x=5$ ② $k=5$, $x=4$
③ $k=5$, $x=6$ ④ $k=8$, $x=5$
⑤ $k=8$, $x=8$

08   ↻ 0707

이차방정식 $x^2-3x-4=0$의 두 근 중 음수인 근이
이차방정식 $x^2+ax+5=0$의 한 근일 때, 상수 a의 값은?

① 3   ② 4   ③ 5
④ 6   ⑤ 7

09   ↻ 0710

다음 두 이차방정식의 공통인 근을 구하시오.

$$x^2+4x-12=0, \quad 2x^2+11x-6=0$$

10   ↻ 0714

다음 이차방정식 중 중근을 갖는 것을 모두 고르면?

(정답 2개)

① $7x^2-1=0$ ② $x^2-x+3=5x-6$
③ $6x^2-7x+2=x$ ④ $x(x+1)=-\dfrac{1}{4}$
⑤ $(x-5)^2=1$

11   ↻ 0717

이차방정식 $x^2-12x+5a+1=0$이 중근을 가질 때, 상수 a의 값을 구하시오.

12   ↻ 0721

이차방정식 $2(x-3)^2=10$의 해가 $x=p\pm\sqrt{q}$일 때, 유리수 p, q에 대하여 $p+q$의 값은?

① -8 ② -3 ③ 1
④ 3   ⑤ 8

13 ↻ 0724

이차방정식 $\left(x+\dfrac{1}{4}\right)^2=m-1$이 근을 가질 때, 다음 중 상수 m의 값이 될 수 <u>없는</u> 것은?

① 0   ② 1   ③ 2

④ 3   ⑤ 4

14 ↻ 0727

이차방정식 $2x^2-8x+5=0$을 $(x+a)^2=b$의 꼴로 나타낼 때, 상수 a, b에 대하여 ab의 값을 구하시오.

15 ↻ 0730

다음은 완전제곱식을 이용하여 이차방정식 $3x^2+4x-1=0$의 해를 구하는 과정이다. 상수 $A\sim E$의 값으로 옳지 <u>않은</u> 것은?

$3x^2+4x-1=0$의 양변을 A로 나누면

$$x^2+\frac{4}{3}x-\frac{1}{3}=0$$

$$x^2+\frac{4}{3}x=\frac{1}{3}, \qquad x^2+\frac{4}{3}x+B=\frac{1}{3}+B$$

$$(x+C)^2=\frac{D}{9}, \qquad x+C=\pm\frac{\sqrt{D}}{3}$$

$$\therefore x=\frac{E\pm\sqrt{D}}{3}$$

① $A=3$ ② $B=\dfrac{4}{9}$ ③ $C=\dfrac{2}{3}$

④ $D=6$ ⑤ $E=-2$

16 ↻ 0733

다음 중 이차방정식 $(x-1)^2=5k$의 해가 정수가 되도록 하는 자연수 k의 값으로 알맞은 것은?

① 15   ② 20   ③ 25

④ 30   ⑤ 35

대표문제 다시 풀기

07 이차방정식의 활용

01 ↻ 0794

다음 중 이차방정식의 근이 바르게 짝 지어진 것은?

① $x^2+x-4=0 \Rightarrow x=\dfrac{-1\pm\sqrt{7}}{2}$

② $x^2+3x+1=0 \Rightarrow x=\dfrac{3\pm\sqrt{5}}{2}$

③ $x^2-6x+7=0 \Rightarrow x=-3\pm\sqrt{2}$

④ $2x^2-7x-1=0 \Rightarrow x=\dfrac{7\pm\sqrt{59}}{4}$

⑤ $5x^2+4x-2=0 \Rightarrow x=\dfrac{-2\pm\sqrt{14}}{5}$

02 ↻ 0798

이차방정식 $\dfrac{2(x+1)(x+2)-1}{12}=0.25(x+1)(x-1)$ 의 두 근의 합을 구하시오.

03 ↻ 0804

이차방정식 $3(x-1)^2+7(x-1)-6=0$의 두 근을 α, β 라 할 때, $3\alpha-\beta$의 값은? (단, $\alpha>\beta$)

① 1   ② 3   ③ 5

④ 7   ⑤ 9

04 ↻ 0808

다음 이차방정식 중 서로 다른 두 근을 갖는 것은?

① $x^2+10x+25=0$ ② $x^2-x+1=0$

③ $2x^2-3x+2=0$ ④ $4x^2-12x+9=0$

⑤ $5x^2+8x+2=0$

05 ↻ 0811

이차방정식 $x^2-mx+2m-3=0$이 중근을 갖도록 하는 모든 상수 m의 값의 곱은?

① 6   ② 8   ③ 10

④ 12   ⑤ 14

06 ↻ 0815

이차방정식 $x^2-4x+k+1=0$이 서로 다른 두 근을 가질 때, 상수 k의 값의 범위를 구하시오.

07 ↻0818

이차방정식 $3x^2+ax+b=0$의 두 근이 -6, $\dfrac{1}{3}$일 때, 상수 a, b에 대하여 $a+b$의 값은?

① -13 ② -11 ③ -9
④ 9 ⑤ 11

08 ↻0821

n각형의 대각선의 개수는 $\dfrac{n(n-3)}{2}$이다. 대각선의 개수가 90인 다각형은?

① 십삼각형 ② 십사각형 ③ 십오각형
④ 십육각형 ⑤ 십칠각형

09 ↻0824

연속하는 세 자연수가 있다. 가장 작은 수의 제곱이 다른 두 수의 합의 2배보다 1만큼 작을 때, 이 세 자연수 중 가장 큰 수는?

① 5 ② 6 ③ 7
④ 8 ⑤ 9

10 ↻0828

꿀떡 176개를 몇 명의 학생들에게 남김없이 똑같이 나누어 주었더니 한 학생이 받은 꿀떡의 개수가 학생 수보다 5만큼 적었다. 이때 학생은 모두 몇 명인지 구하시오.

11 ↻0831

지면으로부터 10 m 높이의 건물 옥상에서 초속 35 m로 똑바로 위로 쏘아 올린 물체의 x초 후의 지면으로부터의 높이는 $(-5x^2+35x+10)$ m라 한다. 이 물체의 지면으로부터의 높이가 처음으로 40 m가 되는 것은 쏘아 올린 지 몇 초 후인가?

① 1초 ② 2초 ③ 3초
④ 4초 ⑤ 5초

12 ↻ 0834

오른쪽 그림과 같은 정사각형 모양의 화단에서 가로의 길이를 3 m만큼 늘이고, 세로의 길이를 4 m만큼 늘였더니 넓이가 56 m²가 되었다. 처음 화단의 한 변의 길이를 구하시오.

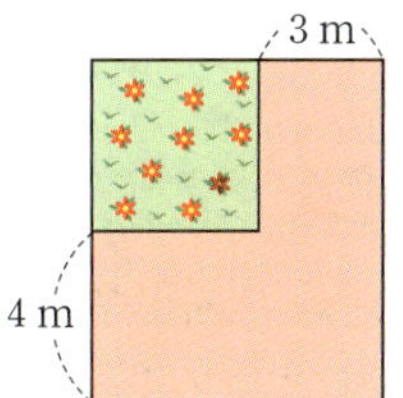

14 ↻ 0841

오른쪽 그림과 같은 정사각형 모양의 종이의 네 귀퉁이에서 한 변의 길이가 2 cm인 정사각형을 각각 잘라내고, 그 나머지로 뚜껑이 없는 직육면체 모양의 상자를 만들었더니 상자의 부피가 288 cm³가 되었다. 이때 처음 정사각형의 한 변의 길이는?

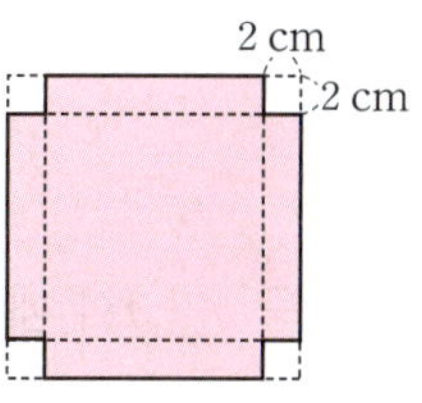

① 13 cm ② 14 cm ③ 15 cm
④ 16 cm ⑤ 17 cm

13 ↻ 0838

오른쪽 그림과 같이 가로의 길이가 26 m, 세로의 길이가 20 m인 직사각형 모양의 땅에 폭이 일정한 도로를 만들려고 한다. 도로를 제외한 땅의 넓이가 315 m²가 되도록 하려면 도로의 폭을 몇 m로 해야 하는가?

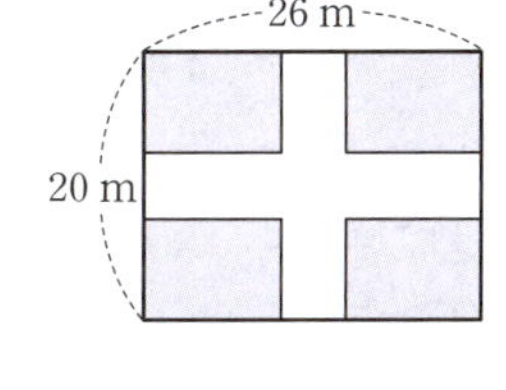

① 3 m ② $\dfrac{7}{2}$ m ③ 4 m
④ $\dfrac{9}{2}$ m ⑤ 5 m

15 ↻ 0844

오른쪽 그림에서 두 직사각형 ABCD와 DEFC는 닮은 도형이다. □ABFE는 정사각형이고 $\overline{AD}=2$일 때, $\overline{AB}$의 길이를 구하시오.

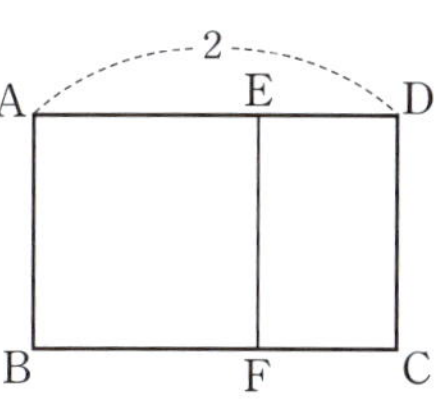

대표문제 다시 풀기 **08** 이차함수의 그래프 (1)

01 ↻ 0916

다음 중 y가 x에 대한 이차함수인 것은?

① $y=\dfrac{1}{x^2-1}$ ② $y=x^2-(x-4)^2$

③ $y=-6x^2-5$ ④ $x^2+4x+4=0$

⑤ $y=(3x+2)(x^2-1)$

02 ↻ 0919

$y=kx^2+(x+4)(x-5)$가 x에 대한 이차함수가 되도록 하는 상수 k의 조건을 구하시오.

03 ↻ 0922

이차함수 $f(x)=x^2+8x-13$에서 $f(-1)+f(2)$의 값은?

① -15 ② -13 ③ -11

④ 11 ⑤ 13

04 ↻ 0926

다음 이차함수 중 그 그래프가 아래로 볼록하면서 폭이 가장 좁은 것은?

① $y=-3x^2$ ② $y=-\dfrac{1}{4}x^2$

③ $y=\dfrac{5}{6}x^2$ ④ $y=\dfrac{6}{5}x^2$

⑤ $y=4x^2$

05 ↻ 0929

다음 **보기**의 이차함수 중 그래프가 x축에 대하여 대칭인 것끼리 짝 지은 것은?

> **보기**
>
> ㄱ. $y=7x^2$ ㄴ. $y=\dfrac{1}{7}x^2$ ㄷ. $y=-4x^2$
>
> ㄹ. $y=-\dfrac{1}{4}x^2$ ㅁ. $y=\dfrac{4}{7}x^2$ ㅂ. $y=-\dfrac{1}{7}x^2$

① ㄱ과 ㄴ ② ㄱ과 ㅂ ③ ㄴ과 ㅂ

④ ㄷ과 ㄹ ⑤ ㄹ과 ㅁ

06 ↻ 0932

다음 중 이차함수 $y=\dfrac{2}{3}x^2$의 그래프에 대한 설명으로 옳은 것을 모두 고르면? (정답 2개)

① 꼭짓점의 좌표는 $(0,\,0)$이다.

② 축의 방정식은 $y=0$이다.

③ 위로 볼록한 포물선이다.

④ $y=\dfrac{3}{2}x^2$의 그래프와 x축에 대하여 대칭이다.

⑤ 제1사분면과 제2사분면을 지난다.

07 ↺ 0935

이차함수 $y=ax^2$의 그래프가 두 점 $(-2, 5)$, $(4, b)$를 지날 때, ab의 값을 구하시오. (단, a는 상수이다.)

08 ↺ 0939

오른쪽 그림과 같이 원점을 꼭짓점으로 하고 점 $(3, -6)$을 지나는 포물선을 그래프로 하는 이차함수의 식은?

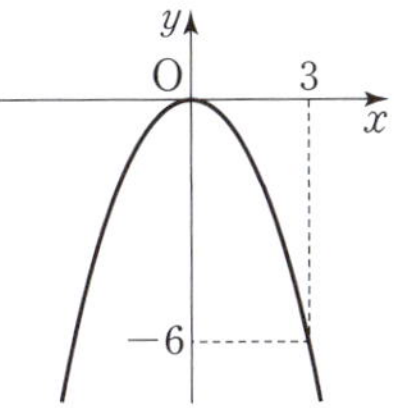

① $y=-\dfrac{1}{3}x^2$ ② $y=-\dfrac{4}{9}x^2$

③ $y=-\dfrac{2}{3}x^2$ ④ $y=-\dfrac{3}{2}x^2$

⑤ $y=-2x^2$

09 ↺ 0942

이차함수 $y=-\dfrac{1}{5}x^2$의 그래프를 y축의 방향으로 2만큼 평행이동하면 점 $(-5, a)$를 지날 때, a의 값을 구하시오.

10 ↺ 0945

다음 중 이차함수 $y=4x^2-1$의 그래프에 대한 설명으로 옳지 <u>않은</u> 것은?

① 아래로 볼록한 포물선이다.

② 축의 방정식은 $x=0$이다.

③ $y=4x^2$의 그래프를 y축의 방향으로 -1만큼 평행이동한 것이다.

④ 모든 사분면을 지난다.

⑤ $x<0$일 때, x의 값이 증가하면 y의 값도 증가한다.

11 ↺ 0948

오른쪽 그림과 같이 꼭짓점의 좌표가 $(0, 2)$이고 점 $(2, 4)$를 지나는 포물선을 그래프로 하는 이차함수의 식은?

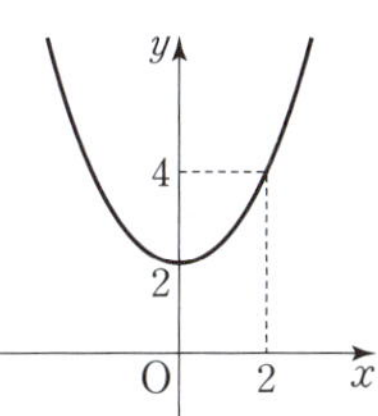

① $y=\dfrac{1}{4}x^2+4$

② $y=\dfrac{1}{4}x^2+2$

③ $y=\dfrac{1}{2}x^2+2$

④ $y=\dfrac{1}{2}x^2+1$

⑤ $y=x^2+2$

12 ↺ 0951

이차함수 $y=6(x-10)^2$의 그래프의 꼭짓점의 좌표는 (a, b)이고, 축의 방정식이 $x=c$일 때, $a+b+c$의 값을 구하시오.

13   ↻ 0954

다음 중 이차함수 $y=-5(x-3)^2$의 그래프에 대한 설명으로 옳지 <u>않은</u> 것은?

① $y=-5x^2$의 그래프를 x축의 방향으로 3만큼 평행이동한 것이다.

② 위로 볼록한 포물선이다.

③ 꼭짓점의 좌표는 $(3, 0)$이다.

④ $y=-\dfrac{1}{5}(x-3)^2$의 그래프보다 폭이 넓다.

⑤ $x<3$일 때, x의 값이 증가하면 y의 값도 증가한다.

14   ↻ 0957

오른쪽 그림과 같이 꼭짓점의 좌표가 $(-1, 0)$이고 점 $(0, -2)$를 지나는 포물선을 그래프로 하는 이차함수의 식은?

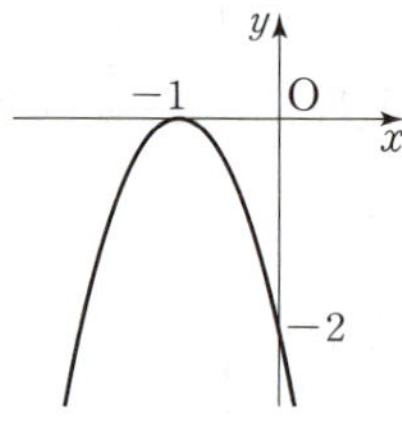

① $y=-2(x+1)^2$

② $y=-2(x-1)^2$

③ $y=-2x^2-2$

④ $y=2(x+1)^2$

⑤ $y=2(x-1)^2$

15   ↻ 0960

이차함수 $y=a(x+p)^2+11$의 그래프가 직선 $x=-4$를 축으로 하고 점 $(2, 5)$를 지날 때, 상수 a, p에 대하여 $6a+p$의 값을 구하시오.

16   ↻ 0966

이차함수 $y=-\dfrac{1}{4}(x+2)^2-2$에서 x의 값이 증가할 때 y의 값은 감소하는 x의 값의 범위는?

① $x>-4$ ② $x<-4$ ③ $x>-2$

④ $x<-2$ ⑤ $x<\dfrac{1}{2}$

17   ↻ 0969

다음 중 이차함수 $y=\dfrac{2}{3}(x-1)^2-4$의 그래프에 대한 설명으로 옳은 것은?

① 축의 방정식은 $x=-1$이다.

② 점 $(4, -2)$를 지난다.

③ $y=\dfrac{2}{3}x^2$의 그래프를 x축의 방향으로 1만큼, y축의 방향으로 4만큼 평행이동한 것이다.

④ 모든 사분면을 지난다.

⑤ 모든 실수 x에 대하여 $y\leq-4$이다.

18 ↻0971

오른쪽 그림과 같이 꼭짓점의 좌표가 $(-2, -2)$이고 점 $(0, 10)$을 지나는 포물선을 그래프로 하는 이차함수의 식은?

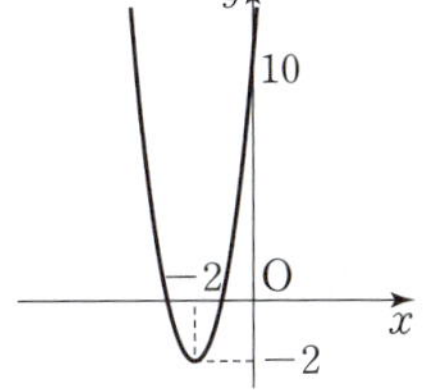

① $y=\dfrac{1}{3}(x+2)^2-2$

② $y=\dfrac{1}{3}(x-2)^2+10$

③ $y=3(x+2)^2-2$

④ $y=3(x+2)^2+10$

⑤ $y=3(x-2)^2-2$

19 ↻0974

이차함수 $y=\dfrac{1}{5}(x-7)^2-3$의 그래프를 x축의 방향으로 m만큼, y축의 방향으로 n만큼 평행이동하였더니 $y=\dfrac{1}{5}(x+2)^2+1$의 그래프와 일치하였다. 이때 $n-m$의 값은?

① 9　　　② 10　　　③ 11

④ 12　　　⑤ 13

20 ↻0977

이차함수 $y=a(x+p)^2-q$의 그래프가 오른쪽 그림과 같을 때, 상수 a, p, q의 부호는?

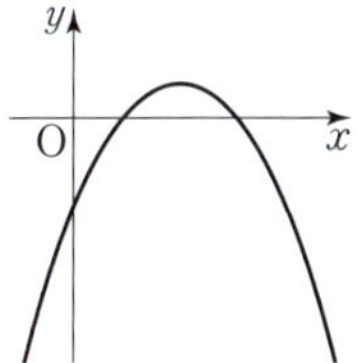

① $a>0$, $p>0$, $q>0$

② $a>0$, $p<0$, $q<0$

③ $a<0$, $p>0$, $q>0$

④ $a<0$, $p<0$, $q>0$

⑤ $a<0$, $p<0$, $q<0$

21 ↻0980

오른쪽 그림과 같이 x축과 평행한 선분 AB에서 점 A의 좌표는 $(0, 16)$이고, 점 B는 이차함수 $y=\dfrac{1}{4}x^2$의 그래프 위의 점이다. □ACDB가 평행사변형이 되도록 두 점 C, D를 $y=\dfrac{1}{4}x^2$의 그래프 위에 잡을 때, 점 D의 좌표를 구하시오. (단, 점 B는 제1사분면 위의 점이다.)

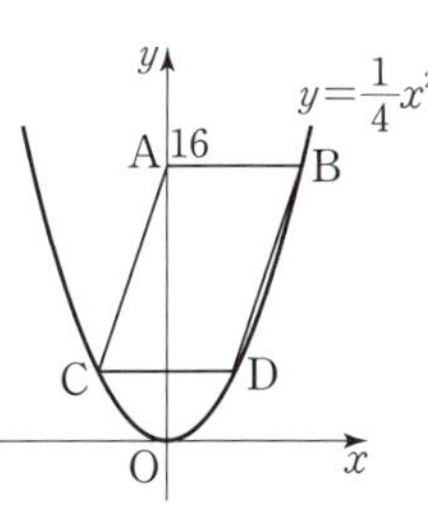

부록 대표문제 다시 풀기

09 이차함수의 그래프 (2)

01 $\circlearrowleft$ 1040

이차함수 $y=\dfrac{1}{2}x^2+x+1$을 $y=a(x-p)^2+q$의 꼴로 나타낼 때, 상수 a, p, q에 대하여 $a+p+q$의 값을 구하시오.

02 $\circlearrowleft$ 1043

이차함수 $y=-4x^2+16x-6$의 그래프의 꼭짓점의 좌표가 (a, b), 축의 방정식이 $x=c$일 때, $a-b-c$의 값은?

① -14 ② -10 ③ -6

④ 10 ⑤ 14

03 $\circlearrowleft$ 1049

다음 중 이차함수 $y=3x^2-6x+4$의 그래프는?

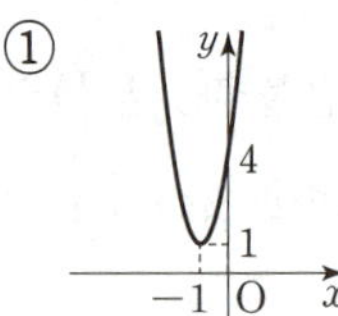 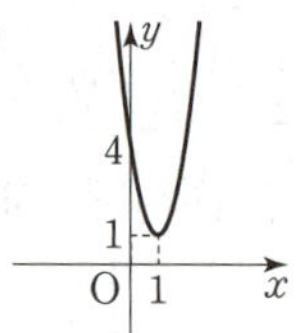 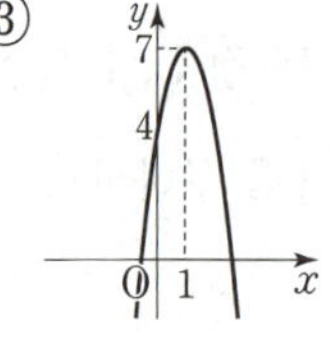

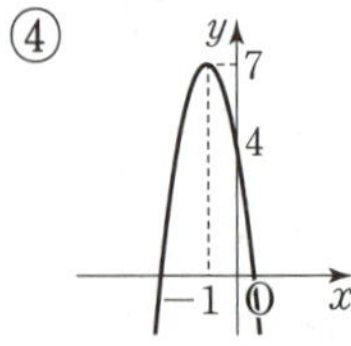 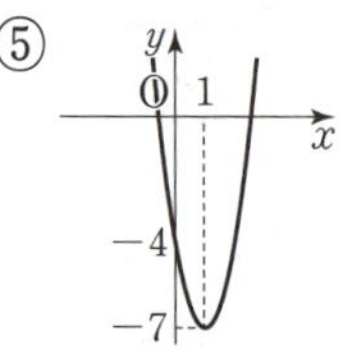

04 $\circlearrowleft$ 1052

이차함수 $y=-5x^2+15x-\dfrac{5}{4}$에서 x의 값이 증가할 때 y의 값도 증가하는 x의 값의 범위는?

① $x>\dfrac{1}{2}$ ② $x>1$ ③ $x<\dfrac{3}{2}$

④ $x>\dfrac{3}{2}$ ⑤ $x<\dfrac{5}{2}$

05 $\circlearrowleft$ 1055

이차함수 $y=6x^2-x-2$의 그래프가 x축과 만나는 두 점의 x좌표가 각각 p, q이고 y축과 만나는 점의 y좌표가 r일 때, $3p+q+r$의 값은? (단, $p>q$)

① -2 ② $-\dfrac{3}{2}$ ③ -1

④ $-\dfrac{1}{2}$ ⑤ 0

06 ↻ 1059

다음 중 이차함수 $y=3x^2+12x-1$의 그래프에 대한 설명으로 옳지 <u>않은</u> 것은?

① 꼭짓점의 좌표는 $(-2, -13)$이다.
② 직선 $x=-2$를 축으로 한다.
③ y축과 만나는 점의 좌표는 $(0, -1)$이다.
④ x축과 서로 다른 두 점에서 만난다.
⑤ $y=3x^2$의 그래프를 x축의 방향으로 2만큼, y축의 방향으로 -13만큼 평행이동한 것이다.

07 ↻ 1061

이차함수 $y=-\dfrac{1}{2}x^2-2x-\dfrac{5}{2}$의 그래프를 x축의 방향으로 4만큼, y축의 방향으로 $-\dfrac{3}{2}$만큼 평행이동하였더니 $y=ax^2+bx+c$의 그래프와 일치하였다. 이때 상수 a, b, c에 대하여 abc의 값을 구하시오.

08 ↻ 1065

오른쪽 그림과 같이 이차함수 $y=x^2-2x-3$의 그래프와 x축과의 두 교점을 각각 A, B라 하고 꼭짓점을 C라 할 때, $\triangle ACB$의 넓이를 구하시오.

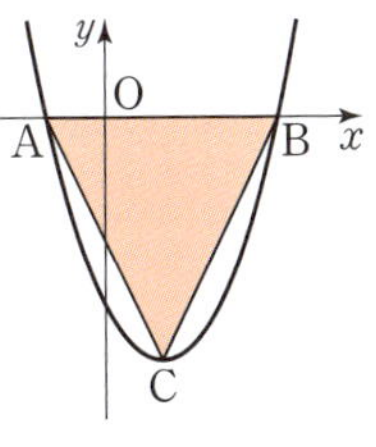

09 ↻ 1069

이차함수 $y=ax^2+bx+c$의 그래프가 오른쪽 그림과 같을 때, 다음 중 옳은 것은? (단, a, b, c는 상수이다.)

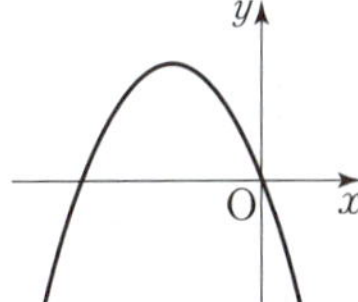

① $a>0$, $b>0$, $c>0$
② $a>0$, $b>0$, $c=0$
③ $a<0$, $b<0$, $c<0$
④ $a<0$, $b>0$, $c=0$
⑤ $a<0$, $b<0$, $c=0$

10 ↻ 1072

꼭짓점의 좌표가 $(3, 0)$이고, 점 $(1, -4)$를 지나는 포물선을 그래프로 하는 이차함수의 식은?

① $y=-x^2-6x-9$
② $y=-x^2+6x-9$
③ $y=-x^2+6x+9$
④ $y=x^2-6x-9$
⑤ $y=x^2-6x+9$

11   ↻ 1075

축의 방정식이 $x=2$이고, 두 점 $(0, 10)$, $(3, 1)$을 지나는 포물선을 그래프로 하는 이차함수의 식은?

① $y=-3x^2-12x+10$ ② $y=-2x^2+12x+7$

③ $y=3x^2-12x+10$ ④ $y=3x^2+12x-10$

⑤ $y=4x^2-12x+9$

12   ↻ 1078

세 점 $(-1, 10)$, $(0, 6)$, $(1, 4)$를 지나는 이차함수의 그래프의 꼭짓점의 좌표를 구하시오.

13   ↻ 1081

이차함수 $y=ax^2+bx+c$의 그래프가 x축과 두 점 $(2, 0)$, $(4, 0)$에서 만나고, y축과 점 $(0, 8)$에서 만난다. 이때 상수 a, b, c에 대하여 $a+b+c$의 값은?

① 1   ② 2   ③ 3

④ 4   ⑤ 5

14   ↻ 1085

이차함수 $y=4x^2+12x-2$의 최솟값을 m, 이차함수 $y=-\dfrac{1}{2}x^2+6x+3$의 최댓값을 M이라 할 때, $M+m$의 값을 구하시오.

15   ↻ 1089

이차함수 $y=-\dfrac{1}{3}x^2-2x+a$의 최댓값이 12일 때, 상수 a의 값은?

① 3   ② 6   ③ 9

④ 12   ⑤ 15

16 ↻ 1092

이차함수 $y=3x^2+ax+b-4$는 $x=2$일 때 최솟값 -17을 갖는다. 이때 상수 a, b에 대하여 $b-a$의 값은?

① 3 ② 5 ③ 7
④ 9 ⑤ 11

17 ↻ 1095

합이 16인 두 수의 곱의 최댓값은?

① 36 ② 49 ③ 58
④ 64 ⑤ 81

18 ↻ 1098

지면에서 초속 60 m로 똑바로 위로 쏘아 올린 물체의 x초 후의 높이를 y m라 하면 $y=60x-5x^2$인 관계가 성립한다. 이 물체가 최고 높이에 도달했을 때의 지면으로부터의 높이는?

① 140 m ② 150 m ③ 160 m
④ 170 m ⑤ 180 m

19 ↻ 1101

오른쪽 그림과 같이 가로의 길이, 세로의 길이가 각각 12 cm, 10 cm인 직사각형에서 가로의 길이를 x cm만큼 줄이고, 세로의 길이를 x cm만큼 늘여서 만든 새로운 직사각형의 넓이를 y cm^{2}라 하자. 이때 y의 값이 최대가 되도록 하는 x의 값을 구하시오.

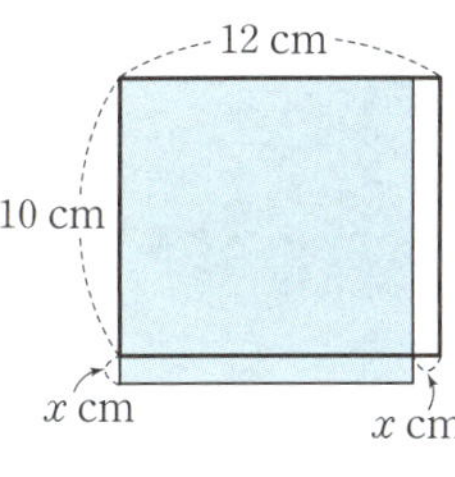

20 ↻ 1104

이차함수 $y=-x^2+4kx+4k$의 최댓값을 M이라 할 때, M의 최솟값은? (단, k는 상수이다.)

① -3 ② -2 ③ -1

④ 0 ⑤ 1

21 ↻ 1107

오른쪽 그림과 같이 직선 $y=-x+8$ 위의 점 P에서 x축, y축에 내린 수선의 발을 각각 Q, R라 할 때, 직사각형 OQPR의 최대 넓이는? (단, 점 P는 제1사분면 위의 점이고, O는 원점이다.)

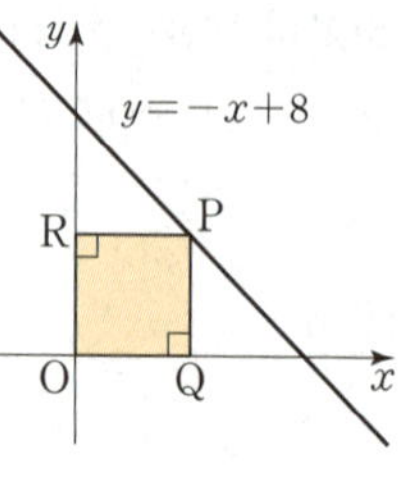

① 4 ② 8 ③ 12

④ 16 ⑤ 24

제곱근표

제곱근표 ❶

수	0	1	2	3	4	5	6	7	8	9
1.0	1.000	1.005	1.010	1.015	1.020	1.025	1.030	1.034	1.039	1.044
1.1	1.049	1.054	1.058	1.063	1.068	1.072	1.077	1.082	1.086	1.091
1.2	1.095	1.100	1.105	1.109	1.114	1.118	1.122	1.127	1.131	1.136
1.3	1.140	1.145	1.149	1.153	1.158	1.162	1.166	1.170	1.175	1.179
1.4	1.183	1.187	1.192	1.196	1.200	1.204	1.208	1.212	1.217	1.221
1.5	1.225	1.229	1.233	1.237	1.241	1.245	1.249	1.253	1.257	1.261
1.6	1.265	1.269	1.273	1.277	1.281	1.285	1.288	1.292	1.296	1.300
1.7	1.304	1.308	1.311	1.315	1.319	1.323	1.327	1.330	1.334	1.338
1.8	1.342	1.345	1.349	1.353	1.356	1.360	1.364	1.367	1.371	1.375
1.9	1.378	1.382	1.386	1.389	1.393	1.396	1.400	1.404	1.407	1.411
2.0	1.414	1.418	1.421	1.425	1.428	1.432	1.435	1.439	1.442	1.446
2.1	1.449	1.453	1.456	1.459	1.463	1.466	1.470	1.473	1.476	1.480
2.2	1.483	1.487	1.490	1.493	1.497	1.500	1.503	1.507	1.510	1.513
2.3	1.517	1.520	1.523	1.526	1.530	1.533	1.536	1.539	1.543	1.546
2.4	1.549	1.552	1.556	1.559	1.562	1.565	1.568	1.572	1.575	1.578
2.5	1.581	1.584	1.587	1.591	1.594	1.597	1.600	1.603	1.606	1.609
2.6	1.612	1.616	1.619	1.622	1.625	1.628	1.631	1.634	1.637	1.640
2.7	1.643	1.646	1.649	1.652	1.655	1.658	1.661	1.664	1.667	1.670
2.8	1.673	1.676	1.679	1.682	1.685	1.688	1.691	1.694	1.697	1.700
2.9	1.703	1.706	1.709	1.712	1.715	1.718	1.720	1.723	1.726	1.729
3.0	1.732	1.735	1.738	1.741	1.744	1.746	1.749	1.752	1.755	1.758
3.1	1.761	1.764	1.766	1.769	1.772	1.775	1.778	1.780	1.783	1.786
3.2	1.789	1.792	1.794	1.797	1.800	1.803	1.806	1.808	1.811	1.814
3.3	1.817	1.819	1.822	1.825	1.828	1.830	1.833	1.836	1.838	1.841
3.4	1.844	1.847	1.849	1.852	1.855	1.857	1.860	1.863	1.865	1.868
3.5	1.871	1.873	1.876	1.879	1.881	1.884	1.887	1.889	1.892	1.895
3.6	1.897	1.900	1.903	1.905	1.908	1.910	1.913	1.916	1.918	1.921
3.7	1.924	1.926	1.929	1.931	1.934	1.936	1.939	1.942	1.944	1.947
3.8	1.949	1.952	1.954	1.957	1.960	1.962	1.965	1.967	1.970	1.972
3.9	1.975	1.977	1.980	1.982	1.985	1.987	1.990	1.992	1.995	1.997
4.0	2.000	2.002	2.005	2.007	2.010	2.012	2.015	2.017	2.020	2.022
4.1	2.025	2.027	2.030	2.032	2.035	2.037	2.040	2.042	2.045	2.047
4.2	2.049	2.052	2.054	2.057	2.059	2.062	2.064	2.066	2.069	2.071
4.3	2.074	2.076	2.078	2.081	2.083	2.086	2.088	2.090	2.093	2.095
4.4	2.098	2.100	2.102	2.105	2.107	2.110	2.112	2.114	2.117	2.119
4.5	2.121	2.124	2.126	2.128	2.131	2.133	2.135	2.138	2.140	2.142
4.6	2.145	2.147	2.149	2.152	2.154	2.156	2.159	2.161	2.163	2.166
4.7	2.168	2.170	2.173	2.175	2.177	2.179	2.182	2.184	2.186	2.189
4.8	2.191	2.193	2.195	2.198	2.200	2.202	2.205	2.207	2.209	2.211
4.9	2.214	2.216	2.218	2.220	2.223	2.225	2.227	2.229	2.232	2.234
5.0	2.236	2.238	2.241	2.243	2.245	2.247	2.249	2.252	2.254	2.256
5.1	2.258	2.261	2.263	2.265	2.267	2.269	2.272	2.274	2.276	2.278
5.2	2.280	2.283	2.285	2.287	2.289	2.291	2.293	2.296	2.298	2.300
5.3	2.302	2.304	2.307	2.309	2.311	2.313	2.315	2.317	2.319	2.322
5.4	2.324	2.326	2.328	2.330	2.332	2.335	2.337	2.339	2.341	2.343

제곱근표 ❷

수	0	1	2	3	4	5	6	7	8	9
5.5	2.345	2.347	2.349	2.352	2.354	2.356	2.358	2.360	2.362	2.364
5.6	2.366	2.369	2.371	2.373	2.375	2.377	2.379	2.381	2.383	2.385
5.7	2.387	2.390	2.392	2.394	2.396	2.398	2.400	2.402	2.404	2.406
5.8	2.408	2.410	2.412	2.415	2.417	2.419	2.421	2.423	2.425	2.427
5.9	2.429	2.431	2.433	2.435	2.437	2.439	2.441	2.443	2.445	2.447
6.0	2.449	2.452	2.454	2.456	2.458	2.460	2.462	2.464	2.466	2.468
6.1	2.470	2.472	2.474	2.476	2.478	2.480	2.482	2.484	2.486	2.488
6.2	2.490	2.492	2.494	2.496	2.498	2.500	2.502	2.504	2.506	2.508
6.3	2.510	2.512	2.514	2.516	2.518	2.520	2.522	2.524	2.526	2.528
6.4	2.530	2.532	2.534	2.536	2.538	2.540	2.542	2.544	2.546	2.548
6.5	2.550	2.551	2.553	2.555	2.557	2.559	2.561	2.563	2.565	2.567
6.6	2.569	2.571	2.573	2.575	2.577	2.579	2.581	2.583	2.585	2.587
6.7	2.588	2.590	2.592	2.594	2.596	2.598	2.600	2.602	2.604	2.606
6.8	2.608	2.610	2.612	2.613	2.615	2.617	2.619	2.621	2.623	2.625
6.9	2.627	2.629	2.631	2.632	2.634	2.636	2.638	2.640	2.642	2.644
7.0	2.646	2.648	2.650	2.651	2.653	2.655	2.657	2.659	2.661	2.663
7.1	2.665	2.666	2.668	2.670	2.672	2.674	2.676	2.678	2.680	2.681
7.2	2.683	2.685	2.687	2.689	2.691	2.693	2.694	2.696	2.698	2.700
7.3	2.702	2.704	2.706	2.707	2.709	2.711	2.713	2.715	2.717	2.718
7.4	2.720	2.722	2.724	2.726	2.728	2.729	2.731	2.733	2.735	2.737
7.5	2.739	2.740	2.742	2.744	2.746	2.748	2.750	2.751	2.753	2.755
7.6	2.757	2.759	2.760	2.762	2.764	2.766	2.768	2.769	2.771	2.773
7.7	2.775	2.777	2.778	2.780	2.782	2.784	2.786	2.787	2.789	2.791
7.8	2.793	2.795	2.796	2.798	2.800	2.802	2.804	2.805	2.807	2.809
7.9	2.811	2.812	2.814	2.816	2.818	2.820	2.821	2.823	2.825	2.827
8.0	2.828	2.830	2.832	2.834	2.835	2.837	2.839	2.841	2.843	2.844
8.1	2.846	2.848	2.850	2.851	2.853	2.855	2.857	2.858	2.860	2.862
8.2	2.864	2.865	2.867	2.869	2.871	2.872	2.874	2.876	2.877	2.879
8.3	2.881	2.883	2.884	2.886	2.888	2.890	2.891	2.893	2.895	2.897
8.4	2.898	2.900	2.902	2.903	2.905	2.907	2.909	2.910	2.912	2.914
8.5	2.915	2.917	2.919	2.921	2.922	2.924	2.926	2.927	2.929	2.931
8.6	2.933	2.934	2.936	2.938	2.939	2.941	2.943	2.944	2.946	2.948
8.7	2.950	2.951	2.953	2.955	2.956	2.958	2.960	2.961	2.963	2.965
8.8	2.966	2.968	2.970	2.972	2.973	2.975	2.977	2.978	2.980	2.982
8.9	2.983	2.985	2.987	2.988	2.990	2.992	2.993	2.995	2.997	2.998
9.0	3.000	3.002	3.003	3.005	3.007	3.008	3.010	3.012	3.013	3.015
9.1	3.017	3.018	3.020	3.022	3.023	3.025	3.027	3.028	3.030	3.032
9.2	3.033	3.035	3.036	3.038	3.040	3.041	3.043	3.045	3.046	3.048
9.3	3.050	3.051	3.053	3.055	3.056	3.058	3.059	3.061	3.063	3.064
9.4	3.066	3.068	3.069	3.071	3.072	3.074	3.076	3.077	3.079	3.081
9.5	3.082	3.084	3.085	3.087	3.089	3.090	3.092	3.094	3.095	3.097
9.6	3.098	3.100	3.102	3.103	3.105	3.106	3.108	3.110	3.111	3.113
9.7	3.114	3.116	3.118	3.119	3.121	3.122	3.124	3.126	3.127	3.129
9.8	3.130	3.132	3.134	3.135	3.137	3.138	3.140	3.142	3.143	3.145
9.9	3.146	3.148	3.150	3.151	3.153	3.154	3.156	3.158	3.159	3.161

제곱근표

제곱근표 ❸

수	0	1	2	3	4	5	6	7	8	9
10	3.162	3.178	3.194	3.209	3.225	3.240	3.256	3.271	3.286	3.302
11	3.317	3.332	3.347	3.362	3.376	3.391	3.406	3.421	3.435	3.450
12	3.464	3.479	3.493	3.507	3.521	3.536	3.550	3.564	3.578	3.592
13	3.606	3.619	3.633	3.647	3.661	3.674	3.688	3.701	3.715	3.728
14	3.742	3.755	3.768	3.782	3.795	3.808	3.821	3.834	3.847	3.860
15	3.873	3.886	3.899	3.912	3.924	3.937	3.950	3.962	3.975	3.987
16	4.000	4.012	4.025	4.037	4.050	4.062	4.074	4.087	4.099	4.111
17	4.123	4.135	4.147	4.159	4.171	4.183	4.195	4.207	4.219	4.231
18	4.243	4.254	4.266	4.278	4.290	4.301	4.313	4.324	4.336	4.347
19	4.359	4.370	4.382	4.393	4.405	4.416	4.427	4.438	4.450	4.461
20	4.472	4.483	4.494	4.506	4.517	4.528	4.539	4.550	4.561	4.572
21	4.583	4.593	4.604	4.615	4.626	4.637	4.648	4.658	4.669	4.680
22	4.690	4.701	4.712	4.722	4.733	4.743	4.754	4.764	4.775	4.785
23	4.796	4.806	4.817	4.827	4.837	4.848	4.858	4.868	4.879	4.889
24	4.899	4.909	4.919	4.930	4.940	4.950	4.960	4.970	4.980	4.990
25	5.000	5.010	5.020	5.030	5.040	5.050	5.060	5.070	5.079	5.089
26	5.099	5.109	5.119	5.128	5.138	5.148	5.158	5.167	5.177	5.187
27	5.196	5.206	5.215	5.225	5.235	5.244	5.254	5.263	5.273	5.282
28	5.292	5.301	5.310	5.320	5.329	5.339	5.348	5.357	5.367	5.376
29	5.385	5.394	5.404	5.413	5.422	5.431	5.441	5.450	5.459	5.468
30	5.477	5.486	5.495	5.505	5.514	5.523	5.532	5.541	5.550	5.559
31	5.568	5.577	5.586	5.595	5.604	5.612	5.621	5.630	5.639	5.648
32	5.657	5.666	5.675	5.683	5.692	5.701	5.710	5.718	5.727	5.736
33	5.745	5.753	5.762	5.771	5.779	5.788	5.797	5.805	5.814	5.822
34	5.831	5.840	5.848	5.857	5.865	5.874	5.882	5.891	5.899	5.908
35	5.916	5.925	5.933	5.941	5.950	5.958	5.967	5.975	5.983	5.992
36	6.000	6.008	6.017	6.025	6.033	6.042	6.050	6.058	6.066	6.075
37	6.083	6.091	6.099	6.107	6.116	6.124	6.132	6.140	6.148	6.156
38	6.164	6.173	6.181	6.189	6.197	6.205	6.213	6.221	6.229	6.237
39	6.245	6.253	6.261	6.269	6.277	6.285	6.293	6.301	6.309	6.317
40	6.325	6.332	6.340	6.348	6.356	6.364	6.372	6.380	6.387	6.395
41	6.403	6.411	6.419	6.427	6.434	6.442	6.450	6.458	6.465	6.473
42	6.481	6.488	6.496	6.504	6.512	6.519	6.527	6.535	6.542	6.550
43	6.557	6.565	6.573	6.580	6.588	6.595	6.603	6.611	6.618	6.626
44	6.633	6.641	6.648	6.656	6.663	6.671	6.678	6.686	6.693	6.701
45	6.708	6.716	6.723	6.731	6.738	6.745	6.753	6.760	6.768	6.775
46	6.782	6.790	6.797	6.804	6.812	6.819	6.826	6.834	6.841	6.848
47	6.856	6.863	6.870	6.877	6.885	6.892	6.899	6.907	6.914	6.921
48	6.928	6.935	6.943	6.950	6.957	6.964	6.971	6.979	6.986	6.993
49	7.000	7.007	7.014	7.021	7.029	7.036	7.043	7.050	7.057	7.064
50	7.071	7.078	7.085	7.092	7.099	7.106	7.113	7.120	7.127	7.134
51	7.141	7.148	7.155	7.162	7.169	7.176	7.183	7.190	7.197	7.204
52	7.211	7.218	7.225	7.232	7.239	7.246	7.253	7.259	7.266	7.273
53	7.280	7.287	7.294	7.301	7.308	7.314	7.321	7.328	7.335	7.342
54	7.348	7.355	7.362	7.369	7.376	7.382	7.389	7.396	7.403	7.409

제곱근표 ❹

수	0	1	2	3	4	5	6	7	8	9
55	7.416	7.423	7.430	7.436	7.443	7.450	7.457	7.463	7.470	7.477
56	7.483	7.490	7.497	7.503	7.510	7.517	7.523	7.530	7.537	7.543
57	7.550	7.556	7.563	7.570	7.576	7.583	7.589	7.596	7.603	7.609
58	7.616	7.622	7.629	7.635	7.642	7.649	7.655	7.662	7.668	7.675
59	7.681	7.688	7.694	7.701	7.707	7.714	7.720	7.727	7.733	7.740
60	7.746	7.752	7.759	7.765	7.772	7.778	7.785	7.791	7.797	7.804
61	7.810	7.817	7.823	7.829	7.836	7.842	7.849	7.855	7.861	7.868
62	7.874	7.880	7.887	7.893	7.899	7.906	7.912	7.918	7.925	7.931
63	7.937	7.944	7.950	7.956	7.962	7.969	7.975	7.981	7.987	7.994
64	8.000	8.006	8.012	8.019	8.025	8.031	8.037	8.044	8.050	8.056
65	8.062	8.068	8.075	8.081	8.087	8.093	8.099	8.106	8.112	8.118
66	8.124	8.130	8.136	8.142	8.149	8.155	8.161	8.167	8.173	8.179
67	8.185	8.191	8.198	8.204	8.210	8.216	8.222	8.228	8.234	8.240
68	8.246	8.252	8.258	8.264	8.270	8.276	8.283	8.289	8.295	8.301
69	8.307	8.313	8.319	8.325	8.331	8.337	8.343	8.349	8.355	8.361
70	8.367	8.373	8.379	8.385	8.390	8.396	8.402	8.408	8.414	8.420
71	8.426	8.432	8.438	8.444	8.450	8.456	8.462	8.468	8.473	8.479
72	8.485	8.491	8.497	8.503	8.509	8.515	8.521	8.526	8.532	8.538
73	8.544	8.550	8.556	8.562	8.567	8.573	8.579	8.585	8.591	8.597
74	8.602	8.608	8.614	8.620	8.626	8.631	8.637	8.643	8.649	8.654
75	8.660	8.666	8.672	8.678	8.683	8.689	8.695	8.701	8.706	8.712
76	8.718	8.724	8.729	8.735	8.741	8.746	8.752	8.758	8.764	8.769
77	8.775	8.781	8.786	8.792	8.798	8.803	8.809	8.815	8.820	8.826
78	8.832	8.837	8.843	8.849	8.854	8.860	8.866	8.871	8.877	8.883
79	8.888	8.894	8.899	8.905	8.911	8.916	8.922	8.927	8.933	8.939
80	8.944	8.950	8.955	8.961	8.967	8.972	8.978	8.983	8.989	8.994
81	9.000	9.006	9.011	9.017	9.022	9.028	9.033	9.039	9.044	9.050
82	9.055	9.061	9.066	9.072	9.077	9.083	9.088	9.094	9.099	9.105
83	9.110	9.116	9.121	9.127	9.132	9.138	9.143	9.149	9.154	9.160
84	9.165	9.171	9.176	9.182	9.187	9.192	9.198	9.203	9.209	9.214
85	9.220	9.225	9.230	9.236	9.241	9.247	9.252	9.257	9.263	9.268
86	9.274	9.279	9.284	9.290	9.295	9.301	9.306	9.311	9.317	9.322
87	9.327	9.333	9.338	9.343	9.349	9.354	9.359	9.365	9.370	9.375
88	9.381	9.386	9.391	9.397	9.402	9.407	9.413	9.418	9.423	9.429
89	9.434	9.439	9.445	9.450	9.455	9.460	9.466	9.471	9.476	9.482
90	9.487	9.492	9.497	9.503	9.508	9.513	9.518	9.524	9.529	9.534
91	9.539	9.545	9.550	9.555	9.560	9.566	9.571	9.576	9.581	9.586
92	9.592	9.597	9.602	9.607	9.612	9.618	9.623	9.628	9.633	9.638
93	9.644	9.649	9.654	9.659	9.664	9.670	9.675	9.680	9.685	9.690
94	9.695	9.701	9.706	9.711	9.716	9.721	9.726	9.731	9.737	9.742
95	9.747	9.752	9.757	9.762	9.767	9.772	9.778	9.783	9.788	9.793
96	9.798	9.803	9.808	9.813	9.818	9.823	9.829	9.834	9.839	9.844
97	9.849	9.854	9.859	9.864	9.869	9.874	9.879	9.884	9.889	9.894
98	9.899	9.905	9.910	9.915	9.920	9.925	9.930	9.935	9.940	9.945
99	9.950	9.955	9.960	9.965	9.970	9.975	9.980	9.985	9.990	9.995

MEMO

RPM

중학 수학 **3-1**

개념원리 수학연구소

정답 및 풀이

개념원리 수학연구소

개념원리 RPM 중학 수학 3-1

정답 및 풀이

 친절한 풀이 — 정확하고 이해하기 쉬운 친절한 풀이 제시

 다른 풀이 — 수학적 사고력을 키우는 다양한 해결 방법 제시

 RPM 비법노트 — 문제 해결 TIP과 중요개념 & 보충설명 제공

 해결 전략 — 문제 해결의 실마리 제시

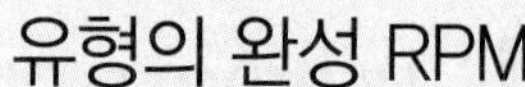

중학 수학 3-1

정답 및 풀이

정답 및 풀이

01 제곱근의 뜻과 성질

 **교과서문제 정복하기** ▶본문 9, 11쪽

0001 답 5, -5

0002 답 9, -9

0003 답 0.1, -0.1

0004 답 $\dfrac{1}{2}$, $-\dfrac{1}{2}$

0005 답 6, -6, 6, -6

0006 답 10, -10, 10, -10

0007 답 1, -1

0008 답 4, -4

0009 답 7, -7

0010 답 11, -11

0011 답 1.5, -1.5

0012 답 $\dfrac{8}{3}$, $-\dfrac{8}{3}$

0013 양수의 제곱근은 2개이다. 답 2

0014 음수의 제곱근은 없으므로 0개이다. 답 0

0015 0의 제곱근은 0의 1개이다. 답 1

0016 양수의 제곱근은 2개이다. 답 2

0017 답 $\pm\sqrt{3}$

0018 답 $\pm\sqrt{12}$

0019 답 $\pm\sqrt{2.9}$

0020 답 $\pm\sqrt{\dfrac{8}{5}}$

0021 답 $\sqrt{5}$

0022 답 $\pm\sqrt{18}$

0023 답 $\sqrt{26}$

0024 답 $-\sqrt{37}$

0025 답 $\sqrt{4.5}$

0026 답 $\pm\sqrt{\dfrac{6}{11}}$

0027 답 8

0028 답 0.7

0029 답 17

0030 답 ±1.4

0031 답 -5

0032 답 -30

0033 답 $-\dfrac{11}{6}$

0034 답 $\dfrac{1}{12}$

0035 답 8

0036 답 21

0037 답 -35

0038 답 14

0039 답 -21

0040 답 -0.7

0041 (주어진 식)$=3+2=5$ 답 5

0042 (주어진 식)$=9-6=3$ 답 3

0043 (주어진 식)$=10\times1.4=14$ 답 14

0044 (주어진 식)$=\dfrac{5}{6}\div\dfrac{5}{3}=\dfrac{5}{6}\times\dfrac{3}{5}=\dfrac{1}{2}$ 답 $\dfrac{1}{2}$

0045 $a>0$일 때, $7a>0$이므로
$\sqrt{(7a)^2}=7a$ 답 $7a$

0046 $a>0$일 때, $11a>0$이므로
$-\sqrt{(11a)^2}=-11a$ 답 $-11a$

0047 $a>0$일 때, $-9a<0$이므로
$\sqrt{(-9a)^2}=-(-9a)=9a$ 답 $9a$

0048 $a>0$일 때, $-2a<0$이므로
$-\sqrt{(-2a)^2}=-\{-(-2a)\}=-2a$ 답 $-2a$

0049 $a<0$일 때, $13a<0$이므로
$\sqrt{(13a)^2}=-13a$ 답 $-13a$

0050 $a<0$일 때, $-10a>0$이므로
$\sqrt{(-10a)^2}=-10a$ 답 $-10a$

0051 $a<0$일 때, $-a>0$이므로
$-\sqrt{(-a)^2}=-(-a)=a$ 답 a

0052 $a<0$일 때, $25a<0$이므로
$-\sqrt{(25a)^2}=-(-25a)=25a$ 답 $25a$

0053 $a>0$일 때, $2a>0$, $-7a<0$이므로
(주어진 식)$=2a+\{-(-7a)\}$
$\qquad\quad=2a+7a=9a$ 답 $9a$

0054 $a>0$일 때, $-3a<0$, $-4a<0$이므로
(주어진 식)$=-(-3a)-\{-(-4a)\}$
$\qquad\quad=3a-4a=-a$ 답 $-a$

0055 $a<0$일 때, $5a<0$, $-8a>0$이므로
(주어진 식)$=-5a-(-8a)$
$\qquad\quad=-5a+8a=3a$ 답 $3a$

0056 $a<0$일 때, $-6a>0$, $-a>0$이므로
(주어진 식)$=-6a+(-a)=-7a$ 답 $-7a$

0057 답 $<$

0058 답 $>$

0059 $4=\sqrt{16}$이고 $13<16$이므로
$\sqrt{13}\ \boxed{<}\ 4$ 답 $<$

0060 $\dfrac{1}{7}=\sqrt{\dfrac{1}{49}}$이고 $\dfrac{1}{49}<\dfrac{1}{7}$이므로
$\dfrac{1}{7}\ \boxed{<}\ \sqrt{\dfrac{1}{7}}$ 답 $<$

0061 $21<22$에서 $\sqrt{21}<\sqrt{22}$이므로
$-\sqrt{21}\ \boxed{>}\ -\sqrt{22}$ 답 $>$

0062 $5=\sqrt{25}$이고 $34>25$이므로
$\sqrt{34}>5$
$\therefore\ -\sqrt{34}\ \boxed{<}\ -5$ 답 $<$

0063 답 4, 1, 2, 3

0064 $\sqrt{x}<3$의 양변을 제곱하면
$x<9$
따라서 자연수 x는 $\quad1,\ 2,\ 3,\ 4,\ 5,\ 6,\ 7,\ 8$
답 $1,\ 2,\ 3,\ 4,\ 5,\ 6,\ 7,\ 8$

0065 $3<\sqrt{x}\le4$의 각 변을 제곱하면
$9<x\le16$
따라서 자연수 x는 $\quad10,\ 11,\ 12,\ 13,\ 14,\ 15,\ 16$
답 $10,\ 11,\ 12,\ 13,\ 14,\ 15,\ 16$

0066 $4\le\sqrt{2x}<5$의 각 변을 제곱하면
$16\le2x<25\qquad\therefore\ 8\le x<\dfrac{25}{2}$
따라서 자연수 x는 $\quad8,\ 9,\ 10,\ 11,\ 12$ 답 $8,\ 9,\ 10,\ 11,\ 12$

 **유형 익히기** > 본문 12~20쪽

0067 x가 7의 제곱근이므로
$x=\pm\sqrt{7}$
따라서 바르게 나타낸 것은 ②이다. 답 ②

0068 음수의 제곱근은 없으므로 구할 수 없다.
따라서 ②, ⑤이다. 답 ②, ⑤

0069 12의 제곱근이 a이므로 $\quad a^2=12$ … 1단계
b의 제곱근이 $\pm\sqrt{15}$이므로 $\quad b=(\pm\sqrt{15})^2=15$
$\quad\therefore\ b^2=15^2=225$ … 2단계
$\quad\therefore\ a^2+b^2=12+225=237$ … 3단계
답 237

단계	채점 요소	비율
1	a^2의 값 구하기	40 %
2	b^2의 값 구하기	40 %
3	a^2+b^2의 값 구하기	20 %

0070 ① 제곱근 8은 $\sqrt{8}$이다.

② $\sqrt{0.36}$은 0.36의 양의 제곱근이다.

③ 제곱근 121은 11이고 121의 제곱근은 ±11이므로 같지 않다.

④ $-\left(\dfrac{1}{5}\right)^2=-\dfrac{1}{25}$이므로 음수의 제곱근은 없다.

⑤ 0의 제곱근은 0의 1개이다.

따라서 옳은 것은 ④이다. **답** ④

0071 ①, ②, ④, ⑤ ±3

③ $\sqrt{9}=3$

따라서 나머지 넷과 다른 하나는 ③이다. **답** ③

0072 ㄱ. $\dfrac{1}{4}$의 제곱근은 $\pm\dfrac{1}{2}$이고 이 중 양의 제곱근은 $\dfrac{1}{2}$이다.

ㄴ. 11의 제곱근은 $\pm\sqrt{11}$이다.

ㄷ. 제곱하여 0.3이 되는 수는 $\pm\sqrt{0.3}$이다.

ㄹ. 24의 제곱근은 $\pm\sqrt{24}$이므로 $-\sqrt{24}$는 24의 음의 제곱근이다.

이상에서 옳은 것은 ㄱ, ㄹ이다. **답** ③

0073 ⑤ $-\sqrt{1.44}=-\sqrt{1.2^2}=-1.2$

따라서 근호를 사용하지 않고 나타낼 수 있는 것은 ⑤이다. **답** ⑤

0074 28의 제곱근은 $\pm\sqrt{28}$

$\dfrac{1}{64}$의 제곱근은 $\pm\sqrt{\dfrac{1}{64}}=\pm\dfrac{1}{8}$

1.69의 제곱근은 $\pm\sqrt{1.69}=\pm1.3$

$0.\dot{4}=\dfrac{4}{9}$의 제곱근은 $\pm\sqrt{\dfrac{4}{9}}=\pm\dfrac{2}{3}$

$\dfrac{100}{121}$의 제곱근은 $\pm\sqrt{\dfrac{100}{121}}=\pm\dfrac{10}{11}$

따라서 제곱근을 근호를 사용하지 않고 나타낼 수 있는 것은

$$\dfrac{1}{64},\ 1.69,\ 0.\dot{4},\ \dfrac{100}{121}$$

의 4개이다. **답** 4

순환소수를 분수로 나타내기

(1) $0.\dot{a}=\dfrac{a}{9}$

(2) $a.\dot{b}\dot{c}=\dfrac{abc-a}{99}$

(3) $a.b\dot{c}\dot{d}=\dfrac{abcd-ab}{990}$

0075 ① $\sqrt{36^2}=36$의 제곱근은 $\pm\sqrt{36}=\pm6$

② $\sqrt{0.09}=0.3$의 제곱근은 $\pm\sqrt{0.3}$

③ $\sqrt{\dfrac{16}{81}}=\dfrac{4}{9}$의 제곱근은 $\pm\sqrt{\dfrac{4}{9}}=\pm\dfrac{2}{3}$

④ $\sqrt{\dfrac{4}{25}}=\dfrac{2}{5}$의 제곱근은 $\pm\sqrt{\dfrac{2}{5}}$

⑤ $2.\dot{7}=\dfrac{25}{9}$의 제곱근은 $\pm\sqrt{\dfrac{25}{9}}=\pm\dfrac{5}{3}$

따라서 제곱근을 근호를 사용하지 않고 나타낼 수 없는 것은 ②, ④이다. **답** ②, ④

0076 $(-4)^2=16$의 양의 제곱근은 4이므로
$$A=4$$
$\sqrt{16}=4$의 음의 제곱근은 -2이므로 $B=-2$
$$\therefore A-B=4-(-2)=6$$ **답** 6

0077 ③ $(-6)^2=36$의 제곱근은 ±6이다.

④ $\sqrt{225}=15$의 제곱근은 $\pm\sqrt{15}$이다.

⑤ $(-0.5)^2=0.25$의 제곱근은 ±0.5이다.

따라서 제곱근을 잘못 구한 것은 ③, ④이다. **답** ③, ④

0078 $7.\dot{1}=\dfrac{71-7}{9}=\dfrac{64}{9}$에서 제곱근 $7.\dot{1}$은 $\dfrac{8}{3}$이므로
$$A=\dfrac{8}{3}$$ … 1단계

$\left(-\dfrac{1}{18}\right)^2=\dfrac{1}{324}$의 음의 제곱근은 $-\dfrac{1}{18}$이므로
$$B=-\dfrac{1}{18}$$ … 2단계

$$\therefore \dfrac{A}{B}=A\div B=\dfrac{8}{3}\div\left(-\dfrac{1}{18}\right)=\dfrac{8}{3}\times(-18)=-48$$
… 3단계
답 -48

단계	채점 요소	비율
1	A의 값 구하기	40 %
2	B의 값 구하기	40 %
3	$\dfrac{A}{B}$의 값 구하기	20 %

0079 256의 제곱근은 ±16이므로
$$a=16,\ b=-16\ (\because a>b)$$
$$\therefore \sqrt{2(a-b)}=\sqrt{2\times\{16-(-16)\}}=\sqrt{64}=8$$
따라서 8의 음의 제곱근은 $-\sqrt{8}$이다. **답** ③

0080 (직사각형의 넓이)$=9\times5=45\ (\text{cm}^2)$

넓이가 45 cm²인 정사각형의 한 변의 길이를 x cm라 하면
$$x^2=45 \qquad \therefore x=\sqrt{45}\ (\because x>0)$$
따라서 정사각형의 한 변의 길이는 $\sqrt{45}$ cm이다. **답** ②

0081 $x^2=4^2+6^2=52$이므로
$$x=\sqrt{52}\ (\because x>0)$$ **답** $\sqrt{52}$

0082 작은 정사각형의 한 변의 길이를 x cm라 하면 큰 정사각형의 한 변의 길이는 $3x$ cm이고 넓이의 합이 60 cm²이므로
$$x^2+(3x)^2=60, \quad 10x^2=60$$
$$x^2=6 \quad \therefore x=\sqrt{6}\,(\because x>0)$$
따라서 작은 정사각형의 한 변의 길이는 $\sqrt{6}$ cm이다. **답** ④

다른 풀이 닮음비가 $1:3$인 두 정사각형의 넓이의 비는
$$1^2:3^2=1:9$$
작은 정사각형의 넓이를 a cm²라 하면 큰 정사각형의 넓이는 $9a$ cm²이므로
$$a+9a=60, \quad 10a=60$$
$$\therefore a=6$$
따라서 작은 정사각형의 넓이가 6 cm²이므로 한 변의 길이는 $\sqrt{6}$ cm이다.

RPM 비법 노트

닮은 두 평면도형의 닮음비가 $m:n$이면
① 둘레의 길이의 비는 $m:n$
② 넓이의 비는 $m^2:n^2$

0083 ④ $-\sqrt{\left(\dfrac{1}{7}\right)^2}=-\dfrac{1}{7}$
따라서 옳지 않은 것은 ④이다. **답** ④

0084 ① 5
②, ③, ④, ⑤ -5
따라서 그 값이 나머지 넷과 다른 하나는 ①이다. **답** ①

0085 $\sqrt{7^2}=7$, $(-\sqrt{3})^2=3$, $-\sqrt{8^2}=-8$, $-(-\sqrt{2})^2=-2$, $\sqrt{(-6)^2}=6$이므로 작은 것부터 차례대로 나열하면
$$-\sqrt{8^2},\ -(-\sqrt{2})^2,\ (-\sqrt{3})^2,\ \sqrt{(-6)^2},\ \sqrt{7^2}$$
따라서 세 번째에 오는 수는 $(-\sqrt{3})^2$이다. **답** $(-\sqrt{3})^2$

0086 $\sqrt{\left(-\dfrac{1}{4}\right)^2}=\dfrac{1}{4}$의 양의 제곱근은 $\dfrac{1}{2}$이므로
$$A=\dfrac{1}{2} \qquad \cdots \text{1단계}$$
$(\sqrt{10})^2=10$의 음의 제곱근은 $-\sqrt{10}$이므로
$$B=-\sqrt{10} \qquad \cdots \text{2단계}$$
$$\therefore AB^2=\dfrac{1}{2}\times(-\sqrt{10})^2=\dfrac{1}{2}\times10=5 \qquad \cdots \text{3단계}$$
답 5

단계	채점 요소	비율
1	A의 값 구하기	40 %
2	B의 값 구하기	40 %
3	AB^2의 값 구하기	20 %

0087 ① (주어진 식)$=3+12=15$
② (주어진 식)$=15-4=11$

③ (주어진 식)$=0.2\div2=0.1$
④ (주어진 식)$=\dfrac{3}{4}\times\left(-\dfrac{8}{9}\right)=-\dfrac{2}{3}$
⑤ (주어진 식)$=-\dfrac{1}{8}\times0.32=-0.04$
따라서 옳은 것은 ④이다. **답** ④

0088 $A=\sqrt{49}-3\times\sqrt{\left(-\dfrac{1}{3}\right)^2}+\sqrt{100}$
$$=7-3\times\dfrac{1}{3}+10$$
$$=7-1+10=16$$
$$\therefore \sqrt{A}=\sqrt{16}=4$$
답 ③

0089 $2a^2+b^2-3c^2=2\times(\sqrt{5})^2+(-\sqrt{2})^2-3\times(\sqrt{6})^2$
$$=2\times5+2-3\times6$$
$$=10+2-18$$
$$=-6$$
답 -6

0090 $A=\sqrt{144}-\sqrt{(-10)^2}+\sqrt{3^2}-(-\sqrt{8})^2$
$$=12-10+3-8=-3 \qquad \cdots \text{1단계}$$
$B=(\sqrt{0.6})^2\div(-\sqrt{0.09})\times\sqrt{\dfrac{25}{4}}+\sqrt{(-11)^2}$
$$=0.6\div(-0.3)\times\dfrac{5}{2}+11$$
$$=-5+11=6 \qquad \cdots \text{2단계}$$
$$\therefore A+B=-3+6=3 \qquad \cdots \text{3단계}$$
답 3

단계	채점 요소	비율
1	A의 값 구하기	40 %
2	B의 값 구하기	40 %
3	$A+B$의 값 구하기	20 %

0091 ① $-2a<0$이므로
$$\sqrt{(-2a)^2}=-(-2a)=2a$$
② $3a>0$이므로 $\sqrt{(3a)^2}=3a$
③ $-5a<0$이므로
$$-\sqrt{(-5a)^2}=-\{-(-5a)\}=-5a$$
④ $8a>0$이므로 $-\sqrt{(8a)^2}=-8a$
⑤ $\sqrt{16a^2}=\sqrt{(4a)^2}$이고 $4a>0$이므로
$$\sqrt{16a^2}=4a$$
따라서 옳지 않은 것은 ⑤이다. **답** ⑤

0092 $\sqrt{\dfrac{81}{4}a^2}=\sqrt{\left(\dfrac{9}{2}a\right)^2}$이고 $a<0$에서 $\dfrac{9}{2}a<0$이므로
$$\sqrt{\dfrac{81}{4}a^2}=-\dfrac{9}{2}a$$
답 ①

0093 ① $-a<0$이므로 $\sqrt{(-a)^2}=-(-a)=a$
② $2a>0$이므로 $-\sqrt{(2a)^2}=-2a$

③ $-\dfrac{\sqrt{16a^2}}{8}=-\dfrac{\sqrt{(4a)^2}}{8}$이고 $4a>0$이므로

$$-\dfrac{\sqrt{16a^2}}{8}=-\dfrac{4a}{8}=-\dfrac{1}{2}a$$

④ $-\sqrt{\dfrac{9}{4}a^2}=-\sqrt{\left(\dfrac{3}{2}a\right)^2}$이고 $\dfrac{3}{2}a>0$이므로

$$-\sqrt{\dfrac{9}{4}a^2}=-\dfrac{3}{2}a$$

⑤ $-3a<0$이므로

$$-\sqrt{(-3a)^2}=-\{-(-3a)\}=-3a$$

즉 $-3a<-2a<-\dfrac{3}{2}a<-\dfrac{1}{2}a<a$이므로

$$-\sqrt{(-3a)^2}<-\sqrt{(2a)^2}<-\sqrt{\dfrac{9}{4}a^2}<-\dfrac{\sqrt{16a^2}}{8}<\sqrt{(-a)^2}$$

따라서 그 값이 가장 작은 것은 ⑤이다. 답 ⑤

0094 $a<0$, $b>0$에서

$$4a<0,\ 3b>0,\ -8b<0$$

$$\therefore\ (주어진\ 식)=-4a+3b-\{-(-8b)\}$$
$$=-4a+3b-8b$$
$$=-4a-5b \qquad 답\ -4a-5b$$

0095 $\sqrt{25a^2}=\sqrt{(5a)^2}$이고 $a>0$에서

$$-\dfrac{a}{5}<0,\ 5a>0$$

$$\therefore\ (주어진\ 식)=\left\{-\left(-\dfrac{a}{5}\right)\right\}\div 5a=\dfrac{a}{5}\times\dfrac{1}{5a}=\dfrac{1}{25}$$

답 ①

0096 $\sqrt{0.36a^2}=\sqrt{(0.6a)^2}$, $\sqrt{\dfrac{9}{4}a^2}=\sqrt{\left(\dfrac{3}{2}a\right)^2}$이고 $a<0$에서

$$0.6a<0,\ -10a>0,\ \dfrac{3}{2}a<0,\ -2a>0$$

$$\therefore\ (주어진\ 식)=(-0.6a)\times(-10a)-\left(-\dfrac{3}{2}a\right)\times(-2a)$$
$$=6a^2-3a^2=3a^2 \qquad 답\ 3a^2$$

0097 $a-b>0$에서 $a>b$이고, $ab<0$에서 a, b의 부호가 다르므로

$$a>0,\ b<0,\ -2a<0 \qquad \cdots\ \boxed{1단계}$$

$$\therefore\ \sqrt{a^2}-\sqrt{(-2a)^2}+\sqrt{b^2}$$
$$=a-\{-(-2a)\}+(-b)$$
$$=a-2a-b$$
$$=-a-b \qquad \cdots\ \boxed{2단계}$$

답 $-a-b$

단계	채점 요소	비율
1	a, b, $-2a$의 부호 구하기	40 %
2	식 간단히 하기	60 %

0098 $-1<a<2$에서 $a-2<0$, $1+a>0$

$$\therefore\ (주어진\ 식)=-(a-2)-(1+a)$$
$$=-a+2-1-a$$
$$=-2a+1 \qquad 답\ ①$$

0099 $x<5$에서 $x-5<0$, $5-x>0$

$$\therefore\ (주어진\ 식)=-(x-5)+(5-x)$$
$$=-x+5+5-x$$
$$=-2x+10 \qquad 답\ ②$$

0100 $a<0<b<c$에서

$$a-b<0,\ b-c<0,\ c-a>0$$

$$\therefore\ (주어진\ 식)=-(a-b)+\{-(b-c)\}+(c-a)$$
$$=-a+b-b+c+c-a$$
$$=-2a+2c \qquad 답\ ②$$

0101 $\sqrt{135x}=\sqrt{3^3\times5\times x}$가 자연수가 되려면

$x=3\times5\times(자연수)^2$의 꼴이어야 한다.

따라서 가장 작은 자연수 x의 값은

$$3\times5=15 \qquad 답\ 15$$

0102 $\sqrt{2^4\times7\times x}$가 자연수가 되려면 $x=7\times(자연수)^2$의 꼴이어야 한다.

① $7=7\times1^2$ ② $14=7\times2$

③ $28=7\times2^2$ ④ $63=7\times3^2$

⑤ $112=7\times4^2$

따라서 x의 값이 될 수 없는 것은 ②이다. 답 ②

0103 $\sqrt{\dfrac{40a}{3}}=\sqrt{\dfrac{2^3\times5\times a}{3}}$가 자연수가 되려면

$a=2\times3\times5\times(자연수)^2$의 꼴이어야 한다.

따라서 가장 작은 자연수 a의 값은

$$2\times3\times5=30 \qquad 답\ 30$$

0104 $\sqrt{12n}=\sqrt{2^2\times3\times n}$이 자연수가 되려면

$n=3\times(자연수)^2$의 꼴이어야 한다. $\cdots\ \boxed{1단계}$

이때 $10<n<50$이므로 자연수 n의 값은

$$3\times2^2=12,\ 3\times3^2=27,\ 3\times4^2=48 \qquad \cdots\ \boxed{2단계}$$

따라서 모든 자연수 n의 값의 합은

$$12+27+48=87 \qquad \cdots\ \boxed{3단계}$$

답 87

단계	채점 요소	비율
1	$n=3\times(자연수)^2$의 꼴임을 알기	30 %
2	자연수 n의 값 구하기	50 %
3	모든 자연수 n의 값의 합 구하기	20 %

0105 $\sqrt{\dfrac{360}{x}}=\sqrt{\dfrac{2^3\times3^2\times5}{x}}$가 자연수가 되려면 x는 360의

약수이면서 $2\times5\times(자연수)^2$의 꼴이어야 한다.

따라서 가장 작은 자연수 x의 값은

$$2\times5=10 \qquad 답\ ③$$

0106 $\sqrt{\dfrac{162}{n}}=\sqrt{\dfrac{2\times3^4}{n}}$이 자연수가 되려면 n은 162의 약

수이면서 $2\times(자연수)^2$의 꼴이어야 한다.

따라서 자연수 n의 값은
$$2\times1^2=2,\ 2\times3^2=18,\ 2\times3^4=162$$
이므로 구하는 합은　　$2+18+162=182$　　답 182

0107　(i) $\sqrt{60x}=\sqrt{2^2\times3\times5\times x}$가 자연수가 되려면
$x=3\times5\times$(자연수)^{2}의 꼴이어야 한다.

(ii) $\sqrt{\dfrac{540}{x}}=\sqrt{\dfrac{2^2\times3^3\times5}{x}}$가 자연수가 되려면 x는 540의 약수이

면서 $3\times5\times$(자연수)^{2}의 꼴이어야 한다.

(i), (ii)에서 구하는 두 자리 자연수 x의 값은
$$3\times5\times1^2=15,\ 3\times5\times2^2=60$$
의 2개이다.　　답 ②

0108　$\sqrt{67+x}$가 자연수가 되려면 $67+x$는 (자연수)^{2}의 꼴
이어야 한다.

이때 x는 자연수이므로 $67+x>67$에서
$$67+x=81,\ 100,\ 121,\ \cdots$$
x는 가장 작은 자연수이므로
$$67+x=81\quad\therefore x=14$$　　답 ③

0109　$\sqrt{13+n}$이 자연수가 되려면 $13+n$은 (자연수)^{2}의 꼴
이어야 한다.

이때 n은 자연수이므로 $13+n>13$에서
$$13+n=16,\ 25,\ 36,\ 49,\ 64,\ \cdots$$
$$\therefore n=3,\ 12,\ 23,\ 36,\ 51,\ \cdots$$
따라서 자연수 n의 값이 될 수 없는 것은 ④이다.　　답 ④

0110　$\sqrt{46+m}$이 자연수가 되려면 $46+m$은 (자연수)^{2}의 꼴
이어야 한다.

이때 m은 자연수이므로 $46+m>46$에서
$$46+m=49,\ 64,\ 81,\ \cdots$$
m은 가장 작은 자연수이므로
$$46+m=49\quad\therefore m=3$$
$m=3$일 때,　$n=\sqrt{46+3}=\sqrt{49}=7$
$$\therefore m+n=3+7=10$$　　답 ③

0111　$\sqrt{36-x}$가 정수가 되려면 $36-x$는 0 또는 (자연수)^2
의 꼴이어야 한다.

이때 x는 자연수이므로 $36-x<36$에서
$$36-x=0,\ 1,\ 4,\ 9,\ 16,\ 25$$
$$\therefore x=36,\ 35,\ 32,\ 27,\ 20,\ 11$$
따라서 구하는 자연수 x의 개수는 6이다.　　답 ④

0112　$\sqrt{14-x}$가 정수가 되려면 $14-x$는 0 또는 (자연수)^2
의 꼴이어야 한다.

이때 x는 자연수이므로 $14-x<14$에서
$$14-x=0,\ 1,\ 4,\ 9$$
$$\therefore x=14,\ 13,\ 10,\ 5$$

따라서 모든 자연수 x의 값의 합은
$$14+13+10+5=42$$　　답 42

0113　$\sqrt{28-x}$가 자연수가 되려면 $28-x$는 (자연수)^{2}의 꼴
이어야 한다.

이때 x는 자연수이므로 $28-x<28$에서
$$28-x=1,\ 4,\ 9,\ 16,\ 25$$
$$\therefore x=27,\ 24,\ 19,\ 12,\ 3$$　　… **1단계**
따라서 $M=27,\ m=3$이므로　　… **2단계**
$$M-m=27-3=24$$　　… **3단계**
답 24

단계	채점 요소	비율
1	$\sqrt{28-x}$가 자연수가 되도록 하는 자연수 x의 값 구하기	70 %
2	M, m의 값 구하기	20 %
3	$M-m$의 값 구하기	10 %

0114　① $4=\sqrt{16}$이고 $16<20$이므로　　$4<\sqrt{20}$

② $\sqrt{5}>\sqrt{2}$이므로　　$-\sqrt{5}<-\sqrt{2}$

③ $6=\sqrt{36}$이고 $36<38$이므로
$$6<\sqrt{38}\quad\therefore -6>-\sqrt{38}$$

④ $\dfrac{1}{3}=\sqrt{\dfrac{1}{9}}$이고 $\dfrac{1}{9}>\dfrac{1}{10}$이므로　　$\dfrac{1}{3}>\sqrt{\dfrac{1}{10}}$

⑤ $0.7=\sqrt{0.49}$이고 $0.7>0.49$이므로　　$\sqrt{0.7}>0.7$

따라서 옳지 않은 것은 ⑤이다.　　답 ⑤

0115　$\sqrt{2}>\sqrt{\dfrac{1}{2}}$이므로　　$-\sqrt{2}<-\sqrt{\dfrac{1}{2}}$

$\dfrac{2}{3}=\sqrt{\dfrac{4}{9}}$이고 $\dfrac{4}{9}<3$이므로　　$\dfrac{2}{3}<\sqrt{3}$

따라서 작은 것부터 차례대로 나열하면
$$-\sqrt{2},\ -\sqrt{\dfrac{1}{2}},\ 0,\ \dfrac{2}{3},\ \sqrt{3}$$

이므로 네 번째에 오는 수는 $\dfrac{2}{3}$이다.　　답 $\dfrac{2}{3}$

0116　$a=\dfrac{1}{4}$이라 하면

① $\sqrt{\dfrac{1}{a}}=\sqrt{4}=2$　② $\dfrac{1}{a}=4$　③ $\sqrt{a}=\sqrt{\dfrac{1}{4}}=\dfrac{1}{2}$

④ $a=\dfrac{1}{4}$　⑤ $a^2=\dfrac{1}{16}$

따라서 그 값이 가장 큰 것은 ②이다.　　답 ②

다른 풀이　$0<a<1$에서 $\dfrac{1}{a}>1$이므로

① $\sqrt{\dfrac{1}{a}}>1$　② $\dfrac{1}{a}>1$　③ $0<\sqrt{a}<1$

④ $0<a<1$　⑤ $0<a^2<1$

이때 $\dfrac{1}{a}=\sqrt{\dfrac{1}{a^2}}$이고 $\dfrac{1}{a}<\dfrac{1}{a^2}$이므로
$$\sqrt{\dfrac{1}{a}}<\dfrac{1}{a}$$

따라서 $\dfrac{1}{a}$의 값이 가장 크다.

0117 $2=\sqrt{4}$에서 $2<\sqrt{5}$이므로
$2+\sqrt{5}>0,\ 2-\sqrt{5}<0$
$\therefore$ (주어진 식)$=(2+\sqrt{5})-\{-(2-\sqrt{5})\}$
$\qquad\qquad=2+\sqrt{5}+2-\sqrt{5}=4$ 　　답 ④

0118 $3=\sqrt{9},\ 4=\sqrt{16}$에서 $3<\sqrt{10}<4$이므로
$3-\sqrt{10}<0,\ 4-\sqrt{10}>0$
$\therefore$ (주어진 식)$=-(3-\sqrt{10})+(4-\sqrt{10})$
$\qquad\qquad=-3+\sqrt{10}+4-\sqrt{10}=1$ 　　답 1

0119 $x-y=4-(7+\sqrt{3})=-3-\sqrt{3}<0$ 　… 1단계
$x+y=4+(7+\sqrt{3})=11+\sqrt{3}>0$ 　… 2단계
$\therefore\ \sqrt{(x-y)^2}-\sqrt{(x+y)^2}=-(-3-\sqrt{3})-(11+\sqrt{3})$
$\qquad\qquad\qquad=3+\sqrt{3}-11-\sqrt{3}$
$\qquad\qquad\qquad=-8$ 　… 3단계
답 -8

단계	채점 요소	비율
1	$x-y$의 부호 구하기	30 %
2	$x+y$의 부호 구하기	30 %
3	주어진 식의 값 구하기	40 %

0120 $3<\sqrt{2n}\le4$에서 $3^2<(\sqrt{2n})^2\le4^2$
$9<2n\le16 \quad \therefore \dfrac{9}{2}<n\le8$

따라서 자연수 n은 5, 6, 7, 8의 4개이다. 　　답 ③

0121 $-8\le-\sqrt{n-1}<-7$에서
$7<\sqrt{n-1}\le8$
$7^2<(\sqrt{n-1})^2\le8^2, \quad 49<n-1\le64$
$\therefore 50<n\le65$

따라서 주어진 부등식을 만족시키는 자연수 n의 값이 아닌 것은
①이다. 　　답 ①

0122 $\sqrt{6}<n<\sqrt{26}$에서 $(\sqrt{6})^2<n^2<(\sqrt{26})^2$
$\therefore 6<n^2<26$ 　… 1단계
따라서 자연수 n은 3, 4, 5이므로 구하는 합은
$3+4+5=12$ 　… 2단계
답 12

단계	채점 요소	비율
1	n^2의 값의 범위 구하기	70 %
2	모든 자연수 n의 값의 합 구하기	30 %

0123 $\sqrt{16}<\sqrt{23}<\sqrt{25}$에서 $4<\sqrt{23}<5$이므로 $\sqrt{23}$보다 작
은 자연수는 1, 2, 3, 4의 4개이다.
$\qquad\therefore a=4$
$\sqrt{49}<\sqrt{56}<\sqrt{64}$에서 $7<\sqrt{56}<8$이므로 $\sqrt{56}$보다 작은 자연수
는 1, 2, 3, 4, 5, 6, 7의 7개이다.
$\qquad\therefore b=7$
$\qquad\therefore b-a=7-4=3$ 　　답 3

0124 $\sqrt{1}=1,\ \sqrt{4}=2,\ \sqrt{9}=3,\ \sqrt{16}=4$이므로
$f(1)=f(2)=f(3)=1$
$f(4)=f(5)=f(6)=f(7)=f(8)=2$
$f(9)=f(10)=f(11)=\cdots=f(15)=3$
$\therefore\ f(1)+f(2)+f(3)+\cdots+f(15)$
$\qquad=1\times3+2\times5+3\times7=34$ 　　답 34

0125 $N(x)=9$를 만족시키는 자연수 x는 $9<\sqrt{x}\le10$에서
$9^2<(\sqrt{x})^2\le10^2$
이므로 $\quad81<x\le100$
따라서 자연수 x는 82, 83, 84, $\cdots$, 100의 19개이다. 　　답 ③

시험에 꼭 나오는 문제 　▶ 본문 21~24쪽

0126 　전략 제곱근의 뜻을 이용한다.
x가 a의 제곱근이므로
$\quad x^2=a$ 또는 $x=\pm\sqrt{a}$
따라서 바르게 나타낸 것은 ①, ③이다. 　　답 ①, ③

0127 　전략 양수의 제곱근은 2개이고 음수의 제곱근은 없다.
① -2는 4의 음의 제곱근이다.
② $\sqrt{16}=4$이므로 제곱근 $\sqrt{16}$은 2이다.
③ 음수의 제곱근은 없다.
④ $\sqrt{169}=13$
⑤ $(\sqrt{5})^2=5$이고 $(-\sqrt{5})^2=5$이므로 $-\sqrt{5}$는 $(\sqrt{5})^2$의 제곱근
이다.
따라서 옳은 것은 ⑤이다. 　　답 ⑤

0128 　전략 근호 안의 수가 어떤 수의 제곱이면 근호를 사용하
지 않고 나타낼 수 있다.
① $\sqrt{49}=7$
② $\sqrt{121}=11$
④ $\sqrt{\dfrac{1}{144}}=\dfrac{1}{12}$
⑤ $-\sqrt{\dfrac{289}{36}}=-\dfrac{17}{6}$
따라서 근호를 사용하지 않고 나타낼 수 없는 것은 ③이다.
답 ③

0129 　전략 먼저 196의 제곱근을 구한다.
196의 제곱근은 ±14이므로
$\quad a=14,\ b=-14\ (\because a>b)$
$\qquad\therefore a-2b-6=14-2\times(-14)-6=36$
따라서 36의 양의 제곱근은 6이다. 　　답 ③

0130 전략 피타고라스 정리를 이용하여 $\overline{\mathrm{AD}}$의 길이를 먼저 구한다.

$\triangle\mathrm{ABD}$에서 $\overline{\mathrm{AD}}=\sqrt{7^2-4^2}=\sqrt{33}\,(\mathrm{cm})$

따라서 $\triangle\mathrm{ADC}$에서 $\overline{\mathrm{DC}}=\sqrt{8^2-(\sqrt{33})^2}=\sqrt{31}\,(\mathrm{cm})$

답 $\sqrt{31}\,\mathrm{cm}$

0131 전략 넓이가 k인 정사각형의 한 변의 길이는 $\sqrt{k}$임을 이용한다.

주어진 도형의 넓이는 $6^2-(\sqrt{10})^2=26\,(\mathrm{cm}^2)$

따라서 넓이가 $26\,\mathrm{cm}^2$인 정사각형의 한 변의 길이는
$\sqrt{26}\,\mathrm{cm}$

답 $\sqrt{26}\,\mathrm{cm}$

0132 전략 $a>0$일 때, $(\sqrt{a})^2=(-\sqrt{a})^2=a$, $\sqrt{a^2}=\sqrt{(-a)^2}=a$임을 이용한다.

① $\sqrt{\left(-\dfrac{1}{3}\right)^2}=\dfrac{1}{3}$ ② $\sqrt{\left(\dfrac{1}{2}\right)^2}=\dfrac{1}{2}$

③ $\left(\dfrac{1}{3}\right)^2=\dfrac{1}{9}$ ④ $\left(-\sqrt{\dfrac{2}{5}}\right)^2=\dfrac{2}{5}$

⑤ $\sqrt{\dfrac{1}{16}}=\dfrac{1}{4}$

따라서 가장 큰 수는 ②이다.

답 ②

0133 전략 제곱근의 성질을 이용하여 근호를 없앤 후 계산한다.

① $(\sqrt{7})^2-\sqrt{(-7)^2}=7-7=0$

② $-\sqrt{5^2}+\sqrt{(-5)^2}=-5+5=0$

③ $\sqrt{(-9)^2}-\sqrt{9^2}=9-9=0$

④ $\sqrt{4^2}-(-\sqrt{4})^2=4-4=0$

⑤ $(-\sqrt{2})^2+(\sqrt{2})^2=2+2=4$

따라서 계산 결과가 나머지 넷과 다른 하나는 ⑤이다.

답 ⑤

0134 전략 근호를 없앤 후 앞에서부터 차례대로 계산한다.

① $(\sqrt{6})^2+\sqrt{81}-\sqrt{4^2}=6+9-4=11$

② $\sqrt{(-5)^2}\times\sqrt{36}\div\sqrt{\dfrac{4}{9}}=5\times6\div\dfrac{2}{3}=5\times6\times\dfrac{3}{2}=45$

③ $(-\sqrt{5})^2\times\sqrt{\dfrac{49}{25}}\times\sqrt{10^2}=5\times\dfrac{7}{5}\times10=70$

④ $\sqrt{\dfrac{1}{16}}+\sqrt{\left(-\dfrac{3}{2}\right)^2}-\sqrt{\left(\dfrac{3}{4}\right)^2}=\dfrac{1}{4}+\dfrac{3}{2}-\dfrac{3}{4}=1$

⑤ $-\sqrt{0.49}\times\sqrt{20^2}-(\sqrt{12})^2$
$=(-0.7)\times20-12=-26$

따라서 옳은 것은 ④이다.

답 ④

0135 전략 $a<0$이면 $\sqrt{a^2}=-a$임을 이용한다.

ㄱ. $-a>0$이므로 $-\sqrt{(-a)^2}=-(-a)=a$

ㄴ. $2a<0$이므로 $\sqrt{(2a)^2}=-2a$

ㄷ. $\sqrt{36a^2}=\sqrt{(6a)^2}$이고 $6a<0$이므로
$-\sqrt{36a^2}=-\sqrt{(6a)^2}=-(-6a)=6a$

ㄹ. $-3a>0$이므로 $\sqrt{(-3a)^2}=-3a$

이상에서 옳은 것은 ㄱ, ㄹ이다.

답 ③

0136 전략 $a<0$임을 이용하여 $3a$, $9a$, $-5a$의 부호를 조사한다.

$a<0$에서 $3a<0$, $9a<0$, $-5a>0$이므로
(주어진 식)$=\sqrt{(3a)^2}+\sqrt{(9a)^2}-\sqrt{(-5a)^2}$
$=-3a+(-9a)-(-5a)$
$=-3a-9a+5a=-7a$

답 ③

0137 전략 주어진 x의 값의 범위를 이용하여 $x+3$과 $x-4$의 부호를 조사한다.

$-3<x<4$에서 $x+3>0$, $x-4<0$이므로
$\sqrt{(x+3)^2}-\sqrt{(x-4)^2}=x+3-\{-(x-4)\}$
$=x+3+x-4$
$=2x-1$

따라서 $a=2$, $b=-1$이므로
$a+b=2+(-1)=1$

답 1

0138 전략 252를 소인수분해 하여 근호 안의 모든 소인수의 지수가 짝수가 되도록 하는 x 중에서 조건을 만족시키는 값을 찾는다.

$\sqrt{252x}=\sqrt{2^2\times3^2\times7\times x}$가 자연수가 되려면 $x=7\times(\text{자연수})^2$의 꼴이어야 한다.

따라서 가장 작은 두 자리 자연수 x의 값은
$7\times2^2=28$

답 ③

0139 전략 90을 소인수분해 하여 근호 안의 모든 소인수의 지수가 짝수가 되도록 하는 a 중에서 조건을 만족시키는 값을 찾는다.

$\sqrt{\dfrac{90}{a}}=\sqrt{\dfrac{2\times3^2\times5}{a}}$가 자연수가 되려면 a는 90의 약수이면서 $2\times5\times(\text{자연수})^2$의 꼴이어야 한다.

따라서 가장 작은 자연수 a의 값은
$2\times5=10$

이때 $b=\sqrt{\dfrac{90}{a}}=\sqrt{\dfrac{90}{10}}=\sqrt{9}=3$이므로
$ab=10\times3=30$

답 30

0140 전략 근호 안의 수가 110보다 큰 $(\text{자연수})^2$의 꼴이어야 한다.

$\sqrt{110+x}$가 자연수가 되려면 $110+x$는 $(\text{자연수})^2$의 꼴이어야 한다.

이때 x는 자연수이므로 $110+x>110$에서
$110+x=121,\ 144,\ 169,\ 196,\ \cdots$
$\therefore x=11,\ 34,\ 59,\ 86,\ \cdots$

따라서 60 이하의 자연수 x는 11, 34, 59의 3개이다.

답 ①

0141 전략 $a>0$, $b>0$일 때, $a<b$이면 $\sqrt{a}<\sqrt{b}$, $-\sqrt{a}>-\sqrt{b}$임을 이용한다.

$\sqrt{5}<\sqrt{8}$이므로 $-\sqrt{5}>-\sqrt{8}$

$4=\sqrt{16}$이고 $10<16<17$이므로 $\sqrt{10}<4<\sqrt{17}$

따라서 $-\sqrt{8}<-\sqrt{5}<\sqrt{10}<4<\sqrt{17}$이므로
$$m=-\sqrt{8},\ n=\sqrt{17}$$
$$\therefore m^2+n^2=(-\sqrt{8})^2+(\sqrt{17})^2$$
$$=8+17=25$$
답 25

0142 전략 제곱근의 대소 관계를 이용하여 $2-\sqrt{7}$, $\sqrt{7}-2$의 부호를 조사한다.

$2=\sqrt{4}$에서 $2<\sqrt{7}$이므로 $2-\sqrt{7}<0,\ \sqrt{7}-2>0$
$$\therefore (주어진\ 식)=-(2-\sqrt{7})-(\sqrt{7}-2)-2+7$$
$$=-2+\sqrt{7}-\sqrt{7}+2-2+7$$
$$=5$$
답 ⑤

0143 전략 각 변을 제곱하여 x의 값의 범위를 구한다.

$-4\leq-\sqrt{2x-1}\leq-3$에서
$$3\leq\sqrt{2x-1}\leq4,\qquad 3^2\leq(\sqrt{2x-1})^2\leq4^2$$
$$9\leq2x-1\leq16,\qquad 10\leq2x\leq17$$
$$\therefore 5\leq x\leq\frac{17}{2}$$
따라서 자연수 x 중에서 짝수는 6, 8이므로 구하는 합은
$$6+8=14$$
답 ⑤

0144 전략 $\sqrt{x}$ 이하의 자연수를 구하려면 x와 가까운 $(자연수)^2$의 꼴인 수를 먼저 찾는다.

$\sqrt{121}<\sqrt{125}<\sqrt{144}$에서 $11<\sqrt{125}<12$
$$\therefore N(125)=11$$
$\sqrt{36}<\sqrt{43}<\sqrt{49}$에서 $6<\sqrt{43}<7$
$$\therefore N(43)=6$$
$$\therefore N(125)-N(43)=11-6=5$$
답 5

0145 전략 두 정사각형의 한 변의 길이를 각각 구한 후 피타고라스 정리를 이용한다.

정사각형 ABCD의 넓이가 $81\ \text{cm}^2$이므로
$$\overline{BC}=\sqrt{81}=9\ (\text{cm})$$
… 1단계
정사각형 GCEF의 넓이가 $25\ \text{cm}^2$이므로
$$\overline{CE}=\sqrt{25}=5\ (\text{cm})$$
… 2단계
$\overline{BE}=\overline{BC}+\overline{CE}=9+5=14\ (\text{cm})$이므로 $\triangle ABE$에서
$$\overline{AE}=\sqrt{9^2+14^2}=\sqrt{277}\ (\text{cm})$$
… 3단계
답 $\sqrt{277}$ cm

단계	채점 요소	비율
1	$\overline{BC}$의 길이 구하기	30 %
2	$\overline{CE}$의 길이 구하기	30 %
3	$\overline{AE}$의 길이 구하기	40 %

0146 전략 주어진 식의 양변을 제곱하여 근호를 없앤 후 순환소수를 분수로 바꾸어 계산한다.

주어진 식의 양변을 제곱하면
$$1.0\dot{6}\times\frac{n}{m}=(0.\dot{4})^2$$
… 1단계

$$\frac{106-10}{90}\times\frac{n}{m}=\left(\frac{4}{9}\right)^2,\qquad \frac{16}{15}\times\frac{n}{m}=\frac{16}{81}$$
$$\therefore \frac{n}{m}=\frac{16}{81}\times\frac{15}{16}=\frac{5}{27}$$
… 2단계
따라서 $m=27$, $n=5$이므로
$$m-n=27-5=22$$
… 3단계
답 22

단계	채점 요소	비율
1	주어진 식의 근호 없애기	20 %
2	$\dfrac{n}{m}$의 값 구하기	60 %
3	$m-n$의 값 구하기	20 %

0147 전략 두 부등식의 각 변을 제곱하여 각각을 만족시키는 자연수 x의 값을 구한다.

$2<\sqrt{x}<3$의 각 변을 제곱하면 $4<x<9$이므로 이를 만족시키는 자연수 x는 5, 6, 7, 8이다.
… 1단계
또 $\sqrt{47}<x<\sqrt{85}$의 각 변을 제곱하면 $47<x^2<85$이므로 이를 만족시키는 자연수 x는 7, 8, 9이다.
… 2단계
따라서 두 부등식을 동시에 만족시키는 자연수 x는 7, 8이므로 구하는 합은
$$7+8=15$$
… 3단계
답 15

단계	채점 요소	비율
1	$2<\sqrt{x}<3$을 만족시키는 자연수 x의 값 구하기	40 %
2	$\sqrt{47}<x<\sqrt{85}$를 만족시키는 자연수 x의 값 구하기	40 %
3	두 부등식을 동시에 만족시키는 모든 자연수 x의 값의 합 구하기	20 %

0148 전략 $\sqrt{}$ 를 한 번 눌렀을 때 a가 나오는 수는 a^2이다.

$\sqrt{}$ 를 한 번 눌렀을 때 3이 나오는 수는 3^2
$\sqrt{}$ 를 두 번 눌렀을 때 3이 나오는 수는 $(3^2)^2=3^4$
$\sqrt{}$ 를 세 번 눌렀을 때 3이 나오는 수는 $(3^4)^2=3^8$
$\sqrt{}$ 를 네 번 눌렀을 때 3이 나오는 수는 $(3^8)^2=3^{16}$
답 ③

RPM 비법 노트

지수법칙

m, n이 자연수일 때
(1) $a^m\times a^n=a^{m+n}$
(2) $(a^m)^n=a^{mn}$
(3) $a\neq0$일 때
　① $m>n$이면 $a^m\div a^n=a^{m-n}$
　② $m=n$이면 $a^m\div a^n=1$
　③ $m<n$이면 $a^m\div a^n=\dfrac{1}{a^{n-m}}$
(4) ① $(ab)^m=a^m b^m$
　② $\left(\dfrac{a}{b}\right)^m=\dfrac{a^m}{b^m}$ (단, $b\neq0$)

0149 전략 먼저 x의 값의 범위를 이용하여 a, b의 값을 구한다.

$1.4 < \sqrt{x} < 2.5$의 각 변을 제곱하면

$$1.96 < x < 6.25$$

이때 가장 큰 자연수 x는 6이므로

$$a = 6$$

가장 작은 자연수 x는 2이므로

$$b = 2$$

$\sqrt{\dfrac{a}{b} \times n}$, 즉 $\sqrt{3n}$이 자연수가 되도록 하는 자연수 n은

$3 \times$ (자연수)^{2}의 꼴이므로

$$n = 3 \times 1^2,\ 3 \times 2^2,\ 3 \times 3^2,\ 3 \times 4^2,\ \cdots$$

이때 $\sqrt{3n}$의 값은 각각 3, 6, 9, 12, $\cdots$이므로 $\sqrt{3n}$이 한 자리 자연수가 되도록 하는 자연수 n의 값은

$$3 \times 1^2 = 3,\ 3 \times 2^2 = 12,\ 3 \times 3^2 = 27$$

답 3, 12, 27

0150 전략 $m - n$의 값이 가장 크려면 m은 가장 크고, n은 가장 작아야 한다.

$\sqrt{80 - 2a} - \sqrt{40 + b}$의 값이 가장 큰 정수가 되려면 $\sqrt{80 - 2a}$는 가장 큰 정수가 되고, $\sqrt{40 + b}$는 가장 작은 정수가 되어야 한다.

$\sqrt{80 - 2a}$가 정수가 되려면 $80 - 2a$는 0 또는 (자연수)^{2}의 꼴이어야 한다.

이때 a는 자연수이므로 $80 - 2a < 80$에서

$$80 - 2a = 0,\ 1,\ 4,\ \cdots,\ 64$$

$\sqrt{80 - 2a}$가 가장 큰 정수가 되는 것은

$$80 - 2a = 64 \qquad \therefore a = 8$$

또 $\sqrt{40 + b}$가 정수가 되려면 $40 + b$는 (자연수)^{2}의 꼴이어야 한다.

이때 b는 자연수이므로 $40 + b > 40$에서

$$40 + b = 49,\ 64,\ \cdots$$

$\sqrt{40 + b}$가 가장 작은 정수가 되는 것은

$$40 + b = 49 \qquad \therefore b = 9$$

$$\therefore a + b = 8 + 9 = 17$$

답 17

02 무리수와 실수

 교과서문제 정복하기

본문 27쪽

0151 답 무

0152 $\sqrt{\dfrac{1}{64}} = \dfrac{1}{8}$이므로 유리수이다. 답 유

0153 답 유

0154 답 무

0155 순환소수는 모두 유리수이다. 답 ×

0156 정수가 아닌 유리수는 유한소수 또는 순환소수로 나타내어진다. 답 ×

0157 답 ○

0158 $\triangle ABC$에서 $\overline{AC} = \sqrt{1^2 + 2^2} = \sqrt{5}$

따라서 점 P에 대응하는 수는 $\sqrt{5}$이고, 점 Q에 대응하는 수는 $-\sqrt{5}$이다. 답 P: $\sqrt{5}$, Q: $-\sqrt{5}$

0159 $\triangle ABC$에서 $\overline{AC} = \sqrt{3^2 + 2^2} = \sqrt{13}$

따라서 점 P에 대응하는 수는 $\sqrt{13}$이고, 점 Q에 대응하는 수는 $-\sqrt{13}$이다. 답 P: $\sqrt{13}$, Q: $-\sqrt{13}$

0160 $4 = \sqrt{16}$, $5 = \sqrt{25}$이므로 $4 < \sqrt{22} < 5$

따라서 $\sqrt{22}$에 대응하는 점은 D이다. 답 점 D

0161 $1 = \sqrt{1}$, $2 = \sqrt{4}$이므로 $1 < \sqrt{3} < 2$

따라서 $\sqrt{3}$에 대응하는 점은 A이다. 답 점 A

0162 $3 = \sqrt{9}$, $4 = \sqrt{16}$이므로 $3 < \sqrt{10} < 4$

따라서 $\sqrt{10}$에 대응하는 점은 C이다. 답 점 C

0163 $2 = \sqrt{4}$, $3 = \sqrt{9}$이므로 $2 < \sqrt{\dfrac{31}{5}} < 3$

따라서 $\sqrt{\dfrac{31}{5}}$에 대응하는 점은 B이다. 답 점 B

0164 답 <, <

0165 $(\sqrt{5} + 1) - 4 = \sqrt{5} - 3 = \sqrt{5} - \sqrt{9} < 0$

$$\therefore \sqrt{5} + 1 \boxed{<} 4$$

답 <

0166　$(\sqrt{13}-6)-(\sqrt{13}-7)=1>0$
$\therefore \sqrt{13}-6 \boxed{>} \sqrt{13}-7$　　　　　**답** $>$

0167　$(\sqrt{7}-3)-(\sqrt{8}-3)=\sqrt{7}-\sqrt{8}<0$
$\therefore \sqrt{7}-3 \boxed{<} \sqrt{8}-3$　　　　　**답** $<$

0168　$(-\sqrt{2}+\sqrt{10})-(-\sqrt{3}+\sqrt{10})=-\sqrt{2}+\sqrt{3}>0$
$\therefore -\sqrt{2}+\sqrt{10} \boxed{>} -\sqrt{3}+\sqrt{10}$　　　　　**답** $>$

0169　**답** 4.062　　　　**0170**　**답** 4.147

0171　**답** 4.278　　　　**0172**　**답** 4.370

유형 익히기　　　　▶ 본문 28~32쪽

0173　① $\sqrt{1.\dot{7}}=\sqrt{\dfrac{17-1}{9}}=\dfrac{4}{3}$
③ $\sqrt{\left(-\dfrac{8}{5}\right)^2}=\dfrac{8}{5}$
④ $-\sqrt{0.09}=-0.3$
따라서 무리수인 것은 ②, ⑤이다.　　　　　**답** ②, ⑤

0174　각 정사각형의 한 변의 길이를 구하면 다음과 같다.
① $\sqrt{5}$　　② $\sqrt{10}$　　③ $\sqrt{24}$　　④ $\sqrt{36}=6$
⑤ 둘레의 길이가 $\sqrt{0.\dot{1}}=\sqrt{\dfrac{1}{9}}=\dfrac{1}{3}$이므로

$$\dfrac{1}{3}\div 4=\dfrac{1}{3}\times\dfrac{1}{4}=\dfrac{1}{12}$$

따라서 유리수인 것은 ④, ⑤이다.　　　　　**답** ④, ⑤

0175　① $a-\sqrt{7}=\sqrt{7}-\sqrt{7}=0$
② $a+7=\sqrt{7}+7$
③ $a^2=(\sqrt{7}\,)^2=7$
④ $-\sqrt{7a^2}=-\sqrt{7^2}=-7$
⑤ $\sqrt{7}a=(\sqrt{7}\,)^2=7$
따라서 무리수인 것은 ②이다.　　　　　**답** ②

> **RPM 비법 노트**
> (1) (무리수)+(유리수)=(무리수), (유리수)+(무리수)=(무리수)
> (2) (무리수)-(유리수)=(무리수), (유리수)-(무리수)=(무리수)

0176　① 순환소수는 무한소수이지만 유리수이다.
② 유한소수는 모두 유리수이다.
③ 유리수이면서 무리수인 수는 없다.
⑤ 소수는 유한소수와 무한소수로 이루어져 있다.
따라서 옳은 것은 ④이다.　　　　　**답** ④

0177　ㄷ. $\sqrt{4}$는 근호를 사용하여 나타낸 수이지만 유리수이다.
ㅁ. 무리수는 $\dfrac{(정수)}{(0이\ 아닌\ 정수)}$의 꼴로 나타낼 수 없다.
이상에서 옳은 것은 ㄱ, ㄴ, ㄹ이다.　　　　　**답** ④

> **RPM 비법 노트**
> 근호를 사용하여 나타낸 수 중
> (1) 근호 안의 수가 어떤 유리수의 제곱이면 그 수는 유리수이다.
> (2) 근호 안의 수가 어떤 유리수의 제곱이 아니면 그 수는 무리수이다.

0178　⑤ $\sqrt{3}$은 무리수이므로 근호를 없앨 수 없는 수이다.
따라서 옳지 않은 것은 ⑤이다.　　　　　**답** ⑤

0179　$\sqrt{9}=3,\ \sqrt{\dfrac{64}{25}}=\dfrac{8}{5}$
① 자연수는 $\sqrt{9}$의 1개이다.
② 정수는 $\sqrt{9}$의 1개이다.
③ 정수가 아닌 유리수는 $\dfrac{7}{3}$, $-1.4\dot{3}$, $\sqrt{\dfrac{64}{25}}$의 3개이다.
④ 유리수는 $\dfrac{7}{3}$, $\sqrt{9}$, $-1.4\dot{3}$, $\sqrt{\dfrac{64}{25}}$의 4개이다.
⑤ 소수로 나타내었을 때 순환소수가 아닌 무한소수로 나타내어
　지는 것, 즉 무리수는 $-\sqrt{0.06}$, $\sqrt{18}$의 2개이다.
따라서 옳은 것은 ④이다.　　　　　**답** ④

0180　□ 안의 수는 무리수이다.
① $\sqrt{0.01}=0.1$ ➡ 유리수　　② $\sqrt{1.6}$ ➡ 무리수
③ $\dfrac{3}{\sqrt{25}}=\dfrac{3}{5}$ ➡ 유리수　　④ $\sqrt{\dfrac{1}{4}}=\dfrac{1}{2}$ ➡ 유리수
⑤ $1.2333\cdots=1.2\dot{3}$ ➡ 유리수
따라서 □ 안의 수에 해당하는 것은 ②이다.　　　　　**답** ②

0181　③ $\dfrac{1}{3}$은 정수가 아니지만 유리수이다.
따라서 옳지 않은 것은 ③이다.　　　　　**답** ③

0182　$\triangle ABC$는 직각삼각형이므로
$\overline{AC}=\sqrt{2^2+2^2}=\sqrt{8}$
$\overline{AP}=\overline{AC}=\sqrt{8}$이므로 점 P에 대응하는 수는
　$-1+\sqrt{8}$
$\overline{AQ}=\overline{AC}=\sqrt{8}$이므로 점 Q에 대응하는 수는
　$-1-\sqrt{8}$　　　　　**답** $-1+\sqrt{8},\ -1-\sqrt{8}$

0183　정사각형 ABCD의 넓이가 15이므로
$\overline{AP}=\overline{AB}=\sqrt{15}$　　　　　… **1단계**
따라서 점 P에 대응하는 수는　$-3+\sqrt{15}$　　… **2단계**
답 $-3+\sqrt{15}$

단계	채점 요소	비율
1	$\overline{AP}$의 길이 구하기	50 %
2	점 P에 대응하는 수 구하기	50 %

0184 한 변의 길이가 1인 정사각형의 대각선의 길이는
$$\sqrt{1^2+1^2}=\sqrt{2}$$
⑤ 점 E는 1에 대응하는 점에서 오른쪽으로 $\sqrt{2}$만큼 떨어진 점
이므로 $E(1+\sqrt{2})$
따라서 옳지 않은 것은 ⑤이다.　　　　　　　**답** ⑤

0185 ① $3<\sqrt{10}<4$, $3<\sqrt{15}<4$이므로 $\sqrt{10}$과 $\sqrt{15}$ 사이
에는 자연수가 없다.
⑤ 모든 무리수는 수직선 위의 한 점에 각각 대응한다.
따라서 옳지 않은 것은 ⑤이다.　　　　　　　**답** ⑤

0186 ① 두 무리수 $\sqrt{2}$와 $\sqrt{3}$ 사이에는 정수가 없다.
② 서로 다른 두 유리수 사이에는 무수히 많은 무리수도 있다.
④ 수직선은 유리수와 무리수, 즉 실수에 대응하는 점들로 완전
히 메울 수 있다.
따라서 옳은 것은 ③, ⑤이다.　　　　　　**답** ③, ⑤

0187 ㄹ. 모든 유리수는 수직선 위의 한 점에 각각 대응한다.
이상에서 옳은 것은 ㄱ, ㄴ, ㄷ, ㅁ의 4개이다.　　**답** ④

0188 $\sqrt{4}<\sqrt{7}<\sqrt{9}$에서 $2<\sqrt{7}<3$이므로
$$-1<\sqrt{7}-3<0$$
따라서 $\sqrt{7}-3$에 대응하는 점은 C이다.　　　**답** ③

0189 $\sqrt{1}<\sqrt{2}<\sqrt{4}$에서 $1<\sqrt{2}<2$이므로
$$6<\sqrt{2}+5<7$$
따라서 $\sqrt{2}+5$에 대응하는 점이 있는 구간은 E이다.　**답** ⑤

0190 (1) $\sqrt{9}<\sqrt{15}<\sqrt{16}$이므로 $3<\sqrt{15}<4$
$\sqrt{4}<\sqrt{7}<\sqrt{9}$에서 $2<\sqrt{7}<3$이므로 $-3<-\sqrt{7}<-2$
$$\therefore -2<1-\sqrt{7}<-1$$
$\sqrt{9}<\sqrt{10}<\sqrt{16}$에서 $3<\sqrt{10}<4$이므로
$$-1<\sqrt{10}-4<0$$
따라서 세 점 A, B, C에 대응하는 수는 각각
$1-\sqrt{7}$, $\sqrt{10}-4$, $\sqrt{15}$　　　　**1단계**
(2) 실수를 수직선에 나타내었을 때 오른쪽에 있는 수가 왼쪽에
있는 수보다 크므로
$1-\sqrt{7}<\sqrt{10}-4<\sqrt{15}$　　　　**2단계**
　　　답 (1) A: $1-\sqrt{7}$, B: $\sqrt{10}-4$, C: $\sqrt{15}$
　　　　　(2) $1-\sqrt{7}<\sqrt{10}-4<\sqrt{15}$

단계	채점 요소	비율
1	세 점 A, B, C에 대응하는 수 구하기	80 %
2	세 수의 대소 비교하기	20 %

0191 ① $3-(\sqrt{2}+1)=2-\sqrt{2}=\sqrt{4}-\sqrt{2}>0$
$$\therefore 3>\sqrt{2}+1$$
② $1-(5-\sqrt{10})=-4+\sqrt{10}=-\sqrt{16}+\sqrt{10}<0$
$$\therefore 1<5-\sqrt{10}$$

③ $(-\sqrt{7}-6)-(-8)=-\sqrt{7}+2=-\sqrt{7}+\sqrt{4}<0$
$$\therefore -\sqrt{7}-6<-8$$
④ $(4+\sqrt{5})-(\sqrt{5}+\sqrt{12})=4-\sqrt{12}=\sqrt{16}-\sqrt{12}>0$
$$\therefore 4+\sqrt{5}>\sqrt{5}+\sqrt{12}$$
⑤ $(6-\sqrt{3})-(\sqrt{29}-\sqrt{3})=6-\sqrt{29}=\sqrt{36}-\sqrt{29}>0$
$$\therefore 6-\sqrt{3}>\sqrt{29}-\sqrt{3}$$
따라서 옳은 것은 ④이다.　　　　　　　　**답** ④

0192 ① $(\sqrt{15}+2)-5=\sqrt{15}-3=\sqrt{15}-\sqrt{9}>0$
$$\therefore \sqrt{15}+2 \boxed{>} 5$$
② $(2+\sqrt{7})-(\sqrt{7}+\sqrt{3})=2-\sqrt{3}=\sqrt{4}-\sqrt{3}>0$
$$\therefore 2+\sqrt{7} \boxed{>} \sqrt{7}+\sqrt{3}$$
③ $(-4-\sqrt{6})-(-\sqrt{13}-\sqrt{6})=-4+\sqrt{13}$
$$=-\sqrt{16}+\sqrt{13}<0$$
$$\therefore -4-\sqrt{6} \boxed{<} -\sqrt{13}-\sqrt{6}$$
④ $(7-\sqrt{8})-4=3-\sqrt{8}=\sqrt{9}-\sqrt{8}>0$
$$\therefore 7-\sqrt{8} \boxed{>} 4$$
⑤ $\{\sqrt{18}-\sqrt{(-3)^2}\}-(\sqrt{15}-3)=\sqrt{18}-3-\sqrt{15}+3$
$$=\sqrt{18}-\sqrt{15}>0$$
$$\therefore \sqrt{18}-\sqrt{(-3)^2} \boxed{>} \sqrt{15}-3$$
따라서 부등호가 나머지 넷과 다른 하나는 ③이다.　**답** ③

0193 ㄱ. $(4-\sqrt{7})-(-\sqrt{11}+4)=-\sqrt{7}+\sqrt{11}>0$
$$\therefore 4-\sqrt{7}>-\sqrt{11}+4$$
ㄴ. $(\sqrt{5}-\sqrt{2})-(\sqrt{5}-1)=-\sqrt{2}+1<0$
$$\therefore \sqrt{5}-\sqrt{2}<\sqrt{5}-1$$
ㄷ. $(\sqrt{7}+4)-6=\sqrt{7}-2=\sqrt{7}-\sqrt{4}>0$
$$\therefore \sqrt{7}+4>6$$
ㄹ. $(-3+\sqrt{3})-(\sqrt{3}-\sqrt{14})=-3+\sqrt{14}=-\sqrt{9}+\sqrt{14}>0$
$$\therefore -3+\sqrt{3}>\sqrt{3}-\sqrt{14}$$
ㅁ. $(2+\sqrt{10})-(\sqrt{10}+\sqrt{3})=2-\sqrt{3}=\sqrt{4}-\sqrt{3}>0$
$$\therefore 2+\sqrt{10}>\sqrt{10}+\sqrt{3}$$
이상에서 옳은 것은 ㄴ, ㄷ, ㅁ이다.　　　　**답** ④

0194 $a-b=(\sqrt{5}+\sqrt{3})-(\sqrt{5}+1)=\sqrt{3}-1>0$이므로
$$a>b$$
$a-c=(\sqrt{5}+\sqrt{3})-(3+\sqrt{3})=\sqrt{5}-3=\sqrt{5}-\sqrt{9}<0$이므로
$$a<c$$
$$\therefore b<a<c$$　　　　　　　　　　**답** ②

0195 한 변의 길이가 가장 긴 정사각형의 넓이가 가장 크다.
$\sqrt{23}-5=\sqrt{23}-\sqrt{25}<0$　　$\therefore \sqrt{23}<5$
$5-(4+\sqrt{2})=1-\sqrt{2}<0$　　$\therefore 5<4+\sqrt{2}$
따라서 $\sqrt{23}<5<4+\sqrt{2}$이므로 넓이가 가장 큰 정사각형은 C이
다.　　　　　　　　　　　　　　　　　　**답** C

0196 $x-y=(\sqrt{7}+\sqrt{10})-(3+\sqrt{10})$
$\qquad\quad =\sqrt{7}-3=\sqrt{7}-\sqrt{9}<0$
$\quad \therefore x<y$ … **1단계**
$x-z=(\sqrt{7}+\sqrt{10})-(\sqrt{7}+3)$
$\qquad\quad =\sqrt{10}-3=\sqrt{10}-\sqrt{9}>0$
$\quad \therefore x>z$ … **2단계**
$\quad \therefore z<x<y$ … **3단계**
따라서 가장 작은 수는 z이다. … **4단계**

답 z

단계	채점 요소	비율
1	x, y의 대소 비교하기	30 %
2	x, z의 대소 비교하기	30 %
3	x, y, z의 대소 비교하기	20 %
4	가장 작은 수 구하기	20 %

0197 $\sqrt{6.23}=2.496$이므로 $a=2.496$
$\sqrt{6.46}=2.542$이므로 $b=6.46$
$\quad \therefore 100a-10b=249.6-64.6=185$

답 ①

0198 $\sqrt{32.5}=5.701$, $\sqrt{30.7}=5.541$이므로
$\quad \sqrt{32.5}-\sqrt{30.7}=5.701-5.541=0.16$

답 0.16

0199 $\sqrt{86.7}=9.311$이므로 $a=86.7$
$\sqrt{88.4}=9.402$이므로 $b=88.4$
$\quad \therefore b-a=88.4-86.7=1.7$

답 1.7

0200 $\sqrt{4}<\sqrt{8}<\sqrt{9}$에서 $2<\sqrt{8}<3$
$\sqrt{16}<\sqrt{20}<\sqrt{25}$에서 $4<\sqrt{20}<5$
① $\sqrt{\dfrac{25}{3}}=\sqrt{8.\dot{3}}$
② $\pi=3.141592\cdots$
③ $2<\sqrt{8}<3$에서 $3<\sqrt{8}+1<4$
④ $\dfrac{\sqrt{8}+\sqrt{20}}{2}$ 은 $\sqrt{8}$과 $\sqrt{20}$의 평균이다.
⑤ $3<\sqrt{8}+1<4$이므로 $\dfrac{3}{2}<\dfrac{\sqrt{8}+1}{2}<2$
따라서 $\sqrt{8}$과 $\sqrt{20}$ 사이에 있는 수가 아닌 것은 ⑤이다.

답 ⑤

0201 $\sqrt{4}<\sqrt{6}<\sqrt{9}$에서 $2<\sqrt{6}<3$이므로
$\quad -3<-\sqrt{6}<-2 \quad \therefore -2<1-\sqrt{6}<-1$ … **1단계**
$\sqrt{1}<\sqrt{3}<\sqrt{4}$에서 $1<\sqrt{3}<2$이므로
$\quad 4<3+\sqrt{3}<5$ … **2단계**
따라서 $1-\sqrt{6}$과 $3+\sqrt{3}$ 사이에 있는 정수는
$\quad -1,\ 0,\ 1,\ 2,\ 3,\ 4$
의 6개이다. … **3단계**

답 6

단계	채점 요소	비율
1	$1-\sqrt{6}$의 값의 범위 구하기	40 %
2	$3+\sqrt{3}$의 값의 범위 구하기	40 %
3	$1-\sqrt{6}$과 $3+\sqrt{3}$ 사이에 있는 정수의 개수 구하기	20 %

0202 $\sqrt{4}<\sqrt{5}<\sqrt{9}$에서 $2<\sqrt{5}<3$이므로
$\quad a+2<a+\sqrt{5}<a+3$
이때 $a+\sqrt{5}<n$에서 $a+3\leq n$ …… ㉠
또 $\sqrt{9}<\sqrt{10}<\sqrt{16}$에서 $3<\sqrt{10}<4$이므로
$\quad -4<-\sqrt{10}<-3$
$\quad \therefore b-4<b-\sqrt{10}<b-3$
이때 $n<b-\sqrt{10}$에서 $n\leq b-4$ …… ㉡
㉠, ㉡에서 $a+3\leq n\leq b-4$
위의 부등식을 만족시키는 정수 n이 3개이므로
$\quad (b-4)-(a+3)+1=3$
$\quad \therefore b-a=9$

답 ②

RPM 비법 노트

$a<b$인 정수 a, b에 대하여
(1) 부등식 $a<x<b$를 만족시키는 정수 x의 개수
$\quad \Rightarrow b-a-1$
(2) 부등식 $a\leq x<b$ 또는 $a<x\leq b$를 만족시키는 정수 x의 개수
$\quad \Rightarrow b-a$
(3) 부등식 $a\leq x\leq b$를 만족시키는 정수 x의 개수
$\quad \Rightarrow b-a+1$

다른 풀이 빗변의 길이가 $\sqrt{5}$, $\sqrt{10}$인 두 직각삼각형을 이용하여
두 무리수 $a+\sqrt{5}$와 $b-\sqrt{10}$ 사이에 3개의 정수가 존재하도록
$a+\sqrt{5}$, $b-\sqrt{10}$을 수직선 위에 나타내면 다음 그림과 같다.

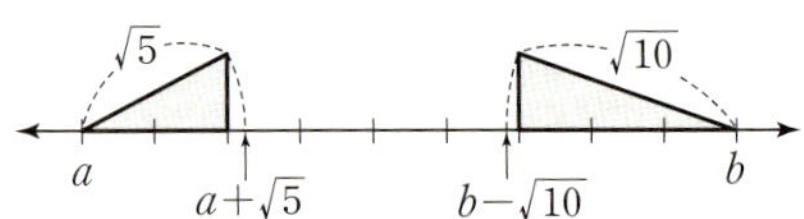

이때 a와 $a+\sqrt{5}$ 사이에 있는 정수는 2개, $b-\sqrt{10}$과 b 사이에
있는 정수는 3개이므로 a와 b 사이에 있는 정수의 개수는
$\quad 2+3+3=8$
즉 $b-a-1=8$이므로 $b-a=9$

시험에 꼭 나오는 문제 ▶본문 33~35쪽

0203 **전략** 소수로 나타내었을 때 순환소수가 아닌 무한소수가
되는 수는 무리수임을 이용한다.

ㄴ. $\sqrt{64}-8=8-8=0$
ㄷ. $\sqrt{2^2+3^2}=\sqrt{13}$
ㄹ. $\sqrt{(-3)^2+4^2}=\sqrt{25}=5$
이상에서 순환소수가 아닌 무한소수가 되는 것, 즉 무리수인 것
은 ㄱ, ㄷ이다.

답 ①

0204 **전략** 유리수와 무리수의 합 또는 차는 항상 무리수임을
이용한다.

① (유리수)$+$(유리수)$=$(유리수)이므로 $a+\dfrac{1}{3}$ 은 유리수이다.
② $a=0$일 때, $\sqrt{7a}=0$이므로 $\sqrt{7a}$는 유리수가 될 수도 있다.

③ (유리수)×(유리수)=(유리수)이므로 $5a$는 유리수이다.
④ (유리수)−(무리수)=(무리수)이므로 $a-\sqrt{10}$은 무리수이다.
⑤ (유리수)^2=(유리수)이므로 a^2은 유리수이다.
따라서 항상 무리수인 것은 ④이다.　　　　　　　　　**답** ④

0205　**전략** 유리수가 아닌 실수는 무리수이다.
① $\sqrt{9}$는 근호를 사용하여 나타낸 수이지만 유리수이다.
③ 유한소수로 나타낼 수 없다.
⑤ 기약분수로 나타낼 수 없는 수이다.
따라서 옳은 것은 ②, ④이다.　　　　　　　　　**답** ②, ④

0206　**전략** 근호를 사용하여 나타낸 수는 근호를 없앨 수 있는
지 확인한다.
$$\sqrt{0.\dot{4}}=\sqrt{\frac{4}{9}}=\frac{2}{3},\ -\sqrt{81}=-9,\ \sqrt{\frac{16}{49}}=\frac{4}{7}$$
주어진 수는 모두 실수이고 8개이므로　　　$a=8$
유리수는 $0.523,\ \sqrt{0.\dot{4}},\ -\sqrt{81},\ \sqrt{\frac{16}{49}},\ 2.1555\cdots$의 5개이므로
　　$b=5$
　　$\therefore\ a-b=8-5=3$　　　　　　　　　**답** 3

다른 풀이 실수는 유리수와 무리수로 이루어져 있으므로 $a-b$
의 값은 무리수의 개수와 같다.
무리수는 $\pi,\ \sqrt{0.001},\ -\sqrt{2.5}$의 3개이므로　　$a-b=3$

0207　**전략** 직각삼각형의 빗변의 길이를 구한 후 기준점에서
빗변의 길이만큼 더하거나 빼어 각 점의 좌표를 구한다.
① $\triangle ABC$는 직각삼각형이므로
　$\overline{AB}=\sqrt{2^2+3^2}=\sqrt{13}$
② $\triangle ADE$는 직각삼각형이므로
　$\overline{AE}=\sqrt{3^2+1^2}=\sqrt{10}$
⑤ $\overline{DQ}=\overline{AQ}-\overline{AD}=\overline{AE}-\overline{AD}=\sqrt{10}-3$
따라서 옳지 않은 것은 ⑤이다.　　　　　　　　　**답** ⑤

0208　**전략** 점 A에 대응하는 수에 원이 이동한 거리만큼을 더
한다.
반지름의 길이가 3인 원의 둘레의 길이는
　　$2\pi\times3=6\pi$
점 A와 점 A′ 사이의 거리는 원의 둘레의 길이의 2배와 같으므
로 점 A′에 대응하는 수는
　　$1+6\pi\times2=1+12\pi$　　　　　　　　　**답** $1+12\pi$

0209　**전략** 서로 다른 두 실수 사이에는 무수히 많은 유리수와
무리수가 있다.
① $\sqrt{1}<\sqrt{3}<\sqrt{4}$에서 $1<\sqrt{3}<2$이므로
　　　$-2<-\sqrt{3}<-1$
　$\sqrt{9}<\sqrt{10}<\sqrt{16}$에서　　$3<\sqrt{10}<4$
　즉 $-\sqrt{3}$과 $\sqrt{10}$ 사이의 정수는 $-1,\ 0,\ 1,\ 2,\ 3$의 5개이다.
⑤ $\sqrt{5}$와 $\sqrt{7}$ 사이에는 무수히 많은 무리수가 있다.
따라서 옳지 않은 것은 ⑤이다.　　　　　　　　　**답** ⑤

0210　**전략** 수직선에서 2와 3 사이의 점에 대응하는 수를 찾
는다.
① $\sqrt{1}<\sqrt{3}<\sqrt{4}$에서　　　$1<\sqrt{3}<2$
② $\sqrt{4}<\sqrt{5}<\sqrt{9}$에서 $2<\sqrt{5}<3$이므로
　　　$3<\sqrt{5}+1<4$
③ $\sqrt{4}<\sqrt{8}<\sqrt{9}$에서 $2<\sqrt{8}<3$이므로
　　　$1<-1+\sqrt{8}<2$
④ $\sqrt{16}<\sqrt{19}<\sqrt{25}$에서 $4<\sqrt{19}<5$이므로
　　　$2<\sqrt{19}-2<3$
⑤ $\sqrt{16}<\sqrt{24}<\sqrt{25}$에서 $4<\sqrt{24}<5$이므로
　　　$1<\sqrt{24}-3<2$
따라서 점 A에 대응하는 수로 가장 적당한 수는 ④이다.
　　　　　　　　　답 ④

0211　**전략** $\sqrt{2},\ \sqrt{3},\ \sqrt{5}$에 가까운 정수를 이용한다.
(ⅰ) $\sqrt{1}<\sqrt{2}<\sqrt{4}$에서 $1<\sqrt{2}<2$이므로
　　　$-2<-\sqrt{2}<-1$
　　　$\therefore\ -4<-2-\sqrt{2}<-3$
　따라서 $-2-\sqrt{2}$에 대응하는 점은 구간 A에 있다.
(ⅱ) $\sqrt{1}<\sqrt{3}<\sqrt{4}$에서 $1<\sqrt{3}<2$이므로
　　　$-2<-\sqrt{3}<-1$
　따라서 $-\sqrt{3}$에 대응하는 점은 구간 C에 있다.
(ⅲ) $\sqrt{4}<\sqrt{5}<\sqrt{9}$에서 $2<\sqrt{5}<3$이므로
　　　$-3<-\sqrt{5}<-2$　　$\therefore\ 1<4-\sqrt{5}<2$
　따라서 $4-\sqrt{5}$에 대응하는 점은 구간 F에 있다.
이상에서 차례대로 나열하면 구간 A, 구간 C, 구간 F이다.
　　　　　　답 구간 A, 구간 C, 구간 F

0212　**전략** 두 수의 차를 이용한다.
① $(\sqrt{10}-1)-2=\sqrt{10}-3=\sqrt{10}-\sqrt{9}>0$
　　　$\therefore\ \sqrt{10}-1>2$
② $(2+\sqrt{5})-(\sqrt{7}+\sqrt{5})=2-\sqrt{7}=\sqrt{4}-\sqrt{7}<0$
　　　$\therefore\ 2+\sqrt{5}<\sqrt{7}+\sqrt{5}$
③ $(\sqrt{12}-3)-(\sqrt{12}-\sqrt{8})=-3+\sqrt{8}=-\sqrt{9}+\sqrt{8}<0$
　　　$\therefore\ \sqrt{12}-3<\sqrt{12}-\sqrt{8}$
④ $(4-\sqrt{6})-(\sqrt{20}-\sqrt{6})=4-\sqrt{20}=\sqrt{16}-\sqrt{20}<0$
　　　$\therefore\ 4-\sqrt{6}<\sqrt{20}-\sqrt{6}$
⑤ $(\sqrt{13}+2)-5=\sqrt{13}-3=\sqrt{13}-\sqrt{9}>0$
　　　$\therefore\ \sqrt{13}+2>5$
따라서 옳지 않은 것은 ③, ⑤이다.　　　　　**답** ③, ⑤

0213　**전략** 주어진 제곱근표를 이용하여 먼저 $a,\ b$의 값을 구
한다.
$\sqrt{53.4}=7.308$이므로　　　$a=53.4$
$\sqrt{51.2}=7.155$이므로　　　$b=51.2$
따라서 $\dfrac{a+b}{2}=\dfrac{53.4+51.2}{2}=52.3$이므로
　　$\sqrt{\dfrac{a+b}{2}}=\sqrt{52.3}=7.232$　　　　**답** ②

0214 전략 $a<\sqrt{c}<b$이면 $\sqrt{a^2}<\sqrt{c}<\sqrt{b^2}$임을 이용한다.

$\sqrt{1}<\sqrt{3}<\sqrt{4}$에서 $1<\sqrt{3}<2$이고 $4=\sqrt{16}$이다.

$\sqrt{\dfrac{19}{2}}=\sqrt{9.5}$

$\sqrt{9}<\sqrt{10}<\sqrt{16}$에서 $3<\sqrt{10}<4$이므로

$\qquad 4<\sqrt{10}+1<5$

$1<\sqrt{3}<2$이므로 $\quad 3<\sqrt{3}+2<4$

$\sqrt{4}<\sqrt{5}<\sqrt{9}$에서 $2<\sqrt{5}<3$이므로 $\quad 4<\sqrt{5}+2<5$

$1<\sqrt{3}<2$에서 $-2<-\sqrt{3}<-1$이므로

$\qquad 2<4-\sqrt{3}<3$

따라서 $\sqrt{3}$과 4 사이에 있는 수는 $\sqrt{\dfrac{19}{2}}$, $\sqrt{3}+2$, $4-\sqrt{3}$의 3개이다.

답 3

0215 전략 점 P에 대응하는 수를 이용하여 점 B에 대응하는 수를 먼저 구한다.

$\overline{BP}=\overline{BD}=\sqrt{1^2+1^2}=\sqrt{2}$이므로 점 B에 대응하는 수는

$\qquad -4$ … 1단계

□ABCD는 한 변의 길이가 1인 정사각형이므로 점 A에 대응하는 수는

$\qquad -4-1=-5$ … 2단계

$\overline{AQ}=\overline{AC}=\sqrt{1^2+1^2}=\sqrt{2}$이므로 점 Q에 대응하는 수는

$\qquad -5+\sqrt{2}$ … 3단계

답 $-5+\sqrt{2}$

단계	채점 요소	비율
1	점 B에 대응하는 수 구하기	40 %
2	점 A에 대응하는 수 구하기	20 %
3	점 Q에 대응하는 수 구하기	40 %

0216 전략 먼저 양수와 음수를 구분한다.

$-1-\sqrt{3}$은 음수이고 2, $1+\sqrt{3}$, $\sqrt{2}+\sqrt{3}$은 양수이다. … 1단계

$2-(1+\sqrt{3})=1-\sqrt{3}<0$이므로 $\quad 2<1+\sqrt{3}$

$(1+\sqrt{3})-(\sqrt{2}+\sqrt{3})=1-\sqrt{2}<0$이므로

$\qquad 1+\sqrt{3}<\sqrt{2}+\sqrt{3}$

$\therefore -1-\sqrt{3}<2<1+\sqrt{3}<\sqrt{2}+\sqrt{3}$ … 2단계

따라서 작은 것부터 차례대로 나열하면

$\qquad -1-\sqrt{3}$, 2, $1+\sqrt{3}$, $\sqrt{2}+\sqrt{3}$

이므로 세 번째에 오는 수는 $1+\sqrt{3}$이다. … 3단계

답 $1+\sqrt{3}$

단계	채점 요소	비율
1	양수와 음수 구분하기	20 %
2	네 수의 대소 비교하기	60 %
3	세 번째에 오는 수 구하기	20 %

0217 전략 $\sqrt{14}$와 $\sqrt{123}$에 가까운 정수를 이용한다.

$\sqrt{9}<\sqrt{14}<\sqrt{16}$에서 $3<\sqrt{14}<4$이므로

$\qquad 5<2+\sqrt{14}<6$ … 1단계

$\sqrt{121}<\sqrt{123}<\sqrt{144}$에서 $11<\sqrt{123}<12$이므로

$\qquad 8<\sqrt{123}-3<9$ … 2단계

따라서 $2+\sqrt{14}$, $\sqrt{123}-3$ 사이에 있는 정수는 6, 7, 8이므로 구하는 합은

$\qquad 6+7+8=21$ … 3단계

답 21

단계	채점 요소	비율
1	$2+\sqrt{14}$의 값의 범위 구하기	30 %
2	$\sqrt{123}-3$의 값의 범위 구하기	30 %
3	두 수 사이에 있는 모든 정수의 합 구하기	40 %

0218 전략 $\sqrt{n}$, $\sqrt{3n}$이 유리수가 되도록 하는 n의 개수를 구한다.

(i) $\sqrt{n}$이 유리수가 되도록 하는 n은

$\qquad 1^2, 2^2, 3^2, \cdots, 14^2$

의 14개이다.

(ii) $\sqrt{3n}$이 유리수가 되도록 하는 n은

$\qquad 3\times1^2, 3\times2^2, 3\times3^2, \cdots, 3\times8^2$

의 8개이다.

(i), (ii)에서 중복되는 경우는 없으므로 $\sqrt{n}$, $\sqrt{3n}$이 모두 무리수가 되도록 하는 n의 개수는

$\qquad 200-(14+8)=178$

답 178

0219 전략 $\sqrt{a}$의 정수 부분이 n이면 $n\leq\sqrt{a}<n+1$임을 이용한다.

$\sqrt{x^2+y^2}$의 정수 부분이 5이므로

$\qquad 5\leq\sqrt{x^2+y^2}<6$, 즉 $\sqrt{25}\leq\sqrt{x^2+y^2}<\sqrt{36}$

따라서 $25\leq x^2+y^2<36$을 만족시키는 순서쌍 (x, y)는

$\qquad (0, 5), (1, 5), (2, 5), (3, 4), (3, 5),$

$\qquad (4, 3), (4, 4), (5, 0), (5, 1), (5, 2),$

$\qquad (5, 3)$

의 11개이다.

답 11

0220 전략 $[1, 2]$, $[2, 3]$, $[3, 4]$의 값을 구하여 규칙을 찾는다.

1과 2 사이에 있는 자연수의 양의 제곱근은

$\qquad \sqrt{2}$, $\sqrt{3}$의 2개

이므로 $\quad [1, 2]=2$

2와 3 사이에 있는 자연수의 양의 제곱근은

$\qquad \sqrt{5}$, $\sqrt{6}$, $\sqrt{7}$, $\sqrt{8}$의 4개

이므로 $\quad [2, 3]=4$

3과 4 사이에 있는 자연수의 양의 제곱근은

$\qquad \sqrt{10}$, $\sqrt{11}$, $\sqrt{12}$, $\sqrt{13}$, $\sqrt{14}$, $\sqrt{15}$의 6개

이므로 $\quad [3, 4]=6$

$\qquad \vdots$

따라서 $[n, n+1]=2n$이므로

$\qquad [99, 100]=2\times99=198$

답 198

 03 근호를 포함한 식의 계산

교과서문제 정복하기 ▶ 본문 37, 39쪽

0221 $\sqrt{2}\sqrt{11}=\sqrt{2\times11}=\sqrt{22}$ 답 $\sqrt{22}$

0222 $\sqrt{\dfrac{1}{7}}\times\sqrt{28}=\sqrt{\dfrac{1}{7}\times28}=\sqrt{4}=2$ 답 2

0223 $\sqrt{\dfrac{5}{3}}\times\sqrt{\dfrac{9}{10}}=\sqrt{\dfrac{5}{3}\times\dfrac{9}{10}}=\sqrt{\dfrac{3}{2}}$ 답 $\sqrt{\dfrac{3}{2}}$

0224 $-4\sqrt{6}\times2\sqrt{5}=(-4\times2)\times\sqrt{6\times5}=-8\sqrt{30}$

답 $-8\sqrt{30}$

0225 $\dfrac{\sqrt{70}}{\sqrt{14}}=\sqrt{\dfrac{70}{14}}=\sqrt{5}$ 답 $\sqrt{5}$

0226 $\sqrt{13}\div(-\sqrt{26})=-\dfrac{\sqrt{13}}{\sqrt{26}}=-\sqrt{\dfrac{13}{26}}=-\sqrt{\dfrac{1}{2}}$

답 $-\sqrt{\dfrac{1}{2}}$

0227 $8\sqrt{15}\div4\sqrt{3}=\dfrac{8\sqrt{15}}{4\sqrt{3}}=2\sqrt{\dfrac{15}{3}}=2\sqrt{5}$ 답 $2\sqrt{5}$

0228 $\dfrac{\sqrt{5}}{\sqrt{24}}\div\dfrac{\sqrt{10}}{\sqrt{3}}=\dfrac{\sqrt{5}}{\sqrt{24}}\times\dfrac{\sqrt{3}}{\sqrt{10}}=\sqrt{\dfrac{5}{24}\times\dfrac{3}{10}}$

$=\sqrt{\dfrac{1}{16}}=\dfrac{1}{4}$ 답 $\dfrac{1}{4}$

0229 답 2, 2 **0230** 답 6, 6

0231 답 9, 23, 9 **0232** 답 27, 3, 3, 10

0233 $\sqrt{45}=\sqrt{3^2\times5}=3\sqrt{5}$ 답 $3\sqrt{5}$

0234 $-\sqrt{72}=-\sqrt{6^2\times2}=-6\sqrt{2}$ 답 $-6\sqrt{2}$

0235 $\sqrt{\dfrac{7}{64}}=\sqrt{\dfrac{7}{8^2}}=\dfrac{\sqrt{7}}{8}$ 답 $\dfrac{\sqrt{7}}{8}$

0236 $\sqrt{\dfrac{31}{144}}=\sqrt{\dfrac{31}{12^2}}=\dfrac{\sqrt{31}}{12}$ 답 $\dfrac{\sqrt{31}}{12}$

0237 $\sqrt{0.11}=\sqrt{\dfrac{11}{100}}=\sqrt{\dfrac{11}{10^2}}=\dfrac{\sqrt{11}}{10}$ 답 $\dfrac{\sqrt{11}}{10}$

0238 $\sqrt{0.24}=\sqrt{\dfrac{24}{100}}=\sqrt{\dfrac{2^2\times6}{10^2}}=\dfrac{2\sqrt{6}}{10}=\dfrac{\sqrt{6}}{5}$ 답 $\dfrac{\sqrt{6}}{5}$

0239 답 4, 80

0240 답 2, 28

0241 답 9, $\dfrac{2}{81}$

0242 답 5, 6, $\dfrac{25}{6}$

0243 $-3\sqrt{6}=-\sqrt{3^2\times6}=-\sqrt{54}$ 답 $-\sqrt{54}$

0244 $10\sqrt{5}=\sqrt{10^2\times5}=\sqrt{500}$ 답 $\sqrt{500}$

0245 $-\dfrac{\sqrt{11}}{2}=-\sqrt{\dfrac{11}{2^2}}=-\sqrt{\dfrac{11}{4}}$ 답 $-\sqrt{\dfrac{11}{4}}$

0246 $\dfrac{2\sqrt{3}}{5}=\sqrt{\dfrac{2^2\times3}{5^2}}=\sqrt{\dfrac{12}{25}}$ 답 $\sqrt{\dfrac{12}{25}}$

0247 답 (가) $\sqrt{7}$ (나) $\sqrt{7}$ (다) 21

0248 $\dfrac{1}{\sqrt{10}}=\dfrac{\sqrt{10}}{\sqrt{10}\times\sqrt{10}}=\dfrac{\sqrt{10}}{10}$ 답 $\dfrac{\sqrt{10}}{10}$

0249 $-\dfrac{\sqrt{7}}{\sqrt{2}}=-\dfrac{\sqrt{7}\times\sqrt{2}}{\sqrt{2}\times\sqrt{2}}=-\dfrac{\sqrt{14}}{2}$ 답 $-\dfrac{\sqrt{14}}{2}$

0250 $-\dfrac{\sqrt{5}}{5\sqrt{3}}=-\dfrac{\sqrt{5}\times\sqrt{3}}{5\sqrt{3}\times\sqrt{3}}=-\dfrac{\sqrt{15}}{15}$ 답 $-\dfrac{\sqrt{15}}{15}$

0251 $\dfrac{3}{2\sqrt{6}}=\dfrac{3\times\sqrt{6}}{2\sqrt{6}\times\sqrt{6}}=\dfrac{3\sqrt{6}}{12}=\dfrac{\sqrt{6}}{4}$ 답 $\dfrac{\sqrt{6}}{4}$

0252 $2\sqrt{6}+5\sqrt{6}=(2+5)\sqrt{6}=7\sqrt{6}$ 답 $7\sqrt{6}$

0253 $\sqrt{2}+4\sqrt{2}=(1+4)\sqrt{2}=5\sqrt{2}$ 답 $5\sqrt{2}$

0254 $12\sqrt{7}-8\sqrt{7}=(12-8)\sqrt{7}=4\sqrt{7}$ 답 $4\sqrt{7}$

0255 $4\sqrt{10}-9\sqrt{10}+\sqrt{10}=(4-9+1)\sqrt{10}$

$=-4\sqrt{10}$ 답 $-4\sqrt{10}$

0256 $8\sqrt{3}+3\sqrt{5}-6\sqrt{3}+9\sqrt{5}$

$=(8-6)\sqrt{3}+(3+9)\sqrt{5}$

$=2\sqrt{3}+12\sqrt{5}$ 답 $2\sqrt{3}+12\sqrt{5}$

0257 $7\sqrt{6}-5\sqrt{11}+\sqrt{11}-4\sqrt{6}$

$=(7-4)\sqrt{6}+(-5+1)\sqrt{11}$

$=3\sqrt{6}-4\sqrt{11}$ 답 $3\sqrt{6}-4\sqrt{11}$

0258 $\sqrt{20}-\sqrt{80}=2\sqrt5-4\sqrt5=-2\sqrt5$

답 $-2\sqrt5$

0259 $\sqrt{48}+\sqrt{75}-\sqrt{108}$
$=4\sqrt3+5\sqrt3-6\sqrt3=3\sqrt3$

답 $3\sqrt3$

0260 $\sqrt7-\sqrt{24}+\sqrt{63}+\sqrt{96}$
$=\sqrt7-2\sqrt6+3\sqrt7+4\sqrt6$
$=2\sqrt6+4\sqrt7$

답 $2\sqrt6+4\sqrt7$

0261 $11\sqrt3-4\sqrt8-2\sqrt{12}+3\sqrt{50}$
$=11\sqrt3-8\sqrt2-4\sqrt3+15\sqrt2$
$=7\sqrt2+7\sqrt3$

답 $7\sqrt2+7\sqrt3$

0262 $\sqrt2(\sqrt7+\sqrt5)=\sqrt2\times\sqrt7+\sqrt2\times\sqrt5$
$=\sqrt{14}+\sqrt{10}$

답 $\sqrt{14}+\sqrt{10}$

0263 $\sqrt3(\sqrt6-\sqrt{15})=\sqrt3\times\sqrt6-\sqrt3\times\sqrt{15}$
$=\sqrt{18}-\sqrt{45}$
$=3\sqrt2-3\sqrt5$

답 $3\sqrt2-3\sqrt5$

0264 $\sqrt7(2\sqrt3+4\sqrt7)=\sqrt7\times2\sqrt3+\sqrt7\times4\sqrt7$
$=2\sqrt{21}+28$

답 $2\sqrt{21}+28$

0265 $3\sqrt2(\sqrt2-2\sqrt{10})=3\sqrt2\times\sqrt2-3\sqrt2\times2\sqrt{10}$
$=6-6\sqrt{20}$
$=6-12\sqrt5$

답 $6-12\sqrt5$

0266 $(\sqrt{18}-\sqrt6)\div\sqrt3=(\sqrt{18}-\sqrt6)\times\dfrac{1}{\sqrt3}$
$=\dfrac{\sqrt{18}}{\sqrt3}-\dfrac{\sqrt6}{\sqrt3}$
$=\sqrt{\dfrac{18}{3}}-\sqrt{\dfrac{6}{3}}$
$=\sqrt6-\sqrt2$

답 $\sqrt6-\sqrt2$

0267 $(\sqrt{45}+\sqrt{30})\div\sqrt5=(\sqrt{45}+\sqrt{30})\times\dfrac{1}{\sqrt5}$
$=\dfrac{\sqrt{45}}{\sqrt5}+\dfrac{\sqrt{30}}{\sqrt5}$
$=\sqrt{\dfrac{45}{5}}+\sqrt{\dfrac{30}{5}}$
$=\sqrt9+\sqrt6$
$=3+\sqrt6$

답 $3+\sqrt6$

0268 답 ㈎ $\sqrt3$　㈏ 3　㈐ 18　㈑ 2

0269 $\dfrac{4+\sqrt3}{\sqrt5}=\dfrac{(4+\sqrt3)\times\sqrt5}{\sqrt5\times\sqrt5}$
$=\dfrac{4\sqrt5+\sqrt{15}}{5}$

답 $\dfrac{4\sqrt5+\sqrt{15}}{5}$

0270 $\dfrac{\sqrt2-2}{\sqrt3}=\dfrac{(\sqrt2-2)\times\sqrt3}{\sqrt3\times\sqrt3}$
$=\dfrac{\sqrt6-2\sqrt3}{3}$

답 $\dfrac{\sqrt6-2\sqrt3}{3}$

0271 $\dfrac{\sqrt2-2\sqrt3}{3\sqrt2}=\dfrac{(\sqrt2-2\sqrt3)\times\sqrt2}{3\sqrt2\times\sqrt2}$
$=\dfrac{2-2\sqrt6}{6}=\dfrac{1-\sqrt6}{3}$

답 $\dfrac{1-\sqrt6}{3}$

0272 $\dfrac{\sqrt3+\sqrt2}{\sqrt{12}}=\dfrac{\sqrt3+\sqrt2}{2\sqrt3}=\dfrac{(\sqrt3+\sqrt2)\times\sqrt3}{2\sqrt3\times\sqrt3}$
$=\dfrac{3+\sqrt6}{6}$

답 $\dfrac{3+\sqrt6}{6}$

0273 $15\sqrt{10}\div3-3\sqrt2\times\sqrt5$
$=5\sqrt{10}-3\sqrt{10}=2\sqrt{10}$

답 $2\sqrt{10}$

0274 $\sqrt3(\sqrt7+4)-5\sqrt3$
$=\sqrt{21}+4\sqrt3-5\sqrt3=\sqrt{21}-\sqrt3$

답 $\sqrt{21}-\sqrt3$

0275 $\sqrt{54}+(\sqrt{27}+\sqrt3)\div\dfrac{1}{\sqrt2}$
$=\sqrt{54}+(\sqrt{27}+\sqrt3)\times\sqrt2$
$=\sqrt{54}+\sqrt{54}+\sqrt6$
$=3\sqrt6+3\sqrt6+\sqrt6=7\sqrt6$

답 $7\sqrt6$

0276 $2\sqrt2(1-2\sqrt3)-\sqrt2\left(5+\dfrac{6}{\sqrt{12}}\right)$
$=2\sqrt2-4\sqrt6-5\sqrt2-\dfrac{6}{\sqrt6}$
$=2\sqrt2-4\sqrt6-5\sqrt2-\sqrt6$
$=-3\sqrt2-5\sqrt6$

답 $-3\sqrt2-5\sqrt6$

유형 익히기
▶ 본문 40~50쪽

0277 ④ $4\sqrt{\dfrac{2}{13}}\times3\sqrt{26}=(4\times3)\times\sqrt{\dfrac{2}{13}\times26}=12\sqrt4=24$
따라서 옳지 않은 것은 ④이다.

답 ④

0278 $3\sqrt6\times\left(-\sqrt{\dfrac{11}{6}}\right)\times(-4\sqrt2)$
$=\{3\times(-1)\times(-4)\}\times\sqrt{6\times\dfrac{11}{6}\times2}$
$=12\sqrt{22}$

답 ④

0279 $2\sqrt{0.75}\times\sqrt{\dfrac{20}{3}}=2\sqrt{0.75\times\dfrac{20}{3}}=2\sqrt5$이므로
$a=2\sqrt5$　　　　… 1단계
$-8\sqrt{\dfrac{10}{21}}\times\sqrt{\dfrac{21}{2}}=-8\sqrt{\dfrac{10}{21}\times\dfrac{21}{2}}=-8\sqrt5$이므로
$b=-8\sqrt5$　　　… 2단계

$$\therefore ab=2\sqrt{5}\times(-8\sqrt{5})=-80 \quad \cdots \text{3단계}$$

답 -80

단계	채점 요소	비율
1	a의 값 구하기	40 %
2	b의 값 구하기	40 %
3	ab의 값 구하기	20 %

0280 ㄷ. $2\sqrt{5}\div\dfrac{6}{\sqrt{3}}=2\sqrt{5}\times\dfrac{\sqrt{3}}{6}=\dfrac{1}{3}\sqrt{5\times3}=\dfrac{\sqrt{15}}{3}$

이상에서 옳은 것은 ㄱ, ㄴ, ㄹ이다.　답 ④

0281 $\dfrac{\sqrt{10}}{\sqrt{7}}\div\dfrac{\sqrt{5}}{\sqrt{a}}=\dfrac{\sqrt{10}}{\sqrt{7}}\times\dfrac{\sqrt{a}}{\sqrt{5}}=\sqrt{\dfrac{10}{7}\times\dfrac{a}{5}}=\sqrt{\dfrac{2}{7}a}$

이때 $\sqrt{\dfrac{2}{7}a}=\sqrt{6}$이므로

$\dfrac{2}{7}a=6$　$\therefore a=21$　답 21

0282 $\dfrac{2\sqrt{14}}{3}\div\dfrac{\sqrt{42}}{\sqrt{3}}\div\dfrac{2}{3\sqrt{6}}=\dfrac{2\sqrt{14}}{3}\times\dfrac{\sqrt{3}}{\sqrt{42}}\times\dfrac{3\sqrt{6}}{2}$

$$=\sqrt{14\times\dfrac{3}{42}\times6}$$
$$=\sqrt{6}$$

답 ⑤

0283 $7\sqrt{2}=\sqrt{7^2\times2}=\sqrt{98}$이므로　$a=98$
$\sqrt{180}=\sqrt{6^2\times5}=6\sqrt{5}$이므로　$b=6$

$\therefore a-b=98-6=92$　답 ③

0284 ① $-3\sqrt{6}=-\sqrt{3^2\times6}=-\sqrt{54}$
② $4\sqrt{5}=\sqrt{4^2\times5}=\sqrt{80}$
③ $5\sqrt{7}=\sqrt{5^2\times7}=\sqrt{175}$
④ $-\sqrt{216}=-\sqrt{6^2\times6}=-6\sqrt{6}$
⑤ $\sqrt{147}=\sqrt{7^2\times3}=7\sqrt{3}$

따라서 옳지 않은 것은 ⑤이다.　답 ⑤

0285 $\sqrt{150}=\sqrt{5^2\times6}=5\sqrt{6}$이므로　$a=6$ $\quad\cdots$ 1단계
$8\sqrt{3}=\sqrt{8^2\times3}=\sqrt{192}$이므로　$b=192$ $\quad\cdots$ 2단계
$\sqrt{208}=\sqrt{4^2\times13}=4\sqrt{13}$이므로　$c=4$ $\quad\cdots$ 3단계

$\therefore a\sqrt{b+c}=6\sqrt{192+4}=6\sqrt{196}$
$$=6\times14=84 \quad\cdots \text{4단계}$$

답 84

단계	채점 요소	비율
1	a의 값 구하기	20 %
2	b의 값 구하기	20 %
3	c의 값 구하기	20 %
4	$a\sqrt{b+c}$의 값 구하기	40 %

0286 $a\sqrt{\dfrac{12b}{a}}+b\sqrt{\dfrac{27a}{b}}=\sqrt{a^2\times\dfrac{12b}{a}}+\sqrt{b^2\times\dfrac{27a}{b}}$
$$=\sqrt{12ab}+\sqrt{27ab}$$
$$=2\sqrt{3ab}+3\sqrt{3ab} \quad\cdots\cdots ㉠$$

이때 $ab=48$을 ㉠에 대입하면
$$(\text{주어진 식})=2\sqrt{3\times48}+3\sqrt{3\times48}$$
$$=2\sqrt{144}+3\sqrt{144}$$
$$=2\times12+3\times12=60$$

답 ③

0287 $\sqrt{\dfrac{150}{49}}=\sqrt{\dfrac{5^2\times6}{7^2}}=\dfrac{5\sqrt{6}}{7}$이므로

$a=\dfrac{5}{7}$

$\sqrt{0.84}=\sqrt{\dfrac{84}{100}}=\sqrt{\dfrac{2^2\times21}{10^2}}=\dfrac{2\sqrt{21}}{10}=\dfrac{\sqrt{21}}{5}$이므로

$b=21$

$\therefore ab=\dfrac{5}{7}\times21=15$　답 15

0288 $\sqrt{\dfrac{39}{192}}=\sqrt{\dfrac{13}{64}}=\sqrt{\dfrac{13}{8^2}}=\dfrac{\sqrt{13}}{8}$

따라서 $a=8$, $b=13$이므로
$$a+b=8+13=21$$

답 21

0289 $\sqrt{0.016}=\sqrt{\dfrac{160}{10000}}=\sqrt{\dfrac{4^2\times10}{100^2}}=\dfrac{4\sqrt{10}}{100}=\dfrac{\sqrt{10}}{25}$

$\therefore k=\dfrac{1}{25}$　답 $\dfrac{1}{25}$

0290 ① $\sqrt{\dfrac{10}{121}}=\sqrt{\dfrac{10}{11^2}}=\dfrac{\sqrt{10}}{11}$

② $\dfrac{\sqrt{7}}{4}=\sqrt{\dfrac{7}{4^2}}=\sqrt{\dfrac{7}{16}}$

③ $-\sqrt{\dfrac{33}{75}}=-\sqrt{\dfrac{11}{25}}=-\sqrt{\dfrac{11}{5^2}}=-\dfrac{\sqrt{11}}{5}$

④ $\sqrt{0.24}=\sqrt{\dfrac{24}{100}}=\sqrt{\dfrac{2^2\times6}{10^2}}=\dfrac{2\sqrt{6}}{10}=\dfrac{\sqrt{6}}{5}$

⑤ $\dfrac{4\sqrt{2}}{3}=\sqrt{\dfrac{4^2\times2}{3^2}}=\sqrt{\dfrac{32}{9}}$

따라서 옳은 것은 ①, ③이다.　답 ①, ③

0291 ① $\sqrt{500}=\sqrt{5\times100}=10\sqrt{5}=10\times2.236=22.36$

② $\sqrt{0.5}=\sqrt{\dfrac{50}{100}}=\dfrac{\sqrt{50}}{10}=\dfrac{7.071}{10}=0.7071$

③ $\sqrt{5000}=\sqrt{50\times100}=10\sqrt{50}=10\times7.071=70.71$

④ $\sqrt{0.05}=\sqrt{\dfrac{5}{100}}=\dfrac{\sqrt{5}}{10}=\dfrac{2.236}{10}=0.2236$

⑤ $\sqrt{0.005}=\sqrt{\dfrac{50}{10000}}=\dfrac{\sqrt{50}}{100}=\dfrac{7.071}{100}=0.07071$

따라서 옳은 것은 ③이다.　답 ③

0292 $17.86=10\times1.786$
$$=10\sqrt{3.19}=\sqrt{3.19\times100}=\sqrt{319}$$

$\therefore a=319$　답 319

0293 ① $\sqrt{0.00068}=\sqrt{\dfrac{6.8}{10000}}=\dfrac{\sqrt{6.8}}{100}=\dfrac{2.608}{100}=0.02608$

② $\sqrt{0.068}=\sqrt{\dfrac{6.8}{100}}=\dfrac{\sqrt{6.8}}{10}=\dfrac{2.608}{10}=0.2608$

③ $\sqrt{680}=\sqrt{6.8\times100}=10\sqrt{6.8}=10\times2.608=26.08$

④ $\sqrt{6800}=\sqrt{68\times100}=10\sqrt{68}$이므로 $\sqrt{6800}$의 값은 구할 수 없다.

⑤ $\sqrt{68000}=\sqrt{6.8\times10000}=100\sqrt{6.8}$
$$=100\times2.608=260.8$$

따라서 그 값을 구할 수 없는 것은 ④이다.   답 ④

0294 $\sqrt{0.32}=\sqrt{\dfrac{32}{100}}$
$$=\dfrac{4\sqrt{2}}{10}=\dfrac{2\sqrt{2}}{5}$$
$$=\dfrac{2}{5}\times1.414=0.5656 \qquad \cdots \text{ 1단계}$$

$\sqrt{\dfrac{1}{50}}=\sqrt{\dfrac{2}{100}}=\dfrac{\sqrt{2}}{10}=\dfrac{1.414}{10}=0.1414 \qquad \cdots \text{ 2단계}$

$\therefore \sqrt{0.32}+\sqrt{\dfrac{1}{50}}=0.5656+0.1414$
$$=0.707 \qquad \cdots \text{ 3단계}$$

답 0.707

단계	채점 요소	비율
1	$\sqrt{0.32}$의 값 구하기	40 %
2	$\sqrt{\dfrac{1}{50}}$의 값 구하기	40 %
3	$\sqrt{0.32}+\sqrt{\dfrac{1}{50}}$의 값 구하기	20 %

0295 $\sqrt{126}=\sqrt{2\times3^2\times7}=\sqrt{2}\times3\times\sqrt{7}=3ab$ 답 ①

0296 $\sqrt{80}-\sqrt{147}=\sqrt{4^2\times5}-\sqrt{7^2\times3}$
$$=4\sqrt{5}-7\sqrt{3}$$
$$=4B-7A$$

답 ④

0297 $\sqrt{7.04}=\sqrt{\dfrac{704}{100}}=\sqrt{\dfrac{8^2\times11}{10^2}}=\dfrac{8\sqrt{11}}{10}=\dfrac{4\sqrt{11}}{5}=\dfrac{4}{5}A$

答 ④

0298 ① $\dfrac{1}{\sqrt{11}}=\dfrac{\sqrt{11}}{\sqrt{11}\times\sqrt{11}}=\dfrac{\sqrt{11}}{11}$

② $\dfrac{6}{\sqrt{8}}=\dfrac{6}{2\sqrt{2}}=\dfrac{3}{\sqrt{2}}=\dfrac{3\times\sqrt{2}}{\sqrt{2}\times\sqrt{2}}=\dfrac{3\sqrt{2}}{2}$

③ $\dfrac{\sqrt{2}}{3\sqrt{5}}=\dfrac{\sqrt{2}\times\sqrt{5}}{3\sqrt{5}\times\sqrt{5}}=\dfrac{\sqrt{10}}{15}$

④ $\dfrac{3}{4\sqrt{7}}=\dfrac{3\times\sqrt{7}}{4\sqrt{7}\times\sqrt{7}}=\dfrac{3\sqrt{7}}{28}$

⑤ $\dfrac{5\sqrt{11}}{\sqrt{32}}=\dfrac{5\sqrt{11}}{4\sqrt{2}}=\dfrac{5\sqrt{11}\times\sqrt{2}}{4\sqrt{2}\times\sqrt{2}}=\dfrac{5\sqrt{22}}{8}$

따라서 옳지 않은 것은 ④이다.   답 ④

0299 $\dfrac{3\sqrt{a}}{2\sqrt{6}}=\dfrac{3\sqrt{a}\times\sqrt{6}}{2\sqrt{6}\times\sqrt{6}}=\dfrac{3\sqrt{6a}}{12}=\dfrac{\sqrt{6a}}{4}$이므로

$\dfrac{\sqrt{6a}}{4}=\dfrac{\sqrt{15}}{2}, \qquad \sqrt{6a}=2\sqrt{15}=\sqrt{60}$

$6a=60 \qquad \therefore a=10$ 답 ④

0300 $\dfrac{\sqrt{5}}{\sqrt{7}}=\dfrac{\sqrt{5}\times\sqrt{7}}{\sqrt{7}\times\sqrt{7}}=\dfrac{\sqrt{35}}{7}$

$\sqrt{7}=\dfrac{7\sqrt{7}}{7}=\dfrac{\sqrt{343}}{7}$

$\dfrac{5}{\sqrt{7}}=\dfrac{5\times\sqrt{7}}{\sqrt{7}\times\sqrt{7}}=\dfrac{5\sqrt{7}}{7}=\dfrac{\sqrt{175}}{7}$

$\dfrac{5}{7}=\dfrac{\sqrt{25}}{7}$

이므로 큰 것부터 차례대로 나열하면
$$\sqrt{7},\ \dfrac{5}{\sqrt{7}},\ \dfrac{\sqrt{5}}{\sqrt{7}},\ \dfrac{5}{7},\ \dfrac{\sqrt{5}}{7}$$

따라서 두 번째에 오는 수는 $\dfrac{5}{\sqrt{7}}$ 이다.   답 $\dfrac{5}{\sqrt{7}}$

0301 $\dfrac{\sqrt{8}}{\sqrt{15}}\div\dfrac{2}{\sqrt{6}}\times\dfrac{3\sqrt{5}}{\sqrt{3}}=\dfrac{2\sqrt{2}}{\sqrt{15}}\times\dfrac{\sqrt{6}}{2}\times\dfrac{3\sqrt{5}}{\sqrt{3}}$
$$=\dfrac{6}{\sqrt{3}}=\dfrac{6\sqrt{3}}{3}$$
$$=2\sqrt{3}$$

답 ④

0302 ① $3\sqrt{12}\div(-2\sqrt{3})=6\sqrt{3}\times\left(-\dfrac{1}{2\sqrt{3}}\right)=-3$

② $2\sqrt{20}\div\sqrt{10}\times\sqrt{2}=4\sqrt{5}\times\dfrac{1}{\sqrt{10}}\times\sqrt{2}=4$

③ $\sqrt{18}\times\sqrt{48}\div\sqrt{108}=3\sqrt{2}\times4\sqrt{3}\times\dfrac{1}{6\sqrt{3}}=2\sqrt{2}$

④ $\sqrt{\dfrac{3}{4}}\div\dfrac{\sqrt{2}}{\sqrt{10}}\div\dfrac{\sqrt{5}}{3}=\dfrac{\sqrt{3}}{2}\times\dfrac{\sqrt{10}}{\sqrt{2}}\times\dfrac{3}{\sqrt{5}}=\dfrac{3\sqrt{3}}{2}$

⑤ $\dfrac{5\sqrt{2}}{\sqrt{3}}\times\left(-\dfrac{\sqrt{7}}{\sqrt{5}}\right)\div\dfrac{\sqrt{14}}{2\sqrt{3}}=\dfrac{5\sqrt{2}}{\sqrt{3}}\times\left(-\dfrac{\sqrt{7}}{\sqrt{5}}\right)\times\dfrac{2\sqrt{3}}{\sqrt{14}}$
$$=-\dfrac{10}{\sqrt{5}}=-\dfrac{10\sqrt{5}}{5}$$
$$=-2\sqrt{5}$$

따라서 옳지 않은 것은 ④, ⑤이다.   답 ④, ⑤

0303 $3\sqrt{15}\div2\sqrt{18}\times2\sqrt{6}=3\sqrt{15}\times\dfrac{1}{6\sqrt{2}}\times2\sqrt{6}=3\sqrt{5}$

이므로 $a=3$ $\cdots \text{ 1단계}$

$\dfrac{\sqrt{50}}{2}\div(-6\sqrt{3})\times\sqrt{48}=\dfrac{5\sqrt{2}}{2}\times\left(-\dfrac{1}{6\sqrt{3}}\right)\times4\sqrt{3}=-\dfrac{5\sqrt{2}}{3}$

이므로 $b=-\dfrac{5}{3}$ $\cdots \text{ 2단계}$

$\therefore ab=3\times\left(-\dfrac{5}{3}\right)=-5$ $\cdots \text{ 3단계}$

답 -5

단계	채점 요소	비율
1	a의 값 구하기	40 %
2	b의 값 구하기	40 %
3	ab의 값 구하기	20 %

0304 $\overline{AD}$를 한 변으로 하는 정사각형의 넓이가 32이므로
$$\overline{AD}=\sqrt{32}=4\sqrt{2}$$

$\overline{CD}$를 한 변으로 하는 정사각형의 넓이가 6이므로
$$\overline{CD}=\sqrt{6}$$

$$\therefore \square ABCD = \overline{AD} \times \overline{CD}$$
$$= 4\sqrt{2} \times \sqrt{6}$$
$$= 4\sqrt{12} = 8\sqrt{3}$$
답 ④

0305 $\triangle ABC = \dfrac{1}{2} \times 2\sqrt{10} \times \overline{AH} = \sqrt{10}\,\overline{AH}$ 이므로
$$\sqrt{10}\,\overline{AH} = 6\sqrt{15}$$
$$\therefore \overline{AH} = \frac{6\sqrt{15}}{\sqrt{10}} = \frac{6\sqrt{3}}{\sqrt{2}} = \frac{6\sqrt{6}}{2} = 3\sqrt{6}\ (cm)$$
답 $3\sqrt{6}$ cm

0306 (1) $\triangle HFG$에서
$$\overline{FH} = \sqrt{(3\sqrt{5})^2 + 4^2} = \sqrt{61}\ (cm)$$
(2) $\triangle DFH$에서
$$\overline{FD} = \sqrt{(\sqrt{61})^2 + (\sqrt{39})^2} = \sqrt{100} = 10\ (cm)$$
답 (1) $\sqrt{61}$ cm (2) 10 cm

(1) 가로, 세로의 길이가 각각 a, b인 직사각
형의 대각선의 길이를 l이라 하면
$$l = \sqrt{a^2 + b^2}$$

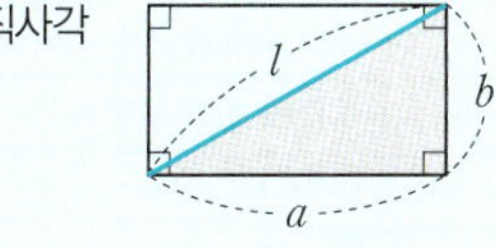

(2) 세 모서리의 길이가 각각 a, b, c인 직육
면체의 대각선의 길이를 l이라 하면
$$l = \sqrt{a^2 + b^2 + c^2}$$

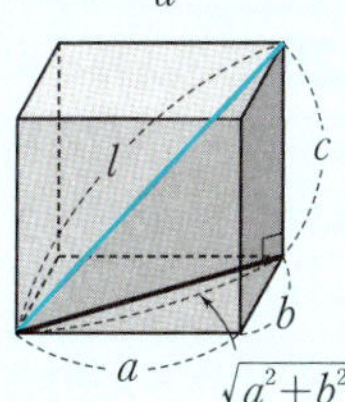

0307 (원기둥의 부피)$= \pi \times (4\sqrt{2})^2 \times x$
$$= 32\pi x\ (cm^3)$$ ··· 1단계

(원뿔의 부피)$= \dfrac{1}{3} \times \pi \times (3\sqrt{6})^2 \times 2\sqrt{7}$
$$= \frac{1}{3} \times \pi \times 54 \times 2\sqrt{7} = 36\sqrt{7}\,\pi\ (cm^3)$$ ··· 2단계

즉 $32\pi x = 36\sqrt{7}\,\pi$이므로
$$x = \frac{36\sqrt{7}\,\pi}{32\pi} = \frac{9\sqrt{7}}{8}$$ ··· 3단계
답 $\dfrac{9\sqrt{7}}{8}$

단계	채점 요소	비율
1	원기둥의 부피 구하기	30 %
2	원뿔의 부피 구하기	30 %
3	x의 값 구하기	40 %

0308 오른쪽 그림과 같이 꼭짓점
A에서 변 BC에 내린 수선의 발을 H라
하면
$$\overline{CH} = \frac{1}{2}\overline{BC} = 2\sqrt{5}\ (cm)$$
$\triangle AHC$에서
$$\overline{AH} = \sqrt{(4\sqrt{5})^2 - (2\sqrt{5})^2} = \sqrt{60} = 2\sqrt{15}\ (cm)$$

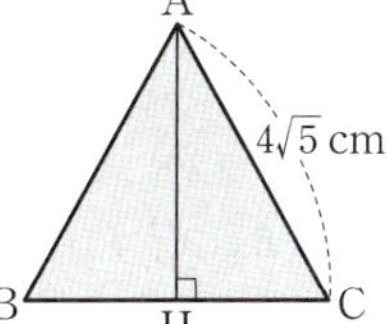

$$\therefore \triangle ABC = \frac{1}{2} \times 4\sqrt{5} \times 2\sqrt{15}$$
$$= 20\sqrt{3}\ (cm^2)$$
답 ②

한 변의 길이가 a인 정삼각형의 높이를 h, 넓이
를 S라 하면

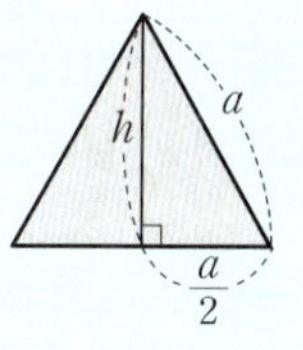

(1) $h = \sqrt{a^2 - \left(\dfrac{a}{2}\right)^2} = \dfrac{\sqrt{3}}{2}a$

(2) $S = \dfrac{1}{2} \times a \times \dfrac{\sqrt{3}}{2}a = \dfrac{\sqrt{3}}{4}a^2$

다른 풀이 $\triangle ABC = \dfrac{\sqrt{3}}{4} \times (4\sqrt{5})^2 = 20\sqrt{3}\ (cm^2)$

0309 $\triangle ABC$는 직각이등변삼각
형이므로
$$\overline{AC} = \sqrt{(2\sqrt{3})^2 + (2\sqrt{3})^2}$$
$$= \sqrt{24} = 2\sqrt{6}\ (cm)$$
$\triangle OAC$는 이등변삼각형이므로
$$\overline{AH} = \frac{1}{2}\overline{AC} = \frac{1}{2} \times 2\sqrt{6} = \sqrt{6}\ (cm)$$

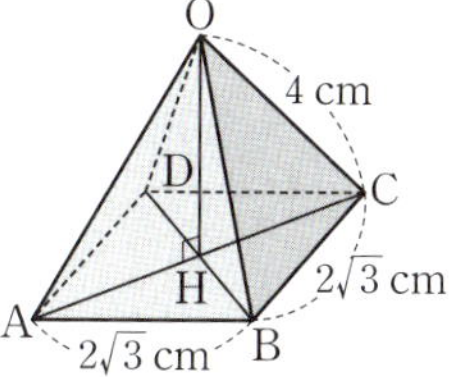

$\triangle OAH$에서 $\overline{OH} = \sqrt{4^2 - (\sqrt{6})^2} = \sqrt{10}\ (cm)$
$$\therefore (\text{사각뿔의 부피}) = \frac{1}{3} \times (2\sqrt{3} \times 2\sqrt{3}) \times \sqrt{10}$$
$$= 4\sqrt{10}\ (cm^3)$$
답 $4\sqrt{10}$ cm³

0310 $\dfrac{3\sqrt{3}}{4} + \dfrac{2\sqrt{6}}{5} - \dfrac{\sqrt{3}}{2} - \dfrac{2\sqrt{6}}{3}$
$$= \left(\frac{3}{4} - \frac{1}{2}\right)\sqrt{3} + \left(\frac{2}{5} - \frac{2}{3}\right)\sqrt{6}$$
$$= \frac{\sqrt{3}}{4} - \frac{4\sqrt{6}}{15}$$
따라서 $a = \dfrac{1}{4}$, $b = -\dfrac{4}{15}$이므로
$$ab = \frac{1}{4} \times \left(-\frac{4}{15}\right) = -\frac{1}{15}$$
답 ②

0311 $\dfrac{\sqrt{a}}{3} - \dfrac{\sqrt{a}}{5} = \dfrac{2\sqrt{a}}{15}$이므로 $\dfrac{2\sqrt{a}}{15} = \dfrac{3}{5}$
$$\sqrt{a} = \frac{9}{2} \qquad \therefore a = \frac{81}{4}$$
답 ⑤

0312 $A = (3 + 2 - 10)\sqrt{5} = -5\sqrt{5}$
$B = (4 - 6 + 1)\sqrt{3} = -\sqrt{3}$
$$\therefore AB = (-5\sqrt{5}) \times (-\sqrt{3}) = 5\sqrt{15}$$
답 $5\sqrt{15}$

0313 $1 < \sqrt{3} < 3$이므로 $3 - \sqrt{3} > 0$, $1 - \sqrt{3} < 0$ ··· 1단계
$$\therefore (\text{주어진 식}) = (3 - \sqrt{3}) - \{-(1 - \sqrt{3})\}$$
$$= 3 - \sqrt{3} + 1 - \sqrt{3}$$
$$= 4 - 2\sqrt{3}$$ ··· 2단계
답 $4 - 2\sqrt{3}$

단계	채점 요소	비율
1	$3 - \sqrt{3}$, $1 - \sqrt{3}$의 부호 구하기	40 %
2	주어진 식 계산하기	60 %

0314 $\sqrt{175}-\sqrt{63}+\sqrt{28}=5\sqrt{7}-3\sqrt{7}+2\sqrt{7}=4\sqrt{7}$

$\therefore k=4$ ······ 답 ②

0315 $\sqrt{216}+\sqrt{24}-a\sqrt{6}=6\sqrt{6}+2\sqrt{6}-a\sqrt{6}$
$\qquad\qquad\qquad\qquad =(8-a)\sqrt{6}$

$\sqrt{54}=3\sqrt{6}$이므로 $(8-a)\sqrt{6}=3\sqrt{6}$

따라서 $8-a=3$이므로 $a=5$ ······ 답 5

0316 $2\sqrt{147}+6\sqrt{8}-4\sqrt{27}-\sqrt{128}$
$=14\sqrt{3}+12\sqrt{2}-12\sqrt{3}-8\sqrt{2}$
$=4\sqrt{2}+2\sqrt{3}$

따라서 $a=4$, $b=2$이므로
$\quad a+b=4+2=6$ ······ 답 ⑤

0317 $\sqrt{125}-\sqrt{75}+\sqrt{108}-3\sqrt{20}$
$=5\sqrt{5}-5\sqrt{3}+6\sqrt{3}-6\sqrt{5}$
$=\sqrt{3}-\sqrt{5}$
$=a-b$ ······ 답 ③

0318 $\sqrt{125}-\dfrac{\sqrt{90}}{\sqrt{2}}+\dfrac{6}{\sqrt{3}}-\sqrt{27}$

$=5\sqrt{5}-\sqrt{45}+\dfrac{6\sqrt{3}}{3}-3\sqrt{3}$

$=5\sqrt{5}-3\sqrt{5}+2\sqrt{3}-3\sqrt{3}$

$=-\sqrt{3}+2\sqrt{5}$ ······ 답 ③

0319 $\sqrt{18}-\dfrac{3}{\sqrt{8}}+\dfrac{2}{\sqrt{50}}=3\sqrt{2}-\dfrac{3}{2\sqrt{2}}+\dfrac{2}{5\sqrt{2}}$

$\qquad\qquad\qquad\qquad =3\sqrt{2}-\dfrac{3\sqrt{2}}{4}+\dfrac{\sqrt{2}}{5}$

$\qquad\qquad\qquad\qquad =\dfrac{49\sqrt{2}}{20}$

$\therefore k=\dfrac{49}{20}$ ······ 답 ③

0320 $y=\dfrac{1}{2\sqrt{5}}$이므로

$x-y=2\sqrt{5}-\dfrac{1}{2\sqrt{5}}=2\sqrt{5}-\dfrac{\sqrt{5}}{10}=\dfrac{19\sqrt{5}}{10}$ ······ 답 ④

0321 (주어진 식)$=4\sqrt{2}-\dfrac{6\sqrt{3}}{3}-5\sqrt{2}-\dfrac{6\sqrt{2}}{6}+4\sqrt{3}$

$\qquad\qquad\quad =4\sqrt{2}-2\sqrt{3}-5\sqrt{2}-\sqrt{2}+4\sqrt{3}$

$\qquad\qquad\quad =-2\sqrt{2}+2\sqrt{3}$

따라서 $a=-2$, $b=2$이므로
$\quad 2a+b=2\times(-2)+2=-2$ ······ 답 -2

0322 $\overline{\mathrm{AP}}=\overline{\mathrm{AB}}=\sqrt{1^2+2^2}=\sqrt{5}$이므로 $p=2+\sqrt{5}$
$\overline{\mathrm{AQ}}=\overline{\mathrm{AD}}=\sqrt{2^2+1^2}=\sqrt{5}$이므로 $q=2-\sqrt{5}$
$\quad\therefore 2p-q=2(2+\sqrt{5})-(2-\sqrt{5})$
$\qquad\qquad\quad =4+2\sqrt{5}-2+\sqrt{5}$
$\qquad\qquad\quad =2+3\sqrt{5}$ ······ 답 $2+3\sqrt{5}$

0323 $\overline{\mathrm{AP}}=\overline{\mathrm{AC}}=\sqrt{1^2+1^2}=\sqrt{2}$이므로 $p=-2+\sqrt{2}$
$\overline{\mathrm{BQ}}=\overline{\mathrm{BD}}=\sqrt{1^2+1^2}=\sqrt{2}$이므로 $q=-1-\sqrt{2}$
$\quad\therefore p-q=(-2+\sqrt{2})-(-1-\sqrt{2})$
$\qquad\qquad =-2+\sqrt{2}+1+\sqrt{2}$
$\qquad\qquad =-1+2\sqrt{2}$ ······ 답 $-1+2\sqrt{2}$

0324 $\overline{\mathrm{PB}}=\overline{\mathrm{AB}}=\sqrt{2^2+3^2}=\sqrt{13}$이므로 점 P에 대응하는 수는
$\qquad -1-\sqrt{13}$ ······ 1단계
$\overline{\mathrm{QF}}=\overline{\mathrm{DF}}=\sqrt{3^2+2^2}=\sqrt{13}$이므로 점 Q에 대응하는 수는
$\qquad 6+\sqrt{13}$ ······ 2단계
$\quad\therefore \overline{\mathrm{PQ}}=(6+\sqrt{13})-(-1-\sqrt{13})$
$\qquad\qquad =6+\sqrt{13}+1+\sqrt{13}$
$\qquad\qquad =7+2\sqrt{13}$ ······ 3단계
답 $7+2\sqrt{13}$

단계	채점 요소	비율
1	점 P에 대응하는 수 구하기	30 %
2	점 Q에 대응하는 수 구하기	30 %
3	$\overline{\mathrm{PQ}}$의 길이 구하기	40 %

0325 $3(\sqrt{45}-\sqrt{50})+2\sqrt{2}(4-\sqrt{10})$
$=3(3\sqrt{5}-5\sqrt{2})+8\sqrt{2}-2\sqrt{20}$
$=9\sqrt{5}-15\sqrt{2}+8\sqrt{2}-4\sqrt{5}$
$=-7\sqrt{2}+5\sqrt{5}$

따라서 $x=-7$, $y=5$이므로
$\quad x+y=-7+5=-2$ ······ 답 -2

0326 (주어진 식)$=11-24+\sqrt{7}\left(2\sqrt{7}-\dfrac{1}{\sqrt{7}}\right)$
$\qquad\qquad\quad =-13+14-1=0$ ······ 답 ②

0327 $\sqrt{3}A-\sqrt{2}B=\sqrt{3}(\sqrt{2}+\sqrt{3})-\sqrt{2}(\sqrt{2}-\sqrt{3})$
$\qquad\qquad\quad =\sqrt{6}+3-2+\sqrt{6}$
$\qquad\qquad\quad =2\sqrt{6}+1$ ······ 답 ②

0328 $\dfrac{2\sqrt{10}-\sqrt{75}}{3\sqrt{2}}=\dfrac{(2\sqrt{10}-5\sqrt{3})\times\sqrt{2}}{3\sqrt{2}\times\sqrt{2}}$

$\qquad\qquad\qquad =\dfrac{4\sqrt{5}-5\sqrt{6}}{6}$

따라서 $a=\dfrac{4}{6}$, $b=-\dfrac{5}{6}$이므로

$\quad a-b=\dfrac{4}{6}-\left(-\dfrac{5}{6}\right)=\dfrac{3}{2}$ ······ 답 ④

0329 (주어진 식)

$=\dfrac{(2\sqrt{3}-\sqrt{2})\times\sqrt{2}}{\sqrt{2}\times\sqrt{2}}-\dfrac{(3\sqrt{2}+\sqrt{3})\times\sqrt{3}}{\sqrt{3}\times\sqrt{3}}$

$=\dfrac{2\sqrt{6}-2}{2}-\dfrac{3\sqrt{6}+3}{3}$

$=\sqrt{6}-1-\sqrt{6}-1$

$=-2$ ······ 답 ②

0330 $x=\dfrac{\sqrt{5}+\sqrt{3}}{\sqrt{2}}=\dfrac{(\sqrt{5}+\sqrt{3})\times\sqrt{2}}{\sqrt{2}\times\sqrt{2}}=\dfrac{\sqrt{10}+\sqrt{6}}{2}$

$y=\dfrac{\sqrt{5}-\sqrt{3}}{\sqrt{2}}=\dfrac{(\sqrt{5}-\sqrt{3})\times\sqrt{2}}{\sqrt{2}\times\sqrt{2}}=\dfrac{\sqrt{10}-\sqrt{6}}{2}$ ··· **1단계**

이때

$x+y=\dfrac{\sqrt{10}+\sqrt{6}}{2}+\dfrac{\sqrt{10}-\sqrt{6}}{2}=\sqrt{10}$,

$x-y=\dfrac{\sqrt{10}+\sqrt{6}}{2}-\dfrac{\sqrt{10}-\sqrt{6}}{2}=\sqrt{6}$ ··· **2단계**

이므로

$\dfrac{x-y}{x+y}=\dfrac{\sqrt{6}}{\sqrt{10}}=\dfrac{\sqrt{3}}{\sqrt{5}}=\dfrac{\sqrt{15}}{5}$ ··· **3단계**

답 $\dfrac{\sqrt{15}}{5}$

단계	채점 요소	비율
1	$x,\ y$의 분모를 유리화하기	40 %
2	$x+y,\ x-y$의 값 구하기	40 %
3	$\dfrac{x-y}{x+y}$의 값 구하기	20 %

0331 $\dfrac{10}{\sqrt{7}}(\sqrt{7}-\sqrt{42})-\dfrac{\sqrt{32}-4\sqrt{3}}{\sqrt{2}}$

$=10-\dfrac{10\sqrt{42}}{\sqrt{7}}-\dfrac{4\sqrt{2}-4\sqrt{3}}{\sqrt{2}}$

$=10-10\sqrt{6}-4+2\sqrt{6}$

$=6-8\sqrt{6}$

답 ①

0332 $\sqrt{5}x+2\sqrt{3}y=\sqrt{5}\left(\dfrac{6}{\sqrt{3}}+2\sqrt{5}\right)+2\sqrt{3}\left(4\sqrt{5}-\dfrac{\sqrt{3}}{3}\right)$

$=\dfrac{6\sqrt{5}}{\sqrt{3}}+10+8\sqrt{15}-2$

$=2\sqrt{15}+10+8\sqrt{15}-2$

$=10\sqrt{15}+8$

답 ⑤

0333 $A=2\sqrt{3}-2\sqrt{6}-\sqrt{3}+2\sqrt{3}=3\sqrt{3}-2\sqrt{6}$ ··· **1단계**

$B=\sqrt{2}(\sqrt{6}+3\sqrt{3})-\dfrac{3\sqrt{2}-6}{\sqrt{3}}$

$=2\sqrt{3}+3\sqrt{6}-\sqrt{6}+2\sqrt{3}$

$=4\sqrt{3}+2\sqrt{6}$ ··· **2단계**

$\therefore A+B=(3\sqrt{3}-2\sqrt{6})+(4\sqrt{3}+2\sqrt{6})$

$=7\sqrt{3}$ ··· **3단계**

답 $7\sqrt{3}$

단계	채점 요소	비율
1	A의 값 구하기	40 %
2	B의 값 구하기	40 %
3	$A+B$의 값 구하기	20 %

0334 (주어진 식)$=3+a\sqrt{3}-2\sqrt{3}(2-\sqrt{3})$

$=3+a\sqrt{3}-4\sqrt{3}+6$

$=9+(a-4)\sqrt{3}$

유리수가 되려면

$a-4=0$ $\therefore a=4$

답 4

0335 (1) $P=8\sqrt{10}+5a-5\sqrt{10}+3a\sqrt{10}+13$

$=5a+13+(3a+3)\sqrt{10}$ ······ ㉠

P가 유리수가 되려면

$3a+3=0,\quad 3a=-3$

$\therefore a=-1$

(2) $a=-1$을 ㉠에 대입하면

$P=5\times(-1)+13=8$

답 (1) -1 (2) 8

0336 (주어진 식)$=a\sqrt{6}+3a-6+2\sqrt{6}$

$=3a-6+(a+2)\sqrt{6}$

유리수가 되려면

$a+2=0$ $\therefore a=-2$

답 ②

0337 $\square\mathrm{ABCD}=\dfrac{1}{2}\times\{\sqrt{27}+(\sqrt{48}+\sqrt{12})\}\times\sqrt{32}$

$=\dfrac{1}{2}\times(3\sqrt{3}+4\sqrt{3}+2\sqrt{3})\times4\sqrt{2}$

$=\dfrac{1}{2}\times9\sqrt{3}\times4\sqrt{2}$

$=18\sqrt{6}\ (\mathrm{cm}^2)$

답 $18\sqrt{6}\ \mathrm{cm}^2$

0338 넓이가 $112\ \mathrm{cm}^2$인 정사각형의 한 변의 길이는

$\sqrt{112}=4\sqrt{7}\ (\mathrm{cm})$

넓이가 $252\ \mathrm{cm}^2$인 정사각형의 한 변의 길이는

$\sqrt{252}=6\sqrt{7}\ (\mathrm{cm})$

$\therefore \overline{\mathrm{AB}}=4\sqrt{7}+6\sqrt{7}=10\sqrt{7}\ (\mathrm{cm})$

답 ③

0339 (밑넓이)$=(\sqrt{2}+\sqrt{6})\times\sqrt{2}$

$=2+2\sqrt{3}\ (\mathrm{cm}^2)$

(옆넓이)$=2\times\{(\sqrt{2}+\sqrt{6})+\sqrt{2}\}\times\sqrt{6}$

$=(4\sqrt{2}+2\sqrt{6})\times\sqrt{6}$

$=8\sqrt{3}+12\ (\mathrm{cm}^2)$

$\therefore$ (겉넓이)$=$(밑넓이)$\times2+$(옆넓이)

$=(2+2\sqrt{3})\times2+(8\sqrt{3}+12)$

$=4+4\sqrt{3}+8\sqrt{3}+12$

$=16+12\sqrt{3}\ (\mathrm{cm}^2)$

답 ②

0340 직사각형 ABFE의 넓이가 $24\sqrt{7}\ \mathrm{cm}^2$이므로

$2\sqrt{14}\times\overline{\mathrm{AE}}=24\sqrt{7}$

$\therefore \overline{\mathrm{AE}}=\dfrac{24\sqrt{7}}{2\sqrt{14}}=\dfrac{12}{\sqrt{2}}=6\sqrt{2}\ (\mathrm{cm})$

$\therefore \overline{\mathrm{ED}}=\overline{\mathrm{AD}}-\overline{\mathrm{AE}}=10\sqrt{2}-6\sqrt{2}=4\sqrt{2}\ (\mathrm{cm})$

따라서 직사각형 EFCD의 둘레의 길이는

$2\times(2\sqrt{14}+4\sqrt{2})=4\sqrt{14}+8\sqrt{2}\ (\mathrm{cm})$

답 $(4\sqrt{14}+8\sqrt{2})\ \mathrm{cm}$

0341 (상자의 밑면의 가로의 길이)$=\sqrt{80}-2\sqrt{5}$
$\qquad\qquad\qquad\qquad=4\sqrt{5}-2\sqrt{5}$
$\qquad\qquad\qquad\qquad=2\sqrt{5}\ (\mathrm{cm})$
(상자의 밑면의 세로의 길이)$=\sqrt{125}-2\sqrt{5}$
$\qquad\qquad\qquad\qquad=5\sqrt{5}-2\sqrt{5}$
$\qquad\qquad\qquad\qquad=3\sqrt{5}\ (\mathrm{cm})$
(상자의 높이)$=\sqrt{5}\ \mathrm{cm}$
$\quad\therefore$ (상자의 부피)$=2\sqrt{5}\times3\sqrt{5}\times\sqrt{5}=30\sqrt{5}\ (\mathrm{cm}^3)$

답 $30\sqrt{5}\ \mathrm{cm}^3$

0342 (정사각형 A의 넓이)$=125\ \mathrm{cm}^2$
(정사각형 B의 넓이)$=125\times\dfrac{1}{5}=25\ (\mathrm{cm}^2)$
(정사각형 C의 넓이)$=25\times\dfrac{1}{5}=5\ (\mathrm{cm}^2)$ ··· 1단계
이때 세 정사각형 A, B, C의 한 변의 길이는 각각
$\quad\sqrt{125}=5\sqrt{5}\ (\mathrm{cm}),\ \sqrt{25}=5\ (\mathrm{cm}),\ \sqrt{5}\ \mathrm{cm}$ ··· 2단계
따라서 구하는 도형의 둘레의 길이는 오른
쪽 그림의 큰 직사각형의 둘레의 길이와
같으므로

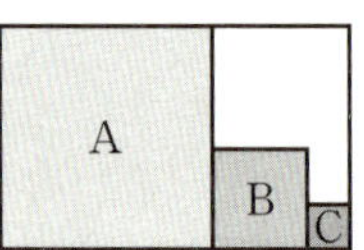

$\quad(5\sqrt{5}+5+\sqrt{5}\,)\times2+5\sqrt{5}\times2$
$\quad=12\sqrt{5}+10+10\sqrt{5}$
$\quad=10+22\sqrt{5}\ (\mathrm{cm})$ ··· 3단계

답 $(10+22\sqrt{5}\,)\ \mathrm{cm}$

단계	채점 요소	비율
1	정사각형 A, B, C의 넓이 각각 구하기	30 %
2	정사각형 A, B, C의 한 변의 길이 각각 구하기	30 %
3	도형의 둘레의 길이 구하기	40 %

0343 ① $(\sqrt{3}+1)-(2\sqrt{3}-2)=-\sqrt{3}+3$
$\qquad\qquad\qquad\qquad\qquad=-\sqrt{3}+\sqrt{9}>0$
$\qquad\therefore\ \sqrt{3}+1>2\sqrt{3}-2$
② $(4\sqrt{3}+1)-\sqrt{75}=4\sqrt{3}+1-5\sqrt{3}=1-\sqrt{3}<0$
$\qquad\therefore\ 4\sqrt{3}+1<\sqrt{75}$
③ $(5\sqrt{6}+\sqrt{7})-(\sqrt{7}+6\sqrt{5})=5\sqrt{6}-6\sqrt{5}$
$\qquad\qquad\qquad\qquad\qquad\qquad=\sqrt{150}-\sqrt{180}<0$
$\qquad\therefore\ 5\sqrt{6}+\sqrt{7}<\sqrt{7}+6\sqrt{5}$
④ $(3-\sqrt{5})-(2\sqrt{2}-\sqrt{5})=3-2\sqrt{2}=\sqrt{9}-\sqrt{8}>0$
$\qquad\therefore\ 3-\sqrt{5}>2\sqrt{2}-\sqrt{5}$
⑤ $(2\sqrt{7}+\sqrt{2})-(\sqrt{7}+3\sqrt{2})=\sqrt{7}-2\sqrt{2}$
$\qquad\qquad\qquad\qquad\qquad\qquad=\sqrt{7}-\sqrt{8}<0$
$\qquad\therefore\ 2\sqrt{7}+\sqrt{2}<\sqrt{7}+3\sqrt{2}$
따라서 옳은 것은 ④이다. 답 ④

0344 ① $4\sqrt{2}-(\sqrt{5}+2\sqrt{2})=2\sqrt{2}-\sqrt{5}$
$\qquad\qquad\qquad\qquad\qquad=\sqrt{8}-\sqrt{5}>0$
$\qquad\therefore\ 4\sqrt{2}\ \boxed{>}\ \sqrt{5}+2\sqrt{2}$

② $\sqrt{11}-(-2\sqrt{11}+9)=3\sqrt{11}-9$
$\qquad\qquad\qquad\qquad\qquad=\sqrt{99}-\sqrt{81}>0$
$\qquad\therefore\ \sqrt{11}\ \boxed{>}\ -2\sqrt{11}+9$
③ $(3\sqrt{7}-1)-(2\sqrt{7}+1)=\sqrt{7}-2$
$\qquad\qquad\qquad\qquad\qquad=\sqrt{7}-\sqrt{4}>0$
$\qquad\therefore\ 3\sqrt{7}-1\ \boxed{>}\ 2\sqrt{7}+1$
④ $(4\sqrt{6}-2\sqrt{2})-(8\sqrt{2}-2\sqrt{6})=6\sqrt{6}-10\sqrt{2}$
$\qquad\qquad\qquad\qquad\qquad\qquad\qquad=\sqrt{216}-\sqrt{200}>0$
$\qquad\therefore\ 4\sqrt{6}-2\sqrt{2}\ \boxed{>}\ 8\sqrt{2}-2\sqrt{6}$
⑤ $(\sqrt{250}-\sqrt{45})-(\sqrt{90}+\sqrt{5})=5\sqrt{10}-3\sqrt{5}-3\sqrt{10}-\sqrt{5}$
$\qquad\qquad\qquad\qquad\qquad\qquad\qquad=2\sqrt{10}-4\sqrt{5}$
$\qquad\qquad\qquad\qquad\qquad\qquad\qquad=\sqrt{40}-\sqrt{80}<0$
$\qquad\therefore\ \sqrt{250}-\sqrt{45}\ \boxed{<}\ \sqrt{90}+\sqrt{5}$
따라서 부등호의 방향이 나머지 넷과 다른 하나는 ⑤이다.

답 ⑤

0345 $a-b=(2\sqrt{7}-1)-(2\sqrt{2}+\sqrt{7}-1)$
$\qquad\qquad=\sqrt{7}-2\sqrt{2}$
$\qquad\qquad=\sqrt{7}-\sqrt{8}<0$
$\quad\therefore\ a<b$
$a-c=(2\sqrt{7}-1)-(\sqrt{7}+1)$
$\qquad\ =\sqrt{7}-2$
$\qquad\ =\sqrt{7}-\sqrt{4}>0$
$\quad\therefore\ a>c$
$\quad\therefore\ c<a<b$ 답 ⑤

0346 $1<\sqrt{2}<2$에서 $-2<-\sqrt{2}<-1$이므로
$\qquad4<6-\sqrt{2}<5$
따라서 $a=4,\ b=(6-\sqrt{2})-4=2-\sqrt{2}$이므로
$\qquad a-2b=4-2(2-\sqrt{2})=4-4+2\sqrt{2}=2\sqrt{2}$ 답 ③

0347 $3<\sqrt{11}<4$이므로
$\qquad a=\sqrt{11}-3\qquad\therefore\ \sqrt{11}=a+3$
이때 $16<\sqrt{275}<17$이므로 $\sqrt{275}$의 소수 부분은
$\qquad\sqrt{275}-16=5\sqrt{11}-16$
$\qquad\qquad\qquad\ =5(a+3)-16=5a-1$ 답 ②

0348 $5<\sqrt{27}<6$이므로
$\qquad f(27)=\sqrt{27}-5=-5+3\sqrt{3}$ ··· 1단계
$8<\sqrt{75}<9$이므로
$\qquad f(75)=\sqrt{75}-8=-8+5\sqrt{3}$ ··· 2단계
$\quad\therefore\ f(27)-f(75)=(-5+3\sqrt{3})-(-8+5\sqrt{3})$
$\qquad\qquad\qquad\qquad\ =-5+3\sqrt{3}+8-5\sqrt{3}$
$\qquad\qquad\qquad\qquad\ =3-2\sqrt{3}$ ··· 3단계

답 $3-2\sqrt{3}$

단계	채점 요소	비율
1	$f(27)$의 값 구하기	40 %
2	$f(75)$의 값 구하기	40 %
3	$f(27)-f(75)$의 값 구하기	20 %

▶ 본문 51~54쪽

0349 전략 근호 밖의 수끼리, 근호 안의 수끼리 곱한다.

① $\sqrt{5}\sqrt{6}=\sqrt{5\times6}=\sqrt{30}$

② $-2\sqrt{3}\times\sqrt{10}=-2\sqrt{3\times10}=-2\sqrt{30}$

③ $4\sqrt{5}\times\sqrt{7}=4\sqrt{5\times7}=4\sqrt{35}$

④ $\sqrt{\dfrac{11}{7}}\times\sqrt{\dfrac{28}{11}}=\sqrt{\dfrac{11}{7}\times\dfrac{28}{11}}=\sqrt{4}=2$

⑤ $-2\sqrt{\dfrac{16}{15}}\times3\sqrt{\dfrac{5}{8}}=(-2\times3)\times\sqrt{\dfrac{16}{15}\times\dfrac{5}{8}}=-6\sqrt{\dfrac{2}{3}}$

따라서 옳은 것은 ③이다. 답 ③

0350 전략 나누는 수의 역수를 곱하여 계산한다.

$\sqrt{50}\div\dfrac{\sqrt{5}}{\sqrt{10}}=\sqrt{50}\times\dfrac{\sqrt{10}}{\sqrt{5}}=\sqrt{50\times\dfrac{10}{5}}=\sqrt{100}=10$

따라서 $\sqrt{50}$은 $\dfrac{\sqrt{5}}{\sqrt{10}}$의 10배이다. 답 ②

0351 전략 근호 밖의 양수는 제곱하여 근호 안으로 넣는다.

$4\sqrt{6}=\sqrt{4^2\times6}=\sqrt{96}$이므로 $\quad30+6a=96$

$6a=66$ $\quad\therefore a=11$ 답 11

0352 전략 $a>0$, $b>0$일 때, $\dfrac{\sqrt{b}}{a}=\sqrt{\dfrac{b}{a^2}}$임을 이용한다.

$\dfrac{\sqrt{5}}{2\sqrt{3}}=\dfrac{\sqrt{5}}{\sqrt{2^2\times3}}=\sqrt{\dfrac{5}{12}}$이므로 $\quad a=\dfrac{5}{12}$

$\dfrac{\sqrt{3}}{3\sqrt{5}}=\dfrac{\sqrt{3}}{\sqrt{3^2\times5}}=\sqrt{\dfrac{3}{45}}=\sqrt{\dfrac{1}{15}}$이므로 $\quad b=\dfrac{1}{15}$

$\therefore 4a+5b=4\times\dfrac{5}{12}+5\times\dfrac{1}{15}=\dfrac{5}{3}+\dfrac{1}{3}=2$ 답 2

0353 전략 근호 안의 수를 10 또는 $\dfrac{1}{10}$의 거듭제곱과의 곱의 꼴로 나타낸다.

① $\sqrt{0.0634}=\sqrt{\dfrac{6.34}{100}}=\dfrac{\sqrt{6.34}}{10}=0.2518$

② $\sqrt{0.454}=\sqrt{\dfrac{45.4}{100}}=\dfrac{\sqrt{45.4}}{10}=0.6738$

③ $\sqrt{646}=\sqrt{6.46\times100}=10\sqrt{6.46}=25.42$

④ $\sqrt{45300}=\sqrt{4.53\times10000}=100\sqrt{4.53}$이므로 $\sqrt{45300}$의 값은 구할 수 없다.

⑤ $\sqrt{63700}=\sqrt{6.37\times10000}=100\sqrt{6.37}=252.4$

따라서 그 값을 구할 수 없는 것은 ④이다. 답 ④

0354 전략 근호 안의 수를 2.8 또는 28과 어떤 수의 거듭제곱의 곱으로 나타낸다.

① $\sqrt{280}=\sqrt{2.8\times100}=10\sqrt{2.8}=10a$

② $\sqrt{0.0028}=\sqrt{\dfrac{28}{10000}}=\dfrac{\sqrt{28}}{100}=\dfrac{b}{100}$

③ $\sqrt{112}=\sqrt{2^2\times28}=2\sqrt{28}=2b$

④ $\sqrt{11.2}=\sqrt{2^2\times2.8}=2\sqrt{2.8}=2a$

⑤ $\sqrt{2.52}=\sqrt{\dfrac{252}{100}}=\sqrt{\dfrac{3^2\times28}{100}}=\dfrac{3}{10}\sqrt{28}=\dfrac{3}{10}b$

따라서 옳지 않은 것은 ⑤이다. 답 ⑤

0355 전략 근호 안의 제곱인 인수를 근호 밖으로 꺼낸 후 분모를 유리화한다.

$\sqrt{\dfrac{32}{75}}=\dfrac{\sqrt{32}}{\sqrt{75}}=\dfrac{4\sqrt{2}}{5\sqrt{3}}=\dfrac{4\sqrt{2}\times\sqrt{3}}{5\sqrt{3}\times\sqrt{3}}=\dfrac{4\sqrt{6}}{15}$

따라서 $a=5$, $b=4$, $c=\dfrac{4}{15}$이므로

$abc=5\times4\times\dfrac{4}{15}=\dfrac{16}{3}$ 답 ③

0356 전략 나눗셈은 역수의 곱셈으로 바꾼 후 앞에서부터 순서대로 계산한다.

(주어진 식)$=\dfrac{3\sqrt{b}}{\sqrt{a}}\times\dfrac{\sqrt{10a}}{\sqrt{3b}}\times\dfrac{\sqrt{b}}{\sqrt{6a}}\times\dfrac{\sqrt{a}}{\sqrt{5b}}=3\sqrt{\dfrac{1}{9}}=1$ 답 1

0357 전략 먼저 주어진 직사각형의 세로의 길이를 구한 후 피타고라스 정리를 이용하여 $\overline{AC}$의 길이를 구한다.

□ABCD의 넓이가 84 cm²이므로

$4\sqrt{7}\times\overline{CD}=84$

$\therefore \overline{CD}=\dfrac{84}{4\sqrt{7}}=3\sqrt{7}\,(cm)$

$\therefore \overline{AC}=\sqrt{(4\sqrt{7})^2+(3\sqrt{7})^2}=\sqrt{175}=5\sqrt{7}\,(cm)$

답 $5\sqrt{7}$ cm

0358 전략 근호 안의 수가 같은 것끼리 모아서 계산한다.

ㄱ. $\sqrt{10}+5\sqrt{10}=(1+5)\sqrt{10}=6\sqrt{10}$

ㄷ. $4\sqrt{3}-2\sqrt{3}=(4-2)\sqrt{3}=2\sqrt{3}$

이상에서 옳은 것은 ㄱ, ㄷ이다. 답 ②

0359 전략 먼저 근호 안의 제곱인 인수를 근호 밖으로 꺼낸다.

$\sqrt{24}+3\sqrt{a}-\sqrt{150}=\sqrt{54}$에서

$2\sqrt{6}+3\sqrt{a}-5\sqrt{6}=3\sqrt{6}$

$3\sqrt{a}=6\sqrt{6}$, $\quad\sqrt{a}=2\sqrt{6}=\sqrt{24}$

$\therefore a=24$ 답 ④

0360 전략 주어진 식의 a에 $\sqrt{5}$를 대입하여 계산한다.

$b=a-\dfrac{1}{a}=\sqrt{5}-\dfrac{1}{\sqrt{5}}=\sqrt{5}-\dfrac{\sqrt{5}}{5}=\dfrac{4\sqrt{5}}{5}=\dfrac{4}{5}a$

따라서 b는 a의 $\dfrac{4}{5}$배이다. 답 ⑤

0361 전략 정사각형의 대각선의 길이를 이용하여 두 점 A, B의 좌표를 각각 구한다.

$\overline{PA}=\overline{PR}=\sqrt{1^2+1^2}=\sqrt{2}$이므로 점 A의 좌표는 $-1+\sqrt{2}$

$\overline{QB}=\overline{QS}=\sqrt{1^2+1^2}=\sqrt{2}$이므로 점 B의 좌표는 $3-\sqrt{2}$

따라서 두 점 A, B 사이의 거리는
$$(3-\sqrt{2})-(-1+\sqrt{2})=3-\sqrt{2}+1-\sqrt{2}$$
$$=4-2\sqrt{2}$$
답 $4-2\sqrt{2}$

0362 전략 분모를 유리화한 후 계산한다.

(주어진 식)
$$=\frac{3\sqrt{26}-\sqrt{2}}{\sqrt{2}}-\frac{3\sqrt{6}+2\sqrt{78}}{\sqrt{6}}$$
$$=\frac{(3\sqrt{26}-\sqrt{2})\times\sqrt{2}}{\sqrt{2}\times\sqrt{2}}-\frac{(3\sqrt{6}+2\sqrt{78})\times\sqrt{6}}{\sqrt{6}\times\sqrt{6}}$$
$$=\frac{6\sqrt{13}-2}{2}-\frac{18+12\sqrt{13}}{6}$$
$$=3\sqrt{13}-1-3-2\sqrt{13}$$
$$=-4+\sqrt{13}$$
답 ②

0363 전략 분배법칙을 이용하여 괄호를 풀고 분모를 유리화한 후 계산한다.

(주어진 식)$=\dfrac{2\sqrt{2}}{\sqrt{5}}-2+\sqrt{2}+\dfrac{3\sqrt{10}}{5}-\sqrt{2}$
$$=\frac{2\sqrt{10}}{5}-2+\frac{3\sqrt{10}}{5}$$
$$=-2+\sqrt{10}$$
답 ④

0364 전략 a, b가 유리수이고 $\sqrt{m}$이 무리수일 때, $a+b\sqrt{m}$이 유리수가 되는 조건은 $b=0$임을 이용한다.

(주어진 식)$=\dfrac{3\sqrt{3}-24}{3}-6k\sqrt{3}-6$
$$=\sqrt{3}-8-6k\sqrt{3}-6$$
$$=-14+(1-6k)\sqrt{3}$$
유리수가 되려면
$$1-6k=0, \qquad -6k=-1$$
$$\therefore k=\frac{1}{6}$$
답 ③

0365 전략 주어진 직육면체의 부피를 이용하여 높이를 먼저 구한다.

직육면체의 높이를 x cm라 하면
$$\sqrt{12}\times\sqrt{3}\times x=18\sqrt{3}$$
$$6x=18\sqrt{3}$$
$$\therefore x=3\sqrt{3}$$
따라서 직육면체의 모든 모서리의 길이의 합은
$$4(\sqrt{12}+\sqrt{3}+3\sqrt{3})=4(2\sqrt{3}+\sqrt{3}+3\sqrt{3})$$
$$=4\times6\sqrt{3}$$
$$=24\sqrt{3}\,(\text{cm})$$
답 $24\sqrt{3}$ cm

0366 전략 두 수의 차의 부호를 이용하여 대소를 비교한다.
① $2\sqrt{3}-(5-\sqrt{3})=3\sqrt{3}-5=\sqrt{27}-\sqrt{25}>0$
$\qquad\therefore 2\sqrt{3}>5-\sqrt{3}$
② $(2+3\sqrt{5})-\sqrt{80}=2-\sqrt{5}=\sqrt{4}-\sqrt{5}<0$
$\qquad\therefore 2+3\sqrt{5}<\sqrt{80}$

③ $(\sqrt{2}+1)-(\sqrt{8}-1)=2-\sqrt{2}=\sqrt{4}-\sqrt{2}>0$
$\qquad\therefore \sqrt{2}+1>\sqrt{8}-1$
④ $(4-\sqrt{7})-(3\sqrt{2}-\sqrt{7})=4-3\sqrt{2}=\sqrt{16}-\sqrt{18}<0$
$\qquad\therefore 4-\sqrt{7}<3\sqrt{2}-\sqrt{7}$
⑤ $(5\sqrt{2}+\sqrt{10})-(\sqrt{10}+3\sqrt{6})=5\sqrt{2}-3\sqrt{6}=\sqrt{50}-\sqrt{54}<0$
$\qquad\therefore 5\sqrt{2}+\sqrt{10}<\sqrt{10}+3\sqrt{6}$
따라서 옳지 않은 것은 ⑤이다.
답 ⑤

0367 전략 분모에 근호를 포함한 무리수가 있으면 분모를 유리화한다.

$\dfrac{9\sqrt{3}}{\sqrt{5}}=\dfrac{9\sqrt{3}\times\sqrt{5}}{\sqrt{5}\times\sqrt{5}}=\dfrac{9\sqrt{15}}{5}$이므로
$$a=\frac{9}{5}$$
··· 1단계
$\dfrac{20}{\sqrt{27}}=\dfrac{20}{3\sqrt{3}}=\dfrac{20\times\sqrt{3}}{3\sqrt{3}\times\sqrt{3}}=\dfrac{20\sqrt{3}}{9}$이므로
$$b=\frac{20}{9}$$
··· 2단계
$$\therefore \sqrt{ab}=\sqrt{\frac{9}{5}\times\frac{20}{9}}=\sqrt{4}=2$$
··· 3단계
답 2

단계	채점 요소	비율
1	a의 값 구하기	40 %
2	b의 값 구하기	40 %
3	$\sqrt{ab}$의 값 구하기	20 %

0368 전략 주어진 넓이를 이용하여 $\overline{\text{OA}}$, $\overline{\text{AB}}$, $\overline{\text{BC}}$의 길이를 각각 구한 후 세 점 A, B, C의 x좌표를 각각 구한다.

$\dfrac{1}{2}\times\overline{\text{OA}}^{2}=6$에서 $\overline{\text{OA}}^{2}=12$
$\qquad\therefore \overline{\text{OA}}=\sqrt{12}=2\sqrt{3}$
··· 1단계
$\dfrac{1}{2}\times\overline{\text{AB}}^{2}=12$에서 $\overline{\text{AB}}^{2}=24$
$\qquad\therefore \overline{\text{AB}}=\sqrt{24}=2\sqrt{6}$
··· 2단계
$\dfrac{1}{2}\times\overline{\text{BC}}^{2}=24$에서 $\overline{\text{BC}}^{2}=48$
$\qquad\therefore \overline{\text{BC}}=\sqrt{48}=4\sqrt{3}$
··· 3단계
따라서 세 점 A, B, C의 x좌표 a, b, c는
$$a=2\sqrt{3}, \ b=2\sqrt{3}+2\sqrt{6},$$
$$c=2\sqrt{3}+2\sqrt{6}+4\sqrt{3}=6\sqrt{3}+2\sqrt{6}$$
··· 4단계
$$\therefore a+b-c=2\sqrt{3}+(2\sqrt{3}+2\sqrt{6})-(6\sqrt{3}+2\sqrt{6})$$
$$=-2\sqrt{3}$$
··· 5단계
답 $-2\sqrt{3}$

단계	채점 요소	비율
1	$\overline{\text{OA}}$의 길이 구하기	20 %
2	$\overline{\text{AB}}$의 길이 구하기	20 %
3	$\overline{\text{BC}}$의 길이 구하기	20 %
4	a, b, c의 값 구하기	20 %
5	$a+b-c$의 값 구하기	20 %

0369 전략 분배법칙을 이용하여 괄호를 풀고 근호 안의 수가 같은 것끼리 모아서 계산한다.

$$3\left(\frac{4}{\sqrt{2}}-2\sqrt{6}\right)-\frac{\sqrt{3}}{3}(3\sqrt{6}-9\sqrt{2})$$

$$=\frac{12}{\sqrt{2}}-6\sqrt{6}-\sqrt{18}+3\sqrt{6}$$

$$=6\sqrt{2}-6\sqrt{6}-3\sqrt{2}+3\sqrt{6}$$

$$=3\sqrt{2}-3\sqrt{6}$$ ··· 1단계

따라서 $a=3$, $b=-3$이므로 ··· 2단계

$$a+b=3+(-3)=0$$ ··· 3단계

답 0

단계	채점 요소	비율
1	주어진 등식의 좌변 계산하기	60 %
2	a, b의 값 구하기	20 %
3	$a+b$의 값 구하기	20 %

0370 전략 두 닮은 도형의 넓이의 비가 $a^2:b^2$이면 닮음비는 $a:b$임을 이용한다.

$\triangle$ABC와 $\triangle$ADE에서 $\overline{\text{DE}} /\!/ \overline{\text{BC}}$이므로

$$\triangle\text{ABC}\backsim\triangle\text{ADE}\,(\text{AA 닮음})$$

$\square$DBCE$=\dfrac{2}{3}\triangle$ABC이므로

$$\triangle\text{ADE}=\frac{1}{3}\triangle\text{ABC}$$

$$\therefore \triangle\text{ABC}:\triangle\text{ADE}=3:1$$

즉 $\triangle$ABC와 $\triangle$ADE의 닮음비가 $\sqrt{3}:1$이므로

$$6:\overline{\text{DE}}=\sqrt{3}:1, \quad \sqrt{3}\,\overline{\text{DE}}=6$$

$$\therefore \overline{\text{DE}}=\frac{6}{\sqrt{3}}=2\sqrt{3}\,(\text{cm})$$

답 $2\sqrt{3}$ cm

0371 전략 네 정사각형의 한 변의 길이를 각각 구한 후 겹치는 부분을 제외하여 도형의 둘레의 길이를 구한다.

넓이가 각각 8, 9, 16, 18인 네 정사각형의 한 변의 길이는 각각 $2\sqrt{2}$, 3, 4, $3\sqrt{2}$이다.

겹치는 부분은 모두 정사각형이므로 다음 그림에서

$$a+b=3,\ c+d=4,\ e+f=3\sqrt{2}$$

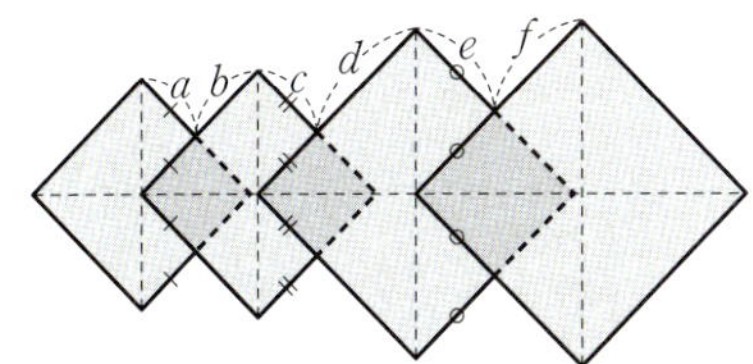

따라서 도형의 둘레의 길이는

$$2\times(2\sqrt{2}+a+b+c+d+e+f+3\sqrt{2})$$

$$=2\times(2\sqrt{2}+3+4+3\sqrt{2}+3\sqrt{2})$$

$$=2\times(8\sqrt{2}+7)$$

$$=16\sqrt{2}+14$$

답 $16\sqrt{2}+14$

0372 전략 무리수 A의 소수 부분은 $A-(A$의 정수 부분)임을 이용한다.

$\sqrt{1}<\sqrt{2}<\sqrt{4}$, 즉 $1<\sqrt{2}<2$이므로 $\quad 7<6+\sqrt{2}<8$

$6+\sqrt{2}$의 정수 부분은 7이므로 소수 부분은

$$(6+\sqrt{2})-7=\sqrt{2}-1$$

$$\therefore a=\sqrt{2}-1$$

$\sqrt{4}<\sqrt{7}<\sqrt{9}$, 즉 $2<\sqrt{7}<3$이므로 $\quad 4<2+\sqrt{7}<5$

$2+\sqrt{7}$의 정수 부분은 4이므로 소수 부분은

$$(2+\sqrt{7})-4=\sqrt{7}-2$$

$$\therefore b=\sqrt{7}-2$$

$\sqrt{4}<\sqrt{5}<\sqrt{9}$, 즉 $2<\sqrt{5}<3$이므로 $\quad 1<\sqrt{5}-1<2$

$\sqrt{5}-1$의 정수 부분은 1이므로 소수 부분은

$$(\sqrt{5}-1)-1=\sqrt{5}-2$$

$$\therefore c=\sqrt{5}-2$$

$2a-b=2(\sqrt{2}-1)-(\sqrt{7}-2)=2\sqrt{2}-\sqrt{7}=\sqrt{8}-\sqrt{7}>0$

이므로 $\quad 2a>b$

또 $b-c=(\sqrt{7}-2)-(\sqrt{5}-2)=\sqrt{7}-\sqrt{5}>0$이므로

$$b>c$$

$$\therefore c<b<2a$$

답 $c<b<2a$

04 다항식의 곱셈

 교과서문제 정복하기　　　❯ 본문 57쪽

0373　🖺 $ab-3a+2b-6$

0374　🖺 $3ac+12ad-bc-4bd$

0375　$(-x+y)(5x-2y)=-5x^2+2xy+5xy-2y^2$
$$=-5x^2+7xy-2y^2$$
🖺 $-5x^2+7xy-2y^2$

0376　🖺 $ax+ay+az+bx+by+bz$

0377　$(5x-1)(3x-y+4)$
$=15x^2-5xy+20x-3x+y-4$
$=15x^2-5xy+17x+y-4$
🖺 $15x^2-5xy+17x+y-4$

0378　$(a-b+4)(-2a+3b)$
$=-2a^2+3ab+2ab-3b^2-8a+12b$
$=-2a^2+5ab-3b^2-8a+12b$
🖺 $-2a^2+5ab-3b^2-8a+12b$

0379　$(x+3)^2=x^2+2\times x\times 3+3^2=x^2+6x+9$
🖺 x^2+6x+9

0380　$(2a+5b)^2=(2a)^2+2\times 2a\times 5b+(5b)^2$
$$=4a^2+20ab+25b^2$$
🖺 $4a^2+20ab+25b^2$

0381　$(a-7)^2=a^2-2\times a\times 7+7^2=a^2-14a+49$
🖺 $a^2-14a+49$

0382　$(x-2y)^2=x^2-2\times x\times 2y+(2y)^2=x^2-4xy+4y^2$
🖺 $x^2-4xy+4y^2$

0383　$(a+4)(a-4)=a^2-4^2=a^2-16$
🖺 a^2-16

0384　$(5x+8y)(5x-8y)=(5x)^2-(8y)^2=25x^2-64y^2$
🖺 $25x^2-64y^2$

0385　$(x+2)(x+6)=x^2+(2+6)x+12=x^2+8x+12$
🖺 $x^2+8x+12$

0386　$(x+1)(x-7)=x^2+(1-7)x-7=x^2-6x-7$
🖺 x^2-6x-7

0387　$(3x-2)(4x+5)=12x^2+(15-8)x-10$
$$=12x^2+7x-10$$
🖺 $12x^2+7x-10$

0388　$(2y-5)(5y-1)=10y^2+(-2-25)y+5$
$$=10y^2-27y+5$$
🖺 $10y^2-27y+5$

0389　🖺 A, A^2-9, $x+y$, $x^2+2xy+y^2-9$

0390　🖺 4, 16, 10816

0391　🖺 1, 200, 9801

0392　🖺 70, 70, 4900, 4896

0393　$\dfrac{1}{\sqrt{3}+1}=\dfrac{\sqrt{3}-1}{(\sqrt{3}+1)(\sqrt{3}-1)}=\dfrac{\sqrt{3}-1}{2}$
🖺 $\dfrac{\sqrt{3}-1}{2}$

0394　$\dfrac{1}{4-\sqrt{2}}=\dfrac{4+\sqrt{2}}{(4-\sqrt{2})(4+\sqrt{2})}=\dfrac{4+\sqrt{2}}{14}$
🖺 $\dfrac{4+\sqrt{2}}{14}$

0395　$\dfrac{5}{\sqrt{10}+3}=\dfrac{5(\sqrt{10}-3)}{(\sqrt{10}+3)(\sqrt{10}-3)}$
$$=5\sqrt{10}-15$$
🖺 $5\sqrt{10}-15$

0396　$\dfrac{\sqrt{7}}{\sqrt{7}-\sqrt{5}}=\dfrac{\sqrt{7}(\sqrt{7}+\sqrt{5})}{(\sqrt{7}-\sqrt{5})(\sqrt{7}+\sqrt{5})}$
$$=\dfrac{7+\sqrt{35}}{2}$$
🖺 $\dfrac{7+\sqrt{35}}{2}$

0397　$x^2+y^2=(x+y)^2-2xy=4^2-2\times(-2)=20$
🖺 20

0398　$(x-y)^2=(x+y)^2-4xy=4^2-4\times(-2)=24$
🖺 24

0399　$x^2+y^2=(x-y)^2+2xy=5^2+2\times 6=37$　🖺 37

0400　$(x+y)^2=(x-y)^2+4xy=5^2+4\times 6=49$　🖺 49

 **유형 익히기** ▷본문 58~67쪽

0401 $(2x-y)(x-2y+3)$
$=2x^2-4xy+6x-xy+2y^2-3y$
$=2x^2-5xy+2y^2+6x-3y$ 답 ③

0402 $(x-4)(5-2y)=5x-2xy-20+8y$이므로
$a=-2,\ b=5,\ c=8$
$\therefore a+b+c=-2+5+8=11$ 답 11

0403 $(3x+7)(Ax+B)$
$=3Ax^2+3Bx+7Ax+7B$
$=3Ax^2+(7A+3B)x+7B$
따라서 $3A=12,\ 7A+3B=C,\ 7B=-21$이므로
$A=4,\ B=-3,\ C=19$
$\therefore A+B-C=4+(-3)-19=-18$ 답 -18

0404 $(a+b-2)(a+5)-(2a-3)(b+4)$
$=a^2+5a+ab+5b-2a-10-2ab-8a+3b+12$
$=a^2-5a-ab+8b+2$ 답 $a^2-5a-ab+8b+2$

0405 주어진 식의 전개식에서 xy항은
$5x\times4y+(-y)\times(-3x)=20xy+3xy=23xy$
따라서 xy의 계수는 23이다. 답 ⑤

0406 각각의 주어진 식의 전개식에서 y항은
ㄱ. $(-2)\times3y=-6y$
ㄴ. $(-6y)\times(-1)+4\times y=10y$
ㄷ. $(-7y)\times2=-14y$
ㄹ. $(-5y)\times1+1\times(-y)=-6y$
이상에서 y의 계수가 같은 것은 ㄱ, ㄹ이다. 답 ③

0407 주어진 식의 전개식에서 x^2항은
$(-3x)\times ax=-3ax^2$
이므로 x^2의 계수는 $-3a$ … 1단계
또 xy항은
$(-3x)\times5y+2y\times ax=-15xy+2axy$
$=(-15+2a)xy$
이므로 xy의 계수는 $-15+2a$ … 2단계
x^2의 계수와 xy의 계수가 같으므로 $-3a=-15+2a$
$-5a=-15$ $\therefore a=3$ … 3단계
답 3

단계	채점 요소	비율
1	x^2의 계수 구하기	30 %
2	xy의 계수 구하기	30 %
3	a의 값 구하기	40 %

0408 ④ $\left(-\dfrac{1}{2}x+5\right)^2=\dfrac{1}{4}x^2-5x+25$
따라서 옳지 않은 것은 ④이다. 답 ④

0409 $\left(x+\dfrac{1}{6}\right)^2=x^2+\dfrac{1}{3}x+\dfrac{1}{36}$이므로
$a=\dfrac{1}{3}$ 답 $\dfrac{1}{3}$

0410 $(2x-3y)^2-2(x+2y)^2$
$=4x^2-12xy+9y^2-2(x^2+4xy+4y^2)$
$=4x^2-12xy+9y^2-2x^2-8xy-8y^2$
$=2x^2-20xy+y^2$ 답 ④

0411 $\left(-\dfrac{1}{5}x+4y\right)^2=\left\{-\dfrac{1}{5}(x-20y)\right\}^2$
$\phantom{\left(-\dfrac{1}{5}x+4y\right)^2}=\dfrac{1}{25}(x-20y)^2$
따라서 주어진 식과 전개식이 같은 것은 ④이다. 답 ④

0412 $(ax-1)^2=a^2x^2-2ax+1$이므로
$a^2=b,\ -2a=-1$
따라서 $a=\dfrac{1}{2},\ b=\dfrac{1}{4}$이므로
$a+b=\dfrac{1}{2}+\dfrac{1}{4}=\dfrac{3}{4}$ 답 ③

0413 $(3x+A)^2=9x^2+6Ax+A^2$이므로 … 1단계
$9=B,\ 6A=-C,\ A^2=4$
이때 $A>0$이므로
$A=2,\ B=9,\ C=-12$ … 2단계
$\therefore A-B-C=2-9-(-12)=5$ … 3단계
답 5

단계	채점 요소	비율
1	주어진 식 전개하기	50 %
2	$A,\ B,\ C$의 값 구하기	30 %
3	$A-B-C$의 값 구하기	20 %

0414 $(7x+4y)(4y-7x)$
$=(4y+7x)(4y-7x)$
$=(4y)^2-(7x)^2$
$=16y^2-49x^2$
따라서 $A=-49,\ B=16$이므로
$A+B=-49+16=-33$ 답 ②

0415 ② $(-3+x)(-3-x)=(-3)^2-x^2$
$=9-x^2$
따라서 옳지 않은 것은 ②이다. 답 ②

0416 $\left(\dfrac{2}{5}x-ay\right)\left(ay+\dfrac{2}{5}x\right)=\left(\dfrac{2}{5}x-ay\right)\left(\dfrac{2}{5}x+ay\right)$
$$=\dfrac{4}{25}x^2-a^2y^2$$

이므로
$$a^2=\dfrac{1}{9}$$

이때 $a>0$이므로　　$a=\dfrac{1}{3}$　　　　답 $\dfrac{1}{3}$

0417 $(1-a)(1+a)(1+a^2)(1+a^4)$
$=(1-a^2)(1+a^2)(1+a^4)$
$=(1-a^4)(1+a^4)$
$=1-a^8$
따라서 □ 안에 알맞은 수는 8이다.　　　답 8

0418 $\left(x-\dfrac{1}{3}\right)\left(x+\dfrac{1}{5}\right)=x^2-\dfrac{2}{15}x-\dfrac{1}{15}$

따라서 $a=-\dfrac{2}{15}$, $b=-\dfrac{1}{15}$이므로
$$b-a=-\dfrac{1}{15}-\left(-\dfrac{2}{15}\right)=\dfrac{1}{15}$$

답 ③

0419 ① $(x-7)(x+5)=x^2-\boxed{2}x-35$

② $(x+6)\left(x-\dfrac{1}{3}\right)=x^2+\dfrac{17}{3}x-\boxed{2}$

③ $(x+y)(x+2y)=x^2+3xy+\boxed{2}y^2$

④ $(a+4)(a-2)=a^2+\boxed{2}a-8$

⑤ $(a-3b)(-a+5b)=-a^2+\boxed{8}ab-15b^2$

따라서 □ 안에 알맞은 수가 나머지 넷과 다른 하나는 ⑤이다.

답 ⑤

0420 $(x+a)(x-7)=x^2+(a-7)x-7a$이므로
$a-7=b$, $-7a=-14$
$\therefore a=2$, $b=-5$
$\therefore a+b=2+(-5)=-3$　　　답 -3

0421 $(x-4)\left(x+\dfrac{1}{6}\right)=x^2-\dfrac{23}{6}x-\dfrac{2}{3}$이므로

$$a=-\dfrac{23}{6}$$　　　　… 1단계

$(x-3)(x+8)=x^2+5x-24$이므로

$$b=-24$$　　　　… 2단계

$$\therefore ab=\left(-\dfrac{23}{6}\right)\times(-24)=92$$　　… 3단계

답 92

단계	채점 요소	비율
1	a의 값 구하기	40 %
2	b의 값 구하기	40 %
3	ab의 값 구하기	20 %

0422 $(2x+a)(4x-3)=8x^2+(-6+4a)x-3a$이므로
$-6+4a=b$, $-3a=-27$
따라서 $a=9$, $b=30$이므로
$$a-b=9-30=-21$$　　　답 ①

0423 (주어진 식)$=30x^2-13x-3-4(6x^2-x-1)$
$=30x^2-13x-3-24x^2+4x+4$
$=6x^2-9x+1$　　　답 ②

0424 $(Ax+1)(3x+B)$
$=3Ax^2+(AB+3)x+B$　　　… 1단계
따라서 $3A=15$, $AB+3=C$, $B=-5$이므로
$$A=5$$
$$C=AB+3=5\times(-5)+3=-22$$　… 2단계
$$\therefore A+B+C=5+(-5)+(-22)=-22$$　… 3단계

답 -22

단계	채점 요소	비율
1	주어진 등식의 좌변 전개하기	50 %
2	A, B, C의 값 구하기	30 %
3	$A+B+C$의 값 구하기	20 %

0425 $(4x+a)(5x-2)=20x^2+(-8+5a)x-2a$이므로
$-8+5a=27$, $-2a=-14$
$$\therefore a=7$$
바르게 곱하여 전개한 식은
$$(4x+7)(2x-5)=8x^2-6x-35$$
따라서 x의 계수는 -6, 상수항은 -35이므로 구하는 합은
$$-6+(-35)=-41$$　　　답 -41

0426 ② $(-x-5)^2=\{-(x+5)\}^2$
$$=(x+5)^2=x^2+10x+25$$
따라서 옳지 않은 것은 ②이다.　　　답 ②

0427 ① $(-x+3)^2=x^2-6x+9$ ➡ x의 계수: -6

② $(4x-1)^2=16x^2-8x+1$ ➡ x의 계수: -8

③ $(-x+4)(-x-6)=x^2+2x-24$ ➡ x의 계수: 2

④ $(4-3x)(x+2)=-3x^2-2x+8$ ➡ x의 계수: -2

⑤ $(2x-5)(3x+1)=6x^2-13x-5$ ➡ x의 계수: -13

따라서 x의 계수가 가장 작은 것은 ⑤이다.

답 ⑤

0428 $P+Q=(a+b)(a-b)$, $P+R=a^2-b^2$
이때 $P+Q=P+R$이므로
$$(a+b)(a-b)=a^2-b^2$$　　　답 ③

RPM 비법 노트

다음과 같이 사각형의 넓이를 이용하여 곱셈 공식을 설명할 수도 있다.

① 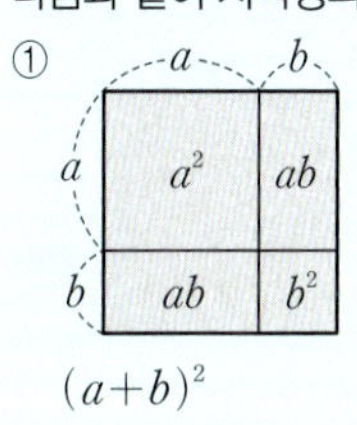

$(a+b)^2$
$=a^2+2ab+b^2$

② 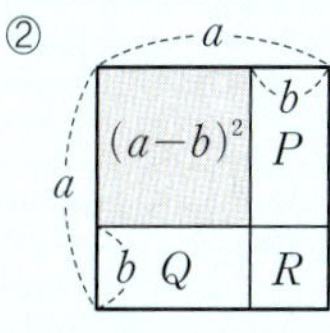

$(a-b)^2$
$=a^2-(P+R)-(Q+R)+R$
$=a^2-2ab+b^2$

③ 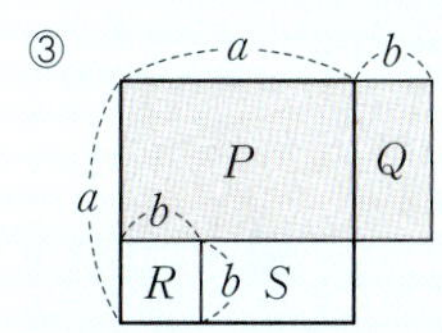

$(a+b)(a-b)$
$=P+Q=P+S$
$=(P+R+S)-R$
$=a^2-b^2$

④ 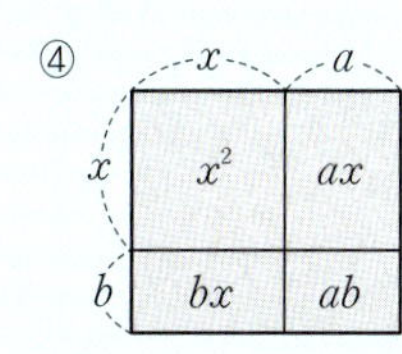

$(x+a)(x+b)$
$=x^2+(a+b)x+ab$

⑤ 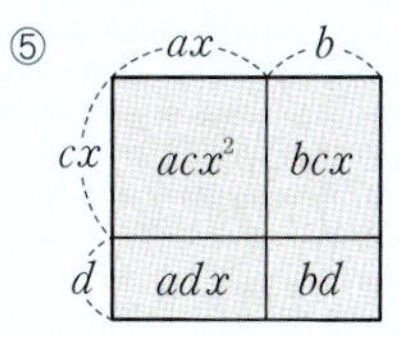

$(ax+b)(cx+d)$
$=acx^2+(ad+bc)x+bd$

0429 새로 만든 직사각형의 가로의 길이는 $5x+2$, 세로의 길이는 $6x-3$이므로 구하는 넓이는
$$(5x+2)(6x-3)=30x^2-3x-6$$
답 ②

0430 직사각형의 가로의 길이는 $a-3$, 세로의 길이는 $a+4$이므로 이 직사각형의 넓이는
$$(a-3)(a+4)=a^2+a-12$$
··· 1단계
이때 처음 정사각형의 넓이는 a^2이고 직사각형의 넓이는 처음 정사각형의 넓이보다 5만큼 크므로
$$a^2+a-12=a^2+5$$
··· 2단계
$$\therefore a=17$$
··· 3단계
답 17

단계	채점 요소	비율
1	직사각형의 넓이 구하기	30 %
2	조건을 만족시키는 식 세우기	40 %
3	a의 값 구하기	30 %

0431 □EFCD는 정사각형이므로
$$\overline{ED}=\overline{DC}=a+2$$
□AGHE도 정사각형이므로
$$\overline{AG}=\overline{AE}=\overline{AD}-\overline{ED}$$
$$=3a-1-(a+2)=2a-3$$

따라서 $\overline{GB}=\overline{AB}-\overline{AG}=a+2-(2a-3)=-a+5$이므로
$$□GBFH=(-a+5)(2a-3)$$
$$=-2a^2+13a-15$$
답 $-2a^2+13a-15$

0432 오른쪽 그림과 같이 폭이 일정한 길을 가장자리로 이동하면 길을 제외한 땅의 넓이는
$$(3x-1)(2x-1)=6x^2-5x+1$$
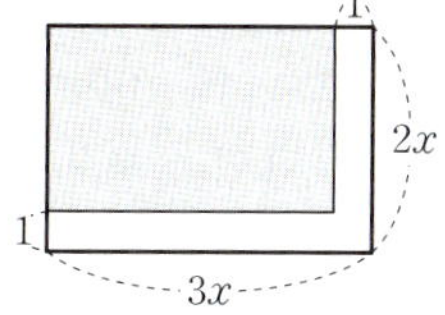
답 $6x^2-5x+1$

0433 오른쪽 그림과 같이 폭이 일정한 길을 가장자리로 이동하면 길을 제외한 화단의 넓이는
$$\{(4x-1)-2\}(5x-2)$$
$$=(4x-3)(5x-2)$$
$$=20x^2-23x+6$$
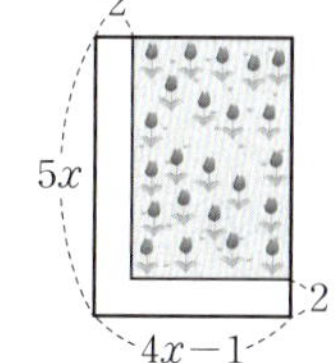
따라서 $a=20$, $b=-23$, $c=6$이므로
$$a-b+c=20-(-23)+6=49$$
답 49

0434 새로운 직사각형의 가로의 길이는 $a-b$, 세로의 길이는 $a+b$이므로 구하는 넓이는
$$(a-b)(a+b)=a^2-b^2$$
답 a^2-b^2

0435 $x-2=A$로 놓으면
$$(x+3y-2)(x-3y-2)=(A+3y)(A-3y)$$
$$=A^2-9y^2$$
$$=(x-2)^2-9y^2$$
$$=x^2-4x-9y^2+4$$
답 ②

0436 $a-7b=A$로 놓으면
$$(a-7b+1)^2=(A+1)^2=A^2+2A+1$$
$$=(a-7b)^2+2(a-7b)+1$$
$$=a^2-14ab+49b^2+\boxed{2a-14b+1}$$
답 $2a-14b+1$

0437 $2x+y=A$로 놓으면
$$(2x+y+5)(2x+y-4)$$
$$=(A+5)(A-4)=A^2+A-20$$
$$=(2x+y)^2+(2x+y)-20$$
$$=4x^2+4xy+y^2+2x+y-20$$
··· 1단계
따라서 $a=4$, $b=2$, $c=-20$이므로
$$a+b-c=4+2-(-20)=26$$
··· 2단계
··· 3단계
답 26

단계	채점 요소	비율
1	주어진 식 전개하기	60 %
2	a, b, c의 값 구하기	30 %
3	$a+b-c$의 값 구하기	10 %

0438 ① $97^2=(100-3)^2 \Rightarrow (a-b)^2=a^2-2ab+b^2$

② $102^2=(100+2)^2 \Rightarrow (a+b)^2=a^2+2ab+b^2$

③ $103\times104=(100+3)(100+4)$

$\Rightarrow (x+a)(x+b)=x^2+(a+b)x+ab$

④ $8.1\times7.9=(8+0.1)(8-0.1) \Rightarrow (a+b)(a-b)=a^2-b^2$

⑤ $9.9^2=(10-0.1)^2 \Rightarrow (a-b)^2=a^2-2ab+b^2$

따라서 주어진 곱셈 공식을 이용하면 가장 편리한 것은 ④이다.

답 ④

0439 ⑤ $504\times507=(500+4)(500+7)$

$\Rightarrow (x+a)(x+b)=x^2+(a+b)x+ab$

따라서 옳지 않은 것은 ⑤이다.

답 ⑤

0440 $2027=x$라 하면

$$\frac{2026\times2029+2}{2027}=\frac{(x-1)(x+2)+2}{x}=\frac{x^2+x}{x}$$
$$=x+1=2027+1=2028$$

답 2028

0441 주어진 식에 $2-1(=1)$을 곱하면

$(2-1)(2+1)(2^2+1)(2^4+1)(2^8+1)$

$=(2^2-1)(2^2+1)(2^4+1)(2^8+1)$

$=(2^4-1)(2^4+1)(2^8+1)$

$=(2^8-1)(2^8+1)$

$=2^{16}-1$

답 ③

0442 $(-3\sqrt{7}+2)^2=(-3\sqrt{7})^2+2\times(-3\sqrt{7})\times2+2^2$

$=63-12\sqrt{7}+4$

$=67-12\sqrt{7}$

답 ⑤

0443 $(5\sqrt{3}+4)(2\sqrt{3}-1)$

$=5\sqrt{3}\times2\sqrt{3}+(-5+8)\sqrt{3}-4$

$=26+3\sqrt{3}$

따라서 $a=26$, $b=3$이므로 $a-b=26-3=23$

답 ①

0444 $(6+4\sqrt{2})(6-4\sqrt{2})(5+2\sqrt{6})(5-2\sqrt{6})$

$=\{(6+4\sqrt{2})(6-4\sqrt{2})\}\{(5+2\sqrt{6})(5-2\sqrt{6})\}$

$=\{6^2-(4\sqrt{2})^2\}\{5^2-(2\sqrt{6})^2\}$

$=(36-32)(25-24)$

$=4$

답 4

0445 $(8+\sqrt{5})(a-2\sqrt{5})$

$=8a+(a-16)\sqrt{5}-10$

$=(8a-10)+(a-16)\sqrt{5}$ ··· 1단계

유리수가 되려면 $a-16=0$

$\therefore a=16$ ··· 2단계

답 16

단계	채점 요소	비율
1	주어진 식 전개하기	70 %
2	a의 값 구하기	30 %

0446 $\dfrac{\sqrt{2}+5}{3-2\sqrt{2}}=\dfrac{(\sqrt{2}+5)(3+2\sqrt{2})}{(3-2\sqrt{2})(3+2\sqrt{2})}$

$=3\sqrt{2}+4+15+10\sqrt{2}$

$=19+13\sqrt{2}$

따라서 $a=19$, $b=13$이므로

$a+b=19+13=32$

답 ⑤

0447 $\dfrac{\sqrt{50}}{\sqrt{5}-\sqrt{10}}=\dfrac{5\sqrt{2}}{\sqrt{5}-\sqrt{10}}$

$=\dfrac{5\sqrt{2}(\sqrt{5}+\sqrt{10})}{(\sqrt{5}-\sqrt{10})(\sqrt{5}+\sqrt{10})}$

$=\dfrac{5\sqrt{10}+10\sqrt{5}}{5-10}=-\sqrt{10}-2\sqrt{5}$

답 $-\sqrt{10}-2\sqrt{5}$

0448 $\dfrac{1}{x}=\dfrac{1}{7+4\sqrt{3}}=\dfrac{7-4\sqrt{3}}{(7+4\sqrt{3})(7-4\sqrt{3})}=7-4\sqrt{3}$

$\therefore x+\dfrac{1}{x}=(7+4\sqrt{3})+(7-4\sqrt{3})=14$

답 ③

0449 $\dfrac{\sqrt{6}-\sqrt{3}}{\sqrt{6}+\sqrt{3}}-\dfrac{\sqrt{6}+\sqrt{3}}{\sqrt{6}-\sqrt{3}}$

$=\dfrac{(\sqrt{6}-\sqrt{3})^2}{(\sqrt{6}+\sqrt{3})(\sqrt{6}-\sqrt{3})}-\dfrac{(\sqrt{6}+\sqrt{3})^2}{(\sqrt{6}-\sqrt{3})(\sqrt{6}+\sqrt{3})}$

$=\dfrac{6-2\sqrt{18}+3}{6-3}-\dfrac{6+2\sqrt{18}+3}{6-3}$

$=\dfrac{9-6\sqrt{2}}{3}-\dfrac{9+6\sqrt{2}}{3}$

$=3-2\sqrt{2}-(3+2\sqrt{2})$

$=-4\sqrt{2}$

답 ①

0450 $\sqrt{4}<\sqrt{7}<\sqrt{9}$, 즉 $2<\sqrt{7}<3$이므로

$-3<-\sqrt{7}<-2$ $\therefore 5<8-\sqrt{7}<6$

따라서 $a=5$, $b=(8-\sqrt{7})-5=3-\sqrt{7}$이므로 ··· 1단계

$\dfrac{3}{a-b}=\dfrac{3}{5-(3-\sqrt{7})}=\dfrac{3}{2+\sqrt{7}}$

$=\dfrac{3(2-\sqrt{7})}{(2+\sqrt{7})(2-\sqrt{7})}=\dfrac{3(2-\sqrt{7})}{-3}$

$=\sqrt{7}-2$ ··· 2단계

답 $\sqrt{7}-2$

단계	채점 요소	비율
1	a, b의 값 구하기	50 %
2	$\dfrac{3}{a-b}$의 값 구하기	50 %

0451 $\dfrac{1}{f(x)}=\dfrac{1}{\sqrt{x}+\sqrt{x+1}}$

$=\dfrac{\sqrt{x}-\sqrt{x+1}}{(\sqrt{x}+\sqrt{x+1})(\sqrt{x}-\sqrt{x+1})}$

$=\dfrac{\sqrt{x}-\sqrt{x+1}}{x-(x+1)}$

$=-\sqrt{x}+\sqrt{x+1}$

$\therefore \dfrac{1}{f(1)}+\dfrac{1}{f(2)}+\dfrac{1}{f(3)}+\cdots+\dfrac{1}{f(8)}$
$\quad =(-\sqrt{1}+\sqrt{2})+(-\sqrt{2}+\sqrt{3})+(-\sqrt{3}+\sqrt{4})$
$\qquad +\cdots+(-\sqrt{8}+\sqrt{9})$
$\quad =-\sqrt{1}+\sqrt{9}=-1+3=2$

답 2

0452 $x=3+\sqrt{15}$ 에서 $\quad x-3=\sqrt{15}$
$(x-3)^2=(\sqrt{15})^2, \quad x^2-6x+9=15$
$x^2-6x=6$
$\therefore x^2-6x+4=6+4=10$

답 ⑤

다른 풀이 $x=3+\sqrt{15}$ 를 x^2-6x+4 에 대입하면
$(3+\sqrt{15})^2-6(3+\sqrt{15})+4$
$=9+6\sqrt{15}+15-18-6\sqrt{15}+4$
$=10$

0453 $x=\dfrac{1}{\sqrt{2}-1}=\dfrac{\sqrt{2}+1}{(\sqrt{2}-1)(\sqrt{2}+1)}=\sqrt{2}+1$
$x-1=\sqrt{2}$ 에서 $\quad (x-1)^2=(\sqrt{2})^2$
$x^2-2x+1=2, \quad x^2-2x=1$
$\therefore x^2-2x-10=1-10=-9$

답 -9

0454 $x=2\sqrt{6}-4$ 에서 $\quad x+4=2\sqrt{6}$
$(x+4)^2=(2\sqrt{6})^2, \quad x^2+8x+16=24$
$x^2+8x=8$
$\therefore \sqrt{x^2+8x+8}=\sqrt{8+8}=\sqrt{16}=4$

답 ②

0455 $x^2+y^2=(x+y)^2-2xy$
$\qquad\qquad =(4\sqrt{3})^2-2\times5$
$\qquad\qquad =48-10=38$

답 ③

0456 $(x+y)^2=(x-y)^2+4xy$
$\qquad\qquad =7^2+4\times4=65$

답 ①

0457 $a^2+b^2=(a-b)^2+2ab$ 이므로
$12=(2\sqrt{5})^2+2ab, \quad 2ab=-8$
$\therefore ab=-4$

답 -4

0458 (1) $x+y=(\sqrt{3}+\sqrt{2})+(\sqrt{3}-\sqrt{2})=2\sqrt{3}$ ··· **1단계**
(2) $xy=(\sqrt{3}+\sqrt{2})(\sqrt{3}-\sqrt{2})=1$ ··· **2단계**
(3) $\dfrac{y}{x}+\dfrac{x}{y}=\dfrac{x^2+y^2}{xy}=\dfrac{(x+y)^2-2xy}{xy}$
$\qquad\qquad =\dfrac{(2\sqrt{3})^2-2\times1}{1}=10$ ··· **3단계**

답 (1) $2\sqrt{3}$　(2) 1　(3) 10

단계	채점 요소	비율
1	$x+y$의 값 구하기	20 %
2	xy의 값 구하기	20 %
3	$\dfrac{y}{x}+\dfrac{x}{y}$의 값 구하기	60 %

0459 $x^2+\dfrac{1}{x^2}=\left(x+\dfrac{1}{x}\right)^2-2=6^2-2=34$

답 34

0460 $\left(x+\dfrac{1}{x}\right)^2=\left(x-\dfrac{1}{x}\right)^2+4=3^2+4=13$

답 ④

0461 $x^2+\dfrac{1}{x^2}=\left(x+\dfrac{1}{x}\right)^2-2$ 이므로
$18=\left(x+\dfrac{1}{x}\right)^2-2 \quad \therefore \left(x+\dfrac{1}{x}\right)^2=20$
그런데 $x>0$ 이므로 $\quad x+\dfrac{1}{x}>0$
$\therefore x+\dfrac{1}{x}=\sqrt{20}=2\sqrt{5}$

답 ⑤

0462 $\left(x-\dfrac{1}{x}\right)^2=\left(x+\dfrac{1}{x}\right)^2-4$
$\qquad\qquad =(2\sqrt{7})^2-4=24$
그런데 $0<x<1$ 이므로 $\quad x-\dfrac{1}{x}<0$
$\therefore x-\dfrac{1}{x}=-\sqrt{24}=-2\sqrt{6}$

답 $-2\sqrt{6}$

0463 (주어진 식)$=\{x(x-2)\}\{(x+1)(x-3)\}$
$\qquad\qquad =(x^2-2x)(x^2-2x-3)$
$x^2-2x=A$ 로 놓으면
(주어진 식)$=A(A-3)$
$\qquad\qquad =A^2-3A$
$\qquad\qquad =(x^2-2x)^2-3(x^2-2x)$
$\qquad\qquad =x^4-4x^3+4x^2-3x^2+6x$
$\qquad\qquad =x^4-4x^3+x^2+6x$

답 $x^4-4x^3+x^2+6x$

0464 (주어진 식)$=\{(x+1)(x-3)\}\{(x+2)(x-4)\}$
$\qquad\qquad =(x^2-2x-3)(x^2-2x-8)$
$x^2-2x=A$ 로 놓으면
(주어진 식)$=(A-3)(A-8)$
$\qquad\qquad =A^2-11A+24$
$\qquad\qquad =(x^2-2x)^2-11(x^2-2x)+24$
$\qquad\qquad =x^4-4x^3+4x^2-11x^2+22x+24$
$\qquad\qquad =x^4-4x^3-7x^2+22x+24$
따라서 x^3의 계수는 -4, x의 계수는 22이므로
$a=-4,\ b=22$
$\therefore a+b=-4+22=18$

답 ③

0465 $x^2-4x-1=0$ 에서 $\quad x^2-4x=1$
$\therefore$ (주어진 식)$=\{(x-5)(x+1)\}\{(x-3)(x-1)\}$
$\qquad\qquad =(x^2-4x-5)(x^2-4x+3)$
$\qquad\qquad =(1-5)(1+3)=-16$

답 ①

0466 $x\neq0$이므로 $x^2-8x+1=0$의 양변을 x로 나누면

$$x-8+\frac{1}{x}=0 \qquad \therefore x+\frac{1}{x}=8$$

$$\therefore x^2+\frac{1}{x^2}=\left(x+\frac{1}{x}\right)^2-2=8^2-2=62 \qquad \text{답 } ④$$

0467 $x\neq0$이므로 $x^2+4x-1=0$의 양변을 x로 나누면

$$x+4-\frac{1}{x}=0 \qquad \therefore x-\frac{1}{x}=-4$$

$$\therefore \left(x+\frac{1}{x}\right)^2=\left(x-\frac{1}{x}\right)^2+4=(-4)^2+4=20 \qquad \text{답 } 20$$

0468 $x\neq0$이므로 $x^2+3x-1=0$의 양변을 x로 나누면

$$x+3-\frac{1}{x}=0$$

$$\therefore x-\frac{1}{x}=-3 \qquad\qquad \cdots\ \boxed{\text{1단계}}$$

$$\therefore x^2+x-\frac{1}{x}+\frac{1}{x^2}=\left(x^2+\frac{1}{x^2}\right)+\left(x-\frac{1}{x}\right)$$

$$=\left(x-\frac{1}{x}\right)^2+2+\left(x-\frac{1}{x}\right)$$

$$=(-3)^2+2+(-3)=8 \qquad \cdots\ \boxed{\text{2단계}}$$

$$\text{답 } 8$$

단계	채점 요소	비율
1	$x-\dfrac{1}{x}$의 값 구하기	30 %
2	$x^2+x-\dfrac{1}{x}+\dfrac{1}{x^2}$의 값 구하기	70 %

시험에 꼭 나오는 문제 ▶본문 68~71쪽

0469 전략 분배법칙을 이용하여 식을 전개한다.

$(6x+y)(5y-6x)=-36x^2+24xy+5y^2$이므로

$$A=-36,\ B=24,\ C=5$$

$$\therefore A+B-C=-36+24-5=-17 \qquad \text{답 } ①$$

0470 전략 특정한 부분만 전개하여 상수항과 xy항을 구한다.

주어진 식의 전개식에서 상수항은 $5b$이므로

$$5b=5 \qquad \therefore b=1$$

또 xy항은 $3xy+2axy=(3+2a)xy$이므로

$$3+2a=-5 \qquad \therefore a=-4$$

$$\therefore a+b=-4+1=-3 \qquad \text{답 } -3$$

0471 전략 $(a-b)^2=a^2-2ab+b^2$임을 이용한다.

$(3x-ay)^2=9x^2-6axy+a^2y^2$

xy의 계수가 -30이므로

$$-6a=-30 \qquad \therefore a=5$$

따라서 y^2의 계수는 $\quad a^2=5^2=25 \qquad \text{답 } ⑤$

0472 전략 $(a+b)(a-b)=a^2-b^2$임을 이용한다.

$$(2x+3y)(2x-3y)-3(x+y)(x-y)$$

$$=4x^2-9y^2-3(x^2-y^2)$$

$$=4x^2-9y^2-3x^2+3y^2$$

$$=x^2-6y^2$$

이므로 $\quad A=1,\ B=-6$

$$\therefore A+B=1+(-6)=-5 \qquad \text{답 } -5$$

0473 전략 곱셈 공식을 이용하여 주어진 식을 각각 전개한다.

$$(-a+b)(-a-b)=(-a)^2-b^2=a^2-b^2$$

① $(a+b)(-a-b)=-(a+b)^2=-a^2-2ab-b^2$

② $(a-b)(-a-b)=-(a-b)(a+b)=-a^2+b^2$

③ $-(a-b)^2=-a^2+2ab-b^2$

④ $(a+b)(a-b)=a^2-b^2$

⑤ $-(a+b)(a-b)=-a^2+b^2$

따라서 주어진 식과 전개식이 같은 것은 ④이다. $\qquad \text{답 } ④$

0474 전략 $(x+a)(x+b)=x^2+(a+b)x+ab$임을 이용한다.

$\left(x-\dfrac{1}{3}\right)(x+a)=x^2+\left(-\dfrac{1}{3}+a\right)x-\dfrac{1}{3}a$에서 x의 계수와 상수항이 같으므로

$$-\frac{1}{3}+a=-\frac{1}{3}a, \qquad \frac{4}{3}a=\frac{1}{3}$$

$$\therefore a=\frac{1}{4} \qquad \text{답 } ④$$

0475 전략 $(ax+b)(cx+d)=acx^2+(ad+bc)x+bd$임을 이용한다.

$(3x+a)(4x-5)=12x^2+(4a-15)x-5a$이므로

$$4a-15=b,\ -5a=-10$$

따라서 $a=2,\ b=-7$이므로

$$a-b=2-(-7)=9 \qquad \text{답 } 9$$

0476 전략 곱셈 공식을 이용하여 전개한다.

① $(x+3y)^2=x^2+6xy+9y^2$

③ $(-a+9)(-a-9)=a^2-81$

④ $(-3x-2y)^2=\{-(3x+2y)\}^2=9x^2+12xy+4y^2$

따라서 옳은 것은 ②, ⑤이다. $\qquad \text{답 } ②, ⑤$

0477 전략 곱셈 공식을 이용하여 전개한 후 x의 계수를 비교한다.

① $(2x-3)^2=4x^2-12x+9 \Rightarrow x$의 계수: -12

② $(x-7)(x-5)=x^2-12x+35 \Rightarrow x$의 계수: -12

③ $(x+2)(7x-2)=7x^2+12x-4 \Rightarrow x$의 계수: 12

④ $(-x+8)(-x+4)=x^2-12x+32 \Rightarrow x$의 계수: -12

⑤ $(5x+3)(x-3)=5x^2-12x-9 \Rightarrow x$의 계수: -12

따라서 x의 계수가 나머지 넷과 다른 하나는 ③이다. $\qquad \text{답 } ③$

0478 **전략** 색칠한 두 직사각형의 가로, 세로의 길이를 문자를 사용하여 나타낸 후 곱셈 공식을 이용한다.

$$(5a-2b)(4a-b)+2b\times b=20a^2-13ab+2b^2+2b^2$$
$$=20a^2-13ab+4b^2$$

답 $20a^2-13ab+4b^2$

0479 **전략** 폭이 일정한 길을 가장자리로 이동하여 생각한다.

오른쪽 그림과 같이 폭이 일정한 길을 가장자리로 이동하면 길을 제외한 꽃밭의 넓이는 한 변의 길이가 $a-3b$인 정사각형의 넓이와 같으므로

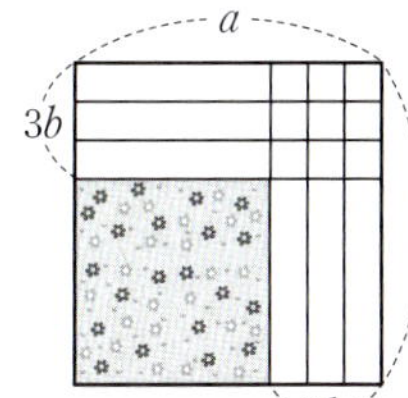

$$(a-3b)^2=a^2-6ab+9b^2$$

답 ④

0480 **전략** 주어진 수의 계산을 두 자연수의 합과 차의 곱으로 나타내어 본다.

$$198\times201=(200-2)(200+1)$$
$$\Rightarrow (x+a)(x+b)=x^2+(a+b)x+ab$$

따라서 가장 편리한 것은 ④이다.

답 ④

0481 **전략** 제곱근을 문자로 생각하고 곱셈 공식을 이용한다.

① $(\sqrt{7}+2)^2=7+4\sqrt{7}+4=11+4\sqrt{7}$

② $(1-\sqrt{5})^2=1-2\sqrt{5}+5=6-2\sqrt{5}$

③ $(\sqrt{3}+\sqrt{6})(\sqrt{3}-\sqrt{6})=3-6=-3$

④ $(\sqrt{2}+4)(\sqrt{2}-9)=2+(-9+4)\sqrt{2}-36$
$$=-34-5\sqrt{2}$$

⑤ $(2\sqrt{5}-\sqrt{3})(2\sqrt{5}+\sqrt{2})=20+2\sqrt{10}-2\sqrt{15}-\sqrt{6}$

따라서 유리수인 것은 ③이다.

답 ③

0482 **전략** $(a+b)(a-b)=a^2-b^2$을 이용하여 분모를 유리화한다.

$$\frac{2+\sqrt{10}}{4-\sqrt{10}}=\frac{(2+\sqrt{10})(4+\sqrt{10})}{(4-\sqrt{10})(4+\sqrt{10})}$$
$$=\frac{18+6\sqrt{10}}{6}=3+\sqrt{10}$$

따라서 $a=3$, $b=1$이므로

$$a+b=3+1=4$$

답 ①

0483 **전략** 먼저 x의 분모를 유리화한 후 등식을 변형한다.

$$x=\frac{\sqrt{5}-\sqrt{3}}{\sqrt{5}+\sqrt{3}}=\frac{(\sqrt{5}-\sqrt{3})^2}{(\sqrt{5}+\sqrt{3})(\sqrt{5}-\sqrt{3})}$$
$$=\frac{5-2\sqrt{15}+3}{2}=4-\sqrt{15}$$

$x-4=-\sqrt{15}$에서

$$(x-4)^2=(-\sqrt{15})^2$$
$$x^2-8x+16=15,\qquad x^2-8x=-1$$
$$\therefore x^2-8x+14=-1+14=13$$

답 13

0484 **전략** x, y의 분모를 각각 유리화한 후 $x+y$, xy의 값을 구한다.

$$x=\frac{3+2\sqrt{2}}{(3-2\sqrt{2})(3+2\sqrt{2})}=3+2\sqrt{2}$$
$$y=\frac{3-2\sqrt{2}}{(3+2\sqrt{2})(3-2\sqrt{2})}=3-2\sqrt{2}$$

따라서 $x+y=6$, $xy=1$이므로

$$x^2-xy+y^2=(x+y)^2-3xy=6^2-3=33$$

답 ④

0485 **전략** 공통부분이 생기도록 두 개씩 짝을 지어 전개한다.

(주어진 식)
$$=\{(x-6)(x+5)\}\{(x-2)(x+1)\}$$
$$=(x^2-x-30)(x^2-x-2)$$

$x^2-x=A$로 놓으면

(주어진 식)
$$=(A-30)(A-2)$$
$$=A^2-32A+60$$
$$=(x^2-x)^2-32(x^2-x)+60$$
$$=x^4-2x^3+x^2-32x^2+32x+60$$
$$=x^4-2x^3-31x^2+32x+60$$

따라서 $a=-2$, $b=-31$, $c=32$, $d=60$이므로

$$a-b-c+d=-2-(-31)-32+60=57$$

답 57

0486 **전략** 먼저 주어진 등식의 양변을 x로 나누어 식을 변형한다.

$x\neq0$이므로 $x^2-5x+1=0$의 양변을 x로 나누면

$$x-5+\frac{1}{x}=0 \qquad \therefore x+\frac{1}{x}=5$$
$$\therefore x^2-7+\frac{1}{x^2}=x^2+\frac{1}{x^2}-7$$
$$=\left(x+\frac{1}{x}\right)^2-2-7$$
$$=5^2-2-7=16$$

답 ②

0487 **전략** $(a+b)^2=a^2+2ab+b^2$임을 이용한다.

$$(Ax+3B)^2=A^2x^2+6ABx+9B^2 \qquad \cdots \text{1단계}$$

x^2의 계수가 16, 상수항이 4이므로

$$A^2=16,\ 9B^2=4,\ \text{즉}\ B^2=\frac{4}{9}$$

이때 $A>0$, $B>0$이므로 $\qquad A=4,\ B=\frac{2}{3} \qquad \cdots \text{2단계}$

따라서 x의 계수는 $\qquad 6AB=6\times4\times\frac{2}{3}=16 \qquad \cdots \text{3단계}$

답 16

단계	채점 요소	비율
1	주어진 식 전개하기	30 %
2	A, B의 값 구하기	40 %
3	x의 계수 구하기	30 %

0488 잘못 본 수 대신에 문자를 대입하여 식을 전개한 후 양변의 계수를 비교한다.

$(x+5)(x-4)$에서 -4를 A로 잘못 보고 전개하여 x^2+9x+B가 되었으므로

$$(x+5)(x+A)=x^2+9x+B, \text{ 즉}$$
$$x^2+(5+A)x+5A=x^2+9x+B$$

따라서 $5+A=9,\ 5A=B$이므로

$$A=4,\ B=5\times4=20 \qquad \cdots \boxed{\text{1단계}}$$

$(3x-2)(x+1)$에서 3을 C로 잘못 보고 전개하여 Dx^2-8x-2가 되었으므로

$$(Cx-2)(x+1)=Dx^2-8x-2, \text{ 즉}$$
$$Cx^2+(C-2)x-2=Dx^2-8x-2$$

따라서 $C=D,\ C-2=-8$이므로

$$C=-6,\ D=-6 \qquad \cdots \boxed{\text{2단계}}$$
$$\therefore A-B-C-D=4-20-(-6)-(-6)=-4 \quad \cdots \boxed{\text{3단계}}$$

답 -4

단계	채점 요소	비율
1	A, B의 값 구하기	40 %
2	C, D의 값 구하기	40 %
3	$A-B-C-D$의 값 구하기	20 %

0489 $x+2y=A$로 놓고 곱셈 공식을 이용하여 전개한다.

$x+2y=A$로 놓으면

$$(x+2y-3)^2=(A-3)^2$$
$$=A^2-6A+9$$
$$=(x+2y)^2-6(x+2y)+9$$
$$=x^2+4xy+4y^2-6x-12y+9 \quad \cdots \boxed{\text{1단계}}$$

따라서 xy의 계수는 4, 상수항은 9이므로

$$a=4,\ b=9 \qquad \cdots \boxed{\text{2단계}}$$
$$\therefore a-b=4-9=-5 \qquad \cdots \boxed{\text{3단계}}$$

답 -5

단계	채점 요소	비율
1	주어진 식 전개하기	70 %
2	a, b의 값 구하기	20 %
3	$a-b$의 값 구하기	10 %

0490 □HECF의 가로와 세로의 길이를 각각 문자로 나타낸다.

$\overline{BE}=\overline{AB}=b$이므로 $\overline{EC}=\overline{BC}-\overline{BE}=a-b$
$\overline{DF}=\overline{HF}=\overline{EC}=a-b$이므로

$$\overline{FC}=\overline{DC}-\overline{DF}=b-(a-b)=-a+2b$$
$$\therefore \square HECF=\overline{EC}\times\overline{FC}$$
$$=(a-b)(-a+2b)$$
$$=-a^2+2ab+ab-2b^2$$
$$=-a^2+3ab-2b^2 \qquad \text{답 } -a^2+3ab-2b^2$$

0491 곱셈 공식 $(a+b)(a-b)=a^2-b^2$을 이용할 수 있도록 식을 변형한다.

$$6\times26\times626=(5+1)(5^2+1)(5^4+1)$$
$$=\frac{1}{4}(5-1)(5+1)(5^2+1)(5^4+1)$$
$$=\frac{1}{4}(5^2-1)(5^2+1)(5^4+1)$$
$$=\frac{1}{4}(5^4-1)(5^4+1)$$
$$=\frac{1}{4}(5^8-1)$$

따라서 $a=4,\ b=8$이므로 $\quad \dfrac{b}{a}=\dfrac{8}{4}=2 \qquad$ 답 2

0492 주어진 조건을 이용하여 먼저 ab의 값을 구한다.

$a^2+b^2=(a+b)^2-2ab$이므로

$$18=4^2-2ab \qquad \therefore ab=-1$$
$$\therefore \text{(주어진 식)}$$
$$=\left\{(a+b)+\frac{a+b}{ab}\right\}+\left\{(a^3+b^3)+\frac{a^3+b^3}{a^3b^3}\right\}$$
$$+\left\{(a^5+b^5)+\frac{a^5+b^5}{a^5b^5}\right\}+\left\{(a^7+b^7)+\frac{a^7+b^7}{a^7b^7}\right\}$$
$$+\left\{(a^9+b^9)+\frac{a^9+b^9}{a^9b^9}\right\}$$
$$=\left\{(a+b)+\frac{a+b}{ab}\right\}+\left\{(a^3+b^3)+\frac{a^3+b^3}{(ab)^3}\right\}$$
$$+\left\{(a^5+b^5)+\frac{a^5+b^5}{(ab)^5}\right\}+\left\{(a^7+b^7)+\frac{a^7+b^7}{(ab)^7}\right\}$$
$$+\left\{(a^9+b^9)+\frac{a^9+b^9}{(ab)^9}\right\}$$
$$=\{(a+b)-(a+b)\}+\{(a^3+b^3)-(a^3+b^3)\}$$
$$+\{(a^5+b^5)-(a^5+b^5)\}+\{(a^7+b^7)-(a^7+b^7)\}$$
$$+\{(a^9+b^9)-(a^9+b^9)\}$$
$$=0 \qquad \text{답 } 0$$

05 다항식의 인수분해

교과서문제 정복하기 ▶본문 73, 75쪽

0493 답 $x-8x^2$

0494 답 x^2+2x+1

0495 답 x^2-25

0496 답 $4x^2-7x-2$

0497 답 $x(a+b-c)$

0498 답 $2m^2(m-3)$

0499 답 $xy^2(x-2)$

0500 답 $3ab(a+6b-5)$

0501 답 $(x-2)(a+5)$

0502 답 $(a-b)(a-b-x)$

0503 답 $(x+3)^2$

0504 답 $(x-8)^2$

0505 답 $(5x-1)^2$

0506 답 $(2x+y)^2$

0507 $\square=\left(\dfrac{8}{2}\right)^2=16$ 답 16

0508 $\square=\left(\dfrac{-14}{2}\right)^2=49$ 답 49

0509 $x^2+\square x+81=x^2+\square x+9^2$에서
$\square=2\times1\times9=18\,(\because \square>0)$ 답 18

0510 $a^2+\square a+\dfrac{1}{25}=a^2+\square a+\left(\dfrac{1}{5}\right)^2$에서
$\square=2\times1\times\dfrac{1}{5}=\dfrac{2}{5}\,(\because \square>0)$ 답 $\dfrac{2}{5}$

0511 답 $(2x+3)(2x-3)$

0512 답 $(6a+b)(6a-b)$

0513 답 $\left(9x+\dfrac{1}{4}y\right)\left(9x-\dfrac{1}{4}y\right)$

0514 답 $(x+3)(x+5)$

0515 답 $(x+1)(x-7)$

0516 답 $(x+4y)(x-5y)$

0517 답 $(x+1)(3x+1)$

0518 답 $(2x-3)(3x-2)$

0519 답 $(2x-y)(4x+3y)$

0520 $a-6=A$로 놓으면
$$\begin{aligned}(\text{주어진 식})&=A^2+2A+1\\&=(A+1)^2\\&=(a-6+1)^2\\&=(a-5)^2\end{aligned}$$
답 $(a-5)^2$

0521 $4x+1=A$로 놓으면
$$\begin{aligned}(\text{주어진 식})&=A^2-4A-32\\&=(A+4)(A-8)\\&=(4x+1+4)(4x+1-8)\\&=(4x+5)(4x-7)\end{aligned}$$
답 $(4x+5)(4x-7)$

0522 $x-y=A$로 놓으면
$$\begin{aligned}(\text{주어진 식})&=2A^2+11A+15\\&=(A+3)(2A+5)\\&=(x-y+3)\{2(x-y)+5\}\\&=(x-y+3)(2x-2y+5)\end{aligned}$$
답 $(x-y+3)(2x-2y+5)$

0523 답 $A-B,\ 3a+2$

0524 답 $x-y$

0525 답 $a-4$

0526 답 $a+3$

0527 답 $x-1$

0528 $$\begin{aligned}(\text{주어진 식})&=(x+y)(x-y)+5(x-y)\\&=(x-y)(x+y+5)\end{aligned}$$
답 $(x-y)(x+y+5)$

0529
$$(\text{주어진 식})=4-(x^2-2xy+y^2)$$
$$=2^2-(x-y)^2$$
$$=\{2+(x-y)\}\{2-(x-y)\}$$
$$=(2+x-y)(2-x+y)$$

目 $(2+x-y)(2-x+y)$

0530 目 $x-3,\ x-3,\ x-3,\ x-3,\ 2y$

0531
$$15\times47-15\times45=15(47-45)$$
$$=15\times2=30$$

目 30

0532
$$81^2-162+1=81^2-2\times81\times1+1^2$$
$$=(81-1)^2$$
$$=80^2=6400$$

目 6400

0533
$$63^2-37^2=(63+37)(63-37)$$
$$=100\times26=2600$$

目 2600

0534
$$40\times51^2-40\times49^2=40(51^2-49^2)$$
$$=40(51+49)(51-49)$$
$$=40\times100\times2$$
$$=8000$$

目 8000

0535
$$x^2+10x+25=(x+5)^2$$
$$=(65+5)^2$$
$$=70^2=4900$$

目 4900

0536
$$x^2-2xy+y^2=(x-y)^2$$
$$=\{(1+\sqrt{3})-(1-\sqrt{3})\}^2$$
$$=(2\sqrt{3})^2=12$$

目 12

0537
$$a^2-b^2=(a+b)(a-b)$$
$$=(7.2+2.8)(7.2-2.8)$$
$$=10\times4.4=44$$

目 44

0538
$$a^2+4a-5=(a-1)(a+5)$$
$$=(\sqrt{2}-5-1)(\sqrt{2}-5+5)$$
$$=(\sqrt{2}-6)\times\sqrt{2}=2-6\sqrt{2}$$

目 $2-6\sqrt{2}$

유형 익히기 ▶본문 76~86쪽

0539 ④ $3a+b$는 $3a^2(a+b)$의 인수가 아니다.

目 ④

0540 ③ $(x-1)+x=2x-1$
따라서 $x-1$을 인수로 갖지 않는 것은 ③이다.

目 ③

0541 ㄹ. $2(x-2)(2x+1)=(x-2)(4x+2)$
이상에서 인수인 것은 ㄱ, ㄷ, ㄹ, ㅂ이다.

目 ④

0542 ① $7a^2-a=a(7a-1)$
② $3x^2-15x=3x(x-5)$
③ $4x^2y-3xy^2+xy=xy(4x-3y+1)$
④ $x(x-8)-6(x-8)=(x-8)(x-6)$
따라서 인수분해한 것이 옳은 것은 ⑤이다.

目 ⑤

0543 $4a^2b-8ab=4ab(a-2)$
따라서 인수가 아닌 것은 ④이다.

目 ④

0544 $3a(x+y)+b(x+y)-(x+y)$
$=(x+y)(3a+b-1)$

目 $(x+y)(3a+b-1)$

0545
$$(\text{주어진 식})=(x-5y)(x-1)+y(x-5y)$$
$$=(x-5y)(x+y-1)$$ … **1단계**

따라서 두 일차식은 $x-5y,\ x+y-1$이므로
$$(x-5y)+(x+y-1)=2x-4y-1$$ … **2단계**

目 $2x-4y-1$

단계	채점 요소	비율
1	주어진 식 인수분해하기	70 %
2	두 일차식의 합 구하기	30 %

0546 ㄱ. $-a^2+2ab-b^2=-(a^2-2ab+b^2)=-(a-b)^2$
ㄹ. $9x^2+42xy+49y^2=(3x+7y)^2$
이상에서 완전제곱식으로 인수분해되는 것은 ㄱ, ㄹ이다.

目 ㄱ, ㄹ

0547 $\dfrac{1}{16}x^2-\dfrac{1}{2}x+1=\left(\dfrac{1}{4}x-1\right)^2$
따라서 주어진 다항식의 인수인 것은 ②이다.

目 ②

0548 ⑤ $3ax^2-24axy+48ay^2=3a(x^2-8xy+16y^2)$
$$=3a(x-4y)^2$$
따라서 인수분해한 것이 옳지 않은 것은 ⑤이다.

目 ⑤

0549 $ax^2+24xy+by^2=(4x+cy)^2$에서
$ax^2+24xy+by^2=16x^2+8cxy+c^2y^2$
$a=16$이고, $24=8c$이므로 $c=3$
$b=c^2$이므로 $b=9$
$$\therefore a+b+c=16+9+3=28$$

目 28

0550 $x^2-10x+a$에서
$$a=\left(\dfrac{-10}{2}\right)^2=25$$
$x^2+bx+64=x^2+bx+8^2$에서
$$b=2\times1\times8=16\ (\because b>0)$$
$$\therefore a+b=25+16=41$$

目 41

0551 $\dfrac{1}{9}x^2+axy+y^2=\left(\dfrac{1}{3}x\right)^2+axy+y^2$에서

$a=\pm2\times\dfrac{1}{3}\times1=\pm\dfrac{2}{3}$　　답 ③

0552 ① x^2-2x+A에서

$A=\left(\dfrac{-2}{2}\right)^2=1$

② $x^2+Axy+\dfrac{1}{25}y^2=x^2+Axy+\left(\dfrac{1}{5}y\right)^2$에서

$A=2\times1\times\dfrac{1}{5}=\dfrac{2}{5}$

③ $Ax^2-4x+1=Ax^2-2\times2x\times1+1^2$에서

$A=2^2=4$

④ $9x^2+6x+A=(3x)^2+2\times3x\times1+A$에서

$A=1^2=1$

⑤ $4x^2+Ax+\dfrac{1}{4}=(2x)^2+Ax+\left(\dfrac{1}{2}\right)^2$에서

$A=2\times2\times\dfrac{1}{2}=2$

따라서 양수 A의 값이 가장 큰 것은 ③이다.　　답 ③

0553 $(x+3)(x-7)+k=x^2-4x-21+k$　　… 1단계

따라서 $-21+k=\left(\dfrac{-4}{2}\right)^2=4$이므로

$k=25$　　… 2단계

답 25

단계	채점 요소	비율
1	주어진 식 전개하기	30 %
2	k의 값 구하기	70 %

0554 $\sqrt{x^2-6x+9}+\sqrt{x^2+8x+16}=\sqrt{(x-3)^2}+\sqrt{(x+4)^2}$

$-4<x<3$이므로

$x-3<0,\ x+4>0$

$\therefore$ (주어진 식)$=\sqrt{(x-3)^2}+\sqrt{(x+4)^2}$

$=-(x-3)+(x+4)$

$=-x+3+x+4$

$=7$　　답 ③

0555 $\sqrt{9x^2-36x+36}=\sqrt{9(x^2-4x+4)}=\sqrt{9(x-2)^2}$

$x>2$이므로　$x-2>0$

$\therefore$ (주어진 식)$=\sqrt{9(x-2)^2}$

$=3(x-2)$

$=3x-6$　　답 $3x-6$

0556 $\sqrt{a^2-2ab+b^2}-\sqrt{a^2+2ab+b^2}=\sqrt{(a-b)^2}-\sqrt{(a+b)^2}$

$0<a<b$이므로

$a-b<0,\ a+b>0$

$\therefore$ (주어진 식)$=\sqrt{(a-b)^2}-\sqrt{(a+b)^2}$

$=-(a-b)-(a+b)$

$=-a+b-a-b$

$=-2a$　　답 ①

0557 $\sqrt{x^2+x+\dfrac{1}{4}}+\sqrt{x^2-x+\dfrac{1}{4}}-\sqrt{x^2}$

$=\sqrt{\left(x+\dfrac{1}{2}\right)^2}+\sqrt{\left(x-\dfrac{1}{2}\right)^2}-\sqrt{x^2}$　　… 1단계

$0<2x<1$에서 $0<x<\dfrac{1}{2}$이므로

$x+\dfrac{1}{2}>0,\ x-\dfrac{1}{2}<0$　　… 2단계

$\therefore$ (주어진 식)$=\sqrt{\left(x+\dfrac{1}{2}\right)^2}+\sqrt{\left(x-\dfrac{1}{2}\right)^2}-\sqrt{x^2}$

$=\left(x+\dfrac{1}{2}\right)-\left(x-\dfrac{1}{2}\right)-x$

$=x+\dfrac{1}{2}-x+\dfrac{1}{2}-x$

$=-x+1$　　… 3단계

답 $-x+1$

단계	채점 요소	비율
1	근호 안의 식 인수분해하기	30 %
2	$x+\dfrac{1}{2}$과 $x-\dfrac{1}{2}$의 부호 구하기	20 %
3	주어진 식 간단히 하기	50 %

0558 $16x^2-81=(4x)^2-9^2=(4x+9)(4x-9)$이므로

$A=4,\ B=9$

$\therefore A+B=4+9=13$　　답 13

0559 ① $x^2-25=x^2-5^2=(x+5)(x-5)$

② $\dfrac{1}{4}a^2-b^2=\left(\dfrac{1}{2}a\right)^2-b^2=\left(\dfrac{1}{2}a+b\right)\left(\dfrac{1}{2}a-b\right)$

③ $-49x^2+1=1-49x^2=1-(7x)^2=(1+7x)(1-7x)$

④ $-x^3+x=-x(x^2-1)=-x(x+1)(x-1)$

⑤ $\dfrac{1}{64}a^2-\dfrac{1}{9}b^2=\left(\dfrac{1}{8}a\right)^2-\left(\dfrac{1}{3}b\right)^2=\left(\dfrac{1}{8}a+\dfrac{1}{3}b\right)\left(\dfrac{1}{8}a-\dfrac{1}{3}b\right)$

따라서 인수분해한 것이 옳은 것은 ④, ⑤이다.　　답 ④, ⑤

0560 $x^4-1=(x^2)^2-1=(x^2+1)(x^2-1)$

$=(x^2+1)(x+1)(x-1)$

따라서 인수가 아닌 것은 ⑤이다.　　답 ⑤

0561 $-18x^2+98y^2=-2(9x^2-49y^2)$

$=-2\{(3x)^2-(7y)^2\}$

$=-2(3x+7y)(3x-7y)$

따라서 $a=-2,\ b=3,\ c=7$이므로

$a-b+c=-2-3+7=2$　　답 2

0562 $x^2+9x-36=(x-3)(x+12)$　　답 ③

0563 ㄱ. $x^2-5x+4=(x-1)(x-4)$

ㄴ. $x^2+9x+20=(x+4)(x+5)$

ㄷ. $x^2+4x-12=(x-2)(x+6)$

ㄹ. $2x^2-2x-40=2(x^2-x-20)=2(x+4)(x-5)$

이상에서 $x+4$를 인수로 갖는 것은 ㄴ, ㄹ이다.　　답 ㄴ, ㄹ

0564 $x^2+Ax+21=(x-3)(x+B)$
$$=x^2+(B-3)x-3B$$
이므로 $A=B-3$, $21=-3B$
$\therefore B=-7$, $A=-7-3=-10$
$\therefore A+B=-10+(-7)=-17$ **답** -17

0565 $x^2+Ax-8=(x+a)(x+b)$
$$=x^2+(a+b)x+ab$$
이므로 $A=a+b$, $-8=ab$
곱이 -8인 두 정수는
-1과 8, 1과 -8, -2와 4, 2와 -4
이므로 A의 값이 될 수 있는 수는 7, -7, 2, -2이다.
따라서 A의 값이 될 수 없는 것은 ④이다.   **답** ④

0566 $2x^2-7xy+3y^2=(x-3y)(2x-y)$이므로
$a=1$, $b=-3$, $c=2$, $d=-1$ 또는
$a=2$, $b=-1$, $c=1$, $d=-3$
$\therefore a+b+c+d=-1$ **답** ②

0567 $3x^2+2x-8=(x+2)(3x-4)$이므로 주어진 다항식의 인수인 것은 ②, ④이다.   **답** ②, ④

0568 $6x^2+ax-20=(2x+b)(cx-4)$
$$=2cx^2+(bc-8)x-4b$$
이므로 $6=2c$, $a=bc-8$, $-20=-4b$
$b=5$, $c=3$이므로 $a=5\times3-8=7$
$\therefore a+b+c=7+5+3=15$ **답** 15

0569 $(x-3)(5x+9)+19=5x^2-6x-27+19$
$$=5x^2-6x-8$$
$$=(x-2)(5x+4) \quad \cdots \text{1단계}$$
따라서 두 일차식의 합은
$$(x-2)+(5x+4)=6x+2 \quad \cdots \text{2단계}$$
답 $6x+2$

단계	채점 요소	비율
1	주어진 식 인수분해하기	70 %
2	두 일차식의 합 구하기	30 %

0570 ⑤ $12x^2-2x-2=2(6x^2-x-1)$
$$=2(2x-1)(3x+1)$$
따라서 옳지 않은 것은 ⑤이다.   **답** ⑤

0571 ① $9x^2+6x+1=(3x+1)^2$ $\therefore \square=3$
② $4x^2-49y^2=(2x+7y)(2x-7y)$ $\therefore \square=2$
③ $x^2+12x+32=(x+4)(x+8)$ $\therefore \square=4$
④ $15x^2-7x-4=(3x+1)(5x-4)$ $\therefore \square=1$
⑤ $x^2+5xy-6y^2=(x-y)(x+6y)$ $\therefore \square=6$
따라서 $\square$ 안에 알맞은 수가 가장 큰 것은 ⑤이다.   **답** ⑤

0572 ㄱ. $2x^2-11x+5=(x-5)(2x-1)$
ㄴ. $x^2-x-20=(x+4)(x-5)$
ㄷ. $3x^2+13x-10=(x+5)(3x-2)$
ㄹ. $2x^2-4x-30=2(x^2-2x-15)$
$$=2(x+3)(x-5)$$
이상에서 $x-5$를 인수로 갖는 다항식은 ㄱ, ㄴ, ㄹ이다.
답 ④

0573 $x^2-x-6=(x+2)(x-3)$
$2x^2+x-6=(x+2)(2x-3)$
따라서 공통인 인수는 $x+2$이다.   **답** ②

0574 ① $-2a^2b+2ab=-2ab(a-1)$
② $a^2+2ab-3b^2=(a-b)(a+3b)$
③ $-3a+3b=-3(a-b)$
④ $2a^2-3ab+b^2=(a-b)(2a-b)$
⑤ $a^3b-ab^3=ab(a^2-b^2)=ab(a+b)(a-b)$
따라서 1이 아닌 공통인 인수를 갖지 않는 것은 ①이다.
답 ①

0575 $9x^2-1=(3x+1)(3x-1)$,
$3x^2+2x-1=(x+1)(3x-1)$
이므로 공통인 인수는 $3x-1$이다.
$\therefore a=3$ $\cdots$ **1단계**
$x^2+5x-6=(x-1)(x+6)$,
$5x^2-3x-2=(x-1)(5x+2)$
이므로 공통인 인수는 $x-1$이다.
$\therefore b=-1$ $\cdots$ **2단계**
$\therefore a-b=3-(-1)=4$ $\cdots$ **3단계**
답 4

단계	채점 요소	비율
1	a의 값 구하기	40 %
2	b의 값 구하기	40 %
3	$a-b$의 값 구하기	20 %

0576 $x-3$이 $2x^2+ax-3$의 인수이고 x^2의 계수가 2이므로
$$2x^2+ax-3=(x-3)(2x+k) \ (k\text{는 상수})$$
로 놓으면
$$2x^2+ax-3=2x^2+(k-6)x-3k$$
따라서 $a=k-6$, $-3=-3k$이므로
$k=1$, $a=-5$ **답** ①

0577 $4x+y$가 $12x^2-5xy+Ay^2$의 인수이고 x^2의 계수가 12이므로
$$12x^2-5xy+Ay^2=(4x+y)(3x+By) \ (B\text{는 상수})$$
로 놓으면
$$12x^2-5xy+Ay^2=12x^2+(4B+3)xy+By^2$$
따라서 $-5=4B+3$, $A=B$이므로 $B=-2$, $A=-2$

즉 이 다항식의 다른 한 인수는 $3x-2y$이다.　답 ④

0578　$2x^2-3x+a=(x-1)(2x+m)$ (m은 상수)으로 놓으면
$$2x^2-3x+a=2x^2+(m-2)x-m$$
이므로　$-3=m-2$, $a=-m$
$$\therefore m=-1,\ a=1$$
$7x^2+bx-3=(x-1)(7x+n)$ (n은 상수)으로 놓으면
$$7x^2+bx-3=7x^2+(n-7)x-n$$
이므로　$b=n-7$, $-3=-n$
$$\therefore n=3,\ b=-4$$
$$\therefore a+b=1+(-4)=-3$$
답 -3

0579　지성이는 상수항을 제대로 보았으므로
$$(x+1)(x-8)=x^2-7x-8$$
에서 처음 이차식의 상수항은 -8이다.
수지는 x의 계수를 제대로 보았으므로
$$(x-4)(x+6)=x^2+2x-24$$
에서 처음 이차식의 x의 계수는 2이다.
따라서 처음 이차식은 x^2+2x-8이므로 바르게 인수분해하면
$$x^2+2x-8=(x-2)(x+4)$$
답 ②

0580　건호는 x의 계수를 제대로 보았으므로
$$2(x+3)(x-7)=2x^2-8x-42$$
에서 처음 이차식의 x의 계수는 -8이다.　··· **1단계**
시안이는 상수항을 제대로 보았으므로
$$2(x-1)(x+5)=2x^2+8x-10$$
에서 처음 이차식의 상수항은 -10이다.　··· **2단계**
따라서 처음 이차식은 $2x^2-8x-10$이므로 바르게 인수분해하면
$$2x^2-8x-10=2(x^2-4x-5)$$
$$=2(x+1)(x-5)$$
··· **3단계**
답 $2(x+1)(x-5)$

단계	채점 요소	비율
1	처음 이차식의 x의 계수 구하기	30 %
2	처음 이차식의 상수항 구하기	30 %
3	처음 이차식을 바르게 인수분해하기	40 %

0581　예지는 x^2의 계수와 상수항을 제대로 보았으므로
$$(x+6)(2x-1)=2x^2+11x-6$$
에서 처음 이차식의 x^2의 계수는 2, 상수항은 -6이다.
유나는 x^2의 계수와 x의 계수를 제대로 보았으므로
$$(x+4)(2x-7)=2x^2+x-28$$
에서 처음 이차식의 x^2의 계수는 2, x의 계수는 1이다.
따라서 처음 이차식은 $2x^2+x-6$이므로 바르게 인수분해하면
$$2x^2+x-6=(x+2)(2x-3)$$
답 $(x+2)(2x-3)$

0582　새로 만든 직사각형의 넓이는
$$2x^2+3x+1=(x+1)(2x+1)$$

따라서 구하는 둘레의 길이는
$$2\{(x+1)+(2x+1)\}=6x+4$$
답 ④

RPM 비법 노트

주어진 모든 직사각형을 빈틈없이 겹치지 않게 붙여서 만든 큰 직사각형은 오른쪽 그림과 같다.

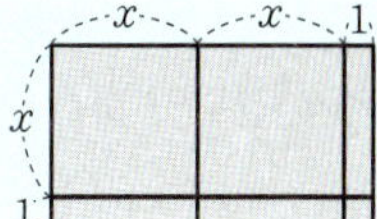

0583　새로 만든 정사각형의 넓이는
$$x^2+4x+4=(x+2)^2$$
따라서 구하는 한 변의 길이는 $x+2$이다.　답 $x+2$

0584　넓이가 1인 정사각형이 a개 더 필요하고, 새로 만든 직사각형의 가로의 길이를 $x+b$라 하면
$$x^2+6x+2+a=(x+4)(x+b)=x^2+(4+b)x+4b$$
따라서 $6=4+b$, $2+a=4b$이므로　$b=2$, $a=6$
즉 넓이가 1인 정사각형이 6개 더 필요하다.　답 6개

0585　$2x^2+11x+5=(x+5)(2x+1)$
따라서 직사각형의 가로의 길이는 $2x+1$이다.　답 $2x+1$

0586　$2(x-5)x^2+5(x-5)x+2(x-5)$
$$=(x-5)(2x^2+5x+2)$$
$$=(x-5)(x+2)(2x+1)$$
따라서 직육면체의 높이는 $x-5$이므로 모든 모서리의 길이의 합은
$$4\{(2x+1)+(x+2)+(x-5)\}=4(4x-2)$$
$$=16x-8$$
답 ⑤

0587　(도형 A의 넓이)$=(5x+3)^2-4^2$　··· **1단계**
$$=(5x+3+4)(5x+3-4)$$
$$=(5x+7)(5x-1)$$
··· **2단계**
도형 B는 도형 A와 넓이가 같고, 세로의 길이가 $5x-1$이므로 가로의 길이는 $5x+7$이다.
··· **3단계**
답 $5x+7$

단계	채점 요소	비율
1	도형 A의 넓이 구하는 식 세우기	40 %
2	도형 A의 넓이 인수분해하기	40 %
3	도형 B의 가로의 길이 구하기	20 %

0588　$2x+3=A$로 놓으면
$$(주어진 식)=2A^2+5A-3$$
$$=(A+3)(2A-1)$$
$$=\{(2x+3)+3\}\{2(2x+3)-1\}$$
$$=(2x+6)(4x+5)=2(x+3)(4x+5)$$
따라서 $a=3$, $b=5$이므로
$$a-b=3-5=-2$$
답 ①

0589 $a-4=A$로 놓으면

$$\begin{aligned}(\text{주어진 식})&=A^2+7A+10\\&=(A+2)(A+5)\\&=\{(a-4)+2\}\{(a-4)+5\}\\&=(a-2)(a+1)\end{aligned}$$

따라서 인수인 것은 ②이다. **답 ②**

0590 $a-b=A$로 놓으면

$$\begin{aligned}(\text{주어진 식})&=(A-2)(A+5)-18\\&=A^2+3A-28\\&=(A-4)(A+7)\\&=(a-b-4)(a-b+7)\end{aligned}$$

답 ③

0591 $x^2-3x=A$로 놓으면

$$\begin{aligned}(\text{주어진 식})&=A^2-8A-20\\&=(A+2)(A-10)\\&=(x^2-3x+2)(x^2-3x-10)\\&=(x-1)(x-2)(x+2)(x-5)\quad\cdots\ \boxed{1\text{단계}}\end{aligned}$$

따라서 네 일차식은 $x-1$, $x-2$, $x+2$, $x-5$이므로 네 일차식의 합은

$$(x-1)+(x-2)+(x+2)+(x-5)=4x-6\quad\cdots\ \boxed{2\text{단계}}$$

답 $4x-6$

단계	채점 요소	비율
1	주어진 식 인수분해하기	70 %
2	네 일차식의 합 구하기	30 %

0592 $a+1=A$, $b-1=B$로 놓으면

$$\begin{aligned}(\text{주어진 식})&=A^2-B^2\\&=(A+B)(A-B)\\&=\{(a+1)+(b-1)\}\{(a+1)-(b-1)\}\\&=(a+b)(a-b+2)\end{aligned}$$

답 ④

0593 $x+y=A$, $x-y=B$로 놓으면

$$\begin{aligned}(\text{좌변})&=A^2-25B^2\\&=(A+5B)(A-5B)\\&=\{(x+y)+5(x-y)\}\{(x+y)-5(x-y)\}\\&=(6x-4y)(-4x+6y)\\&=-4(3x-2y)(2x-3y)\end{aligned}$$

따라서 $a=-2$, $b=-3$이므로

$$a-b=-2-(-3)=1$$

답 ④

0594 $x+4=A$, $x-1=B$로 놓으면

$$\begin{aligned}(\text{주어진 식})&=6A^2+11AB-10B^2\\&=(2A+5B)(3A-2B)\\&=\{2(x+4)+5(x-1)\}\{3(x+4)-2(x-1)\}\\&=(7x+3)(x+14)\end{aligned}$$

따라서 두 일차식의 합은

$$(7x+3)+(x+14)=8x+17$$

답 $8x+17$

0595 $$\begin{aligned}(\text{주어진 식})&=x^2-y^2-2x+2y\\&=(x+y)(x-y)-2(x-y)\\&=(x-y)(x+y-2)\end{aligned}$$

따라서 인수인 것은 ②, ③이다. **답 ②, ③**

0596 $$\begin{aligned}(\text{주어진 식})&=x^3-5x^2+5-x\\&=x^2(x-5)-(x-5)\\&=(x-5)(x^2-1)\\&=(x-5)(x+1)(x-1)\end{aligned}$$

따라서 세 일차식의 합은

$$(x-5)+(x+1)+(x-1)=3x-5$$

답 $3x-5$

0597 $$\begin{aligned}xy+y^2-x-y&=y(x+y)-(x+y)\\&=(x+y)(y-1)\end{aligned}$$

$$\begin{aligned}xy+1-x-y&=xy-x+1-y\\&=x(y-1)-(y-1)\\&=(y-1)(x-1)\end{aligned}$$

따라서 공통인 인수는 $y-1$이다. **답 ③**

0598 $$\begin{aligned}(\text{주어진 식})&=(9x^2-6xy+y^2)-4\\&=(3x-y)^2-2^2\\&=(3x-y+2)(3x-y-2)\end{aligned}$$

답 ③

0599 $$\begin{aligned}(\text{주어진 식})&=a^2-(4b^2+4bc+c^2)\\&=a^2-(2b+c)^2\\&=(a+2b+c)(a-2b-c)\end{aligned}$$

따라서 인수인 것은 ①, ③이다. **답 ①, ③**

0600 $$\begin{aligned}&(\text{주어진 식})\\&=16-(x^2-10xy+25y^2)\\&=4^2-(x-5y)^2\\&=(4+x-5y)(4-x+5y)\quad\cdots\ \boxed{1\text{단계}}\end{aligned}$$

따라서 $a=4$, $b=-5$, $c=5$이므로 $\quad\cdots\ \boxed{2\text{단계}}$

$$abc=4\times(-5)\times5=-100\quad\cdots\ \boxed{3\text{단계}}$$

답 -100

단계	채점 요소	비율
1	주어진 식 인수분해하기	60 %
2	a, b, c의 값 구하기	30 %
3	abc의 값 구하기	10 %

0601 $$\begin{aligned}A&=12.5^2-5\times12.5+2.5^2\\&=12.5^2-2\times12.5\times2.5+2.5^2\\&=(12.5-2.5)^2\\&=10^2=100\end{aligned}$$

$$\begin{aligned}B&=\sqrt{52^2-48^2}\\&=\sqrt{(52+48)(52-48)}\\&=\sqrt{100\times4}=\sqrt{400}=20\end{aligned}$$

$$\therefore A-B=100-20=80$$

답 80

0602
$$\dfrac{999 \times 1000 + 999}{1000^2 - 1} = \dfrac{999(1000+1)}{(1000+1)(1000-1)}$$
$$= \dfrac{999 \times 1001}{1001 \times 999}$$
$$= 1$$
📘 **1**

0603 (주어진 식)
$$= \left(1 - \dfrac{1}{2}\right)\left(1 + \dfrac{1}{2}\right)\left(1 - \dfrac{1}{3}\right)\left(1 + \dfrac{1}{3}\right)\left(1 - \dfrac{1}{4}\right)\left(1 + \dfrac{1}{4}\right)$$
$$\times \cdots \times \left(1 - \dfrac{1}{10}\right)\left(1 + \dfrac{1}{10}\right)\left(1 - \dfrac{1}{11}\right)\left(1 + \dfrac{1}{11}\right)$$
$$= \dfrac{1}{2} \times \dfrac{3}{2} \times \dfrac{2}{3} \times \dfrac{4}{3} \times \dfrac{3}{4} \times \dfrac{5}{4} \times \cdots \times \dfrac{9}{10} \times \dfrac{11}{10} \times \dfrac{10}{11} \times \dfrac{12}{11}$$
$$= \dfrac{1}{2} \times \dfrac{12}{11}$$
$$= \dfrac{6}{11}$$
📘 **④**

0604 $x + y = (\sqrt{2}-1) + (\sqrt{2}+1) = 2\sqrt{2}$
$x - y = (\sqrt{2}-1) - (\sqrt{2}+1) = -2$
$xy = (\sqrt{2}-1)(\sqrt{2}+1) = 2 - 1 = 1$
$$\therefore x^3 y - xy^3 = xy(x^2 - y^2)$$
$$= xy(x+y)(x-y)$$
$$= 1 \times 2\sqrt{2} \times (-2)$$
$$= -4\sqrt{2}$$
📘 **①**

0605 $x^2 - y^2 + 4x - 4y = (x+y)(x-y) + 4(x-y)$
$$= (x-y)(x+y+4)$$
$$= \sqrt{5} \times (-3+4)$$
$$= \sqrt{5}$$
📘 **③**

0606
$$x = \dfrac{\sqrt{2}-\sqrt{3}}{\sqrt{2}+\sqrt{3}} = \dfrac{(\sqrt{2}-\sqrt{3})^2}{(\sqrt{2}+\sqrt{3})(\sqrt{2}-\sqrt{3})}$$
$$= \dfrac{2 - 2\sqrt{6} + 3}{-1}$$
$$= -5 + 2\sqrt{6}$$
$$y = \dfrac{\sqrt{2}+\sqrt{3}}{\sqrt{2}-\sqrt{3}} = \dfrac{(\sqrt{2}+\sqrt{3})^2}{(\sqrt{2}-\sqrt{3})(\sqrt{2}+\sqrt{3})}$$
$$= \dfrac{2 + 2\sqrt{6} + 3}{-1}$$
$$= -5 - 2\sqrt{6}$$
… **1단계**
이므로
$$x - y = (-5 + 2\sqrt{6}) - (-5 - 2\sqrt{6}) = 4\sqrt{6}$$
… **2단계**
$$\therefore x^2 + y^2 - 2xy = (x-y)^2$$
$$= (4\sqrt{6})^2 = 96$$
… **3단계**
📘 **96**

단계	채점 요소	비율
1	x, y의 분모를 유리화하기	40 %
2	$x - y$의 값 구하기	20 %
3	$x^2 + y^2 - 2xy$의 값 구하기	40 %

0607 (주어진 식) $= \{x(x+3)\}\{(x+1)(x+2)\} - 15$
$$= (x^2 + 3x)(x^2 + 3x + 2) - 15$$
$x^2 + 3x = A$로 놓으면
$$\text{(주어진 식)} = A(A+2) - 15$$
$$= A^2 + 2A - 15$$
$$= (A-3)(A+5)$$
$$= (x^2 + 3x - 3)(x^2 + 3x + 5)$$
📘 **③**

0608 (좌변) $= \{(x-3)(x+1)\}\{(x-5)(x+3)\} + 36$
$$= (x^2 - 2x - 3)(x^2 - 2x - 15) + 36$$
$x^2 - 2x = A$로 놓으면
$$\text{(좌변)} = (A-3)(A-15) + 36$$
$$= A^2 - 18A + 81$$
$$= (A-9)^2$$
$$= (x^2 - 2x - 9)^2$$
… **1단계**
따라서 $a = -2$, $b = -9$이므로
$$a - b = -2 - (-9) = 7$$
… **2단계** … **3단계**
📘 **7**

단계	채점 요소	비율
1	좌변의 식 인수분해하기	70 %
2	a, b의 값 구하기	20 %
3	$a - b$의 값 구하기	10 %

0609 (주어진 식) $= \{x(x+6)\}\{(x+2)(x+4)\} + k$
$$= (x^2 + 6x)(x^2 + 6x + 8) + k$$
$x^2 + 6x = A$로 놓으면
$$\text{(주어진 식)} = A(A+8) + k$$
$$= A^2 + 8A + k$$
위의 식이 완전제곱식이 되려면
$$k = \left(\dfrac{8}{2}\right)^2 = 16$$
📘 **⑤**

0610 y에 대하여 내림차순으로 정리하면
$$\text{(주어진 식)} = (-x+3)y + (x^2 - 6x + 9)$$
$$= -(x-3)y + (x-3)^2$$
$$= (x-3)(-y + x - 3)$$
$$= (x-3)(x - y - 3)$$
📘 **①**

0611 x에 대하여 내림차순으로 정리하면
$$\text{(주어진 식)} = x^2 - (2y+8)x + (y^2 + 8y + 16)$$
$$= x^2 - 2(y+4)x + (y+4)^2$$
$y + 4 = A$로 놓으면
$$\text{(주어진 식)} = x^2 - 2Ax + A^2 = (x - A)^2$$
$$= \{x - (y+4)\}^2$$
$$= (x - y - 4)^2$$
따라서 인수인 것은 ⑤이다.
📘 **⑤**

다른 풀이 (주어진 식) $= (x^2 - 2xy + y^2) - 8(x - y) + 16$
$$= (x-y)^2 - 8(x-y) + 16$$

$x-y=A$로 놓으면
$$(주어진\ 식)=A^2-8A+16=(A-4)^2$$
$$=(x-y-4)^2$$

0612 x에 대하여 내림차순으로 정리하면
$$(주어진\ 식)=x^2-(4y+6)x+(3y^2+2y-16)$$
$$=x^2-(4y+6)x+(y-2)(3y+8)$$

$$\begin{array}{ll} 1 & \searrow \quad -(y-2) \ \rightarrow \ -(y-2) \\ 1 & \nearrow \quad -(3y+8) \rightarrow \ \underline{-(3y+8)}(+ \\ & \hspace{4.5cm} -(4y+6) \end{array}$$

$$=\{x-(y-2)\}\{x-(3y+8)\}$$
$$=(x-y+2)(x-3y-8)$$

따라서 $a=2,\ b=-3,\ c=-8$이므로
$$a-b+c=2-(-3)+(-8)=-3$$
답 -3

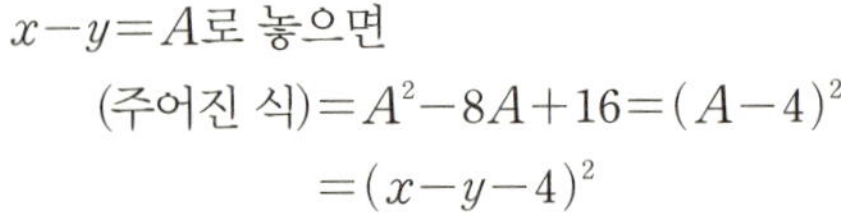

▶본문 87~90쪽

0613 전략 하나의 다항식을 두 개 이상의 다항식의 곱으로 나타낼 때, 각각의 식을 처음 다항식의 인수라 한다.
$8x(x+1)(x-1)$의 인수인 것은
$$8x,\ x(x+1),\ x^2-1$$
의 3개이다.
답 ③

0614 전략 다항식의 각 항에 공통인 인수가 있으면 그 인수로 묶어 내어 인수분해한다.
④ ⓛ의 과정에서 분배법칙이 이용된다.
따라서 옳지 않은 것은 ④이다.
답 ④

0615 전략 $m^2\pm2mn+n^2=(m\pm n)^2$(복호동순)임을 이용한다.
① $x^2+8x+16=(x+4)^2$
② $a^2-16ab+64b^2=(a-8b)^2$
④ $\dfrac{1}{36}x^2-\dfrac{1}{3}x+1=\left(\dfrac{1}{6}x-1\right)^2$
따라서 인수분해한 것이 옳은 것은 ③, ⑤이다.
답 ③, ⑤

0616 전략 완전제곱식이 되도록 하는 조건을 이용한다.
$4x^2+(5+k)xy+9y^2=(2x\pm3y)^2$이므로
$$5+k=\pm12 \quad \therefore k=-17 \ 또는 \ k=7$$
따라서 구하는 합은 $\quad -17+7=-10$
답 ②

0617 전략 먼저 근호 안의 식을 각각 인수분해한다.
$$\sqrt{a^2+2a+1}-\sqrt{a^2-2a+1}=\sqrt{(a+1)^2}-\sqrt{(a-1)^2}$$
$0<a<1$이므로
$$a+1>0,\ a-1<0$$

$$\therefore (주어진\ 식)=\sqrt{(a+1)^2}-\sqrt{(a-1)^2}$$
$$=(a+1)-\{-(a-1)\}$$
$$=a+1+a-1$$
$$=2a$$
답 $2a$

0618 전략 공통인 인수로 묶어 낸 후
$m^2-n^2=(m+n)(m-n)$임을 이용한다.
$$(a-1)x^2+(1-a)y^2=(a-1)x^2-(a-1)y^2$$
$$=(a-1)(x^2-y^2)$$
$$=(a-1)(x+y)(x-y)$$
답 $(a-1)(x+y)(x-y)$

0619 전략 먼저 주어진 식을 전개하여 정리한 후 인수분해한다.
$$(x-6)(x+2)-33=x^2-4x-12-33$$
$$=x^2-4x-45$$
$$=(x+5)(x-9)$$
따라서 두 일차식의 합은
$$(x+5)+(x-9)=2x-4$$
답 ③

0620 전략 $mpx^2+(mq+np)x+nq=(mx+n)(px+q)$임을 이용한다.
$4x^2+9x-9=(x+3)(4x-3)$이므로
$$a=3,\ b=-3$$
$$\therefore a+b=3+(-3)=0$$
답 0

0621 전략 인수분해를 이용하여 □ 안에 알맞은 수를 구한다.
① $x^2-3x-10=(x+2)(x-5)$ $\quad \therefore \square=2$
② $49x^2+28x+4=(7x+2)^2$ $\quad \therefore \square=2$
③ $x^2-4y^2=(x+2y)(x-2y)$ $\quad \therefore \square=2$
④ $3x^2-12x+12=3(x^2-4x+4)=3(x-2)^2$ $\quad \therefore \square=2$
⑤ $5x^2-13xy+6y^2=(x-2y)(5x-3y)$ $\quad \therefore \square=3$
따라서 나머지 넷과 다른 하나는 ⑤이다.
답 ⑤

0622 전략 주어진 두 다항식을 각각 인수분해하여 공통인 인수를 찾는다.
$6x^2+x-2=\underline{(2x-1)}(3x+2)$
$8x^2-10x+3=\underline{(2x-1)}(4x-3)$
따라서 공통인 인수는 $2x-1$이므로 $\quad a=2,\ b=-1$
$$\therefore ab=2\times(-1)=-2$$
답 -2

0623 전략 다항식 A가 다항식 B로 나누어떨어지면 다항식 A는 다항식 B를 인수로 갖는다.
$5x-3$이 $5x^2+Ax-6$의 인수이고 x^2의 계수가 5이므로
$$5x^2+Ax-6=(5x-3)(x+k) \ (k는\ 상수)$$
로 놓으면
$$5x^2+Ax-6=5x^2+(5k-3)x-3k$$

따라서 $A=5k-3$, $-6=-3k$이므로
$k=2$, $A=7$　　　　　　　　　답 ④

0624 전략 영진이와 형우가 인수분해한 식을 각각 전개하여 제대로 본 항을 구한다.

영진이는 x의 계수를 제대로 보았으므로
$(x+4)(x-5)=x^2-x-20$
에서 처음 이차식의 x의 계수는 -1이다.
형우는 상수항을 제대로 보았으므로
$(x-2)(x+3)=x^2+x-6$
에서 처음 이차식의 상수항은 -6이다.
따라서 처음 이차식은 x^2-x-6이므로 바르게 인수분해하면
$x^2-x-6=(x+2)(x-3)$　　답 $(x+2)(x-3)$

0625 전략 주어진 두 도형의 넓이를 식으로 나타내어 본다.
$k^2-3^2=(k+3)(k-3)$이므로 구하는 인수분해 공식은 ③이다.
답 ③

0626 전략 사다리꼴의 넓이를 나타내는 식을 인수분해한다.
$\dfrac{1}{2}\times\{(a-5)+(a+3)\}\times(높이)=3a^2-5a+2$
이므로 　$(a-1)\times(높이)=(a-1)(3a-2)$
$\therefore (높이)=3a-2$　　　　　답 $3a-2$

0627 전략 공통부분을 한 문자로 놓고 인수분해한 후 문자에 원래의 식을 대입하여 정리한다.
$x+1=A$로 놓으면
$(x+1)^2-2(x+1)-24=A^2-2A-24$
$=(A+4)(A-6)$
$=(x+1+4)(x+1-6)$
$=(x+5)(\underline{x-5})$
또 $5x-3=B$, $3x+7=C$로 놓으면
$(5x-3)^2-(3x+7)^2$
$=B^2-C^2$
$=(B+C)(B-C)$
$=\{(5x-3)+(3x+7)\}\{(5x-3)-(3x+7)\}$
$=(8x+4)(2x-10)$
$=8(2x+1)(\underline{x-5})$
따라서 공통인 인수는 $x-5$이다.　　　답 ②

0628 전략 공통인 인수가 생기도록 2개의 항씩 묶어 인수분해한다.
$(주어진 식)=(x+3y)(x-3y)-2(x-3y)$
$=(x-3y)(x+3y-2)$　　답 ②

0629 전략 (소수 부분)=(무리수)-(정수 부분)임을 이용한다.
$\sqrt{1}<\sqrt{2}<\sqrt{4}$에서 $1<\sqrt{2}<2$이므로 $\sqrt{2}$의 소수 부분은
$\sqrt{2}-1$, 즉 $x=\sqrt{2}-1$

$x+4=A$로 놓으면
$(주어진 식)=A^2-6A+8$
$=(A-4)(A-2)$
$=(x+4-4)(x+4-2)$
$=x(x+2)$
$=(\sqrt{2}-1)(\sqrt{2}+1)$
$=2-1=1$　　　　　　답 ③

0630 전략 공통부분이 생기도록 2개씩 묶어 전개한 후 공통부분을 한 문자로 놓고 인수분해한다.
$(주어진 식)$
$=\{(x+1)(x-2)\}\{(x+3)(x-4)\}+24$
$=(x^2-x-2)(x^2-x-12)+24$
$x^2-x=A$로 놓으면
$(주어진 식)=(A-2)(A-12)+24$
$=A^2-14A+48$
$=(A-6)(A-8)$
$=(x^2-x-6)(x^2-x-8)$
$=(x+2)(x-3)(x^2-x-8)$
따라서 인수가 아닌 것은 ②, ④이다.
답 ②, ④

0631 전략 한 문자에 대하여 내림차순으로 정리한다.
x에 대하여 내림차순으로 정리하면
$(주어진 식)=x^2+(6y-4)x+(9y^2-12y-32)$
$=x^2+(6y-4)x+(3y+4)(3y-8)$

$$\begin{array}{ccc} 1 & \diagdown\diagup & 3y+4 \longrightarrow 3y+4 \\ 1 & \diagup\diagdown & 3y-8 \longrightarrow \underline{3y-8}\,(+ \\ & & \overline{6y-4} \end{array}$$

$=(x+3y+4)(x+3y-8)$
따라서 두 일차식의 합은
$(x+3y+4)+(x+3y-8)=2x+6y-4$
답 $2x+6y-4$

다른 풀이 $(주어진 식)=(x^2+6xy+9y^2)-4(x+3y)-32$
$=(x+3y)^2-4(x+3y)-32$
$x+3y=A$로 놓으면
$(주어진 식)=A^2-4A-32$
$=(A+4)(A-8)$
$=(x+3y+4)(x+3y-8)$
따라서 두 일차식의 합은
$(x+3y+4)+(x+3y-8)=2x+6y-4$

0632 전략 먼저 미지수가 없는 두 다항식을 각각 인수분해한 후 공통인 인수를 구한다.
$2x^2y-4xy=2xy(x-2)$
$2x^2-5x+2=(x-2)(2x-1)$
즉 두 다항식의 공통인 인수는 $x-2$이므로 x^2+4x+a도 $x-2$를 인수로 갖는다.　　　… 1단계

$x^2+4x+a=(x-2)(x+k)$ (k는 상수)로 놓으면
$$x^2+4x+a=x^2+(k-2)x-2k$$
따라서 $4=k-2$, $a=-2k$이므로
$$k=6,\ a=-12 \qquad \cdots\ \boxed{2단계}$$
$$\boxed{답}\ -12$$

단계	채점 요소	비율
1	공통인 인수 구하기	50 %
2	a의 값 구하기	50 %

0633 〔전략〕 길의 한가운데를 지나는 원의 반지름의 길이를 먼저 구한다.

길의 한가운데를 지나는 원의 반지름의 길이를 $r\,\mathrm{m}$라 하면
$$2\pi r=20\pi \qquad \therefore r=10 \qquad \cdots\ \boxed{1단계}$$
길의 폭이 $2x\,\mathrm{m}$이므로 호수의 반지름의 길이는 $(10-x)\,\mathrm{m}$,
길의 바깥쪽 원의 반지름의 길이는 $(10+x)\,\mathrm{m}$이다.
$$\begin{aligned}
\therefore (\text{길의 넓이})&=\pi(10+x)^2-\pi(10-x)^2\\
&=\pi(10+x+10-x)(10+x-10+x)\\
&=\pi\times20\times2x=40\pi x\,(\mathrm{m}^2)
\end{aligned}$$
이때 길의 넓이가 $80\pi\,\mathrm{m}^2$이므로
$$40\pi x=80\pi \qquad \therefore x=2 \qquad \cdots\ \boxed{2단계}$$
따라서 길의 폭은
$$2x=2\times2=4\,(\mathrm{m}) \qquad \cdots\ \boxed{3단계}$$
$$\boxed{답}\ 4\,\mathrm{m}$$

단계	채점 요소	비율
1	길의 한가운데를 지나는 원의 반지름의 길이 구하기	30 %
2	x의 값 구하기	50 %
3	길의 폭 구하기	20 %

0634 〔전략〕 항 4개 중 3개가 완전제곱식으로 인수분해되면 A^2-B^2의 꼴로 나타낸 후 인수분해한다.

$$\begin{aligned}
x^2-y^2-12x+36&=(x^2-12x+36)-y^2\\
&=(x-6)^2-y^2\\
&=(x+y-6)(x-y-6) \qquad \cdots\ \boxed{1단계}
\end{aligned}$$
$x-y=8$이므로
$$(x+y-6)\times(8-6)=-20$$
$$x+y-6=-10$$
$$\therefore x+y=-4 \qquad \cdots\ \boxed{2단계}$$
$$\therefore x^2+2xy+y^2=(x+y)^2=(-4)^2=16 \qquad \cdots\ \boxed{3단계}$$
$$\boxed{답}\ 16$$

단계	채점 요소	비율
1	$x^2-y^2-12x+36$을 인수분해하기	50 %
2	$x+y$의 값 구하기	30 %
3	$x^2+2xy+y^2$의 값 구하기	20 %

0635 〔전략〕 완전제곱식이 되는 조건을 이용하여 a, b 사이의 관계식을 구한다.

$$(x^2-4ax+b)+(2ax+b)=x^2-2ax+2b$$
위의 식이 완전제곱식이 되려면
$$2b=\left(\frac{-2a}{2}\right)^2=a^2$$
따라서 10보다 작은 자연수 a, b의 순서쌍 (a, b)는
$$(2, 2),\ (4, 8)$$
이므로 $a+b$의 값 중 가장 큰 수는
$$4+8=12 \qquad \boxed{답}\ 12$$

0636 〔전략〕 합이 -1, 곱이 -1, -2, -3, $\cdots$, -100인 두 수 중 두 수가 모두 정수인 것을 찾는다.

$x^2-x-k=(x+m)(x+n)$이라 하면
$$x^2-x-k=x^2+(m+n)x+mn$$
즉 $m+n=-1$, $mn=-k$인 두 정수 m, n $(m>n)$에 대하여
$$\begin{aligned}
&m=1,\ n=-2\text{일 때,} &k=2\\
&m=2,\ n=-3\text{일 때,} &k=6\\
&m=3,\ n=-4\text{일 때,} &k=12\\
&\qquad\qquad\vdots\\
&m=9,\ n=-10\text{일 때,} &k=90
\end{aligned}$$
따라서 조건을 만족시키는 다항식은
$$x^2-x-2,\ x^2-x-6,\ \cdots,\ x^2-x-90$$
의 9개이다. $\qquad \boxed{답}\ 9$

0637 〔전략〕 $A^2-B^2=(A+B)(A-B)$임을 이용하여 주어진 자연수를 자연수의 곱으로 나타낸다.

$$\begin{aligned}
2^{160}-1&=(2^{80}+1)(2^{80}-1)\\
&=(2^{80}+1)(2^{40}+1)(2^{40}-1)\\
&=(2^{80}+1)(2^{40}+1)(2^{20}+1)(2^{20}-1)\\
&=(2^{80}+1)(2^{40}+1)(2^{20}+1)(2^{10}+1)(2^{10}-1)\\
&=(2^{80}+1)(2^{40}+1)(2^{20}+1)(2^{10}+1)(2^5+1)(2^5-1)
\end{aligned}$$
따라서 $2^{160}-1$은 30과 40 사이의 두 자연수 $2^5+1=33$,
$2^5-1=31$로 나누어떨어지므로 구하는 합은
$$33+31=64 \qquad \boxed{답}\ 64$$

06 이차방정식의 풀이

교과서문제 정복하기 ▶ 본문 93, 95쪽

0638 일차방정식이다. 답 ×

0639 $-2x^2+x^3=6x-3+x^3$에서
$-2x^2-6x+3=0$ 답 ○

0640 등식이 아니므로 이차방정식이 아니다. 답 ×

0641 $(x+1)(x-3)=0$에서
$x^2-2x-3=0$ 답 ○

0642 이차방정식이 되려면 $a+4\neq0$
$\therefore a\neq-4$ 답 $a\neq-4$

0643 $ax^2+2x-1=4x+3$에서 $ax^2-2x-4=0$
이차방정식이 되려면 $a\neq0$ 답 $a\neq0$

0644 $x=-1$을 주어진 이차방정식에 대입하면
$(-1+1)(-1-6)=0$ 답 ○

0645 $x=7$을 주어진 이차방정식에 대입하면
$7^2+5\times7-14\neq0$ 답 ×

0646 $x=\dfrac{1}{2}$을 주어진 이차방정식에 대입하면
$2\times\left(\dfrac{1}{2}\right)^2-3\times\dfrac{1}{2}+1=0$ 답 ○

0647 $x=-1$일 때, $(-1)\times(-1-1)\neq0$
$x=0$일 때, $0\times(0-1)=0$
$x=1$일 때, $1\times(1-1)=0$
$x=2$일 때, $2\times(2-1)\neq0$
따라서 주어진 방정식의 해는 $x=0$ 또는 $x=1$이다.
답 $x=0$ 또는 $x=1$

0648 $x=-1$일 때, $2\times(-1)^2-9\times(-1)+10\neq0$
$x=0$일 때, $2\times0^2-9\times0+10\neq0$
$x=1$일 때, $2\times1^2-9\times1+10\neq0$
$x=2$일 때, $2\times2^2-9\times2+10=0$
따라서 주어진 방정식의 해는 $x=2$이다. 답 $x=2$

0649 $x=-4$를 주어진 이차방정식에 대입하면
$(-4)^2+3\times(-4)+a=0$, $a+4=0$
$\therefore a=-4$ 답 -4

0650 $x=2$를 주어진 이차방정식에 대입하면
$2\times2^2+a\times2+2=0$, $2a+10=0$
$\therefore a=-5$ 답 -5

0651 답 ㄱ, ㄴ, ㄷ

0652 $(x+9)(x-4)=0$에서
$x+9=0$ 또는 $x-4=0$
$\therefore x=-9$ 또는 $x=4$ 답 $x=-9$ 또는 $x=4$

0653 $x(x-7)=0$에서
$x=0$ 또는 $x-7=0$
$\therefore x=0$ 또는 $x=7$ 답 $x=0$ 또는 $x=7$

0654 $(x+5)(2x+3)=0$에서
$x+5=0$ 또는 $2x+3=0$
$\therefore x=-5$ 또는 $x=-\dfrac{3}{2}$ 답 $x=-5$ 또는 $x=-\dfrac{3}{2}$

0655 $\dfrac{1}{6}(x-1)(x-2)=0$에서
$x-1=0$ 또는 $x-2=0$
$\therefore x=1$ 또는 $x=2$ 답 $x=1$ 또는 $x=2$

0656 $x^2+9x=0$에서 $x(x+9)=0$
$\therefore x=0$ 또는 $x=-9$ 답 $x=0$ 또는 $x=-9$

0657 $x^2+2x-24=0$에서
$(x+6)(x-4)=0$
$\therefore x=-6$ 또는 $x=4$ 답 $x=-6$ 또는 $x=4$

0658 $x^2-6x-7=0$에서
$(x+1)(x-7)=0$
$\therefore x=-1$ 또는 $x=7$ 답 $x=-1$ 또는 $x=7$

0659 $x^2-4=0$에서
$(x+2)(x-2)=0$
$\therefore x=-2$ 또는 $x=2$ 답 $x=-2$ 또는 $x=2$

0660 $4x^2-8x+3=0$에서
$(2x-1)(2x-3)=0$
$\therefore x=\dfrac{1}{2}$ 또는 $x=\dfrac{3}{2}$ 답 $x=\dfrac{1}{2}$ 또는 $x=\dfrac{3}{2}$

0661 답 $x=-7$

0662 $x^2+2x+1=0$에서 $(x+1)^2=0$
$\therefore x=-1$ 답 $x=-1$

0663 $25x^2-10x=-1$에서　$25x^2-10x+1=0$
$(5x-1)^2=0$　$\therefore x=\dfrac{1}{5}$　　　답 $x=\dfrac{1}{5}$

0664 $9x^2+4=12x$에서　$9x^2-12x+4=0$
$(3x-2)^2=0$　$\therefore x=\dfrac{2}{3}$　　　답 $x=\dfrac{2}{3}$

0665 $a=\left(\dfrac{6}{2}\right)^2=9$　　　답 9

0666 $a=\left(-\dfrac{1}{2}\right)^2=\dfrac{1}{4}$　　　답 $\dfrac{1}{4}$

0667 $a-2=\left(\dfrac{8}{2}\right)^2=16$이므로　$a=18$　　　답 18

0668 $x^2-8=0$에서　$x^2=8$
$\therefore x=\pm 2\sqrt{2}$　　　답 $x=\pm 2\sqrt{2}$

0669 $7x^2=42$에서　$x^2=6$
$\therefore x=\pm\sqrt{6}$　　　답 $x=\pm\sqrt{6}$

0670 $4x^2-5=0$에서　$4x^2=5$
$x^2=\dfrac{5}{4}$　$\therefore x=\pm\dfrac{\sqrt{5}}{2}$　　　답 $x=\pm\dfrac{\sqrt{5}}{2}$

0671 $(x+3)^2=4$에서　$x+3=\pm 2$
$\therefore x=-5$ 또는 $x=-1$　　　답 $x=-5$ 또는 $x=-1$

0672 $(x-2)^2-10=0$에서　$(x-2)^2=10$
$x-2=\pm\sqrt{10}$　$\therefore x=2\pm\sqrt{10}$　　　답 $x=2\pm\sqrt{10}$

0673 $6(x-1)^2=36$에서　$(x-1)^2=6$
$x-1=\pm\sqrt{6}$　$\therefore x=1\pm\sqrt{6}$　　　답 $x=1\pm\sqrt{6}$

0674 $(2x+5)^2-12=0$에서　$(2x+5)^2=12$
$2x+5=\pm 2\sqrt{3}$,　$2x=-5\pm 2\sqrt{3}$
$\therefore x=\dfrac{-5\pm 2\sqrt{3}}{2}$　　　답 $x=\dfrac{-5\pm 2\sqrt{3}}{2}$

0675 답 25, 25, 5, 12

0676 $x^2+4x-2=0$에서　$x^2+4x=2$
$x^2+4x+4=2+4$
$\therefore (x+2)^2=6$　　　답 $(x+2)^2=6$

0677 $x^2+5x+3=0$에서　$x^2+5x=-3$
$x^2+5x+\dfrac{25}{4}=-3+\dfrac{25}{4}$
$\therefore \left(x+\dfrac{5}{2}\right)^2=\dfrac{13}{4}$　　　답 $\left(x+\dfrac{5}{2}\right)^2=\dfrac{13}{4}$

0678 $2x^2-8x-7=0$의 양변을 2로 나누면
$x^2-4x-\dfrac{7}{2}=0$
$x^2-4x=\dfrac{7}{2}$,　$x^2-4x+4=\dfrac{7}{2}+4$
$\therefore (x-2)^2=\dfrac{15}{2}$　　　답 $(x-2)^2=\dfrac{15}{2}$

0679 답 1, 1, 1, $\dfrac{7}{4}$, 1, $\dfrac{\sqrt{7}}{2}$, $1\pm\dfrac{\sqrt{7}}{2}$

0680 $x^2-4x-3=0$에서
$x^2-4x=3$,　$x^2-4x+4=3+4$
$(x-2)^2=7$,　$x-2=\pm\sqrt{7}$
$\therefore x=2\pm\sqrt{7}$　　　답 $x=2\pm\sqrt{7}$

0681 $x^2+6x-1=0$에서
$x^2+6x=1$,　$x^2+6x+9=1+9$
$(x+3)^2=10$,　$x+3=\pm\sqrt{10}$
$\therefore x=-3\pm\sqrt{10}$　　　답 $x=-3\pm\sqrt{10}$

0682 $2x^2-10x+7=0$의 양변을 2로 나누면
$x^2-5x+\dfrac{7}{2}=0$
$x^2-5x=-\dfrac{7}{2}$,　$x^2-5x+\dfrac{25}{4}=-\dfrac{7}{2}+\dfrac{25}{4}$
$\left(x-\dfrac{5}{2}\right)^2=\dfrac{11}{4}$,　$x-\dfrac{5}{2}=\pm\dfrac{\sqrt{11}}{2}$
$\therefore x=\dfrac{5\pm\sqrt{11}}{2}$　　　답 $x=\dfrac{5\pm\sqrt{11}}{2}$

유형 익히기　　▶ 본문 96~103쪽

0683 ㄱ. $\dfrac{x^2-x}{2}=1$에서　$\dfrac{1}{2}x^2-\dfrac{1}{2}x-1=0$
ㄹ. $(x+4)(2x-3)=-x^2$에서
$2x^2+5x-12=-x^2$　$\therefore 3x^2+5x-12=0$
이상에서 이차방정식인 것은 ㄱ, ㄹ이다.　　　답 ②

0684 ② $(x+1)(x-8)=0$에서　$x^2-7x-8=0$
③ $5+2x=x(5-2x)$에서　$5+2x=5x-2x^2$
$\therefore 2x^2-3x+5=0$
④ $x^3-(x+3)^2=x^3+x$에서　$x^3-(x^2+6x+9)=x^3+x$
$\therefore -x^2-7x-9=0$
⑤ $4x^2-x=4(x-1)^2$에서　$4x^2-x=4x^2-8x+4$
$\therefore 7x-4=0$
따라서 이차방정식이 아닌 것은 ⑤이다.　　　답 ⑤

0685 $(x-2)^2-x=2x-5x^2$에서
$x^2-4x+4-x=2x-5x^2$

$$6x^2-7x+4=0$$
따라서 $a=-7$, $b=4$이므로
$$a+b=-7+4=-3$$
답 -3

0686 $(k-1)x^2+4x=x^2-9$에서
$$(k-2)x^2+4x+9=0$$
이 방정식이 x에 대한 이차방정식이 되려면
$$k-2\neq0 \quad \therefore k\neq2$$
따라서 k의 값이 될 수 없는 것은 ④이다.
답 ④

0687 [ ] 안의 수를 각 이차방정식에 대입하면
① $7^2+7\times7\neq0$
② $(3-3)\times(3+2)\neq6$
③ $(-1)^2+4\times(-1)-5\neq0$
④ $(4-1)^2-4\neq0$
⑤ $9\times\left(-\dfrac{1}{3}\right)^2+6\times\left(-\dfrac{1}{3}\right)+1=0$
따라서 [ ] 안의 수가 이차방정식의 해인 것은 ⑤이다.
답 ⑤

0688 ① $x=-1$을 주어진 이차방정식에 대입하면
$$(-1)^2-6\neq-(-1)$$
② $x=2$를 주어진 이차방정식에 대입하면
$$2^2-3\times2-4\neq0$$
③ $x=-1$을 주어진 이차방정식에 대입하면
$$(-1)^2+2\times(-1)=3\times(-1)+2$$
$x=2$를 주어진 이차방정식에 대입하면
$$2^2+2\times2=3\times2+2$$
④ $x=2$를 주어진 이차방정식에 대입하면
$$2\times(2-3)\neq2+5$$
⑤ $x=-1$을 주어진 이차방정식에 대입하면
$$(-1-2)^2\neq2-(-1)$$
따라서 $x=-1$, $x=2$를 모두 해로 갖는 것은 ③이다.
답 ③

0689 $3x-8<x$에서 $\quad 2x<8$
$$\therefore x<4$$
이때 x는 자연수이므로 $\quad x=1,\,2,\,3$ ··· **1단계**
$x=1$을 주어진 이차방정식에 대입하면
$$1^2-2\times1-3\neq0$$
$x=2$를 주어진 이차방정식에 대입하면
$$2^2-2\times2-3\neq0$$
$x=3$을 주어진 이차방정식에 대입하면
$$3^2-2\times3-3=0$$
따라서 주어진 이차방정식의 해는 $x=3$이다. ··· **2단계**
답 $x=3$

단계	채점 요소	비율
1	일차부등식을 만족시키는 자연수 x의 값 구하기	30 %
2	이차방정식의 해 구하기	70 %

0690 $x=3$을 $2x^2-(5+a)x+a+1=0$에 대입하면
$$2\times3^2-(5+a)\times3+a+1=0$$
$$-2a+4=0 \quad \therefore a=2$$
답 ④

0691 $x=1$을 $3x^2+ax-6=0$에 대입하면
$$3\times1^2+a\times1-6=0, \quad a-3=0$$
$$\therefore a=3$$
$x=-4$를 $x^2-5x+b=0$에 대입하면
$$(-4)^2-5\times(-4)+b=0, \quad b+36=0$$
$$\therefore b=-36$$
$$\therefore a-b=3-(-36)=39$$
답 39

0692 $x=2$를 $x^2+ax-b=0$에 대입하면
$$2^2+a\times2-b=0$$
$$\therefore 2a-b=-4 \qquad \cdots\cdots ㉠$$
$x=-\dfrac{1}{3}$을 $3x^2+bx+a=0$에 대입하면
$$3\times\left(-\dfrac{1}{3}\right)^2+b\times\left(-\dfrac{1}{3}\right)+a=0$$
$$\therefore 3a-b=-1 \qquad \cdots\cdots ㉡$$
㉠, ㉡을 연립하여 풀면
$$a=3,\,b=10$$
$$\therefore ab=3\times10=30$$
답 ③

0693 $x=a$를 $x^2+6x-5=0$에 대입하면
$$a^2+6a-5=0 \quad \therefore a^2+6a=5$$
① $a^2+6a+2=5+2=7$
② $2a^2+12a=2(a^2+6a)=2\times5=10$
③ $10-6a-a^2=10-(a^2+6a)=10-5=5$
④ $\dfrac{1}{3}a^2+2a=\dfrac{1}{3}(a^2+6a)=\dfrac{1}{3}\times5=\dfrac{5}{3}$
⑤ $a\neq0$이므로 $a^2+6a-5=0$의 양변을 a로 나누면
$$a+6-\dfrac{5}{a}=0 \quad \therefore a-\dfrac{5}{a}=-6$$
따라서 옳지 않은 것은 ⑤이다.
답 ⑤

RPM 비법 노트

$x=0$을 이차방정식 $x^2+6x-5=0$에 대입하면
$$0^2+6\times0-5\neq0$$
즉 $x=0$은 $x^2+6x-5=0$의 근이 아니므로 $\quad a\neq0$
따라서 $a^2+6a-5=0$의 양변을 a로 나누어도 등식은 성립한다.

0694 $x=a$를 $2x^2-7x+4=0$에 대입하면
$$2a^2-7a+4=0 \quad \therefore 2a^2-7a=-4$$
$x=b$를 $3x^2-2x-2=0$에 대입하면
$$3b^2-2b-2=0 \quad \therefore 3b^2-2b=2$$
$$\therefore 4a^2+3b^2-14a-2b=2(2a^2-7a)+3b^2-2b$$
$$=2\times(-4)+2=-6$$
답 -6

0695 $x=a$를 $x^2+5x-1=0$에 대입하면

$$a^2+5a-1=0$$

이때 $a\neq0$이므로 양변을 a로 나누면

$$a+5-\frac{1}{a}=0 \qquad \therefore a-\frac{1}{a}=-5 \qquad \cdots \text{1단계}$$

$$\therefore a^2+\frac{1}{a^2}=\left(a-\frac{1}{a}\right)^2+2$$

$$=(-5)^2+2=27 \qquad \cdots \text{2단계}$$

답 27

단계	채점 요소	비율
1	$a-\dfrac{1}{a}$의 값 구하기	30 %
2	$a^2+\dfrac{1}{a^2}$의 값 구하기	70 %

RPM 비법 노트

① $a^2+\dfrac{1}{a^2}=\left(a+\dfrac{1}{a}\right)^2-2$ ② $a^2+\dfrac{1}{a^2}=\left(a-\dfrac{1}{a}\right)^2+2$

③ $\left(a+\dfrac{1}{a}\right)^2=\left(a-\dfrac{1}{a}\right)^2+4$ ④ $\left(a-\dfrac{1}{a}\right)^2=\left(a+\dfrac{1}{a}\right)^2-4$

0696 ① $x=\dfrac{1}{2}$ 또는 $x=1$

② $x=-1$ 또는 $x=\dfrac{1}{2}$

③ $x=-1$ 또는 $x=\dfrac{1}{2}$

④ $x=-\dfrac{1}{2}$ 또는 $x=1$

⑤ $x=-1$ 또는 $x=-\dfrac{1}{2}$

답 ④

0697 $(x+5)(x-7)=0$에서

$$x=-5 \text{ 또는 } x=7$$

이때 $a>\beta$이므로

$$a=7, \ \beta=-5$$

$$\therefore a^2-\beta^2=7^2-(-5)^2=24$$

답 24

0698 ㄱ. $x=0$ 또는 $x=3$이므로

$$3-0=3$$

ㄴ. $x=-1$ 또는 $x=3$이므로

$$3-(-1)=4$$

ㄷ. $x=-4$ 또는 $x=-1$이므로

$$-1-(-4)=3$$

ㄹ. $x=-3$ 또는 $x=-1$이므로

$$-1-(-3)=2$$

ㅁ. $x=-2$ 또는 $x=2$이므로

$$2-(-2)=4$$

이상에서 두 근의 차가 4인 것은 ㄴ, ㅁ이다.

답 ④

0699 $3x^2-5x-2=0$에서

$$(3x+1)(x-2)=0$$

$$\therefore x=-\frac{1}{3} \text{ 또는 } x=2$$

이때 $a>\beta$이므로

$$a=2, \ \beta=-\frac{1}{3}$$

$$\therefore a+3\beta=2+3\times\left(-\frac{1}{3}\right)=1$$

답 1

0700 $6x^2-8x+2=1-x^2$에서

$$7x^2-8x+1=0, \qquad (7x-1)(x-1)=0$$

$$\therefore x=\frac{1}{7} \text{ 또는 } x=1$$

답 ④

0701 $x^2-x-2=0$에서

$$(x+1)(x-2)=0 \qquad \therefore x=-1 \text{ 또는 } x=2$$

$$\therefore a=-1 \text{ 또는 } a=2$$

$x^2-2x-8=0$에서

$$(x+2)(x-4)=0 \qquad \therefore x=-2 \text{ 또는 } x=4$$

$$\therefore \beta=-2 \text{ 또는 } \beta=4$$

따라서 $|a-\beta|$의 값 중에서 가장 큰 값은

$$|-1-4|=5$$

답 ③

0702 $x^2-9x+20=0$에서 $\qquad (x-4)(x-5)=0$

$$\therefore x=4 \text{ 또는 } x=5 \qquad \cdots \text{1단계}$$

이때 $a<b$이므로

$$a=4, \ b=5 \qquad \cdots \text{2단계}$$

따라서 $x^2+(a+b)x-2b=0$, 즉 $x^2+(4+5)x-2\times5=0$에서

$$x^2+9x-10=0, \qquad (x+10)(x-1)=0$$

$$\therefore x=-10 \text{ 또는 } x=1 \qquad \cdots \text{3단계}$$

답 $x=-10$ 또는 $x=1$

단계	채점 요소	비율
1	이차방정식 $x^2-9x+20=0$ 풀기	40 %
2	a, b의 값 구하기	20 %
3	이차방정식 $x^2+(a+b)x-2b=0$ 풀기	40 %

0703 $x=2$를 $x^2+ax-8=0$에 대입하면

$$2^2+a\times2-8=0, \qquad 2a=4$$

$$\therefore a=2$$

즉 $x^2+2x-8=0$에서 $\qquad (x+4)(x-2)=0$

$$\therefore x=-4 \text{ 또는 } x=2$$

따라서 다른 한 근은 $x=-4$이다.

답 ③

0704 $x=-7$을 $x^2+3x+a=0$에 대입하면

$$(-7)^2+3\times(-7)+a=0, \qquad a+28=0$$

$$\therefore a=-28$$

즉 $x^2+3x-28=0$에서 $\qquad (x+7)(x-4)=0$

$$\therefore x=-7 \text{ 또는 } x=4$$

따라서 $b=4$이므로

$$b-a=4-(-28)=32$$

답 32

0705 $x=-3$을 $x^2+ax-12=0$에 대입하면
$(-3)^2+a\times(-3)-12=0$
$-3a=3$ ∴ $a=-1$
즉 $x^2-x-12=0$에서 $(x+3)(x-4)=0$
∴ $x=-3$ 또는 $x=4$
∴ $b=4$
따라서 $ax^2+5x-b=0$, 즉 $-x^2+5x-4=0$에서
$x^2-5x+4=0$, $(x-1)(x-4)=0$
∴ $x=1$ 또는 $x=4$ **답** $x=1$ 또는 $x=4$

0706 $x=-1$을 $(a-2)x^2+4ax+(a+1)^2-1=0$에 대입
하면
$(a-2)\times(-1)^2+4a\times(-1)+(a+1)^2-1=0$
$a^2-a-2=0$, $(a+1)(a-2)=0$
∴ $a=-1$ 또는 $a=2$
그런데 $a=2$이면 x^2의 계수가 0이 되므로
$a=-1$
즉 $-3x^2-4x-1=0$에서 $3x^2+4x+1=0$
$(x+1)(3x+1)=0$
∴ $x=-1$ 또는 $x=-\dfrac{1}{3}$
따라서 다른 한 근은 $x=-\dfrac{1}{3}$이다. **답** $x=-\dfrac{1}{3}$

0707 $x^2-7x+6=0$에서 $(x-1)(x-6)=0$
∴ $x=1$ 또는 $x=6$
즉 $4x^2+(a-1)x-5=0$의 한 근이 $x=1$이므로
$4\times1^2+(a-1)\times1-5=0$ ∴ $a=2$ **답** ⑤

0708 $2x^2-x-6=0$에서 $(2x+3)(x-2)=0$
∴ $x=-\dfrac{3}{2}$ 또는 $x=2$
즉 $x^2+a(x-a)-1=0$의 한 근이 $x=2$이므로
$2^2+a(2-a)-1=0$, $a^2-2a-3=0$
$(a+1)(a-3)=0$
∴ $a=-1$ 또는 $a=3$
따라서 양수 a의 값은 3이다. **답** ③

0709 $x=5$를 $x^2-ax-5=0$에 대입하면
$5^2-a\times5-5=0$, $20-5a=0$
∴ $a=4$ … 1단계
즉 $x^2-4x-5=0$에서
$(x+1)(x-5)=0$
∴ $x=-1$ 또는 $x=5$
따라서 $3x^2+7x+b=0$의 한 근이 $x=-1$이므로
$3\times(-1)^2+7\times(-1)+b=0$ ∴ $b=4$ … 2단계
∴ $a+b=4+4=8$ … 3단계
답 8

단계	채점 요소	비율
1	a의 값 구하기	30 %
2	b의 값 구하기	50 %
3	$a+b$의 값 구하기	20 %

0710 $x^2+6x-16=0$에서 $(x+8)(x-2)=0$
∴ $x=-8$ 또는 $x=2$
$4x^2-7x-2=0$에서 $(4x+1)(x-2)=0$
∴ $x=-\dfrac{1}{4}$ 또는 $x=2$
따라서 두 이차방정식의 공통인 근은 $x=2$이다. **답** $x=2$

0711 $x^2-2x-3=0$에서 $(x+1)(x-3)=0$
∴ $x=-1$ 또는 $x=3$
$3x^2+8x+5=0$에서 $(3x+5)(x+1)=0$
∴ $x=-\dfrac{5}{3}$ 또는 $x=-1$
따라서 두 이차방정식의 공통이 아닌 두 근은 각각 $x=3$,
$x=-\dfrac{5}{3}$이므로 구하는 곱은
$3\times\left(-\dfrac{5}{3}\right)=-5$ **답** -5

0712 $x^2-x-2=0$에서 $(x+1)(x-2)=0$
∴ $x=-1$ 또는 $x=2$ … 1단계
$2x^2+x-1=0$에서 $(x+1)(2x-1)=0$
∴ $x=-1$ 또는 $x=\dfrac{1}{2}$ … 2단계
따라서 두 이차방정식의 공통인 근은 $x=-1$이므로 $x=-1$을
$x^2+5x+k=0$에 대입하면
$(-1)^2+5\times(-1)+k=0$ ∴ $k=4$ … 3단계
답 4

단계	채점 요소	비율
1	이차방정식 $x^2-x-2=0$ 풀기	30 %
2	이차방정식 $2x^2+x-1=0$ 풀기	30 %
3	k의 값 구하기	40 %

0713 $x=-1$을 $x^2-3x+a=0$에 대입하면
$(-1)^2-3\times(-1)+a=0$ ∴ $a=-4$
$x^2+(a+7)x-10=0$, 즉 $x^2+3x-10=0$에서
$(x+5)(x-2)=0$
∴ $x=-5$ 또는 $x=2$
또 $(a+1)x^2+(2a-3)x+20=0$, 즉 $-3x^2-11x+20=0$에서
$3x^2+11x-20=0$, $(x+5)(3x-4)=0$
∴ $x=-5$ 또는 $x=\dfrac{4}{3}$
따라서 두 이차방정식의 공통인 근은 $x=-5$이다. **답** $x=-5$

0714 ① $x^2-\dfrac{4}{25}=0$에서 $\left(x+\dfrac{2}{5}\right)\left(x-\dfrac{2}{5}\right)=0$
∴ $x=-\dfrac{2}{5}$ 또는 $x=\dfrac{2}{5}$

② $x^2+4x=-4$에서 $x^2+4x+4=0$
$(x+2)^2=0$ $\therefore x=-2$

③ $(x-4)(x+2)=-9$에서 $x^2-2x-8=-9$
$x^2-2x+1=0$, $(x-1)^2=0$
$\therefore x=1$

④ $4x^2-4x+1=0$에서 $(2x-1)^2=0$
$\therefore x=\dfrac{1}{2}$

⑤ $2x^2-5x-3=0$에서 $(2x+1)(x-3)=0$
$\therefore x=-\dfrac{1}{2}$ 또는 $x=3$

따라서 중근을 갖지 않는 것은 ①, ⑤이다. 답 ①, ⑤

0715 ㄱ. $(x-7)^2=0$에서 $x=7$

ㄴ. $2x^2-3x+1=x^2-5x$에서 $x^2+2x+1=0$
$(x+1)^2=0$ $\therefore x=-1$

ㄷ. $x^2=x$에서 $x^2-x=0$
$x(x-1)=0$
$\therefore x=0$ 또는 $x=1$

ㄹ. $3x^2-75=0$에서 $x^2-25=0$
$(x+5)(x-5)=0$ $\therefore x=-5$ 또는 $x=5$

ㅁ. $x^2-10x+25=0$에서 $(x-5)^2=0$
$\therefore x=5$

ㅂ. $x^2=-x^2+8$에서 $2x^2-8=0$
$x^2-4=0$, $(x+2)(x-2)=0$
$\therefore x=-2$ 또는 $x=2$

이상에서 중근을 갖는 것은 ㄱ, ㄴ, ㅁ의 3개이다. 답 3

0716 $x^2+18x+81=0$에서 $(x+9)^2=0$
$\therefore x=-9$ $\therefore a=-9$

$9x^2-12x+4=0$에서 $(3x-2)^2=0$
$\therefore x=\dfrac{2}{3}$ $\therefore b=\dfrac{2}{3}$

$\therefore ab=(-9)\times\dfrac{2}{3}=-6$ 답 -6

0717 $x^2+8x+3p+1=0$이 중근을 가지므로
$3p+1=\left(\dfrac{8}{2}\right)^2=16$, $3p=15$
$\therefore p=5$ 답 ③

0718 $x^2-(m-3)x+2m-1=0$이 중근을 가지므로
$2m-1=\left\{\dfrac{-(m-3)}{2}\right\}^2$
$(m-3)^2=4(2m-1)$
$m^2-6m+9=8m-4$, $m^2-14m+13=0$
$(m-1)(m-13)=0$
$\therefore m=1$ 또는 $m=13$ 답 ③, ④

0719 $x^2+6x+p+2=0$이 중근을 가지므로
$p+2=\left(\dfrac{6}{2}\right)^2=9$ $\therefore p=7$
즉 $5x^2+7x-6=0$에서 $(x+2)(5x-3)=0$
$\therefore x=-2$ 또는 $x=\dfrac{3}{5}$ 답 $x=-2$ 또는 $x=\dfrac{3}{5}$

0720 $3x^2-12x+4a-8=0$의 양변을 3으로 나누면
$x^2-4x+\dfrac{4a-8}{3}=0$
이 이차방정식이 중근을 가지므로
$\dfrac{4a-8}{3}=\left(\dfrac{-4}{2}\right)^2=4$, $4a=20$
$\therefore a=5$ … 1단계
즉 주어진 이차방정식은 $3x^2-12x+12=0$이므로
$x^2-4x+4=0$, $(x-2)^2=0$
$\therefore x=2$ $\therefore b=2$ … 2단계
$\therefore a+b=5+2=7$ … 3단계
답 7

단계	채점 요소	비율
1	a의 값 구하기	40 %
2	b의 값 구하기	40 %
3	$a+b$의 값 구하기	20 %

0721 $2(x+5)^2=12$에서 $(x+5)^2=6$
$x+5=\pm\sqrt{6}$ $\therefore x=-5\pm\sqrt{6}$
따라서 $p=-5$, $q=6$이므로
$p+q=-5+6=1$ 답 ④

0722 $3(x+a)^2-9=0$에서 $3(x+a)^2=9$
$(x+a)^2=3$, $x+a=\pm\sqrt{3}$
$\therefore x=-a\pm\sqrt{3}$
따라서 $a=-2$, $b=3$이므로
$a-b=-2-3=-5$ 답 -5

0723 $4(x-3)^2=a$에서 $(x-3)^2=\dfrac{a}{4}$
$x-3=\pm\dfrac{\sqrt{a}}{2}$ $\therefore x=3\pm\dfrac{\sqrt{a}}{2}$
두 근의 차가 5이므로
$3+\dfrac{\sqrt{a}}{2}-\left(3-\dfrac{\sqrt{a}}{2}\right)=5$
$\sqrt{a}=5$ $\therefore a=25$ 답 ④

0724 $(x-2)^2=a$가 근을 가지려면 $a\geq0$
따라서 a의 값이 될 수 없는 것은 ①이다. 답 ①

0725 ① $k<3$, 즉 $k-3<0$이면 근을 갖지 않는다.
② $k=3$이면 중근을 갖는다.

③ $k>3$, 즉 $k-3>0$이면 서로 다른 두 근을 갖는다.
④ $k=0$이면 $(x+1)^2=-3$에서 근을 갖지 않는다.
⑤ $k=7$이면 $(x+1)^2=4$에서　　$x+1=\pm 2$
　　$\therefore x=-3$ 또는 $x=1$
즉 두 근의 곱은　　$(-3)\times 1=-3$
따라서 옳은 것은 ⑤이다.　　　　　답 ⑤

0726　$(x-5)^2=k+4$가 중근을 가지려면
　　$k+4=0$　　$\therefore k=-4$
즉 $(x-5)^2=0$에서　　$x=5$
　　$\therefore a=5$
　　$\therefore k+a=-4+5=1$　　　　답 1

0727　$2x^2-4x-3=0$에서
　　$x^2-2x-\dfrac{3}{2}=0$,　　$x^2-2x=\dfrac{3}{2}$
　　$x^2-2x+1=\dfrac{3}{2}+1$　　$\therefore (x-1)^2=\dfrac{5}{2}$
따라서 $a=-1$, $b=\dfrac{5}{2}$이므로
　　$a+b=-1+\dfrac{5}{2}=\dfrac{3}{2}$　　　　답 ④

0728　$\dfrac{1}{2}x^2-3x-6=0$에서
　　$x^2-6x-12=0$,　　$x^2-6x=12$
　　$x^2-6x+9=12+9$　　$\therefore (x-3)^2=21$
따라서 $a=-3$, $b=21$이므로
　　$\dfrac{b}{a}=\dfrac{21}{-3}=-7$　　　　답 -7

0729　$2(x-1)^2=(x-4)^2$에서
　　$2(x^2-2x+1)=x^2-8x+16$
　　$x^2+4x=14$,　　$x^2+4x+4=14+4$
　　$\therefore (x+2)^2=18$　　　　… 1단계
따라서 $m=2$, $n=18$이므로　　　　… 2단계
　　$m+n=2+18=20$　　　　… 3단계
　　　　　　　　　　　　　　답 20

단계	채점 요소	비율
1	$(x+m)^2=n$의 꼴로 나타내기	70 %
2	m, n의 값 구하기	20 %
3	$m+n$의 값 구하기	10 %

0730　$2x^2-6x+1=0$의 양변을 2로 나누면
　　$x^2-3x+\dfrac{1}{2}=0$,　　$x^2-3x=-\dfrac{1}{2}$
　　$x^2-3x+\dfrac{9}{4}=-\dfrac{1}{2}+\dfrac{9}{4}$,　　$\left(x-\dfrac{3}{2}\right)^2=\dfrac{7}{4}$
　　$x-\dfrac{3}{2}=\pm\dfrac{\sqrt{7}}{2}$　　$\therefore x=\dfrac{3\pm\sqrt{7}}{2}$

　　$\therefore A=2$, $B=\dfrac{9}{4}$, $C=-\dfrac{3}{2}$, $D=7$, $E=3$
따라서 옳지 않은 것은 ③이다.　　　　답 ③

0731　$x^2+6x=p$에서　　$x^2+6x+9=p+9$
　　$(x+3)^2=p+9$,　　$x+3=\pm\sqrt{p+9}$
　　$\therefore x=-3\pm\sqrt{p+9}$
따라서 $q=-3$, $p+9=10$이므로　　$p=1$
　　$\therefore pq=1\times(-3)=-3$　　　　답 -3

0732　$4x^2-8x-7=0$의 양변을 4로 나누면
　　$x^2-2x-\dfrac{7}{4}=0$,　　$x^2-2x=\dfrac{7}{4}$
　　$x^2-2x+1=\dfrac{7}{4}+1$,　　$(x-1)^2=\dfrac{11}{4}$
　　$x-1=\pm\dfrac{\sqrt{11}}{2}$
　　$\therefore x=1\pm\dfrac{\sqrt{11}}{2}=\dfrac{2\pm\sqrt{11}}{2}$
따라서 $a=-1$, $b=\dfrac{11}{4}$, $c=2$, $d=11$이므로
　　$2abcd=2\times(-1)\times\dfrac{11}{4}\times 2\times 11=-121$　　답 -121

0733　$(x+5)^2=3k$에서　　$x+5=\pm\sqrt{3k}$
　　$\therefore x=-5\pm\sqrt{3k}$
해가 정수가 되려면 $k=3\times$(자연수)^{2}의 꼴이어야 하므로
　　$k=3\times 1^2$, 3×2^2, 3×3^2, $\cdots$
따라서 자연수 k의 값으로 알맞은 것은 ③이다.　　답 ③

0734　$(x-4)^2=2k$에서　　$x-4=\pm\sqrt{2k}$
　　$\therefore x=4\pm\sqrt{2k}$
서로 다른 두 근이 모두 자연수가 되려면 $k=2\times$(자연수)^{2}의 꼴
이면서 $\sqrt{2k}$는 4보다 작아야 하므로
　　$\sqrt{2k}<4$,　　$2k<16$　　$\therefore k<8$
따라서 자연수 k의 값은
　　$2\times 1^2=2$　　　　답 2

0735　$x^2-10x+a+13=0$에서
　　$x^2-10x=-a-13$
　　$x^2-10x+25=-a-13+25$
　　$(x-5)^2=12-a$,　　$x-5=\pm\sqrt{12-a}$
　　$\therefore x=5\pm\sqrt{12-a}$　　　　… 1단계
해가 모두 정수가 되려면 $12-a$는 0 또는 (자연수)^{2}의 꼴이어야
한다.
이때 a는 자연수이므로 $12-a<12$에서
　　$12-a=0, 1, 4, 9$
　　$\therefore a=12, 11, 8, 3$　　　　… 2단계
따라서 구하는 모든 자연수 a의 값의 합은
　　$3+8+11+12=34$　　　　… 3단계
　　　　　　　　　　　　　　답 34

단계	채점 요소	비율
1	완전제곱식을 이용하여 이차방정식 풀기	40 %
2	a의 값 구하기	50 %
3	모든 자연수 a의 값의 합 구하기	10 %

시험에 꼭 나오는 문제   ▶ 본문 104~107쪽

0736 〔전략〕 등식의 모든 항을 좌변으로 이항하여 정리한 후 $ax^2+bx+c=0$ (a, b, c는 상수, $a\ne 0$)의 꼴인 것을 찾는다.

① $x^2=(x-2)(x+5)$에서 $\quad x^2=x^2+3x-10$
$\qquad \therefore -3x+10=0$

② $x+4=(x-2)^2$에서 $\quad x+4=x^2-4x+4$
$\qquad \therefore -x^2+5x=0$

③ $(x-3)^2=(x+1)^2$에서
$\qquad x^2-6x+9=x^2+2x+1$
$\qquad \therefore -8x+8=0$

④ $(2x-1)(x+1)=2x^2(1+x)$에서
$\qquad 2x^2+x-1=2x^2+2x^3$
$\qquad \therefore -2x^3+x-1=0$

⑤ $2(x+4)^2=(x-1)^2+(x+1)^2$에서
$\qquad 2x^2+16x+32=x^2-2x+1+x^2+2x+1$
$\qquad \therefore 16x+30=0$

따라서 이차방정식인 것은 ②이다.   답 ②

0737 〔전략〕 등식의 모든 항을 좌변으로 이항하여 정리한 후 x^2의 계수가 0이 아님을 이용한다.

$(ax+1)(x-2)+6=4x(x-1)$에서
$\qquad ax^2+(1-2a)x+4=4x^2-4x$
$\qquad (a-4)x^2+(5-2a)x+4=0$

이 방정식이 이차방정식이 되려면
$\qquad a-4\ne 0 \qquad \therefore a\ne 4$ 답 $a\ne 4$

0738 〔전략〕 $x=-3$을 각각의 이차방정식에 대입한다.

$x=-3$을 각 이차방정식에 대입하면

① $(-3)^2-9=0$

② $(-3)^2+3\times(-3)=0$

③ $(-3)^2-2\times(-3)-15=0$

④ $2\times(-3)^2+4\times(-3)+5\ne 0$

⑤ $(-3+1)\times(-3-2)=10$

따라서 $x=-3$을 해로 갖지 않는 것은 ④이다.   답 ④

0739 〔전략〕 $x=-2$를 두 이차방정식에 각각 대입한다.

$x=-2$를 $x^2-5x+a=0$에 대입하면
$\qquad (-2)^2-5\times(-2)+a=0, \qquad a+14=0$
$\qquad \therefore a=-14$

$x=-2$를 $3x^2+bx-6=0$에 대입하면
$\qquad 3\times(-2)^2+b\times(-2)-6=0, \qquad -2b+6=0$
$\qquad \therefore b=3$
$\qquad \therefore a+b=-14+3=-11$ 답 ①

0740 〔전략〕 $x=p$, $x=q$를 각각의 이차방정식에 대입한 후 식을 변형한다.

$x=p$를 $x^2+3x-6=0$에 대입하면
$\qquad p^2+3p-6=0, \qquad p^2+3p=6$
$\qquad \therefore 2p^2+6p=2(p^2+3p)=2\times 6=12$

$x=q$를 $2x^2+x-1=0$에 대입하면
$\qquad 2q^2+q-1=0 \qquad \therefore 2q^2+q=1$
$\qquad \therefore (2p^2+6p+1)(2q^2+q+3)=(12+1)\times(1+3)$
$\qquad\qquad\qquad\qquad =52$ 답 52

0741 〔전략〕 $AB=0$이면 $A=0$ 또는 $B=0$임을 이용한다.

①, ②, ③, ④ $x=-3$ 또는 $x=2$

⑤ $x=-\dfrac{1}{3}$ 또는 $x=2$

따라서 해가 나머지 넷과 다른 하나는 ⑤이다.   답 ⑤

0742 〔전략〕 주어진 이차방정식을 $ax^2+bx+c=0$의 꼴로 나타낸 후 좌변을 인수분해한다.

$x^2+2x-15=x-3$에서
$\qquad x^2+x-12=0, \qquad (x+4)(x-3)=0$
$\qquad \therefore x=-4$ 또는 $x=3$ 답 ④

0743 〔전략〕 이차방정식의 좌변을 인수분해하여 해를 구한다.

$6x^2+5x-4=0$에서
$\qquad (3x+4)(2x-1)=0$
$\qquad \therefore x=-\dfrac{4}{3}$ 또는 $x=\dfrac{1}{2}$

따라서 $A=-\dfrac{4}{3}+\dfrac{1}{2}=-\dfrac{5}{6}$, $B=\dfrac{1}{2}-\left(-\dfrac{4}{3}\right)=\dfrac{11}{6}$이므로

$\qquad A-B=-\dfrac{5}{6}-\dfrac{11}{6}=-\dfrac{8}{3}$ 답 ②

0744 〔전략〕 α, β의 값을 구한 후 새로운 이차방정식에 대입하여 이차방정식을 푼다.

$2x^2-12x=x^2-8x+5$에서
$\qquad x^2-4x-5=0, \qquad (x+1)(x-5)=0$
$\qquad \therefore x=-1$ 또는 $x=5$

이때 $\alpha>\beta$이므로
$\qquad \alpha=5, \ \beta=-1$

따라서 $x^2+\alpha x+\alpha-\beta=0$, 즉 $x^2+5x+6=0$에서
$\qquad (x+3)(x+2)=0$
$\qquad \therefore x=-3$ 또는 $x=-2$

답 $x=-3$ 또는 $x=-2$

0745 (전략) 근을 구할 수 있는 이차방정식을 먼저 풀고 그 근을 다른 이차방정식에 대입한다.

$(x+2)(x-b)=0$에서 $x=-2$ 또는 $x=b$

즉 $x^2+x+a=0$의 한 근이 $x=-2$이므로

$(-2)^2-2+a=0$ ∴ $a=-2$

따라서 $x^2+x-2=0$에서 $(x+2)(x-1)=0$

∴ $x=-2$ 또는 $x=1$ ∴ $b=1$

∴ $b-a=1-(-2)=3$ **답** ④

0746 (전략) 주어진 한 근을 이차방정식에 대입하여 먼저 a의 값을 구한다.

$x=-5$를 $x^2+ax-15=0$에 대입하면

$(-5)^2+a\times(-5)-15=0$, $-5a=-10$

∴ $a=2$

즉 $x^2+2x-15=0$에서

$(x+5)(x-3)=0$

∴ $x=-5$ 또는 $x=3$

따라서 $bx^2-(3b+1)x+b+1=0$의 한 근이 $x=3$이므로

$b\times3^2-(3b+1)\times3+b+1=0$ ∴ $b=2$

∴ $ab=2\times2=4$ **답** ③

0747 (전략) 각각의 이차방정식을 푼 후 공통인 근을 찾는다.

$4x^2-4x-3=0$에서 $(2x+1)(2x-3)=0$

∴ $x=-\dfrac{1}{2}$ 또는 $x=\dfrac{3}{2}$

$6x^2-13x+6=0$에서 $(3x-2)(2x-3)=0$

∴ $x=\dfrac{2}{3}$ 또는 $x=\dfrac{3}{2}$

따라서 두 이차방정식의 공통인 근은 $x=\dfrac{3}{2}$이다. **답** $x=\dfrac{3}{2}$

0748 (전략) (완전제곱식)$=0$의 꼴로 나타내어지는 이차방정식을 찾는다.

① $(5x+3)^2=0$에서 $x=-\dfrac{3}{5}$

② $x^2-4=2x-1$에서

$x^2-2x-3=0$, $(x+1)(x-3)=0$

∴ $x=-1$ 또는 $x=3$

③ $x+4=(x-2)^2$에서 $x+4=x^2-4x+4$

$x^2-5x=0$, $x(x-5)=0$

∴ $x=0$ 또는 $x=5$

④ $3-x^2=6(x+2)$에서 $3-x^2=6x+12$

$x^2+6x+9=0$, $(x+3)^2=0$

∴ $x=-3$

⑤ $x^2-10x+10=0$에서 $x^2-10x=-10$

$x^2-10x+25=-10+25$

$(x-5)^2=15$ ∴ $x=5\pm\sqrt{15}$

따라서 중근을 갖는 것은 ①, ④이다. **답** ①, ④

0749 (전략) 제곱근을 이용하여 이차방정식의 해를 구한다.

$5(x+a)^2=b$에서 $(x+a)^2=\dfrac{b}{5}$

$x+a=\pm\sqrt{\dfrac{b}{5}}$ ∴ $x=-a\pm\sqrt{\dfrac{b}{5}}$

따라서 $-a=3$, $\dfrac{b}{5}=3$이므로 $a=-3$, $b=15$

∴ $b-a=15-(-3)=18$ **답** 18

0750 (전략) 이차방정식 $(x+p)^2=q$가 근을 가지려면 $q\geq0$이어야 한다.

$(x+4)^2=7-m$이 근을 가지려면 $7-m\geq0$

∴ $m\leq7$ **답** ③

0751 (전략) 먼저 중근을 가질 조건을 이용하여 m의 값을 구한다.

$2(x-1)^2=m-4$가 중근을 가지므로

$m-4=0$ ∴ $m=4$

$x^2-mx-12=0$, 즉 $x^2-4x-12=0$에서

$(x+2)(x-6)=0$

∴ $x=-2$ 또는 $x=6$ **답** ③

0752 (전략) 먼저 주어진 이차방정식의 양변을 3으로 나눈다.

$3x^2-4x-2=0$에서

$x^2-\dfrac{4}{3}x-\dfrac{2}{3}=0$, $x^2-\dfrac{4}{3}x=\dfrac{2}{3}$

$x^2-\dfrac{4}{3}x+\dfrac{4}{9}=\dfrac{2}{3}+\dfrac{4}{9}$

∴ $\left(x-\dfrac{2}{3}\right)^2=\dfrac{10}{9}$

따라서 $a=-\dfrac{2}{3}$, $b=\dfrac{10}{9}$이므로

$a+b=-\dfrac{2}{3}+\dfrac{10}{9}=\dfrac{4}{9}$ **답** ②

0753 (전략) 이차방정식을 (완전제곱식)$=$(상수)의 꼴로 나타낸다.

$x^2-10x-3=0$에서

$x^2-10x=3$, $x^2-10x+25=3+25$

$(x-5)^2=28$, $x-5=\pm2\sqrt{7}$

∴ $x=5\pm2\sqrt{7}$

따라서 $a=5$, $b=7$이므로

$ab=5\times7=35$ **답** 35

0754 (전략) $x=\alpha$를 주어진 이차방정식에 대입한 후 식을 변형한다.

$x=\alpha$를 $x^2-4x+1=0$에 대입하면

$\alpha^2-4\alpha+1=0$

$\alpha\neq0$이므로 $\alpha^2-4\alpha+1=0$의 양변을 α로 나누면

$\alpha-4+\dfrac{1}{\alpha}=0$

∴ $\alpha+\dfrac{1}{\alpha}=4$ ⋯ **1단계**

이때 $a^2+\dfrac{1}{a^2}=\left(a+\dfrac{1}{a}\right)^2-2=4^2-2=14$이므로 $\cdots$ **2단계**

$$a^2-3a-\dfrac{3}{a}+\dfrac{1}{a^2}=a^2+\dfrac{1}{a^2}-3\left(a+\dfrac{1}{a}\right)$$
$$=14-3\times4=2 \qquad \cdots \textbf{3단계}$$

답 2

단계	채점 요소	비율
1	$a+\dfrac{1}{a}$의 값 구하기	30 %
2	$a^2+\dfrac{1}{a^2}$의 값 구하기	40 %
3	$a^2-3a-\dfrac{3}{a}+\dfrac{1}{a^2}$의 값 구하기	30 %

0755 **전략** x의 계수와 상수항을 바꾼 이차방정식에 주어진 한 근을 대입하여 a의 값을 구한다.

주어진 이차방정식의 x의 계수와 상수항을 바꾸면
$$x^2+(a+5)x+2a=0$$
$x=-4$를 이 식에 대입하면
$$(-4)^2+(a+5)\times(-4)+2a=0$$
$$-2a=4 \qquad \therefore a=-2 \qquad \cdots \textbf{1단계}$$
따라서 처음 이차방정식은 $x^2-4x+3=0$이므로
$$(x-1)(x-3)=0$$
$$\therefore x=1 \text{ 또는 } x=3 \qquad \cdots \textbf{2단계}$$

답 $x=1$ 또는 $x=3$

단계	채점 요소	비율
1	a의 값 구하기	50 %
2	처음 이차방정식의 해 구하기	50 %

0756 **전략** 이차방정식이 중근을 가질 조건을 이용하여 k의 값을 모두 구한다.

$x^2-(k-2)x+16=0$이 중근을 가지므로
$$16=\left\{\dfrac{-(k-2)}{2}\right\}^2, \qquad k^2-4k-60=0$$
$$(k+6)(k-10)=0$$
$$\therefore k=-6 \text{ 또는 } k=10 \qquad \cdots \textbf{1단계}$$
즉 $x^2-ax+b=0$의 두 근이 -6, 10이므로 $x=-6$을
$x^2-ax+b=0$에 대입하면
$$(-6)^2-a\times(-6)+b=0$$
$$\therefore 6a+b=-36 \qquad \cdots\cdots \text{㉠}$$
$x=10$을 $x^2-ax+b=0$에 대입하면
$$10^2-a\times10+b=0$$
$$\therefore 10a-b=100 \qquad \cdots\cdots \text{㉡}$$
㉠, ㉡을 연립하여 풀면
$$a=4,\ b=-60 \qquad \cdots \textbf{2단계}$$
$$\therefore a+b=4+(-60)=-56 \qquad \cdots \textbf{3단계}$$

답 -56

단계	채점 요소	비율
1	k의 값 구하기	40 %
2	a, b의 값 구하기	40 %
3	$a+b$의 값 구하기	20 %

0757 **전략** 주어진 점의 좌표를 일차함수의 식에 대입하여 이차방정식을 세운다.

일차함수 $ax+2y=2$의 그래프가 점 $(1-a,\ a^2)$을 지나므로
$x=1-a$, $y=a^2$을 $ax+2y=2$에 대입하면
$$a(1-a)+2a^2=2, \qquad a^2+a-2=0$$
$$(a+2)(a-1)=0$$
$$\therefore a=-2 \text{ 또는 } a=1$$
이때 일차함수 $ax+2y=2$, 즉
$y=-\dfrac{a}{2}x+1$의 그래프가 제3사분면을
지나지 않으려면 오른쪽 그림과 같이
(기울기)<0이어야 하므로
$$-\dfrac{a}{2}<0 \qquad \therefore a>0$$
따라서 구하는 a의 값은 1이다.

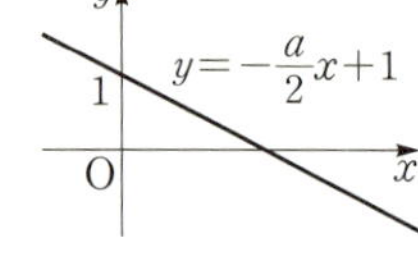

답 1

RPM 비법 노트

일차함수 $y=ax+b$의 그래프가
➡ 오른쪽 위로 향하면 $a>0$
　 오른쪽 아래로 향하면 $a<0$
　 y축과 양의 부분에서 만나면 $b>0$
　 y축과 음의 부분에서 만나면 $b<0$

0758 **전략** 인수분해를 이용하여 이차방정식의 해를 각각 구한 후 공통인 근을 갖는 경우를 나누어 생각한다.

$x^2+mx+m-1=0$에서
$$(x+m-1)(x+1)=0$$
$$\therefore x=-m+1 \text{ 또는 } x=-1$$
$x^2-(m+3)x+3m=0$에서
$$(x-3)(x-m)=0$$
$$\therefore x=3 \text{ 또는 } x=m$$
(i) 공통인 근이 $x=-1$일 때, $\quad m=-1$
(ii) 공통인 근이 $x=3$일 때,
$$-m+1=3 \qquad \therefore m=-2$$
(iii) 공통인 근이 $x=m\ (m\neq-1,\ m\neq3)$일 때,
$$m=-m+1, \qquad 2m=1$$
$$\therefore m=\dfrac{1}{2}$$
이상에서 양수 m의 값은 $\dfrac{1}{2}$이다.

답 $\dfrac{1}{2}$

0759 **전략** 주어진 이차방정식의 해를 미지수를 포함한 식으로 나타낸다.

$2x^2+3x+a-1=0$에서

$$x^2+\frac{3}{2}x+\frac{a-1}{2}=0, \qquad x^2+\frac{3}{2}x=\frac{1-a}{2}$$

$$x^2+\frac{3}{2}x+\frac{9}{16}=\frac{1-a}{2}+\frac{9}{16}$$

$$\left(x+\frac{3}{4}\right)^2=\frac{17-8a}{16}$$

$$x+\frac{3}{4}=\pm\frac{\sqrt{17-8a}}{4}$$

$$\therefore x=\frac{-3\pm\sqrt{17-8a}}{4}$$

해가 모두 유리수가 되려면 $17-8a$는 0 또는 (자연수)^{2}의 꼴이어야 한다.

이때 a는 자연수이므로 $17-8a<17$에서

$$17-8a=0, 1, 4, 9, 16$$

$$\therefore a=\frac{17}{8}, 2, \frac{13}{8}, 1, \frac{1}{8}$$

따라서 가장 큰 자연수 a의 값은 2이다. 답 2

07 이차방정식의 활용

교과서문제 정복하기

본문 109, 111쪽

0760 $x=\dfrac{-\boxed{5}\pm\sqrt{\boxed{5}^2-4\times\boxed{2}\times1}}{2\times\boxed{2}}=\dfrac{-5\pm\sqrt{17}}{4}$

답 풀이 참조

0761 $x=\dfrac{-(\boxed{-4})\pm\sqrt{(-4)^2-3\times\boxed{3}}}{3}=\dfrac{4\pm\sqrt{7}}{3}$

답 풀이 참조

0762 $x=\dfrac{-(-7)\pm\sqrt{(-7)^2-4\times1\times5}}{2\times1}=\dfrac{7\pm\sqrt{29}}{2}$

답 $x=\dfrac{7\pm\sqrt{29}}{2}$

0763 $x=\dfrac{-1\pm\sqrt{1^2-4\times2\times(-4)}}{2\times2}=\dfrac{-1\pm\sqrt{33}}{4}$

답 $x=\dfrac{-1\pm\sqrt{33}}{4}$

0764 $x=\dfrac{-(-5)\pm\sqrt{(-5)^2-4\times3\times(-1)}}{2\times3}=\dfrac{5\pm\sqrt{37}}{6}$

답 $x=\dfrac{5\pm\sqrt{37}}{6}$

0765 $x=\dfrac{-(-2)\pm\sqrt{(-2)^2-1\times2}}{1}=2\pm\sqrt{2}$

답 $x=2\pm\sqrt{2}$

0766 $x=\dfrac{-(-3)\pm\sqrt{(-3)^2-1\times(-6)}}{1}=3\pm\sqrt{15}$

답 $x=3\pm\sqrt{15}$

0767 $x=\dfrac{-6\pm\sqrt{6^2-5\times(-3)}}{5}=\dfrac{-6\pm\sqrt{51}}{5}$

답 $x=\dfrac{-6\pm\sqrt{51}}{5}$

0768 $2x(x+1)=5x+9$에서

$2x^2+2x=5x+9, \qquad 2x^2-3x-9=0$

$(2x+3)(x-3)=0$

$\therefore x=-\dfrac{3}{2}$ 또는 $x=3$ 답 $x=-\dfrac{3}{2}$ 또는 $x=3$

0769 $(x+1)^2=3x+2$에서

$x^2+2x+1=3x+2, \qquad x^2-x-1=0$

$$\therefore x=\frac{-(-1)\pm\sqrt{(-1)^2-4\times1\times(-1)}}{2\times1}=\frac{1\pm\sqrt{5}}{2}$$

답 $x=\dfrac{1\pm\sqrt{5}}{2}$

0770 $x^2-1.3x+0.4=0$의 양변에 10을 곱하면

$10x^2-13x+4=0$

$(2x-1)(5x-4)=0$

$\therefore x=\dfrac{1}{2}$ 또는 $x=\dfrac{4}{5}$　　　답 $x=\dfrac{1}{2}$ 또는 $x=\dfrac{4}{5}$

0771 $0.01x^2+0.08=0.12x$의 양변에 100을 곱하면

$x^2+8=12x,\quad x^2-12x+8=0$

$\therefore x=-(-6)\pm\sqrt{(-6)^2-1\times8}$

$\qquad=6\pm\sqrt{28}=6\pm2\sqrt{7}$　　답 $x=6\pm2\sqrt{7}$

0772 $\dfrac{x^2+1}{6}=x+\dfrac{4}{3}$의 양변에 6을 곱하면

$x^2+1=6x+8$

$x^2-6x-7=0,\quad (x+1)(x-7)=0$

$\therefore x=-1$ 또는 $x=7$　　답 $x=-1$ 또는 $x=7$

0773 $\dfrac{1}{2}x^2-\dfrac{1}{4}x-0.5=0$의 양변에 4를 곱하면

$2x^2-x-2=0$

$\therefore x=\dfrac{-(-1)\pm\sqrt{(-1)^2-4\times2\times(-2)}}{2\times2}=\dfrac{1\pm\sqrt{17}}{4}$

답 $x=\dfrac{1\pm\sqrt{17}}{4}$

0774 $\dfrac{1}{5}x^2-0.5x+\dfrac{3}{10}=0$의 양변에 10을 곱하면

$2x^2-5x+3=0$

$(x-1)(2x-3)=0$　　$\therefore x=1$ 또는 $x=\dfrac{3}{2}$

답 $x=1$ 또는 $x=\dfrac{3}{2}$

0775　답 2, 2, 2, 4

0776 $x^2+x-5=0$에서

$1^2-4\times1\times(-5)=21>0$

따라서 서로 다른 두 근을 갖는다.　　답 2

0777 $9x^2-6x+1=0$에서

$(-6)^2-4\times9\times1=0$

따라서 중근을 갖는다.　　답 1

0778 $x^2-2x+3=0$에서

$(-2)^2-4\times1\times3=-8<0$

따라서 근이 없다.　　답 0

0779 $2^2-4k>0$에서　　$-4k>-4$

$\therefore k<1$　　답 $k<1$

0780 $2^2-4k=0$에서　　$-4k=-4$

$\therefore k=1$　　답 1

0781 $2^2-4k<0$에서　　$-4k<-4$

$\therefore k>1$　　답 $k>1$

0782 두 근이 5, 8이고 x^2의 계수가 1인 이차방정식은

$(x-5)(x-8)=0$

$\therefore x^2-13x+40=0$　　답 $x^2-13x+40=0$

0783 두 근이 -3, 7이고 x^2의 계수가 2인 이차방정식은

$2(x+3)(x-7)=0$

$\therefore 2x^2-8x-42=0$　　답 $2x^2-8x-42=0$

0784 두 근이 0, 4이고 x^2의 계수가 1인 이차방정식은

$x(x-4)=0$

$\therefore x^2-4x=0$　　답 $x^2-4x=0$

0785 두 근이 $-\dfrac{1}{5}$, $-\dfrac{1}{2}$이고 x^2의 계수가 10인 이차방정식은

$10\left(x+\dfrac{1}{5}\right)\left(x+\dfrac{1}{2}\right)=0$

$\therefore 10x^2+7x+1=0$　　답 $10x^2+7x+1=0$

0786 중근이 6이고 x^2의 계수가 1인 이차방정식은

$(x-6)^2=0$

$\therefore x^2-12x+36=0$　　답 $x^2-12x+36=0$

0787 중근이 $-\dfrac{3}{2}$이고 x^2의 계수가 4인 이차방정식은

$4\left(x+\dfrac{3}{2}\right)^2=0$

$\therefore 4x^2+12x+9=0$　　답 $4x^2+12x+9=0$

0788 $(2)\ x^2=3x+28$에서

$x^2-3x-28=0,\quad (x+4)(x-7)=0$

$\therefore x=-4$ 또는 $x=7$

따라서 어떤 수는 -4, 7이다.

답 $(1)\ x^2=3x+28$　$(2)\ -4,\ 7$

0789 $(2)\ x^2+(x+1)^2=85$에서

$2x^2+2x-84=0,\quad x^2+x-42=0$

$(x+7)(x-6)=0$

$\therefore x=-7$ 또는 $x=6$

그런데 x는 자연수이므로　　$x=6$

따라서 연속하는 두 자연수는 6, 7이다.

$\quad$ 답 (1) $x^2+(x+1)^2=85$ $\quad$ (2) 6, 7

0790 (2) $x(x+4)=192$에서

$\quad x^2+4x-192=0,\quad (x+16)(x-12)=0$

$\quad \therefore x=-16$ 또는 $x=12$

그런데 x는 자연수이므로 $\quad x=12$

따라서 유라의 나이는 12살이다.

$\quad$ 답 (1) $x(x+4)=192$ $\quad$ (2) 12살

0791 (2) $35x-5x^2=0$에서 $\quad x^2-7x=0$

$\quad x(x-7)=0 \quad \therefore x=0$ 또는 $x=7$

그런데 $x>0$이므로 $\quad x=7$

따라서 공이 지면에 떨어지는 것은 쏘아 올린 지 7초 후이다.

$\quad$ 답 (1) 0 m $\quad$ (2) 7초

0792 (1) 밑변의 길이는 $(x+3)$ cm이고 삼각형의 넓이는

54 cm²이므로 $\quad \dfrac{1}{2}x(x+3)=54$

(2) $\dfrac{1}{2}x(x+3)=54$에서

$\quad x^2+3x-108=0,\quad (x+12)(x-9)=0$

$\quad \therefore x=-12$ 또는 $x=9$

그런데 $x>0$이므로 $\quad x=9$

따라서 삼각형의 높이는 9 cm이다.

$\quad$ 답 (1) $\dfrac{1}{2}x(x+3)=54$ $\quad$ (2) 9 cm

0793 (1) 가로의 길이는 $\quad (10-x)$ cm

세로의 길이는 $\quad (7-x)$ cm

(2) 새로 만든 직사각형의 넓이가 40 cm²이므로

$\quad (10-x)(7-x)=40$

(3) $(10-x)(7-x)=40$에서

$\quad x^2-17x+30=0,\quad (x-2)(x-15)=0$

$\quad \therefore x=2$ 또는 $x=15$

그런데 $0<x<7$이므로 $\quad x=2$

따라서 새로운 직사각형의 가로, 세로의 길이는

$\quad 10-2=8\,(\text{cm}),\ 7-2=5\,(\text{cm})$

$\quad$ 답 (1) $(10-x)$ cm, $(7-x)$ cm

$\quad\quad$ (2) $(10-x)(7-x)=40$ $\quad$ (3) 8 cm, 5 cm

 **유형 익히기** $\quad$ > 본문 112~119쪽

0794 ① $x=\dfrac{-(-1)\pm\sqrt{(-1)^2-4\times1\times(-1)}}{2\times1}$

$\quad\quad =\dfrac{1\pm\sqrt{5}}{2}$

② $x=\dfrac{-1\pm\sqrt{1^2-1\times(-6)}}{1}=-1\pm\sqrt{7}$

③ $x=\dfrac{-(-5)\pm\sqrt{(-5)^2-4\times1\times3}}{2\times1}=\dfrac{5\pm\sqrt{13}}{2}$

④ $x=\dfrac{-2\pm\sqrt{2^2-2\times(-5)}}{2}=\dfrac{-2\pm\sqrt{14}}{2}$

⑤ $x=\dfrac{-7\pm\sqrt{7^2-4\times3\times3}}{2\times3}=\dfrac{-7\pm\sqrt{13}}{6}$

따라서 근이 바르게 짝 지어진 것은 ④이다. $\quad$ 답 ④

0795 $2x^2-3x-1=0$에서

$\quad x=\dfrac{-(-3)\pm\sqrt{(-3)^2-4\times2\times(-1)}}{2\times2}=\dfrac{3\pm\sqrt{17}}{4}$

따라서 $A=3$, $B=17$이므로

$\quad A+B=3+17=20$ $\quad$ 답 20

0796 $3x^2-8x+a=0$에서

$\quad x=\dfrac{-(-4)\pm\sqrt{(-4)^2-3\times a}}{3}=\dfrac{4\pm\sqrt{16-3a}}{3}$

따라서 $b=4$, $16-3a=10$에서 $\quad a=2$

$\quad \therefore ab=2\times4=8$ $\quad$ 답 8

0797 $x=k$를 $x^2+5x-10k=0$에 대입하면

$\quad k^2+5k-10k=0,\quad k^2-5k=0$

$\quad k(k-5)=0 \quad \therefore k=5\ (\because k\neq0)$ $\quad$ ⋯ 1단계

$k=5$를 $x^2+(k+1)x-2=0$에 대입하면

$\quad x^2+6x-2=0$

$\quad \therefore x=\dfrac{-3\pm\sqrt{3^2-1\times(-2)}}{1}=-3\pm\sqrt{11}$ $\quad$ ⋯ 2단계

$\quad$ 답 $x=-3\pm\sqrt{11}$

단계	채점 요소	비율
1	k의 값 구하기	40 %
2	$x^2+(k+1)x-2=0$ 풀기	60 %

0798 주어진 이차방정식의 양변에 6을 곱하면

$\quad 5x^2-6=2(x+2)(x-4)+15$

$\quad 3x^2+4x-5=0$

$\quad \therefore x=\dfrac{-2\pm\sqrt{19}}{3}$

따라서 두 근의 합은

$\quad \dfrac{-2+\sqrt{19}}{3}+\dfrac{-2-\sqrt{19}}{3}=-\dfrac{4}{3}$ $\quad$ 답 ②

0799 주어진 이차방정식의 양변에 10을 곱하면

$\quad 10x^2-3x-1=0,\quad (5x+1)(2x-1)=0$

$\quad \therefore x=-\dfrac{1}{5}$ 또는 $x=\dfrac{1}{2}$ $\quad$ 답 ④

0800 주어진 이차방정식의 양변에 14를 곱하면

$\quad 2x^2=7x-5,\quad 2x^2-7x+5=0$

$\quad (x-1)(2x-5)=0$

$$\therefore x=1 \ \text{또는} \ x=\frac{5}{2}$$

따라서 $\alpha=1$, $\beta=\frac{5}{2}$이므로

$$2\beta-\alpha=2\times\frac{5}{2}-1=4$$

답 4

0801 주어진 이차방정식에서

$$4x^2-16x+16=3x^2-6x+3$$
$$x^2-10x+13=0$$
$$\therefore x=5\pm\sqrt{12}=5\pm2\sqrt{3}$$

이때 $\sqrt{9}<\sqrt{12}<\sqrt{16}$, 즉 $3<2\sqrt{3}<4$에서

$$-4<-2\sqrt{3}<-3$$

이므로 $1<5-2\sqrt{3}<2$, $8<5+2\sqrt{3}<9$

따라서 두 근 사이에 있는 정수는 2, 3, 4, 5, 6, 7, 8의 7개이다.

답 ③

0802 주어진 이차방정식의 양변에 10을 곱하면

$$5x^2-20(x-1.2)=10$$
$$5x^2-20x+14=0$$
$$\therefore x=\frac{10\pm\sqrt{30}}{5}$$

따라서 $a=10$, $b=30$이므로

$$a+b=10+30=40$$

답 ④

0803 주어진 이차방정식의 양변에 2를 곱하면

$$5x(x-3)-6=2(x+2)(x-4)$$
$$5x^2-15x-6=2x^2-4x-16$$
$$3x^2-11x+10=0$$ … **1단계**
$$(3x-5)(x-2)=0$$
$$\therefore x=\frac{5}{3} \ \text{또는} \ x=2$$ … **2단계**

따라서 두 근의 차는 $2-\frac{5}{3}=\frac{1}{3}$ … **3단계**

답 $\frac{1}{3}$

단계	채점 요소	비율
1	이차방정식 정리하기	40 %
2	이차방정식 풀기	40 %
3	두 근의 차 구하기	20 %

0804 $x+1=A$로 놓으면

$$2A^2-A-15=0, \quad (2A+5)(A-3)=0$$
$$\therefore A=-\frac{5}{2} \ \text{또는} \ A=3$$

즉 $x+1=-\frac{5}{2}$ 또는 $x+1=3$이므로

$$x=-\frac{7}{2} \ \text{또는} \ x=2$$

따라서 $\alpha=-\frac{7}{2}$, $\beta=2$이므로

$$2\alpha+\beta=2\times\left(-\frac{7}{2}\right)+2=-5$$

답 -5

0805 $x-\frac{1}{6}=A$로 놓으면

$$3A^2+A-1=0$$
$$\therefore A=\frac{-1\pm\sqrt{13}}{6}$$

즉 $x-\frac{1}{6}=\frac{-1\pm\sqrt{13}}{6}$이므로 $x=\pm\frac{\sqrt{13}}{6}$

답 ②

0806 $2x+3=A$로 놓으면

$$\frac{1}{5}A^2+\frac{1}{2}A-\frac{3}{10}=0$$

양변에 10을 곱하면

$$2A^2+5A-3=0$$
$$(A+3)(2A-1)=0$$
$$\therefore A=-3 \ \text{또는} \ A=\frac{1}{2}$$

즉 $2x+3=-3$ 또는 $2x+3=\frac{1}{2}$이므로

$$x=-3 \ \text{또는} \ x=-\frac{5}{4}$$

따라서 정수인 해는 $x=-3$

답 ③

0807 $x-y=A$로 놓으면

$$A(A-5)=14$$
$$A^2-5A-14=0, \quad (A+2)(A-7)=0$$
$$\therefore A=-2 \ \text{또는} \ A=7$$

이때 $x>y$이므로 $A=x-y>0$

따라서 $x-y=7$이므로

$$3x-3y=3(x-y)=3\times7=21$$

답 21

0808 ① $5^2-4\times1\times7=-3<0$이므로 근이 없다.

② $(-8)^2-4\times1\times10=24>0$이므로 서로 다른 두 근을 갖는다.

③ $4^2-4\times4\times1=0$이므로 중근을 갖는다.

④ $(-4)^2-4\times5\times2=-24<0$이므로 근이 없다.

⑤ $1^2-4\times3\times(-1)=13>0$이므로 서로 다른 두 근을 갖는다.

따라서 서로 다른 두 근을 갖는 것은 ②, ⑤이다. 답 ②, ⑤

0809 ㄱ. $7^2-4\times1\times12=1>0$이므로 서로 다른 두 근을 갖는다.

ㄴ. $(-2)^2-4\times1\times2=-4<0$이므로 근이 없다.

ㄷ. $1^2-4\times2\times5=-39<0$이므로 근이 없다.

ㄹ. $(-6)^2-4\times2\times(-3)=60>0$이므로 서로 다른 두 근을 갖는다.

이상에서 근이 없는 것은 ㄴ, ㄷ이다. 답 ④

0810 ① $0^2-4\times1\times(-7)=28>0$이므로 서로 다른 두 근을 갖는다.

② $x^2+1=6x$에서 $x^2-6x+1=0$

$(-6)^2-4\times1\times1=32>0$이므로 서로 다른 두 근을 갖는다.

③ $(2x-1)(x+5)+4=0$에서 $2x^2+9x-1=0$

$9^2-4\times2\times(-1)=89>0$이므로 서로 다른 두 근을 갖는다.

④ $3x^2-\dfrac{1}{4}=x$에서 $12x^2-4x-1=0$

$(-4)^2-4\times12\times(-1)=64>0$이므로 서로 다른 두 근을 갖는다.

⑤ $9=8x(3-2x)$에서 $16x^2-24x+9=0$

$(-24)^2-4\times16\times9=0$이므로 중근을 갖는다.

따라서 근의 개수가 나머지 넷과 다른 하나는 ⑤이다.

답 ⑤

0811 $2x^2-(a+2)x+8=0$이 중근을 가지므로

$\{-(a+2)\}^2-4\times2\times8=0$

$a^2+4a-60=0,\quad (a+10)(a-6)=0$

$\therefore a=-10$ 또는 $a=6$

따라서 모든 상수 a의 값의 합은

$-10+6=-4$

답 ②

0812 $x^2+10x+2k-1=0$이 중근을 가지므로

$10^2-4\times1\times(2k-1)=0$

$-8k+104=0\quad \therefore k=13$

즉 주어진 이차방정식은 $x^2+10x+25=0$이므로

$(x+5)^2=0\quad \therefore x=-5$

$\therefore a=-5$

$\therefore k+a=13+(-5)=8$

답 ④

0813 $x^2-6x-m=0$이 중근을 가지므로

$(-6)^2-4\times1\times(-m)=0$

$36+4m=0\quad \therefore m=-9$ ··· **1단계**

$x^2-2(m+5)x+n=0$, 즉 $x^2+8x+n=0$이 중근을 가지므로

$8^2-4\times1\times n=0,\quad 64-4n=0$

$\therefore n=16$ ··· **2단계**

$\therefore m-n=-9-16=-25$ ··· **3단계**

답 -25

단계	채점 요소	비율
1	m의 값 구하기	40 %
2	n의 값 구하기	40 %
3	$m-n$의 값 구하기	20 %

0814 $3x^2+ax+12=0$이 중근을 가지므로

$a^2-4\times3\times12=0,\quad a^2=144$

$\therefore a=\pm12$

(i) $a=12$일 때,

$3x^2+12x+12=0$, 즉 $x^2+4x+4=0$이므로

$(x+2)^2=0\quad \therefore x=-2$

(ii) $a=-12$일 때,

$3x^2-12x+12=0$, 즉 $x^2-4x+4=0$이므로

$(x-2)^2=0\quad \therefore x=2$

(i), (ii)에서 음수인 중근을 가질 때의 a의 값은 12이다.   **답** 12

0815 $x^2-3x-p=0$이 서로 다른 두 근을 가지므로

$(-3)^2-4\times1\times(-p)>0$

$9+4p>0,\quad 4p>-9$

$\therefore p>-\dfrac{9}{4}$

답 ④

0816 $x^2+(2k-1)x+k^2=0$이 근을 가지므로

$(2k-1)^2-4\times1\times k^2\geq0$

$-4k+1\geq0,\quad -4k\geq-1$

$\therefore k\leq\dfrac{1}{4}$

따라서 k의 값이 될 수 없는 것은 ⑤이다.

답 ⑤

0817 $(2a+1)x^2+6x+1=0$이 근을 갖지 않으려면

$6^2-4\times(2a+1)\times1<0$

$-8a+32<0,\quad -8a<-32$

$\therefore a>4$ ··· **1단계**

따라서 가장 작은 정수 a의 값은 5이다.   ··· **2단계**

답 5

단계	채점 요소	비율
1	이차방정식이 근을 갖지 않도록 하는 a의 값의 범위 구하기	70 %
2	가장 작은 정수 a의 값 구하기	30 %

0818   두 근이 $-\dfrac{1}{2}$, 3이고 x^2의 계수가 2인 이차방정식은

$2\left(x+\dfrac{1}{2}\right)(x-3)=0\quad \therefore 2x^2-5x-3=0$

따라서 $a=-5,\ b=-3$이므로

$a-b=-5-(-3)=-2$

답 ①

0819   중근 $x=5$를 갖고 x^2의 계수가 1인 이차방정식은

$(x-5)^2=0\quad \therefore x^2-10x+25=0$

따라서 $a=-10,\ b=25$이므로

$a+b=-10+25=15$

답 15

0820   두 근이 -2, 4이고 x^2의 계수가 1인 이차방정식은

$(x+2)(x-4)=0\quad \therefore x^2-2x-8=0$

$\therefore a=-2,\ b=8$

따라서 두 근이 -2, 8이고 x^2의 계수가 1인 이차방정식은

$(x+2)(x-8)=0$

$\therefore x^2-6x-16=0$

답 ①

0821 $\dfrac{n(n-3)}{2}=77$에서 $n^2-3n-154=0$

$(n+11)(n-14)=0$

$\therefore n=-11$ 또는 $n=14$

그런데 $n>3$이므로 $n=14$

따라서 구하는 다각형은 십사각형이다.

답 ④

0822 $\dfrac{n(n+1)}{2}=120$에서 $n^2+n-240=0$

$(n+16)(n-15)=0$

$\therefore n=-16$ 또는 $n=15$

그런데 n은 자연수이므로 $n=15$

따라서 1부터 15까지의 자연수를 더해야 한다. **답** ③

0823 $\dfrac{n(n-1)}{2}=45$에서 $n^2-n-90=0$

$(n+9)(n-10)=0$

$\therefore n=-9$ 또는 $n=10$

그런데 $n>1$이므로 $n=10$

따라서 동아리 회원은 10명이다. **답** 10명

0824 연속하는 세 자연수를 $x-1$, x, $x+1$이라 하면

$(x+1)^2=3x(x-1)-24$, $2x^2-5x-25=0$

$(2x+5)(x-5)=0$

$\therefore x=-\dfrac{5}{2}$ 또는 $x=5$

그런데 $x>1$이므로 $x=5$

따라서 연속하는 세 자연수는 4, 5, 6이므로 구하는 합은

$4+5+6=15$ **답** ③

0825 연속하는 두 홀수를 $x-2$, x라 하면

$(x-2)^2+x^2=130$, $2x^2-4x-126=0$

$x^2-2x-63=0$, $(x+7)(x-9)=0$

$\therefore x=-7$ 또는 $x=9$

그런데 $x>2$이므로 $x=9$

따라서 두 수 중 큰 수는 9이다. **답** 9

0826 어떤 자연수를 x라 하면

$(x+2)^2=2x^2-92$ $\cdots$ **1단계**

$x^2-4x-96=0$, $(x+8)(x-12)=0$

$\therefore x=-8$ 또는 $x=12$ $\cdots$ **2단계**

그런데 x는 자연수이므로 $x=12$

따라서 어떤 자연수는 12이다. $\cdots$ **3단계**

답 12

단계	채점 요소	비율
1	이차방정식 세우기	40 %
2	이차방정식 풀기	40 %
3	어떤 자연수 구하기	20 %

0827 십의 자리의 숫자를 x라 하면 일의 자리의 숫자는 $11-x$이다.

따라서 두 자리 자연수는 $10x+(11-x)$이므로

$x(11-x)=10x+(11-x)-26$

$x^2-2x-15=0$, $(x+3)(x-5)=0$

$\therefore x=-3$ 또는 $x=5$

그런데 x는 자연수이므로 $x=5$

따라서 구하는 수는 56이다. **답** 56

0828 학생 수를 x라 하면 학생 한 명이 받은 볼펜의 개수는 $x-2$이므로

$x(x-2)=195$, $x^2-2x-195=0$

$(x+13)(x-15)=0$

$\therefore x=-13$ 또는 $x=15$

그런데 $x>2$이므로 $x=15$

따라서 학생은 모두 15명이다. **답** ②

0829 위아래로 이웃하는 두 날의 수 중 작은 수를 x라 하면 큰 수는 $x+7$이므로

$x(x+7)=294$, $x^2+7x-294=0$

$(x+21)(x-14)=0$

$\therefore x=-21$ 또는 $x=14$

그런데 x는 자연수이므로 $x=14$

따라서 두 날짜는 9월 14일과 9월 21일이므로 빠른 날짜는 9월 14일이다. **답** ②

0830 지원이의 나이를 x살이라 하면 동생의 나이는 $(x-4)$살이므로

$x^2=3(x-4)^2+6$ $\cdots$ **1단계**

$2x^2-24x+54=0$, $x^2-12x+27=0$

$(x-3)(x-9)=0$

$\therefore x=3$ 또는 $x=9$ $\cdots$ **2단계**

그런데 $x>4$이므로 $x=9$

따라서 지원이의 나이는 9살이다. $\cdots$ **3단계**

답 9살

단계	채점 요소	비율
1	이차방정식 세우기	40 %
2	이차방정식 풀기	40 %
3	지원이의 나이 구하기	20 %

0831 $-5x^2+50x+120=200$에서

$5x^2-50x+80=0$, $x^2-10x+16=0$

$(x-2)(x-8)=0$

$\therefore x=2$ 또는 $x=8$

따라서 물체의 높이가 처음으로 200 m가 되는 것은 쏘아 올린 지 2초 후이다. **답** 2초

0832 공이 달 표면에 떨어지는 것은 공의 높이가 0 m일 때이므로

$-0.8x^2+20x=0$, $x^2-25x=0$

$x(x-25)=0$

$\therefore x=0$ 또는 $x=25$

그런데 $x>0$이므로 $x=25$

따라서 공이 달 표면에 떨어지는 것은 공을 던져 올린 지 25초 후이다. **답** ③

0833 $60t-5t^2=160$에서

$$-5t^2+60t-160=0, \qquad t^2-12t+32=0$$
$$(t-4)(t-8)=0$$
$$\therefore t=4 \text{ 또는 } t=8$$

따라서 로켓이 높이가 160 m 이상인 지점을 지나는 것은 4초 후부터 8초 후까지이므로 4초 동안이다. 🔑 4초

0834 늘어난 길이를 x m라 하면

$$(10+x)(7+x)=10\times7+60$$
$$x^2+17x-60=0, \qquad (x+20)(x-3)=0$$
$$\therefore x=-20 \text{ 또는 } x=3$$

그런데 $x>0$이므로 $x=3$

따라서 가로, 세로의 길이는 3 m만큼 늘어났다. 🔑 3 m

0835 처음 원의 반지름의 길이를 x cm라 하면

$$\pi(x+4)^2=3\times\pi x^2, \qquad 2x^2-8x-16=0$$
$$x^2-4x-8=0$$
$$\therefore x=2\pm2\sqrt{3}$$

그런데 $x>0$이므로 $x=2+2\sqrt{3}$

따라서 처음 원의 반지름의 길이는 $(2+2\sqrt{3})$ cm이다.

🔑 $(2+2\sqrt{3})$ cm

0836 큰 정사각형의 한 변의 길이를 x cm라 하면 작은 정사각형의 한 변의 길이는 $(10-x)$ cm이므로

$$x^2+(10-x)^2=52, \qquad 2x^2-20x+48=0$$
$$x^2-10x+24=0, \qquad (x-4)(x-6)=0$$
$$\therefore x=4 \text{ 또는 } x=6$$

그런데 $5<x<10$이므로 $x=6$

따라서 큰 정사각형의 한 변의 길이는 6 cm이다. 🔑 6 cm

0837 점 P는 1초에 1 cm씩 움직이므로 t초 후에

$$\overline{AP}=t \text{ cm}, \quad \overline{PB}=(10-t) \text{ cm}$$

또 점 Q는 1초에 2 cm씩 움직이므로 t초 후에

$$\overline{BQ}=2t \text{ cm}$$

t초 후에 $\triangle$PBQ의 넓이가 16 cm^{2}가 된다고 하면

$$\frac{1}{2}\times(10-t)\times2t=16, \qquad t^2-10t+16=0$$
$$(t-2)(t-8)=0$$
$$\therefore t=2 \text{ 또는 } t=8$$

따라서 $\triangle$PBQ의 넓이가 16 cm^{2}가 되는 것은 출발한 지 2초 후, 8초 후이다. 🔑 2초, 8초

0838 오른쪽 그림과 같이 길의 폭을 x m라 하고 폭이 일정한 길을 가장자리로 이동하면 길을 제외한 땅의 넓이는 어두운 부분의 넓이와 같으므로

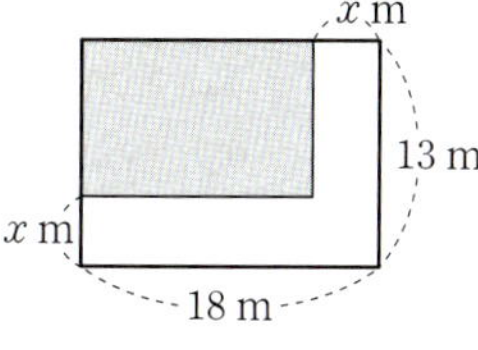

$$(18-x)(13-x)=126, \qquad x^2-31x+234=126$$
$$x^2-31x+108=0, \qquad (x-4)(x-27)=0$$

$$\therefore x=4 \text{ 또는 } x=27$$

그런데 $0<x<13$이므로 $x=4$

따라서 길의 폭을 4 m로 해야 한다. 🔑 4 m

0839 오른쪽 그림과 같이 폭이 일정한 길을 가장자리로 이동하면 길을 제외한 땅의 넓이는 어두운 부분의 넓이와 같으므로

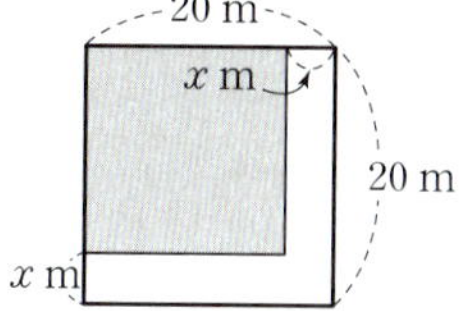

$$(20-x)^2=289$$
$$20-x=\pm17$$
$$\therefore x=3 \text{ 또는 } x=37$$

그런데 $0<x<20$이므로 $x=3$ 🔑 3

0840 오른쪽 그림과 같이 땅의 가로의 길이를 x m라 하면 세로의 길이는 $(x-9)$ m이다. 폭이 일정한 길을 가장자리로 이동하면 길을 제외한 땅의 넓이는 어두운 부분의 넓이와 같으므로

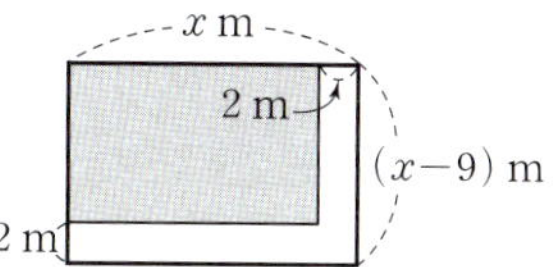

$$(x-2)(x-9-2)=162, \text{ 즉}$$
$$(x-2)(x-11)=162 \qquad \cdots \boxed{\text{1단계}}$$
$$x^2-13x+22=162$$
$$x^2-13x-140=0, \qquad (x+7)(x-20)=0$$
$$\therefore x=-7 \text{ 또는 } x=20 \qquad \cdots \boxed{\text{2단계}}$$

그런데 $x>11$이므로 $x=20$

따라서 땅의 가로의 길이는 20 m이다. $\cdots \boxed{\text{3단계}}$

🔑 20 m

단계	채점 요소	비율
1	이차방정식 세우기	40 %
2	이차방정식 풀기	40 %
3	땅의 가로의 길이 구하기	20 %

0841 처음 정사각형의 한 변의 길이를 x cm라 하면 뚜껑이 없는 상자의 밑면의 한 변의 길이는 $(x-6)$ cm이므로

$$(x-6)^2\times3=243$$
$$(x-6)^2=81, \qquad x-6=\pm9$$
$$\therefore x=-3 \text{ 또는 } x=15$$

그런데 $x>6$이므로 $x=15$

따라서 처음 정사각형의 한 변의 길이는 15 cm이다.

🔑 15 cm

0842 상자의 높이를 x cm라 하면 밑면의 가로의 길이는 $(20-2x)$ cm, 세로의 길이는 $(14-2x)$ cm이므로

$$(20-2x)(14-2x)=160$$
$$x^2-17x+30=0, \qquad (x-2)(x-15)=0$$
$$\therefore x=2 \text{ 또는 } x=15$$

그런데 $x>0$, $14-2x>0$이므로 $0<x<7$
$$\therefore x=2$$

따라서 상자의 높이는 2 cm이다. 🔑 2 cm

0843 물받이의 높이를 x cm라 하면 물받이의 단면의 가로의 길이는 $(50-2x)$ cm이므로

$$(50-2x) \times x = 200 \quad \cdots \text{1단계}$$
$$2x^2 - 50x + 200 = 0$$
$$x^2 - 25x + 100 = 0, \quad (x-5)(x-20) = 0$$
$$\therefore x = 5 \text{ 또는 } x = 20 \quad \cdots \text{2단계}$$

그런데 $x > 0$, $50-2x > 0$이므로 $\quad 0 < x < 25$

$$\therefore x = 5 \text{ 또는 } x = 20$$

따라서 물받이의 높이가 될 수 있는 것은 5 cm, 20 cm이다.

$\cdots$ 3단계

답 5 cm, 20 cm

단계	채점 요소	비율
1	이차방정식 세우기	40 %
2	이차방정식 풀기	40 %
3	물받이의 높이가 될 수 있는 것 모두 구하기	20 %

0844 $\overline{AB} = x$라 하면 $\square AEFD$는 정사각형이므로 $\overline{AE} = 2$에서

$$\overline{BE} = x - 2$$

이때 $\square ABCD \infty \square BCFE$이므로

$$\overline{AB} : \overline{BC} = \overline{AD} : \overline{BE}$$
$$x : 2 = 2 : (x-2), \quad x(x-2) = 4$$
$$x^2 - 2x - 4 = 0 \quad \therefore x = 1 \pm \sqrt{5}$$

그런데 $x > 2$이므로 $\quad x = 1 + \sqrt{5}$

따라서 $\overline{AB}$의 길이는 $1 + \sqrt{5}$이다.

답 $1 + \sqrt{5}$

0845 작은 정삼각형의 한 변의 길이를 x cm라 하면 큰 정삼각형의 한 변의 길이는

$$\frac{15-3x}{3} = 5 - x \text{ (cm)}$$

큰 정삼각형과 작은 정삼각형은 닮은 도형이므로 닮음비는 $(5-x) : x$이고 넓이의 비가 $4 : 3$이므로

$$(5-x)^2 : x^2 = 4 : 3$$
$$3(5-x)^2 = 4x^2, \quad x^2 + 30x - 75 = 0$$
$$\therefore x = -15 \pm \sqrt{300} = -15 \pm 10\sqrt{3}$$

그런데 $0 < x < 5$이므로 $\quad x = -15 + 10\sqrt{3}$

따라서 작은 정삼각형의 한 변의 길이는 $(-15 + 10\sqrt{3})$ cm이다.

답 $(-15 + 10\sqrt{3})$ cm

참고 $\sqrt{289} < \sqrt{300} < \sqrt{324}$, 즉 $17 < 10\sqrt{3} < 18$이므로

$$2 < -15 + 10\sqrt{3} < 3$$

다른 풀이 작은 정삼각형의 한 변의 길이를 x cm라 하면 큰 정삼각형의 한 변의 길이는

$$\frac{15-3x}{3} = 5 - x \text{ (cm)}$$

큰 정삼각형과 작은 정삼각형의 넓이의 비가 $4 : 3$이므로 닮음비는 $2 : \sqrt{3}$

즉 $(5-x) : x = 2 : \sqrt{3}$이므로

$$\sqrt{3}(5-x) = 2x, \quad 5\sqrt{3} - \sqrt{3}x = 2x$$

$$(2+\sqrt{3})x = 5\sqrt{3}$$
$$\therefore x = \frac{5\sqrt{3}}{2+\sqrt{3}} = 5\sqrt{3}(2-\sqrt{3}) = -15 + 10\sqrt{3}$$

따라서 작은 정삼각형의 한 변의 길이는 $(-15 + 10\sqrt{3})$ cm이다.

0846 $\triangle APQ$와 $\triangle ABE$에서 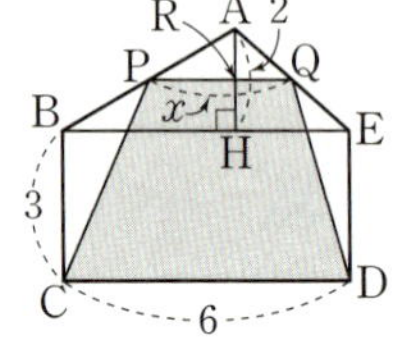 $\overline{PQ} /\!/ \overline{BE}$이므로

$$\triangle APQ \infty \triangle ABE \text{ (AA 닮음)}$$

$\overline{AH}$와 $\overline{PQ}$의 교점을 R라 하고 $\overline{PQ} = x$라 하자.

$\overline{AR} : \overline{AH} = \overline{PQ} : \overline{BE}$에서 $\quad \overline{AR} : 2 = x : 6$

$$\therefore \overline{AR} = \frac{1}{3}x$$

즉 사다리꼴 PCDQ의 높이는

$$\left(2 - \frac{1}{3}x\right) + 3 = 5 - \frac{1}{3}x$$

사다리꼴 PCDQ의 넓이가 직사각형 BCDE의 넓이와 같으므로

$$\frac{1}{2}(x+6)\left(5 - \frac{1}{3}x\right) = 6 \times 3$$
$$x^2 - 9x + 18 = 0$$
$$(x-3)(x-6) = 0$$
$$\therefore x = 3 \text{ 또는 } x = 6$$

그런데 $0 < x < 6$이므로 $\quad x = 3$

따라서 $\overline{PQ}$의 길이는 3이다.

답 3

0847 **전략** 근의 공식을 이용하여 두 근 중 큰 근을 구한다.

$x^2 + 4x - 6 = 0$에서

$$x = -2 \pm \sqrt{10}$$

따라서 $\alpha = -2 + \sqrt{10}$이므로 $\quad \alpha + 2 = \sqrt{10}$

답 ③

0848 **전략** 근의 공식을 이용하여 이차방정식을 풀고 주어진 해와 비교한다.

$ax^2 - 6x - 2 = 0$에서

$$x = \frac{3 \pm \sqrt{9 + 2a}}{a}$$

따라서 $a = 4$, $9 + 2a = b$이므로 $\quad b = 17$

$$\therefore a + b = 4 + 17 = 21$$

답 21

0849 **전략** 이차방정식의 양변에 분모의 최소공배수를 곱하여 계수를 정수로 고친다.

주어진 이차방정식의 양변에 6을 곱하면

$$3(x-2)^2 = 2(x^2 + 6)$$
$$3x^2 - 12x + 12 = 2x^2 + 12$$
$$x^2 - 12x = 0, \quad x(x-12) = 0$$
$$\therefore x = 0 \text{ 또는 } x = 12$$

답 ③

0850 전략 이차방정식의 양변에 10의 거듭제곱을 곱하여 계수를 정수로 고친다.

주어진 이차방정식의 양변에 100을 곱하면
$$9x^2-18x=5$$
$$9x^2-18x-5=0$$
$$\therefore x=\frac{9\pm\sqrt{126}}{9}=\frac{9\pm3\sqrt{14}}{9}=1\pm\frac{\sqrt{14}}{3}$$
따라서 두 근의 차는
$$1+\frac{\sqrt{14}}{3}-\left(1-\frac{\sqrt{14}}{3}\right)=\frac{2\sqrt{14}}{3}$$
답 ①

0851 전략 공통부분을 한 문자로 놓는다.

$x-2=A$로 놓으면
$$A^2+2A-15=0, \qquad (A+5)(A-3)=0$$
$$\therefore A=-5 \text{ 또는 } A=3$$
즉 $x-2=-5$ 또는 $x-2=3$이므로
$$x=-3 \text{ 또는 } x=5$$
$\alpha<\beta$이므로 $\quad \alpha=-3, \beta=5$
따라서 $\alpha x+\beta+1=0$에서 $\quad -3x+6=0$
$$\therefore x=2$$
답 $x=2$

0852 전략 주어진 A, B의 값을 이차방정식에 대입하여 근의 개수를 확인한다.

ㄱ. $x^2+4x+2=0$에서 $4^2-4\times1\times2=8>0$이므로 서로 다른 두 근을 갖는다.

ㄴ. $x^2-6x+9=0$에서 $(-6)^2-4\times1\times9=0$이므로 중근을 갖는다.

ㄷ. $B<0$이면 $A^2-4B>0$이므로 서로 다른 두 근을 갖는다.

이상에서 옳은 것은 ㄱ, ㄴ이다.
답 ③

0853 전략 이차방정식이 중근을 가질 조건을 이용한다.

$4x^2-2x+\dfrac{k}{8}=0$이 중근을 가지므로
$$(-2)^2-4\times4\times\frac{k}{8}=0, \qquad 4-2k=0$$
$$\therefore k=2$$
즉 $(k-1)x^2-kx-1=0$은 $x^2-2x-1=0$이므로
$$x=1\pm\sqrt{2}$$
답 ③

0854 전략 이차방정식이 근을 가질 조건을 이용한다.

$3mx^2-9x+1=0$이 근을 가지므로
$$(-9)^2-4\times3m\times1\geq0$$
$$-12m\geq-81 \qquad \therefore m\leq\frac{27}{4}$$
따라서 자연수 m은 1, 2, 3, $\cdots$, 6의 6개이다.
답 ④

0855 전략 두 이차방정식의 해에 대한 조건을 동시에 만족시키는 a의 값을 찾는다.

$x^2+(a+3)x+1=0$이 중근을 가지므로
$$(a+3)^2-4\times1\times1=0$$

$$a^2+6a+5=0, \qquad (a+5)(a+1)=0$$
$$\therefore a=-5 \text{ 또는 } a=-1 \qquad\qquad \cdots\cdots \text{㉠}$$
$x^2-5x-2a=0$이 근을 갖지 않으므로
$$(-5)^2-4\times1\times(-2a)<0, \qquad 8a<-25$$
$$\therefore a<-\frac{25}{8} \qquad\qquad \cdots\cdots \text{㉡}$$
㉠, ㉡을 동시에 만족시키는 a의 값은 -5이다.
답 -5

0856 전략 주어진 중근과 x^2의 계수를 이용하여 이차방정식을 구한다.

중근 $x=-1$을 갖고 x^2의 계수가 8인 이차방정식은
$$8(x+1)^2=0 \qquad \therefore 8x^2+16x+8=0$$
따라서 $2a=16$, $b=8$이므로 $\quad a=8$
$$\therefore a+b=8+8=16$$
답 ⑤

0857 전략 주어진 두 근과 x^2의 계수를 이용하여 이차방정식을 구한다.

두 근이 $\dfrac{1}{3}$, $\dfrac{1}{2}$이고 x^2의 계수가 6인 이차방정식은
$$6\left(x-\frac{1}{3}\right)\left(x-\frac{1}{2}\right)=0 \qquad \therefore 6x^2-5x+1=0$$
$$\therefore a=-5, b=1$$
따라서 -5, 1을 두 근으로 하고 x^2의 계수가 1인 이차방정식은
$$(x+5)(x-1)=0 \qquad \therefore x^2+4x-5=0$$
답 ④

0858 전략 주어진 식을 이용하여 이차방정식을 세운다.

$\dfrac{n(n+1)}{2}=21$에서 $\quad n^2+n-42=0$
$$(n+7)(n-6)=0$$
$$\therefore n=-7 \text{ 또는 } n=6$$
그런데 n은 자연수이므로 $\quad n=6$
따라서 사용한 점의 개수가 21인 삼각형은 6번째 삼각형이다.
답 6번째

0859 전략 연속하는 두 자연수를 x, $x+1$로 놓고 이차방정식을 세운다.

연속하는 두 자연수를 x, $x+1$이라 하면
$$3x^2=(x+1)^2+3, \qquad 2x^2-2x-4=0$$
$$x^2-x-2=0, \qquad (x+1)(x-2)=0$$
$$\therefore x=-1 \text{ 또는 } x=2$$
그런데 x는 자연수이므로 $\quad x=2$
따라서 두 수는 2, 3이므로 구하는 곱은
$$2\times3=6$$
답 ①

0860 전략 펼쳐져 있는 책의 두 면의 쪽수는 연속하는 두 자연수임을 이용한다.

펼쳐진 두 면의 쪽수를 x, $x+1$이라 하면
$$x(x+1)=930, \qquad x^2+x-930=0$$

$$(x+31)(x-30)=0$$
$$\therefore x=-31 \text{ 또는 } x=30$$

그런데 x는 자연수이므로　　$x=30$
따라서 두 면의 쪽수는 30, 31이므로 구하는 합은
$$30+31=61$$
답 61

0861 전략 비가 온 날을 x일이라 하고 이차방정식을 세운다.

비가 온 날을 x일이라 하면 비가 오지 않은 날은 $(30-x)$일이므로
$$x^2=4(30-x)-3, \qquad x^2+4x-117=0$$
$$(x+13)(x-9)=0$$
$$\therefore x=-13 \text{ 또는 } x=9$$

그런데 x는 자연수이므로　　$x=9$
따라서 비가 온 날은 9일이다.
답 9일

0862 전략 주어진 식을 이용하여 물 로켓이 지면으로부터 55 m의 높이에 도달할 때까지 걸린 시간을 구한다.

$10+30x-5x^2=55$에서　　$-5x^2+30x-45=0$
$$x^2-6x+9=0, \qquad (x-3)^2=0$$
$$\therefore x=3$$

따라서 물 로켓이 55 m의 높이에 도달하는 것은 쏘아 올린 지 3초 후이다.
답 ②

0863 전략 x초 후의 가로, 세로의 길이를 이용하여 이차방정식을 세운다.

x초 후에 처음 직사각형의 넓이와 같아진다고 하면
$$(16-x)(12+2x)=16\times 12$$
$$2x^2-20x=0, \qquad x^2-10x=0$$
$$x(x-10)=0$$
$$\therefore x=0 \text{ 또는 } x=10$$

그런데 $0<x<16$이므로　　$x=10$
따라서 처음 직사각형의 넓이와 같아지는 것은 10초 후이다.
답 10초

0864 전략 산책로의 폭을 x m라 하고 이차방정식을 세운다.

산책로의 폭을 x m라 하면
$$(11+2x)(8+2x)-11\times 8=92$$
$$4x^2+38x-92=0, \qquad 2x^2+19x-46=0$$
$$(2x+23)(x-2)=0$$
$$\therefore x=-\frac{23}{2} \text{ 또는 } x=2$$

그런데 $x>0$이므로　　$x=2$
따라서 산책로의 폭은 2 m이다.
답 2 m

0865 전략 계수가 분수이면 양변에 분모의 최소공배수를 곱하여 계수를 정수로 고쳐서 푼다.

$(2x+3)(x+3)=x^2+19$에서
$$x^2+9x-10=0, \qquad (x+10)(x-1)=0$$

$$\therefore x=-10 \text{ 또는 } x=1 \qquad \cdots \text{1단계}$$
$a>b$이므로　　$a=1, b=-10$　　$\cdots$ 2단계
$\frac{1}{b}x^2-\frac{1}{5}x+a=0$에서　　$-\frac{1}{10}x^2-\frac{1}{5}x+1=0$
$$x^2+2x-10=0$$
$$\therefore x=-1\pm\sqrt{11} \qquad \cdots \text{3단계}$$
답 $x=-1\pm\sqrt{11}$

단계	채점 요소	비율
1	$(2x+3)(x+3)=x^2+19$ 풀기	40 %
2	a, b의 값 구하기	20 %
3	$\frac{1}{b}x^2-\frac{1}{5}x+a=0$ 풀기	40 %

0866 전략 공통부분을 한 문자로 놓는다.

$a-b=A$로 놓으면
$$3A^2-10A-8=0$$
$$(3A+2)(A-4)=0$$
$$\therefore A=-\frac{2}{3} \text{ 또는 } A=4 \qquad \cdots \text{1단계}$$

이때 $a>b$에서 $A=a-b>0$이므로　　$A=4$
$$\therefore a-b=4 \qquad \cdots\cdots ㉠ \qquad \cdots \text{2단계}$$

따라서 $a+b=6$과 ㉠을 연립하여 풀면
$$a=5, b=1 \qquad \cdots \text{3단계}$$
답 $a=5, b=1$

단계	채점 요소	비율
1	$a-b=A$로 놓고 A에 대한 이차방정식 풀기	40 %
2	$a-b$의 값 구하기	30 %
3	a, b의 값 구하기	30 %

0867 전략 $\overline{AC}$의 길이를 x cm로 놓고 이차방정식을 세운다.

$\overline{AC}=x$ cm라 하면　　$\overline{CB}=(10-x)$ cm
(색칠한 부분의 넓이)
$=(\overline{AB}$를 지름으로 하는 반원의 넓이$)$
　$-(\overline{AC}$를 지름으로 하는 반원의 넓이$)$
　$-(\overline{CB}$를 지름으로 하는 반원의 넓이$)$
이므로
$$6\pi=\frac{1}{2}\times\pi\times\left(\frac{10}{2}\right)^2$$
$$-\frac{1}{2}\times\pi\times\left(\frac{x}{2}\right)^2-\frac{1}{2}\times\pi\times\left(\frac{10-x}{2}\right)^2 \qquad \cdots \text{1단계}$$
$$12=25-\frac{x^2}{4}-\frac{(10-x)^2}{4}$$
$$48=100-x^2-(10-x)^2$$
$$2x^2-20x+48=0$$
$$x^2-10x+24=0$$
$$(x-4)(x-6)=0$$
$$\therefore x=4 \text{ 또는 } x=6 \qquad \cdots \text{2단계}$$

그런데 $\overline{AC}>\overline{CB}$이므로　　$x=6$
따라서 $\overline{AC}$의 길이는 6 cm이다.　　$\cdots$ 3단계
답 6 cm

단계	채점 요소	비율
1	이차방정식 세우기	40 %
2	이차방정식 풀기	40 %
3	$\overline{AC}$의 길이 구하기	20 %

0868 (전략) 이차방정식이 중근을 갖도록 하는 조건을 이용한다.

$(k^2-4)x^2-(k+2)x+3=0$이 중근을 가지므로

$$\{-(k+2)\}^2-4\times(k^2-4)\times3=0$$
$$11k^2-4k-52=0, \quad (k+2)(11k-26)=0$$
$$\therefore k=-2 \ 또는 \ k=\frac{26}{11}$$

그런데 주어진 방정식은 이차방정식이므로 $\quad k^2-4\neq0$

$$(k+2)(k-2)\neq0 \quad \therefore k\neq-2, \ k\neq2$$
$$\therefore k=\frac{26}{11}$$

답 $\dfrac{26}{11}$

0869 (전략) 상품의 가격과 판매량을 문자로 놓고 이차방정식을 세운다.

상품의 가격이 a원일 때의 판매량을 b개라 하자.

a원에서 $10x$ %만큼 인하한 가격은

$$a\left(1-\frac{10x}{100}\right)원$$

b개에서 $20x$ %만큼 늘어난 판매량은

$$b\left(1+\frac{20x}{100}\right)개$$

상품의 총 판매 금액이 가격 인하 전과 같아졌으므로

$$a\left(1-\frac{10x}{100}\right)\times b\left(1+\frac{20x}{100}\right)=ab$$
$$\left(1-\frac{10x}{100}\right)\left(1+\frac{20x}{100}\right)=1$$
$$x^2-5x=0, \quad x(x-5)=0$$
$$\therefore x=0 \ 또는 \ x=5$$

그런데 $x>0$이므로 $\quad x=5$

답 5

0870 (전략) $\overline{AE}=x$라 하고 닮음비를 이용하여 필요한 선분의 길이를 x에 대한 식으로 나타낸다.

$\overline{AE}=x$라 하면 $\overline{GC}=\overline{OF}=\overline{EB}=3-x$이고

$\triangle OBF \backsim \triangle DBC$ (AA 닮음)이므로

$$\overline{BF}:\overline{BC}=\overline{OF}:\overline{DC}$$
$$\overline{BF}:6=(3-x):3, \quad 3\overline{BF}=6(3-x)$$
$$\therefore \overline{BF}=2(3-x)$$
$$\overline{FC}=\overline{BC}-\overline{BF}=6-2(3-x)=2x$$

□AEOH와 □OFCG의 넓이의 합이 5이므로

$$\overline{AE}\times\overline{AH}+\overline{FC}\times\overline{GC}=5$$
$$x\times2(3-x)+2x\times(3-x)=5$$
$$4x^2-12x+5=0, \quad (2x-1)(2x-5)=0$$
$$\therefore x=\frac{1}{2} \ 또는 \ x=\frac{5}{2}$$

그런데 $0<x<\dfrac{3}{2}$이므로 $\quad x=\dfrac{1}{2}$

따라서 $\overline{AE}$의 길이는 $\dfrac{1}{2}$이다.

답 $\dfrac{1}{2}$

08 이차함수의 그래프 (1)

교과서문제 정복하기 ▶ 본문 127, 129쪽

0871 $y=x^2-2x-1$이므로 이차함수이다. 답 ○

0872 $y=3x-14$이므로 이차함수가 아니다. 답 ×

0873 $y=-\dfrac{1}{4}x^2+\dfrac{1}{4}$이므로 이차함수이다. 답 ○

0874 $y=-\dfrac{1}{2}x^2+4x$이므로 이차함수이다.

답 $y=-\dfrac{1}{2}x^2+4x$, ○

0875 $y=x^3$이므로 이차함수가 아니다.

답 $y=x^3$, ×

0876 $y=4\pi x^2$이므로 이차함수이다.

답 $y=4\pi x^2$, ○

0877 $f(0)=0^2-5\times0+1=1$ 답 1

0878 $f(2)=2^2-5\times2+1=-5$ 답 -5

0879 $f(-3)=(-3)^2-5\times(-3)+1=25$ 답 25

0880 $f\left(\dfrac{1}{5}\right)=\left(\dfrac{1}{5}\right)^2-5\times\dfrac{1}{5}+1=\dfrac{1}{25}$ 답 $\dfrac{1}{25}$

0881 답 아래

0882 답 y

0883 답 감소, 증가

0884 답 x

0885 답 $(0, 0)$

0886 답 $x=0$

0887 답 $y=-\dfrac{3}{4}x^2$

0888 답 ㉢

0889 답 ㄹ

0890 답 ㄱ

0891 답 ㄴ

0892 답 ㄴ, ㄷ

0893 답 ㄹ

0894 답 ㄱ과 ㄷ

0895 답 $y=3x^2+5$

0896 답 $y=\dfrac{1}{2}x^2-1$

0897 답 $y=-4x^2-\dfrac{1}{3}$

0898 답 꼭짓점의 좌표: $(0,\,-7)$
축의 방정식: $x=0$

0899 답 꼭짓점의 좌표: $(0,\,4)$
축의 방정식: $x=0$

0900 그래프가 아래로 볼록하므로
$a>0$
꼭짓점 $(0,\,q)$가 x축의 아래쪽에 있으므로
$q<0$ 답 $a>0,\,q<0$

0901 그래프가 위로 볼록하므로
$a<0$
꼭짓점 $(0,\,q)$가 x축의 위쪽에 있으므로
$q>0$ 답 $a<0,\,q>0$

0902 답 $y=\dfrac{1}{5}(x+6)^2$

0903 답 $y=-3(x-4)^2$

0904 답 $y=-8\left(x+\dfrac{3}{2}\right)^2$

0905 답 꼭짓점의 좌표: $(-1,\,0)$
축의 방정식: $x=-1$

0906 답 꼭짓점의 좌표: $(4,\,0)$
축의 방정식: $x=4$

0907 그래프가 아래로 볼록하므로
$a>0$
꼭짓점 $(p,\,0)$이 y축의 왼쪽에 있으므로
$p<0$ 답 $a>0,\,p<0$

0908 그래프가 위로 볼록하므로
$a<0$
꼭짓점 $(p,\,0)$이 y축의 오른쪽에 있으므로
$p>0$ 답 $a<0,\,p>0$

0909 답 $y=6(x+5)^2+2$

0910 답 $y=-2(x-4)^2-1$

0911 답 $y=\dfrac{3}{7}(x+3)^2-\dfrac{1}{2}$

0912 답 꼭짓점의 좌표: $(-1,\,5)$
축의 방정식: $x=-1$

0913 답 꼭짓점의 좌표: $(2,\,-7)$
축의 방정식: $x=2$

0914 그래프가 아래로 볼록하므로
$a>0$
꼭짓점 $(p,\,q)$가 제4사분면 위에 있으므로
$p>0,\,q<0$ 답 $a>0,\,p>0,\,q<0$

0915 그래프가 위로 볼록하므로
$a<0$
꼭짓점 $(p,\,q)$가 제2사분면 위에 있으므로
$p<0,\,q>0$ 답 $a<0,\,p<0,\,q>0$

유형 익히기   > 본문 130~140쪽

0916 ① $y=6x-3$ ➡ 일차함수이다.
② $y=\dfrac{1}{x^2}$ ➡ 이차함수가 아니다.
③ $y=\dfrac{1}{4}x^2-\dfrac{1}{2}x+1$ ➡ 이차함수이다.
④ $y=5x$ ➡ 일차함수이다.
⑤ $y=-10x+15$ ➡ 일차함수이다.
따라서 y가 x에 대한 이차함수인 것은 ③이다. 답 ③

0917 ① $y=\dfrac{1}{5}x^2$ ➡ 이차함수이다.
② $y=2x^2+4x+1$ ➡ 이차함수이다.

③ $3x^2-4x+1=0$ ➡ 이차방정식이다.

④ $y=1-x^2$ ➡ 이차함수이다.

⑤ $y=2x^3+x-1$ ➡ 이차함수가 아니다.

따라서 y가 x에 대한 이차함수가 아닌 것은 ③, ⑤이다.

답 ③, ⑤

0918 ① $y=2\pi\times2x=4\pi x$ ➡ 일차함수이다.

② $y=60x$ ➡ 일차함수이다.

③ $y=\dfrac{1}{2}\times x\times4=2x$ ➡ 일차함수이다.

④ $y=\dfrac{x(x-3)}{2}=\dfrac{1}{2}x^2-\dfrac{3}{2}x$ ➡ 이차함수이다.

⑤ $y=3000x$ ➡ 일차함수이다.

따라서 y가 x에 대한 이차함수인 것은 ④이다.

답 ④

0919 $y=(x+1)^2-kx^2+8$

$\qquad=x^2+2x+1-kx^2+8$

$\qquad=(1-k)x^2+2x+9$

이차함수가 되려면

$\qquad 1-k\neq0$ $\quad\therefore k\neq1$

답 ④

0920 $y=-ax(3-x)+2+4x^2$

$\qquad=-3ax+ax^2+2+4x^2$

$\qquad=(a+4)x^2-3ax+2$

이차함수이므로

$\qquad a+4\neq0$ $\quad\therefore a\neq-4$

따라서 a의 값이 될 수 없는 것은 ①이다.

답 ①

0921 $y=k(k-5)x^2+7x+6x^2$

$\qquad=(k^2-5k+6)x^2+7x$

··· 1단계

이차함수가 되려면

$\qquad k^2-5k+6\neq0,\quad(k-2)(k-3)\neq0$

$\qquad\therefore k\neq2$이고 $k\neq3$

··· 2단계

답 $k\neq2$이고 $k\neq3$

단계	채점 요소	비율
1	$y=ax^2+bx+c$의 꼴로 정리하기	40 %
2	k의 조건 구하기	60 %

0922 $f(x)=x^2-6x+4$에서

$\qquad f(0)=0^2-6\times0+4=4$

$\qquad f(-1)=(-1)^2-6\times(-1)+4=11$

$\qquad\therefore f(0)f(-1)=4\times11=44$

답 ⑤

0923 $f(-2)=-(-2)^2+a\times(-2)-3$

$\qquad\qquad=-2a-7$

$f(-2)=-9$이므로

$\qquad -2a-7=-9,\quad-2a=-2$

$\qquad\therefore a=1$

답 ④

0924 $f(a)=2a^2-5a-1$이므로

$\qquad 2a^2-5a-1=2,\quad2a^2-5a-3=0$

$\qquad(2a+1)(a-3)=0$

$\qquad\therefore a=-\dfrac{1}{2}$ 또는 $a=3$

그런데 a는 정수이므로 $\quad a=3$

답 3

0925 $f(x)=x^2+ax+b$에 대하여

$f(1)=2$에서 $\quad 1+a+b=2$

$\qquad\therefore a+b=1$ $\qquad\qquad\cdots\cdots$ ㉠

$f(-1)=4$에서 $\quad 1-a+b=4$

$\qquad\therefore -a+b=3$ $\qquad\cdots\cdots$ ㉡ ··· 1단계

㉠, ㉡을 연립하여 풀면

$\qquad a=-1,\ b=2$ ··· 2단계

$\qquad\therefore 2a-b=2\times(-1)-2=-4$ ··· 3단계

답 -4

단계	채점 요소	비율
1	a,b에 대한 연립방정식 세우기	50 %
2	a,b의 값 구하기	40 %
3	$2a-b$의 값 구하기	10 %

0926 그래프가 위로 볼록하므로 x^2의 계수가 음수이어야 한다. x^2의 계수가 음수인 이차함수의 x^2의 계수의 절댓값의 대소를 비교하면

$$\left|-\dfrac{2}{3}\right|<|-2|<\left|-\dfrac{8}{3}\right|$$

따라서 그래프가 위로 볼록하면서 폭이 가장 넓은 것은 ②이다.

답 ②

0927 $y=ax^2$의 그래프가 두 이차함수 $y=3x^2$과 $y=\dfrac{2}{5}x^2$의 그래프 사이에 있으므로

$\qquad\dfrac{2}{5}<a<3$

답 $\dfrac{2}{5}<a<3$

0928 $y=ax^2$의 그래프가 색칠한 부분에 있으려면

(ⅰ) 그래프가 아래로 볼록한 경우

$\qquad a>0$이고, $|a|<|1|$이어야 하므로

$\qquad 0<a<1$

(ⅱ) 그래프가 위로 볼록한 경우

$\qquad a<0$이고, $|a|<\left|-\dfrac{1}{2}\right|$이어야 하므로

$\qquad -\dfrac{1}{2}<a<0$

(ⅰ), (ⅱ)에서 a의 값이 될 수 있는 것은 ③이다.

답 ③

0929 $y=ax^2$의 그래프와 $y=-ax^2$의 그래프는 x축에 대하여 대칭이다.

따라서 보기의 이차함수 중 그래프가 x축에 대하여 대칭인 것은 ㄱ과 ㅁ, ㄴ과 ㅂ이다.

답 ①, ③

0930 $y=\dfrac{1}{5}x^2$의 그래프와 x축에 대하여 대칭인 것은 $y=-\dfrac{1}{5}x^2$의 그래프이다. 답 ③

0931 $y=-4x^2$의 그래프와 x축에 대하여 대칭인 것은 $y=4x^2$의 그래프이므로

$$a=4 \qquad \cdots \text{1단계}$$

$y=\dfrac{3}{2}x^2$의 그래프와 x축에 대하여 대칭인 것은 $y=-\dfrac{3}{2}x^2$의 그래프이므로

$$b=-\dfrac{3}{2} \qquad \cdots \text{2단계}$$

$$\therefore ab=4\times\left(-\dfrac{3}{2}\right)=-6 \qquad \cdots \text{3단계}$$

답 -6

단계	채점 요소	비율
1	a의 값 구하기	40 %
2	b의 값 구하기	40 %
3	ab의 값 구하기	20 %

0932 ① 꼭짓점의 좌표는 $(0, 0)$이다.

② 축의 방정식은 $x=0$이다.

③ 위로 볼록한 포물선이다.

④ $\left|\dfrac{1}{3}\right|<|-3|$이므로 $y=-3x^2$의 그래프는 $y=\dfrac{1}{3}x^2$의 그래프보다 폭이 좁다.

⑤ $y=3x^2$의 그래프와 x축에 대하여 대칭이다.

따라서 옳은 것은 ④이다. 답 ④

0933 ② a의 절댓값이 클수록 그래프의 폭이 좁아진다.

⑤ $y=ax^2$의 그래프에서 $a<0$이면 $x>0$일 때, x의 값이 증가하면 y의 값은 감소한다.

따라서 옳지 않은 것은 ②, ⑤이다. 답 ②, ⑤

0934 ① 그래프가 아래로 볼록한 것은 (나), (다)이다.

② 모두 y축을 축으로 하는 포물선이다.

③ $\left|\dfrac{1}{5}\right|<|5|$이므로 (나)는 (다)보다 그래프의 폭이 넓다.

⑤ (가)의 그래프는 (다)의 그래프와 x축에 대하여 대칭이다.

따라서 옳은 것은 ④이다. 답 ④

0935 $y=ax^2$의 그래프가 점 $(-1, 4)$를 지나므로

$$4=a\times(-1)^2 \qquad \therefore a=4$$

$y=4x^2$의 그래프가 점 $(3, b)$를 지나므로

$$b=4\times3^2=36$$

$$\therefore a+b=4+36=40$$

답 40

0936 ③ $x=-\dfrac{1}{5}$, $y=-\dfrac{1}{5}$을 $y=5x^2$에 대입하면

$$-\dfrac{1}{5}\neq5\times\left(-\dfrac{1}{5}\right)^2$$

따라서 $y=5x^2$의 그래프 위의 점이 아닌 것은 ③이다. 답 ③

0937 $y=-6x^2$의 그래프가 점 $(k, 3k)$를 지나므로

$$3k=-6k^2, \qquad 2k^2+k=0$$

$$k(2k+1)=0$$

$$\therefore k=0 \ \text{또는} \ k=-\dfrac{1}{2}$$

그런데 $k\neq0$이므로 $k=-\dfrac{1}{2}$ 답 $-\dfrac{1}{2}$

0938 $y=-\dfrac{1}{4}x^2$의 그래프가 점 $(-4, a)$를 지나므로

$$a=-\dfrac{1}{4}\times(-4)^2=-4$$

$y=-\dfrac{1}{4}x^2$의 그래프와 x축에 대하여 대칭인 것은 $y=\dfrac{1}{4}x^2$의 그래프이므로 $b=\dfrac{1}{4}$

$$\therefore ab=(-4)\times\dfrac{1}{4}=-1$$

답 -1

0939 원점을 꼭짓점으로 하는 포물선이므로 이차함수의 식을 $y=ax^2$으로 놓으면 이 그래프가 점 $(2, -3)$을 지나므로

$$-3=a\times2^2 \qquad \therefore a=-\dfrac{3}{4}$$

따라서 구하는 이차함수의 식은

$$y=-\dfrac{3}{4}x^2$$

답 ③

0940 원점을 꼭짓점으로 하는 포물선이므로 이차함수의 식을 $y=ax^2$으로 놓으면 이 그래프가 점 $(-6, 24)$를 지나므로

$$24=a\times(-6)^2 \qquad \therefore a=\dfrac{2}{3}$$

따라서 $y=\dfrac{2}{3}x^2$의 그래프가 점 $(k, 6)$을 지나므로

$$6=\dfrac{2}{3}k^2, \qquad k^2=9 \qquad \therefore k=\pm3$$

그런데 $k>0$이므로 $k=3$ 답 3

0941 원점을 꼭짓점으로 하는 포물선이므로 $f(x)=ax^2$으로 놓으면 $y=f(x)$의 그래프가 점 $(4, 8)$을 지나므로

$$8=a\times4^2 \qquad \therefore a=\dfrac{1}{2}$$

따라서 $f(x)=\dfrac{1}{2}x^2$이므로 $\cdots \text{1단계}$

$$f(-2)=\dfrac{1}{2}\times(-2)^2=2 \qquad \cdots \text{2단계}$$

답 2

단계	채점 요소	비율
1	$f(x)$ 구하기	70 %
2	$f(-2)$의 값 구하기	30 %

0942 $y=3x^2$의 그래프를 y축의 방향으로 -5만큼 평행이동한 그래프의 식은
$$y=3x^2-5$$
이 그래프가 점 $(-2, a)$를 지나므로
$$a=3\times(-2)^2-5=7 \qquad \text{답 } 7$$

0943 $y=-\dfrac{1}{4}x^2+1$의 그래프는 꼭짓점의 좌표가 $(0, 1)$이고 위로 볼록한 포물선이다.
따라서 그래프로 알맞은 것은 ④이다. 　　　　답 ④

0944 $y=-\dfrac{5}{2}x^2+q$의 그래프가 점 $(2, -6)$을 지나므로
$$-6=-\dfrac{5}{2}\times 2^2+q \qquad \therefore q=4 \qquad \cdots \boxed{\text{1단계}}$$
따라서 $y=-\dfrac{5}{2}x^2+4$의 그래프의 꼭짓점의 좌표는 $(0, 4)$이다.
$$\cdots \boxed{\text{2단계}}$$
$$\text{답 } (0, 4)$$

단계	채점 요소	비율
1	q의 값 구하기	70 %
2	꼭짓점의 좌표 구하기	30 %

0945 ① 꼭짓점의 좌표는 $(0, 7)$이다.
⑤ $\left|-\dfrac{5}{2}\right|>|-2|$이므로 $y=-2x^2+7$의 그래프는 $y=-\dfrac{5}{2}x^2+7$의 그래프보다 폭이 넓다.
따라서 옳지 않은 것은 ①, ⑤이다. 　　답 ①, ⑤

0946 ㄱ. 오른쪽 그림과 같이 모든 사분면을 지난다.
ㄴ. 꼭짓점의 좌표는 $(0, -3)$이다.
ㄹ. $y=5x^2$의 그래프를 y축의 방향으로 -3만큼 평행이동한 것이다.
이상에서 옳은 것은 ㄱ, ㄷ이다. 　　답 ㄱ, ㄷ

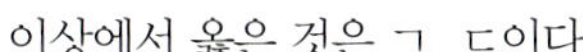

0947 ② 오른쪽 그림과 같이 제3사분면과 제4사분면을 지난다.
④ $x>0$일 때, x의 값이 증가하면 y의 값은 감소한다.
따라서 옳지 않은 것은 ④이다. 　　답 ④

0948 꼭짓점의 좌표가 $(0, 3)$이므로 이차함수의 식을 $y=ax^2+3$으로 놓으면 이 그래프가 점 $(2, -2)$를 지나므로
$$-2=a\times 2^2+3 \qquad \therefore a=-\dfrac{5}{4}$$
따라서 구하는 이차함수의 식은
$$y=-\dfrac{5}{4}x^2+3 \qquad \text{답 } ①$$

0949 꼭짓점의 좌표가 $(0, -1)$이므로 이차함수의 식을 $y=ax^2-1$로 놓으면 이 그래프가 점 $(-4, -9)$를 지나므로
$$-9=a\times(-4)^2-1 \qquad \therefore a=-\dfrac{1}{2}$$
$$\therefore y=-\dfrac{1}{2}x^2-1$$
주어진 점의 좌표를 각각 대입하면
① $-3=-\dfrac{1}{2}\times(-2)^2-1$
② $-1\neq-\dfrac{1}{2}\times(-1)^2-1$
③ $-\dfrac{11}{2}=-\dfrac{1}{2}\times 3^2-1$
④ $-9=-\dfrac{1}{2}\times 4^2-1$
⑤ $-19=-\dfrac{1}{2}\times 6^2-1$
따라서 이차함수의 그래프 위의 점이 아닌 것은 ②이다.
$$\text{답 } ②$$

0950 꼭짓점의 좌표가 $(0, -2)$이므로 $f(x)=ax^2-2$로 놓으면 이 그래프가 점 $(3, 1)$을 지나므로
$$1=a\times 3^2-2 \qquad \therefore a=\dfrac{1}{3}$$
따라서 $f(x)=\dfrac{1}{3}x^2-2$이므로
$$f(-3)=\dfrac{1}{3}\times(-3)^2-2=1$$
$$f(2)=\dfrac{1}{3}\times 2^2-2=-\dfrac{2}{3}$$
$$\therefore f(-3)+3f(2)=1+3\times\left(-\dfrac{2}{3}\right)$$
$$=-1 \qquad \text{답 } -1$$

0951 $y=3(x+5)^2$의 그래프의 꼭짓점의 좌표는 $(-5, 0)$이고, 축의 방정식은 $x=-5$이므로
$$a=-5, b=0, c=-5$$
$$\therefore a-b+c=-5-0+(-5)=-10 \qquad \text{답 } -10$$

0952 $y=\dfrac{1}{2}(x-2)^2$의 그래프는 꼭짓점의 좌표가 $(2, 0)$이고 아래로 볼록한 포물선이다.
또 $x=0$일 때 $y=\dfrac{1}{2}\times(0-2)^2=2$이므로 y축과의 교점의 좌표는 $(0, 2)$이다.
따라서 그래프로 알맞은 것은 ②이다. 　　답 ②

0953 $y=-\dfrac{1}{5}x^2$의 그래프를 x축의 방향으로 a만큼 평행이동한 그래프의 식은
$$y=-\dfrac{1}{5}(x-a)^2$$
이 그래프의 꼭짓점의 좌표가 $(a, 0)$이므로
$$a=-1 \qquad \cdots \boxed{\text{1단계}}$$

$y=-\dfrac{1}{5}(x+1)^2$의 그래프가 점 $(4, b)$를 지나므로

$$b=-\frac{1}{5}\times(4+1)^2=-5 \qquad \cdots \text{2단계}$$

$$\therefore a+b=-1+(-5)=-6 \qquad \cdots \text{3단계}$$

답 -6

단계	채점 요소	비율
1	a의 값 구하기	40 %
2	b의 값 구하기	40 %
3	$a+b$의 값 구하기	20 %

0954 ④ $x=-1$이면 $y=0$이므로 모든 실수 x에 대하여 y의 값은 음이 아닌 실수이다.

따라서 옳지 않은 것은 ④이다. 답 ④

0955 $y=(x-2)^2$의 그래프는 오른쪽 그림과 같으므로 x의 값이 증가할 때 y의 값이 감소하는 x의 값의 범위는 $x<2$이다.

답 ③

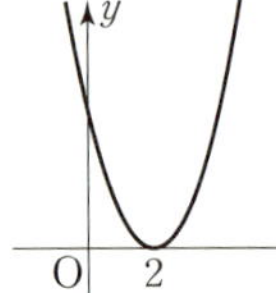

0956 $y=-2x^2$의 그래프를 x축의 방향으로 -5만큼 평행이동한 그래프의 식은

$$y=-2(x+5)^2$$

ㄴ. 축의 방정식이 $x=-5$이므로 직선 $x=-5$에 대하여 대칭이다.

ㄹ. $x>-5$일 때, x의 값이 증가하면 y의 값은 감소한다.

이상에서 옳은 것은 ㄱ, ㄷ이다. 답 ㄱ, ㄷ

0957 꼭짓점의 좌표가 $(4, 0)$이므로 이차함수의 식을 $y=a(x-4)^2$으로 놓으면 이 그래프가 점 $(0, 4)$를 지나므로

$$4=a\times(0-4)^2 \qquad \therefore a=\frac{1}{4}$$

따라서 구하는 이차함수의 식은

$$y=\frac{1}{4}(x-4)^2$$

답 ②

0958 축의 방정식이 $x=1$이고 x축에 접하므로 꼭짓점의 좌표는 $(1, 0)$이다.

이차함수의 식을 $y=a(x-1)^2$으로 놓으면 이 그래프가 점 $(0, -3)$을 지나므로

$$-3=a$$

따라서 구하는 이차함수의 식은

$$y=-3(x-1)^2$$

답 ④

0959 $y=(x+6)^2$의 그래프의 꼭짓점의 좌표는

$$(-6, 0)$$

주어진 이차함수의 식을 $y=a(x+6)^2$으로 놓으면 이 그래프가 점 $(-4, 6)$을 지나므로

$$6=a\times(-4+6)^2 \qquad \therefore a=\frac{3}{2}$$

따라서 주어진 이차함수의 식은

$$y=\frac{3}{2}(x+6)^2 \qquad \cdots \text{1단계}$$

이 이차함수의 그래프가 점 $(k, 24)$를 지나므로

$$24=\frac{3}{2}(k+6)^2, \qquad (k+6)^2=16$$

$$k+6=\pm 4$$

$$\therefore k=-10 \text{ 또는 } k=-2 \qquad \cdots \text{2단계}$$

따라서 모든 k의 값의 합은 $-10+(-2)=-12$ $\cdots$ 3단계

답 -12

단계	채점 요소	비율
1	이차함수의 식 구하기	60 %
2	k의 값 구하기	30 %
3	모든 k의 값의 합 구하기	10 %

0960 $y=a(x+p)^2-3$의 그래프의 축의 방정식은 $x=-p$이므로

$$-p=-2 \qquad \therefore p=2$$

$y=a(x+2)^2-3$의 그래프가 점 $(-3, 1)$을 지나므로

$$1=a\times(-3+2)^2-3 \qquad \therefore a=4$$

$$\therefore a-p=4-2=2$$

답 2

0961 $y=-\dfrac{8}{5}x^2$의 그래프를 x축의 방향으로 m만큼, y축의 방향으로 n만큼 평행이동한 그래프의 식은

$$y=-\frac{8}{5}(x-m)^2+n$$

이 그래프가 $y=-\dfrac{8}{5}(x+1)^2-5$의 그래프와 일치하므로

$$m=-1, \ n=-5$$

$$\therefore m+n=-1+(-5)=-6$$

답 -6

0962 $y=-\dfrac{1}{2}(x-3)^2-4$의 그래프는 꼭짓점의 좌표가 $(3, -4)$이고 위로 볼록한 포물선이다.

또 $x=0$일 때, $y=-\dfrac{1}{2}\times(0-3)^2-4=-\dfrac{17}{2}$이므로 y축과의 교점의 좌표는 $\left(0, -\dfrac{17}{2}\right)$이다.

따라서 그래프로 알맞은 것은 ②이다. 답 ②

0963 각 이차함수의 그래프의 꼭짓점의 좌표를 구하면

① $(0, 1)$ ➡ 꼭짓점이 y축 위에 있다.

② $(-3, 0)$ ➡ 꼭짓점이 x축 위에 있다.

③ $(1, 6)$ ➡ 꼭짓점이 제1사분면 위에 있다.

④ $(5, -2)$ ➡ 꼭짓점이 제4사분면 위에 있다.

⑤ $(-2, -4)$ ➡ 꼭짓점이 제3사분면 위에 있다.

따라서 꼭짓점이 제3사분면 위에 있는 것은 ⑤이다. 답 ⑤

0964 $y=-3x^2$의 그래프를 x축의 방향으로 5만큼, y축의 방향으로 -2만큼 평행이동한 그래프의 식은

$$y=-3(x-5)^2-2 \qquad \cdots \text{1단계}$$

따라서 꼭짓점의 좌표는 $(5, -2)$이고 직선 $x=5$를 축으로 하므로
$$p=5, q=-2, k=5 \qquad \cdots \text{2단계}$$
$$\therefore p-q+k=5-(-2)+5$$
$$=12 \qquad \cdots \text{3단계}$$
답 12

단계	채점 요소	비율
1	평행이동한 그래프의 식 구하기	40 %
2	p, q, k의 값 구하기	40 %
3	$p-q+k$의 값 구하기	20 %

0965 $y=6(x+p)^2+q$의 그래프의 축의 방정식은 $x=-p$
이므로
$$-p=-1 \qquad \therefore p=1$$
$$\therefore y=6(x+1)^2+q$$
이때 꼭짓점 $(-1, q)$가 직선 $y=2x+7$ 위에 있으므로
$$q=2\times(-1)+7=5$$
$$\therefore p+q=1+5=6$$
답 ③

0966 $y=\dfrac{1}{2}(x+4)^2-5$의 그래프는 오른
쪽 그림과 같으므로 x의 값이 증가할 때 y의
값도 증가하는 x의 값의 범위는 $x>-4$이다.
답 ④

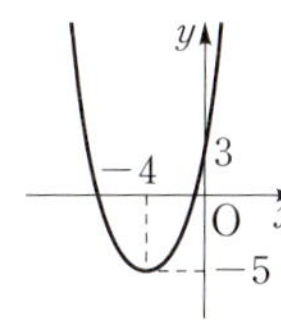

0967 $y=-\dfrac{3}{5}x^2$의 그래프를 x축의 방향으로 2만큼, y축의
방향으로 -1만큼 평행이동한 그래프의 식은
$$y=-\dfrac{3}{5}(x-2)^2-1$$
이 이차함수의 그래프는 오른쪽 그림과
같으므로 x의 값이 증가할 때 y의 값은
감소하는 x의 값의 범위는 $x>2$이다.
답 ⑤

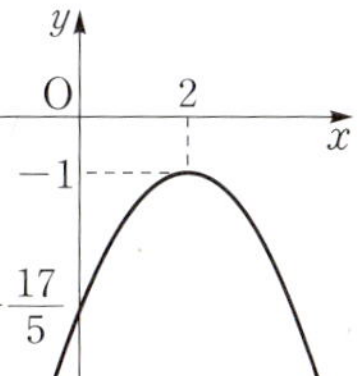

0968 각 이차함수의 그래프를 그려 보면 다음과 같다.

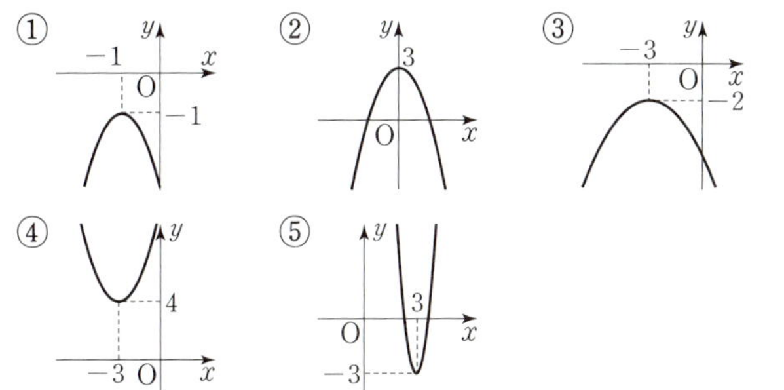

따라서 x의 값이 증가할 때 y의 값도 증가하는 x의 값의 범위가
$x>-3$인 것은 ④이다.
답 ④

0969 ⑤ 오른쪽 그림에서
$y=(x-3)^2-4$의 그래프는 제3사분면을
지나지 않는다.
따라서 옳지 않은 것은 ⑤이다.
답 ⑤

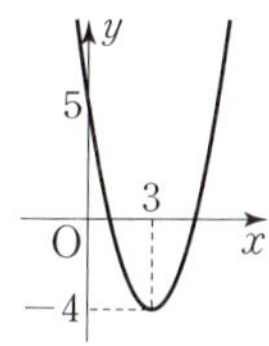

0970 $y=-\dfrac{1}{2}x^2$의 그래프를 x축의 방향으로 1만큼, y축의
방향으로 4만큼 평행이동한 그래프의 식은
$$y=-\dfrac{1}{2}(x-1)^2+4$$
ㄴ. 꼭짓점의 좌표는 $(1, 4)$이다.
ㄷ. 위로 볼록한 포물선이다.
이상에서 옳은 것은 ㄱ, ㄹ, ㅁ이다.
답 ④

0971 꼭짓점의 좌표가 $(2, -1)$이므로 이차함수의 식을
$y=a(x-2)^2-1$로 놓으면 이 그래프가 점 $(0, 2)$를 지나므로
$$2=a\times(0-2)^2-1 \qquad \therefore a=\dfrac{3}{4}$$
따라서 구하는 이차함수의 식은
$$y=\dfrac{3}{4}(x-2)^2-1$$
답 ④

0972 꼭짓점의 좌표가 $(-4, 3)$이므로 이차함수의 식을
$y=a(x+4)^2+3$으로 놓으면 이 그래프가 점 $(-3, 2)$를 지나
므로
$$2=a\times(-3+4)^2+3 \qquad \therefore a=-1$$
$$\therefore y=-(x+4)^2+3$$
따라서 $x=0$일 때, $y=-(0+4)^2+3=-13$이므로 y축과 만나
는 점의 좌표는 $(0, -13)$이다.
답 $(0, -13)$

0973 꼭짓점의 좌표가 $(3, -2)$이므로 이차함수의 식을
$y=a(x-3)^2-2$로 놓으면 이 그래프가 점 $(-1, 14)$를 지나므로
$$14=a\times(-1-3)^2-2 \qquad \therefore a=1$$
$$\therefore y=(x-3)^2-2$$
주어진 점의 좌표를 각각 대입하면
① $34=(-3-3)^2-2$
② $23=(-2-3)^2-2$
③ $2=(1-3)^2-2$
④ $-1=(2-3)^2-2$
⑤ $1\neq(4-3)^2-2$
따라서 그래프 위의 점이 아닌 것은 ⑤이다.
답 ⑤

0974 $y=-4(x+1)^2+2$의 그래프를 x축의 방향으로 m만
큼, y축의 방향으로 n만큼 평행이동한 그래프의 식은
$$y-n=-4(x-m+1)^2+2, \text{ 즉}$$
$$y=-4(x-m+1)^2+2+n$$
이 그래프가 $y=-4(x-1)^2-1$의 그래프와 일치하므로
$$-m+1=-1, 2+n=-1$$
$$\therefore m=2, n=-3$$
$$\therefore m+n=2+(-3)=-1$$
답 -1

0975 $y=a(x-2)^2+1$의 그래프를 x축의 방향으로 -1만큼, y축의 방향으로 2만큼 평행이동한 그래프의 식은
$$y-2=a(x+1-2)^2+1, \ \text{즉} \ y=a(x-1)^2+3$$
이 그래프가 점 $(3, -2)$를 지나므로
$$-2=a\times(3-1)^2+3$$
$$\therefore a=-\frac{5}{4}$$
답 ②

0976 $y=3x^2+1$의 그래프를 x축의 방향으로 k만큼, y축의 방향으로 3만큼 평행이동한 그래프의 식은
$$y=3(x-k)^2+1+3, \ \text{즉}$$
$$y=3(x-k)^2+4$$
··· **1단계**

이 그래프의 꼭짓점의 좌표는 $(k, 4)$이다.
··· **2단계**

이 점이 직선 $y=-4x+12$ 위에 있으므로
$$4=-4k+12 \quad \therefore k=2$$
··· **3단계**
답 2

단계	채점 요소	비율
1	평행이동한 그래프의 식 구하기	40 %
2	꼭짓점의 좌표 구하기	30 %
3	k의 값 구하기	30 %

0977 그래프가 아래로 볼록하므로 $\quad a>0$
꼭짓점 (p, q)가 제2사분면 위에 있으므로
$$p<0, \ q>0$$
답 ③

0978 ① 그래프가 위로 볼록하므로 $\quad a<0$
② 꼭짓점 $(0, q)$가 x축의 위쪽에 있으므로 $\quad q>0$
③ $a-q<0$
④ $aq<0$
⑤ $a+q$의 부호는 알 수 없다.
따라서 항상 옳은 것은 ④이다.
답 ④

0979 $y=a(x-p)^2+q$의 그래프가 위로 볼록하므로
$$a<0$$
··· **1단계**

꼭짓점 (p, q)가 제4사분면 위에 있으므로
$$p>0, \ q<0$$
··· **2단계**

따라서 $y=q(x+p)^2+\dfrac{q}{a}$의 그래프의 꼭짓점의 좌표는
$$\left(-p, \ \frac{q}{a}\right)\text{이고}$$
$$-p<0, \ \frac{q}{a}>0$$
이므로 꼭짓점은 제2사분면 위에 있다.
··· **3단계**
답 제2사분면

단계	채점 요소	비율
1	a의 부호 구하기	20 %
2	p, q의 부호 구하기	30 %
3	$y=q(x+p)^2+\dfrac{q}{a}$의 그래프의 꼭짓점이 제몇 사분면 위에 있는지 말하기	50 %

0980 점 D의 x좌표를 $a \ (a>0)$라 하면
$$D\left(a, \ \frac{1}{3}a^2\right), \ C\left(-a, \ \frac{1}{3}a^2\right) \quad \cdots\cdots \ \text{㉠}$$
점 B의 y좌표가 12이므로
$$12=\frac{1}{3}x^2, \quad x^2=36$$
$$\therefore x=\pm6$$
그런데 점 B는 제1사분면 위의 점이므로 $\quad x=6$
$$\therefore B(6, 12)$$
한편 $\overline{CD}=\overline{AB}=6$이므로 ㉠에서
$$a-(-a)=6, \quad 2a=6$$
$$\therefore a=3$$
$$\therefore D(3, 3)$$
답 $D(3, 3)$

0981 점 D의 y좌표가 4이므로
$$4=x^2 \quad \therefore x=\pm2$$
그런데 점 D는 제1사분면 위의 점이므로 $\quad x=2$
$$\therefore D(2, 4)$$
$\overline{CD}=\overline{DE}=2$이므로 $\quad \overline{CE}=4$
$$\therefore E(4, 4)$$
$y=ax^2$의 그래프가 점 $E(4, 4)$를 지나므로
$$4=a\times4^2 \quad \therefore a=\frac{1}{4}$$
답 ④

0982 점 D의 x좌표를 $a \ (a>0)$라 하면
$$D(a, \ -a^2+15), \ C(a, \ 0), \ B(-a, \ 0)$$
이므로
$$\overline{BC}=a-(-a)=2a, \quad \overline{CD}=-a^2+15$$
이때 $\square ABCD$에서 $\overline{BC}=\overline{CD}$이므로
$$2a=-a^2+15, \quad a^2+2a-15=0$$
$$(a+5)(a-3)=0$$
$$\therefore a=-5 \ \text{또는} \ a=3$$
그런데 $a>0$이므로 $\quad a=3$
따라서 $\overline{BC}=6$이므로
$$\square ABCD=6\times6=36$$
답 36

시험에 꼭 나오는 문제 ▷ 본문 141~144쪽

0983 **전략** $y=(x$에 대한 이차식)의 꼴인 것을 찾는다.
① $x^2+7x+1=0$ ➡ 이차방정식이다.
② $y=-4x-2$ ➡ 일차함수이다.
③ $y=-5x^3+4x$ ➡ 이차함수가 아니다.
④ $y=2x^2-6x-3$ ➡ 이차함수이다.
⑤ $y=3x$ ➡ 일차함수이다.
따라서 y가 x에 대한 이차함수인 것은 ④이다.
답 ④

0984 전략 $y=ax^2+bx+c$가 x에 대한 이차함수이면 $a\neq0$이어야 한다.

이차함수가 되려면 $k^2-1=0$, $(k+1)(k-2)\neq0$이어야 한다.

(i) $k^2-1=0$에서 $(k+1)(k-1)=0$

$\therefore k=-1$ 또는 $k=1$

(ii) $(k+1)(k-2)\neq0$에서 $k\neq-1$이고 $k\neq2$

(i), (ii)에서 $k=1$ 답 ④

0985 전략 주어진 함숫값을 이용하여 먼저 k의 값을 구한다.

$f(-3)=\dfrac{1}{3}\times(-3)^2-2\times(-3)+k=9+k$

$f(-3)=6$이므로 $9+k=6$

$\therefore k=-3$

따라서 $f(x)=\dfrac{1}{3}x^2-2x-3$이므로

$f(6)=\dfrac{1}{3}\times6^2-2\times6-3=-3$ 답 -3

0986 전략 $y=ax^2$의 그래프에서 a의 절댓값이 클수록 그래프의 폭이 좁아진다.

$y=ax^2$의 그래프가 위로 볼록하므로 $a<0$

또 $y=ax^2$의 그래프의 폭이 $y=-\dfrac{4}{5}x^2$의 그래프의 폭보다 좁으므로

$|a|>\left|-\dfrac{4}{5}\right|$, 즉 $|a|>\dfrac{4}{5}$

$\therefore a<-\dfrac{4}{5}$

따라서 a의 값이 될 수 없는 것은 ①이다. 답 ①

0987 전략 두 이차함수 $y=ax^2$과 $y=-ax^2$의 그래프는 x축에 대하여 대칭이다.

$y=\dfrac{7}{2}x^2$의 그래프와 x축에 대하여 대칭인 것은 $y=-\dfrac{7}{2}x^2$의 그래프이므로

$a=-\dfrac{7}{2}$ 답 $-\dfrac{7}{2}$

0988 전략 $y=ax^2$의 그래프의 성질을 이용한다.

④ $x>0$일 때, x의 값이 증가하면 y의 값은 감소하는 그래프는 ㄱ, ㄷ, ㅁ의 3개이다.

따라서 옳지 않은 것은 ④이다. 답 ④

0989 전략 이차함수의 식을 $y=ax^2$으로 놓고 그래프가 지나는 점을 이용하여 a의 값을 구한다.

원점을 꼭짓점으로 하는 포물선이므로 $f(x)=ax^2$으로 놓으면 $y=f(x)$의 그래프가 점 $(3,-3)$을 지나므로

$-3=a\times3^2$ $\therefore a=-\dfrac{1}{3}$

따라서 $f(x)=-\dfrac{1}{3}x^2$이므로

$f(-6)=-\dfrac{1}{3}\times(-6)^2=-12$ 답 ⑤

0990 전략 평행이동한 그래프의 식을 구한 후 그래프가 지나는 점의 좌표를 대입한다.

$y=ax^2$의 그래프를 y축의 방향으로 -8만큼 평행이동한 그래프의 식은

$y=ax^2-8$

이 그래프가 점 $(-3,4)$를 지나므로

$4=a\times(-3)^2-8$

$\therefore a=\dfrac{4}{3}$ 답 $\dfrac{4}{3}$

0991 전략 주어진 이차함수의 그래프를 그려 본다.

④ 오른쪽 그림에서 $y=-4x^2+2$의 그래프는 $y=4x^2+2$의 그래프와 직선 $y=2$에 대하여 대칭이다.

따라서 옳지 않은 것은 ④이다.

답 ④

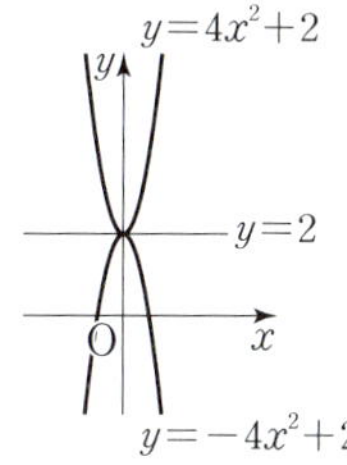

0992 전략 $y=ax^2$의 그래프를 x축의 방향으로 p만큼 평행이동한 그래프의 식은 $y=a(x-p)^2$이다.

$y=2(x+8)^2$의 그래프는 $y=2x^2$의 그래프를 x축의 방향으로 -8만큼 평행이동한 것이므로

$a=-8$

축의 방정식은 $x=-8$이므로

$b=-8$

$\therefore a+b=-8+(-8)=-16$ 답 -16

0993 전략 주어진 꼭짓점의 좌표를 이용하여 p의 값을 먼저 구한다.

꼭짓점의 좌표가 $(-1,0)$이므로

$-p=-1$ $\therefore p=1$

$y=a(x+1)^2$의 그래프가 점 $(1,6)$을 지나므로

$6=a\times(1+1)^2$ $\therefore a=\dfrac{3}{2}$

$\therefore a+p=\dfrac{3}{2}+1=\dfrac{5}{2}$ 답 ①

0994 전략 이차함수의 그래프의 꼭짓점의 좌표, y축과의 교점의 좌표를 구하여 그래프를 그린다.

각 이차함수의 그래프를 그려 보면 다음과 같다.

① 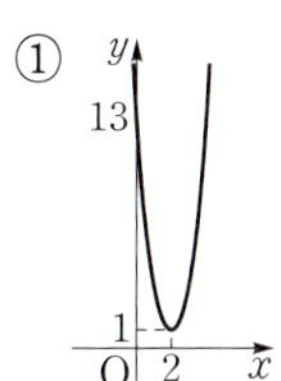 ② 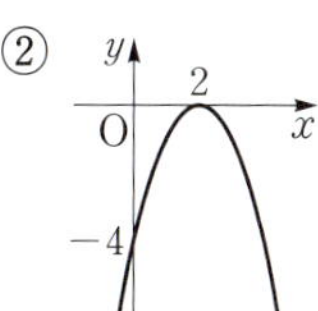 ③ 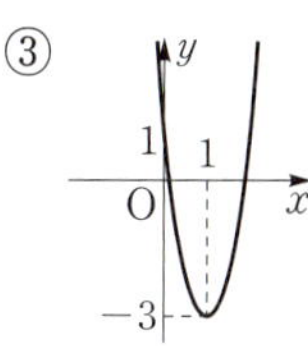

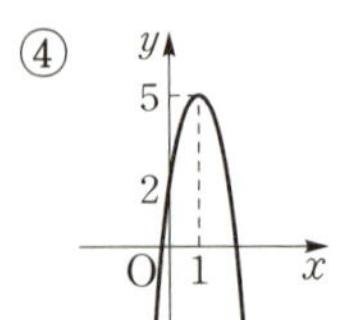 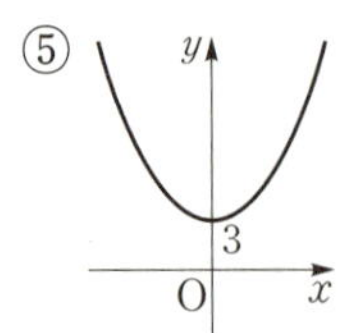

따라서 모든 사분면을 지나는 것은 ④이다.   답 ④

0995 전략 이차함수 $y=a(x-p)^2+q$의 그래프의 성질을 이용한다.

④ $y=-\dfrac{3}{4}(x-5)^2+8$

$\quad =-\dfrac{3}{4}(x-5)^2+1+7$

즉 $y=-\dfrac{3}{4}(x-5)^2+8$의 그래프는 $y=-\dfrac{3}{4}x^2+1$의 그래프를 x축의 방향으로 5만큼, y축의 방향으로 7만큼 평행이동한 것이다.

따라서 옳지 않은 것은 ④이다.   답 ④

0996 전략 먼저 주어진 그래프를 이용하여 꼭짓점의 좌표를 구한다.

꼭짓점의 좌표가 $(2, 5)$이므로

$\quad p=2, q=5$

즉 $y=a(x-2)^2+5$의 그래프가 점 $(0, 1)$을 지나므로

$\quad 1=a\times(0-2)^2+5 \quad \therefore a=-1$

$\quad \therefore apq=(-1)\times 2\times 5=-10$ 답 -10

0997 전략 이차함수 $y=a(x-p)^2+q$의 그래프를 평행이동한 그래프의 식의 x^2의 계수는 a이다.

$y=-3(x+2)^2-4$의 그래프를 x축의 방향으로 1만큼, y축의 방향으로 6만큼 평행이동하면 ①의 그래프와 완전히 포개어진다.   답 ①

0998 전략 평행이동한 그래프의 식을 구한다.

$y=5(x-2)^2-4$의 그래프를 x축의 방향으로 -3만큼 평행이동한 그래프의 식은

$\quad y=5(x+3-2)^2-4$, 즉

$\quad y=5(x+1)^2-4$

따라서 그래프는 오른쪽 그림과 같으므로 x의 값이 증가할 때 y의 값은 감소하는 x의 값의 범위는 $x<-1$이다.   답 ①

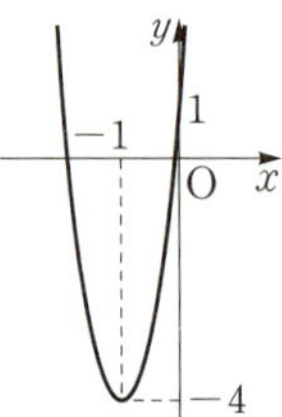

0999 전략 먼저 주어진 일차함수의 그래프의 기울기와 y절편을 이용하여 a, b의 부호를 구한다.

$y=ax-b$의 그래프에서 기울기가 양수이므로 $\quad a>0$

또한 y절편이 양수이므로 $\quad -b>0$, 즉 $b<0$

따라서 $y=a(x-b)^2$의 그래프는 아래로 볼록하고 x축에 접하며 축이 y축의 왼쪽에 있는 포물선이므로 ①이다.   답 ①

일차함수 $y=ax+b$의 그래프의 기울기는 a, y절편은 b이다.

일차함수 $y=ax+b$의 그래프가

⑴ 오른쪽 위로 향하면 $\quad a>0$

$\quad$ 오른쪽 아래로 향하면 $\quad a<0$

⑵ y축과 양의 부분에서 만나면 $\quad b>0$

$\quad y$축과 음의 부분에서 만나면 $\quad b<0$

1000 전략 이차함수의 그래프의 꼭짓점의 y좌표와 삼각형의 넓이를 이용하여 두 점 B, C의 좌표를 구한다.

주어진 이차함수의 그래프의 꼭짓점 A의 좌표는 A$(0, 6)$이다. 또 x축과 만나는 두 점 B, C의 좌표를 각각 B$(-k, 0)$, C$(k, 0)$ $(k>0)$이라 하면

$\quad \triangle ABC=\dfrac{1}{2}\times 2k\times 6=36$

$\quad \therefore k=6$

즉 $y=ax^2+6$의 그래프가 점 C$(6, 0)$을 지나므로

$\quad 0=a\times 6^2+6 \quad \therefore a=-\dfrac{1}{6}$ 답 $-\dfrac{1}{6}$

1001 전략 두 이차함수 $y=ax^2$과 $y=-ax^2$의 그래프는 x축에 대하여 대칭임을 이용하여 함수의 식을 구한다.

$y=\dfrac{5}{4}x^2$의 그래프와 x축에 대하여 대칭인 그래프의 식은

$\quad y=-\dfrac{5}{4}x^2$ … 1단계

$y=-\dfrac{5}{4}x^2$의 그래프가 두 점 $(-4, a)$, $(2, b)$를 지나므로

$\quad a=-\dfrac{5}{4}\times(-4)^2=-20$, $b=-\dfrac{5}{4}\times 2^2=-5$ … 2단계

$\quad \therefore a-b=-20-(-5)=-15$ … 3단계

답 -15

단계	채점 요소	비율
1	x축에 대하여 대칭인 그래프의 식 구하기	40 %
2	a, b의 값 구하기	40 %
3	$a-b$의 값 구하기	20 %

1002 전략 먼저 주어진 이차함수의 그래프의 꼭짓점의 좌표를 구한다.

조건 ⑷, ⑸에 의하여 꼭짓점의 좌표는 $(4, 0)$

이차함수의 식을 $y=a(x-4)^2$으로 놓으면 조건 ⑺에서 이 그래프는 점 $(0, -16)$을 지나므로

$\quad -16=a\times(0-4)^2 \quad \therefore a=-1$

$\quad \therefore y=-(x-4)^2$ … 1단계

이 그래프가 점 $(k, -25)$를 지나므로

$\quad -25=-(k-4)^2$

$\quad (k-4)^2=25, \quad k-4=\pm 5$

$\quad \therefore k=-1$ 또는 $k=9$

그런데 k는 양수이므로 $\quad k=9$ … 2단계

답 9

단계	채점 요소	비율
1	이차함수의 식 구하기	60 %
2	k의 값 구하기	40 %

1003 전략 이차함수의 그래프가 증가 또는 감소하는 범위를 이용하여 p의 값을 먼저 구한다.

$y=\dfrac{1}{3}(x+p)^2+q$의 그래프는 아래로 볼록한 포물선이고 축의 방정식은 $x=-p$이다.

$x<-p$이면 x의 값이 증가할 때 y의 값은 감소하고, $x>-p$이면 x의 값이 증가할 때 y의 값도 증가하므로

$$-p=2 \qquad \therefore p=-2 \qquad \cdots \text{1단계}$$

$$\therefore y=\dfrac{1}{3}(x-2)^2+q$$

이 그래프가 점 $(5,\,-2)$를 지나므로

$$-2=\dfrac{1}{3}\times(5-2)^2+q \qquad \therefore q=-5 \qquad \cdots \text{2단계}$$

$$\therefore pq=(-2)\times(-5)=10 \qquad \cdots \text{3단계}$$

답 10

단계	채점 요소	비율
1	p의 값 구하기	40 %
2	q의 값 구하기	40 %
3	pq의 값 구하기	20 %

1004 전략 두 이차함수의 그래프의 꼭짓점의 좌표를 각각 구하여 서로의 이차함수의 식에 대입한다.

$y=2(x-1)^2$의 그래프의 꼭짓점의 좌표는

$$(1,\,0)$$

$y=a(x-p)^2+q$의 그래프의 꼭짓점의 좌표는

$$(p,\,q)$$

$\overline{AB}$의 길이가 4이므로 점 B의 좌표를 $(p+4,\,q)$라 하자.

두 점 $A(p,\,q)$, $B(p+4,\,q)$가 모두 $y=2(x-1)^2$의 그래프 위의 점이고, 두 점의 y좌표가 같으므로

$$2(p-1)^2=2(p+4-1)^2$$
$$(p-1)^2=(p+3)^2$$
$$p^2-2p+1=p^2+6p+9, \qquad -8p=8$$
$$\therefore p=-1$$

점 $A(-1,\,q)$가 $y=2(x-1)^2$의 그래프 위의 점이므로

$$q=2\times(-1-1)^2=8$$

따라서 $y=a(x+1)^2+8$의 그래프가 점 $(1,\,0)$을 지나므로

$$0=a\times(1+1)^2+8, \qquad 4a=-8$$
$$\therefore a=-2$$
$$\therefore a+p+q=-2+(-1)+8=5$$

답 5

1005 전략 점 A의 x좌표를 a로 놓고 다른 점의 좌표를 a에 대한 식으로 나타낸 후 $\square ABCD$의 네 변의 길이가 모두 같음을 이용한다.

점 A의 x좌표를 $a\,(a>0)$라 하면

$$A(a,\,a^2),\ D(a,\,4a^2)$$

점 C의 y좌표가 $4a^2$이고 점 C는 $y=x^2$의 그래프 위의 점이므로

$$4a^2=x^2 \qquad \therefore x=\pm 2a$$

그런데 점 C는 제1사분면 위의 점이므로

$$x=2a$$
$$\therefore C(2a,\,4a^2)$$

이때 $\overline{AD}=4a^2-a^2=3a^2$, $\overline{CD}=2a-a=a$이므로 $\overline{AD}=\overline{CD}$에서

$$3a^2=a, \qquad 3a^2-a=0$$
$$a(3a-1)=0$$
$$\therefore a=0\ \text{또는}\ a=\dfrac{1}{3}$$

그런데 $a>0$이므로 $\quad a=\dfrac{1}{3}$

따라서 $B(2a,\,a^2)$이므로 $\quad B\!\left(\dfrac{2}{3},\,\dfrac{1}{9}\right)$

답 $B\!\left(\dfrac{2}{3},\,\dfrac{1}{9}\right)$

1006 전략 평행이동한 두 이차함수의 그래프의 모양이 같음을 이용하여 넓이가 같은 부분을 찾는다.

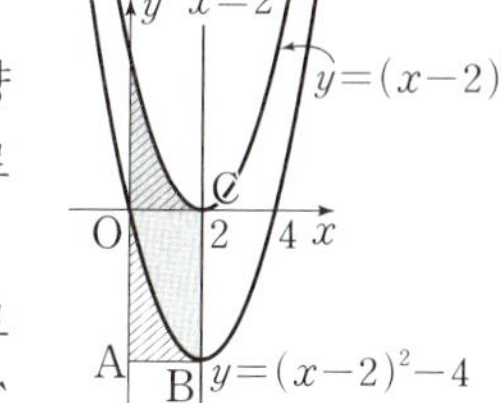

$y=(x-2)^2-4$의 그래프는 $y=(x-2)^2$의 그래프를 y축의 방향으로 -4만큼 평행이동한 것이므로 두 그래프의 폭이 같다.

즉 빗금 친 두 부분의 넓이는 같으므로 구하는 넓이는 직사각형 OABC의 넓이와 같다.

점 B의 좌표는 $(2,\,-4)$이므로

$$\square OABC=2\times 4=8$$

답 8

09 이차함수의 그래프 (2)

 **교과서문제 정복하기** ▶ 본문 147, 149쪽

1007 답 (개) 3 (내) 4 (대) 2 (래) 7

1008
$y=x^2+2x+6$
$\quad =x^2+2x+1-1+6$
$\quad =(x+1)^2+5$ 　　　답 $y=(x+1)^2+5$

1009
$y=-\dfrac{1}{4}x^2+3x-10$
$\quad =-\dfrac{1}{4}(x^2-12x+36-36)-10$
$\quad =-\dfrac{1}{4}(x-6)^2-1$ 　　답 $y=-\dfrac{1}{4}(x-6)^2-1$

1010
$y=x^2+8x+1$
$\quad =x^2+8x+16-16+1$
$\quad =(x+4)^2-15$
이므로 꼭짓점의 좌표는 $(-4,\ -15)$, 축의 방정식은 $x=-4$이다.
또 $y=x^2+8x+1$에 $x=0$을 대입하면 $y=1$
따라서 y절편은 1이다. 　　답 $(-4,\ -15),\ x=-4,\ 1$

1011
$y=-4x^2+2x-2$
$\quad =-4\left(x^2-\dfrac{1}{2}x+\dfrac{1}{16}-\dfrac{1}{16}\right)-2$
$\quad =-4\left(x-\dfrac{1}{4}\right)^2-\dfrac{7}{4}$
이므로 꼭짓점의 좌표는 $\left(\dfrac{1}{4},\ -\dfrac{7}{4}\right)$, 축의 방정식은 $x=\dfrac{1}{4}$이다.
또 $y=-4x^2+2x-2$에 $x=0$을 대입하면 $y=-2$
따라서 y절편은 -2이다. 　답 $\left(\dfrac{1}{4},\ -\dfrac{7}{4}\right),\ x=\dfrac{1}{4},\ -2$

1012
$y=-\dfrac{1}{2}x^2-3x-5$
$\quad =-\dfrac{1}{2}(x^2+6x+9-9)-5$
$\quad =-\dfrac{1}{2}(x+3)^2-\dfrac{1}{2}$
이므로 꼭짓점의 좌표는 $\left(-3,\ -\dfrac{1}{2}\right)$, 축의 방정식은 $x=-3$이다.
또 $y=-\dfrac{1}{2}x^2-3x-5$에 $x=0$을 대입하면 $y=-5$
따라서 y절편은 -5이다. 　답 $\left(-3,\ -\dfrac{1}{2}\right),\ x=-3,\ -5$

1013
$y=x^2-3x-10$에 $y=0$을 대입하면
$0=x^2-3x-10,\quad (x+2)(x-5)=0$
$\therefore x=-2$ 또는 $x=5$
따라서 구하는 점의 좌표는 $(-2,\ 0),\ (5,\ 0)$
　　　　답 $(-2,\ 0),\ (5,\ 0)$

1014
$y=-2x^2-4x+6$에 $y=0$을 대입하면
$0=-2x^2-4x+6,\quad x^2+2x-3=0$
$(x+3)(x-1)=0$
$\therefore x=-3$ 또는 $x=1$
따라서 구하는 점의 좌표는 $(-3,\ 0),\ (1,\ 0)$
　　　　답 $(-3,\ 0),\ (1,\ 0)$

1015
$y=\dfrac{1}{3}x^2+\dfrac{7}{3}x+4$에 $y=0$을 대입하면
$0=\dfrac{1}{3}x^2+\dfrac{7}{3}x+4,\quad x^2+7x+12=0$
$(x+4)(x+3)=0$
$\therefore x=-4$ 또는 $x=-3$
따라서 구하는 점의 좌표는 $(-4,\ 0),\ (-3,\ 0)$
　　　　답 $(-4,\ 0),\ (-3,\ 0)$

1016 답 (1) $>$ 　(2) $<,\ <$ 　(3) $<$

1017 답 (1) $<$ 　(2) $>,\ <$ 　(3) $>$

1018 그래프가 아래로 볼록하므로
$\quad a>0$
축이 y축의 왼쪽에 있으므로
$\quad ab>0 \quad \therefore b>0$
y축과의 교점이 x축의 아래쪽에 있으므로
$\quad c<0$
　　　　답 $a>0,\ b>0,\ c<0$

1019 그래프가 위로 볼록하므로
$\quad a<0$
축이 y축의 오른쪽에 있으므로
$\quad ab<0 \quad \therefore b>0$
y축과의 교점이 x축의 위쪽에 있으므로
$\quad c>0$
　　　　답 $a<0,\ b>0,\ c>0$

1020 그래프가 위로 볼록하므로
$\quad a<0$
축이 y축의 왼쪽에 있으므로
$\quad ab>0 \quad \therefore b<0$
y축과의 교점이 x축의 아래쪽에 있으므로
$\quad c<0$
　　　　답 $a<0,\ b<0,\ c<0$

1021 그래프가 아래로 볼록하므로
$$a>0$$
축이 y축의 오른쪽에 있으므로
$$ab<0 \quad \therefore b<0$$
y축과의 교점이 x축의 위쪽에 있으므로
$$c>0$$

답 $a>0,\ b<0,\ c>0$

1022 꼭짓점의 좌표가 $(-1,\ 3)$이므로 이차함수의 식을 $y=a(x+1)^2+3$으로 놓으면 그래프가 점 $(0,\ 2)$를 지나므로
$$2=a+3 \quad \therefore a=-1$$
$$\therefore y=-(x+1)^2+3=-x^2-2x+2$$

답 $y=-x^2-2x+2$

1023 꼭짓점의 좌표가 $(4,\ -2)$이므로 이차함수의 식을 $y=a(x-4)^2-2$로 놓으면 그래프가 점 $(8,\ 6)$을 지나므로
$$6=16a-2 \quad \therefore a=\frac{1}{2}$$
$$\therefore y=\frac{1}{2}(x-4)^2-2=\frac{1}{2}x^2-4x+6$$

답 $y=\dfrac{1}{2}x^2-4x+6$

1024 축의 방정식이 $x=1$이므로 이차함수의 식을 $y=a(x-1)^2+q$로 놓으면 그래프가 두 점 $(-2,\ -4)$, $(3,\ 1)$을 지나므로
$$-4=9a+q,\ 1=4a+q$$
위의 두 식을 연립하여 풀면
$$a=-1,\ q=5$$
$$\therefore y=-(x-1)^2+5=-x^2+2x+4$$

답 $y=-x^2+2x+4$

1025 축의 방정식이 $x=-3$이므로 이차함수의 식을 $y=a(x+3)^2+q$로 놓으면 그래프가 두 점 $(-5,\ -8)$, $(-4,\ -11)$을 지나므로
$$-8=4a+q,\ -11=a+q$$
위의 두 식을 연립하여 풀면
$$a=1,\ q=-12$$
$$\therefore y=(x+3)^2-12=x^2+6x-3$$

답 $y=x^2+6x-3$

1026 이차함수의 식을 $y=ax^2+bx+c$로 놓으면 그래프가 점 $(0,\ 1)$을 지나므로
$$c=1$$
$y=ax^2+bx+1$의 그래프가 점 $(-2,\ 1)$을 지나므로
$$1=4a-2b+1 \qquad \cdots\cdots\ \bigcirc$$
또 점 $(1,\ -5)$를 지나므로
$$-5=a+b+1 \qquad \cdots\cdots\ \bigcirc\hspace{-0.9em}\text{ㄴ}$$
$\bigcirc$, $\bigcirc\hspace{-0.9em}\text{ㄴ}$을 연립하여 풀면 $a=-2,\ b=-4$
$$\therefore y=-2x^2-4x+1$$

답 $y=-2x^2-4x+1$

1027 이차함수의 식을 $y=ax^2+bx+c$로 놓으면 그래프가 점 $(0,\ -6)$을 지나므로
$$c=-6$$
$y=ax^2+bx-6$의 그래프가 점 $(-1,\ 0)$을 지나므로
$$0=a-b-6 \qquad \cdots\cdots\ \bigcirc$$
또 점 $(3,\ 12)$를 지나므로
$$12=9a+3b-6 \qquad \cdots\cdots\ \bigcirc\hspace{-0.9em}\text{ㄴ}$$
$\bigcirc$, $\bigcirc\hspace{-0.9em}\text{ㄴ}$을 연립하여 풀면
$$a=3,\ b=-3$$
$$\therefore y=3x^2-3x-6$$

답 $y=3x^2-3x-6$

1028 x축과의 교점이 $(1,\ 0)$, $(5,\ 0)$이므로 이차함수의 식을 $y=a(x-1)(x-5)$로 놓으면 그래프가 점 $(3,\ -8)$을 지나므로
$$-8=-4a \quad \therefore a=2$$
$$\therefore y=2(x-1)(x-5)=2x^2-12x+10$$

답 $y=2x^2-12x+10$

1029 x축과의 교점이 $(-3,\ 0)$, $(2,\ 0)$이므로 이차함수의 식을 $y=a(x+3)(x-2)$로 놓으면 그래프가 점 $(0,\ 6)$을 지나므로
$$6=-6a \quad \therefore a=-1$$
$$\therefore y=-(x+3)(x-2)=-x^2-x+6$$

답 $y=-x^2-x+6$

1030 $y=x^2+8$의 그래프는 아래로 볼록하고 꼭짓점의 좌표가 $(0,\ 8)$이므로 $x=0$일 때 최솟값 8을 갖는다.

답 최솟값: 8, $x=0$

1031 $y=x^2-4x+1=(x-2)^2-3$
따라서 $y=x^2-4x+1$의 그래프는 아래로 볼록하고 꼭짓점의 좌표가 $(2,\ -3)$이므로 $x=2$일 때 최솟값 -3을 갖는다.

답 최솟값: -3, $x=2$

1032 $y=-\dfrac{1}{5}(x+1)^2-2$의 그래프는 위로 볼록하고 꼭짓점의 좌표가 $(-1,\ -2)$이므로 $x=-1$일 때 최댓값 -2를 갖는다.

답 최댓값: -2, $x=-1$

1033 $y=-x^2-6x-9=-(x+3)^2$
따라서 $y=-x^2-6x-9$의 그래프는 위로 볼록하고 꼭짓점의 좌표가 $(-3,\ 0)$이므로 $x=-3$일 때 최댓값 0을 갖는다.

답 최댓값: 0, $x=-3$

1034 두 수 중 작은 수가 x이면 큰 수는 $x+8$이므로
$$y=x(x+8)$$

답 $y=x(x+8)$

1035 $y=x(x+8)=x^2+8x=(x+4)^2-16$
즉 $x=-4$일 때 최솟값 -16을 갖는다.

답 -16

1036 곱이 최소가 될 때의 두 수는 -4, 4이다.

답 -4, 4

1037 가로의 길이가 $x\,\mathrm{cm}$이면 세로의 길이는 $(10-x)\,\mathrm{cm}$
이므로

$$y=x(10-x)$$

답 $y=x(10-x)$

1038 $y=x(10-x)=-x^2+10x$
$$\qquad\qquad\quad =-(x-5)^2+25$$

즉 $x=5$일 때 최댓값 25를 갖는다.

따라서 직사각형의 최대 넓이는 $25\,\mathrm{cm}^2$이다.

답 $25\,\mathrm{cm}^2$

1039 넓이가 최대가 될 때의 가로의 길이와 세로의 길이는
각각 $5\,\mathrm{cm}$, $5\,\mathrm{cm}$이다.

답 $5\,\mathrm{cm}$, $5\,\mathrm{cm}$

 **유형 익히기** ▶ 본문 150~160쪽

1040 $y=2x^2-8x+1$
$$\qquad =2(x^2-4x+4-4)+1$$
$$\qquad =2(x-2)^2-7$$

따라서 $a=2$, $p=2$, $q=-7$이므로
$$a+p-q=2+2-(-7)=11$$

답 11

1041 (가) 6 (나) 9 (다) 3 (라) 6 (마) 1
따라서 (가)~(마)에 알맞은 수가 아닌 것은 ⑤이다.

답 ⑤

1042 $y=-4x^2-20x-9$
$$\qquad =-4\left(x^2+5x+\frac{25}{4}-\frac{25}{4}\right)-9$$
$$\qquad =-4\left(x+\frac{5}{2}\right)^2+16 \qquad \cdots\ \boxed{1단계}$$

이 이차함수의 그래프는 $y=-4x^2$의 그래프를 x축의 방향으로
$-\dfrac{5}{2}$만큼, y축의 방향으로 16만큼 평행이동한 것이므로

$$p=-\frac{5}{2}, \ q=16 \qquad\qquad \cdots\ \boxed{2단계}$$

$$\therefore pq=\left(-\frac{5}{2}\right)\times16=-40 \qquad \cdots\ \boxed{3단계}$$

답 -40

단계	채점 요소	비율
1	주어진 함수를 $y=a(x-p)^2+q$의 꼴로 나타내기	50 %
2	p, q의 값 구하기	40 %
3	pq의 값 구하기	10 %

1043 $y=-x^2+6x-7=-(x-3)^2+2$
이 이차함수의 그래프의 꼭짓점의 좌표는 $(3,\ 2)$, 축의 방정식
은 $x=3$이므로
$$a=3, \ b=2, \ c=3$$
$$\therefore a+b+c=3+2+3=8$$

답 ④

1044 각 이차함수의 그래프의 축의 방정식은 다음과 같다.
① $x=0$
② $x=-4$
③ $x=-3$
④ $y=2x^2+2x-3=2\left(x+\dfrac{1}{2}\right)^2-\dfrac{7}{2}$이므로
$$x=-\frac{1}{2}$$
⑤ $y=-3x^2+6x-7=-3(x-1)^2-4$이므로
$$x=1$$

따라서 그래프의 축이 가장 오른쪽에 있는 것은 ⑤이다.

답 ⑤

1045 $y=\dfrac{1}{2}x^2+2x-k=\dfrac{1}{2}(x+2)^2-2-k$
이 이차함수의 그래프의 꼭짓점의 좌표는 $(-2,\ -2-k)$이고 꼭
짓점이 x축 위에 있으므로
$$-2-k=0 \qquad \therefore k=-2$$

답 -2

RPM 비법 노트

(1) x축 위의 점의 좌표 ➡ y좌표가 0이다.
(2) y축 위의 점의 좌표 ➡ x좌표가 0이다.

1046 $y=-5x^2+4kx=-5\left(x-\dfrac{2}{5}k\right)^2+\dfrac{4}{5}k^2$

이 이차함수의 그래프의 축의 방정식은 $x=\dfrac{2}{5}k$이므로

$$\frac{2}{5}k=4 \qquad \therefore k=10$$

답 ④

1047 $y=x^2+2ax+7=(x+a)^2-a^2+7$
이 이차함수의 그래프의 꼭짓점의 좌표는 $(-a,\ -a^2+7)$
$y=-4x^2-8x+b-2=-4(x+1)^2+b+2$
이 이차함수의 그래프의 꼭짓점의 좌표는
$$(-1,\ b+2) \qquad\qquad \cdots\ \boxed{1단계}$$
두 이차함수의 그래프의 꼭짓점이 일치하므로
$$-a=-1, \ -a^2+7=b+2$$
따라서 $a=1$, $b=4$이므로 $\qquad\qquad \cdots\ \boxed{2단계}$
$$b-a=4-1=3 \qquad\qquad \cdots\ \boxed{3단계}$$

답 3

단계	채점 요소	비율
1	두 이차함수의 그래프의 꼭짓점의 좌표 구하기	60 %
2	a, b의 값 구하기	30 %
3	$b-a$의 값 구하기	10 %

1048 $y=\dfrac{1}{3}x^2+6x-2k+11$

$\qquad =\dfrac{1}{3}(x+9)^2-2k-16$

이 이차함수의 그래프의 꼭짓점의 좌표는 $(-9,\ -2k-16)$이고, 이 점은 제3사분면 위에 있으므로

$\qquad -2k-16<0,\qquad -2k<16$

$\qquad \therefore\ k>-8$

따라서 k의 값이 될 수 없는 것은 ①이다. 답 ①

RPM 비법 노트

(1) 각 사분면 위의 점의 x좌표와 y좌표의 부호

　　① 제1사분면 ➡ $(+,\ +)$　　② 제2사분면 ➡ $(-,\ +)$

　　③ 제3사분면 ➡ $(-,\ -)$　　④ 제4사분면 ➡ $(+,\ -)$

(2) 좌표축 위의 점은 어느 사분면에도 속하지 않는다.

1049 $y=-2x^2-4x+1=-2(x+1)^2+3$

이 이차함수의 그래프는 꼭짓점의 좌표가 $(-1,\ 3)$이고 위로 볼록하며, y축과의 교점의 좌표가 $(0,\ 1)$인 포물선이므로 주어진 이차함수의 그래프로 알맞은 것은 ③이다. 답 ③

1050 $y=x^2-6x+7=(x-3)^2-2$

이 이차함수의 그래프는 꼭짓점의 좌표가 $(3,\ -2)$이고 아래로 볼록하며, y축과의 교점의 좌표가 $(0,\ 7)$인 포물선이므로 그 그래프는 오른쪽 그림과 같다.

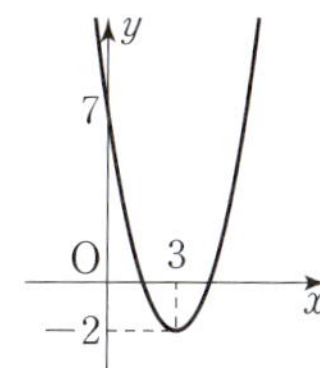

따라서 주어진 이차함수의 그래프는 제3사분면을 지나지 않는다. 답 ③

1051 ① $y=x^2+3x=\left(x+\dfrac{3}{2}\right)^2-\dfrac{9}{4}$

　　이 이차함수의 그래프는 꼭짓점의 좌표가 $\left(-\dfrac{3}{2},\ -\dfrac{9}{4}\right)$이고 아래로 볼록하며, y축과의 교점의 좌표가 $(0,\ 0)$인 포물선이다.

② $y=\dfrac{1}{2}x^2-x-\dfrac{9}{2}=\dfrac{1}{2}(x-1)^2-5$

　　이 이차함수의 그래프는 꼭짓점의 좌표가 $(1,\ -5)$이고 아래로 볼록하며, y축과의 교점의 좌표가 $\left(0,\ -\dfrac{9}{2}\right)$인 포물선이다.

③ $y=-x^2-4x-13=-(x+2)^2-9$

　　이 이차함수의 그래프는 꼭짓점의 좌표가 $(-2,\ -9)$이고 위로 볼록하며, y축과의 교점의 좌표가 $(0,\ -13)$인 포물선이다.

④ $y=2x^2-12x+14=2(x-3)^2-4$

　　이 이차함수의 그래프는 꼭짓점의 좌표가 $(3,\ -4)$이고 아래로 볼록하며, y축과의 교점의 좌표가 $(0,\ 14)$인 포물선이다.

⑤ $y=-3x^2+12x-11=-3(x-2)^2+1$

　　이 이차함수의 그래프는 꼭짓점의 좌표가 $(2,\ 1)$이고 위로 볼록하며, y축과의 교점의 좌표가 $(0,\ -11)$인 포물선이다.

따라서 각 이차함수의 그래프를 그려 보면 다음과 같으므로 모든 사분면을 지나는 것은 ②이다.

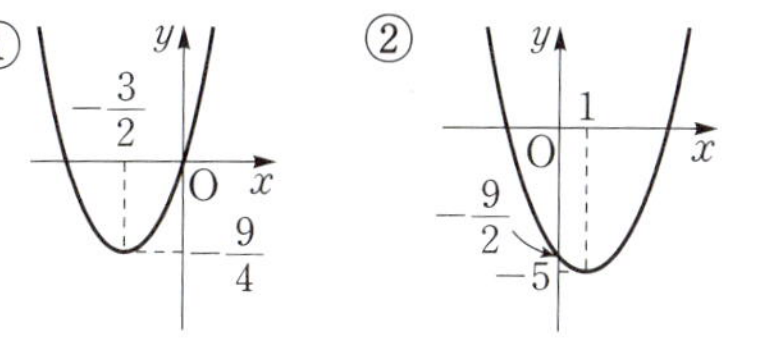
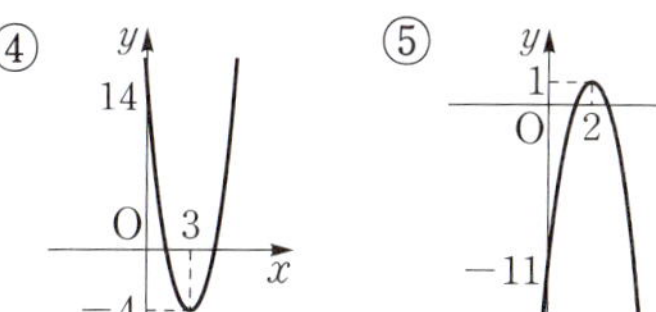

답 ②

1052 $y=-\dfrac{1}{4}x^2-2x+1=-\dfrac{1}{4}(x+4)^2+5$

이 이차함수의 그래프의 축의 방정식은 $x=-4$이고 위로 볼록하므로 x의 값이 증가할 때 y의 값은 감소하는 x의 값의 범위는 $x>-4$이다. 답 ③

1053 $y=2x^2-3kx+13$의 그래프가 점 $(1,\ 3)$을 지나므로

$\qquad 3=2-3k+13,\qquad 3k=12$

$\qquad \therefore\ k=4$

$\qquad \therefore\ y=2x^2-12x+13=2(x-3)^2-5$

따라서 이 이차함수의 그래프의 축의 방정식은 $x=3$이고 아래로 볼록하므로 x의 값이 증가할 때 y의 값도 증가하는 x의 값의 범위는 $x>3$이다. 답 ⑤

1054 $y=x^2-kx+k=\left(x-\dfrac{k}{2}\right)^2-\dfrac{k^2}{4}+k$

이 이차함수의 그래프의 축의 방정식은 $x=\dfrac{k}{2}$이고 아래로 볼록하므로 $x<\dfrac{k}{2}$이면 x의 값이 증가할 때 y의 값은 감소하고, $x>\dfrac{k}{2}$이면 x의 값이 증가할 때 y의 값도 증가한다.

따라서 $\dfrac{k}{2}=2$이므로 $\qquad k=4$

즉 $y=x^2-4x+4=(x-2)^2$이므로 꼭짓점의 좌표는 $(2,\ 0)$이다. 답 $(2,\ 0)$

1055 $y=2x^2-7x+3$에 $y=0$을 대입하면

$\qquad 0=2x^2-7x+3,\qquad (2x-1)(x-3)=0$

$\qquad \therefore\ x=\dfrac{1}{2}$ 또는 $x=3$

이때 $p<q$이므로

$\qquad p=\dfrac{1}{2},\ q=3$

또 $y=2x^2-7x+3$에 $x=0$을 대입하면 $\qquad y=3$

$\qquad \therefore\ r=3$

$\qquad \therefore\ p-q+r=\dfrac{1}{2}-3+3=\dfrac{1}{2}$ 답 ③

1056 $y=-3x^2-x-5$에 $x=0$을 대입하면
$$y=-5$$
이 이차함수의 그래프가 y축과 만나는 점의 좌표가 $(0,\ -5)$이므로 직선 $y=x-2k+1$과 점 $(0,\ -5)$에서 만난다.
따라서 직선 $y=x-2k+1$이 점 $(0,\ -5)$를 지나므로
$$-5=-2k+1, \qquad 2k=6$$
$$\therefore k=3$$
답 3

1057 $y=-x^2+px+3$의 그래프가 점 $(3,\ 0)$을 지나므로
$$0=-9+3p+3, \qquad -3p=-6$$
$$\therefore p=2 \qquad \cdots \text{1단계}$$
$y=-x^2+2x+3$에 $y=0$을 대입하면
$$0=-x^2+2x+3, \qquad x^2-2x-3=0$$
$$(x+1)(x-3)=0$$
$$\therefore x=-1 \text{ 또는 } x=3 \qquad \cdots \text{2단계}$$
따라서 구하는 다른 한 점의 좌표는 $(-1,\ 0)$이다. $\cdots$ 3단계
답 $(-1,\ 0)$

단계	채점 요소	비율
1	p의 값 구하기	40 %
2	x축과 만나는 두 점의 x좌표 구하기	40 %
3	다른 한 점의 좌표 구하기	20 %

1058 $y=\dfrac{1}{2}x^2-3x+k=\dfrac{1}{2}(x-3)^2-\dfrac{9}{2}+k$
이 이차함수의 그래프의 축의 방정식은 $x=3$이고, $\overline{\text{AB}}=8$이므로
$$\text{A}(3-4,\ 0),\ \text{B}(3+4,\ 0),\ \text{즉 } \text{A}(-1,\ 0),\ \text{B}(7,\ 0)$$
$y=\dfrac{1}{2}x^2-3x+k$의 그래프가 점 $\text{A}(-1,\ 0)$을 지나므로
$$0=\frac{1}{2}+3+k$$
$$\therefore k=-\frac{7}{2}$$
답 $-\dfrac{7}{2}$

RPM 비법 노트

이차함수의 그래프가 x축과 서로 다른 두 점에서 만날 때, 그래프의 축은 그래프가 x축과 만나는 두 점을 이은 선분의 중점을 지난다.

1059 $y=x^2-2x-8=(x-1)^2-9$이므로 이 이차함수의 그래프는 오른쪽 그림과 같다.
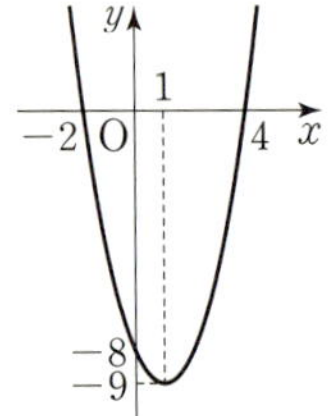
② $y=x^2-2x-8$에 $y=0$을 대입하면
$$0=x^2-2x-8$$
$$(x+2)(x-4)=0$$
$$\therefore x=-2 \text{ 또는 } x=4$$
즉 x축과의 교점의 좌표는 $(-2,\ 0),\ (4,\ 0)$이다.
⑤ 그래프는 모든 사분면을 지난다.
따라서 옳지 않은 것은 ⑤이다.
답 ⑤

1060 $y=-3x^2+4x-1$
$$=-3\left(x-\frac{2}{3}\right)^2+\frac{1}{3}$$
이므로 그래프는 오른쪽 그림과 같다.
ㄴ. y축과 만나는 점의 y좌표는 -1이다.
ㄹ. $x>\dfrac{2}{3}$일 때, x의 값이 증가하면 y의 값은 감소한다.
이상에서 옳은 것은 ㄱ, ㄷ, ㅁ이다.
답 ④

1061 $y=3x^2+12x-7=3(x+2)^2-19$의 그래프를 x축의 방향으로 -1만큼, y축의 방향으로 2만큼 평행이동한 그래프의 식은
$$y-2=3(x+1+2)^2-19$$
$$\therefore y=3(x+3)^2-17$$
$$=3x^2+18x+10$$
이 식이 $y=ax^2+bx+c$와 일치하므로
$$a=3,\ b=18,\ c=10$$
$$\therefore a+b-c=3+18-10=11$$
답 11

1062 $y=-\dfrac{1}{3}x^2-2x+4=-\dfrac{1}{3}(x+3)^2+7$의 그래프를 x축의 방향으로 -2만큼 평행이동한 그래프의 식은
$$y=-\frac{1}{3}(x+2+3)^2+7 \qquad \therefore y=-\frac{1}{3}(x+5)^2+7$$
이 그래프가 점 $(1,\ k)$를 지나므로
$$k=-\frac{1}{3}\times 6^2+7=-5$$
답 -5

1063 $y=4x^2-8x+5=4(x-1)^2+1$의 그래프를 x축의 방향으로 m만큼, y축의 방향으로 3만큼 평행이동한 그래프의 식은
$$y-3=4(x-m-1)^2+1 \qquad \therefore y=4(x-m-1)^2+4$$
이 그래프의 꼭짓점의 좌표가 $(3,\ n)$이므로
$$m+1=3,\ 4=n \qquad \therefore m=2,\ n=4$$
$$\therefore m+n=2+4=6$$
답 ④

1064 $y=-5x^2+10x+k=-5(x-1)^2+5+k$ $\cdots$ 1단계
이 이차함수의 그래프를 y축의 방향으로 -4만큼 평행이동한 그래프의 식은
$$y+4=-5(x-1)^2+5+k$$
$$\therefore y=-5(x-1)^2+k+1 \qquad \cdots \text{2단계}$$
이 그래프는 위로 볼록하고, 꼭짓점의 좌표는 $(1,\ k+1)$이므로 그래프가 x축과 만나지 않으려면
$$k+1<0 \qquad \therefore k<-1 \qquad \cdots \text{3단계}$$
답 $k<-1$

단계	채점 요소	비율
1	$y=a(x-p)^2+q$의 꼴로 변형하기	30 %
2	평행이동한 그래프의 식 구하기	30 %
3	k의 값의 범위 구하기	40 %

1065 $y=x^2-9$에 $y=0$을 대입하면
$$0=x^2-9, \quad (x+3)(x-3)=0$$
$$\therefore x=-3 \text{ 또는 } x=3$$
$$\therefore A(-3,\,0),\ B(3,\,0)$$
또 $C(0,\,-9)$이므로
$$\triangle ACB=\frac{1}{2}\times\{3-(-3)\}\times 9=27$$
답 27

1066 $y=-x^2+4x+5$에 $y=0$을 대입하면
$$0=-x^2+4x+5, \quad x^2-4x-5=0$$
$$(x+1)(x-5)=0$$
$$\therefore x=-1 \text{ 또는 } x=5$$
$$\therefore B(-1,\,0),\ C(5,\,0)$$
또 $x=0$을 대입하면 $y=5$이므로 $\quad A(0,\,5)$
$$\therefore \triangle ABC=\frac{1}{2}\times\{5-(-1)\}\times 5=15$$
답 15

1067 $y=\frac{1}{3}x^2-2x-2$에 $x=0$을 대입하면 $y=-2$이므로
$$A(0,\,-2)$$
… 1단계

$y=\frac{1}{3}x^2-2x-2=\frac{1}{3}(x-3)^2-5$이므로
$$B(3,\,-5)$$
… 2단계

$$\therefore \triangle OAB=\frac{1}{2}\times 2\times 3=3$$
… 3단계

답 3

단계	채점 요소	비율
1	점 A의 좌표 구하기	40 %
2	점 B의 좌표 구하기	40 %
3	$\triangle OAB$의 넓이 구하기	20 %

1068 $y=-\frac{1}{2}x^2+2x+6$에 $x=0$을 대입하면 $y=6$이므로
$$A(0,\,6)$$
$y=-\frac{1}{2}x^2+2x+6$에 $y=0$을 대입하면
$$0=-\frac{1}{2}x^2+2x+6$$
$$x^2-4x-12=0$$
$$(x+2)(x-6)=0$$
$$\therefore x=-2 \text{ 또는 } x=6$$
$$\therefore B(6,\,0)$$
$y=-\frac{1}{2}x^2+2x+6=-\frac{1}{2}(x-2)^2+8$이므로
$$C(2,\,8)$$
$$\therefore \square AOBC=\triangle AOC+\triangle COB$$
$$=\frac{1}{2}\times 6\times 2+\frac{1}{2}\times 6\times 8$$
$$=6+24=30$$
답 30

1069 그래프가 위로 볼록하므로 $\quad a<0$
축이 y축의 오른쪽에 있으므로 $\quad ab<0$
$$\therefore b>0$$

y축과의 교점이 x축의 아래쪽에 있으므로 $\quad c<0$
답 $a<0,\ b>0,\ c<0$

1070 그래프가 아래로 볼록하므로 $\quad a>0$
축이 y축의 오른쪽에 있으므로 $\quad ab<0$
$$\therefore b<0$$
y축과의 교점이 x축의 아래쪽에 있으므로 $\quad c<0$
① $ab<0$
② $ac<0$
③ $bc>0$
④ $x=1$일 때, $\quad y=a+b+c$
　주어진 그래프에서 $x=1$일 때의 함숫값이 음수이므로
$$a+b+c<0$$
⑤ $x=-1$일 때, $\quad y=a-b+c$
　주어진 그래프에서 $x=-1$일 때의 함숫값이 양수이므로
$$a-b+c>0$$
따라서 옳은 것은 ⑤이다.
답 ⑤

1071 $y=ax^2+bx+c$의 그래프가 아래로 볼록하므로
$$a>0$$
축이 y축의 왼쪽에 있으므로 $\quad ab>0$
$$\therefore b>0$$
y축과의 교점이 x축의 아래쪽에 있으므로 $\quad c<0$
즉 $y=cx^2+bx+a$의 그래프는 $c<0$이므로 위로 볼록하고, $bc<0$이므로 축은 y축의 오른쪽에 있다. 또 $a>0$이므로 y축과의 교점은 x축의 위쪽에 있다.
따라서 $y=cx^2+bx+a$의 그래프로 알맞은 것은 ④이다.
답 ④

1072 꼭짓점의 좌표가 $(1,\,-2)$이므로 이차함수의 식을
$$y=a(x-1)^2-2$$
로 놓으면 그래프가 점 $(-2,\,7)$을 지나므로
$$7=9a-2 \quad \therefore a=1$$
$$\therefore y=(x-1)^2-2=x^2-2x-1$$
답 ③

1073 꼭짓점의 좌표가 $(0,\,5)$이므로 이차함수의 식을
$$y=ax^2+5$$
로 놓으면 그래프가 점 $(4,\,-3)$을 지나므로
$$-3=16a+5 \quad \therefore a=-\frac{1}{2}$$
따라서 $y=-\frac{1}{2}x^2+5$의 그래프가 점 $(-6,\,k)$를 지나므로
$$k=-\frac{1}{2}\times(-6)^2+5=-13$$
답 ②

1074 꼭짓점의 좌표가 $(2,\,-1)$이므로 이차함수의 식을
$$y=a(x-2)^2-1$$
로 놓으면 그래프가 점 $(0,\,3)$을 지나므로
$$3=4a-1 \quad \therefore a=1$$
… 1단계

따라서 $y=(x-2)^2-1=x^2-4x+3$이므로
$$b=-4, \ c=3 \qquad \text{... 2단계}$$
$$\therefore a+b-c=1+(-4)-3=-6 \qquad \text{... 3단계}$$

답 -6

단계	채점 요소	비율
1	a의 값 구하기	40 %
2	$b, \ c$의 값 구하기	40 %
3	$a+b-c$의 값 구하기	20 %

1075 축의 방정식이 $x=-2$이므로 이차함수의 식을
$$y=a(x+2)^2+q$$
로 놓으면 그래프가 두 점 $(-3, 4)$, $(2, -11)$을 지나므로
$$4=a+q, \ -11=16a+q$$
위의 두 식을 연립하여 풀면
$$a=-1, \ q=5$$
따라서 $y=-(x+2)^2+5$이므로 $x=0$을 대입하면
$$y=-4+5=1$$
즉 y축과 만나는 점의 y좌표는 1이다.

답 1

1076 축의 방정식이 $x=1$이고, x^2의 계수가 -2이므로 이차함수의 식을
$$y=-2(x-1)^2+q$$
로 놓으면 그래프가 점 $(0, 6)$을 지나므로
$$6=-2+q \qquad \therefore q=8$$
$$\therefore y=-2(x-1)^2+8=-2x^2+4x+6$$
따라서 $a=4, \ b=6$이므로
$$a+b=4+6=10$$

답 ⑤

1077 조건 (다)에서 이차함수의 그래프의 축의 방정식은 $x=-3$이다.
조건 (나)에 의하여 이차함수의 식을
$$y=\frac{1}{4}(x+3)^2+q$$
로 놓으면 조건 (가)에서 그래프가 점 $(-1, 0)$을 지나므로
$$0=\frac{1}{4}\times 4+q \qquad \therefore q=-1$$
따라서 $y=\frac{1}{4}(x+3)^2-1$이므로 꼭짓점의 좌표는 $(-3, \ -1)$이다.

답 $(-3, \ -1)$

1078 이차함수의 식을 $y=ax^2+bx+c$로 놓으면 그래프가 점 $(0, 8)$을 지나므로
$$8=c$$
$y=ax^2+bx+8$의 그래프가 점 $(-3, 5)$를 지나므로
$$5=9a-3b+8 \qquad \cdots\cdots ㉠$$
또 점 $(2, 0)$을 지나므로
$$0=4a+2b+8 \qquad \cdots\cdots ㉡$$
㉠, ㉡을 연립하여 풀면
$$a=-1, \ b=-2$$

$$\therefore y=-x^2-2x+8=-(x+1)^2+9$$
따라서 이 그래프의 꼭짓점의 좌표는 $(-1, 9)$이다.

답 ④

1079 $y=ax^2+bx+c$의 그래프가 점 $(0, 3)$을 지나므로
$$3=c$$
$y=ax^2+bx+3$의 그래프가 점 $(1, 0)$을 지나므로
$$0=a+b+3 \qquad \cdots\cdots ㉠$$
또 점 $(2, -1)$을 지나므로
$$-1=4a+2b+3 \qquad \cdots\cdots ㉡$$
㉠, ㉡을 연립하여 풀면
$$a=1, \ b=-4$$
$$\therefore abc=1\times(-4)\times 3=-12$$

답 ①

1080 이차함수의 식을 $y=ax^2+bx+c$로 놓으면 그래프가 점 $(0, 4)$를 지나므로
$$4=c$$
$y=ax^2+bx+4$의 그래프가 점 $(-2, 6)$을 지나므로
$$6=4a-2b+4 \qquad \cdots\cdots ㉠$$
또 점 $(1, -3)$을 지나므로
$$-3=a+b+4 \qquad \cdots\cdots ㉡$$
㉠, ㉡을 연립하여 풀면
$$a=-2, \ b=-5$$
$$\therefore y=-2x^2-5x+4 \qquad \text{... 1단계}$$
이 그래프가 점 $(k, 1)$을 지나므로
$$1=-2k^2-5k+4, \qquad 2k^2+5k-3=0$$
$$(k+3)(2k-1)=0$$
$$\therefore k=-3 \ \text{또는} \ k=\frac{1}{2}$$
그런데 $k<0$이므로 $\qquad k=-3 \qquad \text{... 2단계}$

답 -3

단계	채점 요소	비율
1	이차함수의 식 구하기	50 %
2	k의 값 구하기	50 %

1081 x축과 두 점 $(-2, 0)$, $(6, 0)$에서 만나므로 이차함수의 식을
$$y=a(x+2)(x-6)$$
으로 놓으면 그래프가 점 $(0, 24)$를 지나므로
$$24=-12a \qquad \therefore a=-2$$
$$\therefore y=-2(x+2)(x-6)=-2x^2+8x+24$$
따라서 $b=8, \ c=24$이므로
$$ab+c=(-2)\times 8+24=8$$

답 8

1082 $y=-2x^2+3x-1$의 그래프를 평행이동하면 완전히 포갤 수 있는 그래프의 식의 x^2의 계수는 -2이다.
그 그래프가 x축과 두 점 $(-1, 0)$, $(3, 0)$에서 만나므로 이차함수의 식은
$$y=-2(x+1)(x-3)=-2x^2+4x+6$$

답 ④

1083 x^2의 계수가 1이고 x축과 두 점 $(2, 0)$, $(4, 0)$에서 만나므로 이차함수의 식은
$$y=(x-2)(x-4)=x^2-6x+8$$
$$\therefore a=-6,\ b=8$$
이 그래프가 점 $(3, k)$를 지나므로
$$k=9-18+8=-1$$
$$\therefore a+b+k=-6+8+(-1)=1$$
답 1

1084 x축과 두 점 $(-3, 0)$, $(2, 0)$에서 만나므로 이차함수의 식을
$$y=a(x+3)(x-2)$$
로 놓으면 그래프가 점 $(3, 4)$를 지나므로
$$4=6a \qquad \therefore a=\frac{2}{3}$$
따라서 $y=\frac{2}{3}(x+3)(x-2)$이므로 이 식에 $x=0$을 대입하면
$$y=\frac{2}{3}\times 3\times(-2)=-4$$
답 -4

1085 $y=2x^2-4x-5=2(x-1)^2-7$이므로 $x=1$일 때 최솟값 -7을 갖는다.
$$\therefore m=-7$$
$y=-x^2-6x+1=-(x+3)^2+10$이므로 $x=-3$일 때 최댓값 10을 갖는다.
$$\therefore M=10$$
$$\therefore M+m=10+(-7)=3$$
답 3

1086 이차함수 $y=ax^2+bx+c$는 $a>0$일 때 최솟값을 갖는다.
따라서 최솟값을 갖는 이차함수는 ①, ⑤이다.
답 ①, ⑤

1087 ① $x=2$일 때 최댓값 0을 갖는다.
② $y=-3x^2+9x=-3\left(x-\frac{3}{2}\right)^2+\frac{27}{4}$이므로 $x=\frac{3}{2}$일 때 최댓값 $\frac{27}{4}$을 갖는다.
③ $x=-1$일 때 최댓값 4를 갖는다.
④ $y=-x^2+2x+6=-(x-1)^2+7$이므로 $x=1$일 때 최댓값 7을 갖는다.
⑤ $x=0$일 때 최댓값 3을 갖는다.
따라서 최댓값이 가장 큰 이차함수는 ④이다.
답 ④

1088 ㄱ. $x=5$일 때 최솟값 0을 갖는다.
ㄴ. $x=0$일 때 최댓값 5를 갖고, 최솟값은 없다.
ㄷ. $x=-1$일 때 최솟값 5를 갖는다.
ㄹ. $x=3$일 때 최솟값 -5를 갖는다.
ㅁ. $y=2x^2-4x+7=2(x-1)^2+5$이므로 $x=1$일 때 최솟값 5를 갖는다.

ㅂ. $y=-3x^2-6x+2=-3(x+1)^2+5$이므로 $x=-1$일 때 최댓값 5를 갖고, 최솟값은 없다.
이상에서 최솟값이 5인 이차함수는 ㄷ, ㅁ의 2개이다. 답 2

1089 $y=-x^2+6x+k-4=-(x-3)^2+k+5$
따라서 $x=3$일 때 최댓값 $k+5$를 가지므로
$$k+5=8 \qquad \therefore k=3$$
답 ①

1090 $y=ax^2-2ax=a(x-1)^2-a$
주어진 이차함수는 최솟값을 가지므로
$$a>0$$
$x=1$일 때 최솟값 $-a$를 가지므로
$$-a=-3 \qquad \therefore a=3$$
… 1단계
따라서 $y=3x^2-6x$의 그래프가 점 $(-1, k)$를 지나므로
$$k=3+6=9$$
… 2단계
$$\therefore a-k=3-9=-6$$
… 3단계
답 -6

단계	채점 요소	비율
1	a의 값 구하기	60 %
2	k의 값 구하기	30 %
3	$a-k$의 값 구하기	10 %

1091 $y=\frac{3}{4}x^2-3x+k=\frac{3}{4}(x-2)^2-3+k$이므로 $x=2$일 때 최솟값 $-3+k$를 갖는다.
$y=-x^2-8x-2k+5=-(x+4)^2+21-2k$이므로 $x=-4$일 때 최댓값 $21-2k$를 갖는다.
두 이차함수의 최솟값과 최댓값이 같으므로
$$-3+k=21-2k \qquad \therefore k=8$$
답 ④

1092 주어진 이차함수는 x^2의 계수가 1이고 $x=4$일 때 최솟값 -5를 가지므로
$$y=(x-4)^2-5$$
로 놓을 수 있다.
즉 $y=(x-4)^2-5=x^2-8x+11$이므로
$$a=-8,\ b=11$$
$$\therefore a+b=-8+11=3$$
답 ②

1093 주어진 이차함수는 x^2의 계수가 -5이고 $x=-1$일 때 최댓값 q를 가지므로
$$y=-5(x+1)^2+q$$
로 놓을 수 있다.
즉 $y=-5(x+1)^2+q=-5x^2-10x-5+q$이므로
$$p=-10,\ 3=-5+q$$
$$\therefore q=8$$
$$\therefore q-p=8-(-10)=18$$
답 18

1094 조건 (가), (나)에서 주어진 이차함수는 $x=2$일 때 최솟값 0을 가지므로
$$y=a(x-2)^2$$
으로 놓을 수 있다.   ··· **1단계**
조건 (다)에서 이 함수의 그래프가 점 $(-1, 27)$을 지나므로
$$27=9a \qquad \therefore a=3$$
따라서 $y=3(x-2)^2$이므로 y축과의 교점의 y좌표는 ··· **2단계**
$$y=3\times(0-2)^2=12 \qquad ··· \ \textbf{3단계}$$
답 12

단계	채점 요소	비율
1	이차함수의 식을 $y=a(x-p)^2+q$의 꼴로 놓기	40 %
2	이차함수의 식 구하기	40 %
3	y축과의 교점의 y좌표 구하기	20 %

1095 두 수를 x, $18-x$라 하고 두 수의 곱을 y라 하면
$$y=x(18-x)=-x^2+18x$$
$$=-(x-9)^2+81$$
이므로 $x=9$일 때 최댓값 81을 갖는다.
따라서 두 수의 곱의 최댓값은 81이다.   **답** ④

1096 두 수를 x, $x+12$라 하고 두 수의 곱을 y라 하면
$$y=x(x+12)=x^2+12x$$
$$=(x+6)^2-36$$
이므로 $x=-6$일 때 최솟값 -36을 갖는다.
따라서 두 수의 곱이 최소가 될 때의 두 수는 -6, 6이다.
답 -6, 6

1097 $2x-y=10$에서 $y=2x-10$이므로
$$xy=x(2x-10)=2x^2-10x$$
$$=2\left(x-\frac{5}{2}\right)^2-\frac{25}{2}$$
따라서 $x=\frac{5}{2}$일 때 최솟값 $-\frac{25}{2}$를 갖는다.   **답** ④

1098 $y=40x-5x^2=-5(x-4)^2+80$이므로 $x=4$일 때 최댓값 80을 갖는다.
따라서 최고 높이에 도달했을 때의 지면으로부터의 높이는 80 m이다.   **답** ⑤

1099 $h=-5t^2+20t+15=-5(t-2)^2+35$이므로 $t=2$일 때 최댓값 35를 갖는다.
따라서 최고 높이에 도달할 때까지 걸리는 시간은 2초이다.
답 2초

1100 $y=80x-5x^2=-5(x-8)^2+320$
즉 $x=8$일 때 최댓값 320을 가지므로 8초 후에 최고 높이에 도달한다.

물체가 지면에 떨어지는 것은 $y=0$일 때이므로
$$0=80x-5x^2, \qquad x^2-16x=0$$
$$x(x-16)=0$$
$$\therefore x=0 \ \text{또는} \ x=16$$
그런데 $x>0$이므로 $x=16$
따라서 다시 지면에 떨어지는 것은 최고 높이에 도달한 지 $16-8=8$(초) 후이다.   **답** ③

1101 가로의 길이를 x cm만큼 줄이고, 세로의 길이를 x cm만큼 늘였으므로
$$y=(15-x)(11+x)=-x^2+4x+165$$
$$=-(x-2)^2+169$$
즉 $x=2$일 때 최댓값 169를 갖는다.
따라서 y의 값이 최대가 되도록 하는 x의 값은 2이다.   **답** 2

1102 울타리의 세로의 길이를 x m라 하면 가로의 길이는 $(28-2x)$ m이다.
울타리의 넓이를 y m²라 하면
$$y=x(28-2x)=-2x^2+28x$$
$$=-2(x-7)^2+98$$
이므로 $x=7$일 때 최댓값 98을 갖는다.
따라서 울타리 내부의 최대 넓이는 98 m²이다.   **답** ②

1103 부채꼴의 반지름의 길이를 x cm라 하면 부채꼴의 호의 길이는 $(16-2x)$ cm이다.
부채꼴의 넓이를 y cm²라 하면
$$y=\frac{1}{2}x(16-2x)=-x^2+8x$$
$$=-(x-4)^2+16 \qquad ··· \ \textbf{1단계}$$
이므로 $x=4$일 때 최댓값 16을 갖는다.
따라서 부채꼴의 최대 넓이는 16 cm²이다.   ··· **2단계**
답 16 cm²

단계	채점 요소	비율
1	이차함수의 식 세우기	50 %
2	부채꼴의 최대 넓이 구하기	50 %

RPM 비법 노트

반지름의 길이가 r, 호의 길이가 l인 부채꼴의 넓이를 S라 하면
$$S=\frac{1}{2}rl$$

1104 $y=-x^2+2kx+6k=-(x-k)^2+k^2+6k$
따라서 최댓값 M은
$$M=k^2+6k=(k+3)^2-9$$
이므로 M은 $k=-3$일 때 최솟값 -9를 갖는다.   **답** ③

1105 $y=2x^2-ax+a=2\left(x-\frac{a}{4}\right)^2-\frac{a^2}{8}+a$

따라서 최솟값 m은

$$m=-\frac{a^2}{8}+a=-\frac{1}{8}(a-4)^2+2$$

이므로 m은 $a=4$일 때 최댓값 2를 갖는다.

즉 m의 값이 최대가 되도록 하는 a의 값은 4이다.

답 4

1106 $\quad y=\frac{1}{4}x^2+kx-3k=\frac{1}{4}(x+2k)^2-k^2-3k$

따라서 최솟값 $f(k)$는

$$f(k)=-k^2-3k=-\left(k+\frac{3}{2}\right)^2+\frac{9}{4}$$

이므로 $f(k)$는 $k=-\frac{3}{2}$일 때 최댓값 $\frac{9}{4}$를 갖는다.

답 ④

1107 $\quad$ 점 P의 좌표를 $(x,\ -x+10)$이라 하고 $\square$OQPR의 넓이를 y라 하면

$$y=x(-x+10)=-x^2+10x$$
$$=-(x-5)^2+25$$

이므로 $x=5$일 때 최댓값 25를 갖는다.

따라서 $\square$OQPR의 최대 넓이는 25이다.

답 ②

1108 $\quad$ 점 P의 좌표를 $(x,\ -2x+8)$이라 하고 $\triangle$PRQ의 넓이를 y라 하면

$$y=\frac{1}{2}x(-2x+8)=-x^2+4x$$
$$=-(x-2)^2+4$$

이므로 $x=2$일 때 최댓값 4를 갖는다.

따라서 $\triangle$PRQ의 최대 넓이는 4이다.

답 4

1109 $\quad$ 직선 l은 두 점 $(0,\ 4)$, $(12,\ 0)$을 지나므로 직선의 방정식은

$$y=\frac{0-4}{12-0}x+4,\ \text{즉}\ y=-\frac{1}{3}x+4 \qquad \cdots\ \boxed{1단계}$$

점 P의 좌표를 $\left(x,\ -\frac{1}{3}x+4\right)$라 하고 $\square$OQPR의 넓이를 y라 하면

$$y=x\left(-\frac{1}{3}x+4\right)=-\frac{1}{3}x^2+4x$$
$$=-\frac{1}{3}(x-6)^2+12 \qquad \cdots\ \boxed{2단계}$$

이므로 $x=6$일 때 최댓값 12를 갖는다.

따라서 $\square$OQPR의 넓이가 최대일 때의 점 P의 좌표는

$$\left(6,\ -\frac{1}{3}\times6+4\right),\ \text{즉}\ (6,\ 2) \qquad \cdots\ \boxed{3단계}$$

답 $(6,\ 2)$

단계	채점 요소	비율
1	직선의 방정식 구하기	20 %
2	이차함수의 식 세우기	60 %
3	점 P의 좌표 구하기	20 %

시험에 꼭 나오는 문제 $\qquad$ ▶ 본문 161~164쪽

1110 $\quad$ **전략** 이차함수의 식을 $y=a(x-p)^2+q$의 꼴로 고친다.

① $y=2x^2-4x=2(x^2-2x+1-1)$
$\quad=2(x-1)^2-2$

② $y=x^2+6x+7=x^2+6x+9-9+7$
$\quad=(x+3)^2-2$

③ $y=-2x^2+12x-9=-2(x^2-6x+9-9)-9$
$\quad=-2(x-3)^2+9$

④ $y=-\frac{1}{4}x^2+x+2=-\frac{1}{4}(x^2-4x+4-4)+2$
$\quad=-\frac{1}{4}(x-2)^2+3$

⑤ $y=-\frac{1}{3}x^2+2x-2=-\frac{1}{3}(x^2-6x+9-9)-2$
$\quad=-\frac{1}{3}(x-3)^2+1$

따라서 바르게 나타낸 것은 ④이다. 답 ④

1111 $\quad$ **전략** 이차함수의 식을 $y=a(x-p)^2+q$의 꼴로 고친 후 꼭짓점의 좌표를 구한다.

① $y=x^2-4x+1=(x-2)^2-3$
$\quad$ 이 이차함수의 그래프의 꼭짓점의 좌표는 $(2,\ -3)$이므로 제4사분면 위에 있다.

② $y=-x^2-6x-11=-(x+3)^2-2$
$\quad$ 이 이차함수의 그래프의 꼭짓점의 좌표는 $(-3,\ -2)$이므로 제3사분면 위에 있다.

③ $y=2x^2+2x+3=2\left(x+\frac{1}{2}\right)^2+\frac{5}{2}$
$\quad$ 이 이차함수의 그래프의 꼭짓점의 좌표는 $\left(-\frac{1}{2},\ \frac{5}{2}\right)$이므로 제2사분면 위에 있다.

④ $y=3x^2-6x=3(x-1)^2-3$
$\quad$ 이 이차함수의 그래프의 꼭짓점의 좌표는 $(1,\ -3)$이므로 제4사분면 위에 있다.

⑤ $y=\frac{1}{2}x^2-2x+3=\frac{1}{2}(x-2)^2+1$
$\quad$ 이 이차함수의 그래프의 꼭짓점의 좌표는 $(2,\ 1)$이므로 제1사분면 위에 있다.

따라서 꼭짓점이 제2사분면 위에 있는 것은 ③이다. 답 ③

1112 $\quad$ **전략** 먼저 그래프가 지나는 점의 좌표를 주어진 이차함수의 식에 대입하여 k의 값을 구한다.

$y=-3x^2+kx-4$의 그래프가 점 $(2,\ -4)$를 지나므로
$$-4=-12+2k-4 \qquad \therefore\ k=6$$

$y=-3x^2+6x-4=-3(x-1)^2-1$이므로 이 그래프의 축의 방정식은 $x=1$이다. 답 $x=1$

1113 $\quad$ **전략** 이차함수의 식을 $y=a(x-p)^2+q$의 꼴로 고친 후 축의 방정식을 구한다.

$$y=-2x^2+8x-7=-2(x-2)^2+1$$

이 그래프의 축의 방정식은 $x=2$이고 위로 볼록하므로 x의 값
이 증가할 때 y의 값도 증가하는 x의 값의 범위는 $x<2$이다.

답 ②

1114 전략 $y=0$일 때의 x의 값을 구하여 두 점 A, E의 좌표
를 구한다.

$y=x^2+4x-5$에 $y=0$을 대입하면

$$0=x^2+4x-5, \quad (x+5)(x-1)=0$$
$$\therefore x=-5 \ \text{또는} \ x=1$$
$$\therefore A(-5, 0), \ E(1, 0)$$

$y=x^2+4x-5$에 $x=0$을 대입하면

$$y=-5 \qquad \therefore D(0, -5)$$

$y=x^2+4x-5=(x+2)^2-9$이므로 $\quad C(-2, -9)$

축의 방정식은 $x=-2$이고, 그래프의 축에서 두 점 B, D까지
의 거리가 같으므로 $\quad B(-4, -5)$

따라서 옳지 않은 것은 ②이다.

답 ②

1115 전략 이차함수의 식을 $y=a(x-p)^2+q$의 꼴로 고친 후
평행이동한 그래프의 식을 구한다.

$y=2x^2-4x+1=2(x-1)^2-1$의 그래프를 x축의 방향으로 a
만큼, y축의 방향으로 b만큼 평행이동한 그래프의 식은

$$y-b=2(x-a-1)^2-1, \ \text{즉}$$
$$y=2(x-a-1)^2-1+b \qquad \cdots\cdots \ \bigcirc$$

$y=2x^2+8x+3=2(x+2)^2-5$의 그래프가 $\bigcirc$의 그래프와 일
치하므로

$$-a-1=2, \ -1+b=-5$$
$$\therefore a=-3, \ b=-4$$
$$\therefore a^2+b^2=(-3)^2+(-4)^2=25$$

답 25

1116 전략 이차함수의 식을 $y=a(x-p)^2+q$의 꼴로 고친 후
평행이동한 그래프의 식을 구한다.

$y=\dfrac{1}{2}x^2-2x+3=\dfrac{1}{2}(x-2)^2+1$의 그래프를 x축의 방향으로
1만큼, y축의 방향으로 -3만큼 평행이동한 그래프의 식은

$$y+3=\dfrac{1}{2}(x-1-2)^2+1$$
$$\therefore y=\dfrac{1}{2}(x-3)^2-2$$

이 이차함수의 그래프는 오른쪽 그림과 같다.

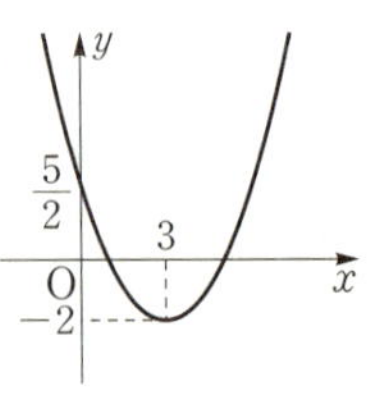

ㄹ. 꼭짓점의 좌표는 $(3, -2)$이다.

ㅂ. $x>3$일 때, x의 값이 증가하면 y의
값도 증가한다.

이상에서 옳은 것은 ㄱ, ㄴ, ㄷ, ㅁ이다.

답 ㄱ, ㄴ, ㄷ, ㅁ

1117 전략 두 점 C, D의 좌표를 구한 후 밑변의 길이가 같은
두 삼각형의 넓이의 비는 높이의 비와 같음을 이용한다.

$y=3x^2-5x-2$에 $x=0$을 대입하면 $\qquad y=-2$
$$\therefore C(0, -2)$$

$y=3x^2-5x-2=3\left(x-\dfrac{5}{6}\right)^2-\dfrac{49}{12}$이므로

$$D\left(\dfrac{5}{6}, -\dfrac{49}{12}\right)$$

이때 △ACB와 △ADB의 밑변을 $\overline{AB}$로 정하면 두 삼각형의
넓이의 비는 높이의 비와 같다.

$$\therefore \triangle ACB : \triangle ADB = 2 : \dfrac{49}{12} = 24 : 49$$

답 ③

1118 전략 먼저 주어진 그래프에서 a, b, c의 부호를 구한다.

그래프가 위로 볼록하므로 $\qquad a<0$

축이 y축의 오른쪽에 있으므로 $\qquad ab<0$

$$\therefore b>0$$

y축과의 교점이 x축의 위쪽에 있으므로 $\qquad c>0$

① $ab<0$ ② $ac<0$ ③ $abc<0$

④ $x=1$일 때, $\qquad y=a+b+c$

주어진 그래프에서 $x=1$일 때의 함숫값이 양수이므로

$$a+b+c>0$$

⑤ $x=-2$일 때, $\qquad y=4a-2b+c$

주어진 그래프에서 $x=-2$일 때의 함숫값이 음수이므로

$$4a-2b+c<0$$

따라서 옳지 않은 것은 ⑤이다.

답 ⑤

1119 전략 주어진 축의 방정식을 이용하여 이차함수의 식을
$y=a(x-p)^2+q$로 놓는다.

축의 방정식이 $x=2$이므로 이차함수의 식을 $y=a(x-2)^2+q$
로 놓으면 그래프가 두 점 $(-1, 0)$, $(3, 8)$을 지나므로

$$0=9a+q, \ 8=a+q$$

위의 두 식을 연립하여 풀면

$$a=-1, \ q=9$$
$$\therefore y=-(x-2)^2+9=-x^2+4x+5$$

따라서 $b=4$, $c=5$이므로

$$a+b-c=-1+4-5=-2$$

답 ①

1120 전략 이차함수의 식을 $y=ax^2+bx+c$로 놓고 세 점의
좌표를 대입한다.

이차함수의 식을 $y=ax^2+bx+c$로 놓으면 그래프가 점 $(0, 6)$
을 지나므로

$$6=c$$

$y=ax^2+bx+6$의 그래프가 점 $(-1, 0)$을 지나므로

$$0=a-b+6 \qquad \cdots\cdots \ \bigcirc$$

또 점 $(4, -10)$을 지나므로

$$-10=16a+4b+6 \qquad \cdots\cdots \ \bigcirc$$

$\bigcirc$, $\bigcirc$을 연립하여 풀면

$$a=-2, \ b=4$$

따라서 $y=-2x^2+4x+6$의 그래프가 점 $(2, k)$를 지나므로

$$k=-8+8+6=6$$

답 6

1121 전략 이차함수의 그래프가 x축과 두 점 $(m, 0)$, $(n, 0)$에서 만나면 이차함수의 식을 $y=a(x-m)(x-n)$으로 놓는다.

$y=\dfrac{1}{4}x^2$의 그래프와 모양이 같고, x축과 두 점 $(-6, 0)$, $(2, 0)$에서 만나므로 이차함수의 식은

$$y=\frac{1}{4}(x+6)(x-2)$$
$$=\frac{1}{4}(x^2+4x-12)=\frac{1}{4}(x+2)^2-4$$

따라서 이 이차함수의 그래프의 꼭짓점의 좌표는 $(-2, -4)$이다.

답 $(-2, -4)$

1122 전략 먼저 그래프가 지나는 점을 이용하여 $f(x)$를 구한다.

$y=f(x)$의 그래프가 두 점 $(-1, 0)$, $(5, 0)$을 지나므로 $f(x)=a(x+1)(x-5)$로 놓으면 $f(0)=-\dfrac{5}{2}$이므로

$$-5a=-\frac{5}{2} \qquad \therefore a=\frac{1}{2}$$
$$\therefore f(x)=\frac{1}{2}(x+1)(x-5)$$
$$=\frac{1}{2}(x^2-4x-5)$$
$$=\frac{1}{2}(x-2)^2-\frac{9}{2}$$

따라서 함수 $f(x)$는 $x=2$일 때 최솟값 $-\dfrac{9}{2}$를 갖는다.

답 ③

1123 전략 이차함수의 식을 $y=a(x-p)^2+q$의 꼴로 고친다.

$y=-x^2+2x+2a=-(x-1)^2+1+2a$

따라서 $x=1$일 때 최댓값 $1+2a$를 가지므로

$$1+2a=7-a \qquad \therefore a=2$$

답 2

1124 전략 이차함수가 $x=p$에서 최댓값 q를 가지면 이차함수의 식은 $y=a(x-p)^2+q \ (a<0)$로 놓을 수 있다.

주어진 이차함수는 x^2의 계수가 $-\dfrac{1}{3}$이고 $x=-3$일 때 최댓값 b를 가지므로

$$y=-\frac{1}{3}(x+3)^2+b$$

로 놓을 수 있다.

즉 $y=-\dfrac{1}{3}(x+3)^2+b=-\dfrac{1}{3}x^2-2x-3+b$이므로

$$a=-2, \ 11=-3+b$$
$$\therefore b=14$$

또 $y=-\dfrac{1}{3}x^2-2x+11$의 그래프가 점 $(k, 2)$를 지나므로

$$2=-\frac{1}{3}k^2-2k+11, \qquad k^2+6k-27=0$$
$$(k+9)(k-3)=0$$
$$\therefore k=-9 \text{ 또는 } k=3$$

그런데 $k<0$이므로 $k=-9$

$$\therefore a+b+k=-2+14+(-9)=3$$

답 ②

1125 전략 두 수를 x, $6-x$라 하고 주어진 조건을 식으로 나타낸다.

두 수를 x, $6-x$라 하고 두 수의 제곱의 합을 y라 하면

$$y=x^2+(6-x)^2=2x^2-12x+36$$
$$=2(x-3)^2+18$$

이므로 $x=3$일 때 최솟값 18을 갖는다.

따라서 두 수의 제곱의 합의 최솟값은 18이다.

답 18

1126 전략 이익을 y만 원이라 하고 주어진 식을 $y=a(x-p)^2+q$의 꼴로 고친다.

이익을 y만 원이라 하면

$$y=-\frac{1}{10}x^2+80x-7000=-\frac{1}{10}(x-400)^2+9000$$

이므로 $x=400$일 때 최댓값 9000을 갖는다.

따라서 최대의 이익을 내기 위해서는 하루에 400개의 제품을 판매해야 한다.

답 ③

1127 전략 주어진 이차함수의 식을 $y=a(x-p)^2+q$의 꼴로 고친 후 m을 k에 대한 식으로 나타낸다.

$$y=x^2+2kx+4k=(x+k)^2-k^2+4k$$

따라서 최솟값 m은

$$m=-k^2+4k=-(k-2)^2+4$$

이므로 m은 $k=2$일 때 최댓값 4를 갖는다.

답 4

1128 전략 꼭짓점과 그래프가 지나는 한 점을 이용하여 이차함수의 식을 구한다.

$y=ax^2+bx+c$의 그래프의 꼭짓점의 좌표가 $(-2, -4)$이므로 이차함수의 식을

$$y=a(x+2)^2-4$$

로 놓으면 그래프가 점 $(2, 4)$를 지나므로

$$4=16a-4 \qquad \therefore a=\frac{1}{2} \qquad \cdots \text{1단계}$$
$$\therefore y=\frac{1}{2}(x+2)^2-4=\frac{1}{2}x^2+2x-2$$
$$\therefore b=2, \ c=-2 \qquad \cdots \text{2단계}$$

따라서 $y=bx^2+cx+a=2x^2-2x+\dfrac{1}{2}=2\left(x-\dfrac{1}{2}\right)^2$이므로 이 그래프의 꼭짓점의 좌표는 $\left(\dfrac{1}{2}, 0\right)$이다. $\qquad \cdots \text{3단계}$

답 $\left(\dfrac{1}{2}, 0\right)$

단계	채점 요소	비율
1	a의 값 구하기	40 %
2	b, c의 값 구하기	40 %
3	$y=bx^2+cx+a$의 그래프의 꼭짓점의 좌표 구하기	20 %

1129 전략 이차함수 $y=-\dfrac{1}{4}x^2$의 그래프와 모양이 같음을 이용하여 a의 값을 구한다.

조건 ㈎에서 $c=0$이고, 조건 ㈐에서 $a=-\dfrac{1}{4}$이다. $\qquad \cdots \text{1단계}$

따라서 이차함수의 식은
$$y=-\frac{1}{4}x^2+bx=-\frac{1}{4}(x-2b)^2+b^2$$

조건 (내)에서 꼭짓점 $(2b,\ b^2)$이 직선 $y=x+3$ 위의 점이므로
$$b^2=2b+3,\qquad b^2-2b-3=0$$
$$(b+1)(b-3)=0$$
$$\therefore b=-1 \text{ 또는 } b=3$$

그런데 조건 (대)에서 그래프가 제2사분면을 지나지 않으므로
$$b>0$$
$$\therefore b=3 \qquad \cdots \boxed{2단계}$$
$$\therefore 4a+b-c=4\times\left(-\frac{1}{4}\right)+3-0=2 \qquad \cdots \boxed{3단계}$$

답 2

단계	채점 요소	비율
1	$a,\ c$의 값 구하기	40 %
2	b의 값 구하기	50 %
3	$4a+b-c$의 값 구하기	10 %

1130 전략 $\overline{\mathrm{AP}}$의 길이를 $x\,\mathrm{cm}$, 두 도형의 넓이의 합을 $y\,\mathrm{cm}^2$라 하고 이차함수의 식을 세운다.

$\overline{\mathrm{AP}}=x\,\mathrm{cm}$라 하면 $\overline{\mathrm{BP}}=(12-x)\,\mathrm{cm}$이고 두 도형의 넓이의 합을 $y\,\mathrm{cm}^2$라 하면
$$y=x^2+\frac{1}{2}(12-x)^2=\frac{3}{2}x^2-12x+72$$
$$=\frac{3}{2}(x-4)^2+48 \qquad \cdots \boxed{1단계}$$

따라서 $x=4$일 때 최솟값 48을 갖는다.
즉 두 도형의 넓이의 합이 최소가 되도록 하는 $\overline{\mathrm{AP}}$의 길이는 $4\,\mathrm{cm}$이다. $\qquad \cdots \boxed{2단계}$

답 4 cm

단계	채점 요소	비율
1	이차함수의 식 세우기	50 %
2	두 도형의 넓이의 합이 최소가 되도록 하는 $\overline{\mathrm{AP}}$의 길이 구하기	50 %

1131 전략 주어진 이차함수를 $y=a(x-p)^2+q$의 꼴로 변형하여 꼭짓점의 좌표를 구한다.

$$y=x^2+10ax+5a=(x+5a)^2-25a^2+5a$$

이차함수의 그래프의 축의 방정식은 $x=-5a$이고 축이 y축의 왼쪽에 있으므로
$$-5a<0 \qquad \therefore a>0 \qquad \cdots\cdots \ㄱ$$

꼭짓점의 좌표는 $(-5a,\ -25a^2+5a)$이고 꼭짓점이 직선 $y=-4x-10$ 위에 있으므로
$$-25a^2+5a=-4\times(-5a)-10$$
$$5a^2+3a-2=0,\qquad (a+1)(5a-2)=0$$
$$\therefore a=-1 \text{ 또는 } a=\frac{2}{5}$$

그런데 ㄱ에 의하여 $\quad a=\dfrac{2}{5}$ \qquad **답** $\dfrac{2}{5}$

1132 전략 이차함수의 그래프가 제1사분면만 지나지 않을 때의 그래프의 개형을 생각해 본다.

$y=ax^2+bx+c$의 그래프가 제1사분면만 지나지 않으므로 그래프는 오른쪽 그림과 같다.

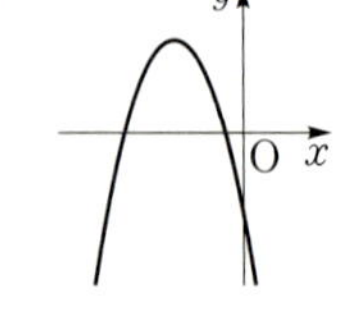

$$\therefore a<0,\ b<0,\ c\le 0$$

이때 $y=-cx^2+abx-bc$는 이차함수이므로
$$-c\ne 0 \qquad \therefore c<0$$

따라서 $-c>0,\ ab>0,\ -bc<0$이므로 $y=-cx^2+abx-bc$의 그래프로 알맞은 것은 ④이다. \qquad **답** ④

1133 전략 두 이차함수의 그래프는 x축에 대하여 대칭임을 이용한다.

점 D의 좌표를 $(x,\ -x^2+2)$라 하고 직사각형 ABCD의 둘레의 길이를 y라 하자.

두 이차함수 $y=x^2-2$와 $y=-x^2+2$의 그래프는 x축에 대하여 대칭이므로
$$\overline{\mathrm{AD}}=2x,\ \overline{\mathrm{DC}}=2(-x^2+2)$$
$$\therefore y=2\{2x+2(-x^2+2)\}$$
$$=-4x^2+4x+8$$
$$=-4\left(x-\frac{1}{2}\right)^2+9$$

따라서 $x=\dfrac{1}{2}$일 때 최댓값 9를 갖는다.

즉 □ABCD의 둘레의 길이의 최댓값은 9이다. \qquad **답** 9

정답 및 풀이

대표문제 다시 풀기

I. 실수와 그 연산

01 제곱근의 뜻과 성질

01 x가 15의 제곱근이므로 $\quad x^2=15$
따라서 바르게 나타낸 것은 ⑤이다. 　　　　답 ⑤

02 ① $\dfrac{9}{100}$의 제곱근은 $\pm\dfrac{3}{10}$이다.
② 0의 제곱근은 1개이고, 음의 정수의 제곱근은 없다.
③ 제곱근 $\dfrac{4}{25}$는 $\dfrac{2}{5}$이다.
⑤ -0.8은 0.64의 제곱근이다.
따라서 옳은 것은 ④이다. 　　　　답 ④

03 ⑤ $\sqrt{1.\dot{7}}=\sqrt{\dfrac{17-1}{9}}=\sqrt{\dfrac{16}{9}}=\dfrac{4}{3}$
따라서 근호를 사용하지 않고 나타낼 수 있는 수는 ⑤이다.
　　　　답 ⑤

04 $\sqrt{625}=25$의 음의 제곱근은 -5이므로 $\quad A=-5$
$(-13)^2=169$의 양의 제곱근은 13이므로 $\quad B=13$
$\quad \therefore A+B=-5+13=8$ 　　　　답 8

05 (직사각형의 넓이)$=14\times6=84\,(\text{cm}^2)$
넓이가 84 cm²인 정사각형의 한 변의 길이를 x cm라 하면
$\quad x^2=84 \quad \therefore x=\sqrt{84}\,(\because x>0)$ 　　답 $\sqrt{84}$ cm

06 ① $\sqrt{(-4)^2}=4$　　　② $-\sqrt{\left(\dfrac{1}{3}\right)^2}=-\dfrac{1}{3}$
③ $(\sqrt{25})^2=25$　　　⑤ $(-\sqrt{0.6})^2=0.6$
따라서 옳은 것은 ④이다. 　　　　답 ④

07 ⑤ (주어진 식)$=1-0.5\times16=-7$
따라서 옳지 않은 것은 ⑤이다. 　　　　답 ⑤

08 ① $a<0$이므로 $\quad \sqrt{a^2}=-a$
② $-15a>0$이므로 $\quad \sqrt{(-15a)^2}=-15a$
③ $9a<0$이므로 $\quad \sqrt{(9a)^2}=-9a$
④ $6a<0$이므로 $\quad -\sqrt{36a^2}=-\sqrt{(6a)^2}=-(-6a)=6a$
⑤ $-49a>0$이므로 $\quad -\sqrt{(-49a)^2}=-(-49a)=49a$
따라서 옳은 것은 ④이다. 　　　　답 ④

09 $a<0,\ b>0$에서 $\quad -2a>0,\ 5b>0$
$\quad \therefore$ (주어진 식)$=-2a+5b-(-a)=-a+5b$
　　　　답 $-a+5b$

10 $x-5<0,\ x+4>0$이므로
(주어진 식)$=-(x-5)+(x+4)$
$\qquad\qquad =-x+5+x+4=9$ 　　　　답 ②

11 $\sqrt{56x}=\sqrt{2^3\times7\times x}$가 자연수가 되려면
$x=2\times7\times(\text{자연수})^2$의 꼴이어야 한다.
따라서 가장 작은 자연수 x의 값은
$\quad 2\times7=14$ 　　　　답 14

12 $\sqrt{\dfrac{48}{x}}=\sqrt{\dfrac{2^4\times3}{x}}$이 자연수가 되려면 x는 48의 약수이면
서 $3\times(\text{자연수})^2$의 꼴이어야 한다.
따라서 가장 작은 자연수 x의 값은 3이다. 　　　　답 3

13 $\sqrt{21+x}$가 자연수가 되려면 $21+x$는 $(\text{자연수})^2$의 꼴이어야
한다.
이때 x는 자연수이므로 $21+x>21$에서
$\quad 21+x=25,\ 36,\ 49,\ \cdots$
x는 가장 작은 자연수이므로
$\quad 21+x=25 \quad \therefore x=4$ 　　　　답 4

14 $\sqrt{25-x}$가 정수가 되려면 $25-x$는 0 또는 $(\text{자연수})^2$의 꼴이
어야 한다.
이때 x는 자연수이므로 $25-x<25$에서
$\quad 25-x=0,\ 1,\ 4,\ 9,\ 16$
$\quad \therefore x=25,\ 24,\ 21,\ 16,\ 9$
따라서 구하는 자연수 x의 개수는 5이다. 　　　　답 ①

15 ② $3=\sqrt{9}$이므로 $\quad \sqrt{7}<3$
$\qquad\qquad \therefore -\sqrt{7}>-3$
③ $5=\sqrt{25}$이므로 $\quad \sqrt{26}>5$
④ $\dfrac{1}{9}=\sqrt{\dfrac{1}{81}}$이므로 $\quad \dfrac{1}{9}<\sqrt{\dfrac{1}{18}}$
⑤ $0.4=\sqrt{0.16}$이므로 $\quad 0.4<\sqrt{0.4}$
$\qquad\qquad \therefore -0.4>-\sqrt{0.4}$
따라서 옳지 않은 것은 ④이다. 　　　　답 ④

16 $\sqrt{17}>4$이므로 $\quad \sqrt{17}-4>0,\ 4-\sqrt{17}<0$
$\quad \therefore$ (주어진 식)$=\sqrt{17}-4-\{-(4-\sqrt{17})\}$
$\qquad\qquad\qquad =\sqrt{17}-4+4-\sqrt{17}=0$ 　　　　답 ③

17 $6<\sqrt{3n}<7$에서 $\quad 6^2<(\sqrt{3n})^2<7^2$
$\quad 36<3n<49 \quad \therefore 12<n<\dfrac{49}{3}$
따라서 자연수 n은 13, 14, 15, 16의 4개이다. 　　　　답 4

18 $6<\sqrt{45}<7$이므로 $\sqrt{45}$보다 작은 자연수는

$\qquad 1,\ 2,\ 3,\ 4,\ 5,\ 6$

의 6개이다.

$\qquad \therefore a=6$

$8<\sqrt{72}<9$이므로 $\sqrt{72}$보다 작은 자연수는

$\qquad 1,\ 2,\ 3,\ 4,\ 5,\ 6,\ 7,\ 8$

의 8개이다.

$\qquad \therefore b=8$

$\qquad \therefore b-a=8-6=2$ $\qquad$ 답 ②

02 무리수와 실수

01 ③ $\sqrt{25}=5$

⑤ $\sqrt{1.96}=1.4$

따라서 무리수인 것은 ④이다. $\qquad$ 답 ④

02 ② 무리수는 소수로 나타내었을 때, 순환소수가 아닌 무한
소수가 되므로 순환소수로 나타낼 수 없다.

⑤ 4의 제곱근인 2와 -2는 모두 유리수이다.

따라서 옳지 않은 것은 ②, ⑤이다. $\qquad$ 답 ②, ⑤

03 $\sqrt{81}=9,\ -\sqrt{0.1\dot{2}}=-\sqrt{\dfrac{12-1}{90}}=-\sqrt{\dfrac{11}{90}}$

① 자연수는 $\sqrt{81}$의 1개이다.

② 정수는 $\sqrt{81}$의 1개이다.

③ 정수가 아닌 유리수는 $-\dfrac{1}{4}$, $6.02\dot{4}$의 2개이다.

④ 유리수는 $-\dfrac{1}{4}$, $\sqrt{81}$, $6.02\dot{4}$의 3개이다.

⑤ 소수로 나타내었을 때 순환소수가 아닌 무한소수로 나타내어
지는 것, 즉 무리수는

$\qquad \sqrt{22.5},\ -\sqrt{0.1\dot{2}},\ \sqrt{3}-1$

의 3개이다.

따라서 옳은 것은 ⑤이다. $\qquad$ 답 ⑤

04 △ABC는 직각삼각형이므로 $\quad \overline{CA}=\sqrt{2^2+1^2}=\sqrt{5}$

$\overline{CP}=\overline{CA}=\sqrt{5}$ 이므로 점 P에 대응하는 수는

$\qquad 3-\sqrt{5}$

$\overline{CQ}=\overline{CA}=\sqrt{5}$ 이므로 점 Q에 대응하는 수는

$\qquad 3+\sqrt{5}$ $\qquad$ 답 $3-\sqrt{5},\ 3+\sqrt{5}$

05 ① 3에 가장 가까운 무리수를 찾을 수 없다.

② $\sqrt{6}$과 $\sqrt{7}$ 사이에는 무수히 많은 무리수가 있다.

④ $\dfrac{1}{13}$과 $\dfrac{6}{13}$ 사이에는 무수히 많은 유리수가 있다.

따라서 옳은 것은 ③, ⑤이다. $\qquad$ 답 ③, ⑤

06 $1<\sqrt{3}<2$이므로 $\qquad -1<\sqrt{3}-2<0$

따라서 $\sqrt{3}-2$에 대응하는 점은 B이다. $\qquad$ 답 ②

07 ① $(\sqrt{5}-2)-1=\sqrt{5}-3=\sqrt{5}-\sqrt{9}<0$

$\qquad \therefore \sqrt{5}-2<1$

② $3-(5-\sqrt{6})=-2+\sqrt{6}=-\sqrt{4}+\sqrt{6}>0$

$\qquad \therefore 3>5-\sqrt{6}$

③ $\dfrac{1}{2}-\left(1-\sqrt{\dfrac{1}{2}}\right)=-\dfrac{1}{2}+\sqrt{\dfrac{1}{2}}=-\sqrt{\dfrac{1}{4}}+\sqrt{\dfrac{1}{2}}>0$

$\qquad \therefore \dfrac{1}{2}>1-\sqrt{\dfrac{1}{2}}$

④ $(6-\sqrt{10})-(6-\sqrt{11})=-\sqrt{10}+\sqrt{11}>0$

$\qquad \therefore 6-\sqrt{10}>6-\sqrt{11}$

⑤ $(-\sqrt{13}-\sqrt{7})-(-\sqrt{14}-\sqrt{7})=-\sqrt{13}+\sqrt{14}>0$

$\qquad \therefore -\sqrt{13}-\sqrt{7}>-\sqrt{14}-\sqrt{7}$

따라서 옳은 것은 ⑤이다. $\qquad$ 답 ⑤

08 $a-b=(-3+\sqrt{5})-(\sqrt{5}-\sqrt{8})$

$\qquad\quad =-3+\sqrt{8}=-\sqrt{9}+\sqrt{8}<0$

이므로 $\quad a<b$

$a-c=(-3+\sqrt{5})-(-1)=-2+\sqrt{5}=-\sqrt{4}+\sqrt{5}>0$

이므로 $\quad a>c$

$\qquad \therefore c<a<b$ $\qquad$ 답 ④

09 $\sqrt{7.86}=2.804$이므로 $\qquad a=2.804$

$\sqrt{7.64}=2.764$이므로 $\qquad b=7.64$

$\qquad \therefore 100a-10b=280.4-76.4=204$ $\qquad$ 답 204

10 $\sqrt{16}<\sqrt{17}<\sqrt{25}$에서 $\qquad 4<\sqrt{17}<5$

① $5<\sqrt{17}+1<6$

② $\sqrt{\dfrac{61}{2}}=\sqrt{30.5}$

③ $\sqrt{1}<\sqrt{3}<\sqrt{4}$에서 $1<\sqrt{3}<2$이므로

$\qquad 5<\sqrt{3}+4<6$

④ $6<\sqrt{17}+2<7$

⑤ $\sqrt{9}<\sqrt{12}<\sqrt{16}$에서 $3<\sqrt{12}<4$이므로

$\qquad 5<\sqrt{12}+2<6$

따라서 $\sqrt{17}$과 6 사이에 있는 수가 아닌 것은 ④이다. $\qquad$ 답 ④

03 근호를 포함한 식의 계산

01 ① $\sqrt{3}\times\sqrt{7}=\sqrt{21}$

② $(-\sqrt{6})\times6\sqrt{11}=-6\sqrt{66}$

③ $(-\sqrt{5})\times(-2\sqrt{3})=2\sqrt{15}$

⑤ $3\sqrt{6}\times8\sqrt{5}=24\sqrt{30}$

따라서 옳은 것은 ④이다. $\qquad$ 답 ④

02 ① $\dfrac{\sqrt{5}}{\sqrt{20}}=\sqrt{\dfrac{5}{20}}=\sqrt{\dfrac{1}{4}}=\dfrac{1}{2}$

② $2\sqrt{18}\div4\sqrt{6}=\dfrac{2\sqrt{18}}{4\sqrt{6}}=\dfrac{1}{2}\sqrt{\dfrac{18}{6}}=\dfrac{\sqrt{3}}{2}$

③ $\dfrac{\sqrt{3}}{\sqrt{5}}\div\dfrac{\sqrt{12}}{\sqrt{40}}=\dfrac{\sqrt{3}}{\sqrt{5}}\times\dfrac{\sqrt{40}}{\sqrt{12}}=\sqrt{\dfrac{3}{5}\times\dfrac{40}{12}}=\sqrt{2}$

④ $\dfrac{\sqrt{45}}{\sqrt{15}}\div\dfrac{\sqrt{6}}{2\sqrt{14}}=\dfrac{\sqrt{45}}{\sqrt{15}}\times\dfrac{2\sqrt{14}}{\sqrt{6}}$

$\qquad\qquad=2\sqrt{\dfrac{45}{15}\times\dfrac{14}{6}}=2\sqrt{7}$

⑤ $\sqrt{24}\div\sqrt{12}\div\dfrac{1}{\sqrt{18}}=\sqrt{24}\times\dfrac{1}{\sqrt{12}}\times\sqrt{18}$

$\qquad\qquad=\sqrt{24\times\dfrac{1}{12}\times18}=\sqrt{36}=6$

따라서 옳지 않은 것은 ③이다.　　　　　　　　**답** ③

03 $4\sqrt{3}=\sqrt{4^2\times3}=\sqrt{48}$이므로　$a=48$

$\sqrt{98}=\sqrt{7^2\times2}=7\sqrt{2}$이므로　$b=7$

$\quad\therefore a+b=48+7=55$　　　　　　　**답** 55

04 $\sqrt{\dfrac{175}{4}}=\sqrt{\dfrac{5^2\times7}{2^2}}=\dfrac{5\sqrt{7}}{2}$이므로　$a=\dfrac{5}{2}$

$\sqrt{0.96}=\sqrt{\dfrac{96}{100}}=\sqrt{\dfrac{4^2\times6}{10^2}}=\dfrac{4\sqrt{6}}{10}=\dfrac{2\sqrt{6}}{5}$이므로

$\quad b=\dfrac{2}{5}$

$\quad\therefore ab=\dfrac{5}{2}\times\dfrac{2}{5}=1$　　　　　　　**답** 1

05 ① $\sqrt{0.15}=\sqrt{\dfrac{15}{100}}=\dfrac{\sqrt{15}}{10}=\dfrac{3.873}{10}=0.3873$

② $\sqrt{150}=\sqrt{1.5\times100}=10\sqrt{1.5}=10\times1.225=12.25$

③ $\sqrt{0.015}=\sqrt{\dfrac{1.5}{100}}=\dfrac{\sqrt{1.5}}{10}=\dfrac{1.225}{10}=0.1225$

④ $\sqrt{1500}=\sqrt{15\times100}=10\sqrt{15}=10\times3.873=38.73$

⑤ $\sqrt{0.0015}=\sqrt{\dfrac{15}{10000}}=\dfrac{\sqrt{15}}{100}=\dfrac{3.873}{100}=0.03873$

따라서 옳지 않은 것은 ⑤이다.　　　　　　**답** ⑤

06 $\sqrt{450}=\sqrt{2\times3^2\times5^2}=\sqrt{2}\times(\sqrt{3})^2\times5=5ab^2$　**답** ⑤

07 ① $\dfrac{1}{\sqrt{2}}=\dfrac{\sqrt{2}}{2}$　　　　② $\dfrac{10}{\sqrt{5}}=2\sqrt{5}$

③ $\dfrac{\sqrt{3}}{\sqrt{7}}=\dfrac{\sqrt{21}}{7}$　　　　⑤ $\dfrac{\sqrt{2}}{4\sqrt{6}}=\dfrac{\sqrt{3}}{12}$

따라서 옳은 것은 ④이다.　　　　　　　　**답** ④

08 $\dfrac{5\sqrt{2}}{\sqrt{7}}\times\sqrt{21}\div\dfrac{\sqrt{5}}{\sqrt{24}}$

$=\dfrac{5\sqrt{2}}{\sqrt{7}}\times\sqrt{21}\times\dfrac{2\sqrt{6}}{\sqrt{5}}=\dfrac{60}{\sqrt{5}}=12\sqrt{5}$　**답** $12\sqrt{5}$

09 $\overline{\text{AB}}$를 한 변으로 하는 정사각형의 넓이가 28이므로

$\overline{\text{AB}}=\sqrt{28}=2\sqrt{7}$

$\overline{\text{BC}}$를 한 변으로 하는 정사각형의 넓이가 40이므로

$\overline{\text{BC}}=\sqrt{40}=2\sqrt{10}$

$\quad\therefore \triangle\text{ABC}=\dfrac{1}{2}\times2\sqrt{7}\times2\sqrt{10}=2\sqrt{70}$　**답** ④

10 $\dfrac{\sqrt{2}}{6}-\dfrac{\sqrt{3}}{2}-\sqrt{2}+\dfrac{2\sqrt{3}}{3}$

$=\left(\dfrac{1}{6}-1\right)\sqrt{2}+\left(-\dfrac{1}{2}+\dfrac{2}{3}\right)\sqrt{3}$

$=-\dfrac{5\sqrt{2}}{6}+\dfrac{\sqrt{3}}{6}$

따라서 $a=-\dfrac{5}{6}$, $b=\dfrac{1}{6}$이므로

$\quad b-a=\dfrac{1}{6}-\left(-\dfrac{5}{6}\right)=1$　　　　　**답** ①

11 $\sqrt{216}-\sqrt{96}+\sqrt{24}=6\sqrt{6}-4\sqrt{6}+2\sqrt{6}$

$\qquad\qquad\qquad\qquad\qquad=4\sqrt{6}$

$\quad\therefore k=4$　　　　　　　　　　　**답** 4

12 $2\sqrt{48}-\sqrt{108}-\dfrac{4}{\sqrt{2}}+\dfrac{3}{\sqrt{27}}$

$=8\sqrt{3}-6\sqrt{3}-2\sqrt{2}+\dfrac{\sqrt{3}}{3}$

$=-2\sqrt{2}+\dfrac{7\sqrt{3}}{3}$　　　　　　　　**답** ③

13 $\overline{\text{AP}}=\overline{\text{AB}}=\sqrt{1^2+3^2}=\sqrt{10}$이므로

$\quad p=-1+\sqrt{10}$

$\overline{\text{AQ}}=\overline{\text{AD}}=\sqrt{3^2+1^2}=\sqrt{10}$이므로

$\quad q=-1-\sqrt{10}$

$\quad\therefore p+2q=(-1+\sqrt{10})+2(-1-\sqrt{10})$

$\qquad\qquad\quad=-3-\sqrt{10}$　　**답** $-3-\sqrt{10}$

14 $\sqrt{3}(\sqrt{6}-5)-\sqrt{5}(\sqrt{10}+\sqrt{15})$

$=3\sqrt{2}-5\sqrt{3}-5\sqrt{2}-5\sqrt{3}$

$=-2\sqrt{2}-10\sqrt{3}$

따라서 $x=-2$, $y=-10$이므로

$\quad x+y=-2+(-10)=-12$　　　　**답** ④

15 $\dfrac{5\sqrt{12}-\sqrt{20}}{6\sqrt{3}}=\dfrac{10\sqrt{3}-2\sqrt{5}}{6\sqrt{3}}$

$\qquad\qquad\quad=\dfrac{(10\sqrt{3}-2\sqrt{5})\times\sqrt{3}}{6\sqrt{3}\times\sqrt{3}}$

$\qquad\qquad\quad=\dfrac{30-2\sqrt{15}}{18}$

$\qquad\qquad\quad=-\dfrac{\sqrt{15}}{9}+\dfrac{5}{3}$

따라서 $a=-\dfrac{1}{9}$, $b=\dfrac{5}{3}$이므로

$\quad 3a-b=3\times\left(-\dfrac{1}{9}\right)-\dfrac{5}{3}=-2$　**답** ①

16 $\sqrt{2}(2\sqrt{10}-5\sqrt{2})+\dfrac{9\sqrt{10}-60}{\sqrt{45}}$

$=4\sqrt{5}-10+\dfrac{9\sqrt{10}-60}{3\sqrt{5}}$

$=4\sqrt{5}-10+3\sqrt{2}-4\sqrt{5}$

$=-10+3\sqrt{2}$ **답 ②**

17 (주어진 식)$=10-2\sqrt{10}+a\sqrt{10}+3a$

$\qquad\qquad=3a+10+(a-2)\sqrt{10}$

유리수가 되려면 $a-2=0$

$\qquad\therefore a=2$ **답 2**

18 $\square ABCD=\dfrac{1}{2}\times\{\sqrt{15}+(\sqrt{15}+\sqrt{10})\}\times\sqrt{12}$

$\qquad\qquad=\dfrac{1}{2}\times(\sqrt{10}+2\sqrt{15})\times2\sqrt{3}$

$\qquad\qquad=\sqrt{30}+6\sqrt{5}\ (\text{cm}^2)$ **답** $(\sqrt{30}+6\sqrt{5})\ \text{cm}^2$

19 ① $\sqrt{18}-(5-\sqrt{2})=3\sqrt{2}-5+\sqrt{2}$

$\qquad\qquad\qquad\qquad=4\sqrt{2}-5$

$\qquad\qquad\qquad\qquad=\sqrt{32}-\sqrt{25}>0$

$\qquad\therefore \sqrt{18}>5-\sqrt{2}$

② $(3-\sqrt{3})-(4-2\sqrt{3})=-1+\sqrt{3}>0$

$\qquad\therefore 3-\sqrt{3}>4-2\sqrt{3}$

③ $(5\sqrt{2}-2\sqrt{3})-(2\sqrt{2}+\sqrt{3})=3\sqrt{2}-3\sqrt{3}$

$\qquad\qquad\qquad\qquad\qquad\quad=\sqrt{18}-\sqrt{27}<0$

$\qquad\therefore 5\sqrt{2}-2\sqrt{3}<2\sqrt{2}+\sqrt{3}$

④ $(3\sqrt{3}-4\sqrt{2})-(-\sqrt{12}+\sqrt{8})=3\sqrt{3}-4\sqrt{2}+2\sqrt{3}-2\sqrt{2}$

$\qquad\qquad\qquad\qquad\qquad\qquad=5\sqrt{3}-6\sqrt{2}$

$\qquad\qquad\qquad\qquad\qquad\qquad=\sqrt{75}-\sqrt{72}>0$

$\qquad\therefore 3\sqrt{3}-4\sqrt{2}>-\sqrt{12}+\sqrt{8}$

⑤ $(2\sqrt{7}-\sqrt{3})-(3\sqrt{3}-\sqrt{7})=3\sqrt{7}-4\sqrt{3}$

$\qquad\qquad\qquad\qquad\qquad\quad=\sqrt{63}-\sqrt{48}>0$

$\qquad\therefore 2\sqrt{7}-\sqrt{3}>3\sqrt{3}-\sqrt{7}$

따라서 옳지 않은 것은 ④이다.   **답 ④**

20 $2<\sqrt{7}<3$에서 $-3<-\sqrt{7}<-2$이므로

$\qquad 9<12-\sqrt{7}<10$

따라서 $a=9,\ b=(12-\sqrt{7})-9=3-\sqrt{7}$이므로

$\qquad 2a-b=2\times9-(3-\sqrt{7})=15+\sqrt{7}$ **답 ⑤**

04 다항식의 곱셈

01 $(x+5y-3)(4x+y)$

$=4x^2+xy+20xy+5y^2-12x-3y$

$=4x^2+21xy+5y^2-12x-3y$ **답 ④**

02 주어진 식의 전개식에서 y항은

$\qquad 3y\times5+1\times(-2y)=15y-2y=13y$

따라서 y의 계수는 13이다.   **답 ④**

03 ① $(x+3)^2=x^2+6x+9$

② $(3x-1)^2=9x^2-6x+1$

③ $\left(\dfrac{1}{2}x+3\right)^2=\dfrac{1}{4}x^2+3x+9$

④ $(-2x+3)^2=(2x-3)^2=4x^2-12x+9$

따라서 옳은 것은 ⑤이다.   **답 ⑤**

04 $\left(6x+\dfrac{1}{2}y\right)\left(\dfrac{1}{2}y-6x\right)=\left(\dfrac{1}{2}y+6x\right)\left(\dfrac{1}{2}y-6x\right)$

$\qquad\qquad\qquad\qquad\qquad\quad=\dfrac{1}{4}y^2-36x^2$

따라서 $A=-36,\ B=\dfrac{1}{4}$이므로

$\qquad AB=(-36)\times\dfrac{1}{4}=-9$ **답 ②**

05 $\left(x+\dfrac{1}{4}\right)(x-8)=x^2-\dfrac{31}{4}x-2$

따라서 $a=-\dfrac{31}{4},\ b=-2$이므로

$\qquad b-a=-2-\left(-\dfrac{31}{4}\right)=\dfrac{23}{4}$ **답 ③**

06 $(6x+a)(2x+7)=12x^2+(42+2a)x+7a$이므로

$\qquad 42+2a=b,\ 7a=-35$

따라서 $a=-5,\ b=32$이므로

$\qquad a+b=-5+32=27$ **답 27**

07 ⑤ $(3x+1)(3x-4)=9x^2-9x-4$

따라서 옳지 않은 것은 ⑤이다.   **답 ⑤**

08 (직사각형의 넓이)$=(5a-3b)(5a+3b)$

$\qquad\qquad\qquad\qquad=25a^2-9b^2$ **답** $25a^2-9b^2$

09 오른쪽 그림에서 길을 제외한 땅의 넓이는

$\qquad (4x+7-2)(3x-2)$

$\qquad =12x^2+7x-10$ **답** $12x^2+7x-10$

10 $x+8=A$로 놓으면

$\qquad (x+y+8)(x-y+8)=(A+y)(A-y)$

$\qquad\qquad\qquad\qquad\qquad=A^2-y^2$

$\qquad\qquad\qquad\qquad\qquad=(x+8)^2-y^2$

$\qquad\qquad\qquad\qquad\qquad=x^2+16x+64-y^2$ **답 ④**

11 ① $63^2=(60+3)^2$ ➡ $(a+b)^2=a^2+2ab+b^2$

② $97^2=(100-3)^2$ ➡ $(a-b)^2=a^2-2ab+b^2$

③ $502\times505=(500+2)(500+5)$

➡ $(x+a)(x+b)=x^2+(a+b)x+ab$

④ $10.4\times9.6=(10+0.4)(10-0.4)$

➡ $(a+b)(a-b)=a^2-b^2$

⑤ $199\times204=(200-1)(200+4)$

➡ $(x+a)(x+b)=x^2+(a+b)x+ab$

따라서 주어진 곱셈 공식을 이용하면 가장 편리한 것은 ④이다.

답 ④

12 $(\sqrt{3}-\sqrt{5})^2=(\sqrt{3})^2-2\times\sqrt{3}\times\sqrt{5}+(\sqrt{5})^2$

$=3-2\sqrt{15}+5$

$=8-2\sqrt{15}$

답 $8-2\sqrt{15}$

13 $\dfrac{1-\sqrt{6}}{5+2\sqrt{6}}=\dfrac{(1-\sqrt{6})(5-2\sqrt{6})}{(5+2\sqrt{6})(5-2\sqrt{6})}$

$=5-2\sqrt{6}-5\sqrt{6}+12$

$=17-7\sqrt{6}$

따라서 $a=17$, $b=-7$이므로

$a+b=17+(-7)=10$

답 10

14 $x=2-\sqrt{3}$에서 $x-2=-\sqrt{3}$

$(x-2)^2=(-\sqrt{3})^2$, $x^2-4x+4=3$

$x^2-4x=-1$

∴ $x^2-4x+9=-1+9=8$

답 ③

15 $x^2+y^2=(x+y)^2-2xy=4^2-2\times1=14$

답 ③

16 $x^2+\dfrac{1}{x^2}=\left(x+\dfrac{1}{x}\right)^2-2=(\sqrt{11})^2-2=9$

답 9

17 (주어진 식)$=\{(x-2)(x+5)\}\{(x-1)(x+4)\}$

$=(x^2+3x-10)(x^2+3x-4)$

$x^2+3x=A$로 놓으면

(주어진 식)$=(A-10)(A-4)$

$=A^2-14A+40$

$=(x^2+3x)^2-14(x^2+3x)+40$

$=x^4+6x^3+9x^2-14x^2-42x+40$

$=x^4+6x^3-5x^2-42x+40$

답 $x^4+6x^3-5x^2-42x+40$

18 $x\neq0$이므로 $x^2-5x-1=0$의 양변을 x로 나누면

$x-5-\dfrac{1}{x}=0$ ∴ $x-\dfrac{1}{x}=5$

∴ $x^2+\dfrac{1}{x^2}=\left(x-\dfrac{1}{x}\right)^2+2=5^2+2=27$

답 ⑤

---

05 다항식의 인수분해

01 답 ⑤

02 ⑤ $(x-4)(x-3)+9(x-4)=(x-4)(x-3+9)$

$=(x-4)(x+6)$

따라서 인수분해한 것이 옳지 않은 것은 ⑤이다.

답 ⑤

03 ㄱ. $a^2-16a+64=(a-8)^2$

ㄴ. $\dfrac{1}{4}x^2+x+1=\left(\dfrac{1}{2}x+1\right)^2$

ㄹ. $12x^2-12xy+3y^2=3(4x^2-4xy+y^2)$

$=3(2x-y)^2$

이상에서 완전제곱식으로 인수분해되는 것은 ㄱ, ㄴ, ㄹ이다.

답 ㄱ, ㄴ, ㄹ

04 $x^2-12x+a$에서 $a=\left(\dfrac{-12}{2}\right)^2=36$

$x^2+bx+100=x^2+bx+10^2$에서

$b=2\times1\times10=20\ (\because b>0)$

∴ $a-b=36-20=16$

답 16

05 $\sqrt{x^2+4x+4}-\sqrt{x^2-10x+25}=\sqrt{(x+2)^2}-\sqrt{(x-5)^2}$

$-2<x<5$이므로 $x+2>0$, $x-5<0$

∴ (주어진 식)$=\sqrt{(x+2)^2}-\sqrt{(x-5)^2}$

$=x+2-\{-(x-5)\}$

$=x+2+x-5$

$=2x-3$

답 ①

06 $4x^2-49=(2x+7)(2x-7)$이므로

$A=2$, $B=7$

∴ $A+B=2+7=9$

답 ④

07 $x^2+5x-6=(x-1)(x+6)$

답 ①

08 $3x^2+4x-15=(x+3)(3x-5)$

따라서 $a=1$, $b=3$, $c=-5$이므로

$a+b+c=1+3+(-5)=-1$

답 -1

09 ⑤ $3x^2+13xy-10y^2=(x+5y)(3x-2y)$

따라서 인수분해한 것이 옳지 않은 것은 ⑤이다.

답 ⑤

10 $2x^2-9x-5=(\underline{x-5})(2x+1)$

$x^2-8x+15=(x-3)(\underline{x-5})$

따라서 두 다항식의 공통인 인수는 $x-5$이다.

답 ②

11 $3x+2$가 $9x^2+3x+a$의 인수이고 x^2의 계수가 9이므로
$$9x^2+3x+a=(3x+2)(3x+k)\ (k\text{는 상수})$$
로 놓으면
$$9x^2+3x+a=9x^2+(3k+6)x+2k$$
따라서 $3=3k+6$, $a=2k$이므로
$$k=-1,\ a=-2$$
답 ②

12 규현이는 상수항을 제대로 보았으므로
$$(x-3)(x+8)=x^2+5x-24$$
에서 처음 이차식의 상수항은 -24이다.
유진이는 x의 계수를 제대로 보았으므로
$$(x+2)(x-4)=x^2-2x-8$$
에서 처음 이차식의 x의 계수는 -2이다.
따라서 처음 이차식은 $x^2-2x-24$이므로 바르게 인수분해하면
$$x^2-2x-24=(x+4)(x-6)$$
답 ⑤

13 새로 만든 직사각형의 넓이는
$$2x^2+5x+2=(x+2)(2x+1)$$
따라서 구하는 둘레의 길이는
$$2\{(x+2)+(2x+1)\}=6x+6$$
답 $6x+6$

14 $\dfrac{1}{2}\times(\text{밑변의 길이})\times(x+3)=5x^2+13x-6$
$$\qquad\qquad\qquad\qquad\quad=(x+3)(5x-2)$$
$$\therefore(\text{밑변의 길이})=2(5x-2)=10x-4$$
답 $10x-4$

15 $3x-5=A$로 놓으면
$$(\text{주어진 식})=A^2-7A+10$$
$$=(A-2)(A-5)$$
$$=(3x-5-2)(3x-5-5)$$
$$=(3x-7)(3x-10)$$
따라서 $a=-7$, $b=-10$ 또는 $a=-10$, $b=-7$이므로
$$a+b=-17$$
답 ④

16 $x+2=A$, $x-3=B$로 놓으면
$$(\text{주어진 식})=2A^2-5AB-3B^2$$
$$=(A-3B)(2A+B)$$
$$=\{(x+2)-3(x-3)\}\{2(x+2)+(x-3)\}$$
$$=(-2x+11)(3x+1)$$
$$=-(2x-11)(3x+1)$$
답 ①

17 $(\text{주어진 식})=x(x+1)-y(x+1)$
$$=(x+1)(x-y)$$
따라서 인수인 것은 ①, ③이다.
답 ①, ③

18 $(\text{주어진 식})=(x^2-8x+16)-y^2$
$$=(x-4)^2-y^2$$
$$=(x-4+y)(x-4-y)$$
$$=(x+y-4)(x-y-4)$$
답 ③

19 $A=4.26^2+2\times4.26\times5.74+5.74^2$
$$=(4.26+5.74)^2$$
$$=10^2=100$$
$B=121^2-21^2=(121+21)(121-21)=142\times100=14200$
$$\therefore\dfrac{B}{A}=\dfrac{14200}{100}=142$$
답 142

20 $x+y=(2+\sqrt{5})+(2-\sqrt{5})=4$
$x-y=(2+\sqrt{5})-(2-\sqrt{5})=2\sqrt{5}$
$$\therefore x^2(x-y)+y^2(y-x)=x^2(x-y)-y^2(x-y)$$
$$=(x-y)(x^2-y^2)$$
$$=(x-y)^2(x+y)$$
$$=(2\sqrt{5})^2\times4$$
$$=80$$
답 80

21 $(\text{주어진 식})=\{(a-1)(a-7)\}\{(a-3)(a-5)\}+15$
$$=(a^2-8a+7)(a^2-8a+15)+15$$
$a^2-8a=A$로 놓으면
$$(\text{주어진 식})=(A+7)(A+15)+15$$
$$=A^2+22A+120$$
$$=(A+10)(A+12)$$
$$=(a^2-8a+10)(a^2-8a+12)$$
$$=(a-2)(a-6)(a^2-8a+10)$$
답 ①

22 y에 대하여 내림차순으로 정리하면
$$(\text{주어진 식})=(-x-2)y+(x^2-x-6)$$
$$=-(x+2)y+(x+2)(x-3)$$
$$=(x+2)(x-y-3)$$
답 $(x+2)(x-y-3)$

06 이차방정식의 풀이

01 ㄴ. $x^2+\dfrac{1}{2}(x-3)=0$에서 $\quad x^2+\dfrac{1}{2}x-\dfrac{3}{2}=0$
ㄷ. $x^3-(x-1)^2=x^3-5x$에서 $\quad -x^2+7x-1=0$
ㄹ. $-x^3-3x=4(x-1)^2$에서 $\quad -x^3-4x^2+5x-4=0$
이상에서 이차방정식인 것은 ㄱ, ㄴ, ㄷ이다.
답 ⑤

02 [ ] 안의 수를 각 이차방정식에 대입하면

① $0^2-5\neq0$

② $(2\times1-1)\times(1+1)\neq0$

③ $(-2)^2+4\times(-2)=4\times\{2\times(-2)+3\}$

④ $(6-6)\times(6+6)\neq13$

⑤ $3\times\left(\dfrac{1}{3}\right)^2+2\times\dfrac{1}{3}-1=0$

따라서 [ ] 안의 수가 이차방정식의 해인 것은 ③, ⑤이다.

답 ③, ⑤

03 $x=-2$를 $3x^2+ax-5a+2=0$에 대입하면

$3\times(-2)^2+a\times(-2)-5a+2=0$

$-7a=-14$

$\therefore a=2$

답 2

04 $x=\alpha$를 $x^2-4x+1=0$에 대입하면

$\alpha^2-4\alpha+1=0$

① $\alpha^2-4\alpha=-1$

② $3\alpha^2-12\alpha+2=3(\alpha^2-4\alpha)+2$

$=3\times(-1)+2=-1$

③ $-\alpha^2+4\alpha+4=-(\alpha^2-4\alpha)+4$

$=-(-1)+4=5$

④ $\alpha\neq0$이므로 $\alpha^2-4\alpha+1=0$의 양변을 α로 나누면

$\alpha-4+\dfrac{1}{\alpha}=0$ $\therefore \alpha+\dfrac{1}{\alpha}=4$

⑤ $5\alpha^2-20\alpha+7=5(\alpha^2-4\alpha)+7$

$=5\times(-1)+7=2$

따라서 옳지 않은 것은 ⑤이다.

답 ⑤

05 ① $x=-3$ 또는 $x=2$

② $x=-2$ 또는 $x=3$

③ $x=2$ 또는 $x=3$

④ $x=-\dfrac{1}{2}$ 또는 $x=\dfrac{1}{3}$

⑤ $x=-\dfrac{1}{3}$ 또는 $x=\dfrac{1}{2}$

답 ②

06 $2x^2+x-6=0$에서 $(x+2)(2x-3)=0$

$\therefore x=-2$ 또는 $x=\dfrac{3}{2}$

이때 $\alpha>\beta$이므로 $\alpha=\dfrac{3}{2}$, $\beta=-2$

$\therefore 2\alpha-\beta=2\times\dfrac{3}{2}-(-2)=5$

답 5

07 $x=3$을 $x^2-kx+k+7=0$에 대입하면

$3^2-k\times3+k+7=0$, $-2k=-16$

$\therefore k=8$

즉 $x^2-8x+15=0$에서 $(x-3)(x-5)=0$

$\therefore x=3$ 또는 $x=5$

따라서 다른 한 근은 $x=5$이다.

답 ④

08 $x^2-3x-4=0$에서 $(x+1)(x-4)=0$

$\therefore x=-1$ 또는 $x=4$

즉 $x^2+ax+5=0$의 한 근이 $x=-1$이므로

$1-a+5=0$ $\therefore a=6$

답 ④

09 $x^2+4x-12=0$에서 $(x+6)(x-2)=0$

$\therefore x=-6$ 또는 $x=2$

$2x^2+11x-6=0$에서 $(x+6)(2x-1)=0$

$\therefore x=-6$ 또는 $x=\dfrac{1}{2}$

따라서 두 이차방정식의 공통인 근은 $x=-6$이다.

답 $x=-6$

10 ① $7x^2-1=0$에서 $7x^2=1$

$x^2=\dfrac{1}{7}$ $\therefore x=\pm\dfrac{\sqrt{7}}{7}$

② $x^2-x+3=5x-6$에서 $x^2-6x+9=0$

$(x-3)^2=0$ $\therefore x=3$

③ $6x^2-7x+2=x$에서 $3x^2-4x+1=0$

$(3x-1)(x-1)=0$

$\therefore x=\dfrac{1}{3}$ 또는 $x=1$

④ $x(x+1)=-\dfrac{1}{4}$에서 $x^2+x+\dfrac{1}{4}=0$

$\left(x+\dfrac{1}{2}\right)^2=0$ $\therefore x=-\dfrac{1}{2}$

⑤ $(x-5)^2=1$에서 $x-5=\pm1$

$\therefore x=4$ 또는 $x=6$

따라서 중근을 갖는 것은 ②, ④이다.

답 ②, ④

11 $x^2-12x+5a+1=0$이 중근을 가지므로

$5a+1=\left(\dfrac{-12}{2}\right)^2=36$, $5a=35$

$\therefore a=7$

답 7

12 $2(x-3)^2=10$에서 $(x-3)^2=5$

$x-3=\pm\sqrt{5}$

$\therefore x=3\pm\sqrt{5}$

따라서 $p=3$, $q=5$이므로

$p+q=3+5=8$

답 ⑤

13 $\left(x+\dfrac{1}{4}\right)^2=m-1$이 근을 가지려면

$m-1\geq0$ $\therefore m\geq1$

따라서 m의 값이 될 수 없는 것은 ①이다.

답 ①

14 $2x^2-8x+5=0$에서

$$x^2-4x+\frac{5}{2}=0, \qquad x^2-4x=-\frac{5}{2}$$

$$x^2-4x+4=-\frac{5}{2}+4$$

$$\therefore (x-2)^2=\frac{3}{2}$$

따라서 $a=-2$, $b=\frac{3}{2}$이므로

$$ab=(-2)\times\frac{3}{2}=-3 \hspace{2cm} \text{탑} \ -3$$

15 $A=3$, $B=\frac{4}{9}$, $C=\frac{2}{3}$, $D=7$, $E=-2$

따라서 옳지 않은 것은 ④이다. $\hspace{2cm}$ 탑 ④

16 $(x-1)^2=5k$에서 $\quad x-1=\pm\sqrt{5k}$

$$\therefore x=1\pm\sqrt{5k}$$

해가 정수가 되려면 $k=5\times(\text{자연수})^2$의 꼴이어야 하므로

$$k=5\times1^2,\ 5\times2^2,\ 5\times3^2,\ \cdots$$

따라서 자연수 k의 값으로 알맞은 것은 ②이다. $\quad$ 탑 ②

Ⅲ. 이차방정식

07 이차방정식의 활용

01 ① $x=\dfrac{-1\pm\sqrt{17}}{2}$

② $x=\dfrac{-3\pm\sqrt{5}}{2}$

③ $x=3\pm\sqrt{2}$

④ $x=\dfrac{7\pm\sqrt{57}}{4}$

따라서 근이 바르게 짝 지어진 것은 ⑤이다. $\quad$ 탑 ⑤

02 주어진 이차방정식의 양변에 12를 곱하면

$$2(x+1)(x+2)-1=3(x+1)(x-1)$$

$$2x^2+6x+4-1=3x^2-3$$

$$x^2-6x-6=0$$

$$\therefore x=3\pm\sqrt{15}$$

따라서 두 근의 합은

$$3+\sqrt{15}+(3-\sqrt{15})=6 \hspace{1.5cm} \text{탑} \ 6$$

03 $x-1=A$로 놓으면

$$3A^2+7A-6=0, \qquad (A+3)(3A-2)=0$$

$$\therefore A=-3 \ \text{또는} \ A=\frac{2}{3}$$

즉 $x-1=-3$ 또는 $x-1=\frac{2}{3}$이므로

$$x=-2 \ \text{또는} \ x=\frac{5}{3}$$

따라서 $a=\dfrac{5}{3}$, $\beta=-2$이므로

$$3a-\beta=3\times\frac{5}{3}-(-2)=7 \hspace{1.5cm} \text{탑} \ ④$$

04 ① $10^2-4\times1\times25=0$이므로 중근을 갖는다.

② $(-1)^2-4\times1\times1=-3<0$이므로 근이 없다.

③ $(-3)^2-4\times2\times2=-7<0$이므로 근이 없다.

④ $(-12)^2-4\times4\times9=0$이므로 중근을 갖는다.

⑤ $8^2-4\times5\times2=24>0$이므로 서로 다른 두 근을 갖는다.

따라서 서로 다른 두 근을 갖는 것은 ⑤이다. $\quad$ 탑 ⑤

05 $x^2-mx+2m-3=0$이 중근을 가지므로

$$(-m)^2-4\times1\times(2m-3)=0$$

$$m^2-8m+12=0$$

$$(m-2)(m-6)=0$$

$$\therefore m=2 \ \text{또는} \ m=6$$

따라서 모든 상수 m의 값의 곱은

$$2\times6=12 \hspace{2cm} \text{탑} \ ④$$

06 $x^2-4x+k+1=0$이 서로 다른 두 근을 가지므로

$$(-4)^2-4\times1\times(k+1)>0$$

$$-4k+12>0, \qquad -4k>-12$$

$$\therefore k<3 \hspace{2cm} \text{탑} \ k<3$$

07 두 근이 -6, $\dfrac{1}{3}$이고 x^2의 계수가 3인 이차방정식은

$$3(x+6)\left(x-\frac{1}{3}\right)=0 \quad \therefore 3x^2+17x-6=0$$

따라서 $a=17$, $b=-6$이므로

$$a+b=17+(-6)=11 \hspace{1.5cm} \text{탑} \ ⑤$$

08 $\dfrac{n(n-3)}{2}=90$에서 $\quad n(n-3)=180$

$$n^2-3n-180=0, \qquad (n+12)(n-15)=0$$

$$\therefore n=-12 \ \text{또는} \ n=15$$

그런데 $n>3$이므로 $\qquad n=15$

따라서 구하는 다각형은 십오각형이다. $\quad$ 탑 ③

09 연속하는 세 자연수를 $x-1$, x, $x+1$이라 하면

$$(x-1)^2=2\{x+(x+1)\}-1$$

$$x^2-6x=0, \qquad x(x-6)=0$$

$$\therefore x=0 \ \text{또는} \ x=6$$

그런데 $x>1$이므로 $\qquad x=6$

따라서 가장 큰 수는 7이다. $\hspace{1.5cm}$ 탑 ③

10 학생 수를 x라 하면 학생 한 명이 받은 꿀떡의 개수는 $x-5$
이므로

$$x(x-5)=176, \quad x^2-5x-176=0$$
$$(x+11)(x-16)=0$$
$$\therefore x=-11 \text{ 또는 } x=16$$
그런데 $x>5$이므로 $\quad x=16$
따라서 학생은 모두 16명이다. **답** 16명

11 $-5x^2+35x+10=40$에서 $\quad -5x^2+35x-30=0$
$$x^2-7x+6=0, \quad (x-1)(x-6)=0$$
$$\therefore x=1 \text{ 또는 } x=6$$
따라서 물체의 높이가 처음으로 40 m가 되는 것은 쏘아 올린 지 1초 후이다. **답** ①

12 처음 정사각형 모양의 화단의 한 변의 길이를 x m라 하면
$$(x+3)(x+4)=56, \quad x^2+7x-44=0$$
$$(x+11)(x-4)=0$$
$$\therefore x=-11 \text{ 또는 } x=4$$
그런데 $x>0$이므로 $\quad x=4$
따라서 처음 화단의 한 변의 길이는 4 m이다. **답** 4 m

13 오른쪽 그림과 같이 도로의 폭을 x m라 하고 폭이 일정한 도로를 가장자리로 이동하면 도로를 제외한 땅의 넓이는 어두운 부분의 넓이와 같으므로

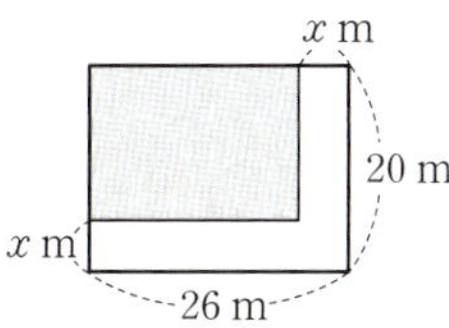

$$(26-x)(20-x)=315$$
$$x^2-46x+205=0, \quad (x-5)(x-41)=0$$
$$\therefore x=5 \text{ 또는 } x=41$$
그런데 $0<x<20$이므로 $\quad x=5$
따라서 도로의 폭을 5 m로 해야 한다. **답** ⑤

14 처음 정사각형의 한 변의 길이를 x cm라 하면
$$(x-4)^2\times2=288$$
$$(x-4)^2=144, \quad x-4=\pm12$$
$$\therefore x=-8 \text{ 또는 } x=16$$
그런데 $x>4$이므로 $\quad x=16$
따라서 처음 정사각형의 한 변의 길이는 16 cm이다. **답** ④

15 $\overline{AB}=x$라 하면 □ABFE는 정사각형이므로 $\overline{AE}=x$에서 $\overline{DE}=2-x$
이때 □ABCD∽□DEFC이므로
$$\overline{AD}:\overline{DC}=\overline{AB}:\overline{DE}$$
$$2:x=x:(2-x)$$
$$2(2-x)=x^2, \quad x^2+2x-4=0$$
$$\therefore x=-1\pm\sqrt{5}$$
그런데 $0<x<2$이므로 $\quad x=-1+\sqrt{5}$
따라서 $\overline{AB}$의 길이는 $-1+\sqrt{5}$이다. **답** $-1+\sqrt{5}$

IV. 이차함수

08 이차함수의 그래프 (1)

01 ② $y=8x-16 \Rightarrow$ 일차함수이다.
④ $x^2+4x+4=0 \Rightarrow$ 이차방정식이다.
⑤ $y=3x^3+2x^2-3x-2 \Rightarrow$ 이차함수가 아니다.
따라서 y가 x에 대한 이차함수인 것은 ③이다. **답** ③

02 $y=kx^2+(x+4)(x-5)=(k+1)x^2-x-20$
이차함수가 되려면
$$k+1\neq0 \quad \therefore k\neq-1$$
답 $k\neq-1$

03 $f(-1)=(-1)^2+8\times(-1)-13=-20$
$f(2)=2^2+8\times2-13=7$
$$\therefore f(-1)+f(2)=-20+7=-13$$
답 ②

04 그래프가 아래로 볼록하므로 x^2의 계수는 양수이어야 한다.
x^2의 계수가 양수인 이차함수의 x^2의 계수의 절댓값의 대소를 비교하면
$$\left|\frac{5}{6}\right|<\left|\frac{6}{5}\right|<|4|$$
따라서 그래프가 아래로 볼록하면서 폭이 가장 좁은 것은 ⑤이다. **답** ⑤

05 x^2의 계수의 절댓값이 같고 부호가 반대인 것은 ㄴ과 ㅂ이다. **답** ③

06 ② 축의 방정식은 $x=0$이다.
③ 아래로 볼록한 포물선이다.
④ $y=-\dfrac{2}{3}x^2$의 그래프와 x축에 대하여 대칭이다.
따라서 옳은 것은 ①, ⑤이다. **답** ①, ⑤

07 $y=ax^2$의 그래프가 점 $(-2, 5)$를 지나므로
$$5=a\times(-2)^2 \quad \therefore a=\frac{5}{4}$$
$y=\dfrac{5}{4}x^2$의 그래프가 점 $(4, b)$를 지나므로
$$b=\frac{5}{4}\times4^2=20$$
$$\therefore ab=\frac{5}{4}\times20=25$$
답 25

08 이차함수의 식을 $y=ax^2$으로 놓으면 이 그래프가 점 $(3, -6)$을 지나므로
$$-6=a\times3^2 \quad \therefore a=-\frac{2}{3}$$
따라서 구하는 이차함수의 식은 $\quad y=-\dfrac{2}{3}x^2$ **답** ③

09 $y=-\dfrac{1}{5}x^2$의 그래프를 y축의 방향으로 2만큼 평행이동한 그래프의 식은

$$y=-\frac{1}{5}x^2+2$$

이 그래프가 점 $(-5,\,a)$를 지나므로

$$a=-\frac{1}{5}\times(-5)^2+2=-3$$

답 -3

10 $y=4x^2-1$의 그래프는 오른쪽 그림과 같다. 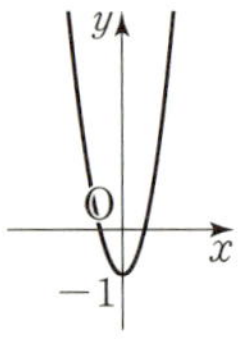
④ 모든 사분면을 지난다.
⑤ $x<0$일 때, x의 값이 증가하면 y의 값은 감소한다.
따라서 옳지 않은 것은 ⑤이다.

답 ⑤

11 꼭짓점의 좌표가 $(0,\,2)$이므로 이차함수의 식을 $y=ax^2+2$로 놓으면 이 그래프가 점 $(2,\,4)$를 지나므로

$$4=a\times2^2+2 \qquad \therefore a=\frac{1}{2}$$

따라서 구하는 이차함수의 식은 $\quad y=\dfrac{1}{2}x^2+2$

답 ③

12 꼭짓점의 좌표는 $(10,\,0)$, 축의 방정식은 $x=10$이므로
$a=10,\ b=0,\ c=10$

$$\therefore a+b+c=10+0+10=20$$

답 20

13 ④ $\left|-\dfrac{1}{5}\right|<|-5|$이므로 $y=-5(x-3)^2$의 그래프는

$y=-\dfrac{1}{5}(x-3)^2$의 그래프보다 폭이 좁다.

따라서 옳지 않은 것은 ④이다.

답 ④

14 꼭짓점의 좌표가 $(-1,\,0)$이므로 이차함수의 식을 $y=a(x+1)^2$으로 놓으면 이 그래프가 점 $(0,\,-2)$를 지나므로

$$a=-2$$

따라서 구하는 이차함수의 식은

$$y=-2(x+1)^2$$

답 ①

15 $y=a(x+p)^2+11$의 그래프의 축의 방정식은 $x=-p$이므로

$$-p=-4 \qquad \therefore p=4$$

$y=a(x+4)^2+11$의 그래프가 점 $(2,\,5)$를 지나므로

$$5=a\times(2+4)^2+11 \qquad \therefore a=-\frac{1}{6}$$

$$\therefore 6a+p=6\times\left(-\frac{1}{6}\right)+4=3$$

답 3

16 $y=-\dfrac{1}{4}(x+2)^2-2$의 그래프는 오른쪽 그림과 같으므로 x의 값이 증가할 때 y의 값은 감소하는 x의 값의 범위는 $x>-2$이다.

답 ③

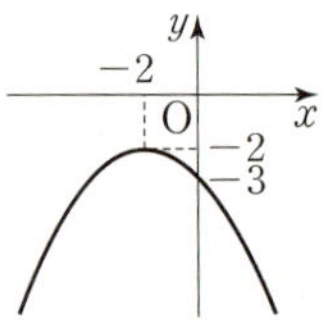

17 ① 축의 방정식은 $x=1$이다.
② $y=\dfrac{2}{3}(x-1)^2-4$에 $x=4$를 대입하면

$$y=\frac{2}{3}\times(4-1)^2-4=2$$

즉 점 $(4,\,2)$를 지난다.
③ $y=\dfrac{2}{3}x^2$의 그래프를 x축의 방향으로 1만큼, y축의 방향으로 -4만큼 평행이동한 것이다.
④ 오른쪽 그림과 같이 모든 사분면을 지난다.
⑤ 모든 실수 x에 대하여 $y\geq-4$이다.
따라서 옳은 것은 ④이다.

답 ④

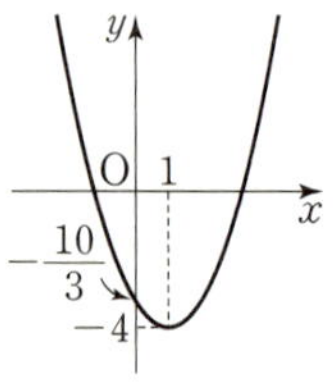

18 꼭짓점의 좌표가 $(-2,\,-2)$이므로 이차함수의 식을 $y=a(x+2)^2-2$로 놓으면 이 그래프가 점 $(0,\,10)$을 지나므로

$$10=a\times(0+2)^2-2 \qquad \therefore a=3$$

따라서 구하는 이차함수의 식은

$$y=3(x+2)^2-2$$

답 ③

19 $y=\dfrac{1}{5}(x-7)^2-3$의 그래프를 x축의 방향으로 m만큼, y축의 방향으로 n만큼 평행이동한 그래프의 식은

$$y-n=\frac{1}{5}(x-m-7)^2-3,\ 즉$$

$$y=\frac{1}{5}(x-m-7)^2-3+n$$

이 그래프가 $y=\dfrac{1}{5}(x+2)^2+1$의 그래프와 일치하므로

$$-m-7=2,\ -3+n=1$$

$$\therefore m=-9,\ n=4$$

$$\therefore n-m=4-(-9)=13$$

답 ⑤

20 그래프가 위로 볼록하므로 $\quad a<0$
꼭짓점 $(-p,\,-q)$가 제1사분면 위에 있으므로

$$-p>0,\ -q>0$$

$$\therefore p<0,\ q<0$$

답 ⑤

21 점 D의 x좌표를 $a\ (a>0)$라 하면

$$D\left(a,\,\frac{1}{4}a^2\right),\ C\left(-a,\,\frac{1}{4}a^2\right) \qquad\cdots\cdots\ ㉠$$

점 B의 y좌표가 16이므로 $\quad 16=\dfrac{1}{4}x^2$

$$x^2=64 \qquad \therefore x=\pm8$$

그런데 점 B는 제1사분면 위의 점이므로 $\quad x=8$

$$\therefore B(8,\,16)$$

한편 $\overline{CD}=\overline{AB}=8$이므로 ㉠에서

$$a-(-a)=8,\quad 2a=8$$

$$\therefore a=4$$

$$\therefore D(4,\,4)$$

답 $D(4,\,4)$

09 이차함수의 그래프 (2)

01 $y=\dfrac{1}{2}x^2+x+1=\dfrac{1}{2}(x^2+2x+1-1)+1$

$\qquad\qquad =\dfrac{1}{2}(x+1)^2+\dfrac{1}{2}$

따라서 $a=\dfrac{1}{2}$, $p=-1$, $q=\dfrac{1}{2}$이므로

$\qquad a+p+q=\dfrac{1}{2}+(-1)+\dfrac{1}{2}=0$ **답** 0

02 $y=-4x^2+16x-6=-4(x-2)^2+10$

따라서 이 이차함수의 그래프의 꼭짓점의 좌표는 $(2, 10)$, 축의
방정식은 $x=2$이므로

$\qquad a=2$, $b=10$, $c=2$

$\qquad \therefore a-b-c=2-10-2=-10$ **답** ②

03 $y=3x^2-6x+4=3(x-1)^2+1$

이 이차함수의 그래프는 꼭짓점의 좌표가 $(1, 1)$이고 아래로 볼
록하며, y축과의 교점의 좌표가 $(0, 4)$인 포물선이므로 주어진
이차함수의 그래프로 알맞은 것은 ②이다. **답** ②

04 $y=-5x^2+15x-\dfrac{5}{4}=-5\left(x-\dfrac{3}{2}\right)^2+10$

이 함수의 그래프의 축의 방정식은 $x=\dfrac{3}{2}$이고 위로 볼록하므로

x의 값이 증가할 때 y의 값도 증가하는 x의 값의 범위는 $x<\dfrac{3}{2}$
이다. **답** ③

05 $y=6x^2-x-2$에 $y=0$을 대입하면

$\qquad 0=6x^2-x-2$, $\qquad (2x+1)(3x-2)=0$

$\qquad \therefore x=-\dfrac{1}{2}$ 또는 $x=\dfrac{2}{3}$

이때 $p>q$이므로

$\qquad p=\dfrac{2}{3}$, $q=-\dfrac{1}{2}$

또 $y=6x^2-x-2$에 $x=0$을 대입하면

$\qquad y=-2$

$\qquad \therefore r=-2$

$\qquad \therefore 3p+q+r=3\times\dfrac{2}{3}+\left(-\dfrac{1}{2}\right)+(-2)$

$\qquad\qquad\qquad\quad =-\dfrac{1}{2}$ **답** ④

06 $y=3x^2+12x-1=3(x+2)^2-13$

⑤ $y=3x^2$의 그래프를 x축의 방향으로 -2만큼, y축의 방향으
로 -13만큼 평행이동한 것이다.

따라서 옳지 않은 것은 ⑤이다. **답** ⑤

07 $y=-\dfrac{1}{2}x^2-2x-\dfrac{5}{2}=-\dfrac{1}{2}(x+2)^2-\dfrac{1}{2}$의 그래프를 x축
의 방향으로 4만큼, y축의 방향으로 $-\dfrac{3}{2}$만큼 평행이동한 그래
프의 식은

$\qquad y+\dfrac{3}{2}=-\dfrac{1}{2}(x-4+2)^2-\dfrac{1}{2}$

$\qquad \therefore y=-\dfrac{1}{2}(x-2)^2-2=-\dfrac{1}{2}x^2+2x-4$

따라서 $a=-\dfrac{1}{2}$, $b=2$, $c=-4$이므로

$\qquad abc=\left(-\dfrac{1}{2}\right)\times 2\times(-4)=4$ **답** 4

08 $y=x^2-2x-3$에 $y=0$을 대입하면

$\qquad 0=x^2-2x-3$, $\qquad (x+1)(x-3)=0$

$\qquad \therefore x=-1$ 또는 $x=3$

$\qquad \therefore A(-1, 0)$, $B(3, 0)$

또 $y=x^2-2x-3=(x-1)^2-4$이므로

$\qquad C(1, -4)$

$\qquad \therefore \triangle ACB=\dfrac{1}{2}\times\{3-(-1)\}\times 4=8$ **답** 8

09 그래프가 위로 볼록하므로 $\quad a<0$

축이 y축의 왼쪽에 있으므로

$\qquad ab>0 \quad \therefore b<0$

y축과의 교점이 원점과 일치하므로 $\quad c=0$

따라서 옳은 것은 ⑤이다. **답** ⑤

10 꼭짓점의 좌표가 $(3, 0)$이므로 이차함수의 식을
$y=a(x-3)^2$으로 놓으면 그래프가 점 $(1, -4)$를 지나므로

$\qquad -4=4a \quad \therefore a=-1$

$\qquad \therefore y=-(x-3)^2=-x^2+6x-9$ **답** ②

11 축의 방정식이 $x=2$이므로 이차함수의 식을
$y=a(x-2)^2+q$로 놓으면 그래프가 두 점 $(0, 10)$, $(3, 1)$을
지나므로

$\qquad 10=4a+q$, $1=a+q$

위의 두 식을 연립하여 풀면 $\quad a=3$, $q=-2$

$\qquad \therefore y=3(x-2)^2-2=3x^2-12x+10$ **답** ③

12 이차함수의 식을 $y=ax^2+bx+c$로 놓으면 그래프가 점
$(0, 6)$을 지나므로

$\qquad 6=c$

$y=ax^2+bx+6$의 그래프가 점 $(-1, 10)$을 지나므로

$\qquad 10=a-b+6$ $\qquad\qquad\qquad$ ······ ㉠

또 점 $(1, 4)$를 지나므로

$\qquad 4=a+b+6$ $\qquad\qquad\qquad$ ······ ㉡

㉠, ㉡을 연립하여 풀면 $\quad a=1$, $b=-3$

$$\therefore y = x^2 - 3x + 6 = \left(x - \frac{3}{2}\right)^2 + \frac{15}{4}$$

따라서 꼭짓점의 좌표는 $\left(\frac{3}{2}, \frac{15}{4}\right)$이다.　　　　답 $\left(\frac{3}{2}, \frac{15}{4}\right)$

13 $y = a(x-2)(x-4)$로 놓으면 이 그래프가 점 $(0, 8)$을 지나므로

$$8 = 8a \qquad \therefore a = 1$$
$$\therefore y = (x-2)(x-4) = x^2 - 6x + 8$$

따라서 $b = -6$, $c = 8$이므로

$$a + b + c = 1 + (-6) + 8 = 3$$　　　　답 ③

14 $y = 4x^2 + 12x - 2 = 4\left(x + \frac{3}{2}\right)^2 - 11$이므로 $x = -\frac{3}{2}$일 때 최솟값 -11을 갖는다.

$$\therefore m = -11$$

$y = -\frac{1}{2}x^2 + 6x + 3 = -\frac{1}{2}(x-6)^2 + 21$이므로 $x = 6$일 때 최댓값 21을 갖는다.

$$\therefore M = 21$$
$$\therefore M + m = 21 + (-11) = 10$$　　　　답 10

15 $y = -\frac{1}{3}x^2 - 2x + a = -\frac{1}{3}(x+3)^2 + 3 + a$

따라서 $x = -3$일 때 최댓값 $3 + a$를 가지므로

$$3 + a = 12 \qquad \therefore a = 9$$　　　　답 ③

16 주어진 이차함수는 x^2의 계수가 3이고 $x = 2$일 때 최솟값 -17을 가지므로

$$y = 3(x-2)^2 - 17$$

로 놓을 수 있다.

즉 $y = 3(x-2)^2 - 17 = 3x^2 - 12x - 5$이므로

$$a = -12, \quad b - 4 = -5$$
$$\therefore b = -1$$
$$\therefore b - a = -1 - (-12) = 11$$　　　　답 ⑤

17 두 수를 x, $16 - x$라 하고 두 수의 곱을 y라 하면

$$y = x(16 - x)$$
$$= -x^2 + 16x = -(x-8)^2 + 64$$

이므로 $x = 8$일 때 최댓값 64를 갖는다.

따라서 두 수의 곱의 최댓값은 64이다.　　　　답 ④

18 $y = 60x - 5x^2 = -5(x-6)^2 + 180$이므로 $x = 6$일 때 최댓값 180을 갖는다.

따라서 최고 높이에 도달했을 때의 지면으로부터의 높이는 180 m이다.　　　　답 ⑤

19 $y = (12 - x)(10 + x)$
$$= -x^2 + 2x + 120 = -(x-1)^2 + 121$$

즉 $x = 1$일 때 최댓값 121을 갖는다.

따라서 y의 값이 최대가 되도록 하는 x의 값은 1이다.　　　　답 1

20 $y = -x^2 + 4kx + 4k = -(x-2k)^2 + 4k^2 + 4k$

$$\therefore M = 4k^2 + 4k = 4\left(k + \frac{1}{2}\right)^2 - 1$$

따라서 M은 $k = -\frac{1}{2}$일 때 최솟값 -1을 갖는다.　　　　답 ③

21 점 P의 좌표를 $(x, -x+8)$이라 하고 □OQPR의 넓이를 y라 하면

$$y = x(-x+8) = -x^2 + 8x = -(x-4)^2 + 16$$

이므로 $x = 4$일 때 최댓값 16을 갖는다.

따라서 □OQPR의 최대 넓이는 16이다.　　　　답 ④

MEMO

MEMO

개념원리 RPM 중학 수학 3-1

정답 및 풀이

개념원리 RPM 중학 수학 3-1

다양한 유형의 문제를 통해 수학의 문제해결력을 높일 수 있는 RPM

함께 만드는 개념원리

개념원리는

선생님이
가르치기 쉽고

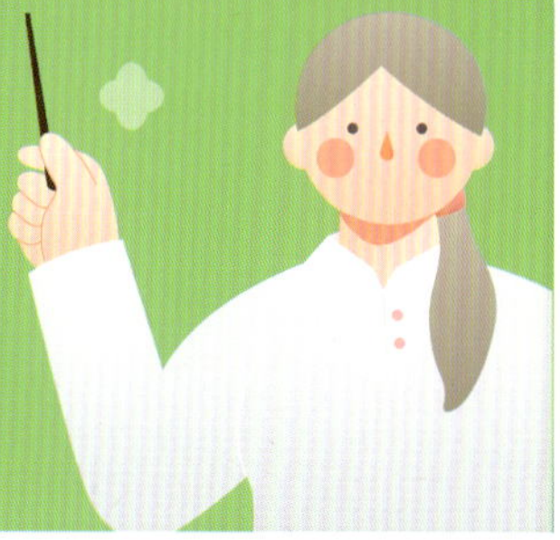

학생이
배우기 쉬운

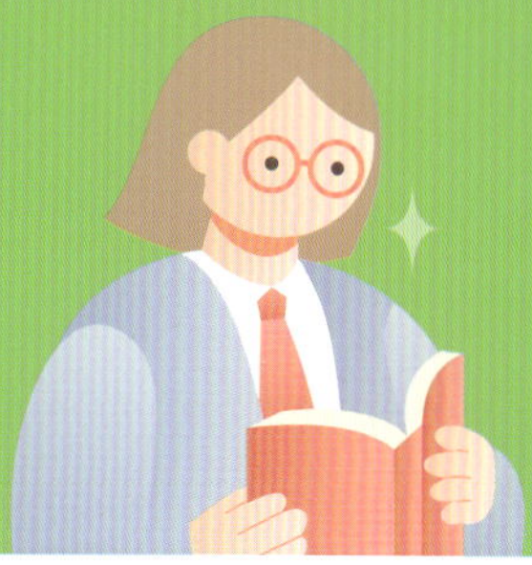

교육 콘텐츠를
만듭니다.

전국 360명 선생님이 교재 개발 참여

총 4,805명 학생의 실사용 의견 청취

(2017년도~2025년 교재 VOC 누적)

NEW

2022 개정 도서

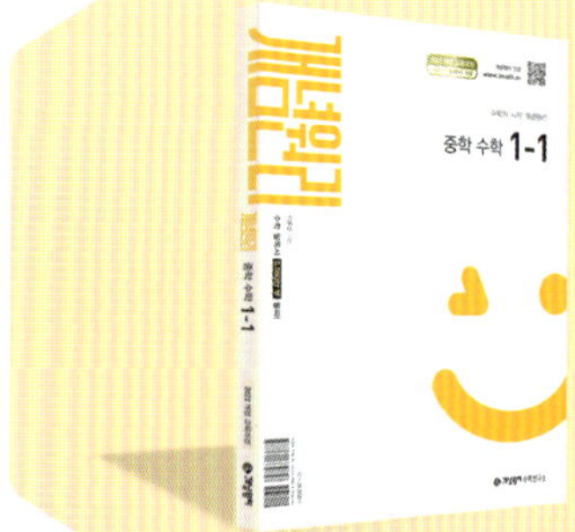

5,500 만

누적 5천5백만의
인정을 받은 **신뢰성**
(2003년도~2022년도
매출 수량 누적)

1/2

학생 2명 중 1명이
선택하는 **대중성**
(고등학생 수 대비
개념원리 판매기준)

10

10차례 검토
과정을 마친 **정확성**

SINCE 1991

35년 이상
축적된 **전문성**